TRAITÉ PRATIQUE

DE

# L'ENTRETIEN

ET DE

# L'EXPLOITATION

DES

# CHEMINS DE FER

PAR

**CH. GOSCHLER**

ANCIEN ÉLÈVE DE L'ÉCOLE CENTRALE DES ARTS ET MANUFACTURES
et successivement :
INGÉNIEUR AUX CHEMINS DE FER D'ALSACE, INGÉNIEUR PRINCIPAL AUX CHEMINS DE FER DE L'EST,
DIRECTEUR GÉNÉRAL DU CHEMIN DE FER HAINAUT ET FLANDRES,
DIRECTEUR DU CONTRÔLE DE LA CONSTRUCTION DES CHEMINS DE FER DE LA TURQUIE D'EUROPE.

DEUXIÈME ÉDITION CONSIDÉRABLEMENT AUGMENTÉE

TOME PREMIER

SERVICE DE LA VOIE



PARIS
LIBRAIRIE POLYTECHNIQUE
J. BAUDRY, LIBRAIRE-ÉDITEUR
RUE DES SAINTS-PÈRES, 15
LIÈGE, MÊME MAISON

1871

# TRAITÉ PRATIQUE

# DE L'ENTRETIEN ET DE L'EXPLOITATION

DES

# CHEMINS DE FER

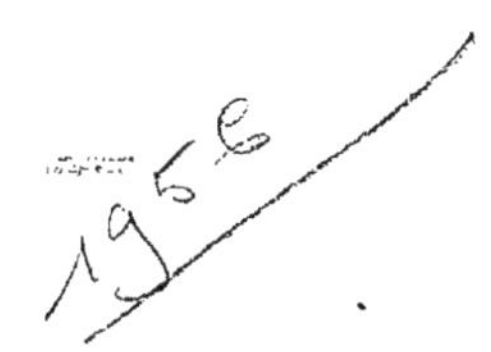

## OUVRAGES DU MÊME AUTEUR

---

NOTE SUR LES CHEMINS DE FER SUISSES. Brochure in-8, un tableau et planches, 2 fr.

NOTE SUR LA CONSTRUCTION DU PONT DU RHIN A COLOGNE. Avec planche.

NOTE SUR LA PÉNÉTRATION DU BOIS PAR DES SELS MÉTALLIQUES.

DESCRIPTION D'UN PROCÉDÉ DE CARBONISATION EMPLOYÉ SUR LES BASSINS HOUILLERS DE SAARBRUCK ET DE LA RUHR, EN 1852 ET 1853. Avec planche, 1 fr. 50.

NOTE SUR L'EXPLOITATION DES MINES ET DES USINES DE BLEYBERG-EN-EIFFEL.

Tours. — Imprimerie Ernest Mazereau, 11, rue Richelieu.

TRAITÉ PRATIQUE

DE

# L'ENTRETIEN

ET DE

# L'EXPLOITATION

DES

# CHEMINS DE FER

PAR

**CH. GOSCHLER**

ANCIEN ÉLÈVE DE L'ÉCOLE CENTRALE DES ARTS ET MANUFACTURES
et successivement :
INGÉNIEUR AUX CHEMINS DE FER D'ALSACE, INGÉNIEUR PRINCIPAL AUX CHEMINS DE FER DE L'EST,
DIRECTEUR GÉNÉRAL DU CHEMIN DE FER HAINAUT ET FLANDRES,
DIRECTEUR DU CONTRÔLE DE LA CONSTRUCTION DES CHEMINS DE FER DE LA TURQUIE D'EUROPE.

DEUXIÈME ÉDITION CONSIDÉRABLEMENT AUGMENTÉE

TOME PREMIER

## SERVICE DE LA VOIE



PARIS
LIBRAIRIE POLYTECHNIQUE
J. BAUDRY, LIBRAIRE-ÉDITEUR
RUE DES SAINTS-PÈRES, 15
LIÈGE, MÊME MAISON

1870

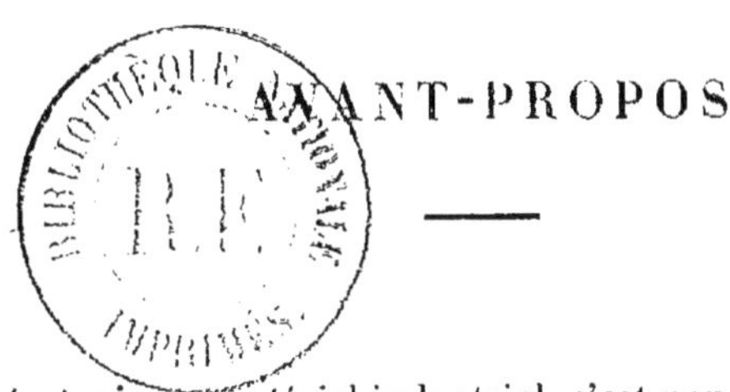


# AVANT-PROPOS

Entretenir un matériel industriel, c'est non-seulement le conserver en bon état, réparer ses avaries et remplacer ses éléments défectueux, mais encore l'améliorer, le reconstruire, le renouveler. Aussi, pour le personnel chargé de l'entretien, la connaissance des lois de la construction est-elle aussi nécessaire que celle des conditions d'emploi de ce matériel.

Or, un chemin de fer n'étant autre chose qu'un matériel servant à l'industrie des transports, tout livre qui traite de son entretien doit, sinon développer, du moins indiquer les principes qui dirigent les travaux d'étude et de construction, avant d'aborder les questions plus spéciales de l'exploitation.

Tel est l'ordre que nous avons suivi, en prenant pour règles les considérations suivantes :

L'exploitation des chemins de fer forme une science complexe dont l'application réclame une harmonie parfaite dans le fonctionnement de tous les organes qui constituent une voie ferrée. A l'époque où les premières lignes vivaient dans l'isolement, à l'état erratique, si nous pouvons emprunter cette expression à la géologie, les branches diverses qui se partageaient l'entretien et l'exploitation relevaient toutes d'une direction locale, centralisant dans ses mains tous les rouages et leur imprimant immédiatement l'unité d'action, seule garantie de sécurité et de bonne gestion.

La force des choses a fait disparaître cette disposition, qui n'était pas irréprochable, mais dont les défauts pouvaient se corriger par une organisation analogue à celle que les chemins de fer allemands ont eu l'heureuse fortune de pouvoir appliquer, à la satisfaction de tout le monde.

Le groupement, la concentration des lignes, et pour nous servir du mot consacré, leur *fusion* en faisceaux considérables, ont conduit les administrations de ces immenses réseaux à répartir entre des services séparés toutes les questions qui touchent au chemin de fer.

Chaque service, souvent même chaque branche, fonctionne sous une direction distincte, avec ses instructions spéciales et ses règlements particuliers.

Cette subdivision dans les attributions de chacun nous a semblé indiquer l'utilité, la nécessité même d'un livre qui réunirait en un tout méthodiquement coordonné, l'ensemble des règles qui gouvernent l'organisation et le fonctionnement de tous les services.

L'accueil fait à la première édition de ce *Traité* semble justifier nos vues à cet égard.

Ce livre, divisé, pour en faciliter l'étude, en quatre parties: *Voie, locomotion, exploitation, administration*, n'en constitue pas moins un ensemble dont toutes les divisions se complètent l'une par l'autre. Ainsi, à l'ingénieur chargé de la locomotion, la première partie fournit tous les renseignements qui intéressent le service du matériel de transport; pour l'ingénieur chargé des travaux et de la surveillance, la seconde partie traite tous les points du service de la locomotion qui touchent à la constitution de la voie : pour tous deux, la troisième partie fait ressortir les nécessités qu'imposent le maintien et la sécurité de la circulation.

Mais en dehors du personnel technique, il existe de très-nombreuses individualités pour lesquelles les besoins d'indications pratiques, d'informations précises, ne sont pas moins indispensables à l'exercice de leurs fonctions.

En composant ce *Traité*, nous avons cherché à le rendre utile à tous ceux qui sont en relations plus ou moins immédiates avec les chemins de fer, et notamment à ceux que leurs premières études n'ont pas porté vers les sciences techniques. En ne leur demandant qu'un peu de réflexion, nous espérons qu'ils trouveront dans ce livre toutes les indications qui leur permettront de se rendre compte des conditions dévolues à chaque branche de service, d'apprécier à leur juste valeur les besoins imposés aux organes actifs et passifs des chemins de fer, besoins et conditions qui n'étant pas toujours sainement compris, amènent trop souvent de regrettables interprétations et des conséquences plus regrettables encore.

Aussi, les agents du service de l'exploitation, les administrateurs, les jurisconsultes même, appelés chaque jour à se prononcer sur les questions si peu connues et si délicates soulevées par le grand véhicule de la civilisation, tous rencontrent dans ce *Traité* des indications précises sur la plupart des points qui touchent aux rapports du chemin de fer avec ses propres intéressés, avec l'administration, avec le public.

Il nous reste à dire un mot sur cette nouvelle édition. Depuis l'année 1865, date de la publication de ce livre, les chemins de fer ont fait de grands progrès et notablement amélioré leur outillage ainsi que leurs procédés d'exploitation. Mais, ce qui est plus important, ils sont entrés dans une phase nouvelle appelée à transformer dans leurs bases essentielles les relations économiques et sociales du grand public. Nous voulons parler de la renaissance des chemins de fer secondaires, des chemins économiques trop longtemps oubliés.

En France, la loi des chemins de fer d'intérêt local [1] a inauguré, pour l'industrie des transports, une ère d'émancipation qui doit immanquablement l'amener à un développement dont le réseau actuel ne forme que l'embryon.

Aux besoins nouveaux d'informations que cette évolution fait

[1] Loi du 21 juillet 1865.

surgir, nous nous sommes efforcés de répondre par l'extension donnée à notre livre.

Chacune des parties qui, dans la première édition, se rapportait plus spécialement aux grandes lignes, se trouve aujourd'hui complétée par des données applicables à tous les chemins, aux artères principales comme aux modestes ramifications destinées à rendre la vie aux contrées les plus éloignées de la grande circulation.

C. G.

Paris, 1870.

---

# COMPARAISON

## DES MESURES EMPLOYÉES DANS DIFFÉRENTS PAYS.

---

Le principe d'un système unique de mesures servant aux relations internationales ne rencontre plus de contradictions sérieuses, mais comme l'application peut se faire attendre quelque temps encore, nous croyons utile, pour faciliter les recherches, de placer sous les yeux du lecteur les principaux éléments de conversion qui ont servi à la rédaction de ce livre [1].

### 1° Conversion du **MÈTRE** en PIEDS.

| | |
|---|---|
| Autriche. . . . . . . . | 3p,1635 |
| Prusse. . . . . . . . | 3 ,186 |
| Angleterre et Russie. . . | 3 ,281 |
| Suisse, Bade et Nassau. . . | 3 ,3333 |
| Bavière et Hanovre. . . . | 3 ,424 |
| Wurtemberg. . . . . . | 3 ,496 |
| Saxe. . . . . . . . . | 3 ,533 |

### 2° Conversion du **PIED** en MÈTRE.

| | |
|---|---|
| Autriche. . . . . . . . | 0m,3161 |
| Prusse. . . . . . . . | 0 ,3138 |
| Angleterre et Russie. . . | 0 ,3048 |
| Suisse, Bade et Nassau. . | 0 ,3000 |
| Bavière et Hanovre. . . | 0 ,2919 |
| Wurtemberg. . . . . . | 0 ,2865 |
| Saxe. . . . . . . . . | 0 ,2832 |

[1] Le système métrique est adopté par la Belgique, l'Espagne, l'Italie, la Suisse et la Turquie.

## 3° Conversion des monnaies étrangères en monnaie française.

| Nombre. | Florins du Rhin en francs. | Florins d'Autriche en francs. | Thalers en francs. | Roubles en francs. | Livres sterling en francs. | Schillings en francs. |
|---|---|---|---|---|---|---|
| 1 | 2,14 | 2,50 | 3,75 | 4, » | 25,208 | 1,26 |
| 2 | 4,29 | 5, » | 7,50 | 8, » | 50,416 | 2,52 |
| 3 | 6,43 | 7,50 | 11,25 | 12, » | 75,624 | 3,78 |
| 4 | 8,57 | 10, » | 15, » | 16, » | 100,832 | 5,04 |
| 5 | 10,71 | 12,50 | 18,75 | 20, » | 126,040 | 6,30 |
| 6 | 12,85 | 15, » | 22,50 | 24, » | 151,248 | 7,56 |
| 7 | 15, » | 17,50 | 26,25 | 28, » | 176,456 | 8,82 |
| 8 | 17,14 | 20, » | 30, » | 32, » | 201,664 | 10,08 |
| 9 | 19,29 | 22,50 | 33,75 | 36, » | 226,872 | 11,34 |
| 10 | 21,43 | 25, » | 37,50 | 40, » | 252,080 | 12,60 |

## 4° Conversion des mesures anglaises en mesures françaises.

| Nombre. | Pouces en centimètres. | Pieds en mètres. | Pouces carrés en centimètres carrés. | Pieds carrés en mètre carré. | Pieds cubes en mètre cube. |
|---|---|---|---|---|---|
| 1 | 2,539 | 0,3048 | 6,45 | 0,0929 | 0,028314 |
| 2 | 5,078 | 0,6096 | 12,90 | 0,1858 | 0,056628 |
| 3 | 7,619 | 0,9144 | 19,35 | 0,2787 | 0,084942 |
| 4 | 10,159 | 1,2197 | 25,81 | 0,3716 | 0,113256 |
| 5 | 12,699 | 1,5239 | 32,26 | 0,4645 | 0,141570 |
| 6 | 15,239 | 1,8287 | 38,71 | 0,5574 | 0,169684 |
| 7 | 17,780 | 2,1335 | 45,16 | 0,6503 | 0,198198 |
| 8 | 20,319 | 2,4383 | 51,61 | 0,7432 | 0,226512 |
| 9 | 22,859 | 2,7432 | 58,06 | 0,8361 | 0,254826 |
| 10 | 23,399 | 3,0479 | 64,52 | 0,9290 | 0,283140 |

| Nombre. | Livres en kilogrammes. | Cents en kilogrammes. | Tonnes en tonneaux de 1000 kilogr. | Pressions en livres par pouce carré en kilogramme par centimètre carré. | Milles en kilomètres. |
|---|---|---|---|---|---|
| 1 | 0,453558 | 50,802 | 1,01604 | 0,070277 | 1,6093 |
| 2 | 0,907116 | 101,604 | 2,03208 | 0,140554 | 3,2186 |
| 3 | 1,360674 | 152,406 | 3,04812 | 0,210832 | 4,8279 |
| 4 | 1,814232 | 203,208 | 4,06416 | 0,281109 | 6,4373 |
| 5 | 2,267790 | 254,018 | 5,08020 | 0,351387 | 8,0466 |
| 6 | 2,721348 | 304,812 | 6,09624 | 0,421664 | 9,6559 |
| 7 | 3,174906 | 355,614 | 7,11228 | 0,491941 | 11,2652 |
| 8 | 3,628464 | 406,416 | 8,12832 | 0,562219 | 12,8745 |
| 9 | 4,082022 | 457,226 | 9,14436 | 0,632496 | 14,4838 |
| 10 | 4,535580 | 508,020 | 10,16040 | 0,707774 | 16,0930 |

5° L'administration de l'Association des chemins de fer allemands emploie pour base des calculs de sa Statistique annuelle, à laquelle nous avons fait de nombreux emprunts, les valeurs suivantes :

1 pied = 0m,313853.
1 ruthe = 12 pieds de Prusse = 3m,7662425.
1 meile = 2000 ruthen de Prusse = 7 kilom.,532.
1 pied cube = 0m3,030916.
1 klafter = 108 pieds cubes = 3m3,338928.
1 klafter de Vienne (6 pieds divisés en 12 pouces) = 1m,89666.
1 quintal (de douane) = 100 livres = 50 kilogrammes.
1 quintal de Vienne = 1q. d.,120 = 56 kilogrammes.
1 thaler = 30 silbergroschen = 360 Pfenningen.

6° Les chemins de fer russes adoptent la métrologie suivante[1] :

| MESURES RUSSES | MESURES MÉTRIQUES | MESURES RUSSES | MESURES MÉTRIQUES |
|---|---|---|---|
| 1 pouce. | 0m,025399 | 1 livre. | 0 kil.,409511 |
| 1 pied. | 0 ,304794 | 1 poud. | 16 ,380462 |
| 1 archine. | 0 ,711187 | 1 tchetvert. | 209 lit.,90192 |
| 1 sagène. | 2 ,133561 | 1 tchetverik. | 26 ,23774 |
| 1 Verste. | 1066 ,7807275 | 1 rouble. | 4 fr.,00000 |
| | | 1 copeck. | 0 ,04000 |

7° Le système métrique est officiellement introduit en Turquie. Il remplacera donc dans un avenir peu éloigné le système inextricable que l'on y trouve encore.

D'après le cahier des charges des chemins de fer de la Turquie d'Europe, il est convenu que la conversion des anciennes mesures s'effectuera sur les bases suivantes :

[1] M. Hovyn de Tranchère : Statistique de 1869.

1 archine [1] = 0m,750 = 2 1/2 pieds anglais ou russes.
1 ocque [2] = 1k,250 = 2 2/3 livres anglaises.
1 medjidié d'or = 100 piastres = 23 francs [3].
1 piastre = 40 paras = 0f,23.

[1] L'ancien piehi = 0m,6691.
[2] L'ancien oka = 1k,2830.
[3] Selon le cours du change.

# TABLE DES MATIÈRES

## INTRODUCTION.


Nos Pages

Etudes et tracés. . . . . . . . . . . . . . . . . . 1

Pentes et courbes, 3. — Embranchements, 4. — Gares et stations, 5. — Passages à niveau, 6.


## CHAPITRE I. — Terrassements.

### § I. — *Travaux préparatoires.*


1. Mouvement des terres. . . . . . . . . . . . . . 7
2. Piquetage. . . . . . . . . . . . . . . . . . 8
   Gabarits de profils de terrassement, 10.
3. Tracé des courbes de raccordement. . . . . . . . . 10
4. Correction des courbes de raccordement. . . . . . . 15
5. Raccordement parabolique ou à rayons variables. . . 16


### § II. — *Exécution des tranchées et remblais.*


6. Tranchées. . . . . . . . . . . . . . . . . . 17
7. Remblais. . . . . . . . . . . . . . . . . . 18
8. Précautions à prendre. . . . . . . . . . . . . 19
9. Inclinaison des talus. . . . . . . . . . . . . 22
10. Dressement de la plate-forme. . . . . . . . . . 24
11. Dépôts et emprunts. . . . . . . . . . . . . . 24


### § III. — *Entretien des tranchées.*


12. Nature des terrains. . . . . . . . . . . . . . 25
13. Terrains de bonne qualité. . . . . . . . . . . 26

Nos Pages

14. Terrains glaiseux ou argileux. . . . . . . . . . . 27
Revêtement des talus, 28. — Revêtement des fossés, 29.
15. Terrains glaiseux avec couches perméables . . . . . 29
Drainage, 30.
16. Direction et entretien des travaux. . . . . . . . . . 33
17. Perrés et murs en pierre sèche. . . . . . . . . . 36
18. Drainage en général. . . . . . . . . . . . . . 39
19. Exemples divers de consolidation. . . . . . . . . 40
Tranchée de Soultz, 40. — Tranchée de Clamart, 41. — Tranchée de Blisworth, 42. — Tranchées de Morcerf et Guérard, 43.
20. Nécessité d'une étude géologique. . . . . . . . . 46

## § IV. — *Entretien des remblais.*

21. Causes de détérioration . . . . . . . . . . . . . 47
22. Remblais sur sol compressible. . . . . . . . . . . 47
23. Remblais défectueux. . . . . . . . . . . . . . 48
Remblai de Falaise, 48. — Remblai de la Main-Weser-Bahn, 50. Remblai de Villiers, 51. — Remblais de Sourbourg et des tourbières, 52. — Remblai de Morcerf, 54.
24. Action des eaux extérieures. . . . . . . . . . . 56
25. Entretien des dépôts et emprunts. . . . . . . . . 57

## § V. — *Entretien de la plate-forme.*

26. Entretien courant. . . . . . . . . . . . . . . 58
27. Assainissements. . . . . . . . . . . . . . . . 59
Plate-forme du Theil, 59. — Plate-forme en tranchées de Wissembourg, 60. — Plate-forme en tranchées sur les chemins prussiens, 63. — Plate-forme en remblai de Coulommiers, 64.
28. Assainissement de la plate-forme des stations. . . . 65
Gare de Wissembourg, 65. — Gare du Mans, 66.
29. Paraneiges. . . . . . . . . . . . . . . . . . 69

## § VI. — *Chaussées.*

30. Chaussées, voies d'accès, cours de stations. . . . . 76
31. Abords des passages à niveau. . . . . . . . . . . 77
32. Matériaux des chaussées. . . . . . . . . . . . . 80
33. Chaussées empierrées. . . . . . . . . . . . . . 82
Cylindrage des chaussées, 83

Nos Pages

34 Entretien des chaussées empierrées. . . . . . . . 84
35. Chaussées pavées. . . . . . . . . . . . . . . . 86
36. Chaussées en asphalte. . . . . . . . . . . . . . 87
Prix comparatifs d'établissement des chaussées, 87.

CHAPITRE II. — OUVRAGES D'ART.

§ I. — *Travaux préliminaires.*

37. Projet. . . . . . . . . . . . . . . . . . . 89
Prescriptions de l'administration, 91.
38. Dimensions des ouvrages d'art. . . . . . . . . . 91
39. Piquetage et tracé. . . . . . . . . . . . . . . 94
40. Journal et carnet d'attachements. . . . . . . . . 95
41. Fouilles et fondations. . . . . . . . . . . . . 96

§ II. — *Nature et emploi des matériaux.*

42. Pierres cassées, cailloux, sable. . . . . . . . . 98
43. Chaux. . . . . . . . . . . . . . . . . . . . 99
44. Pouzzolanes et ciments. . . . . . . . . . . . . 103
45. Plâtre. . . . . . . . . . . . . . . . . . . . 105
46. Mortiers. . . . . . . . . . . . . . . . . . . 106
47. Bétons. . . . . . . . . . . . . . . . . . . . 108
Chapes en béton, 110.
48. Bétons agglomérés. . . . . . . . . . . . . . . 111
49. Moellons. . . . . . . . . . . . . . . . . . . 112
Maçonnerie et taille des moellons de parement, 113. — Maçonnerie en moellons bruts, 113. — Enrochements, 115.
50. Pierre de taille. . . . . . . . . . . . . . . . 115
Maçonnerie de pierre de taille, 116.
51. Emploi des roches calcaires dans les constructions. . . 117
52. Briques. . . . . . . . . . . . . . . . . . . . 121
53. Maçonnerie de voûtes. . . . . . . . . . . . . . 122
54. Rejointoiements. — Enduits. . . . . . . . . . . 123
55. Bois de charpente. . . . . . . . . . . . . . . . 123
Assemblages, 124. — Pieux et palplanches, 125.
56. Métaux. . . . . . . . . . . . . . . . . . . . 125
Fonte malléable, 128. — Fers, aciers, 126. — Plomb et zinc, 129. — Assemblages, 129.

Nos Pages

57. Peinture. . . . . . . . . . . . . . . . . . . 129
58. Goudron, coaltar, asphalte. . . . . . . . . . . 130
Chapes, 131.
59. Résistance des principaux matériaux. . . . . . . . 132
Résistance à la traction, 134. — Résistance à la compression, 135.

§ III. — *Construction.*

60. Généralités. . . . . . . . . . . . . . . . 137
61. Substitution d'un ouvrage d'art à un remblai. . . . 139
Construction d'un pont en maçonnerie sous les voies en exploitation, 139. — Construction d'un pont en fer, 142.
62. Substitution d'un pont métallique à un pont en bois. . 143
63. Restauration des ponts en fer. . . . . . . . . . 146
64. Substitution d'un pont en fer à un pont en maçonnerie. 147
65. Roulement d'un tablier de pont. . . . . . . . . . 148
66. Substitution de voûtes en maçonnerie aux ponts en bois. 151
Pont de l'Ilmenau, 151. — Pont du Gerdau, 155. — Ponts de l'Aller, 157. — Dépenses, 158.
67. Reconstruction de tunnels. . . . . . . . . . . 158

§ IV. — *Entretien.*

68. Ouvrages en bois. . . . . . . . . . . . . . . 159
69. Ouvrages en fer. . . . . . . . . . . . . . . . 160
70. Ouvrages en maçonnerie. . . . . . . . . . . . 162
71. Entretien des tunnels. . . . . . . . . . . . . 163
Ecoulement des eaux, 165. — Réparation des tunnels, 166.

CHAPITRE III. — CULTURES, DÉFENSES DU CHEMIN.

§ I. — *Semis. — Gazonnements. — Plantations.*

72. Semis pour herbages. . . . . . . . . . . . . 171
Prix du mètre carré de semis, 172.
73. Gazonnements. . . . . . . . . . . . . . . . 173
Prix du mètre carré de gazonnements, 174.
74. Boisements. . . . . . . . . . . . . . . . . 174
Choix des espèces, 176.
75. Exécution du boisement. . . . . . . . . . . . 176
Boisement par semis, 178. — Frais d'ensemencement, 179. — Boisement par plantation, 180. — Prix des plantations, 181

Nos Pages.
76. Utilisation des parcelles excédantes. . . . . . . . . 182
Entretien des boisements, 186.
77. Produits des talus et dépendances. . . . . . . . . 186
78. Fourrages. . . . . . . . . . . . . . . . . . 188
Condition de location des talus et autres propriétés, 189.
79. Coupes de bois. . . . . . . . . . . . . . . . 192
80. Pépinières . . . . . . . . . . . . . . . . . 192

§ II. — *Clôtures.*

81. But et utilité des clôtures. . . . . . . . . . . . . 194
82. Haies vives. . . . . . . . . . . . . . . . . 196
Forme, 197. — Choix des essences, 197.
83. Préparation du sol. — Formation des haies . . . . . . 200
84. Entretien des haies. . . . . . . . . . . . . . . 202
Entreprise des haies, 203.
85. Prix de revient des haies. . . . . . . . . . . . . 204
86. Haies fruitières. . . . . . . . . . . . . . . . 206
87. Clôtures sèches. — A. Clôtures à lisses. . . . . . . . 206
88. B. Clôtures en fil de fer. . . . . . . . . . . . . 210
89. C. Clôtures mixtes. . . . . . . . . . . . . . . 210
Jauge ou diamètres des fils de fer, 211.
90. D. Clôtures en échalas. . . . . . . . . . . . . . 211
91. E. Clôtures en treillage.. . . . . . . . . . . . . 212
92. Clôtures de stations. . . . . . . . . . . . . . 216
Clôtures spéciales, 219.
93. Zône de garantie. . . . . . . . . . . . . . . 222
94. Bornage. . . . . . . . . . . . . . . . . . 223

§ III. — *Barrières de passages à niveau.*

95. Conditions générales. . . . . . . . . . . . . . 225
Largeur des chemins et des passages à niveau, 228.
96. Nature et emploi des matériaux. . . . . . . . . . 229
97. Barrières pour piétons. . . . . . . . . . . . . 231
Tourniquets, 231. — Portillons, 232. — Guichets, 233.
98. Barrières à lisse. . . . . . . . . . . . . . . . 236
Barrière à lisse tournante, 236. — Barrière à lisse glissante, 237. — Barrière à double lisse, 237. — Barrière à lisse suspendue, 239.

Nos Pages.
99. Barrières à bascule. . . . . . . . . . . . . . . . 240
Doubles barrières manœuvrées à distance, 244.
100. Barrières à vantaux tournants . . . . . . . . . . 244
Barrières en bois à un vantail, 245. — Barrières à 2 vantaux, 248. — Barrières en fer à vantaux tournants, 252.
101. Barrières roulantes. . . . . . . . . . . . . . . 252
Barrières roulantes en bois, 253. — Barrières roulantes en fer, 255.
102. Passages sans barrière. . . . . . . . . . . . . 257

CHAPITRE IV. — VOIE.

§ 1. — *Systèmes divers.*

103. Considérations générales. — Largeur de la voie. . . . . 260
Inconvénients de la voie étroite :
Rupture de charge, frais de transbordements, 261. — Perte de temps, déchet, concurrence des autres routes, 263. — Privation de matériel, 264. — Mauvais emploi du matériel, 265.
Avantages de la voie étroite, 266.
104. Classification des systèmes de voie. . . . . . . . . 268

1re CLASSE. — *Voies à supports isolés.*

105. Rails sur dés en pierre. . . . . . . . . . . . . 269
106. Rails sur blocs en bois. . . . . . . . . . . . . 271
107. Plateaux coussinets en fonte. . . . . . . . . . . 272
108. Calottes sphériques en fonte. . . . . . . . . . . 273
109. Plateaux-étaux en fonte. . . . . . . . . . . . . 273
110. Plateaux en bois. . . . . . . . . . . . . . . . 273
111. Plateaux en fer. . . . . . . . . . . . . . . . 274
112. Plateaux cellulaires en fonte. . . . . . . . . . . 274
113. Cylindres coussinets en fonte. — Dés en fer. . . . . . 275
114. Eclisses-tables. . . . . . . . . . . . . . . . . 276
115. Résumé. . . . . . . . . . . . . . . . . . . . 276

2e CLASSE. — *Voies à supports conjugués.*

116. Rails sur coussinets en fonte et traverses en bois. . . . 277
117. Rails sur coins et traverses en bois. . . . . . . . 279
118. Rails sans coussinets sur traverses en bois. . . . . . 280
119. Rails sur traverses en fer. — Conditions générales. . . 280

Nos Pages.

120. Traverses en fer double T. . . . . . . . . . . . . 283
121. Traverses en fer simple T. . . . . . . . . . . . . 284
122. Traverses en fer à profil polygonal. . . . . . . . . 285
Applications, 286.
123. Traverses en fer à profil curviligne. . . . . . . . 290

3e Classe. — *Voies à supports continus.*

124. Longuerines en bois. . . . . . . . . . . . . . . 291
125. Longuerines métalliques. . . . . . . . . . . . . 293
Système Hilf, 293. — Système Scheffler, 295. — Système du Hanovre, 297. — Système Köstlin et Battig, 300. — Autres systèmes, 301. — Résumé 303.

4e Classe. — *Voies sans supports.*

126. Rail Barlow. . . . . . . . . . . . . . . . . . 304
127. Rail Hartwich. . . . . . . . . . . . . . . . . 305
Application au chemin de l'Est, 308
128. Conclusion. . . . . . . . . . . . . . . . . . .

§ II. — *Profil transversal.*

129. Généralités. . . . . . . . . . . . . . . . . . 311
130. Largeur de la voie. . . . . . . . . . . . . . . 312
131. Largeur de voie des chemins économiques. . . . . . 313
132. Entrevoie et accotement. . . . . . . . . . . . . 314
133. Profil de la plate-forme. . . . . . . . . . . . . 316
Volume du ballast, 322.
134. Profil de la surface du ballast. . . . . . . . . . 323

CHAPITRE V. — Matériel de la voie.

§ I. — *Ballast.*

135. Nature du ballast. . . . . . . . . . . . . . . . 326
136. Approvisionnement du ballast. . . . . . . . . . . 329
Dépôts sur la voie, 330.

§ II. — *Supports des rails.*

137. Dés en pierre. . . . . . . . . . . . . . . . . 331
Prix de revient de la voie sur dés en pierre, 333.

Nos Pages

138. Traverses en bois. . . . . . . . . . . . . . . 334

Essences, 334. — Défauts des bois, 335. — Réparation des traverses avariées, 337.

139. Formes des traverses en bois. . . . . . . . . . . 338

140. Dimensions des traverses. . . . . . . . . . . . 341

141. Mesurage des traverses. . . . . . . . . . . . . 343

Carnet de réception, 343. — Divers modes de cubage, 344. — Barêmes, 346.

142. Réception . . . . . . . . . . . . . . . . . 347

143. Empilage. . . . . . . . . . . . . . . . . . 350

144. Supports métalliques . . . . . . . . . . . . . 353

§ III. — *Rails.*

145. Conditions générales . . . . . . . . . . . . . 354

146. Forme des rails. . . . . . . . . . . . . . . 356

Choix d'un type de rail, 357. — Dimensions transversales, 359. — Longueur des rails, 359. — Forme du champignon, 360. — Inclinaison de l'éclissage, 361.

147. Choix du métal à rail. . . . . . . . . . . . . 362

148. Généralités sur la fabrication. . . . . . . . . . 363

149. Fabrication des rails soudés en fer. . . . . . . . . 365

Conditions de fabrication en Allemagne, 368. — En France, 370. — Travail des paquets, 372.

150. Rails soudés en acier puddlé. . . . . . . . . . . 374

151. Rails massifs en acier fondu. . . . . . . . . . . 376

152. Rails massifs en fonte affinée . . . . . . . . . . 377

Procédé Bessemer, 378. — Emploi du spectroscope, 380. — Modification du procédé, 381. — Classement des aciers Bessemer, 382.

153. Affinage des fontes impures. . . . . . . . . . . 383

Procédés Nystrom, Galy-Cazalat, Bérard, 384. — Procédés Parry, Martin, 385. — Procédés Heaton, Bessemer, Gjerss, 386.

154. Rails mixtes. . . . . . . . . . . . . . . . . 388

Rails à couverte cémentée, 388. — A couverte d'acier soudée, 390. — A couverte d'acier rapportée, 391.

155. Ajustage des rails. . . . . . . . . . . . . . 392

Longueur des barres, 392. — Marques et dates, coupage, 393. Dressage, 394. — Perçage et entaillage, 395.

156. Surveillance, épreuves et réception. . . . . . . . 395

Machine à levier, 396. — Presse hydraulique, 397. — Mouton, 398. Gabarits, 401. — Poids, 401.

157. Garanties. . . . . . . . . . . . . . . . . . 401

158. Observations générales. — Précautions. . . . . . . 404

N°s Pages

§ IV. — *Attaches des rails.*

159. Coussinets en fonte ; formes. . . . . . . . . . . 407
Dimensions, 408.
160. Fabrication des coussinets — Modèles. . . . . . . . 409
Qualité de la fonte, 409.
161. Epreuves. — Réception . . . . . . . . . . . . . 410
Epreuve au choc, 412. — A la traction, 412. — A la flexion, appareil de Monge, 413.
162. Observations générales . . . . . . . . . . . . . 415
163. Coins. — Formes . . . . . . . . . . . . . . . 416
Qualités du bois, Fabrication, Réception, 417.
164. Éclisses . . . . . . . . . . . . . . . . . . 418
Joints supportés ; joints en porte-à-faux, 419. — Moyens préventifs contre le desserrage des boulons, 422.
165. Éclisses-cornières . . . . . . . . . . . . . . 424
166. Coussinets-éclisses. . . . . . . . . . . . . . 424
167. Selles ou platines . . . . . . . . . . . . . . 427
168. Fabrication des pièces d'éclissage . . . . . . . . . 429
169. Épreuves. — Réception. — Garantie. . . . . . . . 431
170. Chevillettes. . . . . . . . . . . . . . . . . 433
Clous barbelés, 434.
171. Clous à vis et tire-fond. . . . . . . . . . . . . 434
172. Boulons. . . . . . . . . . . . . . . . . . 436
173. Crampons. . . . . . . . . . . . . . . . . . 438
174. Bagues Desbrières . . . . . . . . . . . . . . 439
175. Conditions de fabrication . . . . . . . . . . . . 440
Réception, vérification, 441. — Garantie, poids, expéditions, 442. — Modifications, 443.

CHAPITRE VI. — PRÉPARATION, POSE ET ENTRETIEN DE LA VOIE.

§ I. — *Conservation des bois.*

176. Généralités . . . . . . . . . . . . . . . . . 444
Historique, 446.
177. Matières antiseptiques . . . . . . . . . . . . . 449
178. Classement des procédés de conservation. . . . . . . 452
179. Injection par circulation vasculaire. . . . . . . . . 453
Procédé Boucherie, 453.
180. Préparation des poteaux du télégraphe électrique. . . . 456
Procédé Renard-Perrin, 458.

Nos Pages
181. Procédé par imbibition à l'air libre. — Immersion à froid. 459
182. Méthode par immersion à chaud. . . . . . . . . . . 460
183. Injection en vase clos sous pression. . . . . . . . . . 462
184. Installation d'un chantier d'injection. . . . . . . . . 464
Appareil locomobile, 465.
185. Conditions de fabrication et de réception des traverses préparées en vase clos. . . . . . . . . . . . . . 467
Injection au sulfate de cuivre, 467. — A la créosote, 469. — Vérifications, 471.
186. Carbonisation superficielle. . . . . . . . . . . . . 472
Appareil Hugon, 473. — Appareil Ravazé, 475.
187. Résultats statistiques de l'emploi des traverses. . . . . 476
188. Essais comparatifs sur la durée des traverses. . . . . . 478
189. Étude économique de l'application des procédés de conservation des traverses . . . . . . . . . . . . . . 481
190. Prix de revient des procédés de conservation. . . . . . 482

## § II. — *Préparation des traverses.*

191. Sabotage des traverses à coussinets. . . . . . . . . 483
192. Perçage des traverses . . . . . . . . . . . . . . 486
193. Entaillage des traverses pour voies vignoles. . . . . . 488
194. Machine à entailler les traverses. . . . . . . . . . 490
Prix de revient du rabottage des traverses, 491.
195. Perçage des traverses pour voie vignoles. . . . . . . 492
196. Réemploi des vieilles traverses. . . . . . . . . . . 494
197. Vérifications et réceptions. . . . . . . . . . . . . 494

## § III. — *Préparation des rails et attaches.*

198. Dressement et courbage des rails. . . . . . . . . . 497
Courbage par le choc, 499.
199. Perçage des trous de boulons. . . . . . . . . . . . 500
Fabrication des poinçons, 501. — Prix de revient du perçage, 502.
200 Encochage. . . . . . . . . . . . . . . . . . . 504
201. Chanfreinage. . . . . . . . . . . . . . . . . . 505
202. Préparation des attaches. . . . . . . . . . . . . 505
203. Observation sur le coltinage des matériaux. . . . . . . 506

N°s Pages

§ IV. — *Pose de la voie.*

204. Piquetage. . . . . . . . . . . . . . . . . . . . 507
205. Ballastage . . . . . . . . . . . . . . . . . . . . 507
Ballastage d'une ligne à simple voie, 508.
206. Ballastage d'une ligne à deux voies. . . . . . . . . 509
207. Ballastage avec les matériaux de la voie définitive. . . 509
208. Répartition des traverses. . . . . . . . . . . . . 510
Rails à coussinets, 510. — Rails vignoles, 511.
209. Largeur des joints. . . . . . . . . . . . . . . . 513
210. Voie dans les courbes . . . . . . . . . . . . . . 514
Proportion des rails courts, 515
211. Surhaussement du rail extérieur, ou dévers. . . . . 517
Raccordement des alignements en élévation, 523. — Raccordement des alignements en plan, 524. — Mode d'application du dévers. 525.
212 Élargissement de la voie. . . . . . . . . . . . . 527
213. Changements d'inclinaison. . . . . . . . . . . . . 529
214. Moyens préventifs contre les dérangements de la voie. . 531
Déplacement latéral de la voie, 532. — Déplacement latéral des rails, 533. — Rétrécissement de la voie, 534.
215. Pose de la voie en rails à coussinets. . . . . . . . 534
216. Bourrage des traverses. . . . . . . . . . . . . . 538
217. Emploi du coussinet-éclisse. . . . . . . . . . . . 540
218. Pose de la voie vignoles. . . . . . . . . . . . . 541
Réparations, 546.
219. Pose de la voie des passages à niveau. . . . . . . . 547
220. Rencontre des ouvrages d'art. . . . . . . . . . . . 552

§ V. — *Entretien et réfection.*

221. Entretien du ballast. . . . . . . . . . . . . . . 553
Frais de renouvellement du ballast, 554.
222. Entretien des traverses. . . . . . . . . . . . . . 554
Dévers des traverses, 556.
223. Entretien des attaches. . . . . . . . . . . . . . 557
Chevillettes, 557. — Crampons, 558. — Tire-fond, 559. — Coins, 560. — Marche des rails, 560. — Coussinets en fonte, 561. — Eclisses, selles, etc., 561. — Boulons, 562. — Influence du sulfate de cuivre sur le fer, 564.

N°s Pages

224. Entretien des rails. . . . . . . . . . . . . . . . 564
Marche des rails, division des joints, 564. — Remplacement des rails, 567.
225. Redressement de la voie. . . . . . . . . . . . . . . 568
Relevage partiel et ripage, 568. — Relevage en grand, 569.
226. Entretien des passages à niveau. . . . . . . . . . . 570
227. Entretien de la voie en hiver. . . . . . . . . . . . 571
Neiges, 572. — Renseignements météorologiques, 576.
228. Réfection des voies. . . . . . . . . . . . . . . . . 577
Réfection pendant la circulation des trains, 577. — Dépenses et prix de revient, 581. — Réfection pendant la suspension de la circulation des trains, 583. — Dépenses et prix de revient. 586.
229. Restauration et emploi des rails avariés. . . . . . . 590
230. Observation sur les différents modes de procéder à la pose de la voie. . . . . . . . . . . . . . . . . . 592

---

## ANNEXES.

A. — Programme pour la rédaction des projets. . . . . . 597
B. — Note sur la nature des contrats pour l'exécution des travaux. . . . . . . . . . . . . . . . . 604
C. — Programme d'un cahier des charges pour l'exécution des travaux de terrassements et ouvrages d'art. . . . . 606
D. — Spécifications d'ouvrages en maçonnerie. . . . . . . 625
E. — Programme d'un devis et cahier des charges relatifs à la construction d'un pont métallique. . . . . . . 633
F. — Programme d'un cahier des charges pour la fourniture, le transport, la pose et l'entretien des clôtures vives et sèches. 638
G. — Programme d'un cahier des charges pour la fourniture des traverses en bois. . . . . . . . . . . . 644
H. — Programme d'un cahier des charges pour la fourniture de rails. . . . . . . . . . . . . . . . . . 646
I. — Programme d'un cahier des charges pour la fourniture des coussinets en fonte, coussinets-éclisses, éclisses, boulons, chevillettes, crampons, tire-fond, selles intermédiaires et de joint, etc. . . . . . . . . . . . . . 648

Pages

K. — Programme d'un cahier des charges pour le ballastage et la pose de la voie. . . . . . . . . . . . 650
L. — Étude sur l'établissement des formules de transport. . 654
M. — Type de série de prix. — Terrassements et ouvrages d'art. 672
N. — Type d'ordre de service et d'instructions réglant le travail relatif à la réfection de la voie. . . . . . . . . 683
O. — Outils de la voie. . . . . . . . . . . . . . . 689
P. — État des encombrements de neige. . . . . . . . . 692
Q. — Détails sur l'établissement du prix de revient de la voie. 694

FIN DE LA TABLE DES MATIÈRES.

# ERRATA

Page 12. — 6e ligne : *au lieu de :* $AG = BHR \cot g \frac{1}{2}\left(90^\circ + \frac{\alpha}{2}\right)$

*lisez :* $AG = BH = R \cot g \frac{1}{2}\left(90^\circ + \frac{\alpha}{2}\right)$

— 14. — Fig. 8 : la ligne D $n$ ne doit point passer par le centre O, mais par l'extrémité du diamètre A O.

— 15. — 10e ligne : *au lieu de :* tournée vers le talus, *lisez :* vers la voie.

— 93. — 2e ligne : *au lieu de* : fig. 51, *lisez* : fig. 58.

6e ligne : *au lieu de* : au-dessous, *lisez* : au-dessus.

— 102. — 4e ligne en remontant : *au lieu de* : s'emploit, *lisez* : s'emploie.

— 114. — 11e et 12e lignes, remplacer les signes + par les signes ×.

— 130. — 15e ligne en remontant : *au lieu de :* de zinc, *lisez* : blanc ou gris de zinc.

— 135. — 10e ligne : *au lieu de* : ou les $\frac{4}{3}$, *lisez* : ou le $\frac{3}{4}$.

13e ligne : *au lieu de* : le $\frac{3}{1}$, *lisez* : le $\frac{1}{3}$.

— 151. — 3e ligne : *au lieu de* : en fontes, *lisez* : en fonte.

— 155. — 6e ligne : *au lieu de* : fig, 78 *b*, *lisez* : fig. 78-2.

— 157. — 6e ligne : *au lieu de* : en services, *lisez* : en service.

— 161. — 9e ligne : *au lieu de :* il faut le faire, *lisez* : il faut la faire.

— 164. — 1re ligne : *au lieu de* : les travaux, *lisez* : les eaux.

— 172. — Dernière ligne : *au lieu de :* 0, fr. 75 : *lisez :* 0, fr. 075.

— 176. — 13e ligne en remontant : *au lieu de* : sol siliceux, *lisez* : *sols* siliceux.

— 181. — 4e ligne en remontant : *au lieu de* : 2 fr. 50, *lisez :* 2 fr. 00.

— 199. — 14e ligne en remontant : *au lieu de* : en Corinthie, *lisez* : en Carinthie.

— 245. — légende de la fig. 123 : *au lieu de :* $\frac{15}{1500}$, *lisez :* $\frac{15}{1000}$.

— 262. — 8e ligne en remontant : *au lieu de :* indirecte, *lisez :* indivisible.

— id. — 7e ligne en remontant : *au lieu de :* transitoire, *lisez :* transitant.

— 271. — 2e ligne : *au lieu de :* de fonte, *lisez :* de feutre.

— 282. — 2e ligne en remontant : *au lieu de :* les choix, *lisez :* les chocs.

— 284. — 14e ligne en remontant : *au lieu de :* Pouillet, *lisez :* Couillet.

293 et 294. — *au lieu de :* M. Hiff, *lisez :* M. Hilf.

— 314. — 1re ligne : *au lieu de :* 1m,100, *lisez :* 1m,000.

— 331. — 16e ligne en remontant : *au lieu de :* à réduire, *lisez :* à réunir.

— 355 — 3e ligne en remontant : supprimer les mots : *et le ballastage.*

— 362 — 9e ligne : *au lieu de :* appartient au chemin de fer secondaire, etc , *lisez :* emprunté aux lignes secondaires du Nord par le chemin de Mamers à Saint-Calais.

— 461. — 15e ligne : *au lieu de :* sous 2/3 à 3o, *lisez :* sous 2 1/2 à 3o

— 527. — 11e ligne en remontant : *au lieu de :* train de véhicules, *lisez :* train de véhicule.

— 551. — 11e ligne : *au lieu de :* de traverses, *lisez :* de pavés.

Tours. — Imp. E. Mazereau, 11, rue Richelieu.

# TRAITÉ PRATIQUE
# DE L'ENTRETIEN ET DE L'EXPLOITATION
DES
# CHEMINS DE FER

---

## INTRODUCTION.

Études et tracés. — Les chemins de fer livrés depuis longtemps à la circulation et construits en vue d'un mouvement très-restreint, remplissent imparfaitement les conditions sans cesse plus compliquées que la circulation des hommes et des choses leur impose, car les données générales de leur établissement ne répondent plus aux besoins toujours croissants du trafic.

Comme l'avenir de l'exploitation d'un chemin de fer dépend des dispositions arrêtées lors de la rédaction des projets, nous croyons utile, avant d'aborder les questions d'*entretien et d'exploitation* qui font l'objet de ce livre, de passer rapidement en revue quelques-unes des principales conditions d'établissement d'un railway.

En examinant les *conditions générales* de la construction de la voie — chap. IV, § 1 —, nous avons indiqué quelques-unes des considérations qui peuvent guider l'ingénieur chargé de l'étude d'une voie ferrée; les observations suivantes n'ont d'autre but que de résumer le programme des recherches générales qui précèdent l'élaboration d'un avant-projet.

L'étude du trafic, qui précède toutes les autres, porte sur les questions suivantes : Quelle sera l'importance du mouvement des voyageurs et des marchandises? Dans quel sens les principaux transports s'effectueront-ils?

La recherche de l'importance du trafic conduit à déterminer les limites de tarifs, qui permettent aux voyageurs et aux marchandises d'employer la nouvelle voie de communication, et au chemin de fer de trouver dans les recettes une rémunération convenable des fonds de l'entreprise.

Vient ensuite l'examen du mode de construction, du type à choisir. Sera-ce un chemin économique de construction et relativement coûteux d'exploitation, c'est-à-dire de longues et raides sinuosités et des déclivités excessives, ou *vice versâ* [1]?

Ces études épuisées, on passe aux questions suivantes :

Dans quelle direction faudra-t-il ménager les pentes et les courbes? Pourra-t-on les reporter sans trop d'inconvénients sur certains points du parcours?

— Le chemin de fer aura-t-il *deux* voies?

— Dans le cas d'un chemin à *deux* voies, mais l'exploitation devant se faire sur *voie unique* pendant une certaine période, construira-t-on immédiatement les terrassements et ouvrages d'art pour les deux voies, ou pour une seule?

— En supposant que l'on n'exécute les terrassements et ouvrages d'art que pour *voie unique*, achètera-t-on immédiatement les terrains nécessaires à l'établissement de la deuxième voie?

La plupart des lignes à grand trafic étant achevées, ou du moins très-avancées dans leur établissement, les lignes qui restent à construire sont ou bien de parcours réduit ou de trafic restreint. — La question est donc en grande partie résolue en faveur des chemins à une voie. — L'expérience de plusieurs années d'exploitation de ces lignes, en Allemagne, en Angleterre

[1] Quel que soit le désir d'ailleurs très-légitime de réduire au minimum les dépenses d'établissement, encore ne faut-il pas, comme nous l'avons vu sur le chemin de Rustschuck à Varna (Turquie d'Europe), pousser l'économie jusqu'à l'exagération de la parcimonie et infliger au tracé des courbures fantastiques et des inclinaisons exagérées, en s'attachant opiniâtrément à effleurer la surface du sol, alors que les conditions topographiques permettaient de ramener la ligne en question à des conditions normales moyennant de très-faibles mouvements de terre.

et en France, a démontré qu'elles pouvaient atteindre des produits kilométriques considérables — de 30,000, 40,000 et même 50,000 francs par kilomètre — sans compromettre aucun intérêt.

Grâce aux mesures adoptées pour la direction de la marche des trains — 3e partie, Exploitation, TRAINS, — on arrive à exploiter avec toute sécurité des sections de ligne à une voie qui se développent sur plus de 100 kilomètres, sans autres parties en double voie que les gares d'évitement dans les stations de croisement.

On peut donc, sans inconvénients sérieux pour la majorité des cas qui se présentent aujourd'hui, limiter les acquisitions de terrains et les travaux aux besoins d'une seule voie.

Depuis 1865 l'administration française, entrant dans les vues des commissions déléguées à la recherche des moyens de faciliter l'établissement des chemins de fer, montre moins de rigueur dans les conditions imposées : — Autorisation de construction des lignes à une voie ; — Limites de courbure et d'inclinaison de la voie élargies ; — Suppression des clôtures, des barrières de passages à niveau peu fréquentés, etc., etc. : — telles sont quelques-unes des facilités accordées pour réduire les frais d'installation des chemins de fer, sans pour cela compromettre la sécurité ou les intérêts engagés dans ces entreprises.

*Pentes et courbes.* — Il serait téméraire de poser aujourd'hui des limites aux progrès que doit réaliser encore l'industrie des chemins de fer; mais, dans l'état actuel de cette science, les faits acquis démontrent que la circulation des locomotives et des wagons ordinaires est *possible* sur des lignes présentant des courbes décrites avec un rayon minimum de 200 mètres en pleine voie, de 80 mètres en stations, et des inclinaisons atteignant $0^m,05$ par mètre (voir la note à la page précédente).

Si, dans certains cas particuliers, ces limites ont été dépassées, c'est seulement au moyen de systèmes de traction spéciaux, que nous avons indiqués au chapitre Ier de la 2e partie — locomotion — et qui ne s'appliquent qu'exceptionnellement.

On peut donc, dans l'étude du projet d'établissement d'un

chemin de fer, prendre ces données pour limites qui permettent, dans la plupart des cas, de faire suivre de très-près au tracé les ondulations du sol, quand l'importance du trafic ne réclame pas l'exécution d'un chemin de grande vitesse, à faibles pentes, à courbures peu prononcées, d'un prix de revient élevé.

Rappelons enfin à l'ingénieur que son projet de tracé doit être combiné de manière à concilier, autant que possible, les conditions d'économie de construction et les exigences de l'exploitation de la ligne. L'expérience a démontré, par exemple, que les tranchées occasionnent des frais d'entretien souvent considérables et amènent, en raison de leur humidité permanente, une diminution d'adhérence des locomotives, qui se traduit par une réduction de vitesse ou de charge remorquée.

Cette réduction de puissance s'accroît encore, quand la tranchée est en courbe, ou bien lorsqu'il s'agit de franchir un tunnel dont la voie conserve un état *gras* produit soit par la présence de l'eau des terrains traversés, soit par la condensation de la vapeur des locomotives [1]. — (Chemin du col du Mont-Cenis.) —

Dans les inflexions de la ligne en pleine voie, les courbes en sens contraire doivent être séparées par un alignement droit d'une étendue au moins égale à la longueur totale d'un train. Afin de faciliter le service de la traction, dans les fortes rampes d'une certaine longueur, on ménagera des paliers distants entre eux de 5 à 6 kilomètres au plus, en reportant sur des alignements droits les inclinaisons les plus fortes [2].

*Embranchements.* — Une des causes les plus fréquentes de rencontre de trains en marche, cause qui tendrait à se développer en raison de l'extension que doit prendre la construction des nouveaux réseaux, résulte de la position des embranchements des lignes secondaires. Ces embranchements se raccordent généralement aux voies principales entre deux stations, c'est-à-dire en un point de la ligne où le service des appareils et signaux est confié à des agents isolés, qu'il est souvent difficile

[1] Voir à ce sujet notre *Note sur les chemins de fer suisses.*

[2] Le chemin de fer cité à la page 2 présente de trop nombreux exemples d'omission de ces prescriptions élémentaires.

de surveiller et de prévenir en temps convenable des perturbations survenues dans la marche des trains. On diminuerait la dépense et les chances d'accidents en fixant l'origine des embranchements dans l'une des stations de la ligne principale.

Quel qu'en soit d'ailleurs le point de départ, il faut éviter, au raccordement, les courbes trop prononcées et les tranchées dépassant 1 mètre de profondeur, afin que les aiguilleurs chargés de livrer passage puissent apercevoir les trains à leur approche et surtout s'assurer, par la vue directe, de l'état des signaux.

*Gares et stations.* — L'ingénieur s'efforcera d'établir les stations en alignement droit et en palier, cette seconde condition s'appliquant notamment aux voies principales et à celles où s'opèrent des manœuvres de wagons.

Les gares extrêmes présenteraient toujours de grands avantages à être rapprochées du centre des villes et des quartiers les plus commerçants. Le principal obstacle gît dans la dépense qu'entraîne l'acquisition des terrains dont le chemin de fer a besoin, pour la gare et ses abords.

Aussi les villes, intéressées à ce que les gares présentent le plus de commodité possible au public, devraient participer à la dépense extraordinaire motivée par l'introduction du chemin de fer dans leur enceinte, et le mode le plus rationnel à suivre serait de mettre à leur charge les frais d'acquisition des emprises nécessaires à l'établissement des gares.

Les emprises de terrains doivent toujours être calculées de manière à donner aux stations tout l'espace dont elles peuvent avoir besoin. — La plupart des chemins, livrés à l'exploitation sans que cette précaution ait été prise, sont gênés dans le service et dépensent souvent des sommes considérables en acquisitions supplémentaires. Cette remarque s'applique principalement aux chemins français, privés du droit d'expropriation par la jurisprudence, qui ne le leur reconnaît plus pour les lignes en exploitation [1].

[1] De Lalleau et Jousselin, *Traité de l'expropriation pour cause d'utilité publique*, t. Ier, p. 53 et 54.

*Passages à niveau.* — Enfin les passages à niveau devront être construits de manière à gêner le moins possible la circulation de la voie transversale au chemin de fer. On conservera donc entre ces traversées et les stations ou haltes une longueur suffisante pour que l'arrêt des trains n'apporte pas une interruption trop longue dans l'ouverture des barrières. Cette observation s'applique principalement aux stations où se font des manœuvres de composition et de décomposition de trains au moyen de locomotives.

*Observation.* — L'administration d'un chemin de fer projeté doit veiller à ce qu'une entente complète s'établisse entre l'ingénieur chargé des travaux d'établissement de la ligne et les chefs de service du matériel, de la traction et de l'exploitation. Cette entente peut faire disparaître, en grande partie, les inconvénients que ces divers services rencontrent souvent, et que l'on aurait probablement évités si les projets avaient été discutés et arrêtés d'un commun accord avant leur adoption définitive.

---

# PREMIÈRE PARTIE

# SERVICE DE LA VOIE

## TRAVAUX — ENTRETIEN — SURVEILLANCE

---

## CHAPITRE I.

### TERRASSEMENTS.

### § I.

### TRAVAUX PRÉPARATOIRES.

1. **Mouvement des terres.** — La construction d'une voie de communication d'une certaine étendue nécessite le percement de tranchées plus ou moins profondes et la formation de remblais, dont l'importance varie avec les conditions de pente et de courbure de la ligne.

En général, on cherche, en étudiant le projet, à compenser autant que possible les remblais et les déblais; mais, dans certains cas, on est obligé d'avoir recours à des *emprunts* et à des *dépôts*.

Quand il s'agit de faire un choix entre ces divers systèmes, la question des dépenses tranche presque toujours la difficulté.

Par le mode de compensation des remblais et des déblais, les frais de mouvement des terres peuvent devenir très-considérables, puisqu'ils croissent avec les distances de transport. La durée de la construction est aussi plus longue que par voie d'emprunts et dépôts; mais, dans cette dernière hypothèse, il faut tenir compte des frais d'acquisition des terrains supplémentaires, ainsi que des travaux d'entretien et d'assainissement des fouilles et dépôts.

Le passage d'un chemin de fer dans une localité dérange souvent l'équilibre des terrains qu'il touche; aussi, avant de fixer d'une manière absolue le tracé d'une ligne, doit-on prendre, au moyen de sondages judicieusement répartis, une parfaite connaissance et de la nature et de l'inclinaison des couches de terrains que la ligne pourra rencontrer.

Il faut éviter, autant que possible, les petites tranchées de 1 à 2 mètres de profondeur, parce qu'elles sont souvent très-humides, fréquemment exposées aux encombrements de neige, en un mot, parce qu'elles augmentent les difficultés et les dépenses normales d'exploitation. Dans les tranchées profondes, l'ingénieur s'efforcera de ne pas recouper les couches du sous-sol dans une direction qui pourrait en provoquer le glissement. C'est là une cause de frais de consolidation et d'entretien, parfois très-considérables, et d'entraves à la marche des trains.

Quand le chemin se tient au niveau du terrain naturel, il est convenable, pour préserver la voie de l'humidité du sol, de l'établir sur un petit remblai de $0^m,40$ à $0^m,60$ de hauteur, formé au moyen des fouilles des fossés latéraux.

2. Piquetage. — Le tracé d'un chemin étant définitivement arrêté, les plans et profils dressés dans les bureaux du service technique, et approuvés par l'administration supérieure, les terrains acquis, il faut, préalablement à l'exécution des travaux, procéder au *piquetage* [1].

[1] Avant de mettre les travaux en adjudication, la Compagnie d'Orléans fait appliquer sur le terrain le tracé définitif avec ses alignements droits et courbes. Ce tracé est piqueté au moyen de piquets kilométriques, hectométriques et intermédiaires. — La position de chaque piquet est représentée par son numéro; ainsi ce

25
4
30

croquis indique que ce piquet est placé à 30 mètres de l'hectomètre 4 du 25e kilomètre, ou à 25430 mètres de l'origine du tracé. Chaque piquet représente un point du profil en long et l'emplacement d'un profil en travers. Ce tracé est l'application sur le terrain du profil en long qui doit être remis à l'entrepreneur pour l'exécution de ses travaux.

C'est sur ce tracé 1° que les géomètres lèvent les plans parcellaires qui servent à l'expropriation des terrains; 2° que les entrepreneurs se renseignent avant l'adjudication; qu'ils vérifient, s'ils le veulent, les profils en travers.

Quand un entrepreneur est sur le point de commencer ses travaux, on doit préa-

Cette opération est commencée par l'ingénieur de la section, avec le concours des agents chargés spécialement de diriger la construction. Elle consiste à placer des piquets numérotés sur l'axe ou sur une parallèle à l'axe, aux extrémités de chaque alignement droit ou courbe, et aux points de changement de pente ou rampe. Une bonne précaution à prendre, c'est de distinguer, par des formes particulières, les piquets se rapportant à des indications de natures différentes. Au chemin de fer central suisse, par exemple, lors des travaux préparatoires, on plaçait sur l'axe deux piquets, l'un enfoncé au niveau du terrain naturel et servant de repère pour le nivellement, l'autre s'élevant de 0m,30 au-dessus du sol et portant le numéro d'ordre. La tête des piquets avait une section circulaire pour les alignements droits, et carrée pour les courbes.

Dans les deux cas, un clou à haute tête marque exactement le point fixé au sommet des piquets d'axe.

Ces piquets ont de 0m,08 à 0m,10 de diamètre à leur tête avec une fiche de 0m,50 à 0m,80, selon la nature plus ou moins résistante du sol. Lorsque la cote des terrassements, celle que l'on désigne sous le nom de *cote rouge*, varie de 0m,50 à 1 mètre, on place les piquets sur des buttes de terre, ou dans des trous préparés à cet effet; leur sommet se trouve alors à la hauteur réelle des remblais ou des déblais. Sur les points où le projet donne une cote rouge plus grande, on établit la tête des piquets à un nombre exact de décimètres au-dessus ou au-dessous du niveau qu'ils doivent indiquer. Ces différences sont consignées dans un état de piquetage, que l'ingénieur remet à l'agent chargé de l'exécution des travaux.

Cet agent doit alors compléter lui-même le piquetage de la

lablement repérer le tracé, parce que tous les piquets dont il vient d'être parlé doivent disparaître. Cette opération consiste à fixer solidement, par de gros piquets, les sommets d'angle, les extrémités des alignements droits ou courbes, les changements de déclivité, le tout conjointement avec l'entrepreneur.

Les tableaux de piquetage remis à l'entrepreneur n'ont pas d'autre but; l'opération ne peut pas servir pour l'exécution des terrassements, parce qu'il n'y est pas question des piquets des profils en travers, qui sont la base essentielle de l'exécution.

ligne en plaçant, au droit de chaque piquet mis par l'ingénieur, d'autres piquets pour marquer :

— Les deux bords du couronnement des terrassements;

— La limite des déblais et des remblais.

Indépendamment de ces piquets, complétant les profils choisis par l'ingénieur, il faut en placer d'autres suivant des profils intermédiaires, dont l'espacement peut varier de 50 à 200 mètres dans les parties droites, mais ne doit point dépasser 50 mètres dans les courbes.

Le piquetage de la ligne commence par celui des alignements droits, puis on trace les courbes au moyen de l'une des méthodes indiquées plus loin — 3 —.

Le piquetage terminé, vérifié et accepté, il est bon de prescrire à l'entrepreneur des terrassements de profiler exactement la forme des remblais, au moyen de gabarits en lattes clouées aux piquets placés de distance à autre (fig. 1).

L'ouverture et l'inclinaison des talus des tranchées sont également indiquées par des gabarits placés à la surface du terrain.

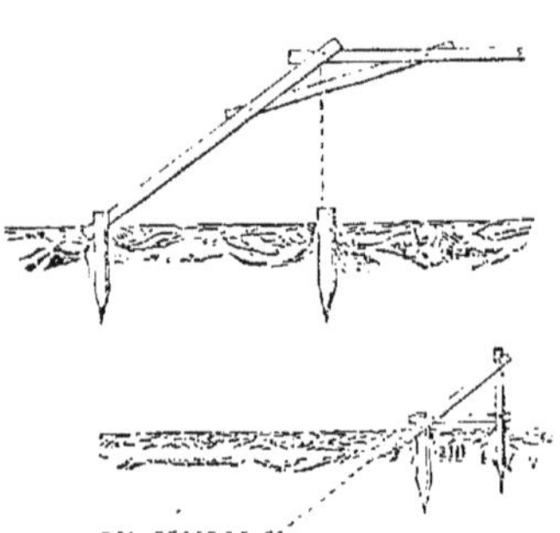

Fig. 1. Profils de terrassements.

Ces dernières données sont déterminées par des coupures ou cheminées espacées de 5 mètres environ les unes des autres, et très-exactement dressées, pour servir de direction aux ouvriers chargés de l'exécution des talus.

Il importe de veiller à la conservation des piquets et gabarits, et de remplacer immédiatement ceux qui disparaîtraient ou seraient dérangés de leur position normale.

3. Tracé des courbes de raccordement. — Pour raccorder deux alignements droits consécutifs, on détermine leur point de rencontre, l'angle $\alpha$ qu'ils font entre eux, les points de tangence avec l'arc de cercle du rayon R qui doit les raccorder, enfin la longueur des tangentes formant le prolongement de

ces alignements; cette longueur est donnée par la formule

$$x = \frac{R}{\tang \frac{\alpha}{2}}$$

Pour piqueter l'arc de raccordement, l'opérateur a le choix entre divers moyens qui varient suivant la grandeur du rayon de la courbe, les difficultés du terrain, l'importance des dégâts que les travaux préparatoires pourraient occasionner aux propriétés voisines, la difficulté d'accès au point de rencontre des alignements droits à raccorder, etc.

I. Soient A et B les points de tangence de deux alignements droits qui, prolongés, viennent se rencontrer en C (fig. 2).

On peut, à l'aide d'un graphomètre, diviser l'angle formé par chaque tangente et la ligne qui réunirait les points de tangence AB, en un certain nombre de parties égales. On cherche alors le point d'intersection du rayon visuel dirigé suivant chaque division de l'un des angles avec le rayon visuel passant par la division correspondante de l'autre angle, mais en ordre inverse, le premier de la station B, par exemple, avec le dernier de la station A, le deuxième de la station B avec l'avant-dernier de la station A, et ainsi de suite.

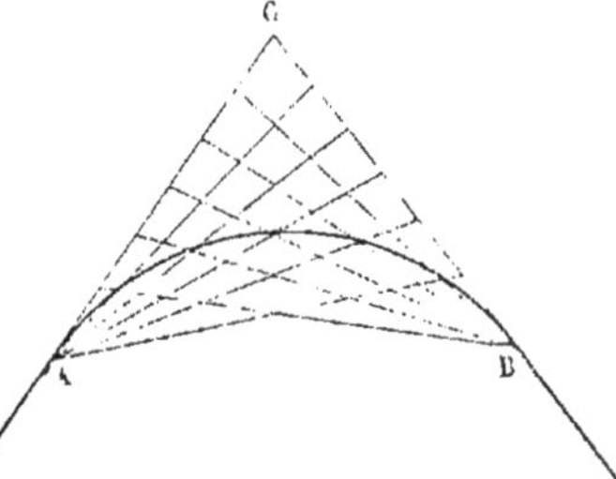

Fig. 2. Méthode des transversales.

Ces intersections donneront autant de points de la courbe. Ce procédé demande le concours de deux opérateurs et d'un aide piquetant immédiatement le point d'intersection des rayons visuels.

II. On détermine la distance du sommet C de l'angle $\alpha$ des tangentes, au centre O de l'arc de raccordement, et, par suite, le sommet D de cet arc (fig. 3), par la formule

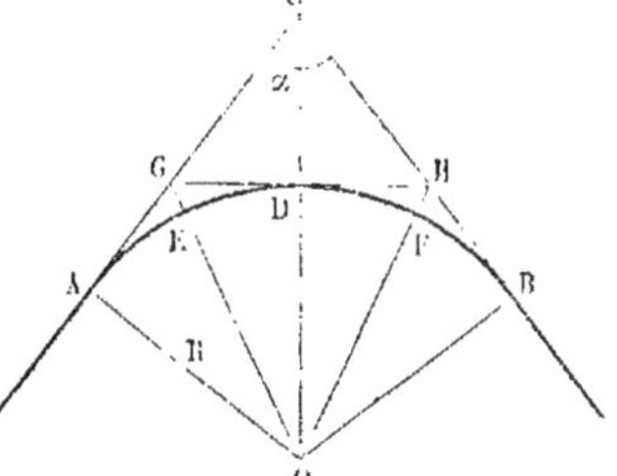

Fig. 3. Méthode par le calcul des lignes trigonométriques.

$$CD = \sqrt{\overline{AC}^2 + R^2} - R,$$

qui permet de fixer ainsi trois points très-précis de la courbe A,D,B. On peut en déterminer deux autres, E et F, par le calcul suivant :

$$\text{Angle } AGD = \text{angle } BHD = 90^\circ + \frac{\alpha}{2},$$

$$AG = BH \quad R \operatorname{cotg} \frac{1}{2}\left(90^\circ + \frac{\alpha}{2}\right),$$

$$\text{et enfin } GE = HF = \frac{R}{\sin \frac{1}{2}\left(90^\circ + \frac{\alpha}{2}\right)} - R.$$

III. On détermine par le calcul — II — la position du sommet D de la courbe, ce qui donne trois points de l'arc de cercle. Pour en trouver d'autres, on pourra, sur le plan, élever des perpendiculaires à la tangente, et rapporter sur le terrain les longueurs données par le plan (fig. 4). On les vérifiera au besoin par la formule

$$x^2 + (R - y)^2 = R^2$$

et quand ils seront rapportés sur le terrain, on sera certain que tous les points appartiennent bien à la courbe, si les angles formés par les cordes réunissant chaque point aux points A et B sont tous égaux à l'angle au sommet ADB.

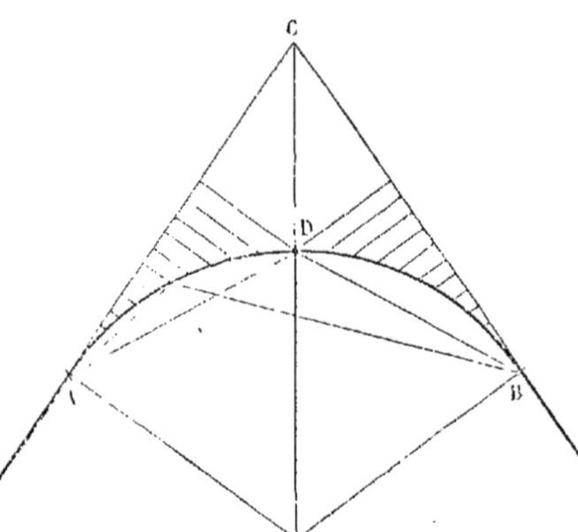


Fig. 4. Tracé par les ordonnées aux tangentes.

Cette méthode est expéditive, mais elle n'est pas complétement rigoureuse.

IV. Quand le sommet de l'angle des tangentes n'est pas accessible, on pourra construire la courbe aux moyens d'ordonnées perpendiculaires à la corde AB qui joint les points de tangence, mesurées à l'échelle du plan (fig. 5), et rapportées sur le terrain. Ce procédé, comme le précédent, n'est qu'approximatif.

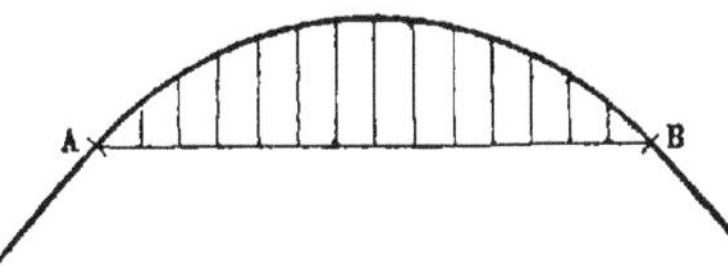

Fig. 5. Tracé par les ordonnées à la corde.

V. La longueur des tangentes étant donnée par le calcul, on peut partager le rayon en un certain nombre de parties égales $x$ (fig. 6) et déterminer la longueur $y$ par la relation

$$y = \sqrt{x(2R - x)}.$$

Par suite, un certain nombre de valeurs de $y$ étant calculées à l'avance, rien n'est plus facile que de fixer sur le terrain les points de la courbe, en portant sur les tangentes les longueurs $Bm$ trouvées, élevant aux points $m$, $m$... des perpendiculaires à la tangente, et prenant sur ces perpendiculaires les longueurs $x$, $2x$, $3x$..., qui ont servi à déterminer les valeurs correspondantes de $y$.

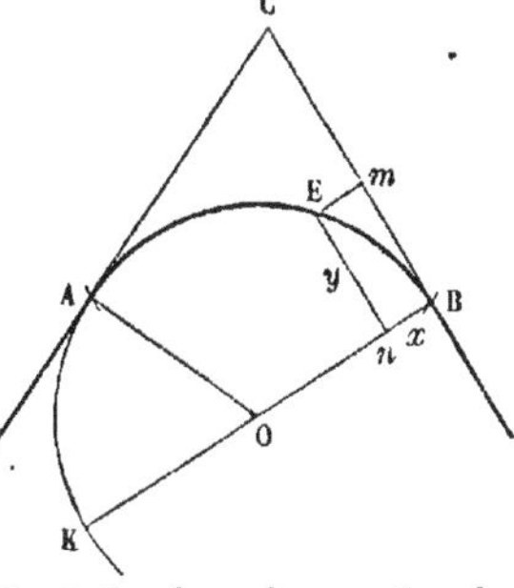

Fig. 6. Tracé par les coordonnées du cercle.

VI. *Méthode anglaise.* — A partir du point de tangence $A$ (fig. 7), porter deux longueurs égales $Aa$, $ab$; du point $a$ comme

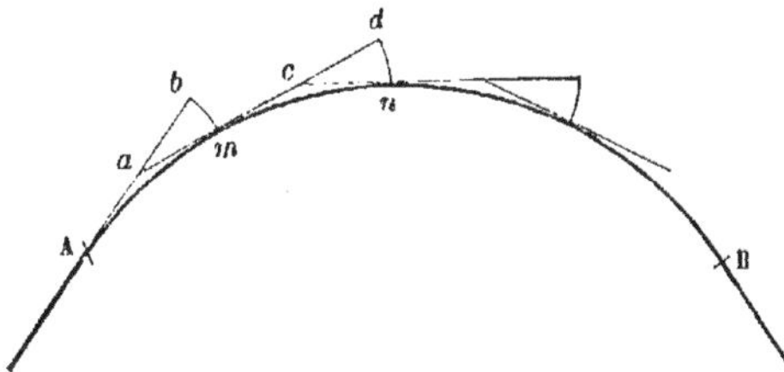

Fig. 7. Méthode des tangentes successives.

centre, avec $ab$ pour rayon, décrire un arc de cercle; prendre $bm$ à l'échelle du plan : le point $m$ doit appartenir à la courbe cherchée; prolonger la droite $am$ de $md = Ab$; du point $c$, milieu de $md$, comme centre, décrire, avec $cd$ pour rayon, un arc de cercle sur lequel on mesure $dn = bm$; $n$ est un second point de la courbe, et ainsi de suite jusqu'à l'autre tangente. Si la courbe ne rejoint pas le point B, il faut recommencer l'opération, en augmentant ou diminuant $bm$ d'une petite quantité.

VII. *Méthode des sécantes successives*[1]. — Soit A (fig. 8) le point de tangence d'un alignement droit et de la courbe de raccordement; il s'agit d'abord de déterminer un second point de cette courbe. A cet effet, prenons sur la tangente une longueur arbitraire $Ab = c$, mais qui varie avec le rayon de la courbe (Voir le tableau ci-dessous); sur la perpendiculaire $bm$ prenons

$$bm = \frac{1}{2}\,\varepsilon = \frac{c^2}{2R}.$$

$m$ sera un second point de la courbe; prolongeons A$m$ d'une longueur égale $m$D; prenons sur la direction D$n$, marquée

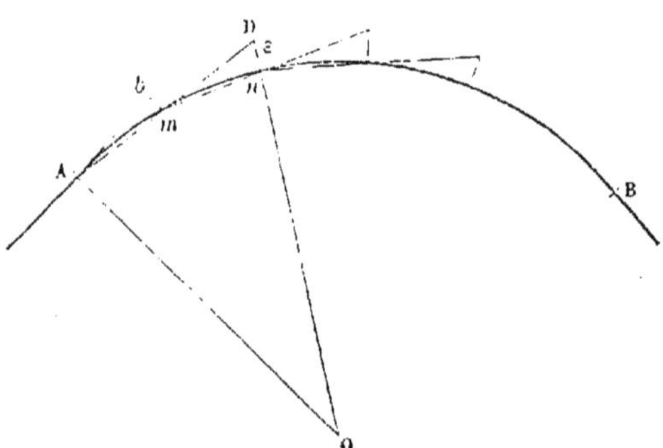


Fig. 8. Méthode des sécantes successives.

par l'angle D d'un gabarit, une longueur D$n$ = ε, quantité donnée par le tableau; le point $n$ est sur la courbe. Puis on

(1) Voir la *Notice* de M. Gayrard : Mémoires et compte rendu des travaux de la Société des ingénieurs civils, 1843; *id.*, Plessner, *Méthode de M. Stoll*, p. 10.

opérera sur $m$ et $n$ comme on a opéré sur A et $m$, et ainsi de suite.

Ce procédé est d'autant plus exact, que le rayon de la courbe est plus grand et la longueur $c$ plus petite ; il est facile de voir que $Dn = \varepsilon = \frac{c^2}{R}$.

Nous avons étendu le tableau que donne M. G. Gayrard dans son Mémoire, en recherchant les valeurs de $\varepsilon$ pour les différents rayons qui peuvent se présenter dans la pratique, et en prenant pour valeur de $c$, des longueurs de 5, 10 et 20 mètres, suivant que les rayons des courbes seront compris entre 50 et 200 mètres, 250 et 750 mètres, 800 et 10000 mètres.

*Tableau des valeurs de* $\varepsilon = \frac{c^2}{R}$ *pour des courbes de rayons compris entre* 50 *et* 10000 *mètres.*

| R | $\varepsilon$ pour $c=5^m$ | R | $\varepsilon$ pour $c=10^m$ | R | $\varepsilon$ pour $c=20^m$ | R | $\varepsilon$ pour $c=20^m$ | R | pour $c=20^m$ | R | $\varepsilon$ pour $c=20^m$ |
|---|---|---|---|---|---|---|---|---|---|---|---|
| m. | mm. | m. | mm. | m. | mm. | m. | mm. | m. | mm. | m. | mm. |
| 50 | 500 | 250 | 400 | 800 | 500 | 1350 | 297 | 1900 | 210 | 2900 | 138 |
| 60 | 416 | 300 | 333 | 850 | 470 | 1400 | 286 | 1950 | 205 | 3000 | 133 |
| 70 | 357 | 350 | 285 | 900 | 444 | 1450 | 276 | 2000 | 200 | 3500 | 114 |
| 80 | 312 | 400 | 250 | 950 | 420 | 1500 | 266 | 2100 | 190 | 4000 | 100 |
| 90 | 277 | 450 | 222 | 1000 | 400 | 1550 | 258 | 2200 | 180 | 4500 | 89 |
| 100 | 250 | 500 | 200 | 1050 | 381 | 1600 | 250 | 2300 | 174 | 5000 | 80 |
| 120 | 208 | 550 | 182 | 1100 | 364 | 1650 | 242 | 2400 | 167 | 6000 | 66 |
| 140 | 178 | 600 | 166 | 1150 | 347 | 1700 | 235 | 2500 | 160 | 7000 | 57 |
| 160 | 156 | 650 | 154 | 1200 | 333 | 1750 | 229 | 2600 | 154 | 8000 | 50 |
| 180 | 138 | 700 | 143 | 1250 | 320 | 1800 | 222 | 2700 | 150 | 9000 | 44 |
| 200 | 125 | 750 | 133 | 1300 | 308 | 1850 | 216 | 2800 | 143 | 10000 | 40 |

4. CORRECTION DES COURBES DE RACCORDEMENT. — Ce mode de tracé doit mener la courbe d'un point de tangence à l'autre ; mais l'imperfection des instruments et des opérations partielles, les accidents de terrain, causent souvent de légères déviations, qui reportent le passage de la courbe à côté du second point de tangence. On peut faire les corrections à la courbe au moyen de calculs assez longs, indiqués par M. Gayrard. Cependant quand

l'erreur commise est considérable, si, par exemple, le point d'arrivée tombe à une distance $X > \frac{R}{500}$ du second alignement

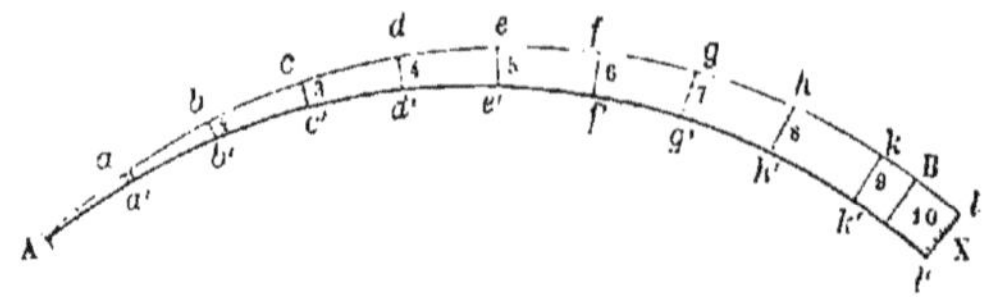


Fig. 9. Correction des courbes de raccordement.

(fig. 9), il y a lieu de reprendre le tracé en opérant avec plus de soin; si l'erreur n'atteint pas $\frac{R}{500}$, on peut corriger la courbe de la manière suivante : diviser la longueur X, qui est la somme des erreurs partielles accumulées sur le dernier point trouvé de la courbe, en autant de parties égales qu'il y a eu de longueurs *c* sur l'arc décrit; reporter à chaque division *a'*, *b'*, *c'*... et suivant une direction normale à la courbe, une quantité représentant autant de fractions de la valeur X qu'il y a eu de stations jusqu'au point considéré; si, par exemple, on a porté la longueur *c* dix fois de A en *l'*,

$$\text{et que } X = ll' = 0^{m},80, \text{ on aura } \frac{X}{10} = 0^{m},08;$$

alors on prendra $kk' = 0^{m},72$, $hh' = 0^{m},64$... $aa' = 0^{m},08$. Les points *a*, *b*, *c*,... appartiendront à la courbe cherchée.

On s'assure de l'exactitude de la courbe ainsi tracée, en portant une corde d'une certaine longueur sur divers points de la courbe, et en constatant que les arcs soustendus ont partout la même flèche.

5. Raccordement parabolique ou a rayons variables. — Jusqu'à ces derniers temps le raccordement des alignements droits s'effectuait à l'aide d'arcs de cercle. Depuis plusieurs années quelques ingénieurs recommandent l'adoption de courbes se rapprochant de la forme parabolique ou des courbes en anse de panier, à l'effet de ménager, au point de vue de la sécurité et de la conservation du matériel, la transition du passage d'un alignement droit à une courbe.

L'examen de cette question trouvera sa place au § V du chap. V, relatif à la pose de la voie — 218 — [1].

## § II.

## EXÉCUTION DES TRANCHÉES ET REMBLAIS.

6. **Tranchées** — Le percement d'une tranchée s'effectue par un ou plusieurs étages de déblai, suivant sa profondeur. La *cunette* étant creusée d'abord, et les terres retroussées en cavaliers, pour permettre l'établissement des moyens de transport, on attaque la tranchée sur toute sa largeur. Dans les tranchées à plusieurs étages, on n'installe un nouveau chantier qu'au moment où celui qui le précède immédiatement au-dessus a pris une avance suffisante, en réservant, d'ailleurs, des plans inclinés, pour raccorder les étages supérieurs avec le fond de la tranchée.

Dans certains cas, on a creusé les tranchées par couches horizontales successives, en profilant immédiatement les talus de haut en bas.

Depuis quelques années on emploie un procédé d'abattage très-économique, celui du *havage* ou des *mines sèches*. On ouvre dans le front d'attaque d'un déblai et normalement, des cheminées, espacées de 5 à 10 mètres suivant la consistance du terrain, parallèles, ayant de $0^m,30$ à $0^m,00$ de largeur sur une profondeur de 2 à 3 mètres (fig. 10, pl. III).

Ces cheminées isolent un massif qu'il s'agit de faire ébouler en masse. A cet effet, on sous-cave sur toute sa longueur ce massif ainsi isolé, puis on chasse à coups de masse sur une ligne qui joint les extrémités des cheminées, des pieux-coins frettés

(1) Pour le tracé des lignes de chemins de fer, on pourra consulter avec fruit l'ouvrage de M. Wilhelm Heyne, ingénieur aux chemins de la Theiss : *Das Traciren von Eisenbahnen*, 3e édition, Vienne 1870. Beck'she Buchhandlung (Alfred Horder).

et sabottés. Sous l'action de ces pieux le massif se détache et vient s'écrouler en avant du front d'attaque.

Ce procédé a l'inconvénient de faire courir le risque d'entamer et d'ébouler la surface des talus. Il peut d'ailleurs être d'une application dangereuse pour la vie des ouvriers; une surveillance sévère est donc de toute rigueur. — Il réussit très-bien dans les terrains à la pioche, homogènes : terre végétale, argile compacte, conglomérats, etc.

7. Remblais. — Les remblais doivent être composés de matériaux pouvant prendre une certaine liaison entre eux et avec le sol sur lequel ils reposent, résister aux influences atmosphériques, et conserver le profil qui leur a été assigné.

On forme généralement les remblais avec les terres extraites des tranchées voisines; c'est par exception que ces terres sont rejetées, soit pour excès de déblais, soit pour qualité absolument défectueuse, soit enfin par économie sur les frais de transport.

Les remblais s'exécutent sur toute leur largeur à la fois; il faut éviter le rechargement sur les talus, car, généralement, les reprises ne font pas *corps* avec le noyau. Pour éviter le grave inconvénient des recharges, on fait bien de tenir les remblais un peu *gras*, c'est-à-dire de leur donner une petite augmentation de dimensions en largeur et en hauteur, excédant qu'il est facile d'enlever lors du dressement de la plate-forme et des talus, et que l'on peut d'ailleurs calculer en tenant compte du tassement.

Si les remblais ont peu de longueur, les transports se font à la brouette ou au tombereau, roulant sur des voies en madriers ou en fers posés à plat; quand ils atteignent une certaine importance, on se sert de wagons de terrassement; les limites d'emploi de ces divers modes de transport sont fixées par la comparaison des résultats que donnent les *formules de transport* (annexe L).

Les deux premiers modes présentent l'avantage de former le remblai au moyen de couches horizontales, dont le tassement est favorisé par la lenteur des travaux, la circulation des véhicules et les influences atmosphériques.

L'épaisseur des couches peut varier dans des limites assez étendues : ainsi, en France, la Compagnie du Midi fixait cette épaisseur maxima à $0^m,80$; la Compagnie de l'Est, à $0^m,20$, $0^m,30$ et $0^m,40$, suivant qu'on employait la brouette, le tombereau ou le wagonnet ; au chemin Central suisse, la partie supérieur du remblai, jusqu'à $1^m,50$ en-dessous de la plate-forme, devait être formée par couches de $0^m,30$.

Quand on se sert de wagons de terrassement, le *déchargement* se fait *à l'anglaise*, ou avec *pont de décharge*.

Par le premier de ces deux systèmes, le remblai se compose de tranches juxtaposées et inclinées sous l'angle du talus naturel des terres; il est donc exposé à subir des tassements ultérieurs très-considérables. Cependant le déchargement *à l'anglaise* est le plus souvent employé, comme plus expéditif et moins coûteux que l'autre; il exige de l'ouvrier qui en fait la manœuvre, beaucoup de prudence, de dextérité et de sang-froid.

L'emploi du *pont de décharge* permet de donner aux couches successives une plus grande longueur et, par conséquent, une moindre inclinaison, mais on ne peut économiquement l'appliquer que pour l'exécution de travaux très-considérables.

La conférence de Munich, en 1868, a résumé en ces termes les réponses que les divers chemins d'Allemagne avaient été invités à faire sur la question suivante : Quelles sont les meilleures dispositions de wagons de déchargement pour l'exécution des terrassements sur chemins provisoires?

« D'après les renseignements fournis, on emploie, pour l'exécution de terrassements importants sur voies provisoires, des wagons basculant en avant ou de côté, avec ou sans pont de décharge; des wagons ordinaires avec des côtés bas tombants. Ce sont les circonstances locales qui décident du choix à faire entre ces différents moyens et l'occasion plus ou moins favorable de trouver du vieux matériel disponible. En tous cas, on peut recommander de donner aux wagons de terrassement une capacité d'au moins 2 mètres cubes. »

8. Précautions a prendre — Un remblai ne possède une assiette

convenable que lorsqu'il repose sur un sol nettoyé avec soin : il faut enlever les souches d'arbres et de haies, les débris végétaux, les racines; en débarrasser également les terres devant composer le remblai. On se contente, dans les prairies, de labourer le sol à la bêche ou à la charrue, et d'y laisser les gazons retournés; il faut écarter les blocs de pierre les uns des autres, briser les mottes ou pelottes de terre, principalement pendant les gelées, afin de réduire le volume des vides et l'effet du tassement. Les résultats de ce phénomène sont aussi variables que la nature des matériaux constituant les remblais, et les circonstances de leur formation. Pour parer aux éventualités, on fait bien d'étudier les effets du tassement pendant la construction même, et de donner alors au remblai la surélévation correspondante au tassement probable de l'ensemble, calculé d'après les premières observations.

Les pluies qui surviennent pendant la construction peuvent aussi déterminer des affaissements et des ravinements, surtout vers les talus; pour obvier à ces inconvénients, la prudence conseille de ménager une surépaisseur aux bords des tranchées et des remblais. Aux approches des ouvrages d'art, et afin d'éviter les mouvements qui pourraient porter préjudice à la solidité des ouvrages, les remblais sont exécutés, sur une longueur au moins double de leur hauteur à partir des murs extrêmes, avec des terres maigres, graveleuses, perméables. Si c'est possible, on les sépare de l'ouvrage par des blocailles et enrochements. Dans ces cas spéciaux, les terres sont pilonnées, arrosées par couches de $0^m,15$ d'épaisseur, et déposées simultanément de chaque côté de l'ouvrage, pour ne pas occasionner de poussées inégales.

Quand les remblais reposent sur un terrain présentant une certaine déclivité, on entaille le sol en gradins de $0^m,50$ à 1 mètre de hauteur, le plan des faces supérieures des gradins perpendiculaire à la surface du sol, afin de s'opposer au glissement de la masse rapportée; plusieurs éboulements de remblais n'ont pas eu d'autre cause que l'oubli de cette précaution — 23 —.

Lorsque les remblais sont soumis, en cours d'exécution, aux

influences de cours d'eau qui peuvent les affouiller, on doit prendre des précautions toutes spéciales. A ce sujet nous appelons l'attention des constructeurs sur le système de défense que M. W. Pressel, ingénieur attaché aux chemins de fer du sud de l'Autriche, a du adopter lors de la construction de la ligne Barcs-Kanizsa le long de la Drave, au pied des contreforts de Legrad (1867-1868). Sur la section Barcs-Kereztur l'exécution des remblais exposés au contact de la rivière était précédée par l'établissement d'un batardeau, formé de pieux enfoncés sur la ligne fixée pour le pied du talus baigné. A ces pieux on fixait provisoirement des arbres branchus dont les rameaux arrêtaient le premier choc du courant. — Contre ces pieux on échouait dans l'eau trois gros boudins de fascines remplis de cailloux bien nettoyés qui servaient alors de base au talus. — Le remblai effectué en deux reprises s'avançait alors, protégé par le batardeau contre lequel on amassait des terres et graviers de bonne qualité. — Quand la première partie du remblai, celle de droite, attenante à la rivière, était ainsi consolidée, la seconde partie du remblai, celle de gauche, s'avançait à son tour. Formée de glaise et autres matières de mauvaise qualité, elle s'appuyait à gauche contre les contreforts du sol naturel, à droite contre la première partie du remblai qui la préservait du contact des eaux.

Le parachèvement de la défense du remblai par des perrés — 24 — s'est effectué ultérieurement à l'aide du chemin de fer lui-même qui a permis de transporter et d'amener à pied d'œuvre les pierres nécessaires à ce travail. Si ce revêtement avait dû être fait lors de la construction du chemin, il en aurait notablement retardé l'avancement et augmenté le prix de revient dans d'énormes proportions, les pierres faisant complétement défaut aux lieux d'emploi.

Les talus étant dressés avec soin, c'est-à-dire présentant des surfaces et des arêtes régulières, avec l'inclinaison qui leur convient — 9 —, on les recouvre généralement d'une chemise de $0^m,10$ à $0^m,15$ de terre végétale, déposée par tranches horizontales de $0^m,20$ de hauteur, pilonnées à la dame plate (fig. 11).

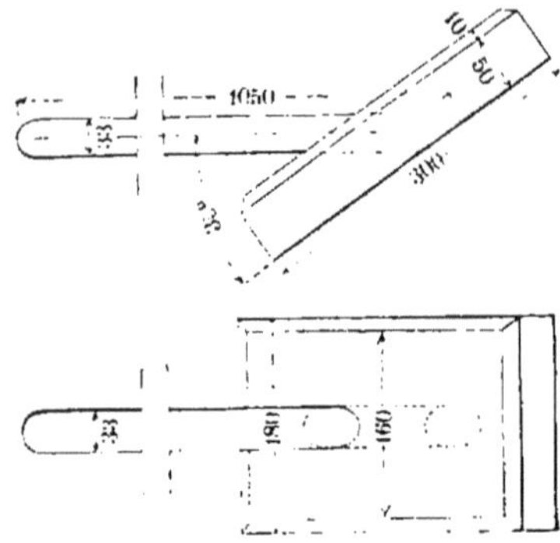

Fig. 11. Dame plate en bois 1/10.

Quand le glissement de cette chemise est à craindre, on prend la précaution de tailler en gradins la face du talus — 14 —. Dans ce but, et avant de commencer les terrassements, toute la terre végétale provenant des déblais ou du sol d'assise des remblais, est relevée sur les côtés du chemin, et conservée pour servir plus tard au recouvrement des talus. On met aussi de côté les gazons, découpés en prismes, et tous les matériaux que l'on croit pouvoir utiliser ultérieurement.

Bien qu'une tranchée soit ouverte dans la roche solide et inaltérable à l'air, il faut encore avoir soin de sonder et de faire descendre toutes les parties ébranlées qui pourraient se détacher après la mise en exploitation. Si la roche ne peut pas être taillée à pic, on se contente de former les talus par arrachements en redans ou échelons.

Nous décrivons plus loin — chap. III, § 1er — les procédés suivis pour ensemencer, gazonner et planter les talus.

9. Inclinaison des talus — Il est impossible de tracer des règles générales pour fixer l'inclinaison des talus qui, dépendant essentiellement de la nature des terrains, peut se trouver comprise entre 0° et 90°, selon le cas.

Les données suivantes se rencontrent le plus généralement dans les constructions :

| NATURE DES TERRAINS. | INCLINAISON. | | |
|---|---|---|---|
| | Hauteur. | Base. | Degrés. |
| Roches non gélives. . . . . | quelconque | 0 | 90° |
| Roches tendres . . . . . . | 3 | 1 | 71° à 72° |
| Sables et graviers . . . . . | $1\frac{1}{2}$ | 1 | 56° à 57° |
| Terres franches et légères. | 1 | 1 | 45° |
| Argiles . . . . . . . . . . | $\frac{1}{2}$ | 1 | 26° à 27° |

Cette inclinaison varie aussi, à égale qualité de terrain, avec la profondeur des tranchées ou la hauteur des remblais. Sur certaines lignes, — Hainaut et Flandres (Belgique), par exemple — on a réglé l'inclinaison des talus d'après la distance verticale qui sépare la plate-forme de la surface du sol.

Ainsi de 1 mètre à 4 mètres, les talus sont inclinés à $\frac{1}{1}$

4 — 8 — — $\frac{5}{4}$

8 — et au-dessus — — $\frac{3}{2}$

Sur d'autres lignes on a adopté, en principe, des inclinaisons de $\frac{1}{1}$ pour les talus des tranchées, et de $\frac{3}{2}$ pour ceux des remblais [Nord, Est (France), Hanovre]; ailleurs, aux chemins Central et Sud-est suisse, notamment, cette dernière inclinaison a été appliquée à tous les talus.

En Prusse, on prend pour règle de donner aux talus des remblais, en argile ou en terre sablonneuse, $1\frac{1}{2}$ sur 1 ; à ceux en argile compacte, 1 sur 1 ; en pierre ou en roche, 1 sur $1\frac{1}{4}$ ; enfin aux talus des tranchées, l'inclinaison la plus forte que peuvent comporter la nature du terrain entamé et la sécurité de la circulation. Certains remblais, établis sur des terrains très-peu résistants, ont reçu des talus de 3 et 4 de base pour 1 de hauteur.

En général, l'inclinaison à 45° n'est admissible pour les glaises ou les terres ébouleuses que quand on les abrite sous des revêtements en pierre sèche. Avec la chemise en terre, qui est préférable sous tous les rapports, il est bon de dresser les talus des tranchées à $1\frac{1}{2}$ au moins sur 1.

On rencontre quelquefois des terrains qui, au premier abord, paraissent devoir se tenir sous une inclinaison très-prononcée, mais dont la surface est promptement altérée par les influences atmosphériques. Il y en a d'autres, enfin, qui n'admettent aucune inclinaison, et conduisent à de grands travaux de consolidation; encore arrive-t-il souvent des accidents, des éboulements qui envahissent la voie et occasionnent des frais de réparation beaucoup plus élevés que ceux exigés par les précautions de premier établissement. Chaque cas particulier exige donc un examen préalable des exemples fournis par la localité, une étude attentive de la nature des talus et des dispositions à y appliquer.

10. Dressement de la plate-forme. — Pour faciliter l'écoulement des eaux de pluie, on dispose la plate-forme des remblais en pente de $0^m,03$, environ, de l'axe vers les côtés du chemin. Quelques ingénieurs, toutefois, ayant égard à l'âge des remblais, donnent, pour prévenir l'effet des tassements, plus marqué aux bords que vers le centre, une surélévation aux arêtes extérieures de la plate-forme. Mais à notre avis le dressement en dos d'âne de la plate-forme ne saurait être trop prononcé; par conséquent, il n'y a pas lieu d'appliquer cette surélévation. Le mélange du ballast et de la terre étant d'un effet très-fâcheux pour l'entretien de la voie, on fera bien de damer la plate-forme et de la dresser soigneusement avant de répandre le ballast.

En tranchée, le projet doit prévoir des fossés aussi profonds que possible. Le plafond doit avoir une pente minima de 0,0005. Il est également utile d'y dresser la couronne en pente de chaque côté de l'axe, et de ne laisser ni creux ni saillie en dessus ou en dessous du plan fixé par le profil. Dans les terrains de rocher, les cavités produites par les coups de mine seront remplies avec des éclats de pierre.

Nous indiquerons au § x de ce chapitre les précautions à prendre pour préserver la voie de l'action des eaux.

11. Dépôts et emprunts. — Les emprunts ouverts à proximité du chemin de fer ou des voies publiques doivent laisser entre leur arête supérieure et la limite du terrain acquis pour le chemin de fer, ou le pied du talus des autres chemins, une distance de 1 mètre au minimum.

Le talus le plus voisin de la voie aura une inclinaison de 3 de base au moins pour 1 de hauteur; les autres talus, 1 de base au moins pour 1 de hauteur.

Les talus des dépôts se règlent comme ceux des remblais du chemin de fer.

Quant les chambres d'emprunt ont une grande longueur, on les divise souvent par des massifs transversaux ménagés de distance en distance.

Il y a de nombreux exemples de chambres d'emprunt où les eaux s'accumulent et transforment la fouille en marais insalubre. Nous rappelons plus loin — 25 — les prescriptions administratives qui se rapportent à ce cas. Afin d'en éviter l'application, le service de la construction fera bien de prendre, dès l'abord, toutes les mesures nécessaires pour l'écoulement des eaux.

En traitant de l'entretien des fouilles d'emprunts, nous indiquons également le moyen de les utiliser comme source de revenu pour l'administration du chemin de fer — 25 —.

## § III.

## ENTRETIEN DES TRANCHÉES.

12. Nature des terrains. — Les travaux d'entretien, d'assainissement et de consolidation des tranchées dépendent beaucoup de la nature du terrain traversé.

Quand le terrain est solide, résistant, l'entretien se borne à de menus travaux ordinaires.

Si la tranchée est creusée dans une terre meuble, des sables, des roches désagrégées, on prendra, lors de l'établissement de la ligne, quelques mesures préventives contre l'éboulement des talus. Ces mesures nécessitent des travaux de consolidation quelquefois considérables, mais qui, une fois terminés, réduisent l'entretien à des frais très-minimes.

Comme nous l'avons dit plus haut, on rencontre des terrains paraissant, au premier abord, posséder tous les caractères d'inaltérabilité désirables, mais qui, sous l'action prolongée des influences atmosphériques, subissent des modifications, des détériorations de surface, auxquelles il faut remédier promptement pour prévenir des accidents plus graves.

Les indications suivantes suffisent dans les différents cas qui peuvent se présenter.

13. Terrains de bonne qualité. — Ces terrains, qui résistent aux actions atmosphériques, peuvent être simplement ravinés par les eaux extérieures. Pour les préserver, il suffit :

— De recueillir et faire écouler les eaux de la surface ;

— De semer et planter les talus préalablement réglés.

Du côté par lequel arrivent les eaux de surface, on établit un fossé avec revers (fig. 12), en lui donnant une pente en long de $0^m,01$ au moins. Selon que la disposition du terrain le permet, on conduit les eaux, soit en dehors de la tranchée, par une pente continue, soit dans les fossés de la tranchée, au moyen de cuvettes rampantes, en gazon, en maçonnerie ou en bois.

Si le terrain est très-perméable, il sera prudent de garnir le fond du fossé d'un corroi en argile sablonneuse pour prévenir les infiltrations.

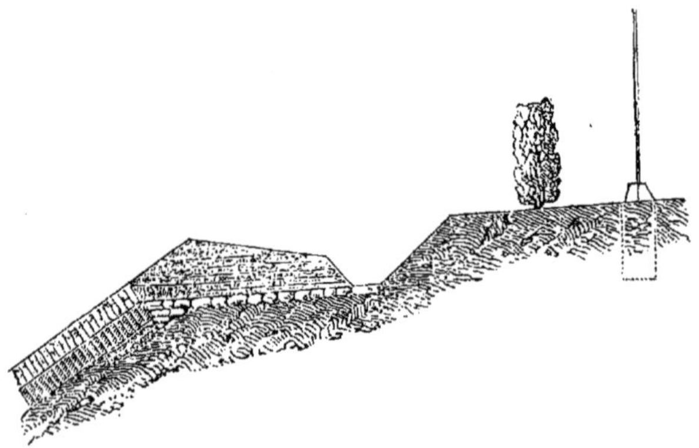

Fig. 12. Fossé en amont d'un talus.

Dans les tranchées à banquettes, il faut donner à celles-ci un revers incliné du côté des terres (fig. 13), assurer l'écoulement des eaux par des pentes longitudinales de $0^m,02$ au moins et des cuvettes rampantes au besoin, utiliser autant que possible celles des fossés de ceinture.

Fig. 13. Rigole en banquette.

Il faut, par des soins assidus, tenir toujours les fossés et cuvettes parfaitement propres, afin d'éviter la formation des flaques d'eau, plus nuisibles encore que l'écoulement naturel des eaux de pluie.

Les banquettes doivent être entretenues avec le même soin, et, pour rendre cet entretien plus facile, on les recouvre avec des gazons posés à plat, ou avec un pavage en moellons, enfin on y provoque le développement de plantes vivaces.

14. Terrains glaiseux ou argileux. — Les mêmes moyens doivent être appliqués quand les terres des tranchées sont de nature un peu fluente, comme les argiles ordinaires. Il est encore plus nécessaire alors d'entretenir en parfait état les écoulements établis pour empêcher les eaux de s'arrêter et de *réduire en bouillie* les terres voisines.

Quand la tranchée est ouverte dans des terres très-argileuses ou glaiseuses homogènes, les précautions qui précèdent sont indispensables, mais elles ne suffisent plus.

Sous l'action du vent et du soleil, les terres de la surface perdent leur humidité naturelle et se fendillent en se desséchant; puis, quand viennent les pluies, elles absorbent par ces fentes plus ou moins d'eau, et se fendent ensuite plus profondément encore quand le soleil agit de nouveau. Ces actions alternatives divisent la terre et causent ou préparent des mouvements graves.

La gelée contribue à gonfler les surfaces et à les rendre moins résistantes, pendant qu'elle laisse toute action à l'eau absorbée qui a conservé sa liquidité; quand vient le dégel, tout coule et les talus sont à refaire.

Pour éviter ces accidents, il faut masquer le terrain naturel sous une chemise qui le mette à l'abri des influences atmosphériques. On peut employer, pour faire cette chemise, toute espèce de terres légères qui ne puissent pas fluer ou être entraînées par les vents et qui soient propres à la végétation. Une épaisseur de revêtement de $0^m,25$ à $0^m,30$ suffit pour préserver la terrain naturel des influences atmosphériques, même de la gelée. Pour que ce revêtement fasse corps avec le talus, il convient de préparer celui-ci, en y creusant des sillons de $0^m,20$ environ de profondeur, présentant en long des inclinaisons de $0^m,15$ environ par mètre (fig. 14). Quand le terrain est ainsi

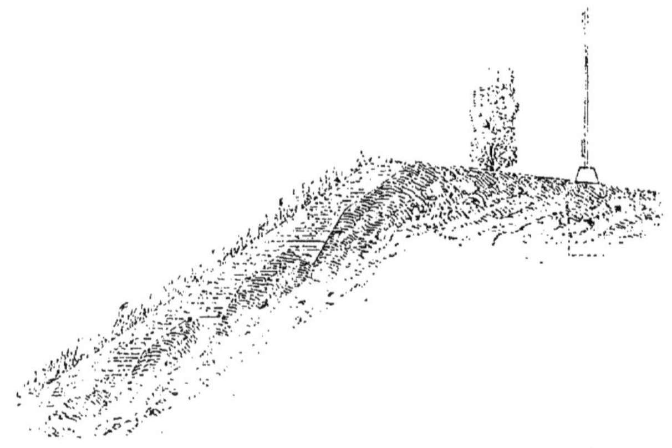

Fig. 14. Revêtement des talus.

préparé, on exécute la chemise par couches minces *damées avec le plus grand soin*. Les sillons en pente ont le double avantage de rendre plus sûre la liaison du revêtement avec le terrain naturel, et d'assurer un prompt écoulement des eaux de pluie qui pourraient tomber pendant l'exécution des travaux.

Il est essentiel, du reste, que les travaux de cette nature soient menés avec célérité pour éviter la détérioration du sol mis à vif.

Un revêtement en pierre ou en briques de $0^m,25$ ou $0^m,30$ d'épaisseur, garni dans les vides avec de la terre légère ou du sable en guise de mortier pour abriter complétement la glaise, ou bien encore un revêtement en gazon, pourrait remplacer la chemise en terre; mais, en général, la dépense serait beaucoup plus considérable et le travail ne vaudrait pas mieux.

La partie inférieure du talus, sujette à être baignée par l'eau, ne peut être efficacement protégée que par un perré (fig. 15). Il faudra donc se décider à revêtir en moellons ou en briques,

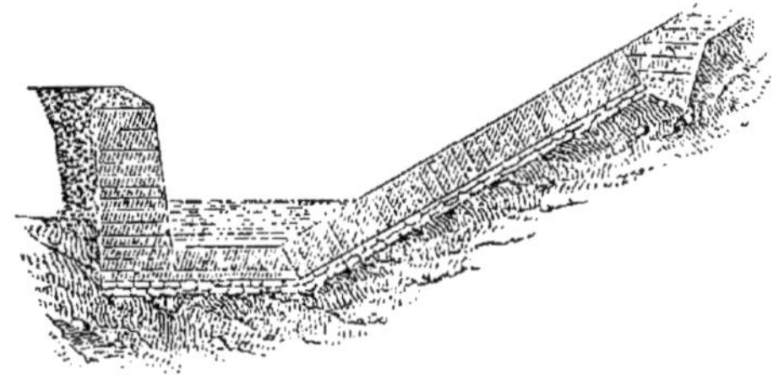

Fig. 15. Fossé avec perré.

avec lit de pierrailles ou de cailloux, toute la section du fossé.

La chemise en terre une fois faite, il convient de la protéger elle-même par des semis et des plantations.

Ainsi, dans ce cas, les travaux peuvent se résumer comme suit :

— Écoulement de surface ;

— Revêtement du talus au moyen d'une chemise en terre ;

— Revêtement du fossé de la tranchée avec une maçonnerie sèche ;

— Semis et plantations.

15. Terrains glaiseux avec couches perméables. — Le cas qui donne lieu aux accidents les plus graves, est celui que présentent les tranchées dans lesquelles, au-dessus des couches d'argile forte ou de glaise, se trouvent des couches perméables pouvant donner lieu à des écoulements ou même à des suintements à peine perceptibles.

Le défaut d'homogénéité est le caractère immédiatement apparent de ces talus. La perméabilité de certaines parties peut être aussi évidente, mais la présence de l'eau n'est pas toujours facile à constater ; d'abord, parce que les suintements ne sont pas toujours permanents, ensuite, parce que la quantité d'eau qu'ils donnent est quelquefois si faible, qu'ils sont à peine perceptibles à l'œil ou à la main.

Pour constater l'existence de suintements, il sera bon d'observer les talus au lever du soleil, et d'avoir même la précaution de répandre sur le talus une légère couche de sable sec qui pourra plus facilement accuser l'humidité en la conservant. Du reste, le mieux est d'observer souvent, et avec soin, à mesure des fouilles, et quand on est parvenu à découvrir des suintements dans des couches déterminées, de conclure que des suintements semblables existent ou existeront partout où on retrouve les mêmes apparences, la même constitution de terrain. C'est dans les terrains comme ceux qui viennent d'être définis que se présentent, en général, les éboulements les plus considérables. L'eau du banc de suintement agit alors sur les glaises inférieures, comme il a été dit plus haut des eaux de pluie, pour le cas d'un talus homogène; bientôt ces glaises ramollies se mettent en mouvement et entraînent avec elles les terres placées au-dessus et souvent en masses extrêmement considérables. Il y a, dans ce cas, un travail spécial à faire pour empêcher les eaux de s'infiltrer dans les terrains et leur assurer un libre et prompt écoulement à l'extérieur. Ce travail, du reste fort simple, est de la plus haute importance.

On ouvre dans le talus perméable, et dans le sens longitudinal, une rigole (fig. 16), qui pénètre de 0m,10 au moins dans la glaise et à laquelle on donne une pente longitudinale de 0m,01 au moins, en alternant les pentes toutes les fois que

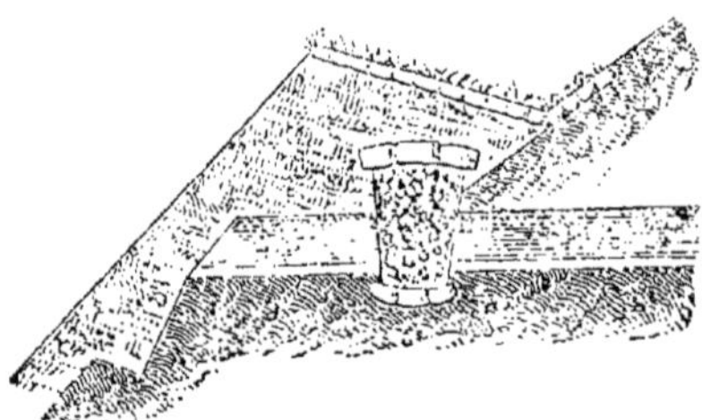

Fig. 16. Rigole longitudinale sous revêtement.

cela est nécessaire. Dans cette rigole on établit un petit radier en briques simples, maçonnées au mortier hydraulique, puis on remplit la rigole de pierrailles, graviers ou cassons de briques, bien purgés de terre, en tas assez élevés pour dépasser un peu en hauteur la surface supérieure du banc perméable. On recouvre ce remplissage avec du gazon renversé ou, à défaut de gazon, avec des pierres plates, des briques ou des tuiles, pour empêcher la terre de pénétrer dans les interstices du gravier. Une largeur de $0^m,25$ à $0^m,30$ au fond des pierrées est presque toujours suffisante. Les parois se relèvent avec un fruit de $0^m,15$. Si les eaux étaient extrêmement abondantes, il faudrait augmenter les dimensions, ou mieux, ménager des vides de section suffisante dans la pierrée.

A tous les points bas on établit des rigoles transversales faites dans le même système, avec pente de $0^m,05$ au moins, sur le terrain solide (fig. 17). Ces pierrées, destinées à amener les eaux à la surface du talus, débouchent dans de petites cuvettes maçonnées, rampant le long du talus et aboutissant aux fossés — 13 —.

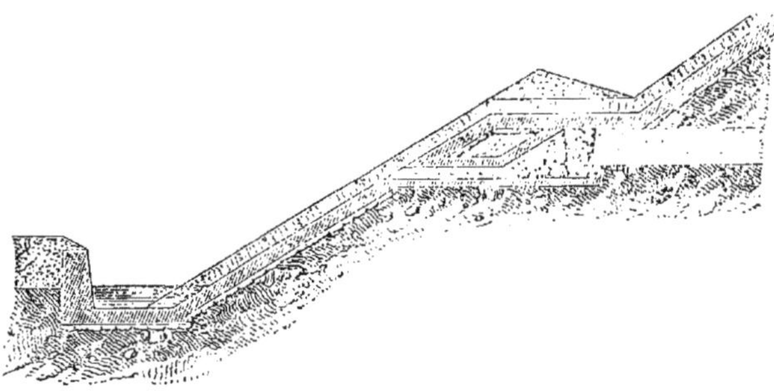

Fig. 17. Rigole transversale à découvert.

Il vaudra mieux, généralement, établir les rigoles ou pierrées transversales sur le terrain ferme (fig. 18), suivant la

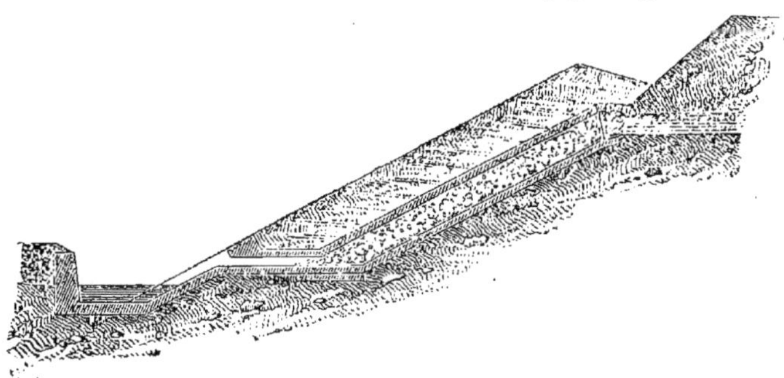

Fig. 18. Rigole transversale sous revêtement.

pente du talus, pour les faire déboucher au pied de ce talus. De cette manière les pierrées pourront servir à assainir les redans de surface, sur lesquels on établira plus tard la chemise en terre.

Outre le banc de suintement général, il peut se manifester quelques suintements partiels, ou bien quelques suintements de cette nature se présentent seuls dans un talus qui sans cela serait homogène. Tous les suintements partiels doivent donner lieu à un traitement semblable à celui qui vient d'être décrit et qui a pour objet essentiel de *recueillir* toutes les eaux et de leur donner *vers le dehors un écoulement facile.*

Quand on ouvre une tranchée, les suintements se présentent quelquefois sur une assez grande hauteur, mais, généralement, au bout de peu de temps ils se concentrent sur une zone très-peu épaisse à laquelle on applique les procédés décrits.

Quand les eaux persistent à sortir du talus sur de grandes surfaces, il convient de faire, suivant la surface des talus, une pierrée générale ou espèce de filtre embrassant toute cette surface, et ayant, pour écouler les eaux recueillies, des pierrées de fond et transversales, comme celles décrites plus haut.

Ce filtre général devra se combiner dans l'exécution avec des pierrées partielles comme celles décrites plus haut, s'il existe dans la masse générale du suintement des filtrations plus importantes qu'il faut recueillir séparément.

Le filtre pourra avoir $0^m,12$ à $0^m,15$ d'épaisseur et être recouvert d'un perré ou d'un revêtement en gazon de $0^m,30$.

Tous ces travaux de drainage doivent remplir les conditions suivantes :

— Être établis sur un terrain ferme ;

— Être à une profondeur telle, que la gelée ne puisse pas atteindre les eaux, — il suffit pour cela que l'arête supérieure soit à $0^m,20$ ou à $0^m,25$ au-dessous de la surface du talus. —

Il faut d'ailleurs que les pierrées aient un débouché suffisant, ainsi que nous l'avons dit, et qu'elles soient construites de manière qu'elles ne puissent pas s'obstruer.

Les obstructions seront toujours indiquées par des filtrations apparentes à la surface des travaux. Quand on en constatera l'existence, il faudra faire les réparations nécessaires pour qu'elles disparaissent.

Ce travail de drainage exécuté, on fera la chemise et le perré du fossé, comme il a été dit plus haut, en ayant soin d'établir autant que possible une banquette dans le talus, à l'aplomb des pierrées (fig. 16), pour en rendre la visite plus facile, en cas d'accident. Cette banquette devra d'ailleurs satisfaire aux conditions ordinaires. Les redans pour préparer le lit du revêtement devront être combinés de manière à rejeter autant que possible les eaux dans les rigoles transversales, pendant l'exécution des travaux.

Sur le revêtement en terre, on fera des semis et des plantations, en ayant soin d'éloigner les arbustes des pierrées, d'une quantité suffisante pour que les racines ne puissent pas les disloquer.

On ne mettra donc, dans une certaine zone au-dessus des pierrées, que des graines fourragères ou des plantes vivaces.

Il est, du reste, bien entendu que les écoulements de surface devront être, dans ce cas, assurés avec le plus grand soin, ainsi qu'il a été dit, et combinés autant que possible de manière que les descentes d'eau soient les mêmes que pour les pierrées longitudinales.

16. Direction et entretien des travaux. — Les moyens d'assainissement décrits plus haut doivent être employés comme moyens préventifs, autant que possible.

Lorsqu'on ouvre une tranchée dans des terrains de la nature de ceux dont il s'agit, il est très-important d'établir des pierrées longitudinales à mesure qu'on découvre les bancs de suintement. On complète le système par des galeries ou des écoulements de surface provisoires. Cette manière d'opérer rend les travaux d'assainissement très-peu coûteux, et a le grand avantage de ne pas exposer la glaise à être détrempée; par suite, de faciliter le travail de la tranchée et de donner de meilleurs terrains pour les remblais. En se préoccupant ainsi, dès l'origine, de l'assainissement, il est presque toujours possible de réserver sur place, à peu de frais, les terres non fluentes nécessaires pour la confection de la chemise à établir au-dessus de la glaise.

Dans un chemin en exploitation, on a très-souvent à appliquer les assainissements pour réparer les éboulements et il est bon d'indiquer les précautions spéciales à prendre dans ce cas.

Il y a d'abord un parti radical à prendre : c'est d'enlever complétement *toute* la masse ramollie ou disloquée qui a été mise en mouvement, même les parties de cette masse qui seraient au-dessous du fond de la tranchée; *il est impossible, en effet, d'assécher convenablement les glaises ramollies.*

On s'astreindra donc à enlever toutes les terres qui ont participé au mouvement; mais il ne faut commencer par là que si on peut le faire sans s'exposer à de nouveaux éboulements. S'il y a doute à cet égard, il vaut mieux commencer par décharger les parties de talus qu'il faudra adoucir, dans tous les cas. Les terres de ce déblai seront retroussées pour servir, si elles sont de bonne qualité, à faire le remblai du pied et la chemise de la glaise mise à nu.

En général, il conviendra de régler le travail d'assainissement de manière à dresser le talus définitif avec des pentes convenables, mais en conservant, autant que possible, les contours

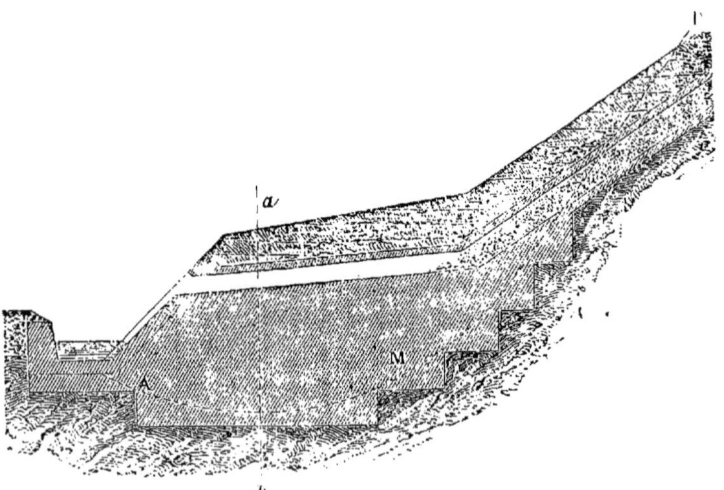


Fig. 49. Rigole transversale sur un mur en maçonnerie.

de l'éboulement. Les profils définitifs seront tracés partie en déblai, partie en remblai, pour trouver dans les terres franches du haut les remblais du bas, auxquels il conviendra de donner moins de 1 mètre d'épaisseur.

On établira les pierrées longitudinales d'assainissement et les pierrées transversales ou rampantes de sortie des eaux sur le terrain vierge mis à nu, et avec les précautions indiquées plus haut. Dans les cas de réparations, il conviendra presque toujours d'établir les pierrées transversales suivant la pente du talus, en ayant soin de n'en poser aucune partie en remblai. Si la surface de glissement AMB (fig. 19) descend au-dessous du fond de la tranchée, il sera nécessaire, pour faire déboucher les eaux au-dessus du fossé, d'établir la rigole transversale dans le bas, sur un petit mur maçonné de $0^{m},50$ d'épaisseur établi sur le terrain vierge (fig. 20).

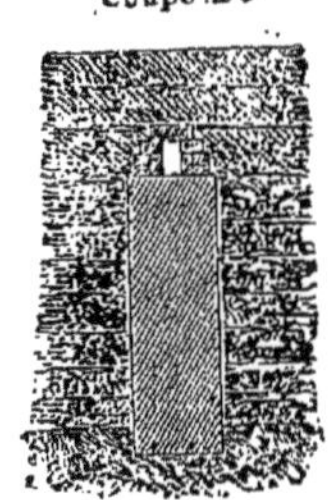

Fig. 20.

Ainsi le travail sera fait dans l'ordre suivant :

— Commencer par décharger, en retroussant les terres, le haut du talus de la chambre de l'éboulement suivant le profil définitif;

— Faire les assainissements qui pourront être achevés avant l'enlèvement de la masse détrempée;

— Compléter ces assainissements à mesure de l'enlèvement de cette masse;

— Rapporter rapidement et mettre en place les terres qui doivent régulariser le talus ou servir de chemise à la glaise.

En laissant la tranchée élargie dans l'emplacement des éboulements, on rend le travail plus économique et plus sûr, et les réparations ultérieures beaucoup plus faciles.

Dans tous ces travaux, la rapidité d'exécution est une grande garantie de succès et d'économie.

Il ne suffit pas d'avoir établi convenablement :

— Les écoulements d'eau de surface;

—Les revêtements pour couvrir la glaise;

— Les canaux d'assainissement.

Il faut encore surveiller sans relâche et entretenir tous ces travaux en leur conservant, par les soins les plus assidus, leurs fonctions respectives.

Toutes les rigoles de surface doivent être maintenues propres et dans leurs pentes, de manière à éviter les flaques d'eau ou les infiltrations.

Les revêtements perdraient leurs qualités et manqueraient leur but s'ils étaient crevassés, discontinus ou amoindris dans leur épaisseur; il faut les surveiller avec soin, pour faire disparaître sans retard ces défauts, s'ils viennent à se produire. L'entretien des semis et des plantations est d'un très-bon effet pour prévenir les dérangements.

Les pierrées ou rigoles d'assainissement couvertes ont pour objet d'assurer un écoulement aux eaux. Les obstructions intérieures seront évitées par le soin qu'on aura pris de n'employer que des matériaux bien purgés de terre, et d'empêcher la terre placée au-dessus de passer dans la masse. Si, malgré cela, des obstructions se produisaient, elles seraient accusées par des filtrations à la surface, et il faudrait y remédier sans délai en découvrant la pierrée, et rétablissant les parties défectueuses ou obstruées. — Sous ce rapport, la chemise en terre aura, sur les autres espèces de revêtements, l'avantage d'accuser plus sûrement les suintements et de se prêter plus commodément aux travaux de restauration. —

Il faudra avoir soin, pendant les gelées, de casser la glace à la sortie des rigoles transversales, aussi souvent que possible, pour que l'eau ne puisse pas, par l'obstruction des issues, être retenue à l'intérieur, où elle amènerait infailliblement de graves désordres.

17. Perrés et murs en pierre sèche. — Les tranchées sont quelquefois pratiquées dans des terrains meubles ou sableux, formés de roches désagrégées qui peuvent s'ébouler sous l'action des influences atmosphériques ou de l'ébranlement produit par le passage des trains. Si, dans ce cas, la bonne terre est peu abondante et qu'au contraire on trouve la pierre à bon

marché, comme dans certaines traversées de montagnes, on pré-

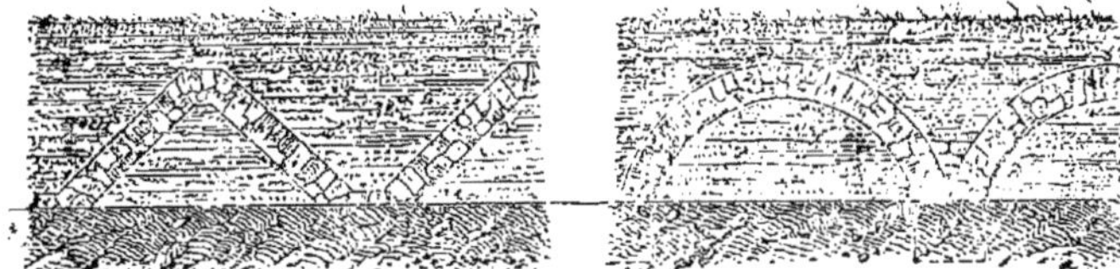

Fig. 21. Revêtements en pierre sèche.

vient les éboulements en consolidant la surface du talus au moyen de revêtements complets ou de murs en forme d'M, d'ogives ou d'arcades (fig. 21), en pierre sèche de $0^m,25$ à $0^m,35$ d'épaisseur. Les parties non garnies de pierres seront recouvertes de terre ou de gazon, comme nous l'avons vu plus haut — 14 —.

Le pied du talus est, dans certaines tranchées humides, très-exposé aux dégradations. On le garnit donc de perrés (fig. 15), et quelquefois de murs maçonnés au mortier hydraulique dans lesquels il faut ménager des barbacanes. Au chemin de l'Ouest on admet que, jusqu'à la hauteur de $1^m,50$ au-dessus de la plate-forme des terrassements, il convient d'élever des murs en pierre sèche, et qu'au delà de cette hauteur il est préférable de les faire avec du mortier, mais en leur donnant alors une épaisseur moins considérable. Les figures 22, 23, 24, 25, indiquent

Fig. 22. Soutènement des talus. Fig. 23. Soutènement des talus.

les principales dispositions adoptées suivant l'étendue du terrain disponible. On soutient quelquefois le pied des talus par un double revêtement, le premier en pierre sèche, l'autre en maçonnerie (fig. 25). Les eaux du talus filtrent à travers le premier revêtement, et s'écoulent dans le fossé par des barbacanes traversant le mur en maçonnerie. Dans certaines circonstances où la pression des terres était considérable, on a été obligé de donner à ces murs une forte épaisseur, d'augmenter leur stabi-

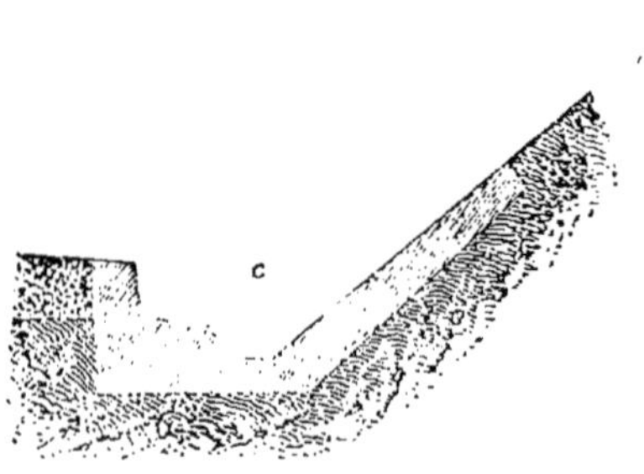


Fig. 24. Soutènement des talus.

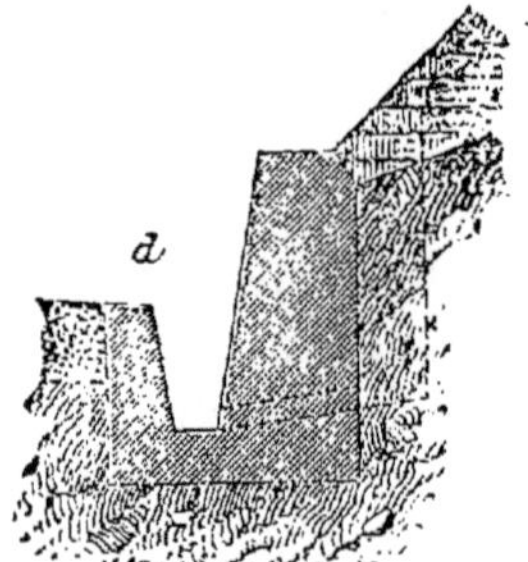


Fig. 25. Soutènement des talus.

lité au moyen de contre-forts en gravier, pierre sèche ou maçonnerie; de construire des épis et même de véritables voûtes dont l'axe est perpendiculaire à la voie.

Les perrés sont exécutés avec des pierres plates bien litées, des moellons de carrière ou enfin des pierres trouvées à la surface du sol, ayant au moins 0m,24 de queue. On les pose sur les talus bien régalés, par lignes horizontales, et autant que possible à joints recoupés. Ces joints sont remplis de débris de pierres et de mousse.

Sur la ligne de Wissembourg, on a établi comme suit le prix de 1 mètre cube de maçonnerie en pierre sèche :

| | | fr. | fr. |
|---|---|---|---|
| Moellons, compris déchets, transportés au lieu d'emploi | $1^{m3},15$ à | 4,13 | 4,75 |
| Approche et main-d'œuvre. | | | |
| Maçon | 6h. à. | 0,20 | 1,20 |
| Manœuvre | 4 à. | 0,15 | 0,60 |
| Prix brut | | | 6,55 |
| Faux frais, 5 p. 100 | | | 0,32 |
| | | | 6,87 |
| Bénéfice de l'entrepreneur, 10 p. 100 | | | 0,69 |
| Prix d'un mètre cube de maçonnerie sèche | | | 7,56 |

Sur les chemins prussiens, les dépenses par mètre carré ont été ainsi calculées :

| | fr. |
|---|---|
| $0^{m3}$,21 de moellons, à 4 fr. 25. . . . . . . . . . . . | 0,89 |
| Main-d'œuvre, mousse, outils, etc. . . . . . . . . . | 0,44 |
| Prix brut de $1^{m2}$ de perrés. . . . . . . . . . . . . . | 1,33 |

Enfin, sur la ligne de Saint-Dizier à Gray, le prix de la maçonnerie en pierre sèche à joints incertains s'établissait de la manière suivante :

| | fr. |
|---|---|
| Moellons bruts et déchets, $1^{m3}$,10 à 4 fr. 50 . . . . | 4,95 |
| Main-d'œuvre, mousse, pierres pour joints : | |
| $\frac{1}{3}$ de journée de maçon . . . . . . . . . . . . . . | 1,33 |
| $\frac{1}{3}$ de journée de manœuvre . . . . . . . . . . . | 1,00 |
| Prix brut . . . . . . . . . . . . . | 7,28 |
| Faux frais et bénéfices, 15 p. 100 . . . . . . . . . | 1,09 |
| Prix du mètre cube . . . . . . . . . . . . . | 8,37 |

18. Drainage. — Les procédés d'assainissement décrits aux n°s 15, 16 et 17 ont été longtemps appliqués à la consolidation des talus. Depuis quelques années on leur a substitué très-avantageusement le procédé du drainage par tuyaux; ainsi un talus glaiseux peut être également bien asséché en établissant, sur toute sa surface, des drains en écharpe plus ou moins inclinés, selon l'importance des suintements, et en réunissant leurs eaux dans des collecteurs placés en dessous des fossés ou de la plate-forme. Au chemin de fer de l'Ouest, on a établi des drains longitudinaux avec pente et contre-pente, au moyen de tuyaux de $0^m$,03 de diamètre, espacés de 5 mètres environ dans le sens de la hauteur des talus; à tous les points bas, on a réuni les eaux dans des tuyaux débouchant à la surface du talus, où elles sont reçues par des cuvettes rampantes en gazon ou en maçonnerie; de cette manière on peut surveiller facilement l'état de chaque file de drains. Il va sans dire que les talus drainés sont recouverts de bonne terre et ensemencés; mais on fait bien de

s'abstenir de les planter, la végétation des racines pouvant déranger ou obstruer les tuyaux.

Les drains se placent généralement au fond de saignées plus ou moins profondes; on les recouvre de pierrailles lavées, puis de terre végétale. Il est bon de garnir les joints des tuyaux avec de la mousse, pour éviter l'obstruction des drains.

La Compagnie de l'Est a aussi appliqué sur une très-large échelle et avec succès le drainage des talus. — Les détails qui précèdent et ceux que l'on trouvera au § V du présent chapitre, nous dispensent de plus amples explications.

19. Exemples divers. — Tranchée de Soultz. — Quand une portion du sol prend un mouvement qui paraît devoir continuer, il vaut mieux se résoudre à changer son assiette de base. A Soultz, dans la partie de la tranchée ou le banc de glaise ne plongeait pas sous la plate-forme (fig. 26), on attaqua le massif

Fig. 26. Remaniement de terrain éboulé.

ébranlé, par tranches de 5 à 8 mètres de longueur — suivant l'axe de la ligne — et sur toute la profondeur de l'éboulement, en mettant de côté la bonne terre pour être réemployée, et en découpant le banc de glaise solide par banquettes de 2 mètres de largeur, inclinées vers les terres; à l'amont de chaque banquette, on ménagea une rigole empierrée, conduisant les eaux de cette partie de la surface dans des rigoles de fond, normales au fossé de la tranchée.

La glaise extraite des banquettes et rigoles étant rejetée et mise en dépôt, la bonne terre *seule* fut rapportée sur les banquettes, jusqu'à la hauteur générale du terrain.

Dans la section de la tranchée où le banc de glaise plus incliné plongeait sous la plate-forme, et occasionnait des mouvements jusque sous la voie, il fallait ménager aux eaux lubrifiant l'argile un écoulement convenable.

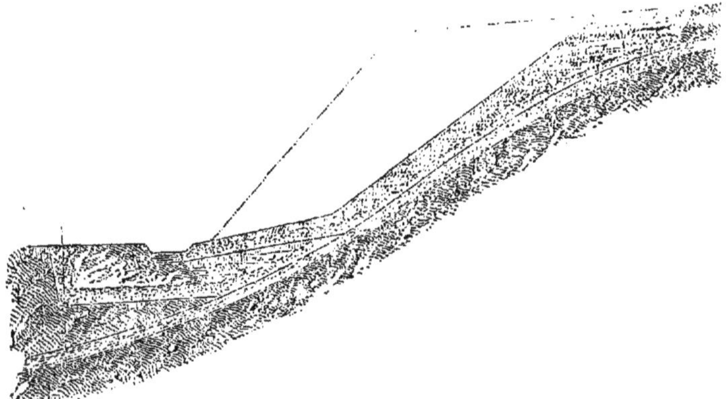

Fig. 27. Filtre sous le talus et rigole en dessous de la plate-forme.

Pour cela, on creusa d'abord une rigole longitudinale en amont, qui verse ses eaux dans une rigole rampante débouchant dans le fossé du pied du talus. Quant aux eaux traversant le massif rapporté, elles filtrent sur un matelas de gravier répandu à la surface du banc de glaise jusqu'au-dessous du fossé, et communiquant de loin en loin avec un caniveau creusé dans l'axe de la plate-forme sur toute la longueur de la tranchée. La figure 27 montre la coupe de la tranchée suivant l'un de ces caniveaux.

Tranchée de Clamart. — Cette tranchée, sur la ligne de Paris à Rennes, est percée dans un terrain formé de trois couches superposées; à la base, le tuf, paraissant très-solide au premier abord, mais ne tardant pas, sous l'action des influences atmosphériques, à se désagréger; au-dessus, une couche de marne que les effets des gelées, du dégel et de la pluie rendent fluente. En se délayant, cette couche commence à couler, entraînant avec elle la couche supérieure formée de terre meuble perméable.

Pour arrêter ces désordres, il suffisait de consolider le pied et la surface des talus. On construisit donc, sur toute la hauteur du tuf, un mur partie en maçonnerie à bain de mortier, partie en pierre sèche (fig. 25); le talus des deux couches supérieures fut revêtu d'une chemise en terre végétale fortement pilonnée, semée de graines fourragères et plantée d'acacias, d'épine-vinette et de saule-marsault.

Comme nous l'avons dit, les murs de soutènement peuvent varier un peu de forme et d'épaisseur. Quand la pierre est abondante, on les exécute en maçonnerie sèche d'une épaisseur convenable; dans le cas contraire, les murs sont plus minces, mais maçonnés à mortier.

TRANCHÉE DE BLISWORTH. — Cette tranchée fait partie du chemin de Londres à Birmingham (fig. 28). Elle a rencontré, vers le milieu de sa profondeur, une couche de calcaire solide de 7m,60 d'épaisseur intercalée entre une couche de terre meuble et un banc d'argile de 6 mètres.

Ce dernier banc, sous la pression des terrains supérieurs et par l'action de l'atmosphère, se désagrégeait et menaçait de faire écrouler toute la tranchée et ses abords. Pour y remédier, on eut recours à une maçonnerie en moellons, élevée jusqu'à la base de la couche calcaire; ce mur fut consolidé au moyen de contre-forts distants les uns des autres de 6 mètres, et reliés à ceux du talus opposé par des voûtes renversées passant sous la voie.

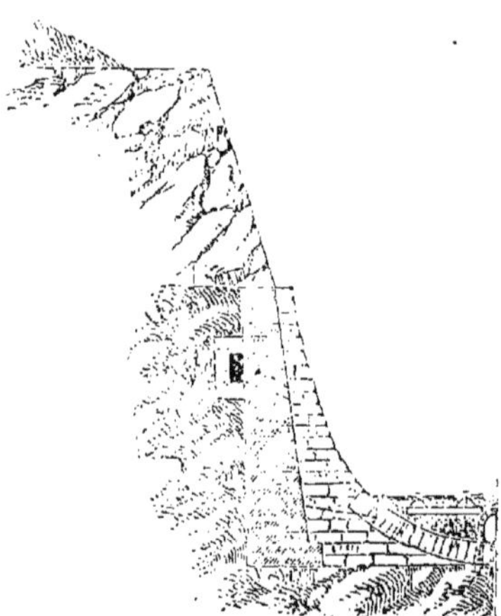

Fig. 28. Tranchée consolidée par des murs de soutènement et des voûtes renversées.

En arrière de ces murs on pratiqua, au contact du banc d'argile, des drains débouchant par les barbacanes ménagées dans la maçonnerie.

La couche supérieure fut déblayée sur une largeur de 2m,75; ce déblai forma banquette sur le banc de calcaire, et soulagea d'autant la couche d'argile et le mur de soutènement.

TRANCHÉES DE MORCERF ET GUÉRARD. — La ligne de Paris à Coulommiers a traversé, entre Morcerf et Guérard, des terrains marneux aquifères, qui ont nécessité des travaux de préservation et de consolidation très-intéressants.

Ainsi, à l'entrée de la tranchée, là où n'étaient à craindre que des détériorations de surface, on a pratiqué à la crête du talus une rigole destinée à recueillir les eaux des terres dominant la tranchée (fig. 29); à tous les points bas de cette rigole un écoulement a été donné aux eaux par des caniveaux en planches de $0^m,15$ d'ouverture, placés à fleur des talus et reposant dans une enveloppe de mortier hydraulique de $0^m,05$ à $0^m,06$ d'épaisseur, qui doit remplacer l'effet des planches, quand celles-ci seront détériorées par le temps. Ces caniveaux sont faits par portions de $1^m,50$ de longueur, les planches de côté simplement clouées sur celle du fond, leur écartement supérieur maintenu par de petits tasseaux cloués; on a pris la précaution de goudronner les joints.

Ces caniveaux descendent jusqu'au pied du talus, garni, ainsi que le fond du fossé et la paroi qui soutient le ballast, d'un perré en pierre sèche.

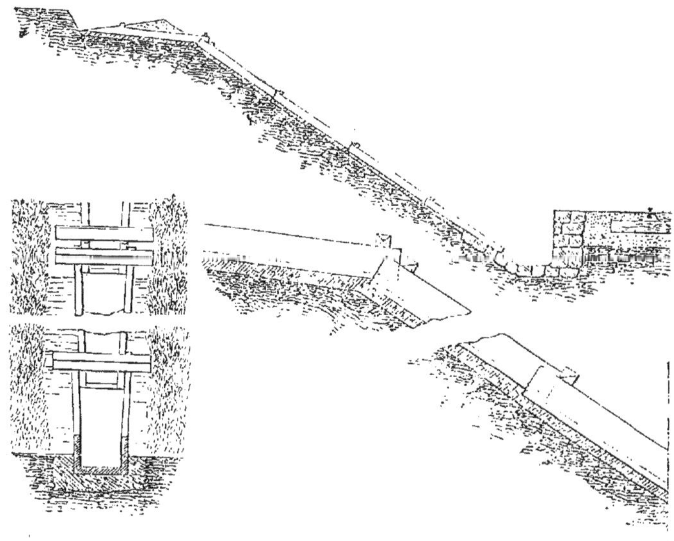

Fig. 29. Cuvette rampante en béton et caniveau en planches.

Le talus est recouvert de bonne terre pilonnée et semée de luzerne.

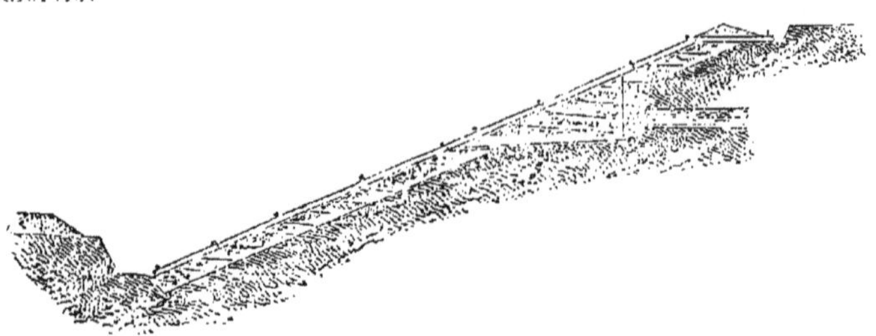

Fig. 30. Application du drainage et des revêtements à la consolidation des talus.

En pénétrant plus avant dans la tranchée, le travail a mis à nu un banc de suintement qui détériorait les surfaces. Pour y porter remède, on a décapé le talus, en déposant à proximité les terres désagrégées, pour les reprendre ultérieurement; les couches aquifères ont été coupées à pic, l'entaille prolongée jusque dans le terrain imperméable (fig. 30). Au fond de la saignée on a placé un ou deux tuyaux de drainage, puis de la blocaille. A chaque point bas de la saignée longitudinale, un tuyau de drainage transversal, quelquefois deux, côte à côte, amènent les eaux de la saignée à la surface du talus, où elles coulent dans des caniveaux rampants en bois et mortier hydraulique. Après avoir protégé la tranchée par une rigole de crête gazonnée ou, mieux encore, garnie d'un bon corroi d'argile, on a replacé, sur le talus, les déblais provenant du décapage, le tout recouvert de terre végétale bien pilonnée et ensemencée de luzerne.

Dans la partie la plus profonde de la tranchée, la base des talus est creusée à pic dans un banc d'apparence solide, mais qui se désagrége insensiblement par l'effet des gelées et dégels successifs; l'action de ces détériorations se traduit par des ébranlements très-considérables.

Pour éviter les dépenses assez importantes qu'eût occasionnées la construction d'un mur destiné à masquer cette couche, on s'est contenté de placer, de distance en distance, des épis en maçonnerie à joints perdus, traversés par des barbacanes; immédiatement au-dessus des épis une rigole reçoit les eaux du talus; celles des terrains dominant la tranchée sont recueillies

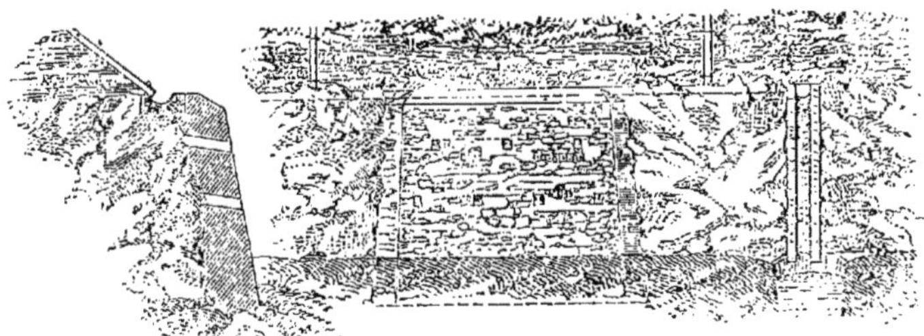

Fig. 31. Épis en maçonnerie dans une tranchée.

par une rigole de crête, le tout étant d'ailleurs traité comme les points précédemment décrits (fig. 31).

Cette disposition a été reconnue insuffisante, et pour maintenir les talus en état, dans les intervalles non masqués qui séparent les épis les uns des autres, on construit des revêtements en maçonnerie, ayant la forme de portions de cylindres dont la concavité est tournée vers le talus.

Sur d'autres points où les talus étaient éboulés, les travaux de consolidation ont pris encore plus d'importance.

Le talus, lors de la construction, avait le profil ABCD (fig. 32); à la suite de quelques jours pluvieux il prit la forme AHGFE, de telle sorte que le pied des terres coulées avait franchi le fossé et envahi la voie qu'il menaçait d'interruption.

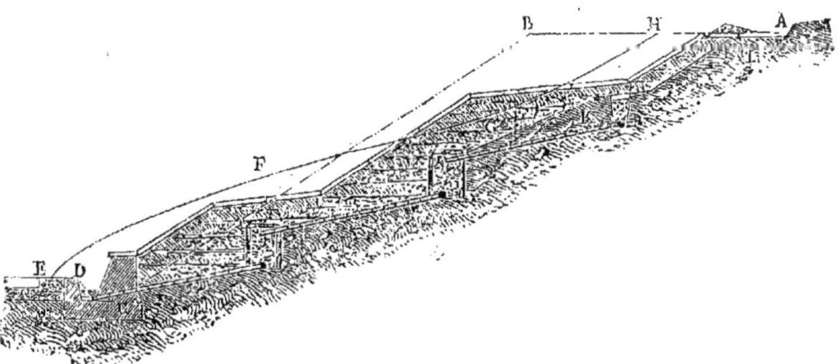


Fig. 32. Réfection et assainissement d'un talus éboulé.

Pour arrêter le désordre, les terres éboulées ont été enlevées, puis le talus découpé jusqu'au terrain solide suivant le profil LKJI. Plusieurs bancs de suintement étant ainsi mis à découvert, chacun d'eux a été muni d'un filtre en pierres cassées, garni de paillassons. Des saignées aux points bas réunissent les eaux et les conduisent, successivement, dans le fossé de la tranchée. Enfin le talus est consolidé à sa base, par un mur en maçonnerie hydraulique, le reste de sa surface est recouvert d'une chemise faite avec un mélange de terre provenant de l'éboulement et de bonne terre d'emprunt; cette chemise a été pilonnée par couches horizontales. Enfin on a semé sur toute la surface du talus de la graine de luzerne.

20. Nécessité d'une étude géologique. — Il est des cas où les consolidations de surface ne suffisent plus pour maintenir les talus, notamment quand les tranchées ont dérangé l'équilibre des couches traversées. — Dans ces circonstances, il faut pratiquer de véritables galeries de mine pour arrêter les eaux avant leur arrivée sur le plan de glissement.

Les divers exemples que la pratique nous donne viennent chaque jour confirmer les recommandations inscrites au N° 1 de ce chapitre. Heureusement que les progrès dans les moyens d'exploitation permettent aujourd'hui de modifier sans inconvénient les tracés; et l'ingénieur qui rencontrerait une tranchée analogue à celle du Robroyston Moos sur la ligne de Glascow à Garnkirk ne s'arrêterait pas aux projets primitifs, comme l'ont fait MM. Grainger et Miller qui ont exécuté ce chemin. — Cette tranchée, longue de 700 mètres et profonde de 10 mètres environ, a été pour ainsi dire vidée trois fois. Le terrain y était tellement spongieux et fluide qu'il remplissait la tranchée au fur et à mesure de la sortie du déblai. — Il est résulté de ce fait un affaissement général de près de 10 mètres, de la surface latérale au chemin de fer, affaissement qui s'étend à plus de 100 mètres de chaque côté de la ligne.

## § IV.

### ENTRETIEN DES REMBLAIS.

21. Causes de détérioration. — Ce que nous avons dit relativement à la nature des terrains en tranchées et à l'entretien de leurs talus, s'applique également aux remblais. Cependant, comme on est maître de composer le corps d'un remblai avec des matériaux convenables, provenant d'emprunts bien choisis, et de rejeter les terres extraites d'une mauvaise tranchée, les dérangements des remblais, au point de vue de l'entretien, sont moins graves que ceux des tranchées. Ces dérangements peuvent provenir de trois causes que nous allons examiner successivement :

— Défaut de résistance du sol sur lequel repose le remblai ;

— Mauvaise qualité des matériaux ou exécution défectueuse du remblai ;

— Action des eaux baignant les talus.

22. Remblais sur sol compressible. — Les divers moyens dont dispose l'ingénieur pour asseoir un remblai sur un sol de résistance insuffisante peuvent se résumer ainsi : Assécher le sous-sol ; enlever la matière compressible ; faire une base artificielle avec des fascines, des pieux, ou des puits remplis de matériaux résistants ; élargir la base d'appui du remblai ; composer le remblai de matériaux très-légers ; enfin surcharger le remblai jusqu'à ce qu'il atteigne la solidité voulue. Tous ces moyens ont été employés soit isolément, soit combinés entre eux. Il ne rentre pas dans notre cadre de les discuter, et l'ingénieur chargé de la construction devra étudier la méthode la plus économique et la plus sûre pour donner aux remblais une base inébranlable.

Dans tous les cas, assécher le sous-sol aussi complétement que possible, constitue le premier moyen à employer. C'est ainsi qu'ont été consolidés : le remblai de Chatmoos (Liverpool à

Manchester), asséchement, fascinages et remblai léger; celui de Hattenhofen (Munich à Augsbourg), asséchement, et consolidation du sous-sol par des troncs de pyramides remplis d'argile compacte; celui de Rentershofen (Augsbourg à Lindau), d'une hauteur de 32$^{m}$,85 reposant sur une couche de tourbe de 3$^{m}$,60 d'épaisseur, au point de partage de deux petites vallées latérales.

Quand on n'a pas pris la précaution de donner aux eaux du sous-sol un écoulement suffisant avant d'exécuter les travaux, le remblai s'enfonce, s'étend en tous sens et absorbe une masse de terre très-considérable — remblai de Riedseltz, ligne de Strasbourg à Wissembourg — de la Meance près Provins, ligne de Mulhouse —; quelquefois il amène des désordres en soulevant le sol des propriétés voisines. On peut trouver avantage, dans ce cas, à faire l'acquisition de deux zones latérales, et à y rapporter des remblais qui font équilibre au remblai principal, ainsi qu'on l'a fait au voisinage de la station de Chelles, ligne de Paris à Strasbourg.

23. Remblais défectueux. — C'est le cas qui donne les plus fréquentes occasions de travaux de réparation ou de consolidation, car il résulte presque toujours de la rapidité d'exécution, ou du désir des ingénieurs d'utiliser les terres extraites des tranchées, ou enfin des circonstances atmosphériques pendant lesquelles le remblai a été construit.

Pour l'éviter, il faut faire un choix dans les déblais, ne pas mélanger les terres de natures différentes, ne pas former les parties extérieures du remblai avec de l'argile ou de la glaise que les pluies délayent; suspendre les travaux pendant les grandes pluies persistantes; ne pas enfouir dans le corps du remblai des blocs de terre gelée; assurer enfin aux eaux renfermées dans le remblai ou s'y accumulant un écoulement facile. L'omission de ces mesures préventives a eu quelquefois de fâcheuses conséquences, et les travaux que l'on a dû exécuter pour en empêcher le retour ont pris, dans certains cas, des proportions considérables. Les exemples suivants peuvent en donner un aperçu.

Remblai de Falaise. — A l'embranchement de Falaise, sur la

ligne du Mans à Mézidon, il existe, près de Falaise, un remblai de 12 mètres de hauteur, assis sur un sol moitié glaiseux, moitié graveleux, en pente très-roide.

En établissant ce remblai, on ne prit pas la précaution de tailler le terrain en gradins, comme nous l'avons dit plus haut

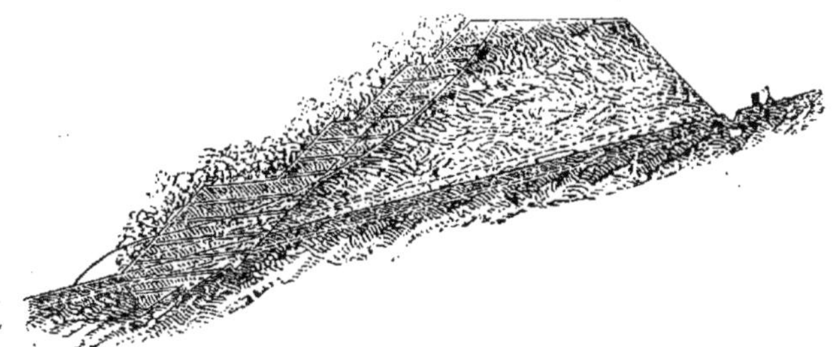

Fig. 33. Reconstruction d'un remblai éboulé.

—8—; en outre, un petit aqueduc construit sous le remblai s'écroula et mit obstacle à l'écoulement des eaux; le pied du remblai ne tarda pas à se détremper, à s'affaisser en fluant vers le bas du vallon, le talus d'aval prenant la forme indiquée par la ligne ondulée de la figure 33.

Pour rétablir les choses en état, on commença par reconstruire l'aqueduc afin d'y déverser les eaux réunies au moyen d'un fossé ménagé au pied du talus d'amont (fig. 34). Alors on mit en dépôt les terres écroulées; au pied de l'éboulement fut creusée une fouille de 10 mètres de largeur disposée en gradins,

Fig. 34. Fossé au pied du talus d'amont d'un remblai.

comme le montre la figure 33; on y rapporta par couches pilonnées les terres mises en dépôt, puis on reforma le talus du remblai en le divisant par des banquettes inclinées, afin de ménager aux eaux de pluie un écoulement rapide. La surface du talus et des banquettes fut plantée de brins d'osier qui ont pris rapidement racine; aujourd'hui le remblai est parfaitement assis. Nous ferons remarquer que ces travaux ont été exécutés pendant l'exploitation du chemin et que, pour maintenir la voie en état de supporter la circulation des trains, on était obligé de rapporter constamment du ballast, afin de combler le vide laissé par les terres éboulées.

Nous indiquons dans le chapitre suivant — 61 — l'un des moyens qui réussissent le mieux, quand on veut consolider un remblai éboulé en partie et maintenir la circulation des trains.

Remblais de la Main-Weser-Bahn. — Les levées formées avec de l'argile subissent souvent des affaissements, par suite de l'intro-

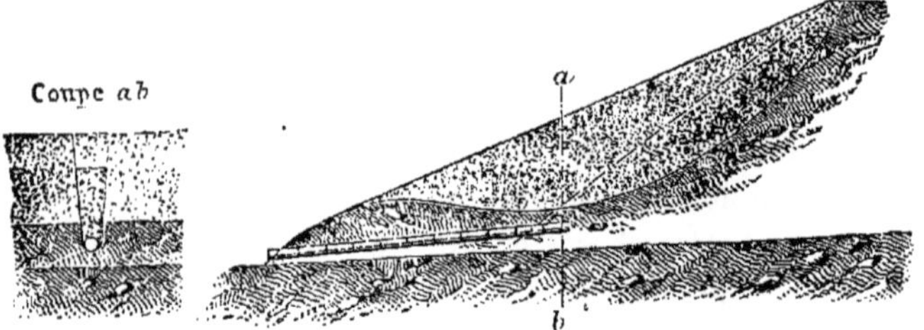

Fig. 35. Drainage d'un remblai.

duction, dans la masse du remblai, de la pluie ou de l'humidité du sol sur lequel il repose.

Deux remblais importants de la ligne du Main au Weser furent exécutés et poursuivis, forcément, par un temps de pluie; dans le cours des travaux survinrent des glissements dont il ne fut pas possible de relever les masses, et qu'il fallut recouvrir de nouveaux remblais; ce qui se fit, en presque totalité, avec du sable. Il résulta de ce concours de circonstances que le pied des talus fut limité par l'argile, dont la présence empêcha l'assèchement des parties remblayées en dernier lieu (fig. 35).

Ces talus ont été traités et parfaitement assainis par un drainage complet. Dès que l'on fut à peu près certain que les grands mouvements étaient arrêtés, on pratiqua des saignées inclinées, partant du pied des talus, et poussées jusqu'au noyau central du remblai. Ces saignées, garnies au fond, d'un tuyau, les joints enveloppés de mousse, furent comblées avec les déblais qui en provenaient ; en cours d'exécution, des tassements ultérieurs annulèrent l'effet des premiers drainages. Pour rendre aux saignées leur efficacité, on recouvrit les tuyaux de pierrées de $0^m,50$ à $0^m,75$ de largeur sur $1^m,25$ à $1^m,50$ de hauteur (fig. 35, coupe *ab*).

Les drains ainsi établis ont donné des quantités d'eau considérables. Leur longueur est très-variable et atteint jusqu'à 45 mètres, leur espacement dépendant des circonstances locales. Quand le terrain était difficile à déssécher, la distance des drains entre eux ne dépassait pas 5 mètres ; si, au contraire, la masse renfermait du sable, on pouvait, sans inconvénient, pratiquer les saignées à 15 mètres les unes des autres.

REMBLAIS DE VILLIERS. — A la suite de plusieurs jours de pluie, le remblai de Villiers — ligne de Paris à Mulhouse, — d'une

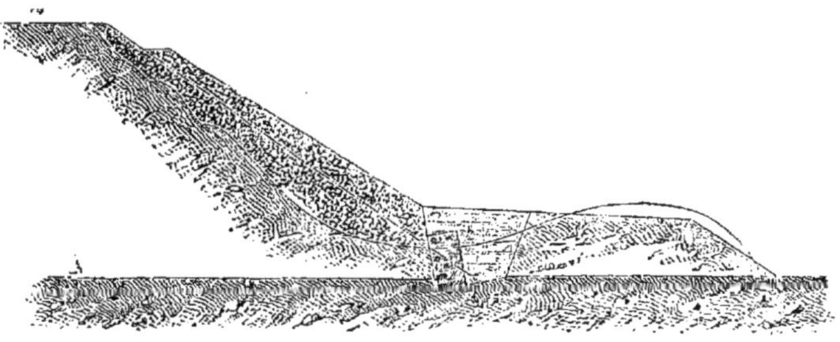

Fig. 36. Assèchement de remblai par filtre longitudinal au pied du talus.

hauteur de 8 mètres en moyenne, s'était éboulé sur une longueur de 160 mètres environ. Le pied de son talus, du côté de la voie descendante, établi primitivement à 18 mètres de l'axe, se trouvait transporté à plus de 35 mètres sur certains points (fig. 36). L'éboulement fut laissé en place, mais on pratiqua, au pied de l'ancien talus, une petite tranchée au fond de laquelle on établit une murette en pierre sèche, formant filtre, qui débouche dans des rigoles transversales; la tranchée fut remplie avec les terres pilonnées, et la surface du talus rétablie au moyen de ballast rapporté.

Ces travaux de consolidation et de restauration peuvent s'évaluer comme suit :

*Terrassements.*

| | | fr. | fr. |
|---|---|---|---|
| Déblai de terre marneuse, à 2 jets de pelle, avec transport à 10 mètres, pour la tranchée longitudinale. . . | 1 600m³ | à 0,80 | 1 280,00 |
| Déblai à 1 jet de pelle, pour rigoles transversales. . . . . . . . . . . | 288 | 0,70 | 201,60 |
| Déblai de terre, pour règlement de profils, avec transport à 50 mètres . . | 380 | 0,60 | 228,00 |
| Déblai de fossé. . . . . . . . . . . | 24 | 0,30 | 12,60 |
| Remblai, pilonnage, reprise, etc . . . | 1 615 | 0,40 | 646,00 |
| Règlement du talus . . . . . . . . | 750 | 0,15 | 112,50 |
| Total des terrassements. . . . | | | 2 481,50 |

*Maçonnerie à sec.*

| | | fr. | fr. |
|---|---|---|---|
| Perrés formant filtre, joints remplis de ballast, fournitures et main-d'œuvre | 246m³,60 | à 6,00 | 1 478,40 |
| Perrés des rigoles transversales . . . | 42,50 | 6,00 | 255,00 |
| Total de la maçonnerie . . . | | | 1 733,40 |
| Fournitures de bourrées. . . . . . . | 80m³ | à 0,15 | 12,00 |
| Dépenses imprévues. . . . . . . . . | | | 373,40 |
| Dépense totale . . . . . . . | | | 4 600,00 |

Ce procédé nous paraît plus coûteux que le précédent, tout en s'appliquant à un cas semblable.

**Remblais de Sourbourg et des Tourbières** (ligne de Wissembourg). — Le premier, d'une hauteur de 4 mètres en moyenne, construit avec des terres argileuses congelées, repose sur le sol d'une prairie très-humide. Quelque temps après la mise en exploitation, la glaise se délayant sous l'action de l'eau renfermée dans le corps du remblai, et de la pluie qui pénétrait par les gerçures de la plate-forme, le talus du côté de la première voie s'affaissa et prit la forme indiquée figure 37, l'éboulis atteignant l'extrémité des traverses.

Pour rétablir le remblai en bon état, on pratiqua des tranchées perpendiculaires à l'axe de la ligne, sur une profondeur de 1 à 2 mètres, selon les circonstances; au fond, deux fascines remplies de gravier, placées l'une à côté de l'autre, puis une troisième fascine placée sur les deux premières; le tout recouvert de terre pilonnée par tranches horizontales.

Ces travaux d'assainissement terminés, on releva les parties éboulées et l'on garnit le pied du talus d'un cavalier de 2 mètres de hauteur et trois mètres de largeur, sous lequel passait le prolongement des saignées d'assèchement.

La dépense de ces consolidations s'appliquant à 4 600 mètres de talus s'est élevée à 8 063 fr. 90 c., soit 1 fr. 75 par mètre carré.

Le remblai des Tourbières, comme l'indique son nom, traverse un terrain sensiblement horizontal, renfermant une couche de tourbe de 1 mètre à 1ᵐ,80 d'épaisseur. Ces tourbières, depuis longtemps en exploitation, présentent des alternances de fouilles comblées par la découverte des parties exploitées et de parcelles où la tourbe n'est pas encore extraite. Le remblai, qui a une longueur de 2 000 mètres, avec une hauteur variable

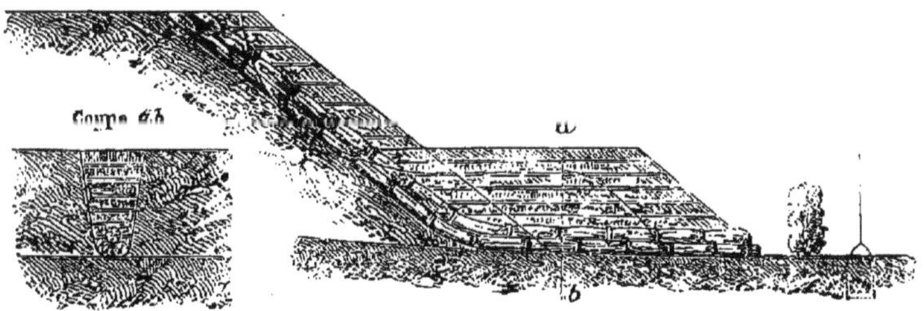


Fig. 37. Assèchement de remblai par drainage de talus et consolidation par contre-fort.

de 3 mètres à 6ᵐ,45, se trouva en plusieurs points sur les limites des excavations remblayées; il en résulta donc des différences de résistance dans sa base d'appui, qui se traduisirent par des affaissements de talus, facilités encore par l'absorption de l'humidité du sol à travers l'argile sablonneuse constituant le remblai. On traita ces éboulements par des drainages analogues à ceux du remblai de Sourbourg, mais sans addition de contreforts (fig. 38).

Ces travaux comprenaient :

| | | |
|---|---|---|
| 1° Surface de talus relevés, pilonnés sur 2 mètres d'épaisseur et drainés. . . | 3 562$^{m2}$ | |
| 2° Surface de talus drainés sans relevage. | 1 000 | |
| Surface totale . . . . . . . . | | 4 562$^{m2}$ |

La dépense totale de ce travail a été de 4 240 fr. 41 c., soit 0 fr. 93 c. par mètre carré.

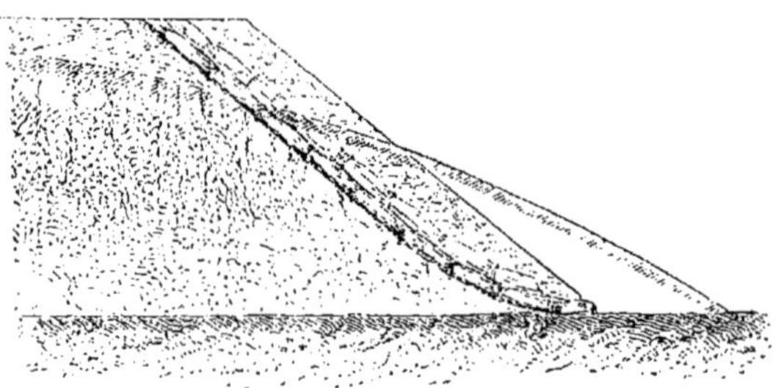

Fig. 38. Consolidation de remblai par drainage de talus.

Remblai de Morcerf. — Nous avons décrit — 19 — les effets qui s'étaient produits dans les tranchées de la ligne de Paris à Coulommiers. Sur la même ligne et à la suite de la tranchée de Guérard, le remblai situé près de la station de Morcerf a subi des altérations analogues.

On crut d'abord pouvoir arrêter les désordres, en construisant des épis en pierre sèche, disposés dans des puits blindés, creusés dans les parties éboulées; mais ces épis, n'ayant aucun point d'appui solide, n'ont pas tardé à suivre la marche générale de la masse.

Cet insuccès engagea les ingénieurs à adopter la méthode des assainissements et des contre-forts, dont nous avons déjà donné quelques exemples.

Le remblai, après les dérangements, avait pris la forme indiquée par la ligne courbe EFGH (fig. 39). L'éboulement fut attaqué par le pied au moyen de tranchées successives blindées et poussées jusqu'au pied de l'ancien talus. En ce point on dirigea parallèlement au chemin de fer une tranchée dans laquelle on établit un tuyau de drainage recouvert par un filtre de pierres cassées enveloppées de tous côtés par des paillassons pour empêcher l'introduction des terres dans le filtre; puis on construisit au pied de l'éboulement, pour arrêter tout mouvement ultérieur, un cavalier formé de couches horizontales de bonne terre provenant d'emprunt, mélangée aux terres du remblai, chaque couche fortement pilonnée à la dame plate.

Le cavalier MNP étant parvenu au tiers de la hauteur du remblai, on refit le talus primitif en le raccordant avec la plate-forme, suivant la ligne BQ, au moyen de terres pilonnées.

Sur quelques points le remblai ne se trouva pas assez consolidé, et bien que le contre-fort inférieur n'ait subi aucun mou-

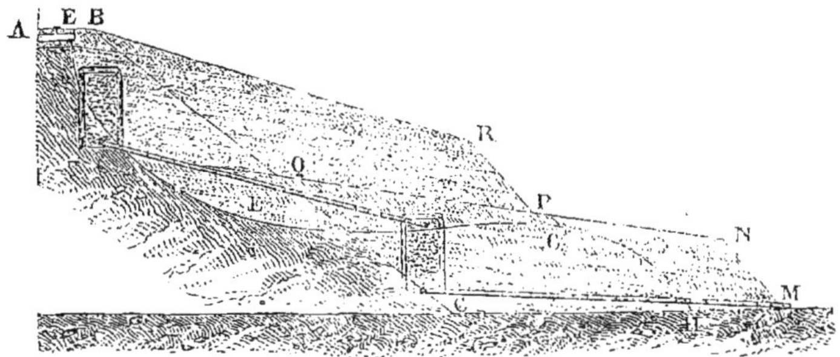

Fig. 39. Consolidation de remblai par drainages longitudinaux et contre-forts.

vement, la face BQ donna des signes de tendance au gonflement.

On y appliqua un remède analogue à celui qui a été employé au pied du talus : un second filtre communiquant avec le premier, une nouvelle banquette BRP; par ce moyen le remblai fut parfaitement consolidé.

Il est bien entendu que tous les filtres longitudinaux étaient disposés avec pentes, contre-pentes et écoulement des eaux à l'extérieur des banquettes.

24. Action des eaux extérieures. — Les eaux baignant le pied ou la surface des talus peuvent également produire des désordres dans un remblai. Quand il est impossible de faire évacuer les eaux ou de soustraire les talus à leur action, il faut construire

Fig. 40. Revêtement de remblai baigné par les eaux.

ces remblais en matériaux bien dépouillés d'argile et à plus forte raison de glaise; de plus, garnir les talus de perrés ou de gazonnements, principalement à la hauteur du niveau que les eaux peuvent atteindre et conserver pendant un certain temps. La figure 40 indique le système employé généralement pour préserver les remblais de l'érosion des eaux d'inondation — 7 —.

Il est des cas où les eaux d'inondation enlèvent complétement un remblai qui forme barrage; dans ce cas, il vaut mieux remplacer tout de suite le remblai par un viaduc, que de prendre la charge d'entretenir le remblai et courir le risque des accidents ou tout au moins des interruptions de service — 61 —.

En résumé, l'action des eaux de sources, de cours d'eau ou de pluies est la cause la plus fréquente des difficultés que les ingénieurs éprouvent à maintenir le chemin de fer en bon état. Les frais d'entretien de la ligne dépendant en grande partie des soins qu'on donne à cette question, le chef de service doit veiller à ce que tous les fossés en général et les cours d'eau en contact avec le corps de la route, soient débarrassés en temps voulu, de tous les objets qui pourraient les obstruer, tels que glaces, corps flottants, plantes aquatiques, dépôts.

Les maires des communes font souvent exécuter des travaux de curage de fossés et cours d'eau, pour lesquels le chemin de fer est imposé proportionnellement au développement du cours d'eau sur son domaine. Ces travaux donnent lieu à des réclamations de payement, faites à une époque où il n'est plus possible de contrôler les dépenses effectuées. Les agents du chemin de fer se tiendront donc au courant des décisions administratives prises sur cette matière dans la localité, et feront exécuter les travaux incombant à l'administration du chemin de fer, par des ouvriers attachés au service de la voie.

25. ENTRETIEN DES DÉPÔTS ET EMPRUNTS — Cet entretien se réduit à peu de chose, quand on a pris toutes les précautions nécessaires lors de la construction. Les talus — 11 — n'ont pas besoin d'être dressés avec autant de soin que ceux des remblais et des tranchées. L'entretien des chambres d'emprunt consiste principalement à assurer l'évacuation des eaux. En effet, quand arrive la saison des pluies, l'eau se rend au fond des emprunts, y devient stagnante et peut produire pendant l'été des miasmes dangereux, si on ne lui donne pas un prompt écoulement.

D'après les décrets du Conseil d'Etat des 19 mars 1855 et 4 avril 1861, lorsque, par suite de l'insuffisance des mesures prises par la Compagnie concessionnaire d'un chemin de fer, à l'effet d'assurer l'écoulement des eaux réunies dans les chambres d'emprunt, la stagnation a eu pour résultat de donner naissance à des fièvres d'accès, dont les habitants des maisons voisines ont subi les atteintes, le préjudice qui en résulte peut être considéré comme constituant un dommage direct et matériel, de nature à ouvrir un droit à indemnité [1].

On peut du reste prendre des mesures très-simples pour l'assèchement des chambres d'emprunt; y creuser, par exemple, des fossés longitudinaux (fig. 41), de 1 mètre de largeur environ, dont on emploie les terres à relever jusqu'à $0^m,60$ au-dessus des eaux les banquettes intermédiaires, larges également de 1 mètre, en ménageant de faibles pentes et des sillons transversaux vers les fossés. Les eaux se réunissent dans les fossés, laissant à sec la plus grande partie du fond de la chambre d'emprunt; on peut alors couvrir les banquettes de planta-

[1] Palaa, *Dictionnaire*, p. 178.

tions, en donnant la préférence aux essences susceptibles de prospérer dans les terrains humides : saules, osiers, aunes, etc. :

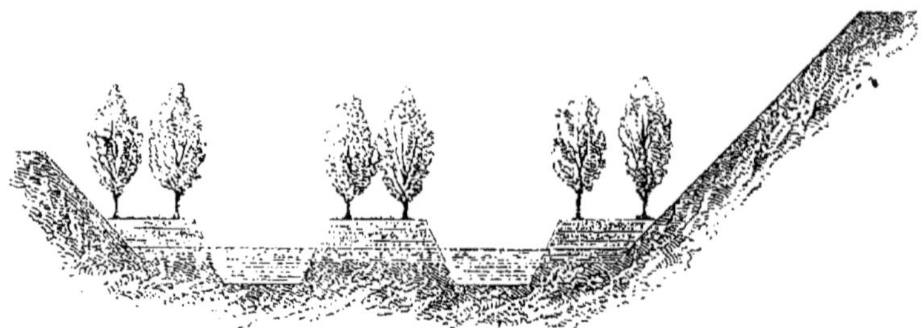

Fig. 41. Assainissement et utilisation des chambres d'emprunt.

on en plante deux rangées parallèles sur chaque banquette, à 0m.25 du bord. Si les chambres d'emprunt sont très-profondes et reçoivent beaucoup d'eau, on en forme alors de véritables étangs que l'on peut louer pour la pêche, mais en conservant la possibilité de les vider immédiatement quand surviennent les temps secs — 76 —.

Il faut tenir en bon état les talus des dépôts et emprunts, les empêcher de s'étendre trop loin, et autant que possible les couvrir de gazons, de semis ou de plantations dont on puisse tirer profit. En règle générale, on doit utiliser d'une manière quelconque, et autant que leur nature le permet, en location pour dépôts ou culture, toutes les parcelles excédantes qui font partie du domaine du chemin de fer — 77 —.

## § V.

## ENTRETIEN DE LA PLATE-FORME.

26. Entretien courant — L'entretien de la plate-forme se réduit encore, comme l'entretien des talus des tranchées et des remblais, à donner, dans tous les temps, un écoulement facile aux

eaux de pluie ou de source, qui détrempent l'assiette du ballast : si l'on ne prend pas ce soin, le ballast ne tarde pas à pénétrer dans la plate-forme, et réciproquement la masse de la plate-forme s'élève jusqu'au-dessus des traverses; celles-ci se trouvent alors dans un terrain mou, marécageux, rendant impossible le maintien de la voie en bon état et pouvant occasionner des déraillements en hiver, lors des gelées surtout.

Pour y remédier, il suffit, dans certains cas, de donner à la plate-forme une pente convenable au dehors, et une surface suffisamment dure, pour que les eaux traversant le ballast se rendent immédiatement vers les talus, sans pénétrer dans le corps du chemin.

Dans d'autres circonstances, il faut traiter la plate-forme comme terrain à assainir et lui appliquer un drainage.

27. Assainissements. — Plate-forme du Theil (ligne de Paris à Rennes). — Entre les deux stations du Theil et de la Ferté, la voie était établie sur un terrain que les pluies rendaient mouvant, surtout dans les tranchées. Après avoir essayé, à grands frais, divers modes d'assainissement, on se résolut à remanier complétement la plate-forme et la voie elle-même.

A cet effet, la circulation des trains fut établie sur voie unique entre les deux stations; on enleva la voie libre et son ballast jusqu'à la plate-forme, qui fut dressée et damée avec soin en lui donnant une très-grande pente de l'axe vers l'extérieur. Dans la tranchée du Theil, on découpa la plate-forme par des sillons transversaux remplis de pierres cassées et lavées (fig. 42). Ce travail terminé, on plaça sur la plate-forme les traverses sabotées à nouveau, les rails munis, cette fois, de coussinets-éclisses, et la première couche de ballast, en utilisant, à cet effet, la voie provisoire. On acheva son ballastage, et la circulation fut rétablie sur la voie restaurée. Une opération semblable, appliquée sur l'autre voie, a rendu à la ligne, dans cette section.

Fig. 42. Assainissement de plate-forme par saignées transversales.

toute la solidité désirable et ramené l'entretien à des conditions normales.

Plate-forme en tranchée de la ligne de Wissembourg. — La plate-forme de plusieurs tranchées argileuses de cette ligne est naturellement humide, par suite peu résistante. Elle se déprime sous la pression des traverses, au passage des trains, et se transforme en une série de fossés où l'eau s'amasse. L'argile se délaye alors et reflue, en forme de bourrelets qui atteignent le niveau supérieur des traverses et même des rails. Tel est l'effet indiqué par la figure 43, et qui s'est produit dans les tranchées du Hundshof, du Strohhubel et de Sourbourg.

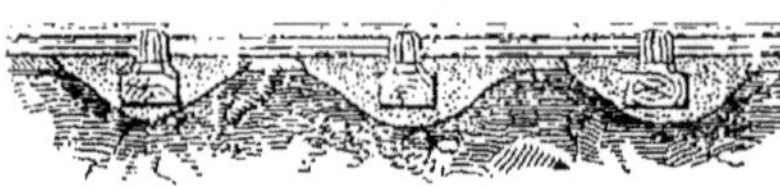

Fig. 43. Plate-forme en argile humide.

Cette détérioration de la plate-forme amenait des dérangements continuels dans les alignements et les pentes de la voie, de telle sorte que des relevages en grand étaient constamment nécessaires.

Pour s'opposer à l'enfoncement des traverses, on crut d'abord qu'il suffirait de répartir leur pression sur une plus grande surface, et à cet effet on les fit porter sur deux *doubles* rangées de dosses ou planches brutes, placées suivant la direction des rails. Cette disposition (fig. 44) arrête le mouvement des traverses, mais elle ne réussit pas quand la plate-forme est très-humide et que le ballast peut y pénétrer. Aussi, dans ce dernier cas, l'effet primitif se reproduisit sur le système entier, avec cette modification que la pression, exerçant latéralement son effort, déterminait le glissement de la voie, ballast et plate-forme compris, vers le fossé qui menaçait de se combler. On essaya alors d'intercaler, entre les traverses, une dosse placée de telle sorte que, sa face plane reposant sur le ballast, ses extrémités servaient aux rails de points d'appui (fig. 45).

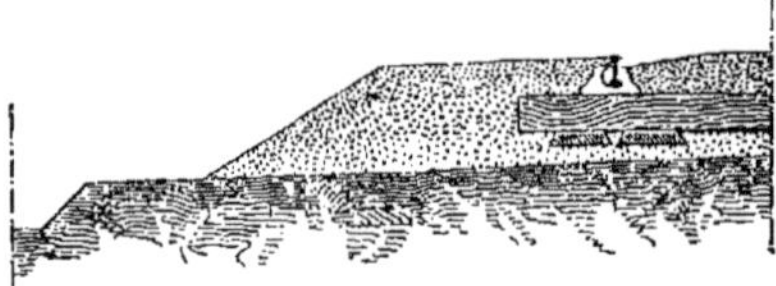

Fig. 44. Consolidation provisoire de la voie sur plate-forme humide.

Quoique ce dernier procédé ne puisse être considéré que comme un palliatif éminemment temporaire, il atteignit le but proposé en donnant à la voie une stabilité suffisante jusqu'à l'achèvement des travaux d'assainissement dont les tentatives de consolidation énumérées plus haut démontraient la nécessité.

Entre les kilomètres 29 et 30, l'assèchement de la plate-forme a été obtenu au moyen de deux rigoles longitudinales ouvertes sous les extrémités des traverses (fig. 45), partagées en pentes et contre-pentes de 3 mètres à 6 mètres de longueur; ces rigoles ont 0m,15 environ de profondeur en haut et 0m,20 en bas des pentes, où elles rencontrent des rigoles transversales qui les relient aux fossés latéraux. Ces rigoles sont remplies de gravier sur une hauteur de 0m,12 à 0m,15, recouvert de mousse et enfin de ballast.

Fig. 45. Plate-forme asséchée par rigoles.

Ce procédé d'assainissement de la plate-forme a été appliqué sur

564 mètres de rigoles longitudinales,
825 — transversales.

Soit 1 389 mètres de développement.

La dépense totale s'étant élevée à 890 fr. 90 c., le prix du mètre courant de rigole est de 0 fr. 64.

Cette méthode est applicable quand on n'a qu'un assèchement de surface à effectuer; mais si l'humidité pénètre à une grande profondeur, on peut employer le moyen suivant, adopté dans la tranchée du Hundshof, où l'assainissement a été opéré par des tuyaux de drainage disposés de deux manières différentes (fig. 46).

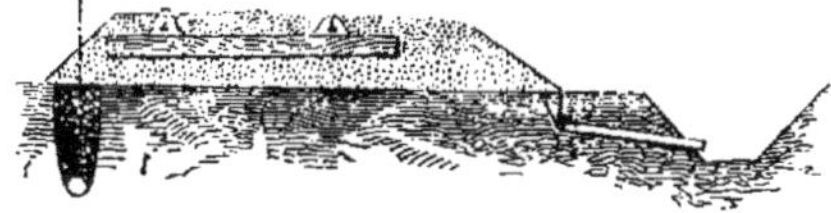

Fig. 46. Plate-forme drainée.

Dans l'axe de la tranchée, les tuyaux sont placés à 0m,80 de profondeur et à une distance de 0m,50 de l'axe de la voie; ils sont recouverts de paille, et la fouille est remblayée d'un mélange à parties égales de ballast et de glaise. Le minimum de la pente est de $0^m,002$. A droite de la tranchée, les tuyaux ne sont enfouis que de la quantité strictement nécessaire pour opérer l'absorption des eaux retenues par les parties les plus déprimées de la plate-forme. Au moyen de pentes et de contre-pentes de $0^m,003$ en minimum, sur des longueurs que les circonstances ont fait varier de 5 mètres à 30 mètres, les eaux sont amenées dans des tuyaux transversaux qui débouchent dans les fossés.

De ces deux modes de drainage, le premier n'est applicable que dans une tranchée dont les couches humides sont très-épaisses ou dans un palier de peu d'étendue, car il oblige à pratiquer des fouilles considérables, pour ménager la pente nécessaire; il demande d'ailleurs, lorsque le débouché ne se trouve qu'à une grande distance, un développement exagéré au delà de la partie à dessécher. Il exige encore des tuyaux d'une ouverture d'autant plus grande que son parcours est plus allongé, puisque la quantité d'eau qu'il reçoit est proportionnelle à ce parcours. Le second mode est d'une application plus facile et moins onéreuse, mais peut-être moins efficace quand le terrain humide a une grande épaisseur.

La comparaison des deux procédés est complétée par le tableau suivant, avec cette observation, que ces travaux exécutés pendant la marche des trains — la ligne n'était qu'à simple voie — sont beaucoup plus coûteux que s'ils étaient faits avant la pose de la voie.

*Drainage de la tranchée du Hundshof.*

| | 1. Côté droit. | 2. Côté gauche |
|---|---|---|
| Longueur des tuyaux d'absorption. . . . | $400^m$ | $360^m$ |
| Longueur des tuyaux d'écoulement . . . . | 600 | 40 |
| Développement du drainage. . . . . . . . . | 1 $000^m$ | $400^m$ |
| Main-d'œuvre . . . . . . . . . . . . . . | 960 fr. 00 | 128 fr 00 |
| Fourniture de tuyaux . . . . . . . . . . | 200 00 | 80 00 |
| Total des dépenses . . . . . . . . . | 1 160 fr. 00 | 208 fr. 00 |
| Soit par mètre courant . . . . . . . . . . | 1 fr. 16 | 0 fr. 52 |

En résumé, si le sol est composé d'argile très-compacte et résistante, on emploiera ce mode d'assainissement appliqué au côté gauche de la voie dans la tranchée du Hundshof, et qui est même préférable aux rigoles remplies de gravier dont nous avons parlé plus haut. Mais, si le sol est très-mou, il faudra avoir recours au premier mode, quoiqu'il coûte deux fois plus que l'autre.

**Plate-forme en tranchée sur les chemins prussiens.** — D'après M. Plessner, le drainage de la plate-forme des tranchées par des tuyaux est préférable à l'assainissement par des rigoles transversales remplies de pierrailles ou de gros gravier.

On donne à ces rigoles, dit-il, $0^m,30$ de largeur et $0^m,45$ de profondeur en les espaçant de 4 à 8 mètres, selon le cas, en les tenant à $0^m,30$ ou $0^m,60$ en dessous de la surface.

Pour une ligne à deux voies leur longueur est de 10 mètres, et $5^m,50$ pour la plate-forme à une voie. Les premières reviennent à 7 fr. 50 c., les autres à 3 fr. 75 c.

L'application du drainage longitudinal consiste à placer, dans l'axe de la ligne et en dessous du plafond de chaque fossé, une file de tuyaux de $0^m,05$ au moins de diamètre, enfouis à 1 mètre de profondeur pour les abriter de la gelée : la pente des drains ne doit pas être inférieure à $0^m,0025$.

Les frais de cette opération se résument ainsi, pour 1 mètre courant de plate-forme :

| | fr. | |
|---|---|---|
| 3 mètres de tuyaux en terre. . . | 0,21 | |
| Fouille des fossés. . . . . . . . | 0,24 | |
| Pose des tuyaux, remplissage, etc. | 0,13 | |
| Faux frais, etc. . . . . . . . . . | 0,08 | |
| Total . . . . . . . . . | | 0 fr. 66 |

En comparant l'application de ces deux méthodes d'assainissement à une tranchée de 300 mètres de longueur, on trouve que le drainage à trois tuyaux coûterait 200 francs environ.

L'assèchement par rigoles transversales et pavage du plafond du fossé, à l'embouchure de chaque rigole, s'évaluerait ainsi :

| | | |
|---|---|---|
| 30 rigoles à 3 fr. 75 . . . . . . . . . | 120 fr. | |
| 60 mètres de pavage de fossé à 1 fr. 33 | 80 | |
| Dépense totale . . . . . . . | | 200 fr. |

Les frais sont donc équivalents pour l'une et l'autre méthode, celle du drainage longitudinal donnant d'ailleurs des résultats bien supérieurs.

PLATE-FORME EN REMBLAI SUR LA LIGNE DE COULOMMIERS. — Comme exemple de consolidation de la couronne des remblais, nous citerons encore le procédé appliqué sur la ligne de Coulommiers (fig. 47) :

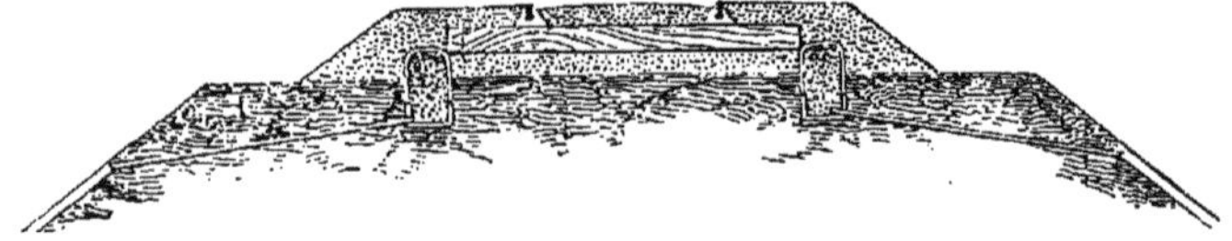

Fig. 47. Drainage de plate-forme en remblai.

On creuse à l'extrémité des traverses deux rigoles longitudinales, d'environ 1 mètre à $1^{m},50$ de profondeur, avec pentes et contre-pentes; le fond est garni d'une auge en planches goudronnées, remplie de pierres cassées; le tout recouvert d'une couche de paille puis de ballast.

De chacun des points bas de ces rigoles part une saignée transversale, disposée comme les rigoles longitudinales et débouchant à la surface des talus. On doit surveiller attentivement les ouvertures de ces rigoles, car si elles cessent de donner de l'eau, c'est un indice que les saignées longitudinales sont dérangées par les tassements du remblai qui renversent le sens de l'inclinaison des auges.

L'expérience n'avait pas encore prononcé sur la valeur de ce procédé, d'ailleurs coûteux, à l'époque où nous faisions pour la première fois cette description en 1864, et nous ajoutions que la méthode employée sur la ligne de l'Ouest ou sur celle de Wissembourg semblait plus efficace. Nos prévisions étaient fondées. — Ce procédé est mauvais; les rigoles en bois s'enfoncent de plusieurs mètres dans le remblai qu'elles contribuent à désorganiser.

28. Assainissement de la plate-forme des stations. —Quand le sol de la plate-forme est composé d'argile compacte ou d'autres matières imperméables, les eaux s'accumulent dans le ballast là où la voie est bordée par les quais d'une station, ou lorsque l'étendue de la gare ne permet pas de donner aux eaux de pluie un écoulement immédiat. Le mode d'assainissement appliqué à la station de Walbourg, qui se trouvait dans l'un des cas indiqués plus haut, ne laisse rien à désirer.

La longueur des quais de cette station en tranchée est de 80 mètres. On a placé le long et contre les quais, ainsi qu'entre les deux voies, trois rangées de tuyaux débouchant à chaque extrémité dans un collecteur qui se rend aux fossés.

Le point culminant des trois files se trouve dans l'axe du milieu de la longueur des quais et au niveau de la plate-forme, ce qui donne aux tuyaux une pente de $0^m,002$.

La dépense de ce travail est très-minime, ainsi qu'il résulte du résumé ci-dessous :

| | | | |
|---|---|---|---|
| Longueur du drainage. . | 3 files longitudinales. . | $270^m$ | $300^m$ |
| | 2 collecteurs . . . . . | 30 | |
| Dépense . . . . . . . . . | Fournitures. . . . . . | 60 fr. | 90 fr. |
| | Main-d'œuvre . . . . . | 30 | |

Soit par mètre courant, 0 fr. 30.

Gare de Wissembourg. — La gare de Wissembourg, commune aux chemins de fer de l'Est français et du Palatinat bavarois, occupe une surface de plus de 8 hectares et compte environ 8 800 mètres de voies. Elle se trouve dans le rayon de la place et, par suite des exigences du génie militaire, établie en déblai sur presque toute son étendue. Il en est résulté une certaine difficulté pour fournir aux eaux de pluie l'écoulement convenable. On a d'abord construit un égout pouvant desservir les principales dépendances de la gare, et qui, avec ses diverses branches, a un développement de 836 mètres, sur une section de $0^m,60$ de largeur et une hauteur variant de $0^m,60$ à $1^m,20$ (fig. 48). Indépendamment de cet égout, on établit encore un système général de drainage déversant ses eaux dans l'égout et les fossés qui entourent la gare. Toutes ces précautions ont donné de bons résultats. Mais dans l'hiver de 1855-56 et quand les gelées de longue durée eurent pénétré à une grande profondeur, le sol devint imperméable, et le drainage fut impuissant pour évacuer les eaux provenant des dégels partiels. Il en résulta que les eaux s'accumulèrent sur certains points, principalement aux emplacements des changements et croisements de voie. Pour les faire disparaître, il suffit de forer, de distance à autre, des trous de 0m,20 de diamètre, pénétrant à travers la couche de terrain non dégelé, pour atteindre le terrain perméable et le système de drainage.

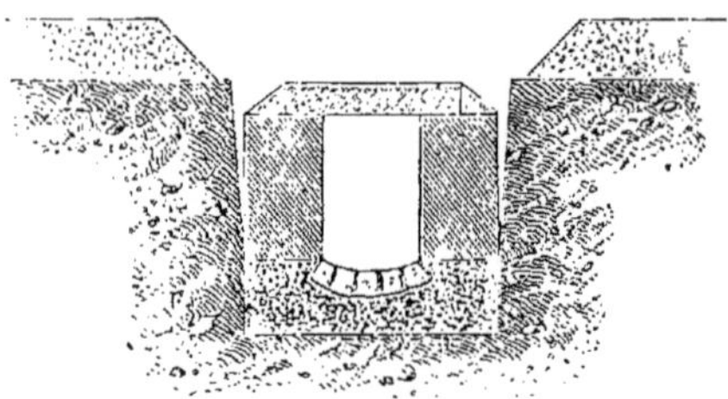

Fig. 48. Égout général dans une gare

Gare du Mans. — La surface occupée par la gare du Mans, dans sa partie principale, dépasse 14 hectares, et, en certains points, on compte jusqu'à seize voies parallèles, l'ensemble des voies dépassant d'ailleurs 12 000 mètres de développement. La majeure partie de ces voies, bien que posées sur remblai, occasionnaient de grandes dépenses d'entretien par suite de l'humidité du sol sur lequel on les avait établies, et du défaut d'écoulement des eaux de pluie, défaut qui se faisait sentir malgré les égouts développés sur 1 500 mètres de longueur.

La Compagnie s'est décidée à drainer la surface sur les points où les voies n'avaient pas une assiette convenable.

Un drain a donc été placé entre chacune des voies à assainir (fig. 49), les tuyaux posés à 0m,60 au-dessous de la plate-forme; le développement atteint 4 400 mètres de drains simples et 400 mètres environ de collecteurs. Ces travaux remplissent complétement le but pro-

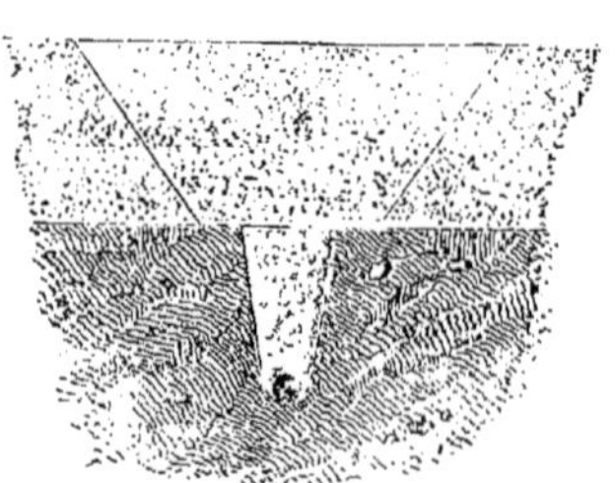

Fig. 49. Drainage de plate-forme de gare.

posé, et, moyennant une dépense relativement minime, produisent une économie considérable dans les frais d'entretien journalier.

Cette dépense peut s'établir ainsi :

| | | fr. | |
|---|---|---|---|
| Drains ordinaires (voir les sous-détails). | 4 400m | à 1,90 | 8 360 fr. |
| Collecteurs (*Id.*) . | 400 | à 2,24 | 896 |
| Raccordements des drains avec les collecteurs (faits au ciment), environ. . | 100 | à 0,25 | 25 |
| Décharges, regards, dépenses diverses et imprévues. . . . . . . . . . . | | | 719 |
| Dépenses totales. . . . . | | | 10 000 fr. |

Le tableau suivant donne, pour chaque opération et pour chaque espèce de fourniture, le détail des prix de main-d'œuvre, transport, acquisition, etc. — Ces prix sont essentiellement variables, puisqu'ils dépendent de nombreux éléments variables eux-mêmes. Mais en appliquant les prix élémentaires, propres à chaque localité, aux quantités portées au projet, dans l'ordre indiqué au tableau, on se rendra un compte exact des dépenses nécessitées par un drainage analogue à celui dont nous donnons la description.

| DÉSIGNATION des OUVRAGES. | NATURE DES TRAVAUX. | SOUS-DÉTAILS. | PRIX PARTIELS. | PRIX de L'UNITÉ. |
|---|---|---|---|---|
| | | fr. | fr. | fr. |
| UN MÈTRE COURANT DE DRAINS. | Fouille dans le ballast (1 mètre cube) . . . . . . | 0,25 | | |
| | Jet de pelle pour dépôt (id.) . . . . . . | 0,10 | | |
| | Reprise pour garnissage (id.) . . . . . . | 0,10 | | |
| | Garnissage (id.) . . . . . . | 0,15 | | |
| | TOTAL. . . . . . | 0,60 | | |
| | Soit par $0^{m3},63\left(=\frac{1,50+0,60}{2}\times 0,60\right)$ cube moyen d'un mètre courant de drains, | 0,378 | | |
| | Pour embarras des voies . . . . . . . . . . . . . . | 0,022 | | |
| | Total pour fouille du ballast. . . . . . . . | . . . . . | 0,40 | |
| | Fouille en rigole dans le remblai, y compris jet sur berge (1 mètre cube) . . . . . . . . . . . | 1,00 | | |
| | Charge en brouette et transport à un relai (1 mètre cube) . . . . . . . . . . . . . . . . . . | 0,25 | | |
| | Transport du premier à un second relai (1 mètre cube) . . . . . . . . . . . . . . . . . . | 0,15 | | |
| | Charge en tombereau et transport à une distance moyenne de 200 mètres (1 mètre cube). | 0,60 | | |
| | TOTAL POUR 1 MÈTRE CUBE. . . . | 2,00 | | |
| | Soit pour $0^{m3},15\left(=\frac{0,35+0,45}{2}\times 0,60\right)$ cube moyen de fouille de remblai pour un mètre courant . . . . . . . . . . . . . . . . . . . . | . . . . . | 0,30 | |
| | Tuyaux de drainage de 0m,035 de diamètre intérieur, à raison de 0f,032 l'un, achat, chargement en fabrique, transport, déchargement, brouettage et dépôt à la main sur le bord de la tranchée. | | | |
| | Pour 1 mètre courant $3\frac{1}{10}$ de tuyau au mètre. | 0,18 | | |
| | Couvre-joints pour 1 mètre . . . . . . . . . . . . | 0,07 | | |
| | Total pour 1 mètre de tuyaux . . . . . . . | . . . . . | 0,25 | |
| | Achat de la pierre de 0m,06 de diamètre et transport au pied des tranchées (1 mètre cube) . . | 4,50 | | |
| | Emploi dans les tranchées (1 mètre cube) . . . | 1,50 | | |
| | TOTAL. . . . . | 6,00 | | |
| | Soit pour 0m3,15 cube moyen pour 1 mètre courant. . . . . . . . . . . . . . . . . . . . . . | . . . . . | 0,90 | |
| | Pose des tuyaux, y compris le nivellement dans le fond de la tranchée. . . . . . . . . . . | . . . . . | 0,05 | |
| | PRIX TOTAL D'UN MÈTRE COURANT . . . | . . . . . | . . . . . | 1,90 |
| PRIX D'UN MÈTRE COURANT DE COLLECTEUR. | Fouille dans le ballast, même cube et même prix que pour les drains . . . . . . . . . . . . . | . . . . . | 0,40 | |
| | Fouille en rigole dans le remblai (même prix que pour les drains). $\frac{0,35+0,45}{2}\times 0,75=0,187$ à 2 francs | . . . . . | 0,37 | |
| | Pierrée, même prix que pour les drains 0m3,187 à 6 francs . . . . . . . . . . . . . . . . . . . | . . . . . | 1,12 | |
| | Tuyaux de 0m,0?? à raison de $3\frac{1}{10}$ le mètre courant . . . . . . . . . . . . . . . . . . . . . . . | . . . . . | 0,28 | |
| | Pose des tuyaux, y compris le nivellement au fond de la tranchée. . . . . . . . . . . . . . . . | . . . . . | 0,07 | |
| | PRIX TOTAL D'UN MÈTRE COURANT. . . . . | . . . . . | . . . . . | 2,24 |

29. **Paraneiges.** — Il est difficile de déterminer *à priori*, sur une ligne nouvellement construite, les points où se produisent le plus fréquemment des accumulations de neiges pouvant entraver le service. On ne parvient à reconnaître les endroits les plus exposés, et à prendre les mesures les plus efficaces, qu'après plusieurs années d'observation.

L'expérience a démontré que les points où les vents trouvent un obstacle donnent principalement lieu aux encombrements : que les tranchées de faible profondeur s'enneigent beaucoup plus souvent que les tranchées profondes ou boisées ; et que les accumulations de neige se produisent toujours dans des endroits déterminés, soit à cause de la configuration de la localité, soit par l'action de certains vents régnants.

Sur les chemins bavarois de l'Alpe-Souabe, les embarras de neige les plus sérieux sont ceux qui se produisent quand le vent (*le Vöhne*) souffle avec force de l'ouest. Les tourmentes de neige, état que les Allemands appellent *schnee-wehen*, arrivent généralement dans les mois de février ou mars, et plus fréquemment entre dix et onze heures de la nuit. Quelques tranchées sont assez bien protégées par des plantations de sapins, d'autres au moyen de paraneiges en planches, de levées en terre établies à une certaine distance de la crête des talus et du côté d'où vient le vent. Les remblais eux-mêmes ne sont pas exempts des enneigements ; près de Geislingen, un remblai de 15 mètres de hauteur, que les neiges envahissent souvent, est défendu par des plantations sur les talus.

Dans la traversée du Karst, située à l'extrémité méridionale du chemin de Vienne à Trieste, vers l'Adriatique, les encombrements se produisent sous l'action d'un vent très-violent venant du nord-est, *la Bora*. Ce vent varie quelquefois depuis le nord jusqu'à l'est ; il affecte même en un instant et sur certains points très-rapprochés deux et quelquefois trois directions notablement différentes. L'aridité du sol ne permettant pas d'élever des plantations, la ligne est défendue au moyen de paraneiges de 5 à 6 mètres de hauteur en planches, A, ou mieux en vieilles traverses, B, destinées à être remplacés par des écrans définitifs en maçonnerie, C (fig. 50). Ce remplacement n'a lieu

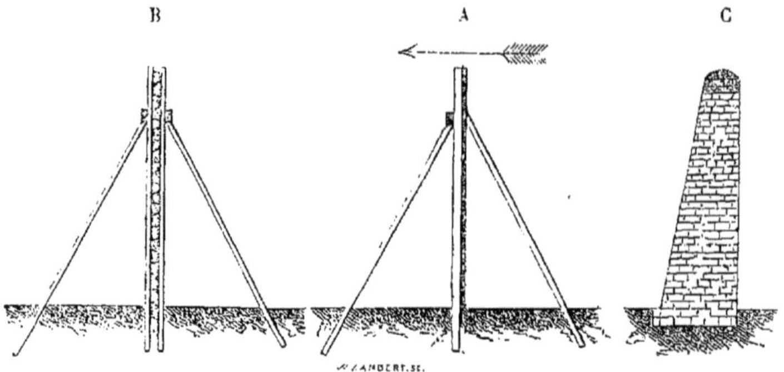


Fig. 50. Écrans-paraneiges. $\frac{1}{200}$.

que lorsque l'on a reconnu l'efficacité des premiers paraneiges en bois. Ceux-ci, devenant disponibles, servent alors à faire plus loin d'autres essais. Sur quelques points où le mur exécuté ne suffit pas complètement, on se propose de le doubler par un second mur parallèle et à une certaine distance du premier.

L'action des paraneiges est d'ailleurs facile à comprendre :

— Si le vent est faible et de peu de durée, l'écran arrête la neige qui tombe du côté du vent; il se forme en avant et au pied de l'écran un petit prisme de neige;

— Si le vent est violent et persistant, le prisme finit par atteindre la crête; la neige, passant de l'autre côté, se dépose au pied du paraneige (fig. 51), dans un milieu relativement tran-

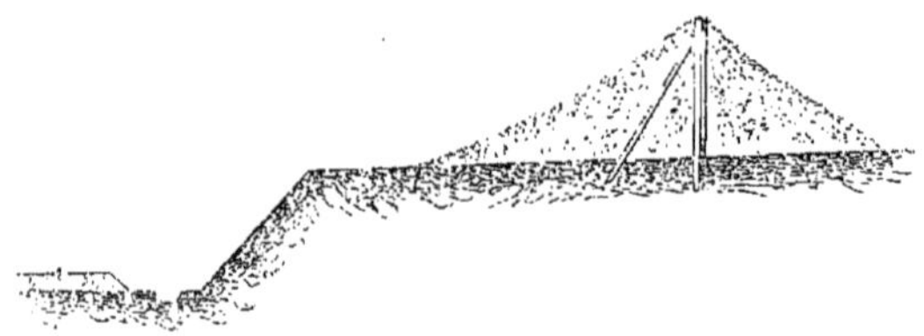

Fig. 51. Effet des paraneiges. $\frac{1}{500}$.

quille, et n'arrive que rarement jusqu'à la voie. Mais, pour atteindre le but proposé, il faut que les écrans ne soient pas trop rapprochés de la crête des talus, car les tranchées sont exposées à être coupées par le talus de la neige qui se dépose derrière l'écran.

On place ordinairement les écrans paraneiges parallèlement à la voie. C'est la meilleure disposition, surtout pour les chemins qui traversent des plateaux en suivant une direction perpendiculaire à celle des vents régnants, et qui, s'ils sont en tranchée, sont plus exposés que d'autres aux encombrements. On a remarqué, par exemple, que les lignes tracées sur le penchant des montagnes s'enneigent plus rarement que les précédentes. Si le vent prend les tranchées en biais, on termine les écrans par des retours obliques. Le retour d'amont vient jusqu'au bord de la tranchée, et le retour d'aval renvoie le courant de neige longitudinal et le détourne de la voie.

Les tranchées enfilées par le vent s'enneigent rarement; pour celles qui sont en courbe, il faut livrer une issue au courant en pratiquant une brèche dans le talus concave à l'origine de la courbe.

Pour préserver la voie en pays de montagnes, lorsqu'elle est établie au fond d'une gorge étroite, sur le flanc de coteaux à pic, ou enfin dans la région des avalanches, on peut : à l'emplacement connu des avalanches, construire des tunnels en maçonnerie, surmontés d'un plan incliné; aux endroits où la gelée désagrége les rochers et détache des fragments mêlés de glaçons qui pourraient rouler sur la voie, on établit des digues en terre ou en charpente et maçonnerie; enfin, on combat les amoncellements de neige dus à l'effet des vents au moyen de plantations ou de parois en planches.

Tout en cherchant à préserver la voie des embarras extérieurs, il ne faut cependant pas créer un autre genre d'embarras : le patinage des roues. C'est ce qui est arrivé au chemin Fell du Mont-Cenis. — Pour échapper aux encombrements de la voie on a multiplié les galeries; mais dans ces galeries le passage des machines entretient une atmosphère chargée de vapeurs dont la condensation fait patiner les roues, ce qui oblige à diminuer considérablement le tonnage et la vitesse des trains.

M. Nordling, ingénieur en chef au réseau central du chemin de fer d'Orléans, résume ainsi, dans une note sur les amoncellements de neige, les moyens de soustraire autant que possible la nouvelle ligne du Cantal aux influences de ce météore :

En vue de diminuer la formation des combles :

— Tenir la plate-forme plutôt en remblai qu'en déblai, et éviter autant que possible les très-faibles tranchées;

— Employer le personnel des travaux, pendant les trois hivers au moins qui précéderont l'ouverture de la ligne, à observer et à étudier le régime des neiges et des vents à l'emplacement de chaque tranchée; déterminer en conséquence la disposition des plantations et des écrans provisoires, et procéder en temps utile à leur exécution;

— En vue de cette éventualité, éviter ou écarter les chemins latéraux parallèles aux tranchées, surtout du côté d'amont par rapport au vent régnant;

— Écréter les tranchées à flanc de coteau les plus exposées et aplatir certains talus de déblais, plutôt que d'ouvrir des chambres d'emprunt spéciales;

Pour faciliter le travail des chasse-neiges :

— Augmenter la largeur des tranchées en rocher;

— Supprimer les trottoirs des stations situées vers les points exposés;

Enfin, pour faciliter le travail de la pelle :

— Supprimer les parapets et les remplacer, sur les viaducs et les murs de soutènement, par de simples lisses.

En exécutant des haies à neiges, dit M. Plessner, on se propose de transformer les petites tranchées en d'autres plus profondes, parce que l'on croit avoir remarqué que les dernières s'enneigent moins que les autres. A vrai dire, la masse absolue de neige tombant dans deux tranchées de profondeur différente est la même, peut-être même plus grande dans la plus profonde, parce que la lutte de la tourmente de neige avec les couches d'air tranquilles de l'intérieur de la tranchée dure plus longtemps, et par suite occasionne un plus grand dépôt de neige; mais, d'un autre côté, cette neige peut se déposer sur de plus grands talus, n'atteint la voie qu'au bout d'un temps assez long, et souvent sans entraver la circulation.

On comprend alors que, quand on établit des paraneiges, haies ou cavaliers, il faut ménager entre ces appareils et la voie un espace suffisant pour que la neige puisse s'y déposer.

Dans les tranchées qui n'ont pas plus de 1m,20 de profondeur, il est plus avantageux, plus économique même, d'acheter une zone de terrain suffisante pour donner aux talus une base de 4 à 5 pour 1, et de déposer les déblais en arrière sous forme de cavaliers de 0m,30 à 0m,60 de hauteur (fig. 52 *b*). Les dépôts de neige dans les tranchées et les chemins creux sont, comme on le sait, le résultat d'un courant d'air troublé dans sa marche. Le tourbillon de neige cherche à déplacer les couches d'air tranquilles ou moins agitées dans les tranchées, et par suite s'infléchit et se dilate vers le bas; il laisse déposer une partie de la neige et va frapper le talus opposé, qui le renvoie au dehors sous l'angle d'incidence.

Cet effet se reproduit, quand le tourbillon possède une assez grande intensité, jusqu'à ce que toute la tranchée soit remplie, ce qui n'arrive que très-rarement par le fait de la tourmente.

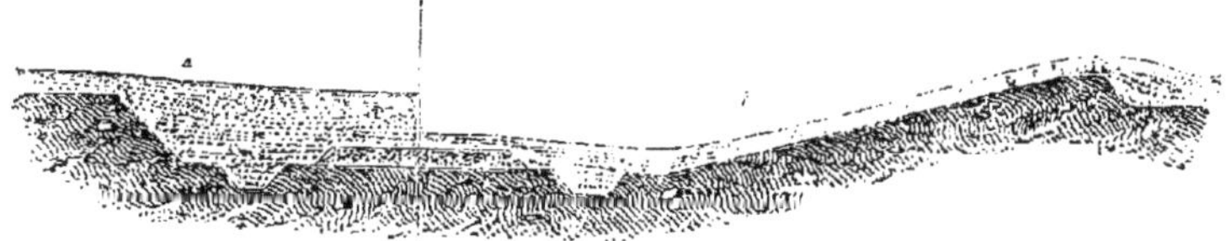

Fig. 52. Enneigement des tranchées.

La partie *a* de la fig. 52 représente une tranchée à talus roides, où la neige s'amoncelle, et la partie *b*, le mode de dépôt de la neige avec talus aplatis.

On doit faire, pour de petites tranchées, des talus très-plats (fig. 52 *b*.)

Pour préserver les tranchées profondes, on emploie avec

succès des haies de $1^m,60$ formées de fagots ou broussailles maintenus par des fils de fer, et placées à une distance de 5 à 7 mètres de la crête des talus.

Ces dispositions ne sont en général nécessaires que du côté du vent; on ne les applique des deux côtés que dans les courbes de très-petit rayon.

Pour les tranchées peu profondes, l'aplatissement d'un des talus, comme nous l'avons indiqué, revient à 1 fr. 40 c. environ (chemins prussiens). On peut compter 1 fr. 60 c. par mètre courant de haies à neige, le terrain supplémentaire non compris. Il faudra moyennement $6^{m2}$ de terrain par mètre courant de paraneige. Quand le terrain est acquis pour deux voies, le chemin n'étant encore construit que pour une seule, l'emplacement de l'autre voie, s'il se trouve du côté du vent, pourra compter pour $3^{m2}$ de terrain.

Les paraneiges en haies sèches coûtent 20 pour 100 d'entretien; il ne faut donc les employer que quand on en a bien reconnu la nécessité.

Pour évaluer les dépenses occasionnées par l'installation des paraneiges, il y a donc lieu de déterminer :

— La longueur des différentes tranchées de $0^m,30$ à $1^m,20$ de profondeur; leur position par rapport au vent; celles qui nécessitent l'aplatissement d'un talus seulement (et lequel); les tranchées dont on doit aplatir les deux talus;

— La longueur des tranchées de $1^m,20$ à 6 mètres de profondeur où il y a lieu d'établir des paraneiges, en tenant compte jusqu'à un certain point de la seconde voie dans le cas où, le chemin ayant été construit pour deux voies, une seule est en exploitation.

M. Muntz a décrit dans le journal *l'Ingénieur* plusieurs moyens qu'on peut employer pour se garantir en grande partie de l'accumulation des neiges mouvantes :

Le moyen le plus efficace qu'on emploie pour garantir les points les plus exposés consiste dans l'élargissement de la tranchée par la création d'une banquette de $2^m,50$ à 4 mètres de largeur, établie du côté des vents dominants ; de plus, dans la construction d'un cavalier de $1^m,20$ à $1^m,50$ de hauteur et élevé à une certaine distance de la crête du talus.

Ces deux précautions réunies suffisent pour forcer les neiges à se déposer sur les banquettes, et à n'envahir que faiblement la voie proprement dite. L'élargissement de la tranchée présente encore l'avantage de faciliter le passage de la grande charrue à neige, qui, sans cette précaution, comprimerait tellement la masse, qu'elle pourrait difficilement la traverser quand les hauteurs de neige atteignent de 1 mètre à $1^m,20$.

En Bavière, on se contente quelquefois, au lieu de former une banquette, de donner aux talus des tranchées exposées aux neiges mouvantes une inclinaison de 5 de base pour 1 de hauteur, pour conserver aux vents la possibilité de chasser la neige, qui se dépose sans cette précaution.

Sur les points où il n'existe ni cavaliers ni banquettes, et où les encombrements se produisent sous l'action des vents forts et continus, on remplace les cavaliers par des clôtures en planches de $1^m,50$ à 2 mètres de hauteur, placées de 7 à 10 mètres en arrière de la crête des talus, ou par des haies vives et des plantations d'épicéas et d'autres arbustes d'une croissance rapide. Ces plantations sont établies sur trois rangs parallèles, si elles ne se font pas en massifs.

Les plantations essayées sur une grande échelle ont rendu de très-bons services, dès qu'elles avaient atteint une hauteur de 2 mètres, et les effets obtenus par ces moyens combinés ont été tellement favorables, que la circulation n'a dû être interrompue, même dans les points les plus exposés, que pendant quelques heures et à des époques éloignées de plus d'une année.

Sur le Fichtelberg on s'est contenté de former des haies avec des branches de pins et de sapins dont on pouvait disposer dans la localité, en attendant que les plantations eussent acquis la hauteur nécessaire pour servir d'abri.

On trouvera dans le chapitre VI, § 5, l'indication des mesures à prendre pour l'enlèvement des neiges, et dans la seconde partie, — chap. II, § 1, — la description de charrues à neige.

## § VI.

### CHAUSSÉES.

30. Chaussées, voies d'accès, cours de stations. — Un chemin de fer en construction rencontre, sur sa ligne, un nombre plus ou moins considérable de voies de communication qu'il faut maintenir en général, et qui motivent l'exécution de divers travaux à la charge de l'administration du railway.

Certains chemins peu fréquentés peuvent-être supprimés, quelques-uns modifiés en direction, d'autres maintenus sans changements dans leur situation première. De là résultent, suivant la configuration du terrain, tantôt des traversées au niveau des rails, tantôt des passages en dessus ou en dessous de la voie, qui nécessitent la construction d'ouvrages d'art dont les dimensions varient suivant l'importance des communications à rétablir. Enfin, aux abords des stations, on est obligé de créer des voies d'accès et des cours plus ou moins étendues.

Dans tous les cas, l'administration du chemin de fer doit rétablir toutes les portions de routes qui se trouvent dans son domaine, et qui auront été coupées et modifiées, de quelque manière que ce soit, par la ligne.

Voici pour un chemin de fer secondaire l'analyse des prix d'un mètre courant de rectification de chemins ordinaires de 4 mètres de largeur.

| | |
|---|---|
| Indemnité de terrain 4$^{m}$,00 superficiels à 80 fr. 00 l'are | 3 fr. 20 |
| Terrassements, 0,40 m. cube par m. cour. à 0 fr. 85 . . . . | 0 34 |
| Pierre cassée à 0$^{m}$,06 pour l'empierrement : 3$^{m}$,00 de largeur sur 0$^{m}$,15 d'épaisseur = 0,45 m. cube à 3 fr. 45, y compris l'emploi . . . . . . . . . . . . . . . . | 1 55 |
| | 5 fr. 09 |
| Faux frais et bénéfices. . . . . . . . . . | 0 79 |
| Prix d'un mètre courant d'un chemin de 4$^{m}$,00 de largeur . . . . . . . . . . . . . . . . . . . . . . . | 5 fr. 88 |
| Prix d'un mètre superficiel $\frac{5.88}{4}$ soit en nombre rond | 1 50 |

Quant à l'entretien des chemins modifiés, en principe, et sauf de rares exceptions spécifiées à l'avance, le droit commun et l'usage font retomber les charges d'entretien des routes et chemins remaniés à ceux à qui cet entretien incombait antérieurement.

Les cours et avenues des gares, établies pour son service par l'administration du chemin de fer, sont entretenues et éclairées par cette dernière, à moins d'une remise régulière aux communes, aux départements ou à l'État.

31. Abords des passages a niveau. — Lorsqu'il s'agit de la construction des chemins de fer de très-grande fréquentation, on évite autant que possible les passages à niveau. Tel a été le cas des premiers chemins de fer. Mais pour les lignes secondaires dont la circulation est moins active, on n'établit au contraire des ouvrages d'art que dans le cas où les dispositions locales y conduisent naturellement.

L'établissement d'un passage à niveau comprend ordinairement : l'exécution de la chaussée sur toute l'étendue de la traversée et de ses abords, l'installation de barrières mobiles qui ne permettent aux piétons, aux cavaliers et aux voitures de franchir la voie du chemin de fer qu'à un moment où l'on peut la traverser sans aucun danger ; enfin, dans beaucoup de cas, la construction d'une maison de gardien. Pour tous les passages à niveau, le profil en long de la traversée, ou le profil en travers du chemin de fer, doit être horizontal, non-seulement sur la largeur de la plate-forme de la voie, mais encore sur une longueur suffisante de chaque côté, « pour que les voitures, venant d'un côté ou de l'autre, se trouvent sur un plan horizontal avant que les bêtes de trait du limon n'atteignent les rails [1]. »

Quand la voie charretière est en pente vers le chemin de fer, son profil en long doit être horizontal sur 15 mètres au moins de chaque côté des clôtures de la ligne. Ces prescriptions sont nécessaires pour éviter un arrêt quelconque, sur le passage à niveau, de tout véhicule traversant la voie, ou l'introduction sur

[1] *Grundzüge fur die gestaltung der Eisenbahnen Deutschlands. — Versamlung Deutscher technicker.* Berlin, 1850.

la ligne d'une voiture qui serait poussée par l'action de la pesanteur en deçà de la limite tracée pour l'arrêt des véhicules au moment du passage des trains.

D'après les prescriptions des articles 13 et 14 du cahier des charges général des chemins de fer français, le croisement à niveau du chemin de fer et d'une route ne peut s'effectuer sous un angle de moins de 45 degrés, et l'inclinaison des routes aux abords du chemin ne doit pas dépasser 0,03 pour les routes impériales et 0,05 pour les chemins vicinaux de grande communication. L'administration se réserve d'ailleurs le droit de fixer, dans chaque cas particulier, la direction qu'il convient de donner aux chemins déplacés, leurs dimensions, le maximum des rampes et le minimum des rayons des courbes.

La Commission, composée d'hommes parfaitement compétents [1], chargée par le ministre des travaux publics d'étudier les moyens de construire, aux moindres frais possibles, les lignes secondaires, avait proposé de réduire à 30 degrés la limite de l'angle de croisement. La loi du 12 juillet 1865 n'a pas introduit cette modification, laissée à l'appréciation de l'administration locale.

Ces prescriptions s'appliquent aux parties modifiées des chemins rencontrés, soit qu'ils traversent directement la ligne ou qu'ils la suivent longitudinalement. Ce dernier cas se présente pour des chemins peu importants, détournés de leur direction primitive et assez rapprochés les uns des autres pour pouvoir être réunis sur un même passage. L'axe des chemins détournés est généralement parallèle à celui de la voie. Ils sont séparés du chemin de fer par le fossé et une haie ou une clôture sèche; il est prudent quelquefois d'adopter, dans ce cas, un système de clôtures offrant une plus grande résistance que sur les autres points de la ligne. En Suisse, cependant, les compagnies se sont contentées d'un fossé et d'une petite levée qui le sépare de la voie charretière. On donne autant que possible à ces routes une

[1] M. Avril, inspecteur général des ponts et chaussées; M. Sauvage, directeur des chemins de fer de l'Est; M. Delorme, chef de la division des chemins de fer. Décembre, 1864.

inclinaison transversale de 0,03 à 0,05 vers l'extérieur, pour que les eaux ne s'écoulent jamais du côté de la voie.

Tous les terrains nécessaires pour la déviation des voies de communication sont achetés et payés par l'administration du chemin de fer. Il est de principe d'ailleurs que toutes les mesures à prendre et les dépenses à faire pour conserver, sinon améliorer les anciennes conditions de viabilité, restent à la charge du chemin de fer.

Les chemins de desserte ou de défruitement, supprimés et remplacés par des chemins latéraux, doivent, autant que possible, conserver leur largeur.

Ces déviations de chemins ne laissent pas d'être parfois très-onéreuses; elles entraînent soit l'acquisition de terrains pour l'assiette du chemin, soit une indemnité pour servitude de passage, souvent la construction de la chaussée avec tous ses accessoires. L'adoption des barrières manœuvrées à distance — 99 — permet de faire l'économie de tous ces frais sans aggraver les charges du service de gardiennage, — chapitre XI, § 2 —.

Sur quelques points considérés comme dangereux par suite de la grande fréquentation du passage ou des nombreuses manœuvres de convois que l'on effectue aux abords des barrières, on établit ordinairement, pour le service des piétons, des cavaliers et même des voitures légères, un passage auxiliaire sous rails, accolé au passage à niveau et relié avec la route par de petites rampes d'accès. L'entretien de la chaussée du passage sous rails et des chemins d'accès doit, après réception, être mis à la charge du service des routes. Nous rappellerons à ce sujet que, après remise faite aux services intéressés, l'administration du chemin de fer est exonérée de l'entretien des chemins modifiés, cours, avenues de gares et autres voies nouvelles.

Les dispositions les plus fréquentes que peuvent présenter les abords de passage à niveau sont indiquées par les figures de la planche 1 qui s'appliquent à toutes les largeurs de routes.

Pl. I. Fig. 53. Passage droit, peu important, sans maison de garde.
Fig. 54. Chemin de piétons.
Fig. 55. Passage droit fréquenté, avec chemin latéral et maison de garde.
Fig. 56. Passage oblique, avec chemins latéraux contigus.

Les passages à niveau sont ordinairement classés d'après la fréquentation des routes qu'ils desservent.

Nous indiquons plus loin les différents types de barrières de passage à niveau — chap. III, § 3, — les conditions d'établissement de la voie sur la traversée — 218 — et les mesures de service spécial applicables aux passages à niveau de diverses catégories — chap. XI —.

32. Matériaux des chaussées. — Selon les localités et l'importance de leur fréquentation, les chaussées sont ou empierrées ou pavées. Avant de décrire la construction de ces deux genres de chaussées, il peut être utile de passer en revue les matériaux employés dans cette construction.

Les pierres cassées, graviers, cailloux, destinés à la confection des chaussées, doivent toujours être purgés de terre et de toute autre matière nuisible, soit au moyen du râteau, après le cassage, soit par le passage à la claie. Ce sont généralement des pierres très-dures, des cailloux roulés, du gros gravier, du quartz, des matériaux siliceux, du porphyre, des grès durs, du silex et du granit quand le prix du cassage ne revient pas trop cher, des calcaires durs. On peut mélanger ces deux dernières espèces de matériaux.

Toute pierre gélive ou sujette à s'altérer par le mauvais temps doit être rejetée, ainsi que toute pierre friable, si elle n'est pas mélangée avec des matériaux durs et résistants.

Il faut que la grosseur des pierres cassées n'excède pas une certaine dimension ; ordinairement on exige qu'elles passent en tous sens dans un anneau de $0^m,05$ à $0^m,06$ de diamètre. Le cassage se fera toujours hors des lieux d'emploi. On aura soin de trier et rejeter toutes les pierres qui seraient empaquetées de gangue.

L'ingénieur fera bien de s'assurer par lui-même de la composition des tas de pierres cassées, en les faisant ouvrir jusqu'au centre. Nous avons vu, comme exemple d'une fraude assez fréquente, des détritus recouverts d'une couche de bons cailloux acceptés comme matériaux convenables, et qui ont fait conséquemment un très-mauvais service, au grand étonnement des agents supérieurs de l'entretien des routes.

Le sable doit être pur, exempt de toute matière terreuse, et passé à la claie. Le sable moyen à employer dans les pavages ne renfermera pas de graviers de plus de $0^m,008$ de diamètre.

Les pavés d'échantillon et les bordures ont les dimensions en usage dans chaque localité. Les gros pavés de grès dur se débitent généralement en cubes de $0^m,22$ de côté; ce sont les pavés d'échantillon ou de ville. Les pavés de cours et lieux intérieurs, en roche franche, sont obtenus en divisant en deux ou trois des pavés cubiques de $0^m,22$ de côté; on a ainsi des pavés de $0^m,11$ ou $0^m,075$ d'épaisseur. A Paris, on emploie maintenant des pavés venant de la Nièvre, et ayant $0^m,10$ sur $0^m,16$ pour côtés de la base; ces pavés rendus à Paris, tout smillés, coûtent 335 francs le mille; il en entre 48 dans 1 mètre carré de pavage. On emploie fréquemment l'échantillon de $0^m,13$ sur $0^m,20$.

En général, la hauteur des pavés est à peu près égale à la plus grande dimension de la base supérieure.

Enfin, on emploie également à Paris, depuis quelques années, des pavés en porphyre dit *de Lessines* ou *de Quenast* (Belgique), qui se débitent en trois échantillons : le premier a $0^m,10$ sur $0^m,16$ de base, le second $0^m,15$ sur $0^m,15$, et le troisième a $0^m,13$ sur $0^m,13$. La hauteur est au maximum $0^m,16$. Leur prix est, pour le premier choix :

| | | |
|---|---|---|
| 1er échantillon tout smillé . . . . . . . . | 355 fr. | le mille. |
| 2e échantillon brut. . . . . . . . . . . . | 316 | — |
| 3e — . . . . . . . . . . . | 267 | — |

Pour les pavés de deuxième choix, tous les prix précédents sont réduits d'un huitième. Les pavés de porphyre présentent, à cause de leur dureté, l'inconvénient de se polir par l'usure, et de devenir très-glissants. C'est pour remédier à ce défaut qu'on leur donne de petites dimensions, surtout en largeur, et qu'on les sépare par des joints très-larges. Les pieds des chevaux trouvent appui dans la multiplicité et la dimension des joints.

Brisés en fragments, les porphyres fournissent d'excellents matériaux pour les chaussées à la Mac-Adam, mais ils coûtent plus cher que la meulière.

Les pavés de la nature du grès prennent une forme cubique, sauf une tolérance de 0m,02 en moins pour les côtés de la face inférieure. Pour les bordures, la tolérance est de 0m,02 en moins sur la largeur, et de 0m,05 sur la longueur pour la face inférieure. Les pavés et bordures sont toujours en pierre dure, compacte, sans bousin et bien équarris, de manière à ne pas donner à l'emploi des joints de plus de 0m,02 de largeur.

Dans certains pays où l'on n'a pas de pavés, on emploie de gros cailloux roulés, autant que possible étêtés.

Les pierres pour pavage en blocage, ou pour pavés bâtards, sont de dimensions variables. Les joints des pierres doivent être retournés d'équerre sur 0m,06 au moins de distance, et le parement de dessous doit avoir au moins les trois cinquièmes de la surface de la tête.

En moyenne, on peut compter sur le prix de 8 à 10 fr. par mètre carré de pavage, selon la qualité du pavé du pays et la matière employée pour le hourdis : sable ordinaire, mortier ou ciment.

33. Chaussées empierrées. — En construisant les chaussées en déblai, on peut exécuter immédiatement le profil définitif des accotements et de l'encaissement ; mais pour les parties en remblai, on forme d'abord un profil de niveau entre les bords extérieurs des accotements. Lorsque le tassement est complétement effectué, on creuse l'encaissement de la chaussée et l'on donne la pente prescrite aux accotements. La profondeur de l'encaissement varie de 0m,15 à 0m,30.

Les matériaux destinés à l'empierrement sont convenablement cassés et emmétrés en un seul cordon de 0m,50 de hauteur sur l'un des accotements dressé et réglé à l'avance. Puis la forme de l'encaissement convenablement préparée et reçue, on y répand ces matériaux, sans mélange de terre ni de sable, par couches d'environ 0$^{m}$,10 d'épaisseur. Il est bon de placer, autant que possible, les plus petits matériaux à la surface.

Le bombement de la chaussée se règle avec des cerces ayant un profil déterminé. On emploie également des cerces avec fil à plomb pour le règlement des talus en remblais et déblais.

Il est bon de faire tasser les empierrements par le passage, répété autant de fois que cela est nécessaire, d'un rouleau de compression pesant au moins 3 000 kilogrammes, en arrosant les matériaux pour faciliter le remplissage des vides. On accélère la prise de l'empierrement en le recouvrant, lorsque le tassement est à peu près arrêté, d'une couche de 0$^{m}$,02 de sable ou de détritus.

*Cylindrage des chaussées.* — Voici les mesures prescrites par l'administration des ponts et chaussées dans l'est de la France pour le cylindrage des chaussées :

On répandra toute la pierre cassée dans l'encaissement de la chaussée, en réglant la surface d'après le profil prescrit. On fera passer ensuite le cylindre à vide, en commençant par les bords de l'empierrement et en se rapprochant insensiblement de l'axe de la chaussée; cette opération durera une journée.

Quand l'empierrement aura acquis assez de solidité pour que le cylindre à vide ne laisse plus de traces, on remplira le coffre du cylindre, aux deux tiers, de moellons ou autres matériaux lourds, et l'on recommencera le cylindrage, jusqu'à ce que le rouleau ne laisse plus de traces; on procédera comme la première fois, en commençant par les bords.

On fera ensuite un troisième cylindrage à charge entière, c'est-à-dire en remplissant le coffre du rouleau, de manière que la charge déborde le dessus du coffre, et l'on continuera encore jusqu'à ce qu'il n'y ait plus de traces du passage du rouleau, et que l'empierrement ne cède plus à son passage.

Cette opération terminée, on pourra permettre le répandage du sable qui sera approvisionné en quantité suffisante pour recouvrir complétement l'empierrement (25 pour 100 du cube de l'empierrement).

Après le répandage du sable, on continuera le cylindrage jusqu'à ce qu'une voiture chargée ne laisse plus de traces sur la chaussée.

Pour un cylindrage d'une certaine étendue, il faut, en moyenne, un jour de cylindrage par 100 mètres de chaussée.

Il est indispensable qu'après le cylindrage, deux ou trois ouvriers, munis de dames, soient chargés de veiller avec soin à la conservation de la chaussée et de replacer les pierres que dérangeraient les roues des voitures ou les pieds des chevaux.

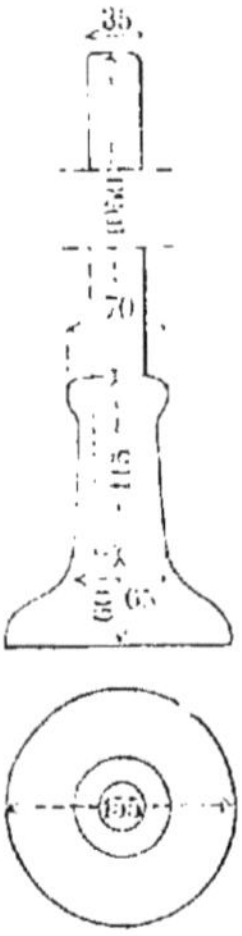

Fig. 57. Dame en fonte 1/10.

34. Entretien des chaussées empierrées. — Dès qu'une chaussée est livrée à la circulation, commence le travail d'entretien qui consiste à réparer, aussitôt que possible, l'usure ou les avaries survenues aux talus, fossés et ouvrages assurant l'écoulement des eaux, garde-corps, etc. ; à maintenir ainsi la route solide et unie, et ses dépendances dans le meilleur état.

Un bon entretien comprend deux séries d'opérations :

— L'enlèvement constant des détritus de la chaussée, soit à l'état de poussière, soit à l'état de boue ;

— Le rechargement des matériaux destinés à remplacer ceux que la circulation a détériorés.

Quand les détritus de la chaussée se présentent à l'état de poussière, il faut les faire disparaître sans retard par le balayage ; une route bien balayée peut recevoir la pluie pendant plusieurs jours sans qu'il en résulte de dommage ; car c'est la boue principalement qui concourt à la détérioration de la chaussée.

Si la pluie dure un certain temps, la route se couvre d'une couche de boue, dont l'épaisseur va toujours en croissant. Il faut l'enlever au plus vite, car elle facilite la formation des ornières, qui, une fois frayées, attirent le passage des roues, dont la circulation prolongée amène rapidement la destruction de la chaussée. On se sert, à cet effet, de racloirs à la main ou montés sur un train porté par deux roues, quelquefois de balais en fil de fer ajustés obliquement au bout d'un manche en bois, ou adaptés à deux leviers montés sur une roue.

L'enlèvement de la poussière et de la boue amène nécessairement une diminution dans l'épaisseur de la chaussée, qui serait promptement réduite à la couche du premier lit, si l'on ne rapportait pas de nouveaux matériaux pour rendre à la chaussée son profil primitif.

C'est par le temps humide qu'il faut faire les rechargements, car les matériaux répandus sur la chaussée pendant la sécheresse ne prennent pas corps, n'ont pas de liaison et se réduisent en poussière.

Il ne faut pas opérer le rechargement en une seule fois; des recharges successives sont préférables.

Pour y procéder, on enlève soigneusement la boue des ornières, on entaille légèrement les surfaces à recharger, puis on répand les matériaux en plaçant les plus gros au milieu et les plus fins vers les bords ; les intervalles sont remplis avec des vieux matériaux retirés de la chaussée. Le cantonnier doit combler les trous dès qu'ils se présentent. Un répandage général sur une chaussée en circulation ne devient convenable que quand la route est rapidement usée, ou qu'il y a eu négligence dans l'entretien; en un mot, que la couche supérieure n'a plus l'épaisseur suffisante et menace de disparaître sur toute une section du chemin. L'emploi du rouleau compresseur est nécessaire dans ce cas.

Dans le duché de Bade, où les instructions qui précèdent sont soigneusement appliquées, la consommation annuelle des matériaux nécessaires à l'entretien varie, d'après M. Becker, pour une chaussée de 6 mètres de largeur, de $43^{m3}$ à $270^{m3}$ par kilomètre, selon la fréquentation de la ligne et la qualité des pierres employées.

Les cantonniers chargés de l'entretien de la route doivent, en outre, arracher les herbes des bords de la chaussée et du fond des fossés, enlever la neige aussi promptement que possible de la voie charretière et débarrasser de la glace les fossés et ponceaux.

Un bon entretien exige que les matériaux soient approvisionnés en quantité suffisante et en temps voulu; l'espacement des dépôts peut varier de 30 à 60 mètres [1].

35. Chaussées pavées. — L'encaissement des chaussées ou caniveaux en pavés a ordinairement $0^m,30$ à $0^m,40$ de profondeur. Quand il est bien dressé, on y répand une couche de sable de $0^m,15$ à $0^m,25$, qui doit être arrosée à grande eau, tassée avec soin et régalée suivant un profil déterminé. On commence alors par la pose des bordures, qui doivent être établies suivant les alignements et les pentes déterminés, bien de niveau d'un bord à l'autre, affermies au marteau et garnies de sable dans leurs joints.

Vient ensuite la pose des pavés, qui se fait par rangées droites et d'une largeur uniforme. Ces rangées sont perpendiculaires à l'axe de la route; les pavés doivent être en liaison de la moitié de leurs parements d'un rang à l'autre, et soigneusement garnis de sable. Au fur et à mesure de la construction, on dresse les pavés et les bordures en les battant avec une hie de 18 à 25 kilogrammes, jusqu'à ce que la percussion ne produise plus aucun tassement. Il faut toujours avoir soin de remplacer les pavés qui s'écraseraient ou se fendraient par l'effet de cette main-d'œuvre, et de réparer les flaches qu'elle produirait. Quand le pavage est bien dressé et reçu, on répand à la surface une couche de sable de $0^m,02$ à $0^m,03$ d'épaisseur. Il est bon d'arroser fortement cette couche de sable et de la pousser dans les joints au moyen de petites fiches à dents.

Le pavage en blocages s'exécute avec les mêmes soins que le précédent, mais il est moins régulier et donne des chemins moins bons.

L'entretien des routes pavées se fait par *relevés à bout* ou *par entretien simple*. Un relevé à bout consiste à refaire la chaussée sur une partie de son étendue, comme si elle était neuve, en rejetant les pavés cassés, de mauvaise qualité et auxquels l'usure a donné des dimensions trop faibles. On marque ordinaire-

[1] Becker, *Strassen und Eisenbahnbau*.

ment les limites du relevé à bout par deux rangs de pavés neufs.

L'entretien simple consiste à remplacer seulement çà et là quelques pavés cassés, ou à relever les parties de pavage enfoncées ou usées.

36. Chaussées en asphalte. — L'asphalte de Seyssel est un carbonate de chaux imprégné naturellement d'une manière très-intime de 6 à 10 pour 100 de bitume. Cette roche se rencontre encore au Val de Travers, canton de Neufchâtel — Suisse, — et sur plusieurs autres points de la même région jurassique. On en fait à Paris des chaussées très-résistantes, par un procédé qui pourrait peut-être s'appliquer avec avantage aux cours de stations, quais découverts, passages à niveau, etc.

La forme de la chaussée, fortement pilonnée, est recouverte d'une couche de béton hydraulique d'environ 10 centimètres; puis on étend sur ce béton bien sec l'asphalte chauffé au-dessus de 100 degrés, et qui, à cette température, se réduit en poussière par l'effet du ramollissement du bitume; on pilonne la poudre d'asphalte chaude avec des dames en fonte (fig. 57) chauffées; puis vient la compression à l'aide de rouleaux de 200, 800 et 1500 kilogrammes, jusqu'à ce que la couche soit réduite à une épaisseur uniforme de 4 centimètres au plus; deux ou trois heures après l'achèvement de l'opération, la chaussée refroidie et durcie peut être livrée à la circulation.

Le tableau suivant indique les prix comparatifs des différentes chaussées employées à Paris [1] :

| CHAUSSÉES. | PRIX D'ÉTABLISSEMENT par mètre carré | ENTRETIEN par mètre carré. | OBSERVATIONS. |
|---|---|---|---|
| Asphalte comprimé, béton compris . . . . | 15 fr. | 1 fr. 25 | |
| Pavé en porphyre belge. . | 18 à 22 | 0 fr. 50 à 1 fr. 50 | Le montant de la dépense est fonction du plus ou moins grand écartement des joints. |
| Macadam en porphyre dans les voies fréquentées. . . . . . . | 7 | fr. 2,40 à fr. 3,00 | Il faudrait ajouter aux frais d'entretien les frais de nettoyage des égouts |

[1] Mémoire de M. Malo. — Société des ingénieurs civils, année 1864.

L'entretien des chaussées en asphalte est très-simple, surtout quand l'encaissement est bien préparé et que la chaussée ne se défonce pas; il suffit de les balayer en temps sec, et de les laver toutes les vingt-quatre heures, quand le temps est humide et qu'elles deviennent glissantes. On peut aussi jeter simplement du sable à la surface. Quand elles sont défoncées, il faut les rétablir avec plus de soin.

---

## CHAPITRE II

### OUVRAGES D'ART.

### § I.

### TRAVAUX PRÉLIMINAIRES.

37. Projet. — Lorsqu'un chemin de fer rencontre des routes, des cours d'eau plus ou moins importants, des vallées trop profondes pour être économiquement franchies par remblai, ou des montagnes trop élevées pour admettre l'ouverture de tranchées, on est conduit, soit par nécessité, soit par économie, à construire des ouvrages d'art en bois, en pierre ou en métal.

L'établissement de ces ouvrages réclame une étude approfondie de questions nombreuses et très-importantes : sécurité absolue, durée, économie, règles de l'art, nature des matériaux à employer, suivant les circonstances et la localité ; mode de fondation eu égard à la nature des terrains ; dimensions nécessaires et suffisantes de l'ensemble et des différentes parties qui le composent. L'ingénieur ne résoudra ces différentes questions qu'après avoir recueilli tous les renseignements indispensables, comparé des ouvrages du même genre déjà construits, examiné les conditions de débouché pour les eaux, etc. A ce sujet, nous ne pouvons que renvoyer le lecteur aux ouvrages spéciaux de construction.

Cependant nous rappellerons ici quelques règles générales.

Il faut éviter les ouvrages en bois sur les grandes lignes et ne les employer que provisoirement sur les chemins de faible trafic. En effet, ils présentent moins de stabilité que la maçonnerie ou les métaux, s'altèrent bien plus promptement sous les influences atmosphériques, et exigent plus d'entretien ; enfin, sur les chemins de fer, ils sont constamment exposés à être détruits par l'incendie, témoins les grands ponts des chemins russes de Dunabourg, en 1868, de l'Amsta, en octobre 1869, etc...

Pour les ouvrages en maçonnerie, on évitera surtout d'augmenter les surfaces extérieures ou parements vus, par des voûtes de décharge ou d'allégement, des refouillements, bossages, niches ou autres moyens d'ornementation. Ces surfaces sont exposées aux influences atmosphériques, dont les effets, après quelques années, deviennent désastreux sur la maçonnerie; plus elles sont multipliées, plus les frais d'entretien augmentent.

Simplicité, légèreté et stabilité absolue, telles sont les premières conditions qu'il faut rechercher dans les ouvrages d'art des chemins de fer.

Pour les ponts métalliques, l'expérience semble prouver que l'on doit préférer généralement le fer à la fonte, cette dernière matière présentant une trop grande incertitude de résistance normale. Les ponts métalliques admettent un débouché plus large et de plus grandes portées que les ponts en maçonnerie; ils seront donc préférés lorsqu'il faudra traverser un cours d'eau rapide, sujet à des crues considérables [1] ou dont la navigation est très-importante, et dans le cas où les fondations dans un terrain non résistant présenteraient de grandes difficultés. On emploie fréquemment la fonte en poutres droites pour les petits viaducs de 2 à 5 mètres d'ouverture, lorsque le fer est plus coûteux.

[1] Cette question du débouché à livrer aux cours d'eau, principalement aux torrents, ne saurait être étudiée avec trop de soins. — Nous avons indiqué, au n° 61, les mesures que l'on a dû prendre, en certains cas, pour subvenir au défaut de largeur des ouvrages d'art exposés aux crues subites. Pour appuyer ces recommandations par un exemple récent, nous extrayons les lignes suivantes du rapport de M. de Muralt sur l'exploitation de la ligne d'Italie en 1865 : « La ligne Bouveret-Sion a été « interrompue pendant plusieurs jours par l'enlèvement du pont sur le torrent du « Saint-Barthélemy, qui eut lieu l'après-midi du 23 août 1865. — A la suite d'un fort « orage, une agglomération de pierres et de terres détrempées se déversa par le lit « de ce torrent, depuis le pied de la Dent du Midi, dans le Rhône, renouvelant sur « ce point le phénomène qui s'était déjà produit en 1835, sur une plus grande « échelle. Le débouché du pont du chemin de fer se trouva insuffisant pour livrer « passage à la masse en mouvement, et les poutres en treillis du pont furent déplacées et entraînées avec elle dans le Rhône, etc., etc. »

*Prescriptions de l'administration.* — A moins d'obstacles locaux, le chemin de fer, à la rencontre des routes impériales ou départementales, doit passer au-dessus ou au-dessous de ces routes.

Cette recommandation est principalement applicable sur une grande ligne où le trafic est considérable; pour les embranchements nouveaux, il sera convenable, au contraire, par raison d'économie, d'établir seulement des passages à niveau.

Les ponts, aqueducs, viaducs, etc., à construire à la rencontre des routes, chemins publics, cours d'eau, seront en maçonnerie ou en fer; dans certains cas, ils peuvent être construits provisoirement avec travées, piles et culées en bois; mais ces piles et culées auront l'emplacement voulu pour permettre, ultérieurement, la construction des piles et culées définitives et celle des travées en fer, ou des arches en maçonnerie — 63 —.

L'administration des chemins de fer doit faire à ses frais tous les travaux provisoires nécessaires au maintien de la navigation sur les cours d'eau ou de la circulation sur les routes impériales et départementales, pendant la construction des ouvrages d'art. Si les terrains dans lesquels les souterrains sont ouverts présentent des chances d'éboulement ou de filtration, la Compagnie doit prévenir et arrêter ce danger par des ouvrages solides et imperméables.

Les puits d'aérage et de construction des souterrains ne peuvent avoir leur ouverture sur aucune voie publique, et doivent être entourés d'une margelle en maçonnerie de 2 mètres de hauteur.

Toutes les parties d'un pont en dessus et en dessous faisant corps avec le chemin de fer sont des dépendances de la voie et doivent être entretenues par la Compagnie, mais l'entretien de la chaussée proprement dite incombe au service chargé de l'entretien des routes et chemins.

38. Dimensions des ouvrages d'art. — L'administration, tout en se réservant le droit d'imposer ou d'approuver les dimensions des ouvrages dans chaque cas particulier, a fixé ainsi leurs dimensions minima :

L'ouverture des *viaducs en dessous des rails* ne peut pas être moindre de 8 mètres pour une route impériale, 7 mètres pour une route départementale, 5 mètres pour un chemin vicinal de grande communication, 4 et 3 mètres pour un simple chemin communal. La largeur entre les parapets doit être d'au moins 8 mètres pour deux voies et $4^m,50$ pour une voie, et leur hauteur d'au moins $0^m,80$. Les parapets des viaducs situés à moins de 200 mètres en avant du lieu de stationnement des trains de voyageurs, et à moins de 150 mètres en arrière, doivent avoir $1^m,50$ de hauteur. Pour les viaducs formés de voûtes, la hauteur sous clef, à partir du sol de la chaussée, sera de 5 mètres au moins. Pour les viaducs formés de poutres horizontales, la hauteur sous poutre ne sera pas inférieure à $4^m,30$.

Tous les ouvrages d'art construits dans les rues des villes se trouvent, en quelque sorte, en dehors des prévisions des règlements, et les compagnies doivent s'entendre avec l'administration dans chaque cas particulier.

Pour les *viaducs en dessus des rails*, les distances minima entre les parapets pour chaque espèce de route seront les mêmes que pour les ouvertures des viaducs en dessous. L'ouverture entre les culées sera au moins de 8 mètres pour les chemins de fer à deux voies, et de $4^m,50$ pour les chemins à une voie. Sur les premiers chemins de fer, ces largeurs avaient été fixées à 7 mètres et à 4 mètres; mais, avec ces dimensions, la circulation extérieure pendant la marche des trains est impossible, ce qui est regrettable au point de vue du revenu des chemins de fer et de la tranquillité des voyageurs — 3^e^ part. Expl. —.

La distance verticale entre l'intrados et le dessus des rails ne sera pas inférieure à $4^m,80$.

La largeur des *ponts en rivières* entre les parapets doit être d'au moins 8 mètres sur les chemins à deux voies, et de $4^m,50$ sur les chemins à une voie. La hauteur et le débouché sont déterminés dans chaque cas particulier par l'administration. La hauteur des parapets ne doit pas être moindre de $0^m,80$.

Les *tunnels et souterrains* doivent avoir au moins 8 mètres d'ouverture au niveau des rails pour deux voies, et $4^m,50$ à

5 mètres pour une voie. Sur plusieurs chemins, cette ouverture n'a été fixée qu'à 7m,40 (fig. 51); on a reconnu depuis que le contrôle de route est très-difficile, et que cette ouverture doit être portée à 8 mètres.

La hauteur sous clef était fixée primitivement à 5m,50 au-dessous de la surface du chemin pour les tunnels à une et deux voies. Peut-être serait-il préférable, comme on l'a déjà fait, de porter cette hauteur à 6 mètres pour les tunnels à deux voies; mais l'enquête de 1862 a indiqué que cette hauteur peut être abaissée à 5m,20, et même à 5 mètres pour les souterrains à une voie. En tous les cas, la distance verticale entre l'intrados et le dessus des rails ne doit pas être inférieure à 4m,80.

Ces indications sont applicables à la construction de tunnels en ligne droite, et en supposant que le matériel des chemins étrangers passe dans le gabarit ordinaire des lignes françaises; mais si le souterrain était construit en courbe, le surélèvement du rail extérieur et la disposition des pavillons et des lanternes des wagons devraient être pris en considération dans le projet d'établissement de cet ouvrage.

Nous rencontrerons de nouveau cette question en traitant de la pose de la voie dans les courbes; néanmoins, nous pouvons indiquer ici que, pour des courbes d'un rayon de 200 mètres, le surhaussement du rail extérieur est souvent fixé à 0m,13. En supposant qu'un tunnel ou un ouvrage d'art courant se trouve dans une courbe décrite avec un rayon de 200m (fig. 58), les pavillons des véhicules peuvent facilement être rejetés de 0m,40 en dehors de leur position normale en voie droite, déplacement considérable et qui peut encore augmenter par suite de la flexion des ressorts et des secousses dues aux imperfections de la voie.

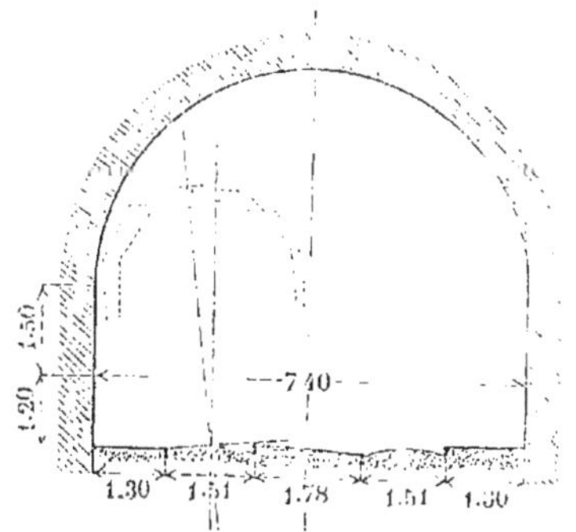

Fig. 58. Tunnel en courbe. $\frac{1}{200}$.

Dans les souterrains d'une certaine longueur, on ménage des niches de refuge, espacées de 30 à 40 mètres, pour le personnel de la surveillance et de l'entretien. On leur donne 2 mètres de largeur, $1^{m},50$ de profondeur, et $2^{m},50$ de hauteur.

39. Piquetage et tracé. — La construction d'un ouvrage d'art étant arrêtée, et les projets définitifs approuvés, l'administration remet à l'agent chargé d'en diriger l'exécution les dessins et spécifications qui s'y rapportent. Comme garantie de bonne exécution, il est convenable de faire dessiner par cet agent les plans et profils à grande échelle, cotés dans toutes leurs dimensions, avec tous les détails de construction; de lui faire copier le cahier des charges, auquel il doit se conformer, et les spécifications indiquant pour chaque ouvrage la nature, la provenance des matériaux et le mode d'exécution. — Annexes C, D, E —.

Le piquetage ou tracé est généralement fait par l'ingénieur, en présence de l'agent chargé de la surveillance. Cette opération très-importante consiste à déterminer géométriquement sur le terrain, d'après les cotes des dessins, et à marquer par des piquets tous les points de repère en plan vertical et en plan horizontal, tous les alignements nécessaires pour planter l'ouvrage dans la position exacte qu'il doit occuper, et pour permettre de tracer le plan des fondations. La question essentielle est de fixer d'une manière absolue l'étendue du terrain à fouiller, eu égard au système adopté, aux talus à ménager, etc. Quand les fondations sont achevées, on doit recommencer l'opération du tracé pour déterminer définitivement la position du socle de l'ouvrage avec toute la perfection possible. Des erreurs considérables ont été commises dans plusieurs cas analogues, faute d'avoir pris tout d'abord ces précautions indispensables. Il est donc important que l'exactitude du tracé soit parfaitement contrôlée et vérifiée par l'ingénieur et l'agent chargé de suivre le travail, et, de plus, par l'entrepreneur, si l'ouvrage n'est pas fait en régie. Dans ce dernier cas, l'entrepreneur doit supporter tous les frais et prendre la responsabilité de toutes les opérations nécessaires pour tracer et emplanter l'ouvrage.

Toutes ces mesures arrêtées, l'ingénieur peut donner l'ordre de commencer les fouilles de fondations, suivant les prescriptions de la spécification.

En construisant un ouvrage d'art, il faut éviter, autant que possible, de s'écarter des indications portées aux plans et devis approuvés par l'administration. Les modifications ne peuvent y être introduites qu'avec l'autorisation et sur des ordres écrits de l'ingénieur. On doit observer scrupuleusement les clauses du cahier des charges concernant l'exécution des diverses parties de l'ouvrage. Dans le cas où des modifications seraient apportées sans autorisation, soit dans le mode de construction, soit dans l'emploi des matériaux, le devoir de l'ingénieur est de faire enlever tout ce qui n'est pas conforme aux conventions et de rétablir l'ensemble selon le mode prescrit. Les frais résultant de ce redressement incombent naturellement à la charge de la partie qui y donne lieu.

Les travaux doivent toujours être poursuivis avec activité, surtout s'il s'agit de constructions dont dépend l'exploitation de la ligne. Tout en accélérant la construction, l'ingénieur doit en même temps veiller à ce que la sécurité des ouvriers et du public ne soit pas compromise; les échafaudages seront donc soigneusement et solidement établis, les travaux et chantiers disposés de façon à ne point entraver la circulation sur la ligne et sur les voies publiques.

Nous indiquerons plus loin les mesures à prendre lors de l'approche des trains et pendant les travaux de nuit — ch. XI —.

40. **Journal et carnet d'attachements.** — En cours de construction, l'agent de la direction surveillant les travaux tient un journal spécial, dans lequel sont indiquées toutes les dispositions qui ne sont pas portées dans les plans, et toutes les dimensions ou quantités qui ne pourraient pas être vérifiées après l'achèvement de l'ouvrage. Ce journal est très-important à consulter lorsque l'administration doit payer à l'entrepreneur des indemnités pour travaux imprévus, modifications aux devis, etc., ou lorsqu'on doit exécuter plus tard de grandes réparations à l'ouvrage. A cet effet, l'agent de l'administration inscrit dans son journal : la profondeur des fouilles, la nature du sol

traversé, le mode de fondation, la nature des maçonneries, les mesures prises pour l'épuisement, les dimensions des pierres de taille et libages, le poids des parties métalliques, etc.

Il y porte également tous les travaux faits en régie pour le compte de l'entrepreneur, soit sur sa demande, soit par suite de sa négligence; les modifications aux séries de prix et aux plans résultant de cas de force majeure, enfin tout ce qu'il est utile de connaître pour établir le coût de la construction.

Dans les travaux réglés au poids, il y a lieu de s'en tenir aux prescriptions des devis descriptifs et des détails estimatifs. Les pièces au poids arrivées sur le chantier sont pesées en présence du conducteur des travaux, qui dresse un bulletin de pesage, le certifie, et en inscrit le libellé dans le journal, en accompagnant sa note d'un croquis coté de la pièce.

Les époques fixées par la direction pour l'achèvement de la construction doivent toujours être observées scrupuleusement. Aussi l'agent chargé de diriger des travaux neufs ou de grandes réparations, en régie ou à l'entreprise, porte, dans le carnet d'attachements spécial à chaque ouvrage, la date du commencement des travaux, le jour de la mise à exécution de chaque travail séparé, comme fouilles, fondations, maçonneries, etc.; enfin le nombre d'ouvriers employés par semaine, etc.

Ce registre indique également : les circonstances atmosphériques pour chaque jour de travail, les événements imprévus qui peuvent s'opposer à l'achèvement d'un travail dans le délai fixé; les ordres donnés à l'entrepreneur; les observations concernant l'activité et l'exécution des travaux, enfin tout ce qui pourrait être utile à l'administration pour régler le compte de l'entrepreneur, ou statuer au sujet des réclamations éventuelles faites par lui en dehors de son contrat. Le registre doit être vérifié par l'ingénieur de section, chaque semaine, et, quand cela est nécessaire, annoté et parafé par lui.

On trouvera à l'annexe B des considérations sur la nature des conventions que l'on établit lorsque les travaux sont exécutés par un entrepreneur.

41. Fouilles et fondations. — Tous les travaux de fondations doivent être poussés avec la plus grande activité.

L'ingénieur fixe la profondeur des fouilles pour chaque ouvrage en particulier, en se basant sur des sondages. L'étrésillement de la fouille doit être fait avec soin.

Les fondations s'établissent soit directement sur le sol naturel, s'il est suffisamment résistant, soit sur grillage ou sur pilotage, et dans ce cas la longueur des pieux est fixée d'après la nature du terrain. Dans tous les cas, le fond de la fouille doit être d'abord dressé suivant un plan parfaitement horizontal, et les vides bien remblayés jusqu'à la hauteur des têtes des pilots, ou la surface supérieure des pièces du grillage.

Quand on ne peut pas se fier à la résistance d'un pilotage, il vaut mieux fonder sur un lit épais et suffisamment étendu de bon béton qui répartit la pression de l'ouvrage et des surcharges accidentes sur une surface en rapport avec la résistance propre du sol. Pour augmenter cette résistance, on peut entourer la fondation d'une paroi de palplanches qui empêche le sous-sol de s'échapper par la compression.

Lorsque l'eau vient à se manifester au fond des fouilles, l'épuisement est généralement fait en régie, par l'administration du chemin de fer.

Les libages destinés à la maçonnerie de fondations sont durs, plats, sans bousin ni crasse de carrière, et ébauchés suivant les dimensions et formes prescrites. Ils sont équarris de manière à pouvoir se poser jointifs; ceux destinés aux parements sont dressés exactement. Les moellons et libages de fondation doivent toujours être posés et assis à coup de masse, sur un bain de mortier assez épais pour que la pierre ne touche que le mortier : la dernière assise sera suffisamment réglée pour qu'on puisse y tracer la base du mur en élévation.

Pour les fondations de ponts en rivières nous renvoyons aux ouvrages spéciaux qui traitent de ce genre de constructions.

## § II.

### NATURE ET EMPLOI DES MATÉRIAUX.

*Matériaux.* — Les principaux matériaux employés à la construction des ouvrages d'art sont :

Les pierres cassées, cailloux siliceux, gros graviers ; le sable ;
La chaux ; le ciment ; la pouzzolane ; le plâtre ;
La pierre de taille ; la brique ; le moellon de diverses espèces ;
Le bois de charpente ;
Les métaux ;
Les peintures ; le coaltar et l'asphalte.

42. Pierres cassées, cailloux, sable. — Les pierres cassées, graviers, cailloux, destinés à la confection des bétons, doivent toujours être purgés de terre et autres matières nuisibles, soit au moyen du râteau après le cassage, soit au moyen du passage à la claie. Pour les bétons ordinaires, ces matériaux sont cassés de manière à passer en tous sens dans un anneau de $0^m,06$ de diamètre. Pour les chapes en béton, les pierres cassées doivent passer dans un anneau de $0^m,04$ de diamètre. Il est plus important encore, pour la fabrication du béton que pour la confection des chaussées, de faire le cassage hors des lieux d'emploi et de rejeter les pierres empaquetées de gangue.

Le sable pour la fabrication des mortiers sera pur et passé à la grosse claie, à la fine claie ou au tamis, suivant sa destination Ainsi, pour les mortiers et bétons de fondation, maçonnerie de remplissage, on le passe à la grosse claie espacée de $0^m,008$ au plus ; pour la maçonnerie de parements, à la claie fine ; pour la maçonnerie de pierre de taille, de brique, de moellon smillé ou piqué, au tamis ou crible fin.

On lavera les sables et cailloux toutes les fois qu'ils seront terreux.

Pour la fabrication des mortiers, on emploiera de préférence le sable de rivière ou le sable de plaine.

43. Chaux. — « L'emploi des calcaires, comme *Pierres à chaux,* dit M. Burat [1], est, en quelque sorte, plus important pour les constructions que comme moellon ou pierre d'appareil. On peut, en effet, employer pour ce dernier usage les grès, les schistes, les gneiss, les granites, on peut même construire avec des briques; mais on se passe difficilement de chaux. Certaines contrées, qui ne présentent que des roches granitiques ou des schistes argileux appartenant au terrain de transition, doivent faire venir le calcaire de très-loin pour obtenir de la chaux; aussi toutes les fois que certaines formations supérieures de ces terrains de transition contiennent des bancs calcaires, devoniens ou carbonifères, la fabrication de la chaux y devient une industrie très-importante.

Les calcaires, suivant leur composition, fournissent des chaux très-diverses, dont les trois types sont : la chaux *grasse,* la chaux *maigre* et la chaux *hydraulique.*

Tous les calcaires purs, c'est-à-dire qui ne contiennent que quelques centièmes d'argile, de magnésie ou de sable mélangés, donneront de la chaux grasse, c'est-à-dire une chaux qui foisonne lorsqu'on l'éteint avec l'eau, et forme avec le sable siliceux un mortier qui durcit lentement à l'air et acquiert une dureté moyenne; ces mortiers ne peuvent d'ailleurs durcir dans l'eau, où ils se dissoudraient et se délayeraient. Le marbre blanc, la craie blanche, le calcaire compacte lithographique, les calcaires terreux ou moellons, tous donneront des chaux grasses, tant qu'ils restent suffisamment purs.

Certaines chaux contiennent 20 à 25 pour 100 de magnésie, 15 à 25 pour 100 de sable disséminé, et ces chaux sont alors *maigres non hydrauliques.* Les chaux maigres non hydrauliques foisonnent très-peu et ne durcissent ni à l'air, ni dans l'eau.

Ce qu'on doit craindre dans les calcaires employés pour la fabrication des chaux grasses, c'est surtout la magnésie et le sable, dont la proportion ne doit pas dépasser 4 à 5 pour 100; c'est pour cela qu'on voit toujours préférer les qualités les plus pures.

[1] *Minéralogie appliquée.*

Les chaux ne deviennent tout à fait *maigres non hydrauliques* que par des proportions considérables de sable ou de magnésie; la nature sableuse du calcaire se reconnaît assez facilement, mais l'analyse seule peut signaler la magnésie. En examinant les analyses de chaux maigres non hydrauliques, on voit que les proportions de 15 à 25 de magnésie, de 15 à 25 de sable, neutralisent complétement les propriétés de la chaux.

Les chaux hydrauliques ont été divisées, par M. Vicat, en trois classes :

— Les *chaux moyennement hydrauliques*, faisant prise après quinze ou vingt jours d'immersion, et continuant à durcir; les progrès de leur durcissement devenant de plus en plus lents, surtout après le sixième ou huitième mois. Après un an, leur dureté est comparable à celle du savon sec : elles se dissolvent encore dans une eau pure, mais avec beaucoup de difficulté. Leur foisonnement est variable; il atteint la limite de celui des chaux grasses.

Les analyses indiquent que ces chaux calcinées contiennent de 11 à 12 pour 100 d'argile.

— Les *chaux hydrauliques*, qui font prise après six ou huit jours d'immersion, et continuent à durcir. Les progrès de cette solidification peuvent s'étendre jusqu'au douzième mois, quoique la plus grande partie de la dureté soit acquise au bout de six. A cette époque déjà, la dureté de la chaux est comparable à celle de la pierre très-tendre, et l'eau ne l'attaque plus. Son foisonnement est constamment faible comme celui des chaux maigres.

Les analyses indiquent que ces chaux contiennent de 13 à 18 pour 100 d'argile.

— Les *chaux éminemment hydrauliques*, qui font prise du deuxième au quatrième jour d'immersion, après un mois sont déjà dures et tout à fait insolubles; au sixième mois, elles se comportent comme les pierres calcaires absorbantes; elles donnent des éclats par le choc, et présentent une cassure écailleuse. Leur foisonnement est constamment faible comme celui des chaux maigres.

Les chaux grasses, les chaux maigres et les chaux hydrauliques de tous les degrés, peuvent être blanches, grises, fauves, rousses, etc.

On dit que la chaux fait prise lorsqu'elle résiste au doigt poussé avec la force moyenne du bras, et qu'elle ne peut plus changer de forme sans se briser. M. Vicat indique comme ayant fait prise la chaux qui supporte sans dépression une aiguille à tricoter de $0^{m},0012$ de diamètre, limée carrément à son extrémité, et chargée d'un poids de $0^{k},30$.

Ces chaux contiennent 20 à 29 pour 100 d'argile.

Ayant ainsi la clef de la propriété hydraulique des chaux, on a pu en fabriquer artificiellement avec des mélanges de calcaire et d'argile.

On a même fabriqué ce que l'on appelait autrefois des ciments romains, et que l'on appelle aujourd'hui ciments de Paris, de Boulogne, de Portland, etc. Ces ciments calcinés contiennent de 31 à 35 pour 100 d'argile. Gâchés avec l'eau, ils se solidifient presque instantanément, comme le plâtre, et acquièrent une solidité analogue à celle des calcaires.

Les mélanges de calcaire et d'argile, avec lesquels on fabrique les chaux hydrauliques ou les ciments, doivent être aussi intimes que possible. Ceux que la nature présente tout faits, sous forme de calcaires argileux ou de marnes, sont, en général, préférables aux mélanges artificiels, parce qu'ils sont plus intimes.

La chaux hydraulique naturelle ou artificielle est fournie en pierre ou en poudre, selon le mode de fabrication du pays et les indications des ingénieurs.

Elle doit toujours être de première qualité et bien cuite. On en rejette soigneusement tous les biscuits et incuits, et on la conserve, à l'abri de l'humidité, sur une aire en planches, dans un lieu couvert et fermé, jusqu'au moment de l'emploi.

Il est du devoir des agents de la construction de s'assurer, en tout temps, de la qualité de la chaux. Il suffit, pour constater son hydraulicité, d'en choisir quelques échantillons représentant les caractères physiques moyens, de les réduire en pâte ferme, de les mélanger par portions égales, et de les placer dans des vases pleins d'eau; si, après dix jours d'immersion, le mélange ne résiste pas, sans empreinte, à une aiguille d'acier de 0m,001 de diamètre limée carrément à l'extrémité et chargée du poids de 330 grammes, on doit rejeter tout l'approvisionnement.

On emploie dans certains cas la chaux grasse, et on fait alors des expériences pour déterminer son foisonnement, et par suite le dosage convenable des mortiers et bétons.

On éteint la chaux dans des bassins imperméables, revêtus en planches et placés sous des hangars couverts, bien abrités, à la portée des ateliers de fabrication des mortiers et bétons. La quantité d'eau employée est celle strictement nécessaire à la réduction de la chaux à l'état de pâte ferme et homogène. On peut éteindre la chaux en la prenant telle qu'elle sort des fours, ou en la réduisant d'abord en poudre : dans tous les cas, la quantité d'eau à employer varie un peu suivant les saisons; elle est en moyenne de 1 mètre cube d'eau pour 1 mètre cube de chaux en pierre.

Pour éteindre la chaux en pierre, on l'étend sur une épaisseur de 20 à 25 centimètres. On verse l'eau proportionnellement aux besoins, en ayant soin de la diriger particulièrement sur les portions où la chaux fuserait à sec. La matière est brassée pour ramener à la surface les parties effervescentes qu'il faut arroser sans dépasser toutefois la proportion fixée. L'opération est conduite d'une manière continue, avec soin et célérité; on ne la considère comme terminée que quand la pâte est bien liante et bien homogène.

La chaux en poudre s'éteint sur une épaisseur de 0m,10 à 0m,15, en y versant l'eau au moyen d'arrosoirs qui la répandent partout uniformément. Pour la réduire en pâte, on l'écrase avec des rabots, en ayant bien soin de mettre toujours à découvert les parties sèches, de les imbiber d'eau et de les incorporer à la pâte, de manière à la rendre ferme, liante et homogène. La chaux doit toujours être purgée de rognons.

La chaux en poudre s'emploit aussi en mélangeant le sable avec la poudre, et en arrosant le tout de la quantité d'eau nécessaire pour faire le mortier.

L'extinction de la chaux en pierre a lieu, au fur et à mesure des besoins, douze heures au moins, et quarante-huit heures au plus, avant la confection des mortiers. Il ne faut éteindre à la fois que la quantité nécessaire pour la consommation de deux ou trois jours au plus.

La chaux en poudre doit toujours être employée le jour même de son extinction.

44. Pouzzolanes et ciments. — La *pouzzolane* naturelle ou artificielle est une matière propre à donner à certaines chaux les qualités d'hydraulicité qui leur manquent. Elle provient de divers bancs argileux renfermant du sable, ou d'un mélange de terre argileuse et de chaux grasse, formé en pains soumis à la cuisson, puis au broyage. On doit toujours la passer au tamis très-fin avant son emploi. On l'emmagasine dans des hangars bien clos.

Un mélange de deux parties de pouzzolane de très-bonne qualité et d'une partie de chaux grasse mesurée en pâte doit faire prise après deux jours d'immersion au plus.

On l'accepte quand, unie à un égal volume de chaux grasse, et immergée, elle supporte sans empreinte, après cinq jours, une aiguille d'acier de $0^{m},001$ de diamètre, limée carrément à son extrémité inférieure, et chargée d'un poids de 330 grammes.

Tous les matériaux en général qui, ne satisfaisant pas aux conditions énoncées, ont été rebutés, doivent rester déposés dans un lieu spécial sur le chantier, pour n'être enlevés qu'après l'achèvement des travaux.

On fabrique le *ciment ordinaire* avec des briques légèrement cuites, pulvérisées et passées au tamis, contenant environ vingt-cinq trous ou mailles par centimètre carré.

Il faut rejeter avec soin les briques qui seraient trop ou trop peu cuites, ou qui ne seraient pas faites avec de l'argile convenable.

Pour obtenir le ciment fin, on emploie un second tamis ayant quatre-vingt-une ouvertures par centimètre carré.

Les ciments spéciaux sont fournis directement et garantis par l'établissement qui en fait la livraison.

On transporte et on conserve les ciments dans des barriques

hermétiquement fermées; chaque barrique est soumise à un examen spécial, soit à son arrivée sur les chantiers, soit pendant l'exécution des travaux. Si le ciment qui y est contenu ne remplit pas toutes les conditions voulues pour être de bonne qualité, on doit le rejeter immédiatement.

Les ciments de très-bonne qualité, gâchés en pâte ferme et immergés, devront faire prise après cinq minutes d'immersion.

Comme nous l'avons vu plus haut — 13 —, on désigne sous le nom de *ciment romain* des produits provenant de la cuisson complète de calcaire marneux et argileux renfermant naturellement, et en proportions convenables, tous les principes qui les rendent susceptibles d'un durcissement très-rapide dans l'air et sous l'eau, sans addition d'aucun autre corps. Ces calcaires renferment de 0,23 à 0,40 d'argile, mais quand cette quantité dépasse 0,30, les ciments obtenus sont généralement médiocres.

On est parvenu à fabriquer des ciments artificiels en soumettant à un degré de cuisson convenable des mélanges de craie et d'argile ou de marnes plus ou moins chargées d'argile et de carbonate de chaux. Par une cuisson prolongée, on obtient des produits à prise très-lente, qui acquièrent une dureté supérieure à celle des ciments correspondants à prise rapide. Le *ciment de Portland anglais* est le type des ciments romains artificiels à prise lente. Il se fabrique en Angleterre au moyen d'un mélange intime de craie et de vase argileuse qui se trouvent sur les bords de la Tamise et du Medway. Le ciment de Portland anglais, dont le poids est de 1270 kilogrammes le mètre cube, se contracte de 25 pour 100 par le gâchage, et sa prise ne s'opère assez généralement qu'après cinq et même dix heures.

Le *ciment de Portland français* se fabrique à Boulogne-sur-Mer avec un calcaire homogène appartenant au terrain crétacé inférieur et contenant 19 à 25 pour 100 d'argile. Par le gâchage avec 38 pour 100 d'eau, sa contraction est de 0,30 environ, et sa prise n'a lieu qu'au bout de dix et même quinze heures, ce qui permet d'en opérer le gâchage au rabot ou au manége, comme pour les mortiers de chaux.

Les ciments du bassin de Paris, fabriqués avec les marnes argileuses du gypse, sont tout à fait analogues au précédent.

Le *ciment de Vassy* provient d'un calcaire argileux et magnésien, que l'on trouve immédiatement au-dessus du lias.

Les ciments se mesurent et se payent au poids. Le ciment de Vassy, en poudre, étant très-compressible, sa densité varie de 0,80 à la sortie du blutoir, à 1,18 dans les barriques. Elle peut, par la compression, atteindre 1,50. Chaque barrique contient de 100 à 235 litres de ciment, et pèse de 130 à 300 kilogrammes. Le ciment en poudre pris à la sortie des barriques pèse 960 kilogrammes le mètre cube, et converti en mortier, sans mélange de sable, perd 17 pour 100 de son volume. Le ciment pur et convenablement cuit fait prise en quelques minutes. Ce temps croît d'ailleurs avec l'âge du ciment, l'abaissement de la température et la quantité de sable; il peut s'élever à une demi-heure en été, une heure en hiver. Il atteint quatre à cinq heures quand on élève la température de cuisson.

Il faut rejeter rigoureusement toute chaux hydraulique ou pouzzolane, tout ciment naturel ou artificiel, qui, essayé, accuserait du sulfate de chaux dans sa composition.

45. Platre. — Le plâtre est généralement fourni en poudre. Il ne doit pas être trop cuit; on reconnaît ordinairement qu'il est parvenu au degré de cuisson convenable lorsqu'il présente au toucher une certaine onctuosité.

Il faut le préserver de l'humidité, car elle lui fait perdre ses qualités; lorsqu'on constate qu'il est éventé, on ne doit pas l'employer.

On rejette également le plâtre dans lequel on reconnaît la présence de matières étrangères.

Suivant les diverses applications, on distingue : le *plâtre au panier*, état dans lequel le fabricant le livre au constructeur, ou tamisé dans un panier d'osier : il sert à faire les ouvrages grossiers; le *plâtre au sas*, passé dans un tamis de crin pour faire les enduits et les moulures : les résidus ou *mouchettes* sont mêlés au plâtre au panier; le *plâtre au tamis de soie*, pour les belles moulures et les enduits devant recevoir des peintures; *la fleur de plâtre* qui sert à octer les moulures, c'est-à-dire à boucher les petits trous.

46. Mortiers. — La composition des mortiers varie avec leur destination, mais dans tous les cas les matériaux nécessaires à leur fabrication doivent être dosés avec le plus grand soin.

Généralement, pour 1 mètre cube de mortier, il faut :

| | m. cub. |
|---|---|
| Sable. . . . . . . . . | 0,90 |
| Chaux en pâte. . . . . | 0,45 |
| | 1,35 |

ou bien :

| | |
|---|---|
| Sable. . . . . . . . . | 0,90 |
| Chaux en poudre. . . | 0,60 |
| | 1,50 |

On fabrique le mortier sur des aires en planches, placées sous des hangars couverts et abrités.

La chaux éteinte doit toujours être mesurée en pâte ferme et sans vide. Si elle est dure, on commencera par la battre et la broyer séparément, sans jamais y ajouter d'eau, puis on la mélangera avec le sable ou la pouzzolane, et on corroiera le mélange jusqu'à ce qu'on ne puisse plus distinguer aucune portion de chaux séparée.

Les mortiers peuvent être fabriqués, soit à bras, soit au tonneau, soit au manége à meule; on emploiera de préférence ce dernier mode pour les ouvrages qui exigeront par jour plus de vingt mètres cubes de mortier. Les dimensions des machines à manége sont fixées d'après les besoins de l'ouvrage à construire.

Les manéges devront être couverts, afin d'abriter le sable, la chaux et le mortier.

Le mortier sera toujours fabriqué sans addition d'eau; ce ne serait que dans le cas d'un temps très-sec et avec des matières, sable ou pouzzolane, très-sèches elles-mêmes, que l'on pourrait tolérer l'addition d'un peu d'eau, mais alors cette addition serait faite graduellement et avec la plus grande réserve.

Le mortier est gâché ferme, bien homogène, et doit se lisser parfaitement à la pelle. Lorsqu'il sera destiné à la maçonnerie de pierre de taille, de moellon smillé, et aux rejointoiements, on le fabriquera avec du sable fin tamisé.

On conserve le mortier sur une aire en planches, à l'abri, en ne préparant que la quantité susceptible de pouvoir être employée dans la journée.

Il faut rejeter le mortier qui serait entièrement desséché et ne pourrait revenir par le broyage ou le pilonnage sans addition d'eau. Il en est de même du mortier mal dosé, de celui qui aurait reçu trop d'eau ou ne présenterait pas toutes les conditions de bonne fabrication énoncées dans les règles précédentes.

On se sert, à Paris, pour les travaux importants, d'une machine à fabriquer les mortiers, mise en mouvement au moyen d'une locomobile.

Les matières mélangées à sec et chargées dans une trémie en tôle sont projetées par une ouverture réglée à volonté, à l'extrémité d'une auge en tôle; un tube percé de trous amène en même temps la quantité d'eau nécessaire à la bonne confection du mortier. Dans l'auge se meut une vis d'Archimède en tôle, qui opère le gâchage pendant le mouvement de translation des matières d'une extrémité à l'autre.

Au percement du boulevard de Sébastopol, cette machine était mue par une locomobile de la force d'un demi-cheval vapeur, qui lui faisait produire 30$^{m3}$ de mortier par dix heures de travail. Le prix de revient de la fabrication s'établissait comme il suit :

| | fr. |
|---|---|
| 9 manœuvres à 3 francs | 27,00 |
| 1 chauffeur | 4,00 |
| Charbon | 2,00 |
| Entretien de la machine | 1,00 |
| Intérêt du capital pour la machine à mortier estimée 1,500 francs | 1,30 |
| | 35,30 |
| Prix du mètre cube | 1 fr. 20 |

A la reconstruction du canal Saint-Martin, plusieurs de ces machines, mues par des moteurs à vapeur, fournissaient en dix heures $37^{m^3},80$ de mortier, en tenant compte des arrêts imprévus. Le prix de fabrication était le suivant :

| | fr. |
|---|---|
| 1 chauffeur . . . . . . . . . . . . . . . . . . . | 4,00 |
| Graisse et chiffons . . . . . . . . . . . . . . . . | 0,75 |
| Charbon. — 80 kilogr. à 5 francs les 100 kilogr. | 4,00 |
| 4 ouvriers pour mesurage et approche à $3^f,25$. | 13,00 |
| 4 ouvriers pour le mélange. . . . . . . . . . | 13,00 |
| 2 chargeurs dans la trémie. . . . . . . . . . | 6,50 |
| 1 porteur d'eau. . . . . . . . . . . . . . . . | 3,00 |
| 1 conducteur réglant la manipulation. . . . . | 3,50 |
| Amortissement et entretien. . . . . . . . . . | 2,40 |
| | 50,15 |
| Prix de fabrication du mètre cube. . . . . | 1 fr.33 |

Par la méthode ordinaire, $30^{m^3}$ de mortier exigent :

| | fr. |
|---|---|
| 39 gâcheurs à 3 francs. . . . . . . . . . . . . | 117,00 |
| 5 manœuvres à 3 francs. . . . . . . . . . . . | 15,00 |
| Intérêt du matériel. . . . . . . . . . . . . . . | 1,90 |
| | 133,90 |
| Prix du mètre cube. . . . . | 4 fr.50 |

47. Bétons. — *Béton de sable.* — Le béton de sable contient environ $0^{m^3},20$ de chaux en pâte pour $1^{m^3}$ de sable légèrement humide. On le fabrique avec les mêmes précautions et dans les mêmes conditions que le mortier ordinaire, et au moyen de manéges pour les ouvrages qui en exigent chaque jour une grande quantité.

*Fabrication du béton.* — On fabrique et on conserve le béton sur des aires en planches établies sous des hangars couverts. Il se compose de mortier et de cailloux, gros graviers ou pierres cassées, mélangés dans les proportions fixées pour chaque ouvrage particulier.

Après avoir fabriqué le mortier comme il vient d'être indiqué, on y ajoute par parties successives les cailloux ou les pierres cassées, qu'il est bon d'arroser préalablement à grande eau, afin qu'elles soient humides lors de l'emploi.

On opère le mélange au moyen de rabots ou de griffes en fer, pendant tout le temps nécessaire à la parfaite incorporation des matières.

Les ateliers doivent présenter une étendue suffisante pour que les ouvriers qui opèrent le mélange de la pierre avec le mortier puissent faire constamment le tour de la masse.

Les pierres ayant été arrosées, comme nous venons de le dire, une heure au moins avant l'emploi, la fabrication du béton se fait sans aucune addition d'eau.

Le béton doit être employé le plus promptement possible après sa fabrication; on le remanie au besoin avant l'emploi. Celui qui serait desséché au point de ne pouvoir revenir par la trituration ou le pilonnage, sans addition d'eau, sera rejeté hors du chantier et ne pourra jamais être mélangé avec du béton frais.

*Béton posé à sec.* — Le béton posé à sec est simplement roulé à la brouette, déchargé et régalé au lieu d'emploi par couches de 0$^{m}$,30 au plus d'épaisseur. On nettoie chaque couche avant la pose de la suivante, et on l'arrose avec du lait de chaux, si elle commence à durcir. Les parties de talus qui seraient desséchées seront soigneusement recoupées et ravinées avant la pose du nouveau béton.

*Béton immergé.* — Quand le béton est employé sous l'eau, on le coule par couches de 0$^{m}$,30 à 0$^{m}$,40 d'épaisseur avec toutes les précautions nécessaires pour empêcher les matières de se délayer ou de se séparer en arrivant au fond. Dans aucun cas, le béton ne peut être jeté à la pelle ou à la brouette. On emploie généralement des caisses prismatiques à fond mobile, descendues au moyen d'un treuil jusque sur le fond, puis remontées seulement de la quantité nécessaire pour en permettre la vidange.

Quand la hauteur d'eau n'excède pas 1 mètre, l'immersion

du béton peut se faire à talus coulants; on décharge sur le bord de la fouille un massif de béton que l'on presse à la dame plate, de manière à le faire glisser doucement sous l'eau; puis on charge successivement le bord du massif ainsi obtenu; en pressant le bourrelet on fait avancer insensiblement le talus et la masse jusqu'au parfait remplissage de la fouille, et à mesure de l'avancement du travail on tasse fortement le massif à la dame plate.

Avant de commencer le coulage, on nettoie le fond de la fouille avec soin à l'aide de la drague, d'un fagot d'épines ou d'un balai de bouleau. A mesure que chaque couche est posée, on l'étend en produisant à la surface une légère pression sans choc, à l'aide d'une dame plate, et on enlève avec un balai le dépôt de laitance qui la recouvre avant le coulage de la couche suivante.

On coule ordinairement le béton par tranches perpendiculaires à la longueur des fouilles.

Toutes les fois que le béton doit rester exposé sans revêtement à l'action des eaux, la couche supérieure immergée doit être bien dressée, comprimée et lissée au moyen d'un rouleau en fonte ou en pierre.

*Chapes en béton.* — Les chapes de $0^{m},10$ peuvent s'exécuter en mortier et d'une seule couche, ou bien se composer d'une première couche de béton de $0^{m},07$ d'épaisseur et d'une seconde en mortier de $0^{m},03$ d'épaisseur. Les chapes plus minces sont toujours faites d'une seule couche de mortier.

Les chapes de voûtes ne sont exécutées qu'après le décintrement et, autant que possible, lorsque les maçonneries à recouvrir ont fait leur tassement.

Le béton en place devra être pilonné à l'aide de dames en bois, de 15 à 20 kilogrammes, de manière à forcer les pierres à prendre leur assiette, et les plus petites à entrer dans les vides laissés par les autres. La couche de mortier superposée sera fortement frottée à la truelle, de manière à la lisser et à lui faire perdre son eau. Lorsque le mortier aura été suffisamment ressuyé, il sera battu avec le battoir en bois, de manière à fermer toutes les gerçures qui pourraient se produire. Ces gerçures seront d'ailleurs fermées chaque jour par le frottement à la truelle, sans eau, jusqu'à ce que les chapes soient devenues suffisamment dures et résistantes.

Les chapes, quelle qu'en soit la composition, doivent se retourner par congés sur les murs des tympans et présenter, après leur achèvement, une surface parfaitement unie et continue.

48. Bétons agglomérés. — Les bétons agglomérés sont un simple mélange de sable, de chaux en proportion relativement très-faible, et, suivant les cas, de quelques centièmes de ciment, en ajoutant à ce mélange la quantité d'eau *strictement nécessaire*. Par une trituration énergique et prolongée, au moyen d'appareils spéciaux, on obtient une pâte qui, d'abord pulvérulente, finit par devenir plastique et très-ferme. Cette pâte est versée, par couches successives très-minces et soumises à un vigoureux pilonnage, dans un moule dont le vide a la forme de l'ouvrage à construire.

Les bétons agglomérés ont été appliqués dans plusieurs circonstances, notamment à la construction des galeries inférieures du grand bâtiment de l'Exposition universelle de 1867 au Champ-de-Mars, des égouts dans la ville de Paris, de fosses d'aisances, réservoirs, gazomètres, fondations de bâtis de machines, de planchers, de voûtes; la maçonnerie entière de l'église du Vésinet a été exécutée en béton composé de :

| | |
|---|---|
| Sable de rivière. . . . . . . . . . . . . . | 3 |
| Sable terreux et ferrugineux du Vésinet . | 1 |
| Chaux d'Argenteuil éteinte en poudre. . . . | 1 |
| Ciment lourd de Paris. . . . . . . . . . | 0,25 |

Il ne faut cependant pas négliger de prendre certaines précautions contre le retrait longitudinal des murs d'un certain développement et contre l'infiltration des eaux fouettées par le vent.

Les bétons agglomérés peuvent servir également à faire des

dalles, marches d'escalier, dés, pierres palières, bordures de trottoirs, etc.

Les prix des bétons agglomérés sont les suivants :

Dallages de chaussées à lourdes voitures, de 0m,12 d'épaisseur, 8 fr. 50 le mètre carré.

— Dallages de cours, d'écuries, d'ateliers, de 0m,08, 6 francs le mètre carré.

— Dallages ordinaires de 0m,04 d'épaisseur, 3 francs le mètre carré.

— Massifs monolythes de machines à vapeur de 2 à 25 mètres cubes, 75 à 60 francs le mètre cube.

— Sous-sols étanches, caves, murs, voûtes, 50 francs le mètre cube.

— Fosses d'aisances de 10 mètres cubes de capacité, 500 francs.

49. Moellons. — Le moellon employé pour la maçonnerie de remplissage doit être dur, anguleux, bien gisant, ébousiné à vif et purgé de toutes matières étrangères. Il en est de même des pierres employées à la construction des perrés.

Le moellon destiné aux parements sera en outre sans fils ni moies, et surtout non gélif. Il doit rendre un son plein sous le marteau. Il faut toujours rejeter le moellon de grès lisse ou silex à cassure vitreuse, tant pour les maçonneries de parement que pour celles de remplissage.

Les moellons doivent avoir au moins 0m,10 d'épaisseur sur 0m,20 de queue pour les massifs et 0m,30 pour les parements. On rejette les moellons ronds, qu'on désigne sous le nom de *tête de chat*, et ceux qui sont trop tendres.

Les moellons de meulière sont parfaitement dépouillés de terre, d'un grain poreux et coloré, sans cailloux ni rognons.

La craie ou les pierres tendres de nature calcaire s'emploient quelquefois soit pour des enrochements au pied des perrés, soit pour les perrés ou même dans les massifs de maçonnerie. On les extrait des déblais du chemin de fer ou des carrières de la localité, en blocs de 0m,25 à 0m,30 de côté; celles qui sont employées pour les chaussées ou derrière les perrés peuvent avoir de moindres dimensions.

*Maçonnerie et taille des moellons de parement.* — Les parements de maçonnerie avec mortier, destinés à être rejointoyés, sont divisés en deux classes :

Les parements en moellons piqués ou smillés ;

Les parements de moellons piqués, ciselés et échantillonnés.

Les moellons piqués sont taillés à la hachette ou à la pointe sur leurs lits et joints, et à la hachette ou à la fine pointe sur leurs parements. Leurs arêtes doivent être vives et sans écornures, l'épaisseur des joints horizontaux ou verticaux ne jamais dépasser $0^m,01$ après la pose. Ils ont pour dimensions minima $0^m,10$ de hauteur, $0^m,20$ de largeur, $0^m,35$ à $0^m,45$ de queue pour les boutisses, et $0^m,25$ pour les panneresses. Les lits et joints ne doivent présenter aucun démaigrissement jusqu'à $0^m,12$ au moins du parement.

Les moellons piqués, ciselés et échantillonnés sont taillés avec un soin particulier ; leur parement est compris entre quatre ciselures régulières. Ils sont conformes aux échantillons prescrits.

Les moellons sont appareillés par carreaux et boutisses, posés sur lit de carrière et à bain soufflant de mortier. Ils sont bien retenus et calés par derrière seulement et frappés au maillet, jusqu'à ce qu'ils soient assis. Chaque assise est parfaitement dérasée et nettoyée avant la pose de l'assise suivante. Les joints verticaux des assises successives doivent être à recouvrement de $0^m,10$ au moins. La hauteur d'assise des moellons de parements piqués peut varier entre $0^m,10$ et $0^m,30$. Les lits sont toujours dans le prolongement de la maçonnerie de pierre de taille voisine, dont chaque assise correspond à deux ou plusieurs assises de moellons.

*Maçonnerie en moellons bruts.* — Pour la maçonnerie de remplissage, on place toujours les moellons sur leur lit de carrière, à bain soufflant de mortier et frappés au maillet, de manière que les vides se remplissent complétement. On n'épargne pas le mortier ; cependant on comble, autant que possible, les interstices avec des éclats. Il faut toujours mouiller les matériaux avant l'emploi, nettoyer et arroser chaque assise avant de poser la suivante, et remplacer toutes les pierres vacillantes ou cassées. Les pierres destinées aux maçonneries de remplissage sont simplement ébousinées jusqu'au vif; celles destinées à former parement intérieur sont grossièrement équarries au marteau.

Il faut ordinairement 0m. cub.,40 de mortier pour faire 1 mètre cube de maçonnerie de moellons ou de briques.

Un mètre cube de maçonnerie de moellons ou de briques exige donc — 46 — :

m. cub. m. cub.
0,45 + 0,40 = 0,18 de chaux en pâte,
ou 0,60 + 0,40 = 0,24 de chaux en poudre.

*Maçonnerie en pierre sèche. Perrés.* — Les maçonneries en pierre sèche pour perrés et ouvrages analogues s'exécutent avec le même soin que les maçonneries à mortier. On en distingue de deux espèces : la première s'exécute avec des moellons déboutis au marteau pour le parement; la seconde, avec des moellons épincés.

Dans la maçonnerie sèche en moellons ordinaires, les pierres sont posées sans assises régulières, mais en bonne liaison, les moellons de parement étant déboutis au marteau et bien calés en queue. C'est la maçonnerie à *joints incertains*.

L'épaisseur des joints apparents ne doit pas dépasser 0m,02, largeur maxima des vides à l'intérieur.

Pour les perrés, la queue des moellons sera régulièrement enracinée dans le matelas sur lequel ils reposeront.

Après leur achèvement, les perrés doivent présenter des surfaces planes ou courbes bien régulières, sans flaches ni parties saillantes. On ne doit y répandre de terre qu'après leur réception.

On emploie quelquefois par mesure d'économie la maçonnerie en pierre sèche dans les fondations d'ouvrages d'art, dans les murs de soutènement des remblais. — Pour les revêtements des talus, la maçonnerie en pierre sèche a l'avantage de laisser aux eaux d'infiltration un écoulement constant.

La maçonnerie de perrés en moellons épincés s'exécute par

assises régulières avec le même soin que la maçonnerie de parement en moellons piqués.

Les perrés en rivière reposent sur des enrochements formés de pierres de $\frac{1}{15}$ à $\frac{1}{50}$ de mètre cube.

On n'élève les perrés qué par portions successives de 1 ou 2 mètres de hauteur et on laisse écouler un temps nécessaire pour que le tassement s'opère par degrés.

On choisit les moellons les plus gros pour former les assises de fondations et les chaînes montantes, et aussi les mieux faits pour le couronnement.

*Enrochements.* — Les enrochements faits à sec sont de deux espèces : à pierres perdues ou à surface réglée. Pour ces derniers, les moellons sont rangés de manière que la surface de l'enrochement ne présente pas d'inégalité de plus de $0^{m},05$ à $0^{m},10$, puis ils sont battus à la hie. On prend pour les enrochements les plus gros moellons que les carrières puissent fournir. Pour les enrochements sous l'eau, on emploie des moellons choisis, ayant au moins $0^{m},40$ en tous sens, et cubant au moins $0^{m3},060$; on les jette avec soin à la main, de manière à faire prendre au massif la forme prescrite. On vérifie souvent cette forme par des sondages dirigés suivant les profils arrêtés.

Dès que les enrochements arrivent à la surface de l'eau, on les dresse et on les bat à la hie.

50. Pierre de taille. — Toutes les pierres de taille sont choisies, autant que possible, dans les bancs les plus homogènes et les meilleures carrières. Elles doivent être non gélives, sans fils ni moies, ébousinées jusqu'au vif, c'est-à-dire débarrassées du *bousin* ou partie tendre du lit de carrière, parfaitement pleines, d'un grain égal et ayant toutes les qualités requises pour donner, après la taille, un parement très-régulier, et rendre sous le choc du marteau un son plein et clair. Il faut toujours rejeter les pierres contenant des parties tendres, celles qui, sous le choc du marteau, rendent un son sourd et se cassent en grains sablonneux au lieu de se briser en éclats à arêtes vives. On fait ordinairement les approvisionnements nécessaires pour chaque

campagne avant l'hiver, en laissant les pierres placées en délit, et exposées aux gelées avant d'être taillées.

*Maçonnerie de pierre de taille.* — La maçonnerie de pierre de taille s'exécute par assises régulières. Dans les assises courantes, les pierres sont appareillées par carreaux et boutisses, dont la longueur égale au moins une fois et demie la hauteur, et les joints montants sont à recouvrements de 0m,20 à 0m,25 au minimum. La pierre de taille doit toujours être posée sur son lit de carrière, et sans le secours de cales, sur une couche de mortier fin. On la bat au *refus*, à l'aide d'une hie en bois du poids de 10 kilogrammes, de façon à réduire les joints horizontaux à 0m,007, ou 0m,008, et à faire refluer une certaine quantité de mortier dans les joints verticaux. On achève de remplir les joints en y faisant pénétrer du mortier au moyen de la fiche à dents, et non par le coulage, qui est formellement interdit. Quand il est absolument impossible de poser les pierres à bain fluant de mortier, on peut, après leur pose à sec, les fixer en coulant du ciment gâché bien frais. Les joints verticaux ne doivent pas avoir plus de 0m,006 à 0m,008 d'épaisseur.

Il faut dresser chaque assise parfaitement de niveau avant la pose de l'assise suivante, la balayer et l'arroser soigneusement avant d'y étendre la couche de mortier.

La taille des pierres doit être faite exactement suivant les panneaux.

Les parements vus de la pierre sont proprement taillés à la grosse ou fine pointe, à la laye ou à la boucharde. Les parements vus sont sans écornures, épaufrures ni flaches, et entourés d'une ciselure de 2 à 3 centimètres de largeur uniforme. Les lits doivent être parfaitement dégauchis et taillés dans toute leur étendue; les joints retournés d'équerre et taillés suivant des plans prolongés jusqu'à 0m,10 et même 0m,20 du parement, selon le cas.

Les précautions suivantes sont communes à toutes les maçonneries :

Une demi-heure environ avant l'emploi, arroser les pierres et moellons sur le tas; arroser aussi, légèrement mais fréquemment, les maçonneries en cours d'exécution, afin d'en prévenir la trop prompte dessiccation; dans les temps secs ou pluvieux, préserver les surfaces des nouvelles maçonneries au moyen de nattes et de paillassons; enfin, toujours déposer le mortier dans des auges en bois, sur les chantiers, et non sur les maçonneries mêmes et abriter ces auges au moyen de nattes, dans les temps pluvieux ou très-secs.

51. Emploi des roches calcaires dans les constructions. — Les calcaires compactes, oolithiques et terreux fournissent, dit M. Burat, la plupart des moellons et des pierres d'appareils employés dans les constructions. Les neuf dixièmes des villes de la France sont construites en calcaires.

Les bancs exploités se débitent en pierres de *haut appareil* ou de *bas appareil*, suivant leur épaisseur; car, dans la plupart des cas, on doit replacer les pierres dans les constructions suivant le *lit de carrière*, c'est-à-dire les poser sur leur plan de stratification; la puissance du banc, sain et solide, détermine le maximum d'épaisseur des pierres.

Les variétés compactes peuvent seules être employées en *délit*, c'est-à-dire être posées sur champ, comme pour les montants ou chambranles de portes ou de croisées. Les variétés terreuses réussissent rarement dans cette position, et il faut monter ces parties verticales en chaînes, c'est-à-dire en blocs superposés, suivant leur lit de carrière.

On peut dire que la variété compacte finit là où l'on peut commencer à scier la pierre avec des scies à dents; ces calcaires compactes ne pouvant être sciés qu'avec la scie à lame, aidée d'eau et de sable, puis taillés à la pointerolle et au ciseau. Les calcaires compactes sont également susceptibles de poli.

Les variétés terreuses peuvent non-seulement être sciées avec la scie à dents, mais coupées à la hachette et au rabot.

Les calcaires les plus durs, et qui absorbent le moins facilement l'eau, sont, en général, les meilleurs pour les constructions. Dans une carrière, on préférera les bancs les plus denses. Les blocs extraits doivent être sonores, surtout lorsqu'ils ont perdu leur eau de carrière. Les délits et flaches intérieures déterminent un son sourd et mat.

Beaucoup de calcaires terreux, très-tendres en carrière, acquièrent la dureté suffisante pour les constructions lorsqu'ils ont perdu leur eau; aussi doit-on faire attendre la pierre avant de l'employer. En hiver, on la fait attendre à l'abri, dans l'intérieur des carrières.

Les calcaires les plus compactes que fournissent les environs de Paris sont les bancs dits *liais* et *cliquarts*, épais de 0m,20 à 0m,40, sonores, à cassure conchoïdale, point gélifs. Cette qualité était autrefois la plus recherchée pour les constructions monumentales; on l'a reconnue dans l'église Notre-Dame, bâtie au treizième siècle; le soubassement et le portail de la colonnade du Louvre en présentent aussi de beaux échantillons. Cette pierre peut s'employer en délit. Comme elle est de bas appareil, on ne l'emploie guère aujourd'hui que pour les escaliers, les appuis de croisées, les dalles; elle coûte de 70 à 80 francs le mètre cube.

La pierre de Château-Landon, avec laquelle est construit en grande partie l'arc de l'Étoile, peut être assimilée à cette variété.

Le calcaire *roche* est compacte, généralement très-coquillier, il porte jusqu'à 0m,60 et 0m,80 d'appareil; sa cassure est grenue; il est encore assez dur et homogène pour être employé en délit. Cette roche peut fournir des colonnes (notamment celles de la cour du Louvre, qui ont de 3 à 4 mètres de fût); on en tire des pièces d'entablement qui ont même 7 à 8 mètres de longueur.

Les bancs dits *banc franc* et *banc royal* sont des variétés de *roche* qui ne diffèrent que par un grain plus ou moins fin et serré. Le banc royal de Conflans a fourni le fronton du Panthéon, dont les pieds d'angle pesaient plus de 20,000 kilogrammes.

Ces qualités se vendent de 50 à 70 francs le mètre cube.

On donne le nom de *lambourde* au véritable calcaire grossier ou terreux, qui est tendre, d'un grain assez grossier et très-coquillier. On trouve des bancs de 3 à 5 mètres. La lambourde se débite à la scie dentée et fournit la plus grande partie des moellons et pierres d'appareil des constructions courantes. C'est dans les bancs de lambourde qu'ont été creusées les catacombes de Paris, vastes carrières dont les vides ont servi à sa construction et que l'on est obligé aujourd'hui de remblayer et de soutenir.

La lambourde en pierres d'appareil se vend de 25 à 50 francs le mètre cube. Les moellons durs valent 8 à 10 francs, les moellons tendres de 4 à 5 francs.

Dans le nord de la France, la Belgique et la Prusse rhénane, on emploie dans les constructions les calcaires compactes dits *pierres bleues*, qui appartiennent aux calcaires carbonifères et fournissent de beaux appareils. Ces calcaires, désignés aussi sous les dénominations de calcaires de Soignies ou des Écaussines, carrières sises en Belgique et rapprochées de la frontière de France, sont massifs, bleuâtres ou gris plus ou moins foncé, souvent parsemé de veines spathiques blanches; ils peuvent recevoir toutes les formes, se sculpter, se polir comme le marbre, et résistent parfaitement aux influences atmosphériques. On les compte, en carrière, 50 francs le mètre cube en blocs dégrossis et de faibles dimensions, et de 80 à 100 francs en grandes pierres d'appareil, piquées et mises à dimensions.

Certains calcaires compactes des terrains jurassiques, tels que la pierre de Tonnerre, de Clamecy, de Besançon; d'autres qui appartiennent aux terrains néocomiens ou crétacés, tels que la pierre d'Angoulême, la pierre froide de Marseille (exploitée à Cassis), sont des roches blanches ou jaunâtres à pâte fine, à cassure conchoïdale, susceptibles de poli comme la pierre lithographique.

Ces roches compactes peuvent atteindre la dureté et la solidité du marbre, dont elles ne diffèrent que par la texture compacte; elles se vendent de 50 à 80 francs le mètre cube en pierres d'appareil et servent aussi à faire des dallages, des auges, etc.

Les calcaires oolithiques ne sont plus compactes; ils absorbent l'eau plus ou moins facilement. Les variétés pures, comme celle des carrières d'Aubigny, qui contiennent 97,40 de chaux carbonatée, résistent parfaitement aux agents atmosphériques, bien qu'elles se laissent tailler facilement; elles sont très-recherchées pour les détails des sculptures gothiques des églises. Le prix de cette pierre de choix est de 60 à 70 francs le mètre cube.

Ces prix baissent à mesure que le calcaire devient plus tendre et se charge plus de parties argileuses. Les carrières dites d'Allemagne, situées également près de Caen, produisent des calcaires oolithiques tendres, au prix de 20 à 30 francs le mètre cube.

La craie est le type des calcaires tendres et terreux; aucun calcaire n'est plus pur que la craie blanche des environs de Paris, qui ne peut cependant être utilisée comme pierre de construction, vu son faible état d'agrégation et son peu de résistance à l'écrasement.

La craie tuffau, quoique moins pure, est plus solide, surtout lorsqu'elle a perdu son eau de carrière. Cette pierre, exploitée dans la partie crayeuse du Nord et de l'Ouest, avec laquelle on a récemment bâti de vastes constructions à Tours, compense par les facilités de son extraction son peu de résistance à l'écrasement et les proportions plus considérables qu'on doit donner aux murs, aux piliers, etc. On l'extrait au-dessous de 20 francs le mètre cube en belles pierres d'appareil qui sont très-absorbantes, mais ne sont pas gélives.

Les calcaires sont les pierres de construction par excellence, à la condition qu'ils ne seront pas de nature gélive. On ne doit jamais négliger les précautions pour éviter l'emploi des variétés gélives en tailles ou parements exposés à l'air.

Lorsqu'on étudie successivement les bancs d'une formation calcaire, telle, par exemple, que celle du calcaire grossier dans le bassin de Paris, celles de la craie ou des divers étages oolithiques, on est frappé de la multiplicité des variétés et des propriétés qu'elles présentent au point de vue de la construction. Ces variétés proviennent des différences de cohésion, et surtout des mélanges d'argile et de sable ; il en résulte des différences qui se manifestent à la fois par des variations de densité et par celles de la résistance à l'écrasement. Ces propriétés souvent mesurées donnent les résultats suivants pour la résistance par centimètre carré :

| | Densité. | Résistance à l'écrasement. Kilogr. |
|---|---|---|
| Marbre. . . . . . . . . . . | 2,65 à 2,72 | 600 à 700 |
| Calcaire compacte liais. . . | 2,44 | 285 à 440 |
| Calcaire liais à gryphées. . . | 2,60 | 300 |
| Calcaire roche. . . . . . . | 2,30 | 130 à 135 |
| Calcaire oolithique. . . . . | 2,00 à 2,20 | 120 à 180 |
| Calcaire lambourde. . . . . | 1,55 à 1,80 | 20 à 66 |

On voit que la résistance concorde toujours avec la densité, de telle sorte que la qualité d'un calcaire pour les usages de construction peut être assez bien appréciée par la mesure de sa pesanteur spécifique. On n'emploie, d'ailleurs, les calcaires dans les constructions que sous le dixième de la charge nécessaire pour les écraser.

52. Briques. — Les briques sont de provenance et de dimensions indiquées par l'ingénieur, suivant les localités. Elles doivent être dures, sonores, bien cuites sans être vitrifiées, parfaitement rectangulaires et sans gauchissement ; il faut avoir soin de réserver les plus belles pour les parements.

On emploie quelquefois des briques crues, mais elles doivent être arrivées à une dessiccation complète par une longue exposition à l'air, pour résister à la gelée, et de plus recevoir un enduit imperméable qui les mette à l'abri de l'humidité.

*Maçonnerie de briques.* — On trempe les briques dans l'eau avant l'emploi, et on les fait glisser dans le mortier en les pressant fortement à la main pour les poser en long et en large, de manière à former liaison en tous sens. Les parements sont ordinairement formés de briques posées toutes en boutisses, et leur liaison avec le corps de la maçonnerie est formée par alternance de briques entières et de briques $\frac{2}{3}$.

L'épaisseur des lits et joints ne doit pas dépasser $0^{m},008$.

Il est bon, dans la maçonnerie de briques, de placer, surtout près des parements et à des distances de 0m,50 au plus, des briques debout destinées à relier toutes les assises entre elles.

Il faut toujours rejeter toute brique cassée ou fendue pendant la pose. — Proportion de mortier : 49 —.

53. Maçonnerie de voutes. — La construction des voûtes exige des soins tout particuliers. Pour les ponts biais et les ponts à grande portée, voûtés avec des briques ou des moellons, les têtes et autant que possible les naissances et les clefs doivent être en pierre de taille.

Les moellons piqués et smillés, employés au parement des voûtes, sont taillés suivant la forme des voussoirs. On choisit, à cet effet, les pierres les plus longues et n'ayant pas moins de 0m,40 de queue pour les grands ouvrages, et 0m,33 pour les petits.

Les moellons employés pour la maçonnerie intérieure des voûtes seront choisis parmi les plus beaux et les plus plats; ils auront 0m,10 d'épaisseur et 0m,30 de longueur au minimum.

Ces moellons devront être posés de manière à prolonger jusqu'à l'extrados de la voûte, suivant la coupe de cette voûte, les assises des voussoirs formant parement. A cet effet, on termine chaque assise sur toute l'épaisseur de la voûte, aussitôt qu'on a posé les voussoirs des parements correspondants.

On a soin de diminuer autant que possible l'épaisseur des joints normaux à la voûte, surtout dans le voisinage de la clef, pour laquelle on réserve les plus beaux moellons.

Le décintrement s'opère, suivant la nature des matériaux et les prescriptions de l'ingénieur, soit avant, soit après la prise complète des maçonneries. C'est surtout pour les gros matériaux que l'on effectue le décintrement avant la prise complète du mortier, qui alors se prête au tassement, sans qu'il s'y détermine de solutions de continuité. Pour les petits matériaux, il est plus prudent d'attendre que les mortiers employés aient eu le temps de durcir. Si le mortier est remplacé par du ciment, il faut, pour la même raison que précédemment, décintrer aussitôt après l'achèvement des travaux. Pour des voûtes de petite ouverture, on fait le décintrement à l'aide de cales en bois; mais pour des ouvertures dépassant 10 à 15 mètres, il est préférable d'employer le décintrement au sable en sac ou en cylindres.

Quand plusieurs voûtes sont voisines, le décintrement doit s'opérer en même temps sur les voûtes, et le plus régulièrement possible. On trouvera au numéro 66 divers exemples de décintrement

54. Rejointoiements; enduits. — Après l'achèvement des maçonneries, les parements vus en pierre de taille, moellons, briques, etc., sont ragréés avec soin. On refouille les joints au crochet sur $0^m,02$ à $0^m,03$ de profondeur et, après les avoir arrosés, on les remplit d'un mortier spécial de composition déterminée. Les surfaces de rejointoiement sont parfaitement lissées à l'aide d'une spatule en fer, et tenues en retraite pour la maçonnerie en moellons, d'environ $0^m,01$ par rapport au plan des arêtes des pierres.

Lorsqu'un mur devra être crépi ou enduit, on enlèvera le mortier à la surface, en le grattant et en nettoyant bien les joints.

Les enduits à faire sur les faces extérieures des maçonneries ordinaires doivent recouvrir de $0^m,015$ environ les parties les plus saillantes des moellons. On peut les exécuter en deux couches; on mouille une première fois la surface que l'on pourra enduire dans la journée, et on en mouille de nouveau chaque partie, à mesure que l'ouvrage avance. Sur le mur ainsi préparé on fouette une première couche de mortier, d'une épaisseur suffisante pour arraser et dresser la surface, et, avant qu'elle soit entièrement sèche, on la couvre d'une deuxième couche de mortier fin, qui fera disparaître les aspérités de la première. On lisse le mortier à la truelle, jusqu'à ce que le retrait, occasionné par sa dessiccation, ne donne plus lieu à aucune gerçure.

On passe sur l'enduit, lorsqu'il est bien sec et après l'avoir nettoyé, une première couche de lait de chaux vive, puis une seconde, lorsque la première est parfaitement sèche.

55. Bois de charpente. — La nature des bois de charpente

varie avec les localités; cependant le chêne et le sapin sont le plus généralement employés. Le chêne auquel on donne la préférence, est celui qui croît sur un sol argileux, compacte ou glaiseux. Les bois extraits des pays trop humides ou de montagnes arides offrent moins d'avantages que les premiers. Le sapin du Nord et de qualité connue sous le nom de sapin rouge est le plus estimé; il doit avoir conservé toute sa résine.

Les bois de charpente de bonne qualité sont abattus en saison favorable; on ne les emploie généralement pas avant un an de coupe. Ils doivent être droits, sains; on rejette les bois gras, échauffés, ceux affectés de gerçures, gélivures, roulures ou nœuds vicieux. On donne de la durée au bois en enlevant l'écorce et l'aubier — 138 —.

Les bois sont approvisionnés, autant que possible, sous des hangars et dans tous les cas empilés sur cales, de manière que leurs surfaces ne touchent pas la terre et ne se touchent pas entre elles.

Les bois dits *en grume* sont simplement écorcés.

Les bois non refaits sur les faces et dits *grossièrement équarris*, pour travaux provisoires ou grossiers, ne doivent pas présenter de flaches de plus de 0m,05 de largeur; pour les bois refaits, on n'admet pas de flaches de plus de 0m,02.

Les bois dits *équarris* à vive arête, passés à la varlope ou au rabot, ne devront présenter ni flaches ni aubier, et seront exempts de toute espèce de défauts et imperfections.

*Assemblages.* — Les assemblages des charpentes doivent toujours être parfaitement pleins, sans déjoints, ni épaufrures; les tenons, mortaises et embrèvements corrects et bien ajustés, sans jeu et sans inutile affaiblissement des bois. On les consolide, suivant le cas, par des boulons, étriers ou autres ferrures, ou simplement par des chevilles en bois. Il ne faut tolérer dans les assemblages aucune fausse coupe, ni aucune cale ou autre moyen de garnitures et de remplissage, même pour ceux destinés à recevoir des ferrures. Les trous de boulons doivent être exactement du diamètre de ces boulons, percés à la tarière et non brûlés.

Une bonne précaution à prendre, avant l'assemblage des charpentes ou la pose des ferrures, consiste à goudronner ou peindre à l'huille bouillante, convenablement lithargée, toutes les parties du bois destinées à être cachées par les assemblages et les ferrures.

*Pieux et palplanches.* — Les pieux de fondations sont en grume ou équarris.

Les pieux et les palplanches pour vannages sont toujours équarris à vive arête; leur extrémité inférieure est, suivant le cas, garnie ou non de ferrures. Ils sont enfoncés à la sonnette jusqu'à refus, leur tête étant consolidée par des frettes en fer forgé, qu'on enlève après le battage.

Tout pieu déversé ou battu hors ligne doit être arraché et remplacé. Il en sera de même de toute palplanche qui ne serait pas battue jointive et assemblée avec celle qui précède, et de tout pieu ou palplanche qui éclaterait sous le poids du mouton.

Les récepages doivent présenter un niveau parfait, surtout quand les pilots sont destinés à recevoir des chapeaux ou des grillages.

*Préparation des bois.* — Nous traiterons plus loin de la préparation des bois pour les traverses; on prend rarement cette précaution pour les ouvrages d'art, sauf pour les platelages : on se contente, comme nous l'indiquerons, de préserver autant que possible des influences extérieures les parties qui seraient le plus compromises — 176 à 190 —.

56. Métaux. — Tous les métaux : fonte, fer, plomb, zinc, bronze et laiton, doivent être de première qualité. Leur provenance est indiquée dans chaque cas particulier par la spécification. Ils sont du reste soumis à des épreuves de traction, de compression ou de torsion qui exigent une résistance sans altération à des charges au moins doubles de la charge maximum qu'ils auront à supporter dans l'emploi.

*Fonte.* — On emploie *la fonte grise de première qualité,* susceptible d'être facilement travaillée au burin, au foret et à la lime. Elle doit être compacte, homogène, sans gerçures ni soufflures, présenter une surface exempte de traces de scories, une cassure à grains gris avec arrachements, et une résistance à la traction d'au moins 1,500 kilogrammes par centimètre carré. On rejette toute fonte blanche ou truitée, ou celle prenant beaucoup de retrait à la coulée — 161 —.

Il arrive souvent que les fontes de cette qualité résistent bien à toutes les épreuves pendant l'été et perdent de leur force de cohésion pendant l'hiver. — On doit donc faire couler, en même temps que les pièces, des barreaux d'épreuves qui servent aux vérifications sur le retrait — 161 —.

Les trous pour les assemblages des pièces de fonte entre elles ou avec les fers sont percés à froids, alésés soigneusement et exécutés suivant les strictes dimensions nécessaires pour qu'il n'y ait pas de vacillement dans les assemblages. La tolérance en plus ou en moins sur les épaisseurs des pièces de fonte doit être fixée pour chaque cas particulier.

*Fonte malléable.* — Le fer, à l'état de fonte malléable, reçoit chaque jour de nouvelles applications pour la fabrication d'un grand nombre de petits objets difficiles à forger. C'est surtout dans la construction des machines que ce métal, grâce aux perfectionnements apportés à sa fabrication, est appelé à prendre une certaine importance, à cause de l'avantage qu'il présente de produire, par voie de moulage, les pièces les plus compliquées.

La fonte malléable s'obtient en décarburant en partie les fontes de bonne qualité, c'est-à-dire les fontes contenant en minimes proportions les substances que le fer entraîne toujours avec lui dans son passage par le haut-fourneau — 149 et suivants —. Depuis quelques années les fabricants de fonte malléable opèrent avec les fontes au bois d'Ulverstone (Écosse), extraites de l'hématite rouge. Après le moulage, les objets sont placés au milieu de creusets remplis de minerai de fer oxydé et soumis à la température du rouge vif pendant trois, quatre, cinq fois vingt-quatre heures, suivant la grosseur des pièces et le degré de décarburation qu'on veut obtenir.

Le carbone de la fonte se dégage en partie dans cette opération et, jusqu'à une certaine profondeur, le métal acquiert absolument des propriétés analogues à celles du bon fer.

La densité de la fonte malléable se rapproche de celle de la fonte. L'aspect de la cassure et la nature des copeaux obtenus par le rabotage montrent que l'action décarburante n'est complète que sous une épaisseur de 4 à 5 millimètres et nulle au delà de 0m,01. Il suit de là que la première condition que doit réaliser une pièce pour qu'on puisse avantageusement la fabriquer en fonte malléable, c'est d'être suffisamment mince dans toutes ses parties. A moins de considérations particulières, il sera bon de ne pas dépasser 40 à 50 millimètres. Le coefficient d'élasticité de ce produit, compris entre ceux de la fonte et du fer, décroît à mesure que l'épaisseur des pièces augmente. D'après les expériences de M. Tresca sur des barres de 1, 2, 3, 4 centimètres de côté, les coefficients d'élasticité ont été les suivants :

| | | | | Kilogrammes. |
|---|---|---|---|---|
| Barreau de | 0m,01 | de côté | . . . . . . . . . . . . . . | 18 929 000 000 |
| — | 0 ,02 | — | . . . . . . . . . . . . . . | 16 300 000 000 |
| — | 0 ,03 | — | . . . . . . . . . . . . . . | 16 011 000 000 |
| | | | Échantillon avec 1 croûte | 16 579 000 000 |
| — | 0 ,04 | — | — 2 — . | 16 240 000 000 |
| | | | — central. . . . . | 14 785 000 000 |

Une barre de 5 millimètres de côté et de 0m,45 de longueur a supporté un effort de traction de 35 kilogrammes par millimètre. La fonte malléable, comme tous les corps obtenus par fusion, présente assez souvent des défauts de diverses natures qui produisent des écarts notables dans sa résistance. En résumé, on doit la faire travailler moins que le fer et la rejeter pour les pièces devant résister à des chocs intenses.

La fonte malléable se vend en France 1 fr. 30 c. à 2 francs le kilogramme ; les objets sont cotés ensuite d'après la difficulté du moulage, le poids, l'épaisseur, l'emploi, le degré de recuit, les déchets, la masse à fabriquer et les considérations commerciales. Ce prix est très-élevé ; aussi de nombreux objets sont encore fabriqués plus économiquement en fer forgé. On arrivera probablement à l'abaisser comme en Angleterre à 0,80 ou 1 fr., quand la consommation se sera étendue.

Les applications de la fonte malléable dans les chemins de fer pourraient être très-nombreuses : ferrures de wagonnets, porte-lanternes pour les disques et signaux, clefs de toute grosseur, pièces et boîtes de serrures, verrous, charnières diverses, écrous, clefs de robinets, manivelles, couvercles de boîtes à graisse, garde-corps légers et plus résistants que la fonte ordinaire, etc.

*Fers.* — Tous les fers doivent être corroyés, doux, non cassants, malléables à froid, d'un grain fin, homogène, sans pailles, gerçures et autres défauts. Leur résistance à la traction sera d'au moins 3,200 kilogrammes par centimètre carré. La tolérance sur les dimensions dépend de la destination des fers — chap. v —.

*Acier.* — Jusqu'à présent cette matière n'a rencontré que de rares applications dans la construction des ouvrages d'art; cependant on peut en trouver l'emploi pour rouleaux de glissement de tabliers de ponts, boulons exposés à des efforts considérables, fers et tôles de ponts métalliques, etc. Quelques indications au sujet de ce métal peuvent donc n'être pas hors de propos dans ce chapitre.

Pendant longtemps, c'est à la cassure que l'on prétendait juger de la qualité de l'acier; mais depuis quelques années, les progrès de la métallurgie ont permis de fournir au commerce un métal qui, avec toutes les apparences du grain fin, serré et brillant de l'acier véritable, ne possède qu'une faible partie de ses propriétés essentielles. Si donc on a recours à l'acier dans une construction, il faut, par des essais préalables, désigner la qualité à mettre en œuvre et prescrire, pour la réception, des épreuves appropriées à la nature des efforts que la matière devra subir — 148 à 158 —.

On n'a pas encore de données certaines sur la résistance comparative des divers aciers provenant de matières premières déterminées.

Quelques expériences isolées tendent à faire admettre comme offrant une sécurité suffisante l'acier résistant à la traction jusqu'à la charge de 60 kilogrammes par millimètre carré.

Ainsi, d'après de nombreux essais faits par M. Kirkaldy et

cités par M. Brull[1], « sur des aciers de toutes qualités, depuis la première marque à outils jusqu'aux aciers puddlés les plus communs, on trouve des aciers qui résistent depuis 93 kilogrammes jusqu'à 43, des aciers doux qui s'allongent jusqu'à 19 pour 100, et des aciers durs qui s'arrêtent à 5 pour 100. »

Il résulte de plus des expériences faites par M. Tresca, ingénieur sous-directeur du Conservatoire des arts et métiers, « sur des tôles d'acier fondu[2], que si la résistance vive d'élasticité est quadruplée par la trempe et le recuit pour les aciers vifs, et augmentée dans le rapport de 9 à 1 pour les aciers doux, cette opération ne fait que doubler les charges correspondant à la limite d'élasticité. »

On voit d'après ce qui précède qu'il y a de grandes différences dans la qualité et le mode de préparation des aciers, et qu'il faut prendre à cet égard les précautions indiquées plus haut.

*Plomb et zinc.* — Le plomb et le zinc neufs doivent être de première qualité, doux et de la plus grande pureté. Les vieux plombs ne sont employés que pour les scellements et sur les ordres de l'administration — 358 —.

*Assemblages.* — Les pièces de fonte et de fer sont ordinairement assemblées à l'usine avant d'être expédiées sur la ligne. Elles sont ajustées de manière à présenter un ensemble régulier et sans gauchissement. Chaque pièce est ensuite numérotée pour la facilité de la pose. L'ajustage et la pose de toutes les pièces de fer et de fonte doivent d'ailleurs être faits avec la plus grande exactitude.

On trouvera des indications plus détaillées sur les conditions de fabrication et de réception des pièces métalliques aux chapitres IV, VI et X de cette première partie.

57. PEINTURE. — Les mélanges pour la composition des couleurs sont faits sous la surveillance d'un agent préposé par l'ingénieur. Il est bon de n'employer pour les blancs que le blanc de zinc ou le blanc de céruse, et pour les noirs que le noir d'ivoire. Les matières colorantes doivent être parfaitement

[1] Mémoires de la Société des ingénieurs civils, 2e série, 13e année, p. 70.

[2] Extrait des *Annales des mines*, 5e série. t. XIX, p. 345.

broyées et non infusées. Elles sont broyées et lavées à l'eau, puis rebroyées à l'huile.

L'huile varie suivant les localités, mais elle doit être dans tous les cas épurée. Les blancs à l'huile sont ordinairement composés de cinq parties en poids de blanc de zinc, et d'une partie d'huile rendue siccative.

L'huile employée pour recouvrir les bois doit avoir bouilli avec 1/20 de son poids de litharge, et être aussi chaude que possible.

Le mastic est composé de 0,66 de blanc d'Espagne, de 0,34 de blanc de zinc et de la quantité d'huile nécessaire pour réduire le mélange en pâte ferme.

Les peintures sont appliquées à deux ou trois couches, selon les prescriptions de l'ingénieur. On couvre d'abord les bois d'une couche d'impression à l'huile bouillante préparée comme nous venons de le dire. On remplit ensuite avec du mastic toutes les fentes et gerçures, puis on applique successivement les couches de peinture, bien également et assez épaisses pour que tout aspect de bois ait disparu sous la deuxième couche.

Les fontes et fers sont d'abord recouverts de deux couches de peinture rouge au minium, quelquefois même d'une couche de zinc, avant l'application des couleurs prescrites.

58. Goudron, coaltar, asphalte. Chapes. — On n'emploie que le goudron végétal bouilli avec addition de chaux réduite en poudre par l'exposition à l'air, de manière à lui donner une certaine consistance. Les goudronnages sur bois sont donnés à deux ou trois couches. On commence toujours par échauffer les bois avec de la paille, afin de les dessécher et faciliter l'adhérence du goudron. Le goudron est ensuite appliqué bouillant, en le faisant pénétrer le plus possible dans tous les joints.

Avant l'assemblage des pièces de charpente, on enduit de goudron, comme nous l'avons dit, les tenons, embrèvements, feuillures et même les boulons. Dans certains cas, on applique entre les faces d'assemblages une feuille de papier ou de carton bien trempé dans le goudron ou dans l'huile.

Le coaltar, produit de la distillation du goudron, est employé quelquefois comme couverte de chapes de voûtes, ou murs de soutènement exposés aux infiltrations. Il doit être débarrassé d'huiles essentielles, pur et assez liquide pour pouvoir être étendu à froid avec la brosse à long manche.

*Chapes.* — L'asphalte et les mastics bitumeux destinés à l'exécution des chapes sont préparés d'avance en pains et remis en fusion pour leur emploi. Ils contiennent en moyenne 16 pour 100 de bitume; on les casse en morceaux de 5 à 7 centimètres de diamètre au plus, pour les mettre en fusion. La fusion s'opère dans des chaudières contenant environ 150 kilogrammes de mastic; on la conduit de manière à ne faire perdre au mélange que 2 pour 100 environ de bitume.

Le coulage se fait par bandes de $0^m,75$ à $0^m,85$ de largeur, sur une aire en béton bien dressée et bien séchée.

Étendu et comprimé d'abord à la spatule, le mastic sera ensuite serré de nouveau et lissé au frottoir, puis saupoudré de sable tamisé, très-fin et très-chaud, que l'on incruste également au frottoir à force de bras. Il ne faut ajouter le sable que quand toutes les bulles ont été crevées avec un outil tranchant. Les raccords et soudures d'une bande à l'autre seront faits avec le plus grand soin et passés au fer chaud; on s'arrangera pour que les raccords des différentes sections de bandes ne se correspondent pas d'une bande à la suivante. Les mastics bitumeux doivent être posés sur des surfaces bien sèches. On peut faciliter l'adhérence du mastic en chauffant les surfaces au moyen d'un brasier ou en les recouvrant d'une couche de bitume bouillant, au moyen d'un pinceau. La couche d'asphalte peut avoir pour chapes 0,01 d'épaisseur, et pour dallage 0,015. Quand la chape n'est pas parfaitement sèche, il vaut mieux faire l'enduit d'asphalte en deux couches, la première seule recevant l'impression de l'humidité qui produit des bulles dans l'asphalte, et par suite des petites fentes que la deuxième couche masque parfaitement.

En Autriche, sur le chemin du nord du Tyrol, les chapes des voûtes étaient faites en asphalte artificiel, composé de goudron, poudre de brique, chaux vive, sable et sulfate de fer.

Les grandes voûtes sont recouvertes d'un pavage en briques à bain de mortier, puis d'une couche d'asphalte de $0^m,007$ d'épaisseur. Pour les petits ouvrages, on emploie seulement des chapes en mortier.

En Bavière, certains ponts ont été recouverts de chapes composées de 18 parties en poids de sable, 24 de chaux en poudre ou de poussière des chemins ; 13,5 de colophane, et 7,25 de goudron. Le tout est mélangé et chauffé, en ayant soin d'augmenter ou diminuer la quantité de goudron suivant la température au moment de l'emploi. Le mélange est placé par couches de 3 à 5 millimètres d'épaisseur, et repassé au fer chaud pour bien boucher les fentes. Ces chapes revenaient à 2 francs environ par mètre carré.

En France, on emploie ordinairement l'asphalte de Seyssel et le bitume de Bastennes.

59. Résistance des principaux matériaux. — Le poids du mètre cube et la résistance des divers matériaux varient avec tant de circonstances, et les expériences de toute nature faites jusqu'à présent ont donné des résultats si différents les uns des autres, que les valeurs recueillies ne doivent servir que comme points de repères ou de renseignements approximatifs.

Quoi qu'il en soit, nous ajoutons aux considérations précédentes quelques moyennes consignées dans les trois tableaux qui suivent. Ces tableaux peuvent être consultés quand il s'agit de travaux peu importants; mais lorsqu'on se trouve en présence d'un travail considérable on doit, tout d'abord, faire des essais sur les matériaux dont on peut disposer et n'arrêter les dimensions des pièces à mettre en œuvre qu'en conséquence de ces essais.

Les ingénieurs attachés aux chemins de fer trouvent d'ailleurs dans leurs ateliers et auprès des constructeurs et fabricants tant de facilités, qu'ils ne doivent pas hésiter à effectuer des expériences dont le caractère d'utilité est trop évident pour qu'il soit nécessaire d'insister davantage à ce sujet.

| NATURE des MATÉRIAUX. | POIDS DU MÈTRE CUBE. Vert. | Demi-sec. | Très-sec. | Charge de rupture à la traction par centim. carré. | Charge de rupture à l'écrasement par centim. carré. | OBSERVATIONS. |
|---|---|---|---|---|---|---|
| **Bois.** | | | | | | |
| Gaïac. . . . . . . . . | 1400 | » | 1300 | » | » | Les poids des bois que nous indiquons ici sont extraits en grande partie de l'ouvrage de J. Burger sur l'agriculture pratique, et d'après Hartig. |
| Teak. . . . . . . . . . | 1000 | » | 700 | 1100 | » | |
| Chêne rouvre. . . . . | 1300 | 1100 | 830 | 800 | 500 | |
| Chêne à grappes. . . | 1270 | 1070 | 870 | | | |
| Hêtre. . . . . . . . . | 1070 | 920 | 820 | 800 | 600 | |
| Erable. . . . . . . . | 1030 | 920 | 800 | | | |
| Orme. . . . . . . . . | 1130 | 920 | 790 | 1000 | 700 | |
| Frêne. . . . . . . . . | 1050 | 950 | 810 | 1200 | 600 | |
| Peuplier noir. . . . | 990 | 700 | 500 | | | |
| Tremble. . . . . . . | 900 | 660 | 550 | » | 300 | |
| Peuplier blanc. . . | 950 | » | 600 | | | |
| Charme. . . . . . . . | 1050 | 930 | 850 | » | » | |
| Aune. . . . . . . . . | 1020 | 790 | 640 | » | » | |
| Pin sylvestre. . . . | 1110 | » | 670 | | | |
| Sapin épicea. . . . . | 1060 | 810 | 570 | 700 | 450 | |
| Sapin commun. . . . | 1100 | » | 680 | | | |
| Mélèze d'Europe. . . | 1110 | » | 650 | | | |

| NATURE des MATÉRIAUX. | POIDS du mètre cube. | CHARGE de rupture à la traction par centimèt. carré. | CHARGE de rupture à l'écrasement par centimètre carré. | OBSERVATIONS. |
|---|---|---|---|---|
| **Métaux.** | | | | |
| Fer forgé. . . . . . . . . . . . | (1) 7550 | 3000 — 6000 | 4000 | (1) Dans la pratique on fabrique peu de fer dont la densité dépasse 7550 kilogr. et atteigne 7780 kilogr., densité théorique du fer parfaitement pur et corroyé. |
| Tôle laminée, dans le sens du laminage. . . . . . . . | » | 4100 | 3800 | (2) Navier. |
| Tôle laminée, perpendiculaire au sens du laminage. | » | 3600 | | (3) Bornet. |
| Fil de fer. . . . . . . . . . . . | » | 5000 — 7000 | » | (4) Rennie. |
| Câble en fil de fer. . . . . . . | » | 3000 (2) | » | (5) La densité de la fonte atteint rarement 7200 kil. Elle se tient le plus souvent à 7100 kil., et quand la fonte est surchargée de métalloïdes, sa densité descend quelquefois à 6850. |
| Chaîne non étançonnée. . . . | » | 2400 | » | (6) Le poids de l'acier s'abaisse souvent à 7750 kil., mais il arrive aussi à 8050 kilogr. (Bessemer). |
| Chaîne étançonnée. . . . . . | » | 3200 | » | |
| Fonte. . . . . . . . . . . . . . . | 7100[5] | 1300 | 8000 | |
| Acier. . . . . . . . . . . . . . . | 7820[6] | 4000 — 10000 | 4000 | |
| Cuivre battu. . . . . . . . . . . | 8950 | 2400 | 7250 | |
| Cuivre fondu. . . . . . . . . . | 8850 | 1340 (4) | » | |
| Laiton fin. . . . . . . . . . . . | 8450 | 1260 | » | |
| Bronze. . . . . . . . . . . . . . | » | 2300 | » | |
| Fil en cuivre rouge. . . . . . | » | 4000 — 7000 | » | |
| Fil en laiton. . . . . . . . . . . | » | 5000 — 8000 | » | |
| Étain. . . . . . . . . . . . . . . | 7290 | 300 | 1100 | |
| Plomb. . . . . . . . . . . . . . . | 11350 | 130 (1) | 550 | |
| Zinc. . . . . . . . . . . . . . . . | 7190 | 550 | » | |

| NATURE des MATÉRIAUX. | POIDS du mètre cubc. | CHARGE de rupture à la traction par centimèt. carré. | CHARGE de rupture à l'écrasement par centimètre carré. | OBSERVATIONS. |
|---|---|---|---|---|
| **Matériaux divers de construction.** | | | | |
| Terre végétale. | 1250 | » | » | |
| Argile et glaise. | 1700 | » | » | |
| Sable fin et sec. | 1400 | » | » | |
| Sable fin et humide. | 1900 | » | » | |
| Sable fin de rivière, humide. | 1800 | » | » | |
| Sable gravier, cailloutis. | 1450 | » | » | |
| Pierre à plâtre. | 2200 | » | » | |
| Plâtre cuit. | 1250 | » | » | |
| Plâtre gâché et employé. | 1500 | 5 à 10 | 40 à 90 | Suivant qu'il a été gâché plus ou moins serré, d'après M. Vicat. |
| Maçonnerie de moellons. | 2200 | » | » | |
| Maçonnerie de briques cuites. | 1800 | » | 100 | |
| Maçonnerie de pierre de taille. | 2500 | » | » | |
| Chaux hydraulique vive sortant du four. | 850 | » | » | |
| Chaux hydraulique et en pâte ferme. | 1400 | » | » | |
| Chaux hydraul. et en poudre. | 700 | » | » | |
| Basaltes. | 2900 | » | 2000 | |
| Porphyre. | 2800 | » | 2400 | |
| Granit. | 2700 | » | 600 | |
| Grès dur. | 2550 | » | 890 | |
| Grès très-tendre. | 2500 | » | 4 | |
| Meulière compacte. | 2400 | » | » | |
| Meulière poreuse. | 1300 | » | » | |
| Marbre. | 2700 | » | » | |
| Ardoise. | 2100 | » | » | |
| Ciment de Portland. | 1300 | » | » | |
| Ciment romain. | 1200 | » | » | |
| Pierre à ciment de Vassy. | 2500 | » | » | |
| Ciment de Vassy — à la sortie du blutoir. | 800 | » | » | |
| Ciment de Vassy — dans les barriques. | 1180 | » | » | |
| Ciment de Vassy — à la sortie. | 900 | 20 | » | |
| Ciment de Vassy — compression maxim. | 15.00 | » | » | |
| Mortier de chaux grasse. | » | 1 à 4 | 20 | |
| Mortier de chaux hydraulique | » | 7 à 15 | 70 | |
| Mortier de ciment de Vassy. | » | 10 à 15 | 150 | |
| Bétons agglomérés. | » | 20 à 25 | 200 | |
| Cordes de Strasbourg. | » | 6,50 | » | |
| Cordes goudronnées. | » | 4,50 | » | |

*Résistance à la traction.* — Dans la pratique, les pièces de bois ne peuvent être soumises à une traction permanente supérieure au $\frac{1}{10}$ de la charge de rupture, à cause de la prompte altération de la matière.

La charge permanente dans les constructions provisoires ne doit pas dépasser pour les fers $\frac{1}{5}$ et pour la fonte $\frac{1}{4}$ de la charge de rupture. Pour les constructions de grande durée, on ne fera travailler le fer ou la fonte qu'au $\frac{1}{6}$ de la charge de rupture, et on évitera la fonte pour les constructions exposées à des chocs.

Pour les cordes, la charge permanente peut être la moitié de la charge de rupture, à cause de l'allongement qui précède la rupture, et qui atteint quelquefois le $\frac{1}{6}$ de la longueur primitive. D'après Coulomb, la résistance d'une corde goudronnée ne serait que les $\frac{2}{3}$ ou les $\frac{4}{3}$ de la même corde non goudronnée; cette indication ne paraît pas exacte et demande une vérification; d'après Duhamel, la résistance d'une corde mouillée ne serait que le $\frac{3}{4}$ de celle de la même corde sèche?

*Résistance à la compression.* — D'après Rondelet, la résistance d'un cube de bois à l'écrasement étant 1, celle des poteaux sera représentée par les nombres du tableau suivant, dans lequel $r$ désigne le rapport de la hauteur du poteau au côté de la base.

| Rapport $r$... | 1 | 12 | 24 | 36 | 48 | 60 | 72 |
|---|---|---|---|---|---|---|---|
| Résistance... | 1 | $\frac{5}{6}$ | $\frac{1}{2}$ | $\frac{1}{3}$ | $\frac{1}{6}$ | $\frac{1}{12}$ | $\frac{1}{24}$ |

M. Morin, en admettant, avec Rondelet, que la charge permanente des poteaux en bois puisse s'élever au $\frac{1}{7}$ de la charge de rupture, et que la résistance du cube de chêne soit de 420 kilogrammes par centimètre carré, a formé le tableau suivant des charges que l'on peut faire supporter aux poteaux en chêne.

| Rapport $r$. | 12 | 14 | 16 | 18 | 20 | 22 | 24 | 28 | 32 | 36 | 40 | 48 | 60 | 72 |
|---|---|---|---|---|---|---|---|---|---|---|---|---|---|---|
| Charge kil. | 44,3 | 42 | 39,4 | 37 | 35 | 32,7 | 30 | 26 | 22 | 19,1 | 15,4 | 10,2 | 5,4 | 2,5 |

Le même auteur, en appliquant une formule établie par Hodgkinson, à un poteau de chêne fort, de 0,15 d'équarrissage, a obtenu les charges suivantes par centimètre carré :

| Rapport $r$. | 12 | 14 | 16 | 18 | 20 | 24 | 28 | 32 | 36 | 40 | 48 | 60 | 72 |
|---|---|---|---|---|---|---|---|---|---|---|---|---|---|
| Charge kil. | 178 | 131 | 100 | 79 | 64 | 44,5 | 32,8 | 25 | 19,8 | 16 | 11,1 | 71 | 4,9 |

Ce tableau, en désaccord avec le précédent, semble n'être

applicable qu'aux constructions temporaires; pour des constructions durables on fera bien de donner la préférence au premier.

Les pilots de fondations complétement enfoncés dans le sol se chargent de 30 à 35 kilogrammes et quelquefois plus par centimètre carré.

En général on ne doit pas dépasser pour la charge permanente des bois $\frac{1}{10}$ de la charge de rupture pour les constructions durables, et $\frac{1}{5}$ pour les constructions temporaires peu importantes.

Pour les fontes, la charge permanente ne doit dépasser, dans aucun cas, $\frac{1}{5}$ ou $\frac{1}{4}$ de celle de rupture.

D'après une formule établie par Hodgkinson, en supposant la résistance maxima de la fonte égale à 8,000 kilogrammes par centimètre carré, et en la faisant travailler au $\frac{1}{6}$ de cette charge, on peut dresser le tableau suivant applicable à tous les piliers en fonte, dont la hauteur varie de quatre à cent fois le diamètre.

| Rapport $r = \frac{l}{d}$ | 5 | 10 | 20 | 30 | 40 | 50 | 60 | 70 | 80 | 90 | 100 |
|---|---|---|---|---|---|---|---|---|---|---|---|
| Charge kil. . | 1333 | 746 | 476 | 297 | 195 | 169 | 98 | 74 | 58 | 46 | 38 |

D'après Hodgkinson, la résistance à la rupture d'un pilier est réduite des $\frac{2}{3}$ au moins quand l'effort qu'il supporte est dirigé suivant la diagonale et non suivant l'axe. La résistance des piliers longs est trois fois plus grande quand les extrémités sont plates et perpendiculaires à l'axe et à la direction de l'effort que quand elles sont arrondies.

Le renflement des colonnes vers le milieu de leur longueur n'augmente leur résistance que de $\frac{1}{8}$ à $\frac{1}{7}$.

Pour le fer, on peut admettre que la résistance de rupture maxima est de 4 000 kilogrammes par centimètre carré. En faisant travailler ce métal au $\frac{1}{3}$ de la résistance de rupture, on conclut de la formule le tableau suivant :

| Rapport $r = \frac{l}{d}$ | 5 | 10 | 20 | 30 | 40 | 50 | 60 | 70 | 80 | 90 | 100 |
|---|---|---|---|---|---|---|---|---|---|---|---|
| Charge kil. . . | 800 | 500 | 457 | 400 | 340 | 285 | 239 | 200 | 168 | 143 | 122 |

Pour les pierres, il convient de ne les employer comme supports isolés que sous des hauteurs n'atteignant pas douze fois la plus petite dimension de la section transversale. En général on ne fait pas supporter aux matériaux de construction une charge permanente dépassant le $\frac{1}{10}$ de la charge de rupture. On va quelquefois au $\frac{1}{6}$ pour les constructions très-légères, mais pour les piliers isolés, des constructions en moellons, en petits matériaux, ou même en pierres de taille devant présenter une grande durée, on réduit souvent la charge permanente au $\frac{1}{15}$ et même au $\frac{1}{20}$ de la charge de rupture. On a remarqué que les pierres soumises à l'écrasement résistent d'autant mieux que leur section se rapproche davantage de la forme circulaire.

M. Desjardin, dans la *Routine de l'établissement des voûtes*, donne les valeurs suivantes du coefficient de résistance pratique à l'écrasement. par mètre carré, selon les diverses espèces de maçonnerie qui peuvent être adoptées pour l'établissement des voûtes. Ces valeurs sont, dans plusieurs cas, susceptibles d'augmentation.

| | Kilogr. |
|---|---|
| Maçonnerie en moellons informes, en béton. . . . | 5 000 |
| — dits pendants.. . . . . . | 10 000 |
| — équarris bien posés. . . . | 20 000 |
| — appareillés en coupe. . . | 30 000 |
| — en pierres de taille appareillées. . . . | 50 000 |

## § III.

### CONSTRUCTION.

60. Généralités. — En établissant un chemin de fer, on doit, surtout pour les lignes de second ordre dont le trafic ne promet pas une large rémunération, s'attacher à réduire au minimum les dépenses d'installation et la durée d'exécution. Généralement la construction des ouvrages d'art en maçonnerie ou en métal amène de longs retards dans l'achèvement et coûte très-

cher, surtout là où les matériaux et la main-d'œuvre spéciale font défaut.

On échappe souvent à ces inconvénients en adoptant le système des constructions provisoires et en l'appliquant de la manière la plus complète, ainsi que le fait la compagnie des chemins de fer du Sud de l'Autriche sur ses lignes secondaires, et la compagnie des chemins de fer de la Turquie d'Europe sur tout son réseau.

Là, en effet, on établit sur tous les cours d'eau et sur toutes les vallées les aqueducs, ponceaux, ponts et viaducs en bois, sous des dispositions calculées pour suffire, pendant de longues années, à la circulation des trains les plus pesants et les plus rapides, remplaçant même les piles et culées ordinairement en maçonnerie par des palées en charpente disposées pour en permettre le remplacement ultérieur sans interrompre ni compromettre la circulation.

En réduisant par ce procédé et sur de larges proportions les frais de premier établissement et la durée d'exécution, on retrouve dans les intérêts des sommes économisées, l'avancement de l'ouverture de l'exploitation et le développement plus rapide du trafic, une ample compensation des sacrifices que le capital s'impose en ajournant la construction des ouvrages définitifs. Ce sacrifice même disparaît quand on tient compte de cette circonstance que le chemin de fer en exploitation sert alors d'auxiliaire puissant dans l'exécution de ces ouvrages, qui édifiés prématurément reviennent à des prix presque toujours très-élevés.

Aussi l'exploitation du chemin de fer offre-t-elle de fréquents exemples de substitution d'un ouvrage à un autre dont les dimensions ou l'état des matériaux ne répondent plus aux besoins du moment; d'autres fois, il s'agit de construire un pont ou viaduc en un point où il n'en existait pas encore.

Ces travaux doivent être exécutés sans compromettre en rien la circulation sur la ligne.

Le remplacement d'un ouvrage en bois par une construction en pierre ou en métal, est le cas le plus fréquent.

S'il s'agit d'un pont en dessus des rails, il suffira de prendre des précautions pour que les échafaudages et dispositions adoptées remplissent parfaitement les conditions de sécurité à l'égard du public, des ouvriers et des trains.

Quand on doit construire ou remplacer un ouvrage en dessous des rails, sans arrêter le mouvement des trains, la question est un peu plus compliquée. Si c'est un pont à deux voies, on fait en sorte de supprimer la circulation sur l'une des voies, et le travail s'exécute à l'emplacement de la voie supprimée dans les conditions ordinaires, mais en ayant grand soin de blinder et étrésillonner très-soigneusement toutes les parties avoisinant l'ouvrage, qui pourraient être ébranlées par le passage des véhicules.

Dans le cas où la circulation est maintenue sur les deux voies, il faut relever celles-ci d'une quantité suffisante pour pouvoir les soutenir par des supports en bois solidement étançonnés et contreventés. On raccorde la partie relevée des voies avec celles qui sont conservées, au moyen de pentes et contre-pentes. De plus et pendant tout le temps de la construction, des signaux de ralentissement sont faits à tous les trains en passage.

61. Substitution d'un ouvrage d'art a un remblai. — *Construction d'un pont en maçonnerie en dessous des voies en exploitation.* — On est souvent obligé de construire un pont ou un viaduc dans un remblai, sous un chemin de fer en exploitation. Ce cas s'est présenté, par exemple, à Tagolsheim, ligne de Paris à Mulhouse, où l'on a dû exécuter quatre arches de décharge en maçonnerie de 4 mètres d'ouverture dans un remblai de $5^m,60$ de hauteur. On aurait pu procéder, comme on l'a fait souvent, par déplacement des voies, au moyen de remblais provisoires, en suivant la marche ci-après (construction par anneaux. — Fig. 59, planche II).

1re *période.* — Fouille d'une partie de la coupure du remblai du côté droit; emploi de ces déblais à élargir la plate-forme sur le côté gauche pour permettre le déplacement de la voie montante. Les fouilles ont lieu simultanément pour les quatre arches.

2e *période.* — Ripage de la voie montante; continuation des déblais de la coupure et commencement des maçonneries (fig. 60).

3e *période*. — Construction du deuxième anneau et blindage de la fouille. Pendant la construction du deuxième anneau de la première arche, on commence le premier anneau de la deuxième et ainsi de suite.

4e *période*. — Rétablissement de la circulation sur la voie descendante, lorsque les quatre arches ont atteint le degré d'avancement indiqué; suppression de la voie montante et achèvement de la maçonnerie du côté gauche.

Ce système conduit à un étayement difficile et coûteux. Le mode d'exécution des maçonneries en plusieurs portions nuit à leur solidité et cause à l'entreprise beaucoup de faux frais. Il paraît donc préférable d'employer un pont de service simple, permettant d'exécuter les travaux dans les conditions ordinaires, sans rien changer au service des trains et sans danger pour les voyageurs ou les ouvriers.

Les figures 61, 62 et 63, planche II, représentent le pont de service employé à Tagolsheim. Ce pont, sans assemblages, se monte, se modifie et se démonte avec une grande facilité.

L'axe de l'ouvrage à construire étant déterminé, on pose sous chaque rail une longuerine L en sapin, destinée à supporter les traverses que l'on y fixe à l'aide de clamaux. On profite, pour effectuer cette opération, d'un long intervalle entre les trains. Les longuerines doivent avoir un équarrissage et une longueur proportionnels à leur portée. A Tagolsheim, la coupure à faire dans le remblai devait avoir une longueur de 13 mètres. Chaque longuerine devait pouvoir supporter, au maximum, 15 000 à 20 000 kilogrammes; on leur a donné 18 mètres de longueur et $0^m,45$ d'équarrissage; la portée est d'ailleurs divisée par des contre-fiches.

Les longuerines placées, on commence les fouilles dans le remblai, en formant deux tranchées blindées et étayées au fur et à mesure de leur avancement (fig. 61, 1re période); on pose alors dans chaque tranchée, et sous chaque longuerine, un poteau vertical P et une contre-fiche F, taillée en coupe biaise à son extrémité supérieure, de manière à coïncider avec la coupe analogue de la sous-poutre S. Ces deux pièces reposant sur une double semelle, on les serre fortement à l'aide de gros coins en chêne G. Une croix de St-André relie les quatre poteaux; les étais E (1re période) sont remplacés alors par les étais E' (2e période), à mesure que l'on descend, en faisant le déblai du noyau laissé entre les deux tranchées.

La figure 62 représente l'ensemble du pont à l'instant où l'on peut commencer les maçonneries, sauf les pièces H, H', H" que l'on ne place que pour le démontage. La pièce T, formant entrait, n'est placée qu'au moment de faire les fouilles de fondations; elle repose sur le sol, par l'intermédiaire d'une semelle et de deux coins en chêne, permettant de la relever jusqu'à ce que, serrant fortement les deux contre-fiches F, elle puisse empêcher tout rapprochement de ces dernières (3e période).

On creuse alors les fouilles inférieures, par petites parties, à pic, en les étayant convenablement et en les remplissant, à mesure, de béton bien pilonné. Arrivé au niveau du sol, on commence les maçonneries, en supprimant les pièces T aussitôt qu'elles gênent pour monter les pieds-droits.

On peut, si la construction est longue et la circulation active, soutenir les longuerines en leur milieu par une chandelle C et deux contre-fiches V, reliées par deux moises M et convenablement contre-buttées. Ce chevalet sert d'appui pour l'étayement du blindage des parois supérieures pendant le démontage du pont. Pour faire le démontage, on enlève les contre-fiches F, après les avoir remplacées par les pièces H', H"; et les poteaux P, en soutenant le blindage à l'aide de pièces H; on remblaye symétriquement de chaque côté de la voûte en enlevant successivement, à mesure qu'elles deviennent gênantes ou inutiles, les pièces H, H', H", C; on bouche les vides formés par ces dernières et on termine le remblai. Pour remédier au tassement qui se produit malgré le pilonnage, on laisse aussi longtemps qu'on le peut les longuerines, en les maintenant à leur hauteur normale par le bourrage avec une couche de ballast bien graveleux. Ces pièces enlevées, on les remplace par une couche de bon ballast.

Remarquons que les longuerines doivent reposer, de chaque côté de la coupure faite dans le remblai, sur une longueur suffisante. Il convient de les caler, surtout à leurs extrémités, et de leur laisser une certaine élasticité, sans laquelle les bords de la fouille seraient bientôt ébranlés. On peut dans un cas analogue au précédent, ou sur une portion de remblai interrompue par un éboulement, maintenir la circulation au moyen de longuerines placées sous chaque rail, au niveau de la plate-forme des terrassements; elles supportent un plancher formé de fagots serrés les uns contre les autres, recouverts d'une forte couche de ballast bien bourré, sur lequel repose la voie courante.

Sous ce plancher, on travaille sans craindre les effets de l'ébranlement produit par le passage des trains, cet ébranlement étant complétement annulé par l'élasticité des fascines [1].

*Construction d'un pont en fer en dessous des voies en exploitation.* — Le système décrit plus haut n'est pas exempt de nombreux inconvénients, surtout pour les lignes à une voie. Il entraîne nécessairement la construction de piles multipliées quand il faut ouvrir un large débouché dans le remblai, et dans des terrains difficiles l'exécution ne laisse pas d'être très-coûteuse et pénible.

La majeure partie de ces inconvénients disparaissent quand on emploie le fer qui se plie avec une merveilleuse souplesse à toutes les exigences de chaque situation. Nous trouvons un exemple de ces facilités offertes par ce métal, pour le cas dont il est ici question, dans les travaux de restauration en cours d'exécution sur l'ancienne ligne du Victor-Emmanuel, reprise par la C^ie de Paris-Méditerranée. — Le torrent de l'Arc est franchi, sur la station de St-Michel à Culoz, à l'aide d'un pont en fer d'une seule portée de 40 mètres entre culées (fig. 71, pl. V). — En 1868 l'Arc se gonfla subitement et emporta une partie du remblai aux abords du pont. Afin de prévenir le retour de cet accident, la Compagnie prit le parti de doubler le débouché du pont, en accolant à la première travée une seconde d'égale

[1] Alric. *Portefeuille des conducteurs des ponts-et-chaussées et des gardes-mines*, n° 9, 1863.

portée. A cet effet, on construisit une troisième culée à 40 mètres de celle des anciennes qui devait former pile. Puis la voie, à l'emplacement de la nouvelle travée fut placée sur longuerines, (fig. 64 et 65, pl. III), posées elles-mêmes sur traverses laissant entre elles un vide suffisant pour recevoir les pièces de la future travée.

Sous ces premières traverses on avait disposé des doubles coins reposant sur un second cours de longuerines soutenues par un deuxième rang de traverses appuyées sur la couronne du remblai. — Ainsi suspendue, la voie pouvait être réglée à volonté à l'aide des coins.

Les pièces de pont en fer réparties sous la voie se trouvaient en mesure de recevoir les semelles inférieures des poutres-latices et permettaient aussi de construire complétement le pont sur la place, exactement comme sur un pont de service, et sans interrompre un seul instant la circulation. Dès l'achèvement de la nouvelle travée, il suffit pour mettre le pont en charge, de desserrer les coins supportant la voie, ce qui permet d'enlever le remblai entre les culées.

62. Substitution d'un pont métallique a un pont en bois. — Un exemple remarquable de la substitution d'un pont métallique à un pont en bois sur un chemin de fer en exploitation nous est fourni par le pont d'Asnières, sur lequel les lignes du chemin de fer de l'Ouest franchissent la Seine à leur départ de Paris.

L'ancien pont, construit en 1836, était composé de cinq arches de 35 mètres de portée, en bois de chêne, reposant sur cinq piles en maçonnerie, quatre sur béton, l'autre sur pilotis. Chaque arche était formée de cinq fermes en arc de cercle, les tympans composés de croix de St-André, les voies portant directement sur les pièces de pont; des moises et des contrevents reliaient les fermes entre elles.

Les ingénieurs, dont les prévisions ont été parfaitement justifiées, avaient donné au pont une largeur suffisante pour supporter trois voies, nombre à peine en rapport avec la circulation considérable qui s'est faite ultérieurement; ce nombre fut porté à quatre lors de la substitution du nouveau pont à l'ancien.

Les fatigues éprouvées par la première construction amenèrent bientôt le relâchement des assemblages de la charpente et, par suite, l'introduction de l'eau, qui causa de nouvelles avaries. On espéra remédier à cet état de choses en interposant entre les pièces de pont et la voie une couche de ballast destinée à annuler les trépidations causées par le passage des trains; mais en atteignant ce résultat, on augmenta cependant la fatigue du pont, tant par la surcharge due au ballast que par l'humidité presque constante qu'il entretient. Aussi on constata que les arches se déformaient encore sous la pression des trains, et que la partie des piles engagée entre les tympans devenait mobile sous cette influence.

Un remède efficace à ces graves inconvénients fut apporté en donnant une plus grande rigidité aux arches, en remplaçant une grande partie des bois avariés dans les cintres, et en interposant le fer et la fonte dans les assemblages soumis à la compression.

A la suite de cette restauration, le pont avait pris une rigidité complète; mais on n'en décida pas moins l'enlèvement de tout le ballast pour diminuer la fatigue des bois, et on le remplaça par un système de longuerines.

Ces travaux étaient en voie d'exécution quand éclata la révolution de Février. La première arche fut brûlée, et la première pile, ne faisant plus culée depuis la surcharge du ballast, fut poussée par l'arche suivante et renversée sur la charpente de la première arche; les autres arches cédèrent successivement, et le pont tout entier s'écroula dans la rivière.

Si les travaux commencés pour la décharge du tablier avaient été achevés avant la destruction de la première arche, les quatre autres se seraient maintenues en place, comme cela s'est présenté au pont sur la Seine, à Croissy. On voit par là qu'il faut éviter de charger de ballast les ponts en arc à plusieurs travées en fonte ou en bois.

Le rétablissement du passage se présentait dans les conditions les plus difficiles. La position du pont d'Asnières rendait impraticable l'exécution d'un pont de service en dehors de l'axe de l'ancien pont. L'encombrement de la rivière était tel, qu'on ne pouvait avoir aucune donnée certaine sur la position des points d'appui. On reconnut, par des sondages, que les palées du pont de service ne pouvaient être placées à des écartements réguliers, mais que les portées varieraient d'une travée à l'autre de 12 à 20 mètres.

En résumé, le pont de service devait remplir les conditions suivantes :

— Etre commencé immédiatement sur le chantier;

— Etre élevé dans l'axe de l'ancien pont;

— Pouvoir s'appuyer sur des palées espacées entre elles de 12, 20 et même 30 mètres;

— Servir à la construction d'un pont définitif en fer ou en fonte, de telle manière que la substitution de l'un à l'autre pût se faire sans interruption de service;

— Ménager sous les travées une hauteur de $8^m,50$ au moins au-dessus de l'étiage;

— Présenter une rigidité suffisante pour supporter en même temps le pont définitif en construction et le poids des convois marchant à grande vitesse.

Le pont définitif devait avoir quatre voies et être formé de poutres rectangulaires en tôle, de $2^m,30$ de hauteur; la charpente provisoire devait être combinée en conséquence et, d'ailleurs, supporter trois voies.

Le système du pont provisoire d'Asnières (fig. 66, pl. IV.) participe des ponts à treillages de Town, en ce qu'il permet, au moyen de croix de St-André, de placer indistinctement les points d'appui, et du système Long par le mode de travail des bois.

Les palées reposaient soit sur les assises inférieures non renversées des anciennes piles, soit sur pilots plantés dans l'intervalle.

La hauteur des eaux, à l'époque du levage du pont, ne permit pas d'établir les chapeaux des basses palées à un niveau assez bas; c'est pourquoi il a été nécessaire de les contre-butter, à l'aval, par des arrière-palées en pilotis inclinés, et à l'amont, en les reliant au brise-glace; tous les pieux ont, en outre, été moisés et contreventés à la baisse des eaux.

Comme nous l'avons dit plus haut, le pont définitif devait porter quatre voies, la longueur des caissons de fondation des anciennes piles permettant de donner au pont la largeur correspondant à cet accroissement du nombre des voies. Une étude approfondie de toutes les conditions du problème fit reconnaître que la meilleure solution était l'adoption du système de ponts à poutres droites en tôle; c'est celui qui a été appliqué; il est indiqué par des traits ponctués dans la figure 67. Ce pont se compose de cinq poutres parallèles en tôle, qui règnent dans toute la longueur et s'appuient sur les culées, distantes de 162$^{m}$,14 et quatre piles intermédiaires. Ces poutres sont reliées de 2 en 2 mètres par des pièces de pont en tôles et cornières. Sur ces dernières reposent les longuerines en bois supportant les rails. En établissant le pont provisoire, on prit la précaution de relever de 1 mètre le niveau des rails, pour faciliter le montage des poutres, tout en abaissant les rails du pont définitif de 0$^{m}$,25 en dessous du plan des rails de l'ancien pont. Au moyen de ces dispositions, le montage du pont définitif a été effectué sans que la circulation sur les trois voies ait été entravée.

63. Restauration de ponts en fer. — Quand on construit certains ouvrages d'art, notamment les ponts métalliques, il ne faut pas perdre de vue les changements qui peuvent survenir dans les conditions d'exploitation, et se prémunir contre l'augmentation des charges que l'accroissement du trafic peut entraîner après lui. Une omission de cette nature oblige la compagnie du chemin de fer de Paris-Méditerranée à remanier les ponts métalliques de la ligne du Victor-Emmanuel, dont nous avons déjà parlé — 61 —.

Ces ponts se composent de poutres-latices auxquelles sont suspendues les pièces de pont formées elles-mêmes de poutres en treillis (fig. 71, pl. V). Dès que le matériel puissant de la Méditerranée circula sur la nouvelle ligne, on s'aperçut que les pièces de pont et les maîtresses poutres flambaient sous les charges en mouvement. Il fallait opérer la restauration de ces ponts, et ce sans arrêter les trains, la ligne étant construite pour une voie. Pour donner de la raideur aux premières, on remplaça les treillis des pièces de pont par des tôles pleines, et on se servit à cet effet d'un mode de soutènement des longuerines de la voie indiqué par la fig. 74, pl. V. — Quatre étriers suspendus aux semelles des grandes poutres soutenaient, de chaque côté de la pièce de pont à restaurer, deux poutres transversales supportant les longuerines de la voie. — On pouvait sans danger enlever les rivets des treillis, et placer les tôles de renfort.

On a suivi dans la restauration des maîtresses poutres des différents ponts deux systèmes. — Dans le premier, on s'est contenté de renforcer le latice primitif au moyen de piliers en fer à T (fig. 73). Ce système avait l'inconvénient d'affaiblir les pièces à la rencontre des barres; — on y a substitué le procédé indiqué par la fig. 72 qui indique un doublement du latice, à l'aide de fers à T posés de chaque côté de l'ancien.

Le contreventement primitif à la partie supérieure des poutres étant également insuffisant, on a augmenté le nombre des entretoises, tout en donnant de la roideur aux anciennes.

Ces divers travaux de restauration se sont exécutés au prix de 0 fr. 55 c. par kil. compté sur les pièces de renfort seulement.

64. Substitution d'un pont en fer a un pont en maçonnerie. — Cet exemple nous est fourni par la ligne de la Méditerranée qui traverse le canal de Beaucaire sur un pont biais, composé de six anneaux accolés en pierre de taille appareillée normalement (fig. 68, pl. III). Après deux années d'exploitation de la ligne, les culées du pont ont fléchi, les anneaux se sont déformés en menaçant ruine, malgré de très-nombreuses armatures en fer. La compagnie de la Méditerranée remplace ce pont de pierre par un pont à poutres droites en fer.

Le pont étant à deux voies, on concentre la circulation sur une seule voie. On dérase alors la surcharge de la voûte *jusqu'à l'extrados* (fig. 69-70, pl. III), sur l'emplacement de la voie supprimée, en soutenant par un petit mur provisoire construit sur l'axe du chemin de fer le ballast de la voie en circulation. Nous disons jusqu'à l'extrados, car on ne peut placer la voûte sur cintres pour ne pas interrompre la navigation; — on n'aura recours à cette opération de démolition que pendant le chômage du canal.

Pour soutenir les deux poutres droites destinées à porter chaque voie, on élève deux petits murs verticaux à l'aplomb des culées (fig. 70). Peut-être aurait-on pu supporter les deux voies avec trois poutres longitudinales au lieu de quatre, mais on aurait rencontré au montage un peu plus de difficulté qu'avec le système des deux couples de poutres indépendantes.

65. Roulement d'un tablier de pont. — La ligne de Berne à Lausanne franchit la vallée de la Sarine, près Fribourg, sur un viaduc d'une hauteur de 76 mètres, mesurée du niveau des rails à l'étiage de la rivière. La longueur totale du viaduc, prise entre les parements extérieurs des culées, est de 328^m^,84. Il repose sur six piles, distantes entre elles de 48^m^,80. Chaque pile se compose d'un corps supérieur en métal, ayant une hauteur de 44 mètres, et d'une partie basse, en maçonnerie, qui est fondée sur le terrain solide. La pile la plus élevée a une hauteur totale de 80 mètres, mesurée du niveau des rails au plan de fondation.

Le tablier métallique est formé par quatre poutres, au-dessus desquelles se placent les traversines en fer, qui supportent le plancher et les rails. Chaque poutre se compose d'un longeron supérieur et d'un longeron inférieur, en forme de T. Ces longerons sont tenus à distance par une série de montants, et contreventés par une paroi disposée en treillis. Au droit des montants verticaux, les quatre poutres sont reliées entre elles par un système très-puissant de contrevents, formés au moyen d'entretoises et de croix de Saint-André. Le tablier est muni, en outre, d'un système complet de contrevents horizontaux s'étendant sur toute sa longueur.

La partie métallique des piles se compose : 1° d'un soubassement en fonte, s'étendant régulièrement sur la face supérieure de la maçonnerie ; 2° d'un entablement, placé immédiatement sous les poutres ; 3° de douze colonnes en fonte, reliant entre elles les châssis précités ; 4° d'une série de croix et de parois en fer, servant à entretoiser les colonnes.

*Levage du pont.* — Pour le viaduc de Fribourg, la partie la plus difficile à la fois et la plus chanceuse de la construction était certainement le montage et la mise en place des piles et du tablier. Après une étude attentive, les constructeurs se sont décidés à renoncer absolument à l'emploi d'échafaudages pour cette opération. A des hauteurs de 55 à 80 mètres, des ouvrages en bois n'auraient offert ni la solidité ni la sécurité nécessaires à un travail qui porte sur des masses énormes, tout en exigeant une précision absolue.

Le tablier a donc été monté à terre pour être glissé ensuite sur rouleaux, d'une rive à l'autre. Quant aux piles, leur montage s'est opéré en tirant parti du tablier lui-même pour l'approche, les manœuvres et la mise en place définitive des pièces.

Un treuil, formé par trois pignons de $0^m,240$, $0^m,300$ et $0^m,360$ de diamètre, engrenant respectivement avec trois grandes roues dentées de $1^m,790$, $2^m,275$ et $2^m,760$ de diamètre, est placé dans la maçonnerie de la culée. Les axes ayant une longueur égale à la largeur du tablier, pour éviter leur torsion, on a dû établir les roues et pignons au nombre de deux sur chaque axe, dont un de chaque côté. Le mouvement est imprimé par des hommes, dont le nombre peut aller, au besoin, jusqu'à vingt-huit. L'arbre moteur porte trois poulies à la *Barbotin*, dans lesquelles s'engagent trois chaînes, qui se logent au milieu des trois vides laissés entre les quatre poutres, et se terminent chacune par une fourche qui s'amarre aux plates-bandes inférieures des poutres. Lorsque le pont a fait environ 30 mètres, les chaînes sont à bout de course ; il faut alors reprendre les amarres.

Le tablier est appuyé, par les plates-bandes inférieures de ses quatre poutres, sur un système de rouleaux dont le diamètre est $0^m,80$, et qui reposent sur des paliers en fonte, à l'aide d'axes en fer de $0^m,160$ de diamètre. Ces rouleaux, espacés de 15 mètres, peuvent supporter chacun une charge de 125 000 kilogrammes.

La force des poutres, dans la première et la seconde travée, a été calculée de façon à permettre au pont de se tenir en porte-à-faux sur une longueur égale à sa première travée, de telle sorte qu'il peut se trouver poussé dans le vide assez loin pour livrer passage, soit de la culée vers la première pile, soit d'une pile achevée vers l'emplacement de la pile suivante, non montée. Un système d'armatures en chaînes, prenant son point d'action sur l'avant du pont, et ses points d'appui sur la seconde travée, est placé, en outre, pour permettre de surcharger l'avant au moment du porte-à-faux, dans une certaine mesure, sans produire d'affaissement sensible.

Ces conditions réalisées, le pont est halé de la terre ferme en avant, jusqu'à ce que sa partie la plus avancée se trouve à l'aplomb de la première pile à monter. Les pièces de cette pile sont chargées alors sur un wagon établi sur les rails mêmes du tablier, à l'arrière, puis dirigées vers l'avant, où elles sont saisies par un treuil à double frein, qui les descend directement à leur destination.

La première pile montée, on l'arme à son sommet d'un jeu de quatre rouleaux, lesquels se logent en lieu et place d'une partie de l'entablement. Le pont est ensuite tiré en avant d'une nouvelle travée, et le montage de la seconde pile peut commencer.

Comme les piles métalliques sont nécessairement susceptibles d'une certaine flexion, et que le tablier, en roulant sur les poulies, exerce tangentiellement à celles-ci et, par suite, normalement aux piles, une pression assez considérable, on a cru que des précautions spéciales seraient nécessaires pour assurer la parfaite verticalité de ces dernières, lors du halage. A cet effet, le sommet de la première pile est lié à un point d'appui, créé, spécialement pour cela, sur l'arrière de l'avant-corps de la culée, à l'aide de quatre haubans en fer, dont deux destinés à faire le travail et les deux autres à servir de chaînes de sûreté. Ces haubans, toutefois, abandonnés à eux-mêmes, auraient pris une certaine flèche et constitué ainsi une retenue élastique non rigide. Pour empêcher cet effet, on a dû les suspendre, à leur tour, par des chaînettes, dont la courbure et les tiges de suspension ont été calculées de façon à les maintenir en ligne droite inextensible. La seconde pile prend ses appuis sur la première, et ainsi de suite. La force de la chaîne des haubans, qui relie, de cette façon, les sommets des piles, va en diminuant depuis la culée jusque vers la pile la plus éloignée.

Les avantages du système général de levage dont on vient de mentionner les points principaux, et qui, aujourd'hui, est sanctionné par l'expérience, se comprennent facilement. En dehors de la condition principale déjà citée, d'éviter tous les échafaudages et les inconvénients qu'ils auraient entraînés au point de vue du temps employé, de la sécurité et des frais d'établissement, l'opération du montage se fait avec la plus grande facilité. Les éléments arrivent des usines par les voies de fer, jusqu'au chantier, et de là ils sont conduits à la place définitive, sans fausse manœuvre et à l'aide de freins seulement, puisque tout doit descendre.

66. SUBSTITUTION DE VOUTES EN MAÇONNERIE AUX PONTS EN BOIS. — L'établissement de la deuxième voie sur les chemins de fer de l'État en Hanovre a motivé la construction de plusieurs ponts en maçonnerie, en remplacement des anciens tabliers en bois, dont la date remontait à l'année 1846.

Nous choisissons pour exemples ceux de l'Ilmenau, du Gerdau et de l'Aller, qui ont été l'objet de communications intéressantes faites à la Société des ingénieurs et architectes de Hanovre, par MM. de Kaven, G. Meyer et Früh, ingénieurs aux chemins de fer de l'État.

PONT DE L'ILMENAU. — Construit en 1846, ce pont, situé près de Lunebourg, se composait de six travées en charpente de $16^{m},50$ d'ouverture, portées par des piles en maçonnerie (fig. 75, pl. VI). On n'avait établi le tablier que pour une voie; mais les piles et culées étaient assez larges pour recevoir la deuxième voie; fondées d'ailleurs sur quarante-quatre pieux, ayant chacun $4^{m},75$ de fiche, elles présentaient une résistance suffisante pour supporter soit des arches en maçonnerie, soit des poutres en fer. La première voie seule étant posée, on pouvait construire le pont par moitié sur toute sa longueur, sans interrompre la circulation des trains. Il s'agissait donc de faire un choix entre des voûtes en briques ou en pierre de taille et un tablier métallique.

La comparaison des prix de revient des trois systèmes ressort du tableau suivant :

| DÉSIGNATION DES PONTS. | Voûtes en briques. | Voûtes en pierre de taille. | Tablier en fer. |
|---|---|---|---|
| | th. | th. | th. |
| Ilmenau, le fer à 9 thalers le quintal (100 livres). | 47 100 | 63 150 | 56 460 |
| Gerdau, le fer compté à 8 thalers. . . . . . . | 18 000 | » | 25 000 |
| Aller, le fer compté à 10 thalers 1/2. . . . . . | 127 100 | » | 237 250 |

En présence de ces résultats, l'hésitation n'était pas possible ; l'entretien des ponts en fer étant d'ailleurs le plus coûteux, et la construction des arches en pierre de taille exigeant l'emploi d'échafaudages et d'appareils de levage inutiles pour la maçonnerie de briques, cette dernière fut adoptée.

*Culées.* — Les culées primitives, suffisantes pour supporter un tablier horizontal, étaient trop faibles pour résister à la poussée de voûtes en arc de cercle. Il fallut les renforcer par des contreforts construits au moyen de puits cuvelés, de 8$^{m}$,20 de profondeur, en arrière des culées existantes, et cela sans entraver l'exploitation (fig. 76, pl. VI.)

A cet effet, la voie fut consolidée, pendant la construction de chaque contre-fort, au moyen de deux longuerines de 14 mètres de longueur et 0$^{m}$,48 d'équarrissage, reposant, d'une part, sur le mur de culée et, de l'autre, sur le remblai pilonné. Les traverses furent clouées sur ces longuerines.

Au lieu de fonder les contre-forts sur pilotis, dont l'enfoncement eût été difficile et même dangereux pour la circulation des trains, on résolut de les asseoir sur une large couche de béton reposant sur le fond de la fouille formé de gravier résistant.

L'emplacement du puits étant tracé, on enfonça à la sonnette à tiraude une première file de palplanches de 0$^{m}$,06 d'épaisseur inclinées vers le dedans. On fouilla l'enceinte, un premier cadre fut placé, puis un deuxième ; la fouille étant approfondie, on battit une nouvelle file de palplanches et ainsi de suite, en ayant soin de caler fortement chaque pièce de l'ensemble pour éviter tout tassement extérieur. On dut épuiser pour déblayer les deux derniers mètres, ce qui se fit au moyen d'une pompe très-simple de $0^m,19$ de diamètre, suppléée au besoin par un second appareil semblable, mais qui a très-rarement servi pendant le travail.

Le tuyau d'aspiration de la pompe était enveloppé de planches battues dans le sol, pour que le bêton ne fût pas délayé à son arrivée au fond de la fouille. Avant de le verser, on dressa verticalement la dernière assise de la maçonnerie de l'ancienne culée; puis on coula le béton au contact. Comme on craignait quelque tassement ultérieur, trois cheminées de $0^m,25$ furent ménagées entre l'ancienne et la nouvelle maçonnerie pour servir à couler du ciment en cas de fissures. Soumis immédiatement au poids de la maçonnerie du contre-fort, le béton devait durcir rapidement. On le composa, pour 100 parties, de 96 parties de pierre, gravier et briques cassées et 32 parties de poudre de mortier formées elles-mêmes de 11,2 parties de ciment romain et 22,4 de sable. On mouillait seulement quand le tout était mélangé et prêt à être retourné, puis versé dans le canal en bois descendant jusqu'au fond de la fouille. Le durcissement avait lieu en douze heures; passé ce délai on pouvait commencer à maçonner.

Le cadre du fond fut laissé en place, derrière la maçonnerie; mais on retira tous les autres, en muraillant au contact des palplanches, dont les trois derniers rangs seulement furent enlevés.

Le contre-fort achevé, on le surmonta de petits murs jusqu'au niveau de la voie. Le tout fut chargé de 85 000 kilogrammes de rails, et après plusieurs semaines on ne remarqua aucune fissure; de sorte que les trois cheminées réservées devinrent inutiles. On les remplit de béton fin (ciment et briques cassées).

*Cintres.* — Ils se composaient, pour chaque travée, de quatre fermes en sapin devant supporter 80 mètres cubes de maçonnerie, c'est-à-dire 135 000 kilogrammes environ par travée; les pieux en portaient les deux tiers, soit 11 250 kilogrammes chacun (fig. 77, pl. VI).

Les bois buttaient les uns contre les autres par l'intermédiaire de sabots en fonte, dont la dépense était motivée puisqu'ils devaient être réemployés lors de la construction de la deuxième moitié du pont. Les arbalétriers courbes étaient soutenus et réglés par des vis en fer de 0m,035 de diamètre, tournant dans des écrous en fontes et servant à décintrer.

Les cintres posés et garnis de leurs couchis, on les chargea de 52000 kilogrammes de briques, représentant la moitié du poids de la voûte, en les maintenant pendant quelques jours sous cette pression, pour pousser à fond tous les assemblages. Ce premier tassement produit, on rétablit, au moyen des vis, les arbalétriers courbes dans la position voulue.

La maçonnerie des voûtes fut alors attaquée, et ce en même temps des deux côtés de chaque pile, pour contre-butter les charges. Par suite de l'affaissement du cintre, les voûtes terminées présentaient, de chaque côté de la clef, trois fissures disposées comme suit : la première à 0m,15 ou 0m,18 de la retombée, s'ouvrait à l'extrados de 3, 6 et même 18 millimètres; la seconde, à 2 mètres ou 2m,50 de la retombée, ne dépassait pas 2 millimètres; la troisième enfin, à 4m,50 ou 5 mètres, était à peine visible. Avant de décintrer, on coula du ciment dans les fissures les plus larges. L'arche du milieu fut fermée la dernière, et quatre jours après, le ciment étant suffisamment durci, on décintra toutes les arches à la fois.

*Décintrement.* — L'opération s'effectua au moyen de quatre hommes qui, partant de la clef, desserraient successivement toutes les vis d'un quart de tour à la fois; après trois tours complets, on pouvait desserrer les vis à la main (fig. 77); le décintrement dura de vingt à trente minutes pour chaque voûte.

*Parachèvement* (fig. 78, 1, 2). — On attaqua immédiatement les tympans; les assises du couronnement furent consolidées au moyen de prisonniers scellés au ciment dans le mur, afin de présenter une résistance suffisante, en cas de déraillement. La voûte fut recouverte d'une chape en ciment, puis d'une couche d'asphalte retournée jusqu'à l'assise de couronnement et appliquée soigneusement à l'embouchure des barbacanes en fonte. Les ouvertures ont été masquées par des fragments de pierres et de briques et le remblai complété avec du sable et du gravier. Le mur du tympan intérieur fut relié au tympan extérieur au moyen de tirans en fer, en attendant l'achèvement de la seconde moitié du pont.

*Construction de la deuxième moitié.* — Après avoir établi la circulation des trains sur la voie unique reportée sur la moitié du pont voûtée, on entreprit la construction de la deuxième moitié des arches (fig. 78 *b*), à laquelle on procéda comme pour la première. En maçonnant les voûtes, on prit cependant la précaution de ne placer que le premier rang de demi-briques en contact avec la voûte terminée, et de laisser un vide de 25 millimètres entre l'ancienne maçonnerie et celle en cours d'exécution, afin de préserver cette dernière des trépidations dues au passage des trains. Cet intervalle fut rempli, après l'achèvement, d'un mortier composé de 1 de chaux éteinte et $1 \frac{1}{2}$ de sable.

L'asphaltage de la première pile ayant laissé à désirer, celui de la seconde fut exécuté en deux couches de 6 millimètres chacune, l'humidité de la face de pose n'ayant plus d'effet que sur la première. Pour masquer les trous des barbacanes, et préserver l'asphalte de l'action des arêtes vives des pierres, on recouvrit chaque ouverture par une pierre de taille de $0^{m},60$ de côté, reposant aux quatre angles sur des briques à plat couchées dans l'asphalte; on les garnit à leur pourtour de briques de champ, ainsi que toutes les chapes jusqu'à $4^{m},50$ à partir du milieu des piles, puis on recouvrit le tout d'une couche de fragments de briques de 0,50 à 0,60. Le remblai de gravier terminé, on démolit le mur de tympan du milieu jusqu'à 0,60 audessous des rails et on le couvrit d'une couche horizontale d'asphalte raccordée avec celles des parois verticales.

Le pont a été construit dans l'espace de quatre mois (d'août à novembre 1859).

Pont du Gerdau. — Cet ouvrage est situé près d'Ueltzen, sur la ligne de Lehrte à Harbourg; il franchit le Gerdau à une hauteur de $11^{m},68$ sur une rampe de $\frac{1}{300}$.

Il se composait, à l'origine, de 3 travées en charpente (fig. 79, pl. VII) de 16 mètres d'ouverture supportant la voie unique, auxquelles on a substitué trois voûtes en arc de cercle de

15m,18 d'ouverture avec 5m,84 de flèche et 1m,022 d'épaisseur.

Comme la voie s'élevait à une hauteur suffisante au-dessus du sol, on put adopter cette forme de voûte approchant très-près du plein cintre, ce qui permit d'éviter la construction des contre-forts de culées, comme au pont de l'Ilmenau; mais, par contre, il fallut ménager à la voûte une nouvelle retombée que l'autre pont avait trouvé tout établie, en s'appuyant sur les assises de butée des contre-fiches du tablier en charpente.

La figure 79 (pl. VII) donne la disposition des piles anciennes; leur base est construite en pierre de grès appareillée, jusqu'au-dessus des hautes eaux, et sur une épaisseur de 2m,99; au-dessus de ce socle s'élève la pile en briques, ayant 2m,63 d'épaisseur à la base et 2m,33 à une hauteur de 7m,88, hauteur à laquelle une assise de pierre de taille recevait la butée des contre-fiches du tablier en bois. A la suite de cette assise, la pile se continuait sur une épaisseur de 1m,75, jusqu'au niveau inférieur des longuerines du pont.

Les dispositions arrêtées consistaient à construire les voûtes sur la moitié de la largeur et toute la longueur du pont; à cet effet, il fallait loger dans l'épaisseur des piles et culées une assise de retombée de 0m,92 de profondeur; de sorte qu'en ce point les piles devaient momentanément être réduites de 1m,85 à 0m,93 d'épaisseur, avec une charge de 7m,60 de maçonnerie, et se trouver en contact avec la moitié du pont supportant la voie où circulaient les trains. On conservait enfin, au delà des excavations dans les piles, une partie de maçonnerie qui devait rester intacte. Ces excavations se firent d'un côté seulement de chaque pile à la fois. Ce n'est que quand l'assise de retombée était maçonnée et surmontée de 1m,50 à 2 mètres de maçonnerie que l'on excavait l'autre face de la pile, laissant d'ailleurs les faces de l'excavation en encorbellement et sans soutien pendant la pose de l'assise de retombée.

La pose des pierres de cette assise, du poids de 1 000 kilogrammes chacune, s'effectuait d'après les dispositions indiquées dans la figure 79. Les pierres étaient posées à sec, sans mortier, puis on coulait du ciment de Portland pour les fixer.

Les cintres reposaient sur des cylindres *s,s* à sable analogues à ceux employés récemment en France; grâce à des mesures suffisantes prises contre l'humidité du sable, le décintrement s'est opéré avec la plus grande facilité.

*Durée des travaux.* — Avril, 1860 : Attaque de l'excavation dans les piles et culées. — 16 juillet : Mise en services de la voie unique sur la première moitié du pont. — Octobre : Achèvement du pont complété pour la seconde voie.

*Dépenses.* — Les frais de reconstruction ont été établis comme suit :

| | |
|---|---|
| Maçonnerie de briques, 929$^{m^3}$,50 à 37$^f$,75 . . . . | 35 089 fr. |
| Maçonnerie de pierre de taille, 101$^{m^3}$,50 à 94$^f$,25. . | 9 566 |
| Cintres . . . . . . . . . . . . . . . . . . . | 7 520 |
| Asphalte (couche de 9$^{mm}$ à 12f,40). . . . . . . . | 1 612 |
| Fers et fontes. . . . . . . . . . . . . . . . . . | 994 |
| Frais généraux. . . . . . . . . . . . . . . . . | 7 030 |
| Matériaux divers cédés à l'exploitation, etc.. . . | 5 689 |
| | 67 500 fr. |

Ponts de l'Aller. — Ces ponts, situés sur la ligne de Hanovre à Brême par Verden, comprennent un pont principal de vingt-trois travées de 14 mètres, et un pont de décharge de six travées de même ouverture. L'administration prit pour le remplacement du tablier en charpente la même décision que pour le pont de l'Ilmenau : consolidation des culées, voûtes en arc de cercle, maçonnerie de briques.

Le travail ne présenta rien de particulier; seulement, comme on voulait utiliser les cintres pour plusieurs opérations et se prémunir contre l'écroulement total du pont, si l'une des arches venait à manquer, on prit le parti de fermer la septième et la seizième travée du grand pont, qui furent ainsi transformées en piles-culées. De plus, et pour parachever chaque voie sur les deux ponts dans la même campagne, on établit la deuxième voie depuis Verden jusqu'au chantier, et on la poussa jusqu'au pont de décharge, en franchissant l'Aller sur un pont provisoire.

Commencé dans l'automne de 1860, le travail a été terminé, dans ses parties principales, à l'entrée de l'hiver de 1862.

Voici la récapitulation des frais de substitution des voûtes en briques au tablier en charpente.

| | |
|---|---|
| Terrassements (culées, piles-culées et remplissages). | 20 887fr. |
| Ouvrages de charpente, cintres, etc . . . . . . . . . | 57 675 |
| Maçonnerie. . . . . . . . . . . . . . . . . . . . . . | 278 325 |
| Ouvrages en fer, fonte, etc. . . . . . . . . . . . . | 10 500 |
| Asphaltage. . . . . . . . . . . . . . . . . . . . . . | 21 225 |
| Appareils et outils.. . . . . . . . . . . . . . . . . | 12 000 |
| Pont provisoire. . . . . . . . . . . . . . . . . . | 10 125 |
| Voies provisoires. . . . . . . . . . . . . . . . . | 3 375 |
| Exhaussement des remblais aux abords. . . . . . | 15 412 |
| Démolition de l'ancien pont en charpente . . . . . | 6 075 |
| Direction, surveillance, frais généraux, etc . . . . | 41 025 |
| | 476 624 |

Cette somme se répartit, entre les divers ouvrages, comme suit :

| | |
|---|---|
| Pont principal . . . . . . . . . . . . . . . . . . | 342 000 fr. |
| Pont de décharge. . . . . . . . . . . . . . . . . . | 109 087 |
| Pont provisoire. . . . . . . . . . . . . . . . . . | 10 125 |
| Remblai aux abords. . . . . . . . . . . . . . . . | 15 412 |
| Total. . . . . . . . . . | 476 624 |

67. Reconstruction de tunnels. — Plusieurs tunnels construits à l'origine avec des dimensions exiguës ont donné lieu à des travaux importants. — Ceux du souterrain de *Terrenoire*, ligne de Rhône-et-Loire, sont tout particulièrement dignes d'intérêt. Nous en reproduirons les phases principales dans les fig. 80 à 83, pl. VIII, d'après les renseignements que nous devons à l'obligeance de M. l'ingénieur en chef Bazaine. — Le souterrain de Terrenoire était dans l'origine construit pour une seule voie. Quand on dut l'élargir pour recevoir une deuxième voie, la circulation fut reportée à l'extérieur à l'aide d'une voie provisoire établie à fleur du sol (en 1855). Malheureusement la construction du tunnel à deux voies ne fut pas l'objet de dispositions convenables. La voûte fut construite en matériaux défectueux

et sur des dimensions insuffisantes. En maints endroits la poussée du terrain aurait exigé l'établissement d'un radier. L'omission de cette précaution jointe aux autres défectuosités signalées plus haut amena de graves désordres, et en 1861 la compagnie de la Méditerranée, devenue concessionnaire du chemin, dut se résoudre à reconstruire le tunnel. — Les indications des fig. 80 à 83 nous paraissent suffisantes pour l'intelligence de la marche du travail et nous dispensent de plus amples développements.

## § IV.

### ENTRETIEN.

68. Ouvrages en bois. — Ainsi que nous l'avons dit précédemment, l'emploi du bois dans les ouvrages d'art ne peut être admis qu'à titre provisoire et, comme tel, sous la condition qu'on pourra, sans difficultés, lui substituer la pierre, le fer ou la fonte. Néanmoins il y a lieu de conserver les ouvrages exécutés en bois, aussi longtemps que la sécurité et l'économie le permettent.

L'entretien consiste à tenir constamment serrés les boulons et écrous d'assemblage, à donner aux cales, clefs et fers de tirage une tension convenable. Les agents chargés de la surveillance s'assureront souvent, par des sondages, de l'état intérieur des pièces de charpente, l'aspect seul faisant supposer que les bois sont encore en mesure de résister aux efforts pour lesquels ils ont été calculés, tandis que l'intérieur peut avoir éprouvé des avaries telles que le bois se trouve souvent réduit à l'état d'éponge entourée d'une croûte solide. On veillera aussi avec soin à ce que les joints soient en contact parfait et le jeu des pièces réduit au minimum. En interposant entre les faces de joint des assemblages des plaques de zinc qui s'opposent à la pénétration des bois, on augmente notablement la durée de l'ouvrage.

Il faut aussi s'assurer fréquemment que les fermes qui constituent l'ensemble d'un ouvrage sont toujours dans le plan de pose primitif.

Quand les bois, dans leur ensemble, sont en bon état, on prolonge la durée de l'ouvrage en entretenant convenablement la peinture qui les protége contre les actions atmosphériques.

On donne principalement ces soins aux abouts des pièces qui se trouvent exposées aux influences extérieures, et, afin d'empêcher l'humidité d'y pénétrer, on les recouvre de plaquettes de bois, de zinc ou de couches épaisses de goudron.

Pour les ponts en bois recouverts de ballast, on donnera aux eaux de la plate-forme un écoulement constant et rapide.

Quand ils ne sont point ballastés, les ponts en bois courent le danger d'être incendiés au passage de chaque train. On doit, pour cette raison, les faire surveiller d'une manière toute spéciale. Nous avons cité précédemment divers exemples de ponts brûlés pendant l'exploitation et nécessitant l'organisation de passages d'eau provisoires — 37 —.

Lors des grandes crues, des débâcles, on établit en surveillance permanente auprès des ponts des gardes chargés de donner immédiatement connaissance de tous les incidents, de débarrasser les palées des encombrements de glaces ou autres objets qui pourraient entraver l'écoulement des eaux.

69. Ouvrages en fer. — Les ponts métalliques exigent une surveillance active. C'est surtout par les temps froids, pendant et après des gelées persistantes, que les parties les plus faibles se rompent ou se détériorent. On redoublera donc, à cette époque de l'année, de soin dans la visite des assemblages, des rivets, boulons, tirants, etc.

On observera très-attentivement et en toute saison les effets de la contraction et de la dilatation des poutres; on facilitera le glissement des pièces sur les appuis en lubrifiant les surfaces de contact, en dégageant tout ce qui pourrait nuire au libre mouvement des pièces soumises aux variations de température.

On vérifiera fréquemment tous les assemblages en les frappant légèrement avec un marteau; quand le son n'est pas clair, c'est une preuve que les joints ne sont pas en bon état et qu'il y a lieu de les resserrer. En effet, les assemblages devant être étudiés pour que les rivets ne travaillent pas au cisaillement, mais déterminent, entre les parties assemblées, un frottement produit par le serrage des têtes, si ces rivets ne travaillaient plus dans ce sens, c'est-à-dire étaient soumis au cisaillement par suite de leur allongement, les conditions de résistance seraient modifiées au détriment de la solidité de l'ouvrage; aussi faut-il remplacer, sans retard, les rivets dont le serrage n'est pas complet, et ceux dont la tête présente des fentes, criques ou éclats.

Si, en remplaçant un rivet, on remarque une excentricité dans les trous des diverses pièces assemblées, il faut le faire disparaître à l'équarrissoir, de manière que le nouveau rivet conserve une section uniforme et cylindrique dans toute sa longueur. Les rivets doivent être posés au rouge blanc, et les rivures faites à la bouterolle, avec le marteau à devant du poids de 9 kilogrammes au moins.

Les fers et fontes doivent recevoir deux couches de peinture à l'huile du ton que l'on veut donner à l'ouvrage. En général, on préfère la couleur blanche, car les fissures et autres avaries survenues à la partie métallique du pont se traduisent rapidement par une ligne ou surface de couleur très-tranchante sur le ton général.

On se contente généralement d'une couche d'impression au minium et d'une seconde couche à la céruse. — Cette peinture peut servir au minimun 5 à 6 ans, 12 ans au maximum et seulement pour les parties non exposées au soleil.

Bien des substances ont été préconisées : couleurs à base de plomb, de zinc, de fer. — En Allemagne plusieurs chemins se servent avec succès d'une couleur de *diamant* composée de graphite broyé avec une huile rendue siccative par un procédé secret.

Les grands ponts de Dirschau et de Marienburg, sur l'Est prussien, sont repeints tous les 3 ans : les parties exposées au soleil à la céruse, celles à l'ombre au minium. Avant de coucher la couleur, on a soin de bien nettoyer les parties à peindre, — Les frais de renouvellement de la peinture, non compris la couleur, reviennent à 0 fr. 35 par mètre carré [1].

[1] Referate über die beantwortung, etc., etc. — Conférence de Munich, 1868.

En Hanovre, on couvre le fer de trois couches à la céruse; la dernière est mêlée de sable fin, qui doit s'opposer à l'action destructive du soleil.

On a essayé dernièrement de décaper d'abord le fer, puis de le recouvrir d'un vernis à l'huile de lin, afin de le préserver de l'oxidation avant l'application de la couleur. — On a soin de mater les couvre-joints et les cornières, afin d'empêcher l'humidité de pénétrer entre les pièces de fer superposées.

Le chemin de l'Ouest saxon recommande, comme ayant une durée de 10 à 12 ans, une seule couche de goudron de houille bien purgé d'eau, délayé dans l'huile de térébenthine et posé à chaud. Le mètre carré, tout compris, ne coûte que 0 fr. 10.

70. Ouvrages en maçonnerie. — L'entretien des ouvrages d'art, en général, doit avoir pour but de conserver les formes primitives et les matériaux employés à leur construction, s'ils remplissent les conditions requises.

Il faut donc remplacer, en temps opportun, les parties avariées ou présentant des dangers pour la sécurité de l'ouvrage. On évite de grandes réparations quand on a soin de refaire les joints et les enduits qui sont tombés sous les diverses causes de destruction auxquelles ils sont soumis.

On surveille très-attentivement les abords des ouvrages, et on prend toutes les mesures nécessaires afin d'assurer aux eaux de la plate-forme ou du sol les moyens d'écoulement suffisants, et d'éviter par là qu'il ne se produise des affouillements ou des ramollissements de terrain, qui peuvent occasionner des glissements ou des tassements sérieux.

Après les grandes pluies, les hautes eaux et les débâcles, les ponts et tous les ouvrages d'art en contact avec les eaux doivent être inspectés scrupuleusement dans tous leurs détails, particulièrement les barbacanes, les chapes, piles, culées, radiers, enrochements, etc. [1].

[1] Nous avons déjà cité un exemple de pont emporté par un torrent. Nous pouvons encore indiquer dans un autre ordre d'idées le pont de 150 mètres, à Kovrow, sur la Kliazma, chemin de Moscou à Nijni, renversé en 1866 par défaut d'enrochement au pied de la culée de gauche. A la suite de crues, des affouillements se produisirent,

Tout dommage qui serait constaté doit faire l'objet d'un rapport immédiat, afin que l'ingénieur chargé du service des travaux puisse aviser aux moyens propres à arrêter le mal et à réparer les avaries en temps convenable.

Les ouvrages en rivières dont le sol est affouillable exigent une surveillance active; les enrochements disposés au pied des piles et culées seront fréquemment examinés, sondés et nourris pour maintenir leur forme suivant le profil adopté.

Quand les fondations sont corrodées et demandent une réparation, il faut les reprendre en sous-œuvre, de manière à ne pas compromettre la solidité de l'ouvrage. L'opération s'effectue généralement par fractions de mur de 1 mètre à $1^m,50$, en ayant soin d'employer, à la réparation, des pierres ou briques d'une résistance convenable, des mortiers faisant rapidement prise, et en enfonçant de force les pierres de la dernière assise réparée pour éviter tout tassement dangereux.

Lors de l'exécution de ces travaux, on consultera avec fruit les plans et carnets d'attachements qui ont été tenus pendant la construction primitive de l'ouvrage à réparer.

71. Entretien des tunnels. — Considérés comme des ponts en dessus des rails, d'une longueur beaucoup plus grande que les ouvrages qui portent ce nom, les tunnels paraîtraient ne pas occasionner d'autres travaux d'entretien que ceux appliqués aux ouvrages courants de la ligne.

Cependant quelques indications spéciales nous paraissent devoir être données en raison de l'importance considérable qui s'attache à la conservation de ces ouvrages, et des conditions de leur établissement.

Presque toujours construits dans une dépression des terrains qu'ils traversent, les tunnels sont exposés fréquemment à l'envahissement des eaux de source, qui trouvent là un écoulement facile. Or, le passage prolongé des eaux sur les maçonneries peut en détruire la liaison et compromettre la solidité des voûtes ou des pieds-droits. Il faut donc rechercher à la surface les

et la culée, en se renversant, occasionna la chute de la première pile. On dut installer un pont de bateaux avec pente et rampe d'accès pour rétablir la circulation.

points où les travaux s'infiltrent et descendent dans le souterrain, et leur donner une autre direction.

Pendant la construction, l'ingénieur doit également étudier la constitution géologique du terrain à traverser, car il est des cas où des actions chimiques imprévues peuvent se produire. Un exemple curieux d'un fait de ce genre a été fourni par le tunnel de Gènevreuille près de Lure, sur la ligne de Paris à Mulhouse. Ce souterrain est percé dans l'anhydrite (sulfate de chaux anhydre); les eaux, ayant envahi cette roche, s'y absorbèrent et la firent gonfler à un point tel, qu'il y eut obstruction du tunnel. On modifia cette situation en perçant sous le sol du souterrain une galerie qui permit aux eaux de s'écouler librement.

Le sol des tunnels, en général, est très-inégalement dressé; aussi en résulte-t-il des accumulations d'eau et de boue qui gèlent en hiver ou rendent la voie instable pendant les autres saisons. Le service d'entretien doit redoubler d'efforts pour faire écouler les eaux, soit en perçant des ouvertures dans les murettes étanches qui bordent la voie, soit en établissant dans l'axe du chemin une rigole d'assèchement.

L'humidité, dans les tunnels, qui provient des infiltrations des eaux du sol et de la condensation de la vapeur à la sortie des cylindres de la locomotive, est une des causes les plus fréquentes des difficultés que rencontrent le service d'entretien de la voie et celui de la traction.

L'humidité du sol, la condensation de la vapeur et de la fumée, combinées avec la mauvaise qualité du ballast, rendent la surface des rails grasse, glissante et en facilitent l'altération par l'action des roues, à tel point que dans le souterrain d'Arschwiller la hauteur des rails, en 1856, était diminuée de $0^{m},006$ après cinq années d'exploitation; ce qui n'était pas une des moindres causes de la fréquente rupture des rails.

Pour parer à cet inconvénient, la Compagnie du Central suisse a donné aux rails posés dans le tunnel du Hauenstein une hauteur excédant de $0^{m},006$ celle des rails de la voie courante.

Quand les tunnels ont été construits avec un écoulement

d'eau insuffisant, il faut par tous les moyens possibles y remédier, en creusant des rigoles latérales ou une rigole médiane.

Le creusement des rigoles latérales est un travail ordinaire, qu'il est facile d'évaluer dans tous les cas.

Quant à la rigole médiane, elle présente plus de difficultés

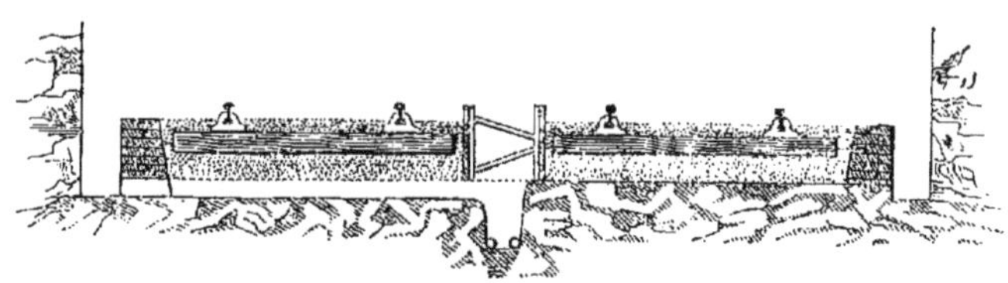

Fig. 84. Creusement d'une rigole dans un tunnel. $\frac{1}{100}$

(fig. 84). Elle peut être calculée comme suit, d'après un projet établi par M. Duchamp pour le tunnel d'Arschwiller.

| | fr. |
|---|---|
| Fouille de ballast à deux jets de pelle, mise en dépôt sur les anciennes rigoles, 744$^{m3}$ à 0f,80 . . . . . . . . . . | 595,20 |
| Main-d'œuvre et fournitures pour blindage latéral de la tranchée, fournitures de 50 planches, à 0f,60. . . . . | 30,00 |
| Etrésillons en chêne, 50 à 0f,10. . . . . . . . . . . . . | 5,00 |
| Coltinage des matériaux, 3 100$^{m}$ à 0f,05. . . . . . . . . | 155,00 |
| Creusement de la rigole à la tranche, fourniture d'huile, outils, temps perdu, 744$^{m3}$ à 30f,00. . . . . . . . . . | 22 320,00 |
| Enlèvement de la moitié des déblais et transport à 1 500 mètres, 372$^{m3}$ à 1f,00. . . . . . . . . . . . . | 372,00 |
| Etablissement de 2 drains, 3 100$^{m}$ à 0f,30. . . . . . . . . | 930,00 |
| Remblai de la rigole en pierres cassées à l'anneau de 0$^{m}$,05, 700 à 3f,50 . . . . . . . . . . . . . . . | 2 450,00 |
| Règlement du ballast, 744$^{m}$ à 0f,15 . . . . . . . . . . | 111,60 |
| Creusement des rigoles transversales établies de 40 en 40 mètres, à 2f,50 le mètre, 468$^{m}$ à 2f,50. . . . . . | 1 170 00 |
| Remplacement partiel du ballast en pierres cassées par du gravier du Rhin, 200$^{m3}$ à 5f. . . . . . . . . . . . | 1 000,00 |
| Dépenses imprévues. . . . . . . . . . . . . . . . . . | 1 861,20 |
| Total. . . . . . . . . . . . | 31 000f,00 |

soit pour 3 100 mètres de tunnel, une dépense de 10 francs par mètre courant.

Pendant les gelées, il se forme souvent des glaçons qui descendent des voûtes ou s'étendent sur le ballast et au contact des rails. Quand on ne peut pas détourner les eaux qui produisent cette glace, il est nécessaire de la briser au fur et à mesure de sa formation, car, à l'état de stalactites, elle peut occasionner des avaries à la machine ou des blessures au personnel du train; si, au contraire, elle s'étend sur la voie, elle peut également produire des détériorations aux véhicules, et souvent même des déraillements. — Surveillance, accidents : ch. XI —.

Certains tunnels très-secs présentent, par contre, un autre inconvénient, celui de hâter la destruction des traverses en bois par l'effet de la pourriture sèche; il y aurait lieu, dans ce cas, de poser les rails sur des traverses métalliques.

Réparation de tunnels. — Le souterrain d'Armentières, situé sur la ligne de Paris à Strasbourg, a une ouverture de 7m,66, et une longueur de 644m,50 entre les deux têtes (fig. 85, pl. IX).

Il traverse un mamelon de roche calcaire très-tendre et aquifère, appartenant au terrain tertiaire, qui renferme, comme on le sait, des bancs de meulière, des sables et des marnes.

Le souterrain passe au-dessus d'une ancienne carrière d'où l'on a extrait de la pierre, en très-beaux échantillons, mais tendre, spongieuse, absorbant l'eau, et par suite essentiellement gélive. On tira de cette carrière les pierres employées à la construction du tunnel; puis on établit dans les vides laissés par l'exploitation de forts piliers en maçonnerie assis sur le terrain solide et soutenant le plafond au-dessus duquel passait le souterrain.

Les pierres ayant été employées immédiatement après leur extraction, sans avoir perdu leur humidité par une longue exposition à l'air, ne tardèrent pas à se déliter; au moment de la mise en exploitation, on constata l'existence d'avaries à la voûte et aux pieds-droits. Des travaux de réparation aux parements de la maçonnerie étant reconnus nécessaires, ces travaux furent exécutés en 1853 par un entrepreneur, pour le compte de l'Etat, qui avait construit la ligne.

Les réparations prescrites consistaient en un rocaillage de

meulière, avec ciment de Vassy, et en un enduit de même matière sur une épaisseur de 0m,07 en moyenne, et de 0m,03 au minimum.

Dans la première année qui suivit la réparation, c'est-à-dire en 1854, l'hiver fut peu rigoureux et le revêtement parut devoir se comporter d'une manière satisfaisante; mais dans l'hiver prolongé de 1855, des dégradations se manifestèrent avec un tel degré d'intensité que de nouvelles réparations furent jugées indispensables. Ces dégradations affectèrent toutes les parties humides du souterrain, et notamment celle qui avait été réparée en 1853. On reconnut, à l'examen de cette dernière partie, qu'il n'avait été pris que des dispositions insuffisantes pour assurer à l'extérieur l'écoulement des eaux d'infiltration. Le revêtement en ciment était d'une épaisseur trop faible pour empêcher la gelée d'exercer son action dans l'intérieur de la maçonnerie; aussi les moellons calcaires en se désagrégeant firent-ils tomber les enduits.

Le peu de succès de la première restauration dut faire abandonner le système que l'on avait suivi; on lui en substitua un autre, consistant en un revêtement de maçonnerie de briques reliées par du mortier de chaux hydraulique, avec addition de $\frac{1}{6}$ de ciment de Vassy; en même temps une série de barbacanes devait être disposée dans l'épaisseur des murs.

Le travail fut commencé le 20 août 1855 par l'établissement, dans l'axe de la plate-forme du tunnel, d'une voie unique reliée en dehors aux voies paire et impaire, et d'une voie de garage pour le service du chantier de réparation.

Un ordre de service spécial réglait la marche des trains pour la traversée du tunnel à voie unique.

Les travaux proprement dits de la reprise du parement suivirent ces premières dispositions et furent menés jour et nuit sans interruption, jusqu'à leur achèvement.

On enleva d'abord, à l'aide de pics, marteaux et pinces, sur une épaisseur moyenne de 0m,327, par chambres de 3 mètres de longueur, le parement dégradé des pieds-droits, en ménageant entre les chambres des piliers-réserves de 1 mètre, destinés à soutenir le parement de la voûte. On établit ensuite dans chaque chambre, sans aucun échafaudage, la maçonnerie de briques formant les pieds-droits. Les chambres, une fois maçonnées et calées par des petits potelets de briques à la naissance, on enleva les piliers-réserves qui les séparaient et on raccorda les nouvelles maçonneries avec les reprises précédentes.

Les barbacanes furent ménagées dans les pieds-droits, suivant les directions des infiltrations, leur distance variant selon l'importance des eaux affluentes, mais ne dépassant pas 3 mètres.

La majeure partie des pieds-droits du tunnel, étant appuyée sur un banc de grès siliceux, avait reçu un simple revêtement de moellons faisant parement de $0^m,25$ à $0^m,40$ que l'on dut enlever entièrement à la pince ; et comme il n'était pas possible de conserver la queue des moellons de parement qui souvent faisaient parpaings, on fut obligé de donner au revêtement en briques des pieds-droits une épaisseur plus forte que celle prévue.

Le briquetage des pieds-droits entièrement achevé, on attaqua, au moyen de petits échafauds volants et par chambres de 2 mètres de longueur, la retombée du berceau, depuis les naissances jusqu'à la hauteur de 30°, où commençait le travail des cintres. Pour cette dernière opération, on employa des cintres roulants disposés ainsi que le montre la figure 86, pl. IX, et composés comme suit :

| BOIS BRUT POUR UN CINTRE. | | | Longueur. | Equarrissage. | | Cube de bois. |
|---|---|---|---|---|---|---|
| Sapin | 4 moises | A | 2,55 | 0,12 | 0,25 | 0,306 |
| | 2 poteaux | B | 4,00 | 0,25 | 0,30 | 0,600 |
| | 4 contre-fiches | C | 4,00 | 0,25 | 0,30 | 1,200 |
| | 2 contre-fiches | D | 1,40 | 0,18 | 0,18 | 0,091 |
| | 2 moises | E | 5,30 | 0,12 | 0,30 | 0,382 |
| | 1 poteau | F | 0,90 | 0,15 | 0,15 | 0,020 |
| | 2 veaux | G | 1,60 | 0,20 | 0,25 | 0,310 (G et H) |
| | 2 veaux | H | 1 50 | 0,20 | 0,25 | 0,310 (G et H) |
| | 1 veau | I | 2,00 | 0,25 | 0,25 | 0,125 |
| | | | | | | 3,034 |
| Chêne refait. | 4 moises | K | 3,80 | 0,20 | 0,35 | 1,064 |
| Chêne brut | 2 contre-fiches cintrées | L | 3,80 | 0,18 | 0,40 | 0,547 |
| | 4 moises | M | 1,80 | 0,10 | 0,20 | 0,144 |
| | 2 pots | N | 0,80 | 0,18 | 0,20 | 0,058 |
| | | | | | | 0,749 |

Ces cintres supportaient les couchis O, ainsi que le plancher P, destiné à empêcher les matériaux de tomber sur la voie ou sur les trains en passage.

Le système d'échafaudage sous lequel le gabarit de chargement Q pouvait librement circuler était monté sur quatre petites roues en fonte et deux rails écartés de 5 mètres ; ce qui en facilitait le transport dans toute la longueur du tunnel.

Chaque cintre étant disposé pour recevoir quatre ouvriers, le berceau fut attaqué par vingt ouvriers seulement, tant maçons que piqueurs de voûte. Plus tard on porta le nombre des cintres de cinq à neuf, et, par conséquent, à trente-six hommes la main-d'œuvre employée. Toute la voûte fut piquée, maçonnée et raccordée par nervures de 1 mètre de longueur. Pendant l'hiver on ferma la tête d'amont (nord-est) par un rideau, ouvert seulement pour le passage des trains.

La maçonnerie de parement terminée, on procéda sur tous les cintres au rejointement de toute la reprise, en ciment de Vassy.

Dans le courant de mars 1856 les deux voies furent remises en exploitation et le travail entièrement terminé après une durée de cent quarante-sept jours. Les chantiers étaient disposés comme le montre la figure 85, pl. IX.

*Légende explicative du plan.*

A Manœuvre des disques.
B Guérite des employés.
C Entrée de la carrière.
D Dépôt des décombres.
E Chantier, dépôt de sable et de briques, bassins à chaux, broyeur.
F Ateliers comprenant bureau, forge, magasin, lampisterie, dépôt de chaux et ciment.
I Charronnerie.
V Voie paire.
V' Voie impaire.
V'' Voie de garage } pendant les travaux.
*v* Voie unique } pendant les travaux.

Comme dans tous les cas analogues, ces travaux de reprise ont un peu dépassé, en surface, les prévisions du projet. Ils ont porté sur 4 783$^{m2}$,69, soit :

1 434$^{m2}$,61 pour les pieds-droits.
835 ,59 pour les reins de la voûte.
2 513 ,49 pour le berceau.

Voici comment se résument les frais de cette restauration :

| | | |
|---|---|---|
| | fr. | |
| Matériel, outillage, installations, etc. . | 26 468,09 | |
| A déduire, valeur des vieux matériaux. | 13 693,56 | fr. |
| | | 12 774,53 |
| Matériaux de construction. . . . . . | 55 039,52 | |
| A déduire pour rentrées en magasin. . | 7 524,00 | |
| | | 47 515,52 |
| Outils et dépenses diverses. . . . . . | 6 124,91 | |
| A déduire, valeur des vieux matériaux. | 119,55 | |
| | | 6 005,36 |
| | j. | |
| Main-d'œuvre — Nombre de journées. | 36 806,40 | |
| | fr. | |
| Soit. . . . . . . . . . . . | 125 527,22 | |
| A déduire pour autres destinations. . | 7 445,56 | 118 081,66 |
| Dépenses totales. . . . . . . | | 184 377,07 |

M. Martin, ingénieur principal aux chemins de fer de l'Est, a dirigé cette réparation.

## CHAPITRE III.

### CULTURES, DÉFENSES DU CHEMIN.

### § I.

### SEMIS. — GAZONNEMENTS. — PLANTATIONS.

Les talus des remblais, tranchées, dépôts et emprunts sont préservés de l'action des phénomènes météoriques par l'un ou plusieurs des modes suivants de consolidation appropriés à la nature du sol : revêtements, semis, gazonnements, plantations et maçonneries.

Nous avons examiné dans le chapitre premier —17— les diverses applications que l'on peut faire de cette dernière espèce de construction. Il nous reste à étudier les autres modes de consolidation que nous venons d'énumérer.

72. **Semis pour herbages.** — La terre végétale, pilonnée sur 15 à 20 centimètres d'épaisseur et ensemencée, fournit le meilleur et le plus économique des revêtements de talus.

La quantité de graine à semer doit être suffisante pour produire une végétation vigoureuse et abondante.

Le terrain, préalablement ameubli à la pioche ou à la houe, sera tassé après les semis, de manière que la semence soit recouverte au rateau ou à la herse d'une couche mince de terre; si la terre est légère on la roule.

En arrosant les semis à quinze jours de distance, on favorise grandement leur venue.

Les graines employées le plus souvent pour les talus sont les graminées, le sainfoin, le trèfle, la luzerne; cette dernière plante demande un terrain profond et de bonne qualité, car ses racines pénètrent profondément dans le sol; aussi donne-t-elle aux talus une plus grande solidité que les autres plantes.

Ces diverses graines s'emploient soit isolément, soit mélangées entre elles, dans des proportions que l'expérience seule peut indiquer.

Lorsque les talus manquent de consistance et que ces graines ne peuvent pas prospérer, on emploie quelquefois le chiendent, qui pousse ses racines à 0m,70 et 1 mètre de profondeur, dans tout terrain et à toute exposition.

D'après M. Vilmorin, on peut employer les quantités suivantes pour ensemencer 1 hectare de terrain. Ces quantités sont simplement approximatives, car elles dépendent de la qualité et de la provenance des graines, de la nature et de l'état du sol à ensemencer.

| | |
|---|---|
| Luzerne. . . . . . . . . | 20 kilogrammes ; semis au printemps. |
| Trèfle. . . . . . . . . . | 15 — — |
| Ray-grass ou ivraie vivace. | 30 à 50 kilogrammes ; semis au printemps ou à l'automne. |
| Ray-grass multiflore . . . | 30 kilogrammes, selon M. Rieffel, pour terre de bruyère humide où le trèfle et autres fourrages ne réussissent pas ; semis en septembre ou en octobre. |
| Fétuque. . . . . . . . . | de 25 à 50 kilogrammes selon l'espèce ; semis en automne. |
| Brôme des prés. . . . . . | 45 kilogrammes ; pour les terrains secs, calcaires, arides. |

Le prix de revient de dressement de talus et ensemencement exécutés par entreprise peut s'établir comme suit, pour l'est de la France :

| | fr. | fr. |
|---|---|---|
| Dressement de 100 mètres carrés. — Une journée de taluteur. . . . . . . . . . . | 4,00 | 4,60 |
| Faux frais et bénéfices, 15 % . . . . . . . | 0,60 | |
| Ensemencement. — Graine. . . . . . . . | 0,50 | 2,88 |
| Main-d'œuvre, 1/2 journée de jardinier . . | 2,00 | |
| Faux frais et bénéfices . . . . . . . . . . | 0,38 | |
| Total . . . . . . . . . . | | 7,48 |

Soit par mètre carré : 0 fr, 75.

73. **Gazonnements.** — Les gazons employés aux talutages ont la forme de prismes rectangulaires de 0m,25 sur 0m,30 de base et 0m,06 à 0m,10 d'épaisseur; on choisit ceux dont les brins sont fins, bien fournis et fauchés court. Il faut les employer peu de temps après leur enlèvement.

Les gazonnements de talus courants se placent ordinairement à plat, par rangées horizontales et à joints recoupés, l'herbe en dehors. Il est bon de les cheviller solidement pour éviter leur déplacement; à cet effet on peut employer deux broches de chêne ou de charme fichées en diagonales, de 0m,50 de longueur (chemin de fer du Midi), ou trois piquets en bois blanc de 0m,30 de longueur sur 3 à 5 centimètres de diamètre (chemin de Strasbourg).

Il faut arroser les gazonnements au fur et à mesure de leur exécution, et de temps à autre après leur achèvement jusqu'à reprise complète.

S'il s'agit de consolider les quarts de cône au contact des ouvrages d'art, ou de préserver les talus de l'effet des inondations, les gazons sont disposés par assises normales au talus et par rangées horizontales.

Ces assises doivent être bien réglées, à joints croisés, damées et arrosées; les prismes se placent l'herbe en dessous, à l'exception de l'assise de couronnement, où l'herbe est laissée à l'air. On fixe les gazons de quatre en quatre dans chaque assise par des piquets de 0m,35 à 0m,40 de longueur sur 8 centimètres de diamètre.

Les surfaces gazonnées, planes ou courbes, doivent conserver rigoureusement la forme géométrique indiquée par les plans et profils; on a soin de les battre au fur et à mesure de l'avancement du travail, jusqu'à ce qu'elles ne présentent plus de jarret.

Les prix du mètre carré de gazonnement sur la ligne de Wissembourg s'établissaient de la manière suivante :

| | fr. |
|---|---|
| *Gazonnement à plat.* — Enlèvement de gazon, surface retaillée, 0h,50 de gazonneur à 0 fr. 20 . . . . . . | 0,10 |
| *Report.* . . . . . . . . . . . . . | 0,10 |

| | | | fr. |
|---|---|---|---|
| *A reporter* . . . . . . . . . . . | | | 0,10 |
| Charge de $1^{m3}$, $1^h$,30 à 0,16. . . . . | 0,21 | 0,40 | |
| Transport à $60^m$ $\left(x = \frac{2\,p\,D}{100}\right)$. . . . . | 0,19 | | |
| Charge en brouette ($1^{m3}$ pour 10 mètres carrés). . . . | | | 0,04 |
| Pose de gazons, dressement des lits et joints, $0^h$,50 à 0,20 | | | 0,10 |
| Fourniture de chevilles . . . . . . . . . . . . . . . | | | 0,10 |
| | | | 0,34 |
| Faux frais et bénéfices . . . . . . . . | | | 0,05 |
| | | | 0,39 |
| Dans le cas d'indemnité au propriétaire de la surface d'où le gazon est enlevé, à ajouter. . . . . . . . . | | | 0,16 |
| Prix du mètre carré. . . . . . . . . . | | | 0,55 |

| | fr. |
|---|---|
| *Gazonnement par assises.* — Enlèvement de 3 mètres carrés de gazons, taille des lits et joints . . . . . . | 0,30 |
| Charge et transport en brouette. . . . . . . . . . . | 0,12 |
| Pose des gazons par assises, en recouvrant aux $\frac{2}{3}$, dressement des lits, joints, tamponnage, $1^h$,10 à 0,20. | 0,22 |
| Chevilles . . . . . . . . . . . . . . . . . . . . . . | 0,25 |
| | 0,89 |
| Faux frais et bénéfices, 15 %. . . . . . . . . . . . | 0,14 |
| Prix d'un mètre carré. . . . . . . . . . | 1,03 |
| En cas d'indemnité au propriétaire, à ajouter. . . . . | 0,48 |
| Prix d'un mètre carré. . . . . . . . . . | 1,51 |

Les semis d'herbages et gazonnements doivent être entretenus avec un soin constant, débarrassés en temps opportun des mauvaises plantes, qui, les empêchant de prospérer, n'apportent d'ailleurs aucune consolidation de surface; on restaure immédiatement les points détériorés ou mal venus en remplaçant les parties défectueuses par des gazons sains et bien fournis.

Le passage du rouleau est d'un très-bon effet après la fauchaison et à la fin de l'hiver, si les gelées ont soulevé le sol.

74. **Boisements.** — Sur un sol très-friable, composé par

exemple de calcaire ou de sable siliceux, les gazonnements ne suffisent pas toujours pour consolider les talus, exposés qu'ils sont à périr par suite de la sécheresse. « Le boisement, dit M. du Breuil dans son *Manuel d'arboriculture des ingénieurs*, donne de meilleurs résultats. Les racines peuvent s'enfoncer assez profondément pour résister à la sécheresse et fixer convenablement le sol en y formant un réseau continu.

« Pour obtenir ce résultat, il faut que les plantes ligneuses soient très-rapprochées les unes des autres et que le boisement soit disposé en taillis exploité tous les dix ou douze ans. »

L'état du sol ne permet pas toujours d'effectuer immédiatement des plantations, dit M. Vicaire, ex-directeur général de l'administration des forêts, dans son substantiel et intéressant rapport sur le reboisement des montagnes pendant l'année 1863. Partout où l'état du sol l'a permis, il a été effectué des travaux de reboisement proprement dits; mais, sur les points où ces travaux n'auraient point présenté des chances suffisantes de succès, à raison de l'absence de terre végétale, il a été procédé à la restauration du sol à l'aide de plantations ou de semis de plantes gazonnantes ou buissonnantes.

Les agents forestiers ont employé à cette restauration les plantes que l'on rencontre croissant spontanément dans les montagnes.

Les principales de ces plantes sont le genévrier, l'épine-vinette, l'argousier (*hippophaé rhamnoïde*), l'amélanchier, qui se trouvent principalement dans les parties les plus rocailleuses; la fétuque blanche, dont les touffes volumineuses apparaissent sur les points les plus escarpés des ravins; le sainfoin et la luzerne, dont les racines profondes sont très-propres, par leur enchevêtrement, à la retenue des terres sur les pentes.

Quant au choix des essences, nous conseillerons aux ingénieurs de donner la préférence à certains arbres verts, aux acacias (robinier), saules-marsault, bouleaux, érables, parce que leurs feuilles tombent au pied de l'arbre et sont rarement chassées au loin.

Les arbres dont le voisinage présente de réels inconvénients pour le chemin de fer sont le peuplier et les conifères (pin, sapin, etc.).

Les feuilles du peuplier tombent à demi desséchées, sont transportées par le vent sur la voie, s'attachent aux rails et déterminent le *patinage* des roues. Quant aux conifères, leur racine pivotante offre peu de résistance à l'action du vent sur la cime. Ces arbres sont facilement renversés et peuvent encombrer la voie ou tomber sur un train en marche, lorsqu'ils dépassent un certain degré d'élévation.

Il est donc nécessaire, quand un chemin traverse une forêt, de calculer la largeur de l'*essartement* d'après la hauteur que les arbres pourront atteindre, et de laisser de chaque côté de la ligne une zone débarrassée des produits forestiers qui, indépendamment des inconvénients que nous venons de signaler, peuvent être incendiés par des fragments de combustible échappés du foyer de la locomotive.

*Choix des espèces.* — Les espèces ligneuses les plus convenables doivent être appropriées à la localité, robustes, d'un développement rapide et vigoureux, se prêter à la culture sous forme de taillis, et porter des racines nombreuses et traçantes.

Les essences comprises dans la liste suivante que nous empruntons à l'ouvrage de M. du Breuil, mentionné plus haut, remplissent ces diverses conditions. Dans tous les cas, l'observation des essences qui croissent le mieux dans le pays sera le meilleur guide à consulter dans le choix des espèces dont on pourra faire usage.

| SOLS CALCAIRES. | SOLS ARGILEUX. | SOL SILICEUX. |
|---|---|---|
| Cytise des Alpes. | Orme champêtre. | Erable sycomore. |
| Erable sycomore. | Peuplier tremble. | Orme champêtre. |
| Orme champêtre. | — grisard. | Peuplier blanc. |
| Prunier de Sainte-Lucie. | Saule-marsault. | — grisard. |
| Robinier, faux acacia. | Erable sycomore. | Prunier de Sainte-Lucie. |
| Epine-vinette. | Noisetier commun. | Robinier, faux acacia. |
| | Tilleul de Hollande. | Saule-marsault. |
| | Frêne commun. | Tilleul de Hollande. |
| | | Cytise des Alpes. |
| | | Epine-vinette. |
| | | Hippophaé rhamnoïde. |

75. Exécution du boisement. — La question de savoir lequel

des deux modes de repeuplement, du semis ou de la plantation, doit être préféré, dit M. Vicaire dans le rapport déjà cité, a toujours été l'objet de beaucoup de controverses.

Il paraît résulter des expériences déjà nombreuses auxquelles a donné lieu l'exécution de la loi sur le reboisement des montagnes, que cette question ne comporte pas de solution absolue.

D'après les observations de M. le conservateur à Toulouse, on ne pourrait compter complétement que sur la plantation, dans la région de l'Ariége et de la Haute-Garonne.

M. le conservateur à Aix a fait connaître qu'en Provence, au contraire, les plus beaux résultats ont été obtenus par voie de semis.

Dans la plantation, deux écueils principaux sont à redouter : le soulèvement des terres au printemps, dont l'effet produit par les alternatives de gelée et de dégel est de déchausser et même de renverser les plants, et la sécheresse en été. On parvient souvent à éviter ces écueils en plaçant au pied du plant, lorsque les circonstances le permettent, une ou deux pierres destinées à la fois à empêcher le soulèvement de la terre et à maintenir la fraîcheur à la surface du sol. Lorsqu'on opère sur un terrain gazonné, après avoir détaché une motte de gazon pour placer le plant en terre, on fend cette motte en deux parties que l'on tasse au pied du plant, soit dans la position qu'occupait le gazon avant l'opération, soit en retournant vers le sol la partie gazonnée.

L'époque de la plantation ou du semis est loin d'être indifférente. L'automne est assez généralement considéré comme la saison la plus favorable pour la plantation, et le printemps, pour le semis. Cependant, il résulte des expériences déjà faites que le semis effectué immédiatement après les grandes chaleurs présente plus de chances de succès que le semis du printemps. Le jeune plant paraît avant le froid ; puis survient la neige, qui le couvre et le protége jusqu'au retour du printemps ; il reprend alors sa croissance à peine interrompue, et se trouve, à l'arrivée des chaleurs, assez robuste déjà pour résister aux ardeurs de l'été.

D'après M. du Breuil, lorsque les semis réussissent, ils se développent toujours plus vigoureusement que les plantations, mais leur succès exige un sol de meilleure qualité pour les premiers temps de leur végétation. Les semis sont généralement précédés par un ameublissement de la surface du talus, ou par le creusement de rigoles qui pourraient, en cas de pluies abondantes, causer de graves détériorations.

Nous croyons donc, pour la facilité de l'opération, qu'il convient de réserver les semis pour les parties de terrains non calcaires, en plan horizontal ou légèrement incliné, telles que bermes, banquettes, dépôts, emprunts et parcelles excédantes, et opérer par plantation le boisement des talus et des surfaces fortement inclinées; mais il n'y a rien d'absolu dans cette indication, les circonstances locales devant seules trancher la question du choix du mode de boisement.

Boisement par semis. — Les semis se font, soit à la volée, soit dans des rigoles parallèles, soit en pochet, c'est-à-dire dans des trous distants de $0^m,50$ disposés en quinconce. Pour exécuter les semis par rigoles sur un talus, on ouvre à la crête une petite tranchée de $0^m,06$ de profondeur et de $0^m,16$ environ de largeur. Les gazons, les pierres et la terre qui en proviennent sont rangés sur le bord de la tranchée du côté du talus. On pratique de semblables rigoles parallèlement et sur toute la hauteur du talus, en les tenant à la distance de $1^m,50$ en moyenne, suivant le degré plus ou moins prononcé d'inclinaison (fig. 87). Le fond de ces tranchées est labouré et reçoit les semences.

Excepté pour l'orme, qui doit être semé en mai, le moment le plus favorable pour l'ensemencement est, dans le Nord, le mois de mars, et, dans le Midi, le mois de janvier.

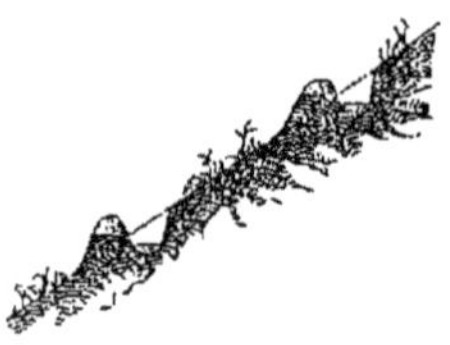

Fig. 87. Boisement par semis. $\frac{1}{100}$.

On fera bien de couvrir le sol, pendant les deux premières années, de branchages, de tontures de haie ou de paille longue, pour préserver les semis de la sécheresse.

L'entretien des semis dans ce laps de temps consiste à biner, c'est-à-dire à ameublir, à aérer la surface du sol autour des jeunes plants vers le milieu du mois de mai.

Après quatre ou cinq ans, les semis ont pris assez de développement pour supporter le recépage, opération qui consiste à couper les plants à 0m,03 ou 0m,04 au-dessus du sol. Ce recépage, qui s'exécute en février, a pour but de favoriser l'augmentation du nombre des racines.

Le taillis qui résulte de ce boisement pourra être ensuite exploité tous les huit ou dix ans.

*Frais d'ensemencement.* — Le montant des frais d'ensemencement dépend :

— Du prix de la graine;

— Du taux des salaires;

— Des difficultés du sol à ensemencer; valeurs qu'il faut établir dans chaque cas particulier.

Nous donnerons seulement ici l'indication des quantités de graine nécessaires et de la préparation des terrains pour quelques essences désignées ci-après.

| NATURE DES ESSENCES. | QUANTITÉ DE GRAINE par hectare. | OBSERVATIONS. |
|---|---|---|
| Chêne. . . . . | 8 hectol. | Défoncer le sol par places, à la bêche; enterrer la graine à 0m,040 en terre forte et à 0m,030 en terre légère. |
| Hêtre. . . . . | 0,50 | Par places défoncées. Recouvrir la graine de 0m,030 de terre. |
| Charme. . . . . | 0,80 | Sol labouré. Graine enterrée à la herse à 0m,007. |
| Erable. . . . . | 45 kilogr. | Semer au printemps, de crainte des gelées; à 0m,027. |
| Orme. . . . . | 15 à 20 | Terre très-propre. Semer 15 k. par bandes; 20 k. à la volée; à 0m,007. |
| Frêne. . . . . | 30 à 35 | Terre sans herbe; à 0m,020. |
| Aune. . . . . | 9 à 10 | Semer à sec, en mai; à 0m,004. |
| Bouleau. . . . | 36 à 40 | Terre bien nettoyée, hersée après semailles; à 0m,002. |
| Pin sylvestre. . . | 10 à 12 | Les meilleurs résultats sont obtenus par l'ensemencement au pochet; à 0m,015. |
| Epicéa. . . . . | 25 | Par bandes dans des tranchées; à 0m,015. |
| Sapin blanc. . . | 50 | Par bandes et roulées; à 0m,015. |
| Mélèze. . . . . | 15 à 16 | On fera bien de le mélanger avec le pin ou l'épicéa; à 0m,015. |

Les données que renferme le tableau précédent n'ont, toutefois, rien d'absolu. Admises à titre de simples renseignements applicables au boisement, dans un climat tempéré comme celui du centre de la France, elles devront subir de sensibles modifications lorsqu'il s'agira d'exécuter des travaux analogues dans les régions du nord ou du midi de l'Europe.

Boisement par plantation. — L'époque la plus favorable pour la plantation dans un sol ordinaire est l'automne; si le sol est argileux compacte, il vaut mieux planter en mars. On choisit des jeunes plants de deux ans de semis, dont un an de repiquage en pépinière. La plantation peut se faire par bandes ou en potets. Dans le premier système, on défonce la surface par bandes de $0^m,80$ de largeur et $0^m,40$ de profondeur, distantes entre elles de $1^m,50$ à 2 mètres, selon le degré plus ou moins prononcé de l'inclinaison; on place au fond de la tranchée les terres de la surface, et on ramène à la surface la terre du fond (fig. 88); on accumule sur le bord extérieur de chaque bande cultivée toutes les pierres qu'on rencontre, ou, à défaut de pierres, de la terre, de manière à donner à la surface des bandes une inclinaison prononcée du côté du talus; on retient ainsi sur chaque bande les eaux de surface, qui, tout en profitant aux jeunes plants, ne ravinent pas le talus.

Fig. 88. Boisement par plantation. $\frac{1}{50}$.

Les plants sont placés en échiquier dans ces bandes, en ménageant entre eux un espace de 1 mètre.

Pour la plantation en *potets*, on ouvre une série de trous de $0^m,40$ de diamètre et $0^m,30$ de profondeur, disposés en quinconce à $0^m,80$ de distance les uns des autres.

Lors de la plantation, on coupe le tiers environ de la longueur des jeunes tiges et des rameaux, et on place deux plants dans chaque trou, en laissant entre eux un intervalle de $0^m,10$.

Les trous sont remplis de très-bonne terre tassée avec le pied, le bord extérieur relevé pour retenir les eaux autour de chaque plant. Comme pour les semis, une bonne couverture placée, les deux premières années en mai, autour de chaque pied est convenable pour préserver les jeunes plants de la sécheresse.

Vers la fin de février de la troisième année, tous les plants sont soumis au recépage comme ceux provenant des semis et traités de la même manière.

La Compagnie du chemin de fer du Nord a imposé les conditions suivantes pour une entreprise de plantation de talus et de stations sur la ligne de Paris à Soissons :

Les plants pour talus devaient se composer, pour la première classe, d'acacias de pépinière de première force et de deux ans au plus; pour la deuxième classe, de *ronces vivaces* et bien enracinées.

Pour les stations, les essences comprenaient, dans la première classe et suivant les prescriptions de la Compagnie, le marronnier, le platane et le tilleul; dans la deuxième classe, le vernis du Japon, l'acacia, l'érable, le sycomore. Tous ces arbres, de premier choix d'ailleurs, avaient une hauteur de 2$^m$,25 au moins entre les branches principales et le collet de la racine; ils présentaient, à 1 mètre au-dessus de ce dernier point, une circonférence minima de 0$^m$,120; la tige bien venue, l'écorce nette et saine, la végétation active; les racines fraîches, bien garnies de chevelu et proportionnées à la force du sujet. S'il est nécessaire *d'habiller* les plants, c'est-à-dire de les couper au point où le pivot des racines diminue très-sensiblement de grosseur, ils sont taillés en pied de biche.

Les trous destinés à recevoir les arbres doivent avoir 1 mètre de côté et 0$^m$,80 de profondeur, le sol de la fouille ameubli; si la terre de la fouille n'est pas de bonne qualité, le trou sera rempli de terre de qualité convenable provenant d'emprunts. Les prix du marché étaient les suivants :

| | | fr. |
|---|---|---|
| Arbres des plantations de stations. . | 1re classe. . | 2,50 la pièce. |
| | 2e classe. . | 2,50 la pièce. |
| Plantations de talus. . . . . . . | 1re classe. . | 35,00 le mille. |
| | 2e classe. . | 25,00 le mille. |

Ces prix comprennent la fourniture, le transport à pied

d'œuvre, la façon des trous d'extraction, le transport et l'emploi des terres de remplissage, l'entretien et le remplacement, s'il y a lieu, des plantations pendant le délai de garantie, fixé à deux ans à dater de la réception provisoire. Les dégradations des talus ou dépendances du chemin de fer provenant du fait de l'entrepreneur sont réparées à ses frais.

Aux chemins de fer de Paris à Strasbourg et Wissembourg, des acacias ont été plantés sur de grandes surfaces de talus. Dans les terrains de mauvaise qualité, on rapportait de la bonne terre dans les trous ou pots (voir plus haut) espacés de 1 mètre en quinconce. Quand le sol était bon, la distance était réduite à $0^{m},75$.

Un ouvrier plantait au piquet jusqu'à sept cents plants par jour; en y comprenant la façon des pots à la bêche ou au hoyau, le prix de revient de main-d'œuvre bien exécutée était de 6 fr. 50 c. à 7 francs par mille de plants.

Les plants de trois ans de repiquage et de quatre ans d'âge étaient, à l'origine, payés 10 francs le mille; en 1855, on ne payait plus que 8 fr. 50 c. et 9 francs.

Les prix de plantations s'établissent ainsi dans la région du chemin de fer de l'Ouest.

*Terrains arides* (acacia, bouleau, pin sylvestre, érable, frêne, prunier de Sainte-Lucie, etc.) :

| | fr. |
|---|---|
| Mille plants de 3 à $5^{mm}$ de diamètre au collet, fourniture et pose. . . . . . . . . . . . . . . . . . | 25,50 |
| Remplacement des plants morts, faux frais, outils, avances. . . . . . . . . . . . . . . . . . . . . | 10,00 |
| Garantie, entretien et surveillance pendant un an à partir du 1er juin qui suit la plantation . . . . . | 3,00 |
| Total. . . . . | 38,50 |

*Terrains humides, marécageux* (saules et osiers variés, aunes, châtaigniers, charmilles, ormes) :

| | fr. |
|---|---|
| Main-d'œuvre pour fouilles et plantations . . . . . | 12,00 |
| Fourniture de 1000 plants.. . . . . . . . . . . . . | 10,00 |
| Remplacement, entretien, outils, faux frais et garantie pendant un an à partir du 1er juin . . . . . . . | 10,00 |
| Total. . . . . . . . . . | 32,00 |

76. **Parcelles excédantes du chemin.** — Quand les parcelles

excédantes sont dans des conditions convenables, on peut les revendre [1] ou les louer pour être cultivées par les méthodes ordinaires; c'est toujours le parti le plus avantageux à en tirer. Mais, quand elles ont servi à l'extraction de matériaux comme chambres d'emprunt, et qu'ainsi détériorées ces parcelles ne trouvent pas d'amateurs, elles peuvent être utilisées en leur appliquant les méthodes suivantes, indiquées par M. du Breuil dans son ouvrage déjà cité :

La manière d'opérer varie avec la nature des terrains à utiliser.

Les *terrains secs et siliceux*, pourvu qu'ils soient suffisamment éloignés de la voie — 74 —, sont boisés très-convenablement par semis avec des espèces résineuses. S'ils sont trop rapprochés des rails, on choisira parmi les essences suivantes celles qui prospèrent le mieux dans la localité :

Bouleau blanc,
Merisier,
Robinier, faux acacia,
Vernis du Japon,
Chêne vert.

Dans les deux cas, on défoncera le terrain par bandes larges de 1 mètre, profondes de $0^m,60$, laissant entre elles une bande non défoncée d'égale largeur.

Si on préfère semer des arbres résineux ou du chêne vert, on répand la graine à la volée et dans la proportion suivante pour 1 hectare :

| | | |
|---|---|---|
| Pin maritime. . . . . . . . . . . . . | 18 | kilogrammes |
| Pin sylvestre. . . . . . . . . . . . . | 12 | — |
| Pin d'Alep. . . . . . . . . . . . . . | 12 | — |
| Chêne vert. . . . . . . . . . . . . . | 100 | — |

On répand ensuite pour la même surface 6 kilogrammes de graines d'ajonc avec un demi-ensemencement de seigle; on enterre le tout avec un râteau à longues dents ou une herse.

Les plants sont abrités contre l'ardeur du soleil par le seigle

[1] Art. 60, 61, 62. — Loi du 3 mai 1841.

pendant le premier été, et par les ajoncs pendant les années suivantes.

Si l'on choisit le mode de *boisement par plantation*, il faut prendre des plants de deux ans dont une année de repiquage en pépinière; on les dispose en quinconce sur la bande défoncée et en deux lignes, chacune à 0m,25 du bord. La plantation, exécutée avant l'hiver, sera binée en avril suivant sur toute la surface des bandes défoncées, et garantie par une couverture —75—. L'année suivante, nouveau binage à la même époque; au mois de février, après la seconde pousse, recépage de tous les plants à 0m,02 ou à 0m,03 du sol; au mois d'avril, troisième binage. Le boisement est alors abandonné à lui-même.

Quand le *terrain* est *siliceux et mobile*, on peut le boiser comme le précédent, avec cette différence que le défoncement du terrain devient inutile, puisque le sol est naturellement ameubli; les semis s'étendront sur toute la surface, et les plants seront disposés sur toute la parcelle à 1 mètre de distance et en quinconce. En répandant à la volée, immédiatement après la plantation, un mélange de graines d'ajoncs et de genêts, à raison de 8 kilogrammes à l'hectare, on obtient une végétation qui rend les binages inutiles.

Pour les *sols calcaires friables*, les espèces dont la nomenclature suit peuvent réussir, en les appropriant au climat :

| | |
|---|---|
| Erable sycomore, | Vernis du Japon, |
| Bouleau blanc, | Aune, |
| Merisier, | Pin sylvestre, |
| Prunier de Sainte-Lucie, | Pin d'Alep. |
| Chêne vert, | |

Les boisements de ces terrains ne réussissent que par plantation, et si l'on choisit les essences résineuses, il ne faut planter les arbres qu'à l'âge de quatre ans, dont deux ans de repiquage en pépinière; on opère vers le commencement de mai.

Les *terrains humides* peuvent se boiser de trois manières différentes, selon qu'ils sont *médiocres*, *fertiles* ou *salants*.

Le mode de préparation est le suivant : Il faut, afin de soustraire les plants à la mauvaise influence des eaux stagnantes, relever le sol à planter de 0m,40 à 0m,60 au-dessus du niveau des eaux. Il suffit pour cela d'établir, comme nous l'avons dit — 25 —, une série de plates-bandes de 1 mètre de largeur surélevées au moyen de la terre prise dans les deux bandes voisines.

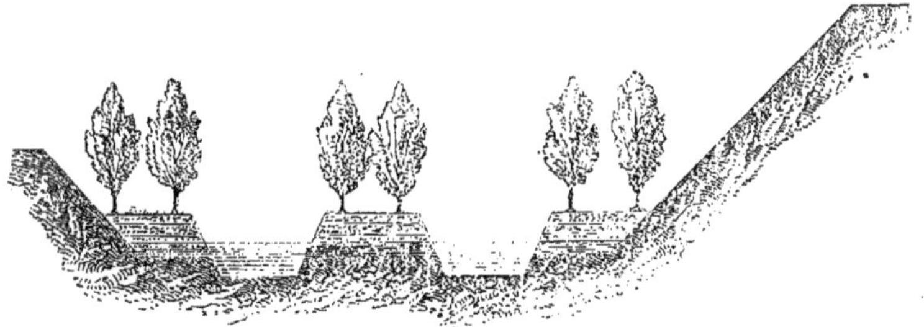

Fig. 89. Plantations des terrains humides (Paris-Orléans).

Ce travail doit être exécuté en été ; l'automne suivant, on procède au boisement (fig. 89).

Dans les terrains *médiocres*, on plante :

| | |
|---|---|
| L'aune, | Le saule-marsault, |
| Le bouleau, | Le saule blanc, |
| Le platane, | Le tilleul de Hollande. |

Les deux dernières essences ne prospèrent pas dans l'argile compacte.

Les couvertures ne sont pas nécessaires dans ces terrains peu exposés à la sécheresse; un binage au mois de mai suffit pendant les deux premières années. Le recépage s'exécute comme dans les plantations dont nous venons de parler.

Les *terrains fertiles* pourront être boisés à l'aide des procédés décrits plus haut; mais on en tirera meilleur parti en les transformant en *oseraies*.

Le sol, exhaussé par plates-bandes de 1 mètre pendant l'été, reçoit la plantation fin février suivant. On choisit pour cela les espèces de saules ci-après :

Saule osier ou osier jaune,
Saule viminal ou osier blanc,
Saule hélice,
Saule pourpre ou osier rouge.

On coupe des boutures de 0m,66 de longueur et 0m,025 de diamètre environ ; on les place sur les deux côtés de la plate-bande à 0m,25 du bord, à 1 mètre de distance entre elles et en quinconce. A l'aide d'un plantoir, on enfonce les boutures en terre aux deux tiers de leur longeur. Au bout de la première année, on coupe les brindilles pour donner de la force aux jets des années suivantes.

Les oseraies exigent peu de frais d'entretien ; — il suffit d'en écarter les bestiaux, de faire quelques binages pendant les premières années et d'enlever avec soin les tiges volubiles des liserons qui, en s'enroulant sur les jeunes brins, les rendraient cassants, et par conséquent impropres à l'usage auquel on les destine.

Les *terrains salants* se traitent comme les précédents, mais le *tamarix gallica* est le seul arbuste qui s'y développe convenablement ; il se plante en bouture comme les oseraies.

Entretien des boisements. — Les parties boisées doivent être autant que possible entourées de clôtures pour les protéger contre la malveillance ou les atteintes des animaux.

Il faut les nettoyer, c'est-à-dire débarrasser les taillis de cinq à dix ans des plantes parasites, telles que épines, ronces, viornes, genêts, bruyère, etc. ; enlever les brins ou jeunes tiges difformes, les plants d'arbrisseaux qui nuiraient à la végétation des arbres ; on a soin toutefois de ne pas dégarnir le sol, car une place vide est promptement desséchée par le soleil, ce qui amène le dépérissement des arbres voisins.

Après la coupe d'un taillis, les souches produisent un certain nombre de brins, trop nombreux pour prospérer tous ; il est donc nécessaire d'en supprimer plusieurs. On doit, pour ces éclaircies, procéder avec prudence et ne dégarnir que successivement, de manière à ne pas exposer le sol à l'action desséchante du soleil.

77. Produits des talus et dépendances. — Les administrations de chemin de fer ont tout avantage à étendre et à entretenir en bon état les gazons, semis et plantations qui peuvent prospérer sur les terrains de leur domaine. Indépendamment de la consolidation qu'elle donne aux talus de la ligne, cette végé-

tation produit encore des fourrages ou du bois dont la valeur peut acquérir une certaine importance. Dans la plupart des cas, l'administration du chemin de fer peut tirer un parti convenable, pour la culture, de l'emplacement de la deuxième voie, si celle-ci n'est pas établie ou ne doit pas l'être dans un délai rapproché.

L'article 3 des *Instructions* de l'inspecteur des travaux des chemins de fer de l'État de Wurtemberg en exploitation prescrit : de mettre aux enchères publiques, pour une location de six années, tous les terrains dont l'administration n'a pas l'emploi immédiat ; de louer au printemps de chaque année le produit des fourrages des talus, bermes, emplacements de carrières ou de dépôts, et même de la deuxième voie (voir plus loin les conditions de ces locations) ; de faire une estimation des produits ligneux, selon leur âge ; enfin, de procéder en automne à la vente des fruits provenant des propriétés.

Pour permettre à l'administration supérieure de suivre dans leur ensemble toutes les branches de ce service, l'inspecteur doit dresser, vers le 1er novembre de chaque année, un état des semences et plantes diverses qui concernent sa section. Cet état se divise en quatre tableaux comprenant :

— Les besoins de la section ;

— Ses produits probables ;

— Les quantités et espèces à tirer des autres sections ;

— Celles que sa section pourra leur fournir.

*Rendement des locations de fourrages et coupes de bois.* — Il est difficile d'indiquer même d'une manière approximative la valeur des produits qu'un chemin de fer peut retirer de la location des fourrages ou de l'abattage de ses plantations. Quelques chiffres cependant pourront donner une idée des sommes à retirer de cet article de recettes.

Ainsi la ligne de Strasbourg à Bâle, dont la mise en exploitation datait de l'année 1840, donnait encore en 1853, c'est-à-dire avec des talus très-vieux et par conséquent épuisés en partie, un produit annuel de 4 200 francs, soit par kilomètre de chemin de fer $\frac{4\,200 \text{ fr.}}{140} = 30$ francs.

La partie des chemins de fer de l'est de la Bavière, concédée le 12 avril 1856 et livrée à l'exploitation dans son entier le 15 octobre 1861, avait, dans l'exercice 1862, produit en récoltes et locations de parcelles et talus 6 420 francs [1], soit par kilomètre $\frac{6\,400 \text{ fr.}}{454} = 14$ fr. 14 c.

Les chemins bavarois de l'Etat ont retiré de leurs terrains, dans l'exercice 1860-1861, une somme de 43 266 francs [2], ce qui donne par kilomètre un rendement de $\frac{43\,266 \text{ fr.}}{1173} = 36$ fr. 80 c.

Le compte rendu de l'administration des chemins de fer badois indique au chapitre de ses recettes un produit de 27 401 fr. 75 c. provenant des locations de terrains et bâtiments. La ventilation de ces deux sources de revenu ne ressortant pas des documents publiés, nous ne pouvons en déduire le produit des terrains pris isolément; quoi qu'il en soit, la recette kilométrique de ce chef est de $\frac{27\,402 \text{ fr.}}{359} = 76$ fr. 15 c.

Comme on le voit, ces rendements sont très-variables et de faible importance; ils pourraient néanmoins être consacrés à des améliorations très-utiles à l'exploitation, surtout si l'administration du chemin de fer portait son attention sur cette source de revenus, qui, en résumé, s'élèvent à 30 et même 80 francs pour un hectare de surface convenablement plantée ou ensemencée et bien entretenue.

78. Fourrages. — L'entretien des talus en herbages consiste à les couper souvent, quand les plantes ont acquis un degré de force suffisant, et, dans tous les cas, avant qu'elles montent en graine. Cette dernière condition doit être observée scrupuleusement par les locataires des fourrages. On exigera du locataire : qu'il emploie la faux seulement sur les parties non plantées, et la faucille dans les autres parties, afin de ménager les jeunes arbres; qu'il débarrasse aussi son lot des chardons ou autres plantes nuisibles pour la végétation et dont la présence n'est pas nécessaire à la consolidation des talus.

[1] Rapport de M. Denis, directeur général, pour l'exercice 1861-1862.

[2] Dixième compte rendu de l'exploitation, p. 24.

Voici les conditions imposées par le chemin de fer royal de Wurtemberg pour la location des fourrages :

Art. 1. L'objet de la location est le produit annuel des talus ou autres propriétés de l'administration. Tous les produits des plantes ligneuses en sont exceptés, la location ne comprenant que le gazon, le trèfle et les autres plantes fourragères. Les produits des ensemencements de l'année courante ne peuvent être coupés que quand les jeunes plantes sont suffisamment vigoureuses. La location cesse le 29 septembre; passé ce jour, il est défendu de couper ou d'enlever aucun fourrage de la parcelle louée.

Art. 2. Les herbes doivent être coupées par un temps sec, avec précaution et non arrachées. Les plantes parasites seront sarclées. La fauchaison se fera de manière que les semences ne s'égrènent pas; le séchage du fourrage s'opérera sur la surface du lot loué et non pas sur la voie ou la plate-forme.

Art. 3. Le locataire se conformera strictement aux règlements du chemin et aux instructions du personnel de la surveillance. Il lui est interdit : de circuler sur la voie et d'enlever le fourrage autrement que d'après les indications préalables du personnel; de marcher sur les talus en temps de pluie, de franchir les clôtures et de communiquer avec les parcelles louées par d'autres voies d'accès que les passages à niveau quand ils sont ouverts; de transporter les fourrages par chariots ou brouettes, ce transport devant s'effectuer uniquement à bras ou à dos d'hommes.

Pour faciliter l'accès des herbages, les cantons à louer sont en général divisés de manière qu'ils touchent à un chemin ou à un passage à niveau. Dans le cas contraire, un droit de passage pour la parcelle enclavée sera réservé sur les autres parcelles touchant aux voies d'accès, et ce conformément aux indications des agents de la surveillance. Au reste, le locataire doit ménager à ses frais des chemins ou entrées quand il n'en existe pas ou quand ceux qui existent ne peuvent être mis à sa disposition.

Art. 4. En cas de dommages et d'infractions aux règlements,

les locataires indemniseront l'administration des dommages causés, et se soumettront, sans opposition, aux punitions infligées par le service de police du chemin ; sous ce rapport, chaque locataire est responsable des infractions commises par les membres de sa famille ou par ses ouvriers.

Art. 5. En cas de résistance ou de désobéissance, le contrevenant encourra la privation de la jouissance du bail, indépendamment de la punition qui pourra lui être infligée.

Art. 6. L'administration ne garantit pas la contenance de la parcelle louée, quand bien même elle serait indiquée dans les actes.

Art. 7. Il est interdit de sous-louer.

Art. 8. Pour les parcelles attenant aux ouvrages d'art et aux rivages, l'administration se réserve le droit de les traverser en tout temps, à pied ou en voiture en cas de besoin, sans que le locataire ait le droit de réclamer aucune indemnité de ce chef.

Art. 9. En général, les locataires n'auront droit à indemnité que dans le cas où ils seraient privés, totalement ou en partie, de la jouissance de la location par l'exécution de travaux de construction.

On prendra pour bases de l'indemnité le prix de la location, l'importance de la surface et la valeur des produits déjà retirés.

Il n'y aura lieu à aucune indemnité pour légers dommages causés aux récoltes par les travaux de réparation ordinaire de la voie et de ses dépendances ou par d'autres circonstances.

Art. 10. La location est faite aux enchères publiques contre payement au comptant ; la récolte ne peut être entamée qu'après versement intégral du prix de la location dans la caisse des agents désignés à cet effet, et sur la présentation de leur quittance au garde-ligne.

Art. 11. Chaque locataire doit fournir une bonne et solide caution.

Art. 12. Les surenchères ne sont pas admises.

La Compagnie des chemins de fer de l'Est fait prendre aux locataires des foins et herbages de ses dépendances l'engagement suivant :

Je soussigné.....

Propose d'acquérir, de la Compagnie des chemins de fer de l'Est, la récolte à faire en la présente année des foins et herbages se trouvant sur les dépendances dudit chemin, entre... et...

Cette récolte me sera vendue pour entrer en jouissance à partir du jour où l'acceptation de la présente soumission me sera notifiée par la Compagnie, et la jouissance, par moi, cessera de plein droit le onze novembre prochain, sans qu'il soit besoin, à cet effet, d'aucun avertissement extra-judiciaire ou autre.

Je déclare soumissionner ladite acquisition aux conditions suivantes :

1° J'extrairai du lot qui m'est affermé tous les chardons, ronces et autres plantes nuisibles sans exception ;

2° La coupe des herbes se fera à la faux dans les parties non plantées et à la faucille dans les parties plantées ;

Elle aura lieu à deux époques seulement, laissées à mon choix; toutes coupes successives et partielles sont interdites ;

3° Il ne pourra, de mon fait, être introduit sur les talus et autres dépendances du chemin de fer aucun troupeau ni aucun animal, sous quelque prétexte que ce soit. En conséquence, l'enlèvement des herbes coupées se fera à dos d'homme par le pied des talus de tranchée ; dans aucun cas, à moins d'autorisation spéciale, je ne pourrai passer ni faire passer sur la plate-forme du chemin de fer, ni la traverser, et je m'interdis également de demander qu'il soit fait dans les clôtures, pour l'enlèvement des herbes dont il s'agit, des ouvertures exceptionnelles ;

Je m'engage à prendre les précautions nécessaires pour qu'aucun dégât ne soit fait aux clôtures ni aux parties plantées des talus, des francs-bords et des autres dépendances du chemin de fer, et à être responsable de tout dommage qui y serait causé par la coupe ou l'enlèvement des herbages faisant l'objet de la présente soumission ;

Je m'engage, enfin, à payer préalablement à toute coupe d'herbe la somme de......, montant du prix sus-mentionné.

Cette somme sera versée à M....., chef de section, sur sa simple quittance.

Fait à....., le..... mil huit cent.....

79. **Coupes de bois.** — Nous avons indiqué précédemment les soins à donner et les travaux à effectuer, tels que : binages, couvertures et recépages, pour entretenir les plantations et en retirer tous les produits qu'elles sont susceptibles de donner.

Les boisements des talus ou parcelles bien exécutés peuvent être exploités différemment, selon les espèces d'arbres qui les constituent. S'ils consistent en oseraies, la coupe de la deuxième année est déjà productive, mais elle devient plus avantageuse d'année en année. C'est en février ou au plus tard en mars qu'il faut faire la coupe des osiers. Les pousses sont détachées à $0^m,01$ ou $0^m,02$ du tronc, qui devient ainsi une sorte de têtard ; celles de la deuxième année ont déjà $1^m,33$ à 2 mètres de haut. La troisième année, elles ont communément $2^m,50$ à 3 mètres.

Les produits des oseraies ont un écoulement faciled ans l'industrie privée ; mais ils peuvent être avantageusement utilisés par l'administration même du chemin de fer sous forme de plants pour repeupler des talus, des haies, etc., et de liens pour les fagots provenant des taillis des autres boisements.

L'exploitation du tamarix se fait en taillis tous les six ou huit ans.

Les espèces ligneuses autres que les résineux sont exploitées à l'âge de dix ou douze ans, sous forme de taillis.

L'époque la plus favorable pour la coupe des bois en taillis est la fin de l'hiver, les grands froids passés. La coupe des brins doit être faite le plus près possible de la souche et dans une direction inclinée, afin de rejeter l'eau des pluies qui, en séjournant sur la plaie, détermine la carie.

Quant aux arbres résineux, qui ne sont pas d'ailleurs soumis au recépage, on ne les exploite que dans un âge très-avancé et lorsqu'ils produisent des graines qui peuvent déterminer un repeuplement naturel. Il convient de ne procéder à cette exploitation qu'au moyen d'éclaircies.

80. **Pépinières.** — Un chemin de fer en exploitation a constamment besoin de jeunes plants, soit pour l'entretien des haies ou boisements, soit pour l'établissement de nouvelles planta-

tions nécessitées par la construction d'embranchements ou le déplacement des plantations existantes.

Une administration a-t-elle avantage à donner ces travaux et fournitures à l'entreprise ou à les effectuer avec ses propres ressources? La réponse à cette question est trop clairement établie par les extraits qui suivent, pour qu'il soit nécessaire de rien ajouter aux indications des autorités que nous invoquons.

En général, dit M. du Breuil dans son ouvrage déjà cité, les administrations publiques trouveront plus d'avantage à créer des pépinières qu'à s'adresser à l'industrie privée. Elles pourront se procurer ainsi plus facilement les espèces ligneuses qu'elles voudront planter. Ces arbres, plus convenablement élevés dans le voisinage de la plantation, souffriront moins du transport, pourront être déplantés avec plus de soin et revenir à un prix moins élevé que si on les demandait à l'industrie privée. Mais ces avantages ne se produiront que si les conditions suivantes peuvent être remplies :

1° Posséder un terrain d'une étendue suffisante et d'une nature convenable ;

2° Disposer d'ouvriers intelligents et parfaitement au courant de ces sortes de travaux.

Au sujet des frais que la création et l'entretien des pépinières peuvent occasionner, nous extrayons du rapport de M. Vicaire, mentionné plus haut, les indications suivantes :

Dès le début de l'opération du reboisement des montagnes, l'administration a senti la nécessité de se soustraire à l'obligation de recourir au commerce, dont les prix sont élevés et dont les produits ne sont pas toujours irréprochables. Elle commence à recueillir les fruits de sa prévoyance.

La pépinière d'Arpajon, comprenant 7 hectares 43 ares, a coûté, depuis son établissement jusqu'à la fin de 1863, la somme de 51 252 fr. 60 c. pour acquisition du terrain, construction d'une maison forestière, travaux de préparation et d'entretien, achats de graines, frais de garde et autres dépenses de toute nature.

Elle a fourni, depuis son installation, 4 365 310 plants résineux ou feuillus d'une valeur de 42 712 fr. 60 c. d'après les prix du commerce.

La dépense annuelle d'entretien, de renouvellement des planches épuisées et de surveillance s'élèvera à 10 ou 12 000 francs, et le rendement de la pépinière, par an, sera de 6 à 8 millions de plants qui, à raison de 10 francs en moyenne, représentent une valeur de 60 à 80 000 francs.

La pépinière de Bourg, d'une contenance de 4 hectares, a occasionné, jusqu'au 31 janvier 1863, une dépense totale de 29 107 fr. 53 c., et a fourni 2 millions de plants, d'une valeur de 20 000 francs.

## § II.

### CLÔTURES.

81. But et utilité. — Les clôtures de chemin de fer ont pour but de mettre obstacle à l'introduction des personnes étrangères au service et des animaux sur la voie ou ses dépendances. Ce résultat, ne pouvant être obtenu d'une manière absolue que par des moyens excessivement coûteux, les administrations ont dû se contenter d'établir sur la majeure partie de l'étendue de leurs lignes des clôtures plus ou moins efficaces, mais d'un prix relativement peu élevé.

En France, l'administration, en prescrivant que « tout chemin de fer sera clos des deux côtés et sur toute l'étendue de la voie, suivant un mode de clôture et les dispositions autorisés, » n'a point eu en vue les intérêts particuliers, mais bien la sécurité publique seulement. Aussi les clôtures généralement employées sont plutôt ce que l'on peut appeler des *clôtures morales* que de véritables obstacles à l'introduction des bêtes et gens sur la voie.

Quelques propriétaires riverains se sont plaints de l'insuffisance des clôtures, et de la facilité que les divers systèmes employés donnaient à l'accès du bétail dans l'enceinte de la ligne. Ils ont même attaqué les Compagnies en dommages-intérêts pour accidents survenus à leurs animaux qui avaient pu s'introduire sur la voie: d'autres ont voulu obliger les administrations de chemin de fer à modifier leurs clôtures. Les pouvoirs publics ont repoussé ces prétentions [1], par la raison que le mode de clôture appliqué par les chemins de fer ayant été approuvé par l'administration supérieure, conformément à la clause du cahier des charges citée plus haut, il n'y avait lieu d'exiger d'elles qu'un entretien convenable.

Mais depuis que la question des *chemins de fer* dits *à bon marché* est à l'ordre du jour, on s'est demandé s'il n'y aurait pas à réaliser une économie de 2 000 à 3 000 francs par kilomètre, coût de l'établissement des clôtures courantes.

A ce sujet, la commission chargée de l'enquête de 1862 a indiqué que dans beaucoup de cas les clôtures sont inutiles ou trop coûteuses [2], et a proposé au ministre de supprimer la prescription législative générale qui lie sous ce rapport le gouvernement ainsi que les Compagnies, et de laisser à l'administration le soin de prononcer, non-seulement sur le mode de clôture, mais sur la nécessité même d'une clôture quelconque.

Jusqu'en 1865, avons-nous dit — *Introduction* —, le gouvernement ne prit aucune décision à cet égard; mais depuis la loi du 12 juillet 1865, sur les chemins de fer d'intérêt local, l'administration supérieure est entrée dans la voie libérale proposée par la commission d'enquête et recommandée par la nouvelle commission sur les chemins de fer d'intérêt local.

L'art. 4 de cette dernière loi porte : « le Préfet peut dispenser de poser des clôtures sur tout ou partie du chemin.

« Il peut également dispenser d'établir des barrières au croisement des chemins peu fréquentés. »

Le mode de clôture généralement adopté en France consiste en une plantation de haies vives remplacée provisoirement, jusqu'à ce qu'elle soit suffisamment défensive, par une clôture en bois ou en fil de fer.

[1] Conseil d'État, 25 mai 1859. — Sénat, séance du 12 février 1864 : Rapport de M. le comte de Lesseps.

[2] *Enquête sur l'exploitation et la construction des chemins de fer*, p. CXXX.

En Angleterre, tous les chemins sont pourvus de clôtures en bois, mais les haies vives ne s'y rencontrent pas toujours. Aux clôtures coûteuses on a substitué sur quelques embranchements, en Irlande, de simples fossés dont le déblai est rejeté sur la limite du chemin de fer et disposé en cavalier qui forme défense.

A peu d'exceptions près, les chemins de fer allemands, belges, suisses et espagnols, ne sont pourvus de clôtures que dans les parties de lignes où cette disposition est reconnue indispensable pour prévenir les actes de malveillance ou assurer le service, comme aux abords des villes importantes, des passages à niveau à grande circulation, dans les pâturages, etc.; sur tout le reste du parcours, même lorsque des routes assez fréquentées suivent la voie sur une certaine étendue, il n'y a souvent pour toute séparation qu'un fossé et un cavalier [1].

82. Haies vives. — Les clôtures sèches n'ont qu'une durée très-limitée et réclament un entretien assez coûteux. On leur substitue, quand on le peut, des haies formées de végétaux à croissance rapide et suffisamment vigoureux pour permettre l'enlèvement des clôtures sèches dans le plus court délai possible.

L'entretien des haies vives ne laisse cependant pas de prendre quelqu'importance en certains cas, de telle sorte qu'il peut être quelquefois plus économique de conserver les clôtures sèches — 89 —.

[1] Sur le chemin de fer turc Rustschuck-Varna (230 kilomètres), récemment construit, cette dernière précaution est complétement omise, de telle sorte que les animaux au pâturage franchissent la voie, souvent même devant le train. Il n'est pas rare non plus de rencontrer des bestiaux endormis entre les rails, ce qui, quelquefois, amène des déraillements, bien que les machines soient munies de l'appareil employé en Amérique pour rejeter en dehors de la voie les objets qui l'encombrent.

L'administration turque s'est décidée à subir les inconvénients de l'absence de clôtures à la suite de l'expérience faite sur la petite ligne de Czernawoda-Kustendje. En premier lieu, cette ligne était garnie de clôtures; mais, par les passages à niveau incomplétement gardés, les bestiaux s'introduisaient sur la voie. Quand un train arrivait, les animaux ne pouvant plus s'échapper latéralement, suivaient la voie et se trouvaient bientôt atteints par la machine. A la suite d'accidents graves résultant de ces dispositions, l'administration a fait supprimer les clôtures.

*Forme*[1]. — Les haies doivent être plantées à $0^m,50$ de la limite des propriétés voisines du chemin de fer. On leur donne ordinairement une hauteur de $1^m,33$ à $1^m,66$ sur $0^m,40$ à $0^m,50$ d'épaisseur (fig. 90). Ces dimensions varient selon la localité; les plus faibles sont adoptées sur les points où l'assèchement de la voie laisse à désirer, et où, par conséquent, il faut laisser à l'air toute liberté de mouvement.

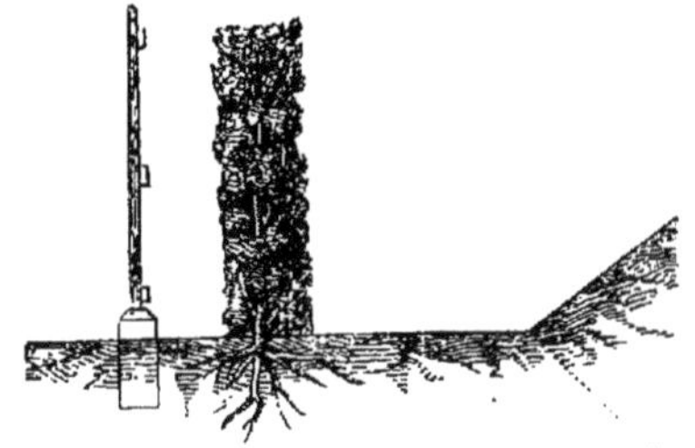

Fig. 90. Haie plantée en position normale. $\frac{1}{50}$.

Dans quelques cas particuliers, comme au chemin de fer de Strasbourg à Bâle, où la largeur des emprises est insuffisante pour maintenir la haie à la distance légale, on incline les haies vers leur base, puis on les élève verticalement (fig. 91); mais les haies ainsi établies souffrent beaucoup de la sécheresse, leurs racines ne pouvant pas s'enfoncer profondément à cause des tontes fréquentes. Sur quelques lignes, on plante de distance en distance un arbre de haut jet. Cette forme est vicieuse, car les arbres, en se développant, épuisent le sol environnant au détriment des jeunes plants.

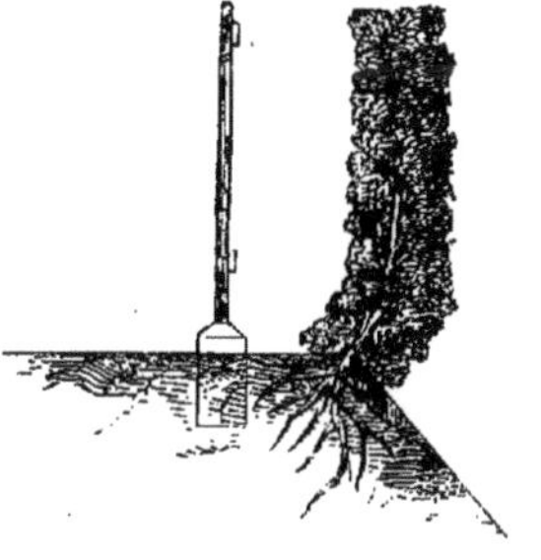

Fig. 91. Haie à la crête d'un talus. $\frac{1}{50}$.

*Choix des essences. — Appropriation au climat et au sol.* — Les essences les plus propres à la formation des haies sont celles qui satisfont le mieux aux conditions suivantes :

— Croître en lignes serrées ;

— Présenter constamment une tige bien garnie de rameaux ;

— Avoir des racines peu traçantes et sans influence fâcheuse pour les propriétés riveraines ;

— Supporter des tontes fréquentes ;

[1] Du Breuil, *Arboriculture des ingénieurs*.

— Se maintenir en bon état de végétation malgré la contrariété apportée à leur croissance.

Voici la liste des essences rangées suivant le climat, la nature du terrain et l'ordre de préférence à leur donner.

Pour le nord, l'est et l'ouest de la France :

*Sols argileux.*

Aubépine.
Prunellier sauvage.
Poirier sauvage.
Nerprun cathartique.
Erable champêtre.
Houx commun.
Pommier sauvage.
Hêtre.
Charme.
Orme.

*Terrains salants.*

Tamarix gallica.
Hippophaé rhamnoïde.

*Sols siliceux.*

Aubépine.
Prunellier sauvage.
Poirier sauvage.
Nerprun cathartique.
Prunier de Sainte-Lucie.
Charme.
Epine-vinette.
Orme.
Oranger des Osages (*maclura aurantiaca*).
Olivier de Bohême.

*Sols calcaires.*

Aubépine.
Prunellier sauvage.
Nerprun cathartique.
Prunier de Sainte-Lucie.
Epine-vinette.
Orme.

Pour le midi de la France :

*Sols argileux.*

Aubépine.
Prunellier sauvage.
Poirier sauvage.
Paliure.
Grenadier.
Chêne kermès.
Erable de Montpellier.
Mûrier blanc.
Olivier sauvage.

*Sols siliceux.*

Aubépine.
Prunellier sauvage.
Poirier sauvage.
Prunier de Sainte-Lucie.
Paliure.
Grenadier.
Chêne kermès.
Erable de Montpellier.
Mûrier blanc.

Olivier sauvage.
Hippophaé rhamnoïde.
Olivier de Bohême.

*Terrains salants.*

Tamarix gallica.
Atriplex halimus.
Hippophaé rhamnoïde.

*Sols calcaires.*

Aubépine.
Prunellier sauvage.
Prunier de Sainte-Lucie.
Paliure.
Erable de Montpellier.
Chêne kermès.
Olivier sauvage.

Dans les terrains siliceux, M. Vilmorin conseille, pour former des haies, d'employer l'ajonc ou jonc marin qui se sème en ligne, à raison de 10 kilogrammes pour 100 mètres. Il faut seulement avoir la précaution de préserver les jeunes plants de la dent des bestiaux pendant les deux premières années; au bout de trois ans, la clôture est suffisamment défensive.

On peut encore établir des haies très-résistantes avec le pin silvestre, l'épicéa, le chêne, le cornouiller. D'après M. Burger, ancien conseiller d'État et professeur d'agriculture en Autriche, le pin mérite la préférence dans toutes les contrées où la température permet la culture de cet arbre. Il supporte facilement la transplantation lorsqu'il est jeune ; il croît rapidement et forme un massif dont l'impénétrabilité ne le cède qu'à celle du cornouiller, le plus épais des arbrisseaux, et ne sert point de séjour et d'aliment aux chenilles. En Corinthie et surtout en Styrie, on ne plante pour ainsi dire que des haies de pin, qui peuvent d'ailleurs durer plus de cinquante ans.

Lors de la construction des chemins de fer badois, on avait planté des mûriers pour former les haies de clôture; cette espèce ne réussit pas, et on la remplaça par diverses essences appropriées au sol et à la localité, telles que le saule, le troène, etc.

Nous ferons observer toutefois que le saule se dégarnit par le pied et qu'il faut prendre la précaution, en le plantant, de l'incliner à 45 degrés pour que la haie soit convenablement fournie dans le bas.

En général, on fait bien de ne pas mélanger plusieurs espèces pour former la même haie, car les plus fortes se nourrissent au détriment des plus faibles, les anéantissent et occasionnent ainsi des vides. Quand on veut varier les espèces, il faut les répartir sur plusieurs sections distinctes.

83. Préparation du sol. — Formation des haies. — Dans le courant de l'été, on ouvre une tranchée de 0m,75 de largeur et de profondeur en moyenne. Les mottes doivent être brisées, la terre ameublie et purgée avec soin des herbes, des pierres et des racines. On réunit la terre végétale de manière à la placer en contact immédiat avec les racines des jeunes plants.

Sauf le plant de prunier de Sainte-Lucie, qui ne doit être âgé que d'un an, tous les plants auront deux ans, dont un de repiquage en pépinière. Les plants de forêts sont proscrits d'une façon absolue.

Le diamètre des brins, mesuré à 0m,05 au-dessus du collet de la racine, sera de 0m,005 au minimum.

Chaque brin sera parfaitement sain, vivace, bien enraciné et *habillé* au moment de la plantation, c'est-à-dire que les extrémités des racines seront recoupées en bec de flûte, généralement à 5 centimètres à partir du collet de la racine.

La plantation se fait en automne et, autant que possible, en novembre. La tranchée est remplie, comme on l'a vu plus haut, les jeunes plants étant disposés sur une ou deux lignes au milieu de la fouille et à des distances variables, selon les essences. On les écarte ordinairement de 0m,07 à 0m,10 les uns des autres, de sorte qu'il en entre 10 à 12 par mètre courant. Cependant, certaines essences, tels que le maclura, l'argousier, le paliure épineux, doivent être écartées de 0m,12 à 0m,13. Quand le terrain est de bonne qualité, on se contente de fouiller le sol sur 10 centimètres de largeur et 0m,20 à 0m,25 de profondeur ; il est bon de ménager à la surface du sol une dépression dans l'axe de la fouille pour ramener l'eau vers les plants.

Il faut, dès le premier été, défendre les jeunes plants contre la sécheresse ; on obtient ce résultat au moyen de deux binages pour les terrains compactes, ou de couvertures pour les sols légers. Les binages ou ameublissements du sol jusqu'à 0m,06 de profondeur s'effectuent au moyen de la fourche à dents plates, de la houe fourchue ou de la binette. Au chemin de l'Ouest, on se sert de la binette à crochets (fig. 92, A) ou de la binette simple (fig. 92, B).

Au printemps, pour les terrains légers, et en automne dans les sols compactes, on exécutera un labour avec les mêmes instruments, de chaque côté de la haie.

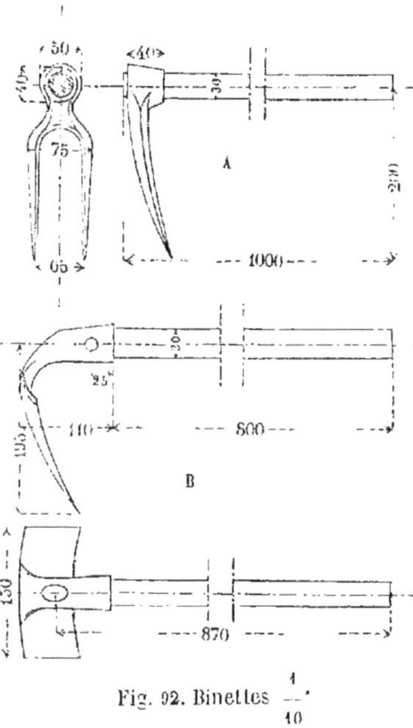


Fig. 92. Binettes $\frac{1}{10}$.

Ces opérations seront répétées l'année suivante, et ce sera seulement vers la fin de cette seconde année, quand les plants seront bien repris, qu'on procédera au recépage, à 0m,06 environ au-dessus du sol. Après la chute des feuilles, on plante, à 3 mètres de distance les uns des autres, des pieux ayant la hauteur que doit atteindre la haie (fig. 93). Puis on incline, les unes sur les autres, les jeunes tiges développées à la suite du recépage, en les couchant à 45 degrés; on enlace les branches les unes dans les autres, en divisant également les brins à droite et à gauche de la haie. On maintient la haie avec une, deux ou trois lisses fixées aux pieux, selon la hauteur qu'elle atteint.

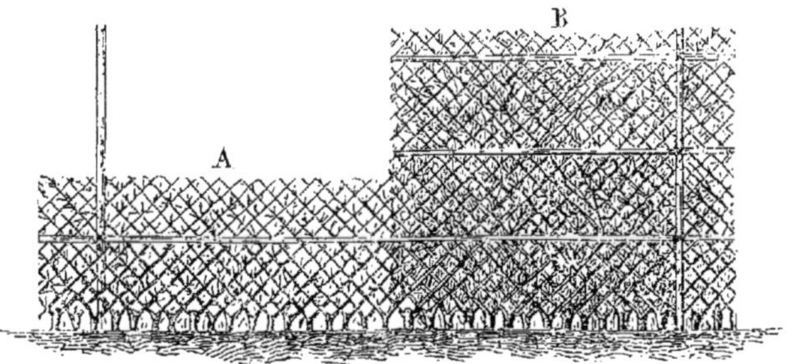


Fig. 93. Haie croisée à 4 ans — Haie croisée à 6 ans.

La figure 93 indique la disposition d'une haie croisée à deux périodes de sa croissance. L'une des moitiés, A, représente la haie dans sa quatrième année; l'autre, B, lorsqu'elle est parvenue à sa sixième année.

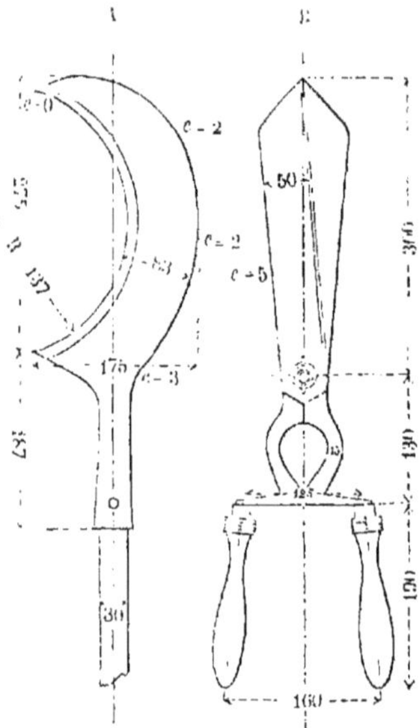

Fig. 94. Croissant et cisailles. $\frac{1}{10}$.

La disposition des brins croisés favorise singulièrement la croissance et la formation complète de la haie.

Pendant la troisième année qui suit le recépage, on appliquera une tonte qui sera répétée tous les deux ans, toujours en hiver, bien entendu, et *jamais pendant la période active de la végétation*. On se sert pour cette opération du croissant (fig. 94, A) et des ciseaux à tondre (fig. 94, B).

84. Entretien des haies. — Les haies formées ne demandent pour leur entretien annuel qu'un binage en été, un labour avant ou après l'hiver, une tonte au printemps sur les deux faces et au sommet.

Lorsqu'elles ont trop d'épaisseur, on pratique un élagage sur le vieux bois. Dans les haies verticales, cet élagage produit des vides très-marqués, ce qui n'a pas lieu pour les haies croisées. Ces vides s'élargissent promptement par le passage que les piétons y établissent, si on ne met pas obstacle à la circulation.

Quand le besoin de remplacer les brins morts ou trop languissants se fait sentir, il faut procéder sans délai au remplacement; sinon, les racines des plantes voisines envahiraient l'espace vide. Pour les empêcher d'y pénétrer, on sépare les parties remplacées du reste de la haie, au moyen de planches ayant toute la largeur et toute la profondeur de la fouille. Autant que possible, on choisira, pour les remplacements, des plants de même âge que ceux environnants.

Le *rajeunissement des haies* devient nécessaire quand, fatiguées par les tontes et élagages successifs, elles dépérissent. Ce rajeunissement s'obtient en recépant les haies à quelques centimètres au-dessus du sol. Cette opération doit être effectuée à la fin de l'hiver. Au printemps, on exécute un labour profond avec la bêche trident ou la houe bident. Si le sol n'est pas calcaire, on lui appliquera avant l'hiver, sur une largeur de 0m,70 de chaque côté de la haie, un marnage abondant, qui est enterré par le labour du printemps.

Enfin, pour *restaurer* les haies dont les brins ont crû verticalement, on les recépera comme il est dit plus haut, et à la fin de la seconde année, la haie sera complétement rétablie.

Les ouvriers chargés de l'entretien des haies doivent faire deux échenillages, l'un après la chute des feuilles, l'autre au commencement de l'été. Il faut munir d'un racloir en fer les ouvriers chargés de ce travail, afin d'éviter les accidents inflammatoires qui résultent du contact des mains avec le duvet dont certaines chenilles sont recouvertes. Les nids, bourses et tissus de chenilles seront brûlés à chaque opération plutôt qu'écrasés.

*Fourniture et formation des haies à l'entreprise.* — Quand une administration ne dispose pas de pépinières et du personnel nécessaires, elle confie à un entrepreneur la fourniture et l'entretien des haies jusqu'à ce qu'elles soient défensives. Quelquefois, comme au chemin de fer de l'Ouest, l'entrepreneur est en même temps chargé d'entretenir les clôtures sèches et les fossés supplémentaires jusqu'à la réception définitive, qui a lieu dix ans après la réception provisoire. L'entrepreneur est tenu, dans ce cas, d'avoir en permanence des ouvriers, — des gardes-haies, — munis de tous les outils nécessaires, tels que houe, binette, ratissoire, croissant, ciseaux, sécateur, bêche, marteau, masse et tenailles, enfin d'un approvisionnement de fil de fer et de pointes.

Ces ouvriers sont assermentés et astreints à certaines prescriptions — Chap. XI —.

En Belgique, plusieurs chemins de fer ont appliqué un système différent pour établir leurs haies. Ils ont traité avec un entrepreneur pour la clôture du chemin, en divisant les haies en trois classes : la première, formée de sept plants par mètre courant, de $1^m,20$ de hauteur, maintenus par deux piquets et trois lattes parallèles ; la deuxième, de sept plants, de $0^m,60$ de hauteur, sans piquets ni lattes ; la troisième enfin, du même nombre de plants, mais de $0^m,30$ de hauteur seulement. L'entrepreneur garantissait la bonne venue des haies pendant trois ans, et remplaçait à ses frais tous les plants, piquets et lattes qui venaient à manquer pendant le délai de garantie.

85. Prix de revient des haies. — Par marchés passés en 1851 et 1852, la Compagnie du chemin de fer de l'Est a traité pour la fourniture, la pose et l'entretien des haies vives, aux conditions suivantes :

| | fr. |
|---|---|
| A la réception provisoire, le mètre courant . . . . . | 0,28 |
| A la fin de chaque année jusqu'à la septième, 0,06 × 7 | 0,42 |
| A la fin de la huitième année après réception définitive | 0,12 |
| Total. . . . | 0,82 |

En 1854, la Compagnie du chemin de fer du Midi a fait un marché analogue, établi sur les bases qui suivent :

| | fr. |
|---|---|
| Fourniture, transport et plantation de haies vives . . | 0,35 |
| Entretien pendant dix ans à raison de 0 fr. 05 c. par an. | 0,50 |
| Total. . . . | 0,85 |

Les payements étaient ainsi échelonnés : à la réception provisoire, 50 pour 100 du prix des haies ; 30 pour 100 au 1er juin suivant, lorsque les $\frac{2}{3}$ des plants avaient donné des feuilles ; 10 pour 100, au bout de la cinquième année ; 10 pour 100, au bout de la dixième année, après réception définitive.

Les travaux d'entretien se payaient, par trimestre, à raison de 90 pour 100 du montant dû pour le trimestre écoulé, sur le pied de 0,05 par mètre et par an ; 5 pour 100 du prix d'entretien des cinq premières années étaient soldés à l'expiration de la cinquième année, et les 5 pour 100 derniers, à la fin de la dixième année.

La Compagnie de l'Ouest a conclu, en 1854, pour la fourniture des haies vives et leur entretien pendant dix ans, un marché dont voici les prix par mètre courant :

| | fr. |
|---|---|
| Fourniture et plantation. . . . . . . . . . . . . . | 0,20 |
| Entretien pendant huit ans à raison de 0 fr. 05 c . . | 0,40 |
| Total. . . . | 0,60 |

L'entrepreneur était chargé, en outre, de l'entretien des clôtures sèches, à raison de 0 fr. 03 c. par mètre et par an.

Les payements se sont ainsi effectués :

Pour la fourniture, 90 pour 100 du prix fixé, au fur et à mesure de l'avancement; 5 pour 100, au bout de trois ans, pour les haies en bon état; 5 pour 100, à la fin de la dixième année.

Pour l'entretien, 90 pour cent, à la fin de l'année.

Sur le chemin de fer du Nord, les fourniture et plantation des haies de la ligne de Paris à Soissons étaient ainsi arrêtées, d'après un marché passé en 1856 :

| | fr. |
|---|---|
| Fourniture et plantation . . . . . . . . . . . | 0,18 |
| Entretien pendant 6 ans à 0 fr. 06 c.. . . . . . . | 0,36 |
| Total. . . | 0,54 |

Enfin, on a traité sur les chemins de fer belges aux prix suivants pour la fourniture des haies indiquées plus haut :

| | fr. |
|---|---|
| Haie de première classe (1m,20). . . . . . . . . | ,120 |
| » de deuxième classe (0m,60). . . . . . . . . | 0,60 |
| » de troisième classe (0m,30). . . . . . . . . | 0,30 |

garantie et entretien pendant trois ans à la charge du fournisseur.

Voici le sous-détail d'une entreprise de plantation de haies, au mètre courant :

| | fr. |
|---|---|
| — Défoncement d'une tranchée de 1 mètre de largeur sur 0m,35 de profondeur. . . . . . . . . | 0,20 |
| — Fourniture de 12 plants ayant 3 à 6 millimètres de diamètre . . . . . . . . . . . . . . | 0,12 |
| — Transport, taille, plantation . . . . . . . . . | 0,02 |
| — Remplacement des plants morts, faux frais, outils. | 0,04 |
| — Entretien et garantie pendant un an à partir du 1er juin qui suit la plantation, 4 binages, échenillages, etc. | 0,08 |
| Total. . . | 0,46 |

Sur quelques chemins prussiens, après avoir établi la clôture sèche en latice dont nous verrons plus loin les description — 91 —, on a planté six à sept boutures d'épine blanche ou de prunier sauvage, au prix de 0 fr. 33 c. par mètre courant, y compris l'entretien jusqu'à l'époque où la haie atteint une hauteur de 1m,25, et où la clôture en latice n'est plus nécessaire, ce qui a lieu au bout de quatre à six années.

Combinée avec le prix de la clôture sèche en latice, estimé à 1 fr. 28 c. par mètre, la clôture de la ligne reviendrait à 1 fr. 61 c. par mètre courant.

86. Haies fruitières. — Dans le compartiment réservé à la section des chemins de fer, on a vu, lors de l'Exposition universelle de 1867, un magnifique spécimen de haie fruitière. L'idée ingénieuse de chercher à tirer parti de la nécessité où se trouvent quelques lignes de se clore ne nous semble cependant pas destinée à recevoir de bien importantes applications, car les arbres fruitiers réclament un terrain de bonne qualité, — ce que l'on rencontre assez rarement —, un arrosage fréquent pendant les premières années, — chose difficile à exécuter sur un grand nombre de points, — et enfin un treillage pour les supporter.

Si le treillage est supprimé, la haie fruitière devient difficilement défensive.

87. Clôtures sèches : A, — Clôtures a lisses. — Comme nous l'avons vu précédemment — 81 —, la voie d'un chemin de fer et ses dépendances sont séparées des propriétés riveraines par une clôture, qui consiste généralement en une haie vive;

mais jusqu'à ce que celle-ci ait atteint un degré de croissance suffisant, la séparation est obtenue au moyen de clôtures sèches.

Il existe un grand nombre de types de clôtures que l'on applique selon les localités; mais quel que soit le système adopté, il est important de le maintenir constamment en bon état d'entretien; car si, à la suite d'un accident survenu sur la ligne en exploitation, on pouvait constater que la clôture présentait des lacunes ou autres défectuosités, en un mot, si elle ne se trouvait pas dans l'état où l'administration supérieure en a opéré la réception, la direction du chemin de fer s'exposerait à des réclamations en dommages-intérêts, sans préjudice des autres conséquences qu'une décision judiciaire pourrait entraîner.

Les clôtures doivent suivre exactement le tracé des limites du domaine du chemin de fer — 94 —.

La plus simple de toutes les clôtures sèches est celle en bois de pin des Landes dite *à deux lisses*, appliquée aux chemins de fer du Midi, soit sur les parties où la vaine pâture n'existe pas et où se trouvent seulement des terres livrées à la culture, soit dans les lieux fréquentés par des troupeaux de bêtes à cornes.

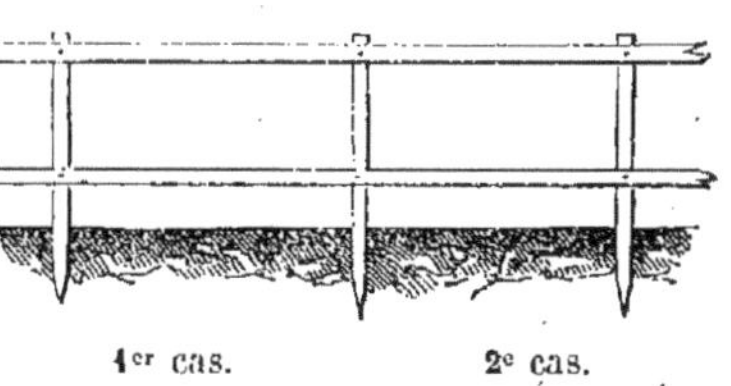

Fig. 95. Clôture à deux lisses (Midi). $\frac{1}{100}$.

Elle est formée de piquets de 1m,80 de longueur sur 0m,08 à 0m,09 d'équarrissage, espacés de 2 mètres dans le premier cas et de 1m,75 dans le second, et réunis par deux cours de lisses de 3 à 4 centimètres d'épaisseur sur 0m,10 à 0m,12 de hauteur (fig. 95).

Les piquets sont affûtés à leur partie inférieure sur 0m,25 de longueur et enfoncés en terre de 0m,50 à 0m,60. Les lisses, taillées en biseau à leurs extrémités, se recouvrent sur une longueur de 0m,15. On les réunit, soit par deux pointes rivées, soit par des liens en fil de fer, et on les fixe à chaque piquet par des pointes de 0m,08 à 0m,10 de longueur.

Dans les forêts fréquentées par des troupeaux de moutons,

les piquets sont encore espacés de 2 mètres, mais ils portent trois cours de lisses, les deux cours inférieurs n'ayant que $0^m,05$ à $0^m,06$ de largeur (fig. 96).

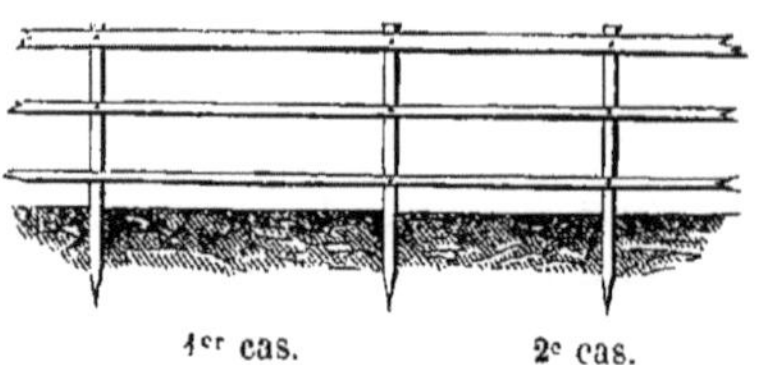

Fig. 96. Clôture à trois lisses. $\frac{1}{100}$.

Aux abords des stations et quand la ligne est bordée par des chemins, la clôture conserve encore trois lisses, mais les piquets ne sont plus espacés que de $1^m,50$ d'axe en axe.

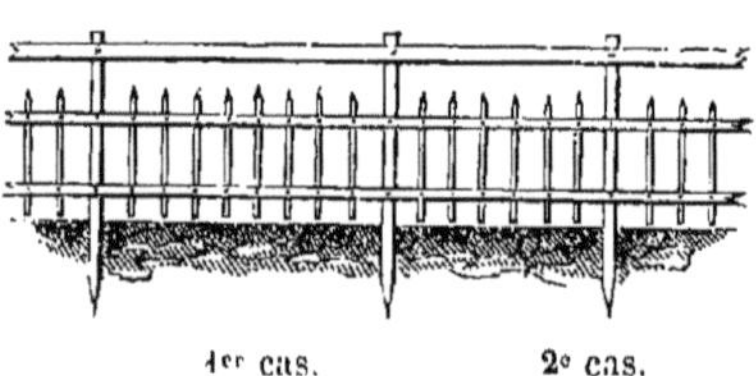

Fig. 97. Clôture à 3 lisses avec échalas. $\frac{1}{100}$.

Enfin, sur certains points très-fréquentés, les deux cours de lisses inférieurs sont réunis par des échalas de $0^m,75$ de hauteur, $0^m,03$ à $0^m,04$ de largeur, et $0^m,02$ à $0^m,03$ d'épaisseur, distants les uns des autres de $0^m,20$ d'axe en axe (fig. 97).

Voici quel était le prix du mètre courant de ces clôtures :

| | | | | | fr. |
|---|---|---|---|---|---|
| N° 1. | Deux lisses avec piquets | | à 2 mètres d'écartement. | | 0,48 |
| » 2. | » | » | $1^m,75$ | » | 0,53 |
| » 3. | Trois lisses | » | 2 mètres | » | 0,53 |
| » 4. | » | » | $1^m,50$ | » | 0,60 |
| » 5. | » | avec lattes et piquets à | 2 mètres | » | 0,74 |
| » 6. | » | » » | $1^m,50$ | » | 0,83 |

Les bois des piquets et lisses étant fournis à l'entrepreneur, la Compagnie lui payait pour transport, fourniture et pose des clôtures ci-dessus, les prix suivants :

| | fr. |
|---|---|
| N° 1. . . . . . . . . | 0,15 |
| » 2. . . . . . . . . | 0,18 |
| » 3. . . . . . . . . | 0,20 |
| » 4. . . . . . . . . | 0,22 |
| » 5. . . . . . . . . | 0,41 |
| » 6. . . . . . . . . | 0,45 |

L'entrepreneur était chargé de l'entretien des clôtures sèches et des haies vives pendant un délai de dix ans; il devait les maintenir constamment en bon état; quand les haies avaient atteint une hauteur minima de 1 mètre et une épaisseur de $0^m,30$, l'entreprise avait le droit d'enlever les clôtures sèches correspondant à ces parties de haies, pour en employer les matériaux à l'entretien des autres clôtures sèches. Il devait à toute réquisition, et dans les quarante-huit heures, réparer toute brèche de clôtures produite par une cause quelconque.

Les clôtures à trois lisses de la Compagnie de l'Est sont formées au moyen de piquets ayant une longueur de $1^m,70$ et une section circulaire, demi-circulaire ou triangulaire, de $0^m,21$ de périmètre moyen, et de lisses de $2^m,70$ de longueur minima sur $0^m,04$ à $0^m,05$ de largeur et $0^m,02$ d'épaisseur. Les essences de bois autorisées sont : le chêne, le châtaignier ou l'acacia.

Les piquets affûtés et durcis au feu sont enfoncés à la masse, sur une longueur de $0^m,60$ dans la terre, avec un écartement de $1^m,30$ d'axe en axe.

Les lisses, reliées entre elles et aux piquets par du fil de fer n° 7 ($1^{mm},2$), sont de plus fixées par un clou à chacune de leurs intersections entre elles et avec les piquets. La lisse inférieure est à $0^m,155$ du sol, la deuxième à $0^m,355$ de la précédente, et la lisse supérieure à 1 mètre du sol (fig. 98).

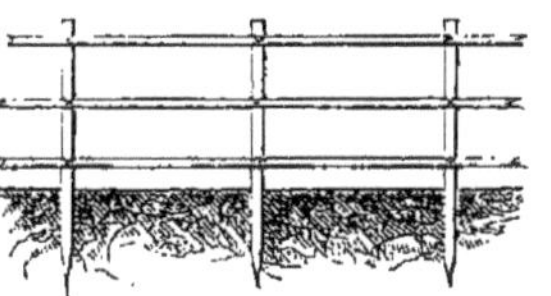
Fig. 98. Clôture à trois lisses (Est). $\frac{1}{100}$.

Sur certaines sections, la lisse inférieure était placée à $0^m,30$ du sol, la lisse supérieure à 1 mètre et la troisième à égale distance des deux autres (fig. 99). Nous préférons cette dernière disposition, parce qu'elle oppose plus de difficulté à l'introduction sur la voie et se trouve moins exposée à la rupture.

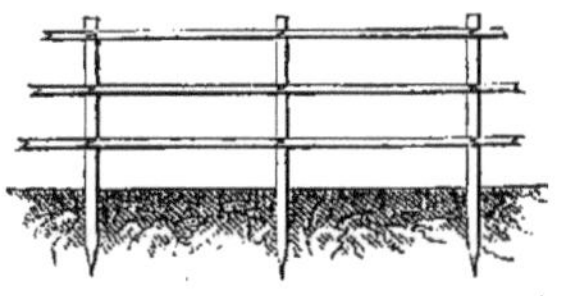
Fig. 99. Clôture à 3 lisses (Est). $\frac{1}{100}$.

Le prix payé aux divers entrepreneurs a varié pour ces clôtures entre 0 fr. 45 c. et 0 fr. 57 c. par mètre courant. Les clôtures à trois lisses de la section d'Épinal à Aillevillers (Est), établies avec piquets en chêne et lisses en châtaignier refendu, ont coûté 0 fr. 42 le mètre courant. Ces prix comprenaient l'entretien et les réparations pendant le délai de garantie fixé à un an après la réception provisoire. L'entreprise des clôtures sèches était séparée de celle des haies vives.

88. B. — CLOTURES EN FIL DE FER. — Sur quelques chemins, notamment sur la ligne de Paris à Strasbourg, on a employé, dans les endroits peu fréquentés, les clôtures en fil de fer, composées de quatre rangs de fil de fer tendus horizontalement par des roidisseurs et soutenus par des poteaux et des crampons. Les points d'attache sont pris sur des chevrons distants de 250 mètres les uns des autres, et formés par deux liens inclinés à 45 degrés, de même grosseur que les poteaux ordinaires. Toutes ces pièces sont en bois de chêne de 0m,060 à 0m,065, ou en sapin de 0m,07 à 0m,10 d'équarrissage.

Les poteaux dépassent le sol de 1m,20, avec 0m,50 à 0m,60 de fiche. Le fil de fer est du numéro 19 (3mm,9), le premier rang étant placé à 0m,30 du sol et tous les rangs espacés de 0m,28. Les pièces de fil de fer ont une longueur de 100 mètres au minimum; chaque rang est tendu par un roidisseur, et chaque série de roidisseurs se trouve dans le même intervalle entre deux poteaux et sur une ligne à peu près verticale; on les manœuvre au moyen de clefs. Pour leur donner une résistance et une durée convenables, on fait bien de plonger toutes les pièces en fer dans l'huile bouillante contenant du noir de fumée et de la litharge; mais la galvanisation vaut mieux encore. Le prix de ces clôtures était de 0 fr. 70 c. le mètre courant; il est probable qu'aujourd'hui ce prix serait considérablement réduit.

Ces clôtures sont très-solides, d'un entretien facile et peu coûteux, sauf toutefois celui des piquets en sapin, qui sont de courte durée. Leur principal inconvénient est de ne pas offrir assez de surface apparente.

89. C. — CLÔTURES MIXTES. — On a remédié à ce dernier inconvénient en remplaçant les deux rangs supérieurs de fil de fer par une lisse en bois. — Le chemin de l'Est emploie ce système

de clôture de préférence aux haies vives dont l'entretien est plus coûteux. — Le prix d'établissement de ce système de clôtures mixtes, bois et fil de fer, qui devient ainsi une clôture définitive, est de 0 fr. 31 c. le mètre courant (fig. 100, pl. III).

Les fils de fer du commerce se distinguent ordinairement par leur numéro. Nous indiquons dans le tableau suivant le diamètre et le poids, d'après la jauge de Paris, des numéros employés le plus fréquemment dans la construction des chemins de fer.

*Fil de fer. — Jauge de Paris.*

| Numéros. | Diamètre. | Poids par 100 m. | Numéros. | Diamètre. | Poids par 100 m. | Numéros. | Diamètre. | Poids par 100 m. |
|---|---|---|---|---|---|---|---|---|
| | mm. | kil. | | mm. | kil. | | mm. | kil. |
| 5 | 1,0 | 0,612 | 14 | 2,2 | 2,962 | 23 | 5,9 | 21,300 |
| 6 | 1,1 | 0,740 | 15 | 2,4 | 3,525 | 24 | 6,4 | 25,063 |
| 7 | 1,2 | 0,831 | 16 | 2,7 | 4,461 | 25 | 7,0 | 29,983 |
| 8 | 1,3 | 1,034 | 17 | 3,0 | 5,507 | 26 | 7,6 | 35,343 |
| 9 | 1,4 | 1,199 | 18 | 3,4 | 7,074 | 27 | 8,2 | 41,444 |
| 10 | 1,5 | 1,397 | 19 | 3,9 | 9,307 | 28 | 8,8 | 47,386 |
| 11 | 1,6 | 1,566 | 20 | 4,4 | 11,846 | 29 | 9,4 | 54,607 |
| 12 | 1,8 | 1,983 | 21 | 4,9 | 14,692 | 30 | 10,0 | 61,199 |
| 13 | 2 0 | 2,448 | 22 | 5,4 | 17,843 | | | |

90 .D. — CLÔTURES EN ÉCHALAS. — Le système de clôtures en échalas se rencontre le plus ordinairement sur les chemins de fer français, mais avec différents modes d'application. Au chemin de fer d'Orléans la clôture est composée d'échalas ou lattes de $1^m,50$ de longueur sur $0^m,04$ de largeur et $0^m,02$ d'épaisseur, serrés à $0^m,15$ de leur tête entre deux lisses de même équarrissage (fig. 101). — Les échalas pénètrent de $0^m,45$ dans le sol, les lisses étant tenues à $0^m,90$ de la surface; on compte sept échalas par mètre courant.

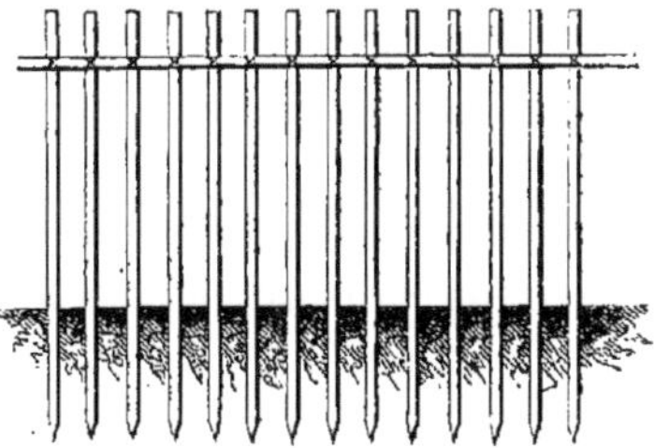

Fig. 101. Clôture en échalas (Orléans). $\frac{1}{50}$.

Les clôtures en échalas employées sur les chemins de fer de

l'Est dans la traversée des lieux habités, aux abords des stations, des passages à niveau, des ouvrages d'art, des routes et chemins, se composent de piquets distants de 1$^{m}$,50 d'axe en axe, leur tête recépée s'élevant à 1$^{m}$,10 au-dessus du sol. Ils sont réunis par deux rangs de lisses horizontales placées à 0$^{m}$,20 et 1$^{m}$,05 du sol, contre lesquelles on fixe les échalas espacés de 0$^{m}$,11 d'axe en axe (fig. 102). Les piquets ont les mêmes dimensions que ceux des clôtures à lisses. Les lisses, de 0$^{m}$,32 sur 0$^{m}$,12, se recouvrent, par leurs abouts aplatis, sur 0$^{m}$,12 au moins.

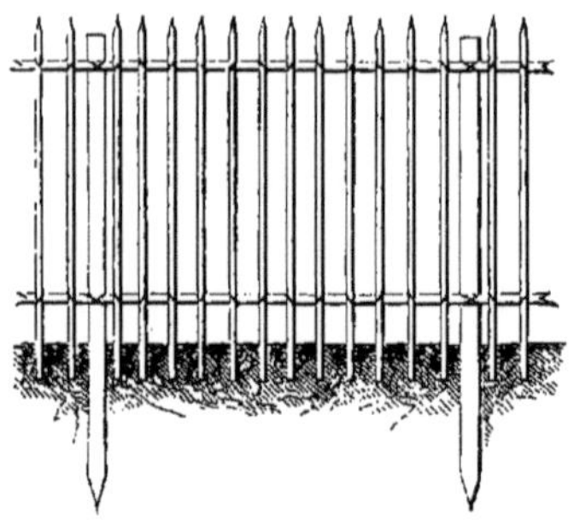

Fig. 102. Clôture en échalas (Est). $\frac{1}{50}$.

Leur longueur doit être telle que chaque lisse rencontre toujours deux piquets.

Les échalas, au nombre de 12 entre deux piquets, ont une longueur de 1$^{m}$,75 et un périmètre de section de 0$^{m}$,08. L'extrémité supérieure est appointée; l'autre, préalablement durcie au feu, est engagée de 0$^{m}$,15 dans le sol.

Les attaches des bois se font avec du fil de fer n° 7 (1$^{mm}$,2) galvanisé; celles des lisses sur les piquets par quatre tours au moins; celles des lisses entre elles par plusieurs tours, et enfin celles des échalas sur les lisses par deux embrasses à double tour. Les nœuds doivent être très-serrés et porter plus d'un tour.

Le prix des clôtures en échalas était de 0 fr. 66 c. par mètre courant pour premier établissement et de 0 fr. 03 c. pour entretien pendant la première année.

Dans ces clôtures, on ne devait employer que le bois de chêne pour les piquets, le chêne, le châtaignier ou l'acacia pour les autres pièces; les lattes et traverses étant prises dans le cœur du bois bien fendu de fil et les piquets purgés d'écorce.

91. E. — Clôtures en treillage. — Les clôtures ainsi désignées sont formées de lattes verticales reliées par quatre cordons de fil

de fer et fixées sur un cadre composé de deux piquets et de deux lisses horizontales.

Les piquets sont distants de $1^m,20$ à $1^m,25$ d'axe en axe, la lisse inférieure, posée de champ, se trouve à $0^m,13$ de hauteur, la lisse supérieure, posée à plat sur la tête des piquets, à $1^m,10$ au-dessus du sol. L'espacement des lattes composant le treillage est variable. On l'a tenu, à l'origine, à $0^m,050$ dans œuvre en moyenne, de manière à faire entrer $12 \frac{1}{2}$ lattes par mètre — Creil à Saint-Quentin, Paris à Vincennes —. Aujourd'hui, on

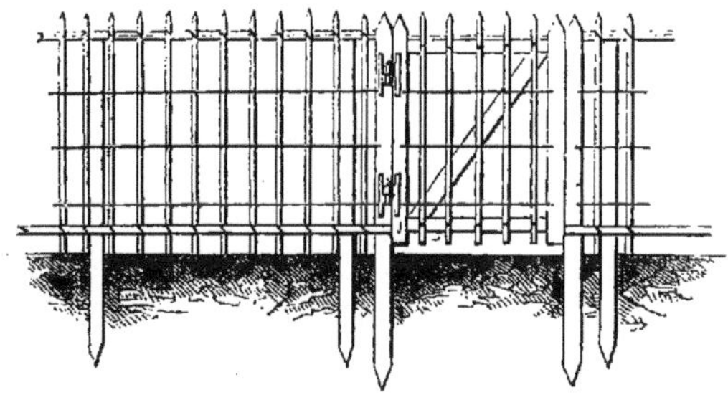

Fig. 103. Clôture en treillage avec portillon (Nord). $\frac{1}{50}$.

les range à $0^m,095$ dans œuvre au nombre de 8 par mètre courant (fig. 103).

Les lattes portent $1^m,20$ de hauteur, 10 millimètres d'épaisseur et 25 à 30 millimètres de largeur; elles sont appointées dans le haut. Les cordons qui les relient doivent être très-droits; ils se composent de deux fils de fer n° 12 ( $1^{mm},8$ ) ; dans l'intervalle qui sépare les lattes, les fils sont tressés suivant un nombre de tours (8 à 10) suffisant pour que les lattes soient fortement serrées. Le premier cordon se trouve à $0^m,25$ du bas du treillage; tous les autres sont distants entre eux de la même quantité.

Le fabricant livre les treillages par rouleaux de 10 mètres de longueur.

Les piquets ont $1^m,60$ de largeur, $0^m,180$ à $0^m,210$ de périmètre de section; leur pied est affûté et brûlé. On les enfonce en terre, à la masse, sur une profondeur de $0^m,60$. La tête reçoit la lisse supérieure que l'on fixe par un clou. Les lisses ont pour dimensions : 2m,50 de longueur en moyenne — 2 mètres au minimum —, 0m,027, à 0m,033 de largeur sur 0m,010 d'épaisseur ; elles se recouvrent sur 0m,10 à leurs abouts.

Les lisses et lattes sont en bois de châtaignier, les piquets en bois de la même essence ou de chêne, ou enfin en bois préparé. La Compagnie du Nord utilise, pour cet objet, le bois provenant des vieilles traverses retirées de la voie.

Le treillage déroulé est attaché d'abord à chaque piquet, au moyen de trois clous, ensuite aux lisses horizontales par des embrasses en fil de fer n° 8 (1mm,3), au nombre de 5 entre deux poteaux et sur chaque lisse, le nœud très-serré et portant plus d'un tour. Les assemblages des abouts des lisses entre eux se font également par deux liens de fil de fer n° 8, ayant plus d'un tour.

Sur la ligne de Creil à Saint-Quentin, les lattes verticales étaient réunies par cinq rangs de fil de fer, et pénétraient de 0m,10 à 0m,20 dans le sol, la lisse supérieure étant supprimée. On a reconnu que cette disposition laisse à désirer au point de vue de l'entretien ; on s'est donc arrêté au système décrit plus haut.

Le prix de ces clôtures a varié depuis plusieurs années ; ainsi la Compagnie du Nord a payé, en 1847, les treillages de la section de Creil à Saint-Quentin à raison de 1 fr. 24 c. par mètre courant, y compris la garantie et l'entretien pendant un an.

La Compagnie de l'Est a fait poser, en 1855, les clôtures en treillage de la ligne de Vincennes au prix de 1 franc le mètre courant.

| | fr. |
|---|---|
| Pour les travaux d'entretien des clôtures sur les lignes en exploitation, la Compagnie du Nord achète les treillages avec les lisses correspondantes au prix de 0 fr. 46 c. le mètre courant, ci. . . . . . . . | 0,46 |
| En y ajoutant le prix du piquet qui est de 0 fr. 21 c. pour 1m,25, soit par mètre . . . . . . . . . . . . | 0,16 |
| la pose et l'entretien pendant un an. . . . . . . | 0,22 |
| on arrive au prix total, par mètre courant. de . . | 0,84 |

A ces conditions, les clôtures en treillage, qui offrent le plus de garantie au point de vue de la sécurité, ne reviennent pas à un prix trop élevé.

Les clôtures provisoires des chemins de fer prussiens, en Westphalie, consistent en piquets de 0m,05 à 0m,08 de diamètre espacés de 1m,25 d'axe en axe; l'intervalle est rempli par un latice en bois de brin de 0m,02 à 0m,03 de diamètre environ, réunis par deux rangs de fil de fer de 2mm,4 de diamètre, placés à 0m,40 et 0m,80 du sol (fig. 104).

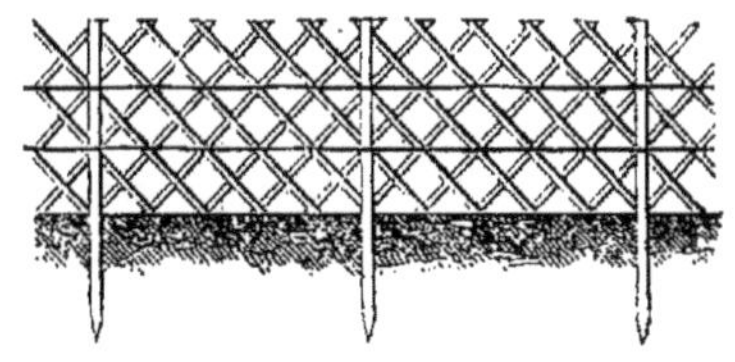

Fig. 104. Clôture en latice (Prusse). $\frac{1}{100}$.

Les piquets de 1m,95 de longueur, enfoncés en terre de 0m,75, s'élèvent, ainsi que le latice, à 1m,20 au-dessus du sol. Les attaches du latice, aux cordons de fil de fer, sont faites avec du fil de fer de 0mm,8 de diamètre.

Le prix de la clôture par mètre courant peut s'établir comme suit :

| | fr. |
|---|---|
| Piquet $\frac{1^m,00}{1,25}$ × 0,25 | 0,20 |
| Bois de brin pour latice 17 à 0,04 | 0,68 |
| Fil de fer n° 15, 0k,352 à 0,25 | 0,09 |
| Id. n° 3, 0k,060 à 0,50 | 0,03 |
| Main-d'œuvre | 0,30 |
| Total pour un mètre courant | 1,30 |

A ce prix, les clôtures pour voie courante seraient trop coûteuses, mais pour certaines stations, elles seraient parfaitement suffisantes, en attendant la venue des haies vives.

L'administration des chemins de fer de Thuringe et de Westphalie, en traitant avec les propriétaires riverains pour l'exécution et l'entretien des clôtures sèches et vives séparant leur domaine de celui du chemin de fer, réalisait sur ce prix une économie de 25 pour 100, ce qui ramenait le prix de la clôture à 1 fr. 00 c. le mètre courant.

Il y aurait probablement un certain intérêt à introduire des dispositions analogues dans les localités où les compagnies de chemins de fer sont exposées à de fréquentes réclamations soulevées par des voisins, pour insuffisance de clôtures — 81 —.

92. CLOTURES DE STATIONS. — Aux abords des stations, autour des cours, entre la voie et les chemins contigus, les clôtures doivent être, en général, plus solides que celles de la voie courante. Le type de ces clôtures peut cependant varier suivant leur destination et la fréquentation des chemins et des stations.

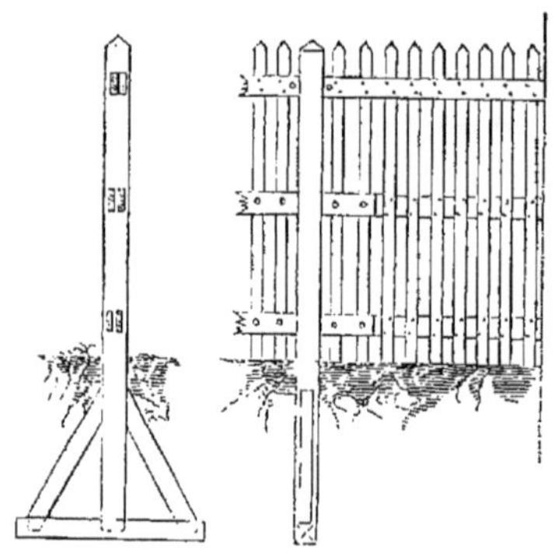

Fig. 105. Clôture de station (Nord). $\frac{1}{50}$.

La Compagnie du chemin de fer du Nord a construit les clôtures de stations en bois injecté, disposées comme le montre la figure 105. Elles sont formées de poteaux de $\frac{0^m,08}{0^m,08}$ d'équarrissage sur 2 mètres de longueur s'élevant à $1^m,30$ au-dessus du sol et fondés avec semelle et contre-fiches. Ces poteaux, distants de deux mètres d'axe en axe, sont réunis par trois rangs de traverses horizontales de $\frac{0^m,08}{0^m,02}$ à $0^m,11$, $0^m,59$ et $1^m,07$ du sol. Sur ces traverses, on cloue des lames de $\frac{0^m,05}{0^m,01}$, au nombre de 18 entre deux poteaux consécutifs. La traverse supérieure est doublée sur toute sa longueur; les deux autres le sont seulement vis-à-vis des poteaux sur une longueur de $0^m,50$ environ.

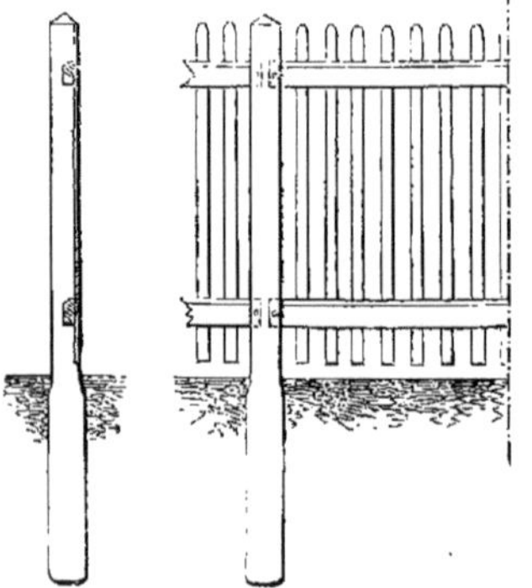

Fig. 106. Clôture de station. $\frac{1}{50}$.

Les lames verticales ont $1^m,35$ de longueur, pénètrent de $0^m,05$ dans le sol, et sont, ainsi que les poteaux, taillées en pointe à leur extrémité supérieure. Ces clôtures sont compliquées et coûteuses.

En 1861, elles ont été payées 4 fr. 25 c. par mètre courant, ce prix comprenant : la fourniture, la confection, la peinture, les boulons, le transport à la gare, les frais de vérification, d'épreuves, d'empilage, etc. En 1862, sur la section de Namur à Givet, le prix s'est élevé à 5 fr. 25 c. comprenant la fourniture, la façon et le transport sur place.

Sur la ligne de Wissembourg, les clôtures de stations présentaient la disposition indiquée par la figure 106. Le prix de revient d'une travée de 2 mètres s'établissait de la manière suivante :

| INDICATION DES OUVRAGES. | QUANTITÉS. | PRIX de l'unité. | Dépenses. |
|---|---|---|---|
| | | fr. | fr. |
| Déblais et remblais de terre . . . . . . . . . | $0^{m3},30$ | 1,00 | 0,30 |
| Remplissage en maçonnerie sèche. . . . . . | $0\ \ ,21$ | 11,00 | 2,31 |
| Charpente en chêne raboté à vives arêtes . . . | $0\ \ ,03$ | 89,00 | 2,67 |
| Menuiserie en chêne de $0^m,041$ d'épaisseur. . . | $0^{m2},36$ | 8,00 | 2,88 |
| Lattes en sapin de $\frac{47^{mm}}{22}$ . . . . . . . . . . | $17^m,25$ | 0,15 | 2,59 |
| Peinture à l'huile, en 3 couches. . . . . . . | $4^{m2},80$ | 1,00 | 4,80 |
| Transport à pied-d'œuvre et pose. . . . . . | | | 3,00 |
| Total. . . . | | | 18,55 |

Dépense pour un mètre courant, 9 fr. 27 c. Sous le rapport du prix, ce mode de construction n'est pas à recommander.

On construit d'ailleurs les clôtures de stations d'après des types dont l'élégance est proportionnée à la position et à l'importance des localités. Les chemins allemands et suisses offrent une grande variété de clôtures de stations plus ou moins compliquées.

En général, il vaut mieux donner la préférence aux systèmes les plus économiques. C'est dans ce but qu'aux chemins de l'Est, on emploie, depuis quelques temps, des clôtures de stations formées simplement d'un treillage de lattes croisées, cloué sur des poteaux, et maintenu, haut et bas, par deux lattes parallèles. Toutes ces lattes sont débitées dans les déchets de traverses préparées par le procédé Boucherie. Comme le bois préparé se déforme beaucoup en desséchant, on est obligé, pour construire le treillage, d'établir un chantier formé d'une aire en madriers, sur laquelle on cloue des planchettes ayant la forme de losanges et espacées de façon à reproduire en creux la disposition d'une travée du treillage. Les lattes sont alors appliquées dans les rainures qui les forcent à prendre une direction convenable, et on peut les clouer de manière à obtenir un treillage régulier. Pour ne pas perdre de bois, on prend ordinairement, pour longueur des lattes, la moitié de celle des traverses; on fait varier l'inclinaison des latices d'après la hauteur qu'il s'agit de donner au treillage, en évitant ainsi de recouper des bouts qui ne pourraient plus être employés.

Cette application des déchets permet de faire des clôtures dont le prix ne dépasse pas 2 francs par mètre courant.

Sur les chemins prussiens, le réseau des voies et les quais sont enfermés dans une haute palissade, tandis que le reste du terrain de la station est entouré par une simple clôture à lattes. Dans l'intérieur des stations et à côté des quais, on place d'autres clôtures ordinairement en latice.

1. La figure 107 représente une clôture en palissades de 1$^m$,884 de haut, avec une porte à deux vantaux de 3$^m$,75 d'ouverture. Ces clôtures, employées pour les stations importantes, sont très-résistantes, mais aussi d'un prix assez élevé. On peut évaluer comme suit le prix du mètre courant :

| | fr. |
|---|---|
| Bois . . . . . . . . . | 5,74 |
| Main-d'œuvre . . . . | 2,75 |
| Peinture. . . . . . . | 3,08 |
| Clous, etc . . . . . . | 0,43 |
| Un mètre courant. . | 12,00 |

Grande porte de 7$^m$,50 :

| | fr. |
|---|---|
| Bois, etc. . . . . . . . | 56,25 |
| Ferrures, 120 kilogr.. . | 93,75 |
| Total. . . | 150,00 |

Fig. 107. Clôture de station. $\frac{1}{50}$.

| | fr. |
|---|---|
| Porte de 3m,75 (fig. 107) . . . . . . . . . . . . . . | 45,00 |
| Petite porte de 1m,60. . . . . . . . . . . . . . . . | 15,00 |

II. Clôtures à lisses (fig. 108) :

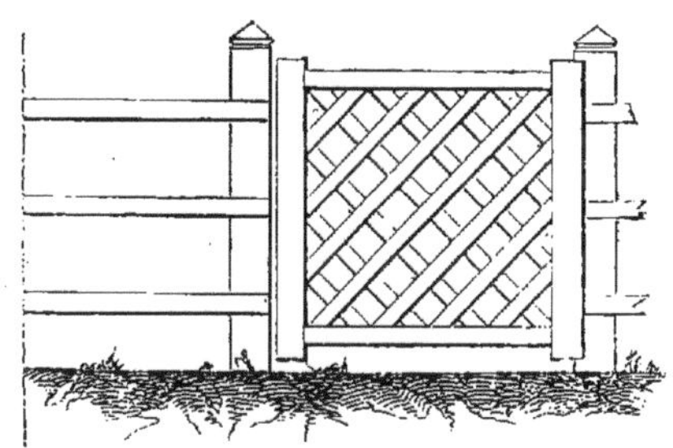

Fig. 108. Clôture intérieure à lisses avec porte en latice. $\frac{1}{50}$.

| | fr. |
|---|---|
| Bois. . . . . . . . . . | 1,92 |
| Main-d'œuvre . . . . | 0,62 |
| Peinture . . . . . . . | 0,92 |
| Clous, etc.. . . . . . . | 0,20 |
| Un mètre courant. . | 3,66 |

| | fr. |
|---|---|
| Porte de 3m,75 en latice. . . . . . . . . . . . . | 11,25 |

| | | fr. |
|---|---|---|
| Porte de $1^m,25$ (fig. 108). | Bois . . | 1,75 |
| | Peinture | 1,25 |
| | Ferrures | 2,63 |
| | Total. | 5,63 |

III. Clôtures en palissades de $0^m,95$, dans l'intérieur des stations (fig. 109).

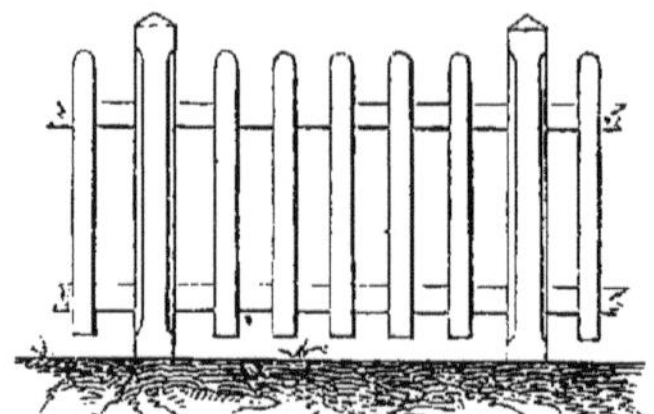

Fig. 109. Clôture intérieure en lattes. $\frac{1}{50}$.

| | fr. |
|---|---|
| Bois. . . . . . . . . . . | 1,30 |
| Main-d'œuvre . . . . . . | 0,85 |
| Peinture. . . . . . . . . | 1,35 |
| Clous, etc. . . . . . . . | 0,25 |
| Un mètre courant . . . | 3,75 |

| | fr. |
|---|---|
| Porte ordinaire en lattes. . . . . . . . . . . . | 7,50 |

Nous avons déjà parlé d'un système de clôtures à lisses employé sur le chemin du Midi, aux abords des stations et le long des routes parallèles à la voie.

Il arrive souvent qu'un chemin ou une route impériale très-fréquentée passe entre le chemin de fer et une rivière. Quelque habitués qu'ils puissent être au bruit des trains, lorsque les chevaux se trouvent en quelque sorte face à face avec une locomotive, ils se cabrent, s'emportent ou reculent; plusieurs accidents n'ont pas eu d'autres causes. Il serait prudent d'établir dans ces endroits des clôtures en palissades opaques, résistantes et plus élevées que les clôtures ordinaires; par exemple, des cloisons en planches, placées en dedans des clôtures du chemin, qui pourraient être construites avec lisses solides, et assez élevées pour que les chevaux ne puissent pas les franchir.

Sur les chemins prussiens, aux abords des stations et à la séparation de la ligne et des chemins latéraux, on emploie des clôtures très-résistantes disposées comme le montre la figure 110.

Elles sont composées de poteaux en chêne de $\frac{0^m,13}{0^m,13}$ d'équarrissage et $1^m,85$ de longueur, espacés d'environ $1^m,875$ d'axe en axe. Ces poteaux sont réunis à la partie supérieure par une main courante formée de madriers en sapin de $\frac{0^m,10}{0^m,13}$ d'équarrissage, de $3^m,75$ de longueur, assemblés bout à bout à trait de Jupiter. Les assemblages se trouvent au-dessus des poteaux de deux en deux, et sont consolidés au moyen d'un étrier en fer. Vers le milieu de la hauteur de la clôture, les poteaux sont encore réunis par un cours de lisses en sapin formé de petits madriers encastrés, de $\frac{0^m,08}{0^m,08}$ d'équarrissage.

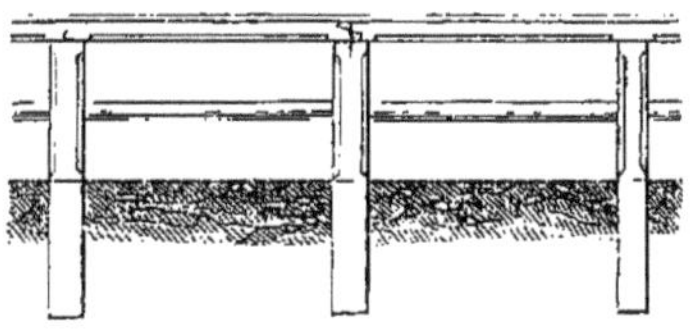

Fig. 110. Clôture garde-corps. $\frac{1}{100}$.

On peut établir de la manière suivante le prix d'un mètre courant de clôtures de cette espèce :

MATÉRIAUX.

| | fr. |
|---|---|
| Poteaux $\left(\frac{1}{1,875}\right)$ ($1^m,85 \times 0,13 \times 0,13$) à 65 francs = | 1,08 |
| Main courante. ($1^m,00 \times 0,10 \times 0,13$) à 45 francs = | 0,59 |
| Lisse inférieure ($1^m,00 \times 0,08 \times 0,08$) à 45 francs = | 0,29 |

MAIN-D'ŒUVRE.

| | |
|---|---|
| Poteaux, main courante, lisse; assemblages, rabotage, abatage des arêtes, carbonisation des parties enterrées, pose. . . . . $2^m,533$ à 0 fr. 40 c. = | 1,01 |
| Peinture à l'huile, trois couches. $0^m,90$ à 1 franc = | 0,90 |
| | 3,87 |
| Faux frais et bénéfices : environ 10 pour 100 . . . . | 0,38 |
| | fr. |
| Prix d'un mètre courant . . . . | 4,25 |

Sur certains points, dans les villes importantes par exemple, les cours de stations sont entourées de grilles. Leurs dispositions peuvent varier à l'infini ; ces grilles sont payées au poids.

Voici quels sont les poids des différentes parties de la grille de clôture de la gare de Strasbourg à Paris :

Il entre dans 1 mètre courant de grille :

| | |
|---|---|
| Gros fers . . . . . . . . . . . . . . | 60k,220 |
| Fers de sujétion . . . . . . . . . . . | 15 ,630 |
| Fonte pour les montants . . . . . . | 20 ,000 |
| Fonte pour les rosaces et lances. . . | 20 ,000 |

Dans les portes de 4 mètres et de 5m,17, on compte :

| | 4m,00 | 5m,17 |
|---|---|---|
| | — | — |
| Gros fers pour les lisses, barreaux et montants sans paumelles. . . . . | 359k,350 | 463k,880 |
| Fers de sujétion pour boulons, grosses vis, montants portant paumelles et lisses additionnelles . . . . . . . | 361 ,450 | 396 ,980 |
| Fonte pour crapaudines . . . . . . | 33 ,000 | 33 ,000 |
| Fonte pour lances et rosaces . . . . | 110 ,250 | 147 ,110 |

93. Zone de garantie. — Cette dénomination s'applique à une bande de terrain *a b* située au delà des arêtes des talus du chemin de fer, et qui est destinée tantôt à l'établissement de fossés extérieurs — 13 et 23 —, tantôt à l'installation des clôtures. La largeur de cette zone varie donc avec sa destination (fig. 111, pl. III).

S'il s'agit du cas d'un fossé, cette largeur se décompose ainsi, en partant de l'arête du talus :

| | | | |
|---|---|---|---|
| Berme. . . . . . . . . . . . . . . . . | 0m,60 | à | 1m,00 |
| Largeur du fossé en gueule . . . . . . | 0 ,70 | à | 1 ,00 |
| De l'arête du fossé à la ligne des bornes. | 0 ,20 | à | 0 ,50 |
| Largeur totale. . . . . | 1m,50 | à | 2m,50 |

Quand on n'est pas obligé de ménager un fossé protecteur, la zone de garantie est limitée à la largeur nécessaire à l'entretien des haies vives et à leur protection. Alors sa largeur est ramenée à $1^m,50$ et même à 1 mètre.

Enfin, quand on n'est pas forcé de poser des clôtures, cette zone de garantie peut être réduite à $0^m,50$ de largeur, et même dans le cas d'un chemin de faible importance, on pourrait s'en passer totalement sur les parties de la ligne où les terrains sont chers.

94. Bornage. — Il est indispensable que le domaine du chemin de fer soit parfaitement délimité et à l'abri de tout envahissement de la part des propriétaires riverains ; aussi, dès que les travaux de construction sont achevés, il faut procéder au *bornage*, ensemble des opérations qui ont pour but de fixer les limites des terrains appartenant au chemin de fer.

Ces opérations doivent se faire contradictoirement et en présence des intéressés. Pour éviter tout malentendu, toute contestation, la Compagnie du chemin de fer de Lyon à Genève, d'accord avec l'administration supérieure, avait adopté le procédé suivant :

Affichage spécial ; — publication dans les journaux ; — avertissement distinct donné à chaque propriétaire ; — institution dans chaque commune d'une commission spéciale de trois membres de la municipalité, à l'effet d'entendre les observations, de recueillir les signatures des adhérents ou de constater l'absence des intéressés ; — installation d'un géomètre chargé d'exécuter toutes les opérations du bornage et de suivre l'accomplissement de toutes les prescriptions administratives et réglementaires y relatives.

Malgré toutes ces mesures, le bornage contradictoire a été jusqu'ici d'une application impossible. On peut difficilement obtenir des propriétaires riverains qu'ils viennent en signer le procès-verbal, et le Conseil général des ponts et chaussées, par un avis en date du 30 juin 1864, a proposé de renoncer à cette prescription.

Il faut dresser, par commune, un procès-verbal de bornage annexé au plan cadastral indiquant : les limites de toute nature, les bornes, haies, clôtures, bâtiments, ouvrages d'art, poteaux indicateurs, chemins, etc., les cantons et *lieux dits*, le nom des propriétaires riverains.

La délimitation étant parfaitement arrêtée et formée par une série d'alignements droits, on place des bornes en pierre sur la limite séparative des terrains du chemin de fer, à chaque division parcellaire. On fait suivre souvent cette ligne de démarcation par le développement des clôtures sèches qui se trouvent ainsi à $0^m,50$ au moins de l'axe des haies vives ordinairement parallèle.

Mais cette disposition présente des inconvénients. A l'époque des labours, les clôtures sèches sont détruites par les attelages des charrues. Il vaudrait mieux poser les clôtures sèches à l'intérieur de la ligne des bornes, et non pas comme l'indique la figure 112.

Dans le cas de chemin secondaire, on pourrait simplement poser les bornes à $0^m,10$ de l'arête du talus — 93 —.

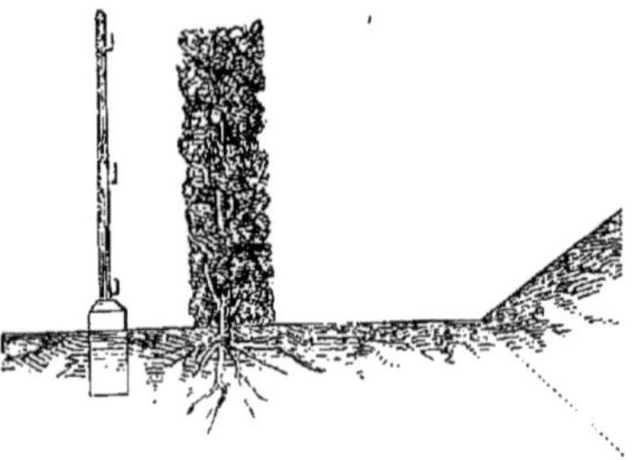

Fig. 112. Position des bornes, clôtures sèches et haies vives. $\frac{1}{50}$.

Les bornes doivent être débitées dans une pierre de très-bonne qualité, dure, non gélive surtout, pouvant résister aux influences atmosphériques et aux chocs des instruments aratoires; on leur donne une forme prismatique ou pyramidale ayant une section de $0^m,20$ de côté, une longueur de $0^m,50$ à $0^m,60$ dont $0^m,30$ à $0^m,40$ d'enfoncement dans le sol. La tête apparente porte un signe distinctif et uniforme.

Le prix de ces bornes peut varier entre 1 fr. 25 c. et 2 francs, selon la localité.

Afin de prévenir et d'arrêter les empiétements des voisins, les agents du service de la voie doivent porter une attention soutenue sur l'état et la position des bornes; faire reposer celles qui auraient été déplacées ou enlevées, et remplacer les pierres avariées.

Les plans cadastraux seront constamment tenus au courant de tous les changements qui surviendraient dans les limites du domaine, par suite des travaux qui pourraient être effectués après l'établissement des plans du bornage primitif.

On pourra vérifier, à l'occasion du dressement de ces plans, si les mutations à la matrice cadastrale et aux bureaux de perception ont été effectuées; enfin, on prendra toutes les mesures nécessaires pour assurer à l'administration du chemin de fer la libre et complète jouissance des terrains qui sont devenus sa propriété.

## § III.

## BARRIÈRES DE PASSAGES A NIVEAU.

95. Conditions générales. — Il n'existe pour l'établissement des barrières aucun type uniforme. Sur la plupart des lignes, on a adopté des barrières en palissades, à un ou deux vantaux, ouvrant tantôt vers la voie, mais à une certaine distance du rail, tantôt du côté de la route; sur d'autres, mais c'est l'exception, les barrières ouvertes franchissent les rails de manière à clore complétement la voie et à empêcher l'introduction des animaux.

Depuis quelques années, on tend à donner la préférence au système de barrières simples se manœuvrant parallèlement aux rails avec une grande facilité.

Les populations des contrées traversées supportent avec impatience les entraves apportées à la circulation par la fermeture des barrières. Quand le service est réglé de telle sorte que la traversée du passage à niveau n'a lieu pour les voitures ou bestiaux qu'avec l'autorisation du garde, on accole à la barrière un tourniquet ou portillon en palissades avec double ou simple battant. Ce portillon livre passage aux piétons tout en étant disposé de manière à empêcher l'entrée des animaux sur la voie.

La distance à laquelle il est d'usage de placer les barrières, à partir du rail extérieur, est très-variable sur les divers chemins de fer, notamment lorsque le croisement a lieu sous un angle plus ou moins aigu. Cette distance ne saurait sans inconvénient descendre au-dessous de $1^m,50$ pour le point de la barrière le plus rapproché du rail, de manière que les vantaux étant ouverts ou fermés, il reste toujours entre le rail et la barrière une zone libre de même largeur que celle réservée ordinairement entre le rail extérieur et les culées des ouvrages d'art.

Dans le service de la construction de quelques nouvelles lignes, la règle est de placer les barrières à deux vantaux à $3^m,50$ du rail extérieur pour les passages de 4 mètres, et à $4^m,50$ pour les passages de 6 mètres; les vantaux s'ouvrent vers la voie, de sorte que, le passage ouvert, ils laissent entre eux et le rail extérieur un espace libre de $1^m,50$.

Sur les chemins allemands, les objets élevés d'un pied ($0^m,314$) au plus au-dessus des rails doivent se trouver à 5 pieds 3 pouces ($1^m,65$) au moins de l'axe de la voie la plus rapprochée, et les objets d'une plus grande hauteur à 6 pieds 3 pouces ($1^m,96$.) La distance des barrières fermées à l'axe de la voie la plus rapprochée doit être d'au moins 12 pieds ($3^m,77$). Les barrières à pivot s'ouvrant sur la voie doivent remplir les conditions précédentes [1].

La largeur des barrières est généralement proportionnée à la largeur des routes. Il arrive cependant que des chemins très-fréquentés, des chemins vicinaux par exemple, exigent des barrières plus larges que des routes départementales où la circulation est peu active.

Pour les chemins obliques par rapport à la voie, il est préférable d'établir les barrières normalement à l'axe du chemin, parce que l'on peut leur donner alors l'ouverture des passages

[1] *Grundzüge fur die Gestaltung*, etc. — V. suprà.

droits; mais quand l'espace manque, on les établit parallèlement à la voie; dans ce cas, on est forcé d'adopter des dimensions de barrières plus considérables, car il faut autant que possible conserver au chemin sa largeur normale.

Comme nous l'avons dit plus haut, sur plusieurs chemins de fer, en France, on s'est arrangé de manière à faire ouvrir les barrières intérieurement aux clôtures sur les propriétés de la Compagnie, en conservant la distance de $1^m,50$ entre le vantail et le rail extérieur.

Dans beaucoup de cas, l'État a facilité l'application de cette mesure en concédant gratuitement aux Compagnies le terrain nécessaire pour éloigner les barrières d'une distance suffisante.

On a reconnu cependant que cette disposition est peu avantageuse, parce qu'elle entraîne toujours la construction et l'entretien d'une plus grande surface de chaussée. De plus, ces barrières ainsi disposées, lorsqu'elles sont imparfaitement fermées, ne résistent pas toujours aux efforts que peuvent faire les hommes ou les animaux.

Lorsque les vantaux s'ouvrent vers l'extérieur, au contraire, cet inconvénient n'existe plus; mais ils en présentent un autre : celui de ne pouvoir s'ouvrir ou se fermer qu'en faisant reculer un véhicule trop engagé sur la voie transversale, et en obligeant le garde à parcourir plus de chemin.

La figure 53, pl. I, représente les deux dispositions dont il s'agit. La barrière *a* s'ouvre vers l'extérieur; les vantaux de barrière dans la disposition *b*, au contraire, se développent vers la voie. La première nous semble préférable.

En principe, un type de barrières de passages à niveau doit être disposé pour que la manœuvre en soit aussi facile que possible, l'entretien économique, en un mot, d'une construction telle qu'il résiste aux diverses causes d'avaries auxquelles il se trouve forcément soumis.

Le type le plus convenable, à ce dernier point de vue, c'est la barrière en fer roulant parallèlement à la voie; l'appareil en bois prend un poids considérable quand le passage est large, et sa manœuvre exige un certain effort musculaire.

Au point de vue de la sécurité, la barrière roulante présente aussi le grand avantage de pouvoir être fermée quand bien même un attelage atteint la limite des clôtures. On lui donne donc la préférence quand son application n'est pas trop difficile.

Les ouvertures de barrières correspondant aux différents chemins sont les suivantes :

| DESIGNATION. | CLASSES. | Largeur des chaussées | Ouverture entre les poteaux des barrières pour voitures d'après la fréquentation. | PASSAGE DES PIÉTONS. | OBSERVATIONS. |
|---|---|---|---|---|---|
| | | mètres. | mètres. | mètres. | L'ouverture entre les poteaux des barrières correspond généralement à l'ouverture des viaducs en dessous des rails et à la distance des parapets des viaducs en dessus pour les routes de même espèce. |
| Routes impériales. . . . | 1 | 6 à 8 | 6 à 8 | 0,70 | |
| Routes départementales | 2 | 4 à 6 | 5 à 7 | 0,70 | |
| Chemins vicinaux de grande communication | 3 | 3 à 5 | 4 à 6 | 0,55 à 0,70 | |
| Chemins ruraux de simple vicinalité . . . . . . | 4 | 4 | 4 | 0,55 | |
| Chemins d'exploitation . | 5 | 4 | 3,60 | » | |
| Sentier de piétons. . . . | 6 | 1,50 | » | 0,70 | |

Sur les chemins suisses les ouvertures des passages à niveau sont toujours égales à la distance entre les parapets des ouvrages d'art correspondant aux mêmes routes :

| | DÉSIGNATION. | CLASSES. | Largeur des routes. | Ouverture des barrières. | OBSERVATIONS. |
|---|---|---|---|---|---|
| | | | m. | m. | |
| 1 | Grandes routes cantonales . . . . . . . | 1 | 9,00 | 7,20 | Dimensions permettant le croisement de 2 voitures lourdes à 2 chevaux. |
| 2 | | 2 | 8,10 | 6,30 | Croisement d'une voiture lourde et une ordinaire à 2 chevaux. |
| 3 | | 3 | 7,20 | 5,40 | Croisement de 2 voitures ordinaires à 2 chevaux. |
| 4 | Routes communales . . | 1 | 7,20 | 5,40 | |
| 5 | | 2 | 6,30 | 4,50 | Passage d'une voiture à 2 chevaux et d'un piéton. |
| 6 | | 3 | 5,40 | 3,60 | Voiture à 1 cheval et 1 piéton. |
| 7 | Chemins ruraux. . . . | 1 | 5,40 | 4,50 | Voiture à 2 chevaux et 1 piéton. |
| 8 | | 2 | 4,50 | 3,60 | Voiture à 1 cheval et 1 piéton. |
| 9 | | 3 | 3,60 | 2,70 | Voiture à 1 cheval et 1 charrette à bras. |
| 10 | Sentiers. . . . . . . | 1 | 2,70 | 2,70 | |
| 11 | | 2 | 1,80 | 1,80 | Porteurs et piétons. |
| 12 | | 3 | 1,80 | 1,50 | |

96. NATURE ET EMPLOI DES MATÉRIAUX. — Les barrières sont quelquefois encore construites en bois, les assemblages consolidés par des ferrures fixées par des vis ou des boulons. Les bois employés le plus fréquemment sont le chêne et le sapin, ce dernier n'étant utilisé que pour les barreaux de remplissage.

Les bois et fers doivent satisfaire à toutes les conditions de qualités et d'emploi qui ont été indiquées plus haut — 55 et 56 —. Toutes les parties apparentes des bois devront être débitées à la scie sur les quatre faces, parfaitement droites, sans démaigrissement, ni flaches, ni aubier; pour les parties enterrées on tolère une courbure qui peut atteindre $\frac{1}{100}$ de la longueur, et des flaches sans aubier sur les arêtes, pourvu qu'elles n'avancent sur aucune face de plus de $\frac{1}{15}$ de la largeur de l'équarrissage.

Dans les terrains solides, les poteaux de barrières sont fondés sur semelles et consolidés par des contre-fiches en chêne; mais dans les terrains peu résistants, les poteaux sont scellés dans une fondation en maçonnerie de moellons ou de briques avec mortier de chaux hydraulique et sable, ou avec plâtre, suivant les localités; les fouilles sont coupées autant que possible à pic et le fond bien uni. Les remblais autour des maçonneries ou des bois se font par couches de 15 centimètres au plus et fortement pilonnées.

Quand une administration de chemin de fer traite avec un entrepreneur de l'établissement des barrières, elle se réserve souvent la faculté de fournir à l'entrepreneur les bois pour toutes les pièces en contact avec le sol, si elle juge à propos d'employer des bois préparés — chap. VI, § 1 —. Il y a là pour elle une garantie de durée, qu'elle n'est pas toujours sûre de rencontrer en traitant avec le fournisseur pour la totalité de l'entreprise.

La portion enterrée du poteau est enduite de goudron minéral après avoir été légèrement carbonisée à la surface. Les peintures des parties en élévation sont composées suivant les indications du cahier des charges — 57 —. La peinture des bois est généralement appliquée en trois couches, la première au minium avant l'assemblage et la pose; la deuxième et la troisième couches à la céruse teintée d'ocre en ton de bois, après la mise en place des barrières. Les tenons, mortaises et autres parties des assemblages doivent être soigneusement enduits de peinture.

La première couche de peinture des pièces de fer et de fonte est faite au minium, la deuxième à la céruse et la troisième au vernis, en noir ou autre ton.

La couche de minium est appliquée aussitôt après la réception; la pose n'a lieu que quand cette couche est suffisamment sèche.

Les bois à peindre doivent être convenablement préparés, grattés et nettoyés, toutes les fentes et gerçures soigneusement mastiquées après la première couche. Les nœuds de sapin doivent être encollés à la colle de peau et poncés.

Il faut toujours laisser à chaque couche le temps de sécher avant d'appliquer la suivante; lorsque la peinture est couchée bien uniformément et de façon que tout aspect de bois ait disparu, on ponce et on gratte la peinture qui gènerait le jeu des ferrures.

Les goudronnages sont faits avec du goudron de gaz chauffé à 100 degrés — 58 —.

Dans le règlement des ouvrages, les bois sont comptés au mètre cube pour les poteaux, semelles, contre-fiches, moises, lisses, etc.; les barrières proprement dites, au mètre courant; les ferrures, au poids; les peintures et goudronnages, au mètre carré développé; les terrassements et la maçonnerie, au mètre cube.

Pour les peintures, on ne tient pas compte de la différence de tons donnés aux ferrures et aux bois; dans les maçonneries de scellement, on déduit le cube des bois engagés.

Quand, par suite des données locales, les barrières prennent un grand développement et que les dimensions des bois les rendent trop pesantes, on construit les barrières en fer, en ayant soin de choisir les échantillons les plus simples et les plus légers.

Depuis que sur les anciennes lignes on remplace les rails usés par des rails neufs, on se sert très-avantageusement de bouts de vieux rails pour former les pièces principales, les poteaux qui peuvent aussi s'enfouir sans danger dans la terre. On les fixe sur un croisillon en fer à l'aide de quatre équerres — 101 —.

97. Barrières pour piétons. — Les passages à niveau pour piétons sont ordinairement accolés aux passages pour voitures. Clos par des *portillons*, des *guichets* ou des *tourniquets*, ils ont pour but de permettre le passage aux piétons, tant que les trains ne sont pas en vue et que les barrières du passage des voitures sont fermées. Ils doivent être disposés de façon à empêcher les animaux de grande taille de pénétrer sur la voie, même dans le cas où la barrière ne serait pas fermée par un loquet.

On a employé au chemin de fer du Nord des tourniquets formés d'un poteau de $1^m,70$ de longueur, de $\frac{0^m,15}{0^m,15}$ d'équarrissage, s'élevant de 1 mètre au-dessus du sol et portant sur sa tête un goujon vertical, autour duquel peut tourner un croisillon fait avec deux pièces de 1 mètre de longueur, de $\frac{0^m,12}{0^m,12}$ d'équarrissage, assemblées à angle droit et à mi-bois. Cet appareil se trouve placé, soit entre deux poteaux isolés, soit entre un poteau isolé et celui de la barrière à laquelle est accolé le tourniquet.

Ces tourniquets, sous lesquels les enfants et les animaux de petite espèce peuvent passer et alors pénétrer dans l'enceinte du chemin de fer, sont, en outre, incommodes pour les personnes chargées de fardeaux. Une circulaire ministérielle du 14 juin 1855 a prescrit l'usage de portillons se fermant seuls, et munis d'un système de ferrure permettant aux gardes de les fixer au poteau dormant pendant le passage des trains.

La figure 113 indique une disposition de portillon employée sur les anciennes sections des chemins de l'Est. Elle représente deux portes solidaires tournant autour du même montant et formant entre elles un angle de 90 degrés. L'axe tourne dans une frette à la partie supérieure, et dans une crapaudine ou autour d'un gond à la partie inférieure. Une petite inclinaison donnée à l'axe commun, par rapport au poteau qui soutient la barrière, force la porte à rester constamment appuyée contre le poteau d'arrêt. On donne à ces portes 1m,20 de hauteur environ et 0m,70 d'ouverture. Elles sont généralement formées d'un châssis en chêne, avec un remplissage extérieur de lattes en sapin. Ces portillons peuvent être, comme nous l'avons dit, accolés à une barrière ou isolés. Dans les deux, cas les poteaux

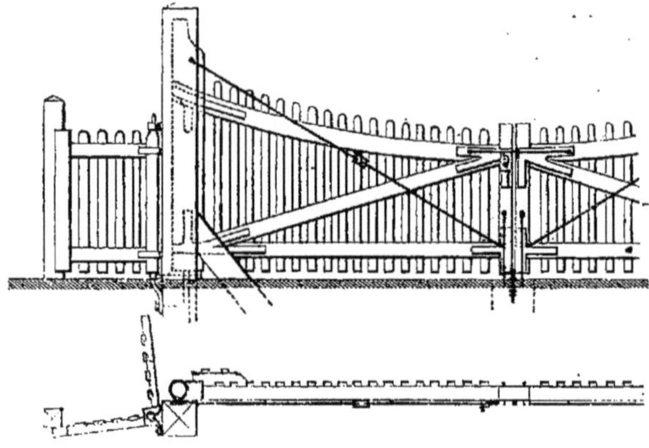

Fig. 113. Portillon et barrière. $\frac{15}{1000}$.

sont fondés, suivant la nature des terrains, dans un massif en maçonnerie ou au moyen de semelles et contre-fiches.

Ce système peu coûteux répond mieux que le précédent au but proposé. On peut y appliquer une petite serrure que les gardes ferment pendant le passage des trains.

Voici comment, au chemin de l'Est, on établit le prix de revient de ce système de portillon :

| INDICATION des OUVRAGES. | PRIX de L'UNITÉ. | PORTILLON attaché à une barrière. | | | PORTILLON placé librement. | | |
|---|---|---|---|---|---|---|---|
| | | Quantités. | DÉPENSES PAR Article. | DÉPENSES PAR Ouvrage | Quantités. | DÉPENSES PAR Article. | DÉPENSES PAR Ouvrage |
| Déblais et remblais de terre, mètre cube. . .. . . . . | fr. 1,00 | 0,30 | fr. 0,30 | | 0,71 | fr. 0,81 | |
| Remplissage en maçonnerie sèche à l'entour du poteau, mètre cube. . . . . . . | 11,00 | 0,21 | 2,31 | | 0,44 | 4,84 | |
| Charpente de chêne à vives arêtes. . . . . . . . | 82,00 | 0,05 | 4,45 | | 0,12 | 9,84 | |
| Plus-value pour parties rabotées. . . . . . . . | 7,00 | | | | 0,08 | 0,56 | |
| Menuiserie en chêne de 0,055 d'épaisseur, mètre carré. . | 9,50 | 0,20 | 1,90 | | » | | |
| Menuiserie en chêne de 0,041 d'épaisseur, mètre carré. . | 8,00 | 0,27 | 2,16 | | » | | |
| Lattes en sapin de 47/22mm, mètre courant. . . . . | 0,20 | 9,12 | 1,82 | | » | 16,28 | |
| Fonte pour crapaudine. kil. | 0,60 | 1,00 | 0,60 | | » | | |
| Fer forgé et laminé pour frettes à boulons, gonds à supports, bandes à boulons et à vis et clous. . . . | 1,20 | 7,00 | 8,40 | | » | | |
| Goudronnage des bois enterrés. . . . . . . . . | | | 1,00 | | | 2,00 | |
| Peinture à l'huile sur trois couches. . . mètre carré. | 1,00 | 5,00 | 5,00 | | 6,00 | 6,00 | |
| Transport à pied-d'œuvre et pose. . . . . . . . | | | 4,00 | | | 4,50 | |
| Serrure. . . . . . . . . | | | 6,00 | | | 6,00 | |
| PRIX TOTAUX. . . | | | | fr. 37,94 | | | fr. 50,73 |

Sur les chemins de l'Ouest et du Nord on emploie des barrières à guichet (fig. 114). Du côté du poteau de battement de la porte, soit en dedans du chemin comme au Nord, soit en dehors comme à l'Ouest, le piéton entre dans un couloir où il est obligé de se ranger dans l'un des angles de la palissade pour permettre au portillon de s'effacer et de lui livrer passage; cette

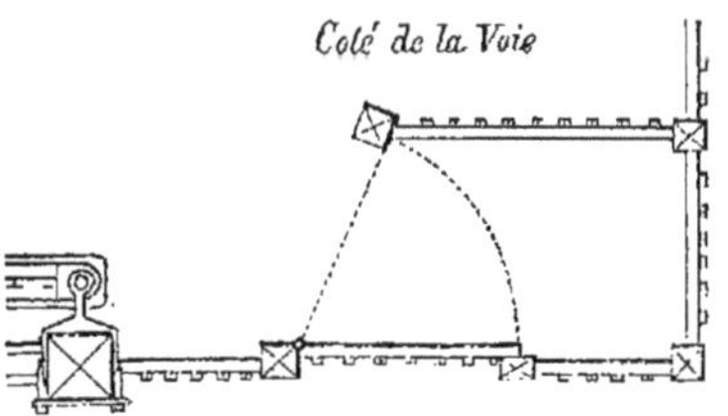

Fig. 114. Guichet accolé à une barrière. $\frac{1}{50}$.

manœuvre, qui demande un peu de réflexion, ne peut pas être effectuée par les animaux. Au chemin de fer du Nord, les guichets et portes ont $0^m,70$ de largeur. Toute la charpente est en chêne à vives arêtes, et le remplissage en lattes de sapin; le montant de la barrière porte inférieurement un petit galet roulant sur un plan incliné qui la force à rester constamment fermée.

Les guichets du chemin de l'Ouest ont $0^m,80$ de large et la porte 1 mètre; la charpente est en chêne; les poteaux sont fondés dans des massifs en maçonnerie ou avec semelles et contrefiches. Un petit loquet, exigeant l'emploi d'une clef spéciale, sert à la fermeture des portes par les gardes, au moment du passage des trains.

Les fig. 126 et 128, pl. V, représentent d'autres dispositions de guichets et portillons en fer employés sur l'Est et le Midi — 100 et 101 —.

Nous avons vu plus haut comment on évaluait les divers ouvrages; voici l'avant-métré qui peut servir à établir le prix des guichets isolés en bois, appliqués sur le réseau de l'Ouest :

### *Avant-métré d'un guichet pour piétons.*

#### 1° TERRASSEMENTS.

| | | m3 |
|---|---|---|
| — Déblai pour la fondation des poteaux | $5 \times 0{,}60 \times 0{,}60 \times 1 =$ | 1,800 |

#### 2° MAÇONNERIE.

| | | |
|---|---|---|
| — Massifs en maçonnerie sèche pour maintenir les poteaux | $5 \times 0{,}60 \times 0{,}60 \times 0{,}80 = 1{,}44$ | |
| à déduire l'emplacement des poteaux | $5 \times 0{,}12 \times 0{,}12 \times 0{,}80 = 0{,}06$ | 1,380 |

#### 3° CHARPENTERIE ET MENUISERIE.

| | | |
|---|---|---|
| — Bois de chêne à vive arête, raboté sur les faces vues : | | |
| Poteau de battement . . | $1 \times 2{,}40 \times 0{,}12 \times 0{,}14 = 0{,}040$ | |
| Les autres poteaux . . . | $4 \times 2{,}40 \times 0{,}12 \times 0{,}12 = 0{,}138$ | 0,178 |
| — Montants du portillon, en chêne de $\frac{0^m,06}{0^m,08}$, corroyés sur les 4 parements . . . . . . . . . . . . | $2 \times 1^m,30 =$ | $2^m,60$ |

— Traverses hautes et basses du portillon et des barrières, en chêne de $\frac{0^m,09}{0^m,04}$, corroyées sur les 4 parements. $2 \times 3^m,40 =$ $6^m,80$

— Lames du portillon et des barrières, en chêne de $\frac{0^m,05}{0^m,02}$, corroyées sur les 4 parements et clouées sur les traverses, $24 \times 1^m,30 =$ $31^m,20$

4° FERRONNERIE.

— Equerres de façon de $0^m,32$ de développement, en fer de $0^m,005$ sur $0^m,028$, entaillées, fixées chacune avec 5 vis à tête fraisée . . . . . . . . . . . . . . . . . . 3 pièces

— Paumelle double de façon, en fer de $0^m,005$ sur $0^m,025$, entaillée et fixée avec 4 vis à tête fraisée. . . . . . . . 1

— Galet avec sa tige verticale et son chemin circulaire, entaillés, fixés avec 5 vis à tête fraisée . . . . . . . . 1

— Petit loquet en fer avec sa clef, sa boîte en tôle et sa gâche, lesdites boîte et gâche fixées avec 6 vis à tête fraisée. 1

5° PEINTURE.

— Peinture à l'huile à 3 couches de toutes les parties vues :

Faces verticales des poteaux. $5 \times 1,40 \times 0,48 = 3^{m^2},36$

» de dessus » $5 \times 0,14 \times 0,14 = 0\ ,10$

Montants du portillon. . . . $2 \times 1,30 \times 0,28 = 0\ ,73$

Traverses du portillon et des barrières.

$2 \times 3,43 \times 0,26 = 1\ ,78$

Lames . . . . . . . . . . . $24 \times 1,12 \times 0,14 = 3\ ,76$

$9^{m^2},73$

Ce système est compliqué et coûteux, mais il donne de bons résultats; car le passage exigeant certaine manœuvre, les hommes en état d'ivresse et les autres animaux ne sauraient sans grande difficulté s'introduire sur la voie, alors même que la barrière ne porterait pas de loquet.

Peut-être trouverait-on quelque avantage à remplacer ces guichets par un système plus simple, employé en Angleterre et représenté en plan par la figure 115. La porte s'ouvre et se ferme dans un espace angulaire où le piéton est obligé de pénétrer pour passer. Au chemin d'Orléans (réseau central) on construit des guichets analogues. L'espace angulaire est remplacé par un demi-cercle (fig. 127, page 255). Ces guichets doivent présenter l'inconvénient d'être trop étroits pour des personnes chargées, et plus coûteux que ceux du système anglais (fig. 115).

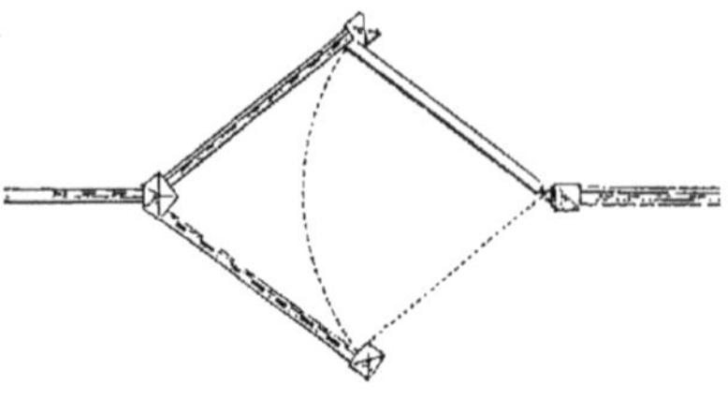

Fig. 115. Guichet employé sur les chemins anglais. $\frac{1}{50}$.

Enfin, on est souvent obligé d'établir dans les clôtures courantes des petites portes sur certains sentiers ou pour donner passage à des particuliers dont la propriété est traversée par la ligne. La figure 103 — page 213 — indique la disposition d'une porte de $0^m,75$ d'ouverture dans une clôture courante en treillage ordinaire du système employé sur la ligne du Nord. Ces portes doivent rester constamment fermées; elles ne peuvent être ouvertes qu'au moyen d'une clef, confiée au propriétaire sous certaines conditions énoncées au chapitre XI.

98. Barrières a lisse. — Dans les endroits peu fréquentés et où cependant l'établissement de passages à niveau est nécessaire, on se contente le plus souvent de barrières à lisse.

Les *barrières à lisse tournante* (fig. 116) du chemin de fer du Nord se composent de deux poteaux extrêmes, fondés avec semelles et contre-fiches en bois ou dans un massif en maçonneries, qui limitent la largeur du passage, et d'une lisse unique barrant le chemin à 1 mètre environ au-dessus du sol. Cette lisse horizon-

Fig. 116. Barrière à lisse tournante. $\frac{1}{200}$.

tale est assemblée avec un poteau-tourillon vertical et une contre-fiche oblique. La section de la lisse varie de $\frac{0^m,12}{0^m,10}$ à $\frac{0^m,12}{0^m,07}$ d'une extrémité à l'autre. Le poteau-tourillon est relié, au moyen de ferrures, avec un des poteaux extrêmes du passage, tandis qu'un verrou, sur le poteau opposé, sert à fixer l'extrémité de la lisse pendant la fermeture. A ces barrières sont quelquefois accolés des tourniquets, et, dans ce cas, on donne la préférence au premier que nous avons décrit, comme étant le plus simple et le moins coûteux — page 231 —.

Les *barrières à lisse glissante* (fig. 117) sont formées simplement d'une lisse horizontale, à 1 mètre du sol, dont les extrémités, pendant la fermeture, sont engagées dans deux mortaises

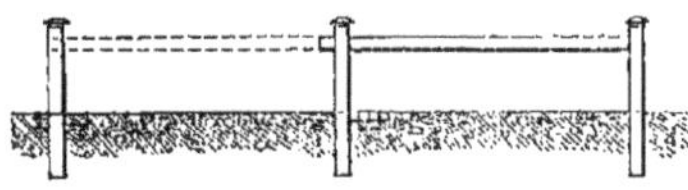

Fig. 117 Barrière à lisse glissante. $\frac{1}{200}$.

qui traversent les poteaux extrêmes du passage. D'un côté de la barrière, on place une lisse fixe sur laquelle peut glisser la lisse mobile. La manœuvre est plus facile quand on remplace la surface horizontale de glissement de la lisse dormante par une saillie en dos d'âne; la lisse mobile ainsi guidée dans son mouvement glisse encore plus légèrement lorqu'on la fait porter sur un petit galet placé à l'entrée de la mortaise.

*Barrière à double lisse* (fig. 118, pl. V). — Dans certains cas et pour de grandes ouvertures, on peut, comme aux chemins suisses, placer, de chaque côté de la lisse fixe, un guide formé d'une barre de fer méplat, et, sur le prolongement de la lisse mobile, deux systèmes de galets qui comprennent le guide entre eux. Ces deux systèmes de galets sont suffisamment écartés pour que la lisse mobile soit toujours maintenue horizontale, même au moment où son extrémité opposée quitte le poteau correspondant. La lisse mobile a ordinairement une section qui va en décroissant d'une extrémité à l'autre : malgré cela, on arrive, pour de grandes ouvertures, à des lisses d'un poids considérable et difficiles à manœuvrer. Dans ce cas, une barrière analogue, dans laquelle la lisse pleine serait remplacée par deux madriers de faible équarrissage, écartés de $0^m,40$ et reliés par des entretoises en bois ou en fers légers, serait moins coûteuse et plus facilement maniable (fig. 118, pl. V).

La fermeture se fait au moyen d'un goujon en fer traversant le poteau et l'extrémité de la lisse mobile, quelquefois au moyen d'une petite vis de pression, qui s'appuie sur l'extrémité de la lisse et tourne dans une plaque formant écrou, fixée sur le poteau. Une clef, que les gardes ont à leur disposition, permet de manœuvrer cette vis.

La compagnie de l'Est a essayé de transmettre à distance la manœuvre des lisses glissantes; mais le mouvement s'effectue difficilement, et les résultats obtenus ne sont pas satisfaisants.

En Allemagne les barrières à lisse tournante se composent simplement d'une lisse doublée à l'une de ses extrémités (fig. 116), et sur le prolongement de laquelle on fixe une grosse pierre pour faire contre-poids. Cette lisse peut tourner horizontalement autour de la tête arrondie du poteau. On y trouve encore d'autres barrières à lisse de différents genres. Voici comment on en établit le prix :

*Barrière à lisse tournante de* $5^m,50$ *d'ouverture* (fig. 116).

| | fr. |
|---|---|
| Bois — 2 poteaux ; $2^m,20 \times 0,21 \times 0.21 \times 2 = 0^{m3},194$ à 65 fr. = | 12,65 |
| 4 semelles en croix : $1^m,50 \times 0,10 \times 0,10 \times 4 = 0,060$ à 65 fr. = | 3,30 |
| Lisse en pin : $5^m,00 \times 0,13 \times 0,13 = 0,0845$ / Renfort » $2^m,00 \times 0,24 \times 0,15 = 0,0720$ } 0,1565 à 50 fr. = | 7,80 |
| Pierre — Contre-poids : $0,60 \times 0,20 \times 0,25 = 0^{m3},030$ à 60 fr. = | 1,80 |
| Main-d'œuvre. — Façon, rabotage et pose, 20 mètres à 0 fr. 50 c. = | 10,00 |
| Serrurerie. — Ferrures, fourniture et pose de $6^k,50$ à 1 franc. = | 6,50 |
| Serrure . . . . . . . . . . . . . . . . . . . | 1,25 |
| Peinture . . . . . . . . . . . . . . . . $6^{m2},00$ à 1 franc. = | 6,00 |
| Somme à valoir . . . . . . . . . . . . . . . . . . . . . | 5,70 |
| Prix total. . . . | 55,00 |

*Barrière à lisse glissante de* 3m,75 *d'ouverture* (fig. 117).

| | |
|---|---|
| Prix de la barrière à lisse suspendue. — Voir ci-après. | 25fr,00 |
| Un poteau supplémentaire . . . . . . . . . . . . . | 5 ,00 |
| Main-d'œuvre — . . . . . . . . . . . . . | 1 ,25 |
| Peinture — . . . . . . . . . . . . . | 1 ,00 |
| Serrurerie — . . . . . . . . . . . . . | 0 ,75 |
| Prix total. . . | 33 ,00 |

*Barrière à lisse suspendue de* 3m,75 *d'ouverture* (fig. 119).

Fig. 119. Barrière à lisse suspendue. $\frac{1}{150}$.

| | fr. |
|---|---|
| Bois. — Deux poteaux de 1m,85 × 0,21 × 0,21 = 0m3,165 à 65 francs = | 10,60 |
| Lisse en hêtre ou bouleau de 0,10 d'équarrissage, 3m,45 à 0 fr. 45 c. = | 1,55 |
| Main-d'œuvre. — Rabotage, carbonisation des parties enfouies en terre, pose, 7mq,20 à 0 fr. 50 c. = | 3,60 |
| Serrurerie. — Fourniture et pose de crochets, anneaux, chaînette et ferrures, 4k,50 à 1 franc = | 4,50 |
| Peinture. — Peinture de toutes les parties vues, à une couche d'impression et deux couches de peinture à l'huile, 3 mètres carrés à 1 franc = | 3,00 |
| Somme à valoir. . . . . . . . . . . . . . . . . . | 1,75 |
| Prix total. . . | 25,00 |

Pour des passages de grande ouverture, on emploie quelque-

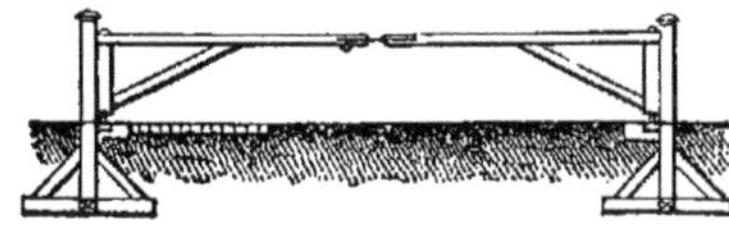

Fig. 120. Barrière à deux lisses tournantes $\frac{1}{200}$.

fois des barrières à deux lisses tournantes (fig. 120), dont voici le devis :

*Barrière à deux lisses tournantes de* 7m,50 *d'ouverture* (fig. 120).

| | | fr. |
|---|---|---|
| Bois. — Bois de chêne. . . . . . . | $0^{m3}$,660 à 65 francs = | 42,90 |
| Bois de pin. . . . . . . . | 0 ,300 à 50 francs = | 15,00 |
| Main-d'œuvre. — Façon, etc. . . | 36 mètres à 0 fr. 50 c. = | 18,00 |
| Serrurerie. — Ferrures de vantaux. . | 18k,00 } | |
| Fléau à serrure. . . . . . . . | 5 ,00 } 24k,50 à 1 fr. = | 24,50 |
| Ferrures des poteaux d'arrêt . . | 1 ,50 } | |
| Peinture. . . . . . . . . . . . . . . | $12^{m2}$,00 à 1 franc. = | 12,00 |
| Somme à valoir . . . . . . . . . . . . . . . . . . . . . . | | 7,60 |
| | Prix total. . . | 120,00 |

99. Barrières a bascule. — Un dernier système de barrières à lisse pour les passages rapprochés les uns des autres est celui des *barrières à bascule et contre-poids, pouvant se manœuvrer à distance.* Une lisse horizontale, dont la section décroît d'une extrémité à l'autre, est chargée d'un contre-poids qui tend à la faire basculer autour d'un axe horizontal supporté par deux poteaux, et à la maintenir dans une position à peu près verticale, lorsque le passage est ouvert; quand il est fermé, l'autre extré-

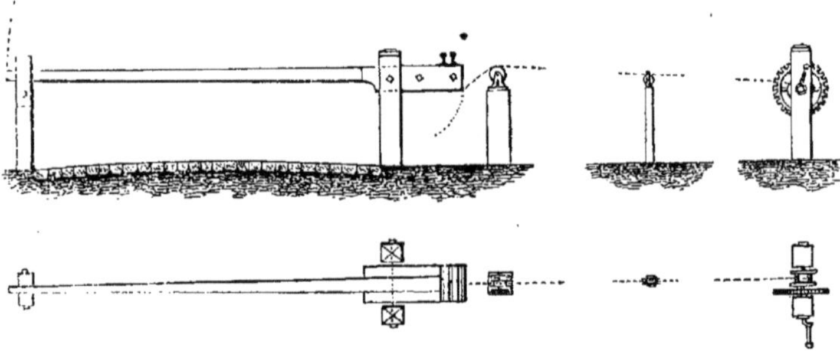

Fig. 121. Barrière à bascule manœuvrée à distance. $\frac{1}{100}$.

mité de la lisse repose simplement sur la tête d'un poteau, entre deux pattes en fer ou deux planches formant guides (fig. 121). Ces deux guides doivent s'évaser suffisamment pour que la lisse mobile s'engage toujours entre eux quand elle retombe. Le contre-poids peut être formé, comme au chemin du Nord, d'un sabot en fonte, ou plus simplement, comme aux chemins belges, suisses et aux chemins de l'Est, de deux madriers boulonnés sur la lisse et de deux bouts de rails fixés à l'extrémité, ou plus simplement encore, d'une pierre. Ce contre-poids tend constamment à maintenir la lisse dans une position verticale et par conséquent le passage ouvert. Pour la fermer, on opère à l'extrémité du contre-poids une traction aussi rapprochée que possible de la verticale, au moyen d'une chaîne passant sur une première poulie, et attachée à un fil de fer de $0^{m},005$, qui est guidé de loin en loin, de 10 mètres en 10 mètres par exemple, par des galets. Le fil aboutit enfin à une autre chaîne qui s'enroule sur un treuil. On voit qu'il faut double système de fils et de

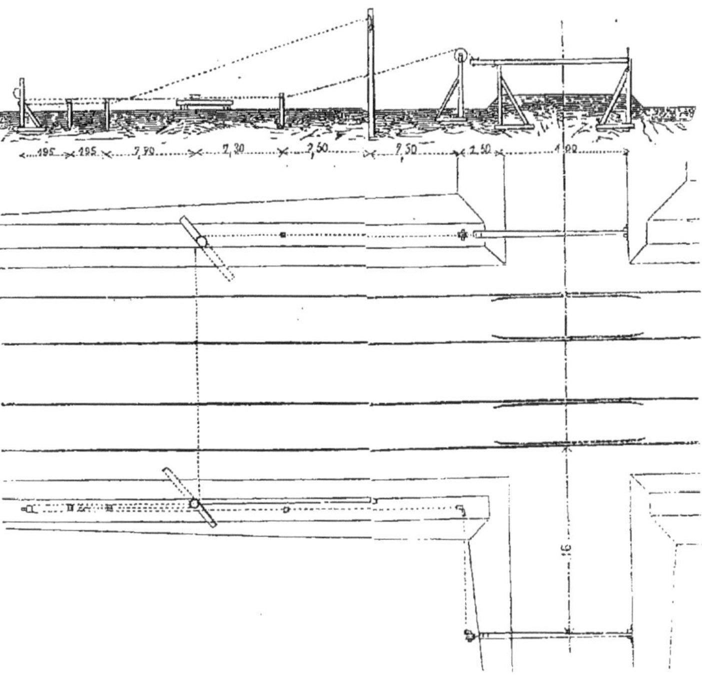

Fig. 122. Barrières manœuvrées à distance, par un seul fil, avec avertisseur et garage. $\frac{1}{250}$

galets pour les deux barrières qui défendent les deux côtés de la ligne, ce qui oblige encore les gardes à traverser les voies, manœuvre quelquefois dangereuse. Au chemin de l'Est, on applique, depuis plusieurs années, un mode de transmission à travers la voie permettant de faire la manœuvre des deux barrières en même temps et avec un seul fil (fig. 122); c'est ce qui a été d'ailleurs, déjà appliqué sur les chemins badois.

Une bonne précaution, prise également sur ces derniers chemins, consiste à placer les barrières à bascule, manœuvrées à distance, assez loin de la voie pour laisser un espace suffisant au garage d'une voiture engagée pendant la fermeture; en effet, ces barrières sont difficiles à surveiller et quelquefois même invisibles; il peut se faire que le garde, fermant les barrières au moment du passage d'un train, emprisonne une voiture sur la voie. L'addition du garage ne saurait augmenter sensiblement les dépenses, les passages ainsi fermés n'étant généralement point pavés. On ajoute aussi à ces dispositions une sonnette manœuvrée à distance par le garde, quelques instants avant la fermeture des barrières.

Quand le régime de l'exploitation nécessite le maintien de la fermeture du passage à l'état normal, il faut que le garde chargé de la manœuvre à distance de ces barrières soit averti qu'un attelage demande le passage fermé, ce qui s'effectue par une sonnette manœuvrée à l'aide d'un fil de tirage qui part du passage fermé et aboutit au poste du garde.

Les diverses barrières à lisse ont l'inconvénient de laisser le passage trop facile en dessous de la lisse. On remédie à cet inconvénient par l'addition d'une sous-lisse suspendue à la lisse principale à l'aide de chaînes ou mieux de petites tringles rigides.

Le tableau que nous donnons plus bas résume l'avant-métré de deux barrières à bascule et à contre-poids analogues à celles employées sur les chemins prussiens. Les poteaux sont en chêne, l'arbre quelquefois en sapin, d'un équarrissage décroissant d'une extrémité à l'autre, le contre-poids formé d'un sabot en fonte.

*Barrières à bascule de 5 mètres d'ouverture. — Avant-mètré.*

| DÉSIGNATION des ouvrages et parties d'ouvrages ET INDICATION DE LEUR NATURE. | Nombre des parties ou pièces semblables. | DIMENSIONS RÉDUITES | | | SURFACES. | | CUBES. | | Poids. |
|---|---|---|---|---|---|---|---|---|---|
| | | Long pour chacune ou ensem. | Largeur. | Hauteur ou épaisseur. | Auxiliaires. | Définitives. | Auxiliaires. | Définitifs. | |
| *A. — Quantités indépendantes de la distance de traction.* | | | | | | | | | |
| BOIS. | | m. | m. | m. | | | m³. | m³. | |
| Poteaux principaux. . . | 2 | 2,200 | 0,235 | 0,155 | | | 0,080135 | 0,160270 | |
| Semelles . . . . . . . | 2 | 1,250 | 0,105 | 0,210 | | | 0,027562 | 0,055125 | |
| Ecoinçons . . . . . . | 2 | 1,100 | 0,235 | 0,155 | | | 0,040067 | 0,080135 | |
| Poteaux de soutien. . . | 2 | 2,500 | 0,235 | 0,155 | | | 0,091062 | 0,182125 | |
| Arbres . . . . . . . . | 2 | 6,000 | 0,105 | 0,105 | | | 0,066150 | 0,132300 | |
| Poteaux élevés . . . . | 2 | 2,600 | 0,235 | 0,155 | | | 0,094705 | 0,189410 | |
| Poteaux pour les tambours . . . . . . . | 2 | 1,100 | 0,235 | 0,155 | | | 0,040067 | 0,001355 | |
| Semelles . . . . . . . | 2 | 1,250 | 0,105 | 0,210 | | | 0,027562 | 0,055125 | |
| Ecoinçons . . . . . . | 2 | 1,100 | 0,130 | 0,155 | | | 0,022437 | 0,044374 | |
| Cube des bois . . . | | | | | | | | 0,978999 | |
| FERS. | | | | | | | | | |
| Ferrures des barrières . | | | | | | | | | 15 k. |
| Ferrures des tambours . | | | | | | | | | 33 |
| Chaînes . . . . . . . | 2 | 3,150 | | | | | | | 15 |
| Sabots en fonte pour contre-poids . . . . . . | 2 | | | | | | | | 120 |
| Poids . . . . . . . . | | | | | | | | | 183 k. |
| PEINTURE. | | | | | m². | m². | | | |
| Poteaux principaux. . . | 2 | 1,250 | 0,235 | 0,155 | 0,9750 | 1,9500 | | | |
| Poteaux de soutien . . . | 2 | 1,350 | 0,235 | 0,155 | 1,0530 | 2,1060 | | | |
| Poteaux élevés. . . . . | 2 | 1,650 | 0,235 | 0,155 | 1,2870 | 2,5740 | | | |
| Barrières. . . . . . . | 2 | 6,000 | 0,105 | 0,105 | 2,5200 | 5,0400 | | | |
| Poteaux de tambours . . | 2 | 0,630 | 0,235 | 0,155 | 0,4914 | 0,9828 | | | |
| Tambours. . . . . . . | 2 | 0,314 | 0,165 | diam. | 0,1632 | 0,3265 | | | |
| Surface des peintures. | | | | | | 12,9793 | | | |
| *B. — Quantités variables pour chaque longueur de 25 mètres.* | | | | | | | | | |
| Bois. — Poteaux-guides . | 2 | 1,650 | 0,105 | 0,105 | | | 0,018191 | 0,036382 | |
| Fers. — Crampons . . . | 2 | | | | | | | | 0,50 |
| Fers. — Fil de fer. — 50 m. | | | | | | | | | 4,00 |
| Peinture des poteaux-guides . . . . . . . | 2 | 0,950 | 0,105 | 0,105 | 0,3990 | 0,7980 | | | |
| Surface des peintures. | | | | | | 0,7980 | | | |
| Cube des bois. . . . | | | | | | | | 0,036382 | |
| Poids des fers. . . . | | | | | | | | | 4k,50 |

Ainsi, deux barrières de 5 mètres, établies dans les conditions précédentes, reviendraient à 150 francs environ, somme à laquelle il faudrait ajouter 9 fr. 50 c. par 25 mètres de tirage.

| | |
|---|---|
| Pour une barrière de 450 mètres de tirage, le prix se composerait de . . . . . . . . . | 150 francs. |
| plus $\frac{450}{25} \times$ 9 fr. 50 c. . . . . . . . . . . | 171 |
| | 321 francs. |

100. Barrières a vantaux tournants. — Les barrières pivotantes à un seul vantail du chemin de fer du Nord ont de 4 à 8 m. de largeur et $1^m,50$ de hauteur (fig. 123). Elles sont toutes formées d'un poteau A, d'un vantail à claire-voie et d'un poteau heurtoir B. Le poteau A, saillant de $1^m,50$ au-dessus du sol, a $\frac{0^m,20}{0^m,20}$ d'équarrissage et $2^m,50$ environ de longueur; il est solidement fondé au moyen d'un système de semelles et de contre-fiches ou d'un massif en maçonnerie. Ce poteau est destiné à supporter tout le poids de la barrière quand elle est en mouvement. Le poteau B reçoit la butée du vantail; on lui donne $\frac{0^m,15}{0^m,15}$ d'équarrissage, $2^m,20$ environ de longueur; il est fondé comme le poteau A, mais avec des pièces de plus faibles dimensions.

Le vantail se compose d'un châssis formé par le poteau-tourillon suspendu au poteau A, le battant et deux traverses horizontales d'une longueur correspondante à la portée du vantail. Les deux traverses sont réunies par trois, quatre ou six tirants verticaux en fer, suivant que la barrière a 4, 6 ou 8 mètres d'ouverture, leur écartement et la solidité du châssis étant assurés par quatre, cinq ou sept pièces obliques parallèles, assemblées sur les traverses.

Le poteau-tourillon est formé de deux pièces moisées de $\frac{0^m,16}{0^m,066}$ d'équarrissage, comprenant dans l'intervalle qui les sépare les extrémités des deux traverses et le boulon qui sert d'axe au mouvement. Ce boulon est maintenu à la partie supérieure par l'œil d'un étrier embrassant le poteau A, et se termine à la partie inférieure par une surface sphérique qui repose dans une crapaudine. Cette crapaudine porte inférieurement deux oreilles, au moyen desquelles on la fixe par un

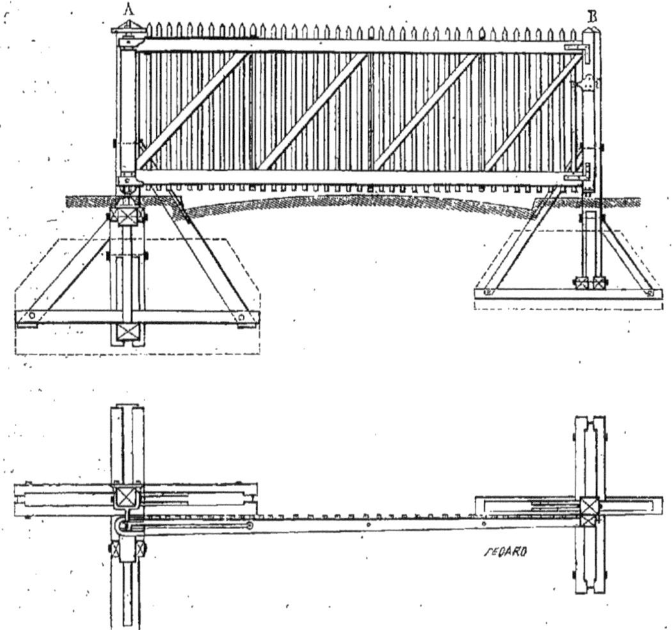


Fig. 123. Barrière de 4 mètres, à un vantail. $\frac{15}{1500}$

boulon sur un petit tasseau horizontal, assemblé avec le poteau A et les contre-fiches. Pour soulager les ferrements, lorsque la barrière est au repos, le poteau heurtoir porte, inférieurement, un petit support sur lequel vient reposer l'extrémité du vantail fermé. Les traverses horizontales ont une largeur de $0^m,12$; leur épaisseur va en diminuant du poteau-tourillon au battant, de $0^m,14$ à $0^m,06$. Les pièces obliques ont une section carrée dont le côté diminue de 5 en 5 millimètres à partir de l'axe de rotation. Pour la barrière de 4 mètres, la section varie de la première à la quatrième de $\frac{0^m,075}{0^m,075}$ à $\frac{0^m,06}{0^m,06}$; pour les barrières de 6 mètres, de $\frac{0^m,08}{0^m,08}$ à $\frac{0^m,06}{0^m,06}$; pour celles de 8 mètres, de $\frac{0^m,08}{0^m,08}$ à $\frac{0^m,03}{0^m,09}$.

On consolide l'ensemble au moyen d'une plate-bande posée sur la traverse supérieure, depuis le poteau-tourillon jusqu'au premier boulon pour les barrières de 4 mètres, et sur toute la longueur pour les barrières de 6 à 8 mètres. Cette plate-bande est traversée par les tirants verticaux et par le boulon formant l'axe de rotation. L'assemblage du battant avec les traverses est consolidé au moyen d'équerres en fer. Un loquet à ressort, placé à l'intérieur, ferme la barrière.

Sur ce châssis en bois de chêne, on cloue un remplissage de lattes en sapin de $\frac{0^m,04}{0^m,02}$, espacées de $0^m,095$ d'axe en axe.

Ces barrières sont compliquées, lourdes et coûteuses, surtout en ce qui concerne les ferrures; le poids des vantaux de 4 à 8 mètres ne tarde pas à faire dévier le pivot et fausser les ferrures. Les barrières, fréquemment dérangées, et ne pouvant pas s'ouvrir ou se fermer, sont cause d'ennuis incessants, de contestations, de frais d'entretien et d'indemnités pour accidents.

Au chemin de fer de l'Est, on a employé un système de barrières à hauteur variable (figure 124), ayant $3^m,60$, 4, 5 et 6 mètres d'ouverture. Un portillon, déjà décrit, y est généralement accolé.

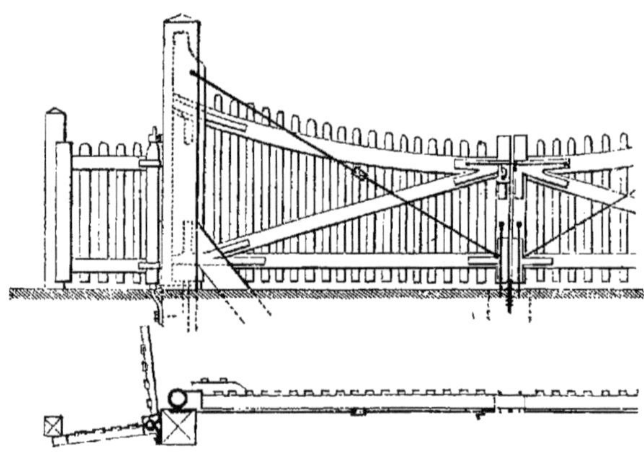

Fig. 124. Portillon et barrière (Est). $\frac{15}{1000}$

Ces barrières sont revenues à un prix assez élevé, comme l'indiquent les chiffres suivants résumés des sous-détails établis plus loin :

| | fr. |
|---|---|
| Barrière de 6 mètres d'ouverture (à hauteur variable). | 377,76 |
| » 5 » » » | 331,44 |
| » 4 » » » | 219,76 |
| » 3m,60 » » | 195,67 |

Ces prix supposent les poteaux des barrières établis sur un terrain solide ; dans le cas contraire, la fondation en maçonnerie était comptée à raison de 11 francs le mètre cube.

*Barrières à hauteur variable.*

| INDICATION DES OUVRAGES | PRIX DE L'UNITÉ. | DE 6 MÈTRES D'OUVERTURE | | | DE 4 MÈTRES D'OUVERTURE | | |
|---|---|---|---|---|---|---|---|
| | | Quantités. | Dépense par article | Dépense par ouvrage | Quantités. | Dépense par article | Dépense par ouvrage |
| Déblais et remblais de terre . . . . . . . . m.c. | 1,00 | 13,31 | | 13,31 | 6,08 | | 6,08 |
| Charpente de chêne à vives arêtes. . . . . . . | 82,00 | 1,10 | 90,20 | | 0,62 | 50,84 | |
| Plus-value pour parties rabotées . . . . . . . | 7,00 | 0,35 | 2,45 | | 0,22 | 1,54 | |
| | | | | 92,65 | | | 52,38 |
| Menuiserie en chêne de 0m,075 d'épaisseur. m. q. | 11,50 | 2,55 | 29,32 | | | | |
| Id. de 0m,11 id. | 16,00 | 1,00 | 16,00 | | | | |
| Id. de 0m,10 id. | | | | | 0,66 | 9,90 | |
| Id. de 0m,06 id. | | | | | 1,69 | 16,90 | |
| Lattes en sapin de $\frac{47mm}{22mm}$ . . . . . . . . m. ct. | 0,20 | 50,40 | 10,08 | 55,40 | 35,00 | 7,00 | 33,80 |
| Fonte pour frettes et crapaudines . . . . . kil | 0,60 | 10,00 | 6,00 | | 7,00 | 4,20 | |
| Fer forgé et laminé de toute nature : | | | | | | | |
| Frettes à boulons pour montants . . . . . . . | | 12,00 | | | 10,00 | | |
| Gonds à supports pour montants supérieurs. . . | | 10,00 | | | 8,00 | | |
| Gonds à supports pour montants inférieurs . . . | | 10,00 | | | | | |
| Bandes à équerres et à bras, compris boulons et écrous . . . . . . . . . . . . . . . . | | 56,00 | | | 30,00 | | |
| Verrous, loquets et taquets. . . . . . . . . . . | | 9,00 | | | 9,00 | | |
| Clous à fixer les lattes. . . . . . . . . . . . | | 3,00 | | | 2,00 | | |
| Tirants, compris guides et vis de rappel . . . . | | 17,00 | | | | | |
| | 1,20 | 117,00 | 140,40 | | 59,00 | 70,80 | |
| Boite de fermeture . . . . . . . . . . la pièce, | | | 10,00 | | | 10,00 | |
| | | | | 156,40 | | | 85,00 |
| Goudronnage des bois enterrés . . . . . . . . | | | | 4,00 | | | 3,50 |
| Peinture à l'huile sur 3 couches . . . . . . m. q. | 1,00 | 22,00 | | 22,00 | 14,00 | | 14,00 |
| Pierre de taille pour verroux et taquets . . . . | | | | 7,00 | | | 7,00 |
| Transport à pied d'œuvre et pose par mètre courant d'ouvrage . . . . . . . . . . . . . . | 4,50 | 6,00 | | 27,00 | 4,00 | | 18,00 |
| Dépense pour une barrière . . . . . fr. | | | | 377,76 | | | 219,76 |

Sur la ligne de Mulhouse, on a fait des barrières à simple vantail, de 3m,60, 4 mètres, 5 mètres et 6 mètres d'ouverture, disposées exactement comme celles du Nord, à quelques détails près; les barrières de 7 mètres et 8 mètres sont toujours à deux vantaux.

On a été conduit quelquefois à faire des barrières de 4 mètres, 5 mètres et 6 mètres à deux vantaux. Elles sont toutes formées de deux vantaux disposés exactement comme celui des barrières à un vantail. Les deux battants des vantaux viennent butter contre une pierre et sont jointifs quand le passage est intercepté. La fermeture se fait à la partie supérieure, au moyen d'un fléau à coulisse muni d'une petite serrure, et à la partie inférieure au moyen d'un verrou de forme spéciale.

Les passages à niveau de la ligne de Bâle sont fermés par des barrières en chêne, rustiques, solides, très-simples, très-écono-

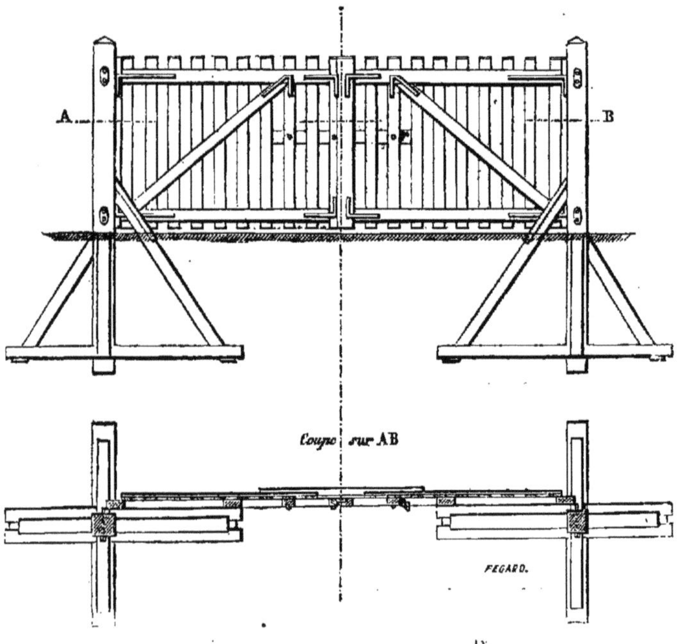


Fig. 125. Barrière à deux vantaux. $\frac{15}{1000}$

miques, et qui nous paraissent pour cela devoir être imitées. Elles ont 4, 5, 6 ou 7 mètres d'ouverture, et toujours à deux vantaux (fig. 125) fixés sur les poteaux au moyen de gonds et pentures; tous les assemblages sont consolidés à l'aide d'équerres en fer, fixées par des vis à bois à tête fraisée. La fermeture de la barrière s'effectue par un fléau en bois qu'arrête un petit loquet. Les lattes verticales en sapin ont $0^m,10$ de largeur, $0^m,02$ d'épaisseur avec écartement de $0^m,10$, fixées extérieurement à la voie, contre les traverses supérieure et inférieure, au moyen d'une latte horizontale clouée et formant moise avec ces dernières. A droite et à gauche de la barrière se trouvent des taquets destinés à limiter l'ouverture des vantaux. Ces taquets sont formés d'un poteau de $2^m,50$ enfoncé dans le sol sur une longueur de $1^m,50$ environ, et portant un petit tasseau horizontal qui sert de repos à l'extrémité du vantail. Un piton, sur chaque vantail, et un crochet correspondant, sur chaque taquet, permettent de maintenir la barrière ouverte.

Ces barrières sont simplement goudronnées sur toutes les surfaces. Ce goudronnage se refait environ tous les deux ans par le service de l'entretien. Le prix des barrières de 4 mètres, de ce type, n'atteint pas 200 francs.

Comme nous l'avons dit plus haut, les barrières de passages à niveau doivent être faciles à entretenir. Ce résultat n'est obtenu que par la simplicité de la construction. C'est pourquoi nous insistons tout particulièrement pour conseiller l'adoption d'un type analogue à celui que nous venons de décrire, l'expérience nous ayant démontré que le service de ces barrières était plus simple et plus régulier que celui des barrières à vantaux construites d'après des données plus compliquées.

Dans ces dernières années, le chemin de l'Est a trouvé quelque avantage à n'avoir que deux types de barrières, de 4 et de 6 mètres; elles sont analogues à celles à deux vantaux du chemin de fer du Nord que nous avons décrites plus haut. Les lattes sont en chêne, comme toute la charpente; mais on a cherché à diminuer la dépense, en simplifiant, autant que possible, les ferrures. Les vantaux sont supportés par des gonds et pentures ordinaires; la fermeture s'obtient au moyen de verrous et de crochets.

Voici le détail estimatif de deux barrières de 4 mètres et de 6 mètres du chemin de fer d'Épinal à Aillevillers (Compagnie de l'Est).

*Barrières à deux vantaux de 4 mètres et 6 mètres d'ouverture.*

| DÉTAIL. | PRIX DE L'UNITÉ | DE 4 MÈTRES AVEC TOURNIQUET. | | | DE 6 MÈTRES SANS TOURNIQUET. | | |
|---|---|---|---|---|---|---|---|
| | | Quantités | Sommes | | Quantités | Sommes | |
| | | | partielles | totale. | | partielles | totale. |
| Terrassements . . . . . . . . m. c. | 1,25 | 14,60 | 18,25 | | 14,60 | 18,25 | |
| Coussinet . . . . . . . . . . . . . | 5,00 | 1,00 | 5,00 | | 1,00 | 5,66 | |
| Charpente pour travaux provisoires en premier emploi . . . . . . . | 45,00 | 0,102 | 4,59 | | 0,102 | 5,59 | |
| Charpente en chêne. . . . . . m. c. | 140,00 | 0,657 | 91,98 | | 0,770 | 108,64 | |
| Menuiserie en chêne . . . . . m. q. | 15,00 | 1,985 | 29,78 | | 2,385 | 35,78 | |
| Fuseaux en chêne. . . . . . . m. ct. | 0,30 | 39,60 | 11,88 | | 52,44 | 15,73 | |
| Fer forgé pour étriers, boulons, ferrements. . . . . . . . . . . . k. | 1,00 | 2,80 | 2,80 | | 2,80 | 2,80 | |
| Fer pour boulons, pentures, gonds, équerres, tourillons, clinches, crochets, verrous, etc . . . . . . k. | 1,10 | 72,55 | 79,80 | | 83,65 | 92,01 | |
| Crochets, pitons, etc . . . . . . . | 0,50 | 2,00 | 1,00 | | 2,00 | 1,00 | |
| Peinture . . . . . . . . . . . . m. q. | 1,10 | 14,80 | 16,28 | | 17,26 | 18,99 | |
| Goudronnage. . . . . . . . . . m. q. | 0,60 | 14,145 | 8,49 | | 14,59 | 8,75 | |
| Transport à pied-d'œuvre et pose . . | | | 18,00 | | | 30,00 | |
| Dépense pour une barrière . fr. | | | | 287,85 | | | 341,54 |

On tend généralement aujourd'hui à réduire les dépenses d'établissement des passages à niveau, en faisant ouvrir les barrières en dehors du chemin; on diminue ainsi les frais de terrassement et de pavage. Le plus souvent, quand la circulation est peu active, on supprime le pavage, que l'on remplace par une chaussée résistante en macadam.

Avant l'application des fers légers à la construction des barrières décrites plus loin, le chemin de fer de l'Est simplifiait les barrières en formant les vantaux au moyen de cadres en bois de chêne convenablement consolidés et remplis avec un treillage en lattes provenant des déchets de la préparation des traverses par le procédé Boucherie.

Ce treillage est analogue à celui employé à la construction des clôtures de stations dont nous avons parlé plus haut.

En résumé, l'expérience a fait reconnaître qu'on devait donner la préférence à des barrières légères, simples et cependant solides, peu coûteuses d'entretien, s'ouvrant le plus souvent à l'extérieur, quelquefois à l'intérieur de la ligne, mais ne pouvant jamais avancer jusque sur le passage des trains.

Aux abords des barrières de passages à niveau, on établit généralement des clôtures plus solides que celles de la voie courante, et qui se raccordent avec elles, à une petite distance de chaque côté du passage à niveau. Si la barrière est oblique par rapport au chemin traversant la ligne en biais, on emploie moins de clôtures que si la barrière est placée normalement au chemin; dans le premier cas, la surface de pavage est également moins considérable, mais aussi les barrières ont une plus grande portée. On peut se rendre compte du coût de construction dans les deux hypothèses, en établissant, entre les prix de revient, une comparaison analogue à l'exemple qui suit, appliqué à un passage oblique de 4 mètres de largeur normale :

BARRIÈRES OBLIQUES.

| | fr. |
|---|---|
| 2 barrières de 5 mètres à 282 fr. 50 c. . . . | 565,00 |
| 68 mètres carrés de pavage à 5 francs. . . | 340,00 |
| 8 mètres de clôture en échalas à 0f,69. . . | 5,52 |
| | 910,52 |

BARRIÈRES NORMALES.

| | |
|---|---|
| 2 barrières de 4 mètres à 181 fr. 36 c. . . . | 362,72 |
| 94 mètres carrés de pavage à 5 francs. . . | 470,00 |
| 16 mètres de clôture à 0f,69. . . . . . . | 11,04 |
| | 843,76 |

On a quelquefois employé aux abords des barrières de passages à niveau des clôtures construites avec le même soin et aussi solides que les barrières elles-mêmes. Ainsi au chemin de l'Est, sur la ligne de Wissembourg, ces clôtures, tout à fait semblables aux clôtures de stations que nous avons décrites — 92 —

(figure 106, page 216), revenaient, comme nous l'avons vu, à 9 fr. 27 c. le mètre courant.

Dans ces circonstances, on voit que les barrières obliques ne seraient pas plus coûteuses que les barrières normales; mais c'est un exemple qu'il ne faut pas imiter.

Pour les routes peu fréquentées, on pourra conserver les clôtures courantes de la voie, et pour celles où la circulation est plus active, on leur donnera un peu plus de solidité.

*Barrières en fer à vantaux tournants.* — La Compagnie de l'Est avait exposé au Champ-de-Mars, en 1867, un type de barrières pivotantes tout en fer. Le pivot et les poteaux sont des bouts de rails vignoles hors de service, les cadres en fer cornières et le treillis en fer à ruban. Le type, de 4 mètres d'ouverture (fig. 126, pl. V), est très-léger, de manœuvre facile et d'entretien peu coûteux, résultats rarement obtenus pour des barrières de cette catégorie. Son poids ne dépasse pas 180 kilogrammes, non compris $5^{m},50$ de vieux rails vignoles du prix de 25 fr. La barrière et le portillon accolé ne coûtent que 123 fr. (0, fr. 55 par 100 kilos).

On a fait l'essai sur la ligne de la Méditerranée d'une barrière à pivot en fer, portant un cadre formé à l'aide d'un fer cornière et contreventé par un fer plat placé en écharpe. Le vide du cadre est garni de lattes en bois, maintenues en place au moyen de clous en fer traversant des trous percés dans le fer cornière du cadre et retenus en place en ouvrant leur pointe qui est fendue comme une goupille de machine. — Cette disposition est très-simple et doit donner une grande légèreté à l'appareil, facile d'ailleurs à entretenir.

La Compagnie d'Orléans remplace successivement les vantaux tournants en bois par des vantaux en fer.

101. Barrières roulantes. — Quand les dispositions locales s'opposent à l'emploi des barrières tournantes, on établit des barrières roulantes. Ce cas se présente principalement quand on traverse une route d'une grande largeur, ou lorsqu'une route large coupe la ligne sous un angle très-aigu, enfin quand un chemin modifié vient rejoindre le passage à niveau en longeant

la voie. Il est impossible, dans ce cas, d'établir une barrière à pivot dont les vantaux fermeraient le chemin latéral, à l'extérieur, ou la voie si les barrières s'ouvraient à l'intérieur. Il faut alors établir des barrières roulantes, obliques par rapport au chemin, et parallèles à la voie (fig. 56, pl. I).

*Barrières en bois.* — Les barrières roulantes du Nord se composent de la barrière proprement dite et de la contre-barrière d'égale longueur. Leur mode de construction est analogue à celui des vantaux précédemment décrits. La barrière repose à chaque extrémité sur une petite roue en fonte de 0m,50 de diamètre; la largeur de la jante de cette roue est divisée en trois zones par un bourrelet qui s'engage entre deux rails ou deux madriers horizontaux, dont les angles en contact avec les roues sont garnis de fer à cornières. Ces rails, à fleur du sol pour ne pas gêner la circulation, s'étendent sur toute la longueur de la contre-barrière et de la barrière mobile, dont ils servent à guider la course. Ils sont fixés sur le milieu de petites traverses de 1 mètre de long, espacées d'environ 1m,75. La traverse supérieure de la barrière est garnie sur toute sa longueur d'un fer à simple T, dont la tige passe entre deux galets horizontaux établis sur un support relié à chaque poteau de la contre-barrière.

Ces derniers sont espacés de 2 mètres environ, à l'exception de deux premiers du côté de la barrière, qui sont distants de 0m,80 seulement.

On dispose de l'autre côté de la route deux poteaux semblables pour maintenir la barrière lorsqu'elle est fermée. Ces poteaux sont fondés, suivant la nature du terrain, avec semelles et contre-fiches, ou dans un massif de maçonnerie. Tout le remplissage des charpentes des barrières et contre-barrières est fait avec des lattes en sapin comme pour les barrières à pivot.

On doit éviter l'emploi de ces barrières roulantes ainsi établies, parce qu'elles sont coûteuses, lourdes, se gauchissent et deviennent, par conséquent, d'un entretien difficile, d'une manœuvre pénible, surtout pour les femmes, chargées le plus souvent du service des passages à niveau.

*Barrières roulantes (types du chemin de fer du Nord).*

| DÉSIGNATION. | PRIX de L'UNITÉ. | OUVERTURE | | | | | | | | OBSERVATIONS. |
|---|---|---|---|---|---|---|---|---|---|---|
| | | 4m,00 | | 6m,00 | | 8m,00 | | 10m,50 | | |
| | | Quantités | Prix. | Quantités | Prix. | Quantités. | Prix. | Quantités. | Prix. | |
| | fr. | | fr | | fr. | | fr. | | fr. | |
| Charpente en bois de chêne. . . . | 136,00 | 1,680 | 228,48 | 2,049 | 278,86 | 2,412 | 328,03 | 3,050 | 414,80 | |
| Menuiserie (chêne et sapin). . . | 14,85 et 6,00 | 10,34 | 109,30 | 14,42 | 148,80 | 20,83 | 192,00 | 20,85 | 257,40 | |
| Fers. . . . . . . . . . . . . . . | 70,00 | 207,00 | 144,90 | 245,00 | 171,50 | 300,00 | 210,00 | 428,00 | 299,60 | |
| Fontes. . . . . . . . . . . . . . | 40,00 | 128,00 | 51,20 | 131,00 | 52,40 | 134,00 | 53,60 | 250,00 | 100,00 | |
| Pose et ajustement de fers et fontes (pièces pesant plus de 2 kilog.). | 8,25 | 255,00 | 21,00 | 277,00 | 22,85 | 329,00 | 27,14 | 516,36 | 42,60 | |
| Pose et ajustement de fers et fontes (pièces pesant moins de 2 kil.). | 16,50 | 80,00 | 13,20 | 99,00 | 16,35 | 105,00 | 17,32 | 162,42 | 26,80 | |
| Goudronnage sur les bois à sceller | 0,165 | 31,00 | 5,10 | 38,00 | 6,30 | 43,00 | 7,00 | 54,00 | 9,00 | |
| Peinture au minium (2 couches). | 0,615 | 36,00 | 22,15 | 51,00 | 31,35 | 60,00 | 37,00 | 80,00 | 49,20 | 0f,410 la 1re couche. 0f,205 la 2e couche. |
| Fouilles. . . . . . . . . . . . . | 1,20 | 11,70 | 14,04 | 13,39 | 16,07 | 15,07 | 18,08 | 18,430 | 22,12 | |
| Maçonnerie avec mortier. . . . | 19,00 | 6,44 | 122,40 | 7,375 | 140,10 | 8,30 | 157,70 | 10,168 | 193,20 | |
| Chemin de roulement (fers et fontes). . . . . . . . . . . . | | 683,80 | 137,45 | 964,10 | 193,85 | 1 240,30 | 251,00 | 1 614,70 | 324,68 | |
| | | | 869,20 | | 1 078,43 | | 1 298,89 | | 1 739,40 | |
| Soit par mètre courant. . . . . . | | | 217,30 | | 179, | | 162,35 | | 166,29 | |

On voit que ces barrières sont beaucoup plus coûteuses que les barrières à pivot et qu'on fera bien de ne les employer que dans le cas de nécessité absolue.

*Barrières en fer.* — Il y aurait généralement avantage à remplacer les barrières roulantes en bois par des barrières en fer simples et légères. C'est ce qu'on a fait au réseau central du chemin d'Orléans et dans d'autres compagnies.

Les barrières roulantes du chemin d'Orléans (fig. 127) se composent d'un cadre en fer plat de $0^m,116$ de large dont le bord extérieur est serré entre deux cornières de $0^m,035$ et recouvert d'une plate-bande d'une largeur de $0^m,100$. L'intérieur du cadre est rempli par un latice en fers à cornière, de $0^m,035$, fixés de part et d'autre du cadre et à tous les points de croisement par des rivets. Les cornières du latice, inclinées à 45 degrés, sont à une distance horizontale de $0^m,375$ les unes des autres, d'axe en axe des rivets. Les fers dont nous venons de parler ont $0^m,004$ d'épaisseur.

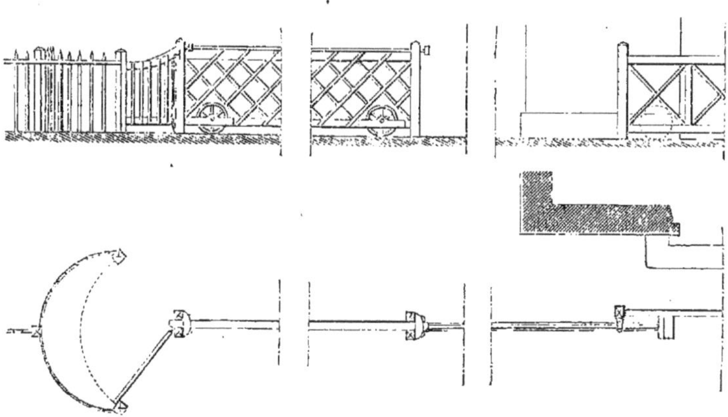

Fig. 127. Barrière roulante en fer et guichet accolé. $\frac{1}{100}$

Tout le système repose, au moyen de chapes en fonte faisant corps avec le cadre, sur deux roues en fonte de $0^m,50$ de diamètre roulant sur un guide longitudinal formé d'un fer en U, noyé dans un madrier en bois. Ce guide s'étend sur une longueur double environ de la largeur du passage. La barrière en mouvement ou au repos est maintenue dans une position verticale par de petits galets attachés à des supports en fonte boulonnés sur chacun des trois doubles poteaux qui marquent les limites extrêmes de sa course. Pour la barrière la plus rapprochée de la maison de garde, le poteau-guide est remplacé par le premier poteau du garde-corps posé devant la porte de la maison. Un petit tasseau en bois, sur lequel la roue vient s'appuyer, limite la course de la barrière (fig. 127).

Au chemin d'Orléans, ces barrières ont les ouvertures et les poids suivants :

| | | |
|---|---|---|
| $4^m$,50. . . . . | 300 | kilogrammes. |
| 5 ,25. . . . . | 332 | — |
| 6 ,00. . . . . | 350 | — |
| 7 ,50. . . . . | 405 | — |
| 8 ,50. . . . . | 500 | — |

Elles ont été payées, à l'origine, à raison de 0 fr. 58 c. le kilogramme, non compris les frais de pose.

Les poids ci-dessus ne comprennent pas le chemin qui sert de guide. Celui que nous avons décrit est coûteux et serait économiquement remplacé par un système formé de deux rails ordinaires légers et placés sur de petites traverses.

La Compagnie du Midi a adopté sur ses nouvelles lignes le système des barrières roulantes analogue au précédent. Elle utilise, à cet effet, les bouts de rails Brunel retirés du service et comptés au prix de 10 fr. les 100 kilogrammes; le prix de revient d'une barrière complète avec portillon, est de 350 fr., non compris la pose, ce qui porte la dépense à 700 fr. pour le passage complet. Elle a récemment adopté un mode de fermeture très-simple et toujours efficace quelque soit le tassement des pièces; ce type est indiqué dans la fig. 128, pl. V.

*Devis des barrières roulantes du Midi.*

| | Pour $4^m$,00 d'ouverture. | Pour chaque mètre en sus. |
|---|---|---|
| Panneau roulant. — Poids du fer . | 184k,345 | 33k,150 |
| Portillon . . . . . . . . . . . . | 28 ,770 | |
| Ferrures du poteau de battement . | 0 ,280 | |

| | | | |
|---|---|---|---|
| Ferrures des poteaux guides. . . | 5k ,670 | | |
| Ferrure du poteau d'arrêt. . . . | 9 ,860 | | |
| Ferrure du chemin des galets . . | 10 ,011 | | |
| Fontes . . . . . . . . . . . . | 70 ,80 | | |
| Rails Brunel 9m,650 . . . . . . . | 388 ,500 | 2m,00 | 60k,00 |
| Charpente en chêne, mètre cube . | 0 ,310093 | | 0 ,072 |
| Fouilles. . . . . . . . . . . . | 1 ,551 | | 0 ,101 |
| Maçonnerie . . . . . . . . . . | 0 ,648 | | |
| Ciment pour scellement . . . . | 25 ,00 | | |

Voici le prix de ces barrières pour les diverses ouvertures :

| OUVERTURES. | PRIX payé AU FOURNISSEUR. | VALEUR des MATÉRIAUX fournis par la Cie. | PRIX TOTAL. |
|---|---|---|---|
| m. | fr. | fr. | fr. |
| 4,00 | 175,50 | 57,77 | 233,27 |
| 5,00 | 198,00 | 64,84 | 262,84 |
| 6,00 | 220,50 | 75,00 | 295,50 |
| 7,00 | 243,00 | 80,88 | 323,88 |
| 8,00 | 261,00 | 88,44 | 349,44 |

La Compagnie de l'Est a, dans ses derniers types, notablement réduit les poids et les prix de ces appareils. — Les deux barrières, non compris les longuerines en bois qui portent les rails servant de voie aux galets, la pose et le transport reviennent à 416 fr.

En résumé, les barrières roulantes se substituent aux barrières à vantaux tournants, quand on peut leur donner suffisamment de légèreté.

**102. Passages sans barrière.** — Sur un grand nombre de passages à niveau en Allemagne, en Belgique et même en France, mais plus rarement, la fermeture est simplement opérée au moyen d'une chaînette en fer. La suspension de cette chaînette aux poteaux-limites du passage indique au public que la circulation à travers la voie est momentanément interdite. Cette défense est, en général, scrupuleusement respectée, ce qui n'a pas toujours lieu avec les barrières à vantaux les plus rigides.

Sans aucun doute, les populations parviendront à se familiariser avec les exigences de la police des chemins de fer; aussi croyons-nous que le temps n'est pas éloigné où l'on remplacera une grande partie des barrières actuellement en usage par des chaînettes ou mieux encore par de simples signaux indicateurs du danger que présente la traversée du chemin de fer à l'approche des trains.

Ces indications, qui terminaient le présent chapitre dans la première édition de ce livre, sont aujourd'hui passées en pratique. Depuis la loi du 12 juillet 1865, les chemins peu fréquentés ne nécessitent plus l'établissement de barrières de passage à niveau — 81 —.

Nous indiquons ailleurs — *Exploitation* — les tentatives d'application des signaux électriques pour mettre les gardes-barrières de passages très-fréquentés en rapport les uns avec les autres, de manière à réduire au strict nécessaire le temps de fermeture des barrières, et diminuer autant que possible la gêne que cette fermeture impose au public.

Les lignes où le service d'exploitation reste suspendu pendant la nuit prennent quelques précautions contre l'introduction des bestiaux sur la voie dans l'obscurité.

A l'origine on fermait la voie à l'aide des barrières même des passages à niveau, disposées pour que les vantaux opposés pussent se rejoindre sur l'axe de la ligne, étant placés transversalement aux rails. Mais cette disposition a donné lieu à de nombreux accidents occasionnés par le passage inopiné d'une machine ou d'un train.

Pour échapper au double inconvénient de laisser la voie ouverte ou de la fermer par une barrière résistante, la Compagnie de la Méditerranée barre l'entrée de la voie à l'aide d'une clôture volante en fil de fer, que le garde avant de se retirer accroche à des poteaux mobiles placés après le passage du dernier train de la journée, et qu'il enlève quelque temps avant l'arrivée du premier train du matin.

Si, par accident, le dernier train du soir réclame le secours de la machine de réserve par l'arrière, un tableau affiché au dépôt signale aux mécaniciens les points où se trouvent ces clôtures transversales et où ils doivent s'arrêter pour les mettre de côté avant de poursuivre leur route.

C'est un moyen peu pratique et nous trouvons beaucoup plus topique celui de ne laisser partir les gardes que lorque la machine de secours ne peut plus être attendue — Annexe E —.

CHAPITRE IV.

VOIE.

§ I.

## SYSTÈMES DIVERS.

103. Considérations générales. — Ce qui constitue le chemin de fer aujourd'hui, c'est son appropriation à l'emploi de la locomotive. Aussi n'étudierons-nous ici que les chemins exploités à l'aide du moteur à vapeur. — Le point de départ de l'étude d'une voie, c'est l'écartement du rail, la largeur — *Spurweite, Gauge* —, largeur déterminée par diverses circonstances qui se rattachent plus ou moins intimement au problème à résoudre — 129-130 —. Essayons de résumer ici les conditions principales qui dirigent le choix de l'ingénieur.

Quand on a évalué les produits à espérer de la ligne projetée, les frais d'exploitation et les conditions financières de l'entreprise, on peut approximativement déterminer les dépenses probables d'établissement du chemin conçu suivant un type déterminé. — Si ces dépenses atteignent un chiffre en rapport avec les produits calculés, il n'y a pas d'hésitation. Le type généralement adopté est naturellement indiqué.

Si le chemin projeté n'a que quelques kilomètres de longueur, de grandes facilités d'établissement, la voie ordinaire s'impose encore *à fortiori*.

Enfin, si le chemin projeté doit dans un avenir plus ou moins éloigné passer dans la classe des lignes d'intérêt général et se rattacher à deux points du grand réseau territorial, de manière à ouvrir au grand matériel une circulation sans solution de continuité, encore point d'hésitation : c'est le type ordinaire qu'il faut choisir; et si les dépenses sont trop considérables pour le moment présent, il vaut mieux surseoir à l'exécution que de compromettre l'avenir, à moins que les populations, pressées de jouir des avantages à retirer de la ligne, ne s'imposent des sacrifices pour compenser le défaut des produits immédiats.

Mais il n'en est plus de même quand le chemin doit vivre de sa vie propre, quand le trafic est restreint et le terrain très-accidenté. L'ingénieur est alors contraint de rechercher parmi les exemples de voie étroite celui qui conviendra le mieux à chaque cas particulier, car, l'utilité du chemin de fer ne laissant aucun doute, le problème ainsi posé ne peut être résolu que par l'emploi de la voie étroite — 131 —.

Les objections que soulève cette solution se reproduisent trop fréquemment pour ne pas réclamer un examen sérieux. — Essayons de les discuter. — Et d'abord quelles sont ces objections ?

Les adversaires de la voie étroite lui reprochent :

1° La nécessité de *rupture de charge* avec toutes ses conséquences. Augmentation des frais occasionnés par le *transbordement, perte* ou *déchet* provenant de cette opération, — *perte de temps,* — concurrence des transports par les routes de terre ;

2° La privation du matériel du grand réseau, et par suite nécessité d'augmenter le capital de premier établissement ;

3° Le mauvais emploi du matériel.

Examinons successivement chacune de ces objections.

*Rupture de charge. — Frais de transbordement.* — Les avis sont partagés sur l'importance de ces frais. — Selon le point de vue auquel on se place la dépense est indiquée comme devant s'élever de 0 fr. 08 et 0 fr. 10 jusqu'à 0 fr. 80 et 0 fr. 90 c. par tonne. — Dans le premier cas, on n'a fait entrer que la main-d'œuvre strictement employée à la manutention des marchandises, tandis que dans le second on comprend les dépenses de personnel, les manœuvres de wagons dans les gares, les frais de bureaux, de surveillance et les frais généraux.

Généralement, lorsqu'on établit des calculs de cette nature, on opère sur des cas spéciaux et, selon les dispositions locales plus ou moins favorables, la facilité plus ou moins grande qu'offre la marchandise à transborder, les charges plus ou moins onéreuses qui pèsent sur le service d'une gare, on tombe dans l'une ou l'autre des évaluations précitées.

Nous croyons que la vérité se trouve, comme presque toujours, entre ces deux extrêmes et nous en avons pour preuve l'expérience des grands réseaux français. Le règlement des frais accessoires approuvés par l'administration supérieure — conformément aux prescriptions de l'article 51 du cahier des charges —, porte pour frais de chargement au départ pour les marchandises transportées par wagon complet de 4 000 kilog., 0 fr. 30 c. par tonne et 0 fr. 40 c. pour toutes marchandises sans condition de tonnage. — Évidemment le premier de ces deux cas est seul en cause, car le passage des autres marchandises ne peut avoir lieu d'un embranchement sur une autre ligne que moyennant un transbordement, quelle que soit la nature du matériel employé. Les Compagnies ayant dans la plupart de leurs grandes gares des traités d'entreprise de manutention au prix de 0 fr. 15 à 0 fr. 20 c., on voit que le prix de 0 fr. 30 c. est rémunérateur.

Quant aux frais de manœuvre, d'écritures, etc., les Compagnies les comprennent sous la dénomination de *frais de gare*. — Le règlement en question porte à ce sujet :

« Les droits de gare sont dûs dans tous les cas (excepté les marchandises de 0 à 40 kilogrammes).

« Ces droits sont perçus pour les marchandises en provenance ou à destination des embranchements particuliers, savoir :

0,20 c. à la 1re gare de départ située sur la ligne principale, et *vice versâ*.
0,20 c. à la gare destinataire, et *vice versâ*.

« Il est perçu, en outre, aux gares de jonction d'un chemin de fer avec un autre chemin de fer concédé à une Compagnie différente, un droit de 0 fr. 40 c. par tonne applicable par fraction indirecte de 10 kilogrammes, et à partager par moitié entre les deux Compagnies pour les marchandises transitoires d'une ligne sur une autre. »

Il ressort de ces dispositions que, quel que soit le type d'embranchement qui viendra se souder à une autre ligne, le droit de gare sera dû pour la marchandise. On ne peut donc pas mettre ces frais à la charge du type de voie étroite.

Ainsi, pour une portion de marchandises, celle qui voyage

par wagons incomplets —, transbordement nécessaire ; — il a lieu aujourd'hui par les lignes d'un même réseau en vue d'utiliser le parcours des véhicules. Il a encore lieu quand une Compagnie ne veut pas laisser son matériel franchir certaines limites.

Sur la voie de 1m,44, il n'y a pas de grande gare de bifurcation qui n'ait sa halle de transbordement, et comme les frais de l'opération sont à la charge des Compagnies, ils sont justifiés par l'économie qu'elles trouvent dans la non-circulation du matériel vide et par l'intérêt majeur qu'elles ont à conserver leur matériel sur leur propre réseau.

Quant aux marchandises arrivant par wagon complet, le transbordement ne sera pas une aggravation de dépense dans la plupart des cas. — La voie étroite en effet, grâce à sa flexibilité, permet d'aller prendre la marchandise à sa source dans la mine, au four, dans l'usine, à la ferme, partout enfin où la voie large ne peut pénétrer. Dans ce cas la voie étroite, loin d'être une cause d'aggravation de frais, amène des économies dans le camionnage.

*Perte de temps.* — C'est à peine si nous voulons relever cette objection : un délai de deux ou trois heures dans l'expédition d'un wagon. Ce délai est insignifiant, et l'on en trouve de bien plus onéreux dans l'exploitation des grandes lignes.

*Perte ou déchets au transbordement.* — Par les dernières observations, nous croyons avoir répondu d'avance à cette partie des reproches adressés à la voie étroite. A l'aide de dispositions spéciales à chaque nature de marchandises, on peut opérer ce transbordement de wagon à wagon, avec une perte extrêmement minime, insignifiante.

*Concurrence des voies de terre.* — Raisonnant toujours dans l'hypothèse qu'un chemin à grande voie n'est pas économiquement réalisable, il faut considérer le chemin de fer à voie étroite comme un camionnage économique et dès lors soumis aux inconvénients inhérents à ce genre de transport, mais aussi comme apportant des avantages réels. — Ainsi, là où les chariots transportent à raison de 0 fr. 30 à 0 fr. 40 c. par tonne, le chemin de fer qui les remplace au tarif de 0 fr. 05 à 0 fr. 13 ne craint pas la concurrence, à la condition qu'il épouse très-intimement les intérêts à desservir, qu'il se prête à toutes les combinaisons compatibles avec une bonne exploitation — *Exploitation* —.

*Privation du matériel de la grande ligne.* — On a dit que le trafic de certains chemins, particulièrement de ceux destinés à transporter les produits du sol, étant sujet à de grandes variations, il y aura des époques où la petite ligne, isolée des autres par sa voie, manquera certainement de matériel pour satisfaire aux besoins du moment.

Cette objection n'est pas plus applicable à la voie étroite qu'à la voie large et si elle a quelque chose de fondé, elle tourne à l'avantage de la voie étroite.

En effet, si la grande ligne doit satisfaire en même temps à toutes les demandes de matériel qui lui viendront à la fois de tous les embranchements de même voie, il lui sera impossible d'y suffire; — dès lors, il y aura des lignes complétement déshéritées. On a des exemples de ce fait tous les hivers. Les embranchements qui relient le réseau de Paris-Lyon-Méditerranée aux houillères de Saint-Étienne, ceux qui rattachent les houillères de Charleroi aux lignes de l'État belge et du Nord manquent régulièrement de matériel aux approches de l'hiver. De là des plaintes nombreuses, des récriminations périodiques.

C'est pourquoi, en Prusse, en Angleterre et en France, les Compagnies donnent des encouragements et des facilités aux industriels riverains qui effectuent leurs transports sur leurs propres wagons : elles conservent ainsi leur matériel libre pour les transports généraux. Une ligne à voie étroite conservant son matériel ne verra pas ses stations encombrées de produits qu'elle pourra déposer à la gare de jonction où les wagons de la grande ligne pourront les enlever successivement; d'ailleurs les intéressés de la localité auront parfaitement les moyens de se pourvoir de wagons particuliers. — Chaque industriel, chaque fermier pour ainsi dire pouvant se munir du nombre de véhicules en rapport avec ses besoins et sans frais importants, sera toujours sûr de pouvoir expédier sur la grande ligne.

On voit déjà que ces dispositions amèneront une grande réduction dans les dépenses d'acquisition et d'entretien du matériel; mais, en admettant que le matériel roulant incombe en entier à la charge de la petite ligne, l'écart entre l'augmentation du capital de premier établissement qui résultera de cette nécessité et la diminution des frais de construction de la ligne à voie étroite comparativement à la voie large est tout en faveur de la voie étroite, comme nous le verrons plus loin.

*Mauvais emploi du matériel.* — On a prétendu qu'il faut à une petite Compagnie relativement plus de wagons qu'à une grande. C'est évidemment le cas où son matériel s'en va sur les grands réseaux. Puis, comparant la durée du trajet d'un changement sur la grande ligne à celle du transport sur la voie étroite, on est arrivé à conclure qu'il faudrait pour effectuer la même masse de transports quatre fois plus de wagons dans le second cas. — Si les mêmes errements devaient être suivis dans l'exploitation des lignes secondaires et dans les grandes lignes, probablement on verrait se reproduire les mêmes difficultés. — On sait en effet combien est ardue la tâche de bien répartir le matériel sur les grands réseaux, combien est faible le rendement moyen d'un wagon.

Ces difficultés ne se présentent plus sur les lignes à voie étroite. Là le service de l'exploitation connaît chaque jour les besoins locaux, la position de son matériel, le point où il faut le porter. D'ailleurs la capacité restreinte de ses wagons offre la garantie que leur chargement approchera toujours plus du maximum que sur le grand matériel. Leur faible tonnage permettra toujours de les faire partir sans délai, de les décharger avec promptitude et, par conséquent, d'en tirer tout le parti possible avec le minimum de chômage.

Enfin, en cas de réparations, le matériel aux ateliers présente un capital moindre inactif quand il appartient à la voie étroite que lorsqu'il s'adapte à la voie large.

Enfin on reproche au matériel des voies étroites d'augmenter le rapport du poids mort des wagons au poids utile. Cette objection serait fondée si l'on devait subir les conditions du trafic ordinaire qui fait circuler un wagon de 10 tonnes avec un chargement de 2, 3, 4 et 5 tonnes.

Quant à sa constitution, comme il ne serait pas exposé aux avaries que subissent les wagons enchevêtrés dans les grands trains, le petit matériel, loin d'exiger un poids net proportionnel à sa charge comparativement au matériel de la voie large, demanderait des dimensions de plus en plus restreintes et l'avantage du poids mort au poids utile serait encore du côté de la voie étroite.

Après avoir passé en revue et combattu toutes les objections soulevées contre les chemins de fer à voie étroite, il faut en signaler tous les avantages.

En admettant toujours le cas d'un trafic restreint, les dépenses d'établissement d'un chemin de fer à voie étroite sont de beaucoup inférieures à celles d'un chemin à large voie.

Les adversaires de la voie étroite disent : Les chemins de fer à voie de $1^m,50$ peuvent suivre les tracés des lignes à voie étroite et par suite atteindre le minimum des terrassements; et, partant de cette hypothèse, qui pèche par la base, comme nous allons le voir, ils arrivent à une insignifiante réduction de dépenses de 1 500 à 1 800 francs par kilomètre.

On sait que la résistance des trains dans les courbes augmente à mesure que diminue le rayon de ces courbes. On en a la preuve par la comparaison de la circulation des trains dans la traversée des Alpes, au Semmering et au Brenner, où sur le premier chemin les courbes de 185 mètres de rayon offrent aux véhicules une résistance presque double de celle qu'ils rencontrent sur le second chemin tracé avec des rayons minima de 300 mètres.

Dans leurs expériences sur les résistances dans les courbes, MM. Wuillemin, Guebhard et Dieudonné ont indiqué[1] que si on désigne par $f$ le coëfficient de résistance par tonne en alignement droit (pour les trains de marchandises),

Le coëfficient en courbe de 1000 mètres est $f. + 1$
— — 800 est $f. + 1,50$

Le coëfficient $f$ étant d'ailleurs égal à 4,43, quand les courbes entrent pour moins de 20/100 dans les longueurs totales,

[1] *De la résistance des trains et de la puissance des machines*, p. 45

A 4,70 quand les courbes entre pour. . . . . 20 à 50 %
Enfin à 5,12 lorsque les courbes comptent pour plus de 50 %

et cependant un wagon peut circuler sur les voies de l'Est avec un rayon de 444 mètres sans qu'il y ait frottement ni glissement du boudin contre les rails écartés de $1^m,447$ entre les bords.

Il est d'ailleurs facile de s'assurer par le calcul ou par une étude graphique que le glissement des bandages et le frottement des boudins, pour un même écartement d'essieux parallèles, gagnent en amplitude à mesure que diminue le rayon de la courbe.

Ainsi les chemins à voie large ne peuvent atteindre la limite inférieure de rayon de courbure des voies étroites sous peine de danger dans la circulation ou d'augmentation considérable des frais de traction. Or cette dernière considération est très-importante; les chemins en question sont en général difficiles à exploiter en raison de leurs conditions topographiques et de la nature même de leur tracé. Il faut donc s'efforcer de diminuer les résistances à vaincre par les machines, car plus grandes sont ces résistances, plus grand devient l'effort de traction des locomotives, plus grands aussi leur consommation et leur entretien, plus grand encore leur poids qui donne l'adhérence et enfin le poids des rails. Tout se lie en matière de chemin de fer, et c'est par une juste pondération de tous les éléments combinés qu'on résoud le problème dans chaque cas particulier.

Ainsi la voie étroite convient seule pour les chemins de fer à faible trafic et les tracés très-tourmentés; la plupart des lignes secondaires rentreront dans ce cas.

Nous avons vu, en effet, que le plus souvent le trafic sera restreint du moins pendant bien des années, et que dès lors un chemin de fer ne pouvait vivre qu'à la condition d'exiger un faible capital de dépenses de construction. L'exemple des mines de Champagnac (Cantal), qui pouvaient être reliées au réseau général à l'aide d'un chemin à petite voie évalué à 110 000 francs par kilomètre, tandis que l'établissement d'une ligne à grande voie aurait coûté 400 000 francs par kilomètre, est assez frappant pour nous autoriser à conclure qu'il ne faut pas hésiter à choisir la voie étroite quand les conditions de la voie large rendent impossible l'établissement immédiat d'un chemin à grande section.

Et que l'on ne croie pas les chemins à petite voie incapables de satisfaire aux exigences d'un trafic important. — Citer les chemins d'Anvers à Gand, de Commentry, de Blanzy, d'Australie, du Broelthal, de San-Domingo, de Festiniog, etc., c'est répondre victorieusement aux objections de cette nature.

Nous donnons aux annexes les détails de construction de ces divers chemins.

104. Classification. — La voie d'un chemin de fer se compose de deux éléments principaux : *a* — les rails; *b* — le lit de pose, la fondation essentiellement destinée à répartir la pression reçue par les rails sur l'infrà-structure, et à soustraire les rails aux réactions que la base du chemin exerce contre eux.

Les rails peuvent reposer sur leur fondation soit à l'aide de supports intermédiaires, soit directement, sans supports. Le but des supports est de maintenir les rails dans la position assignée, et en outre de répartir sur la plus grande surface possible la pression exercée sur les rails par les véhicules. De là une distinction à établir entre les voies. — A : voies à supports; B : voies sans supports.

La première de ces deux catégories peut à son tour se décomposer en trois classes d'après l'espèce de supports adoptés : *Supports isolés; — Supports conjugués; — Supports continus.*

D'après ces considérations, tous les systèmes de voie rentrent dans l'une des quatre classes que nous allons étudier sous les rubriques suivantes :

1re Classe. — *Voies à supports isolés,* c'est-à-dire rails sur dés en pierre, cloches en fonte, plateaux en bois, plateaux en fer.

2e Classe. — *Voies à supports conjugués,* c'est-à-dire rails sur traverses en pierre, en bois, en fer.

3e Classe. — *Voies à supports continus,* c'est-à-dire rails sur longuerines en bois, sur longuerines en fer.

4e Classe. — *Voies sans supports,* c'est-à-dire rails sur ballast.

1re Classe. — *Voies à supports isolés.*

105. Rails sur dés en pierre. — Quand les Anglais abandonnèrent le système de voie en longuerines de bois garnies de bandes de fer, pour employer les rails en fonte soit sous forme de platines légèrement concaves, soit sous forme d'ornières (fig. 129, *a b c*, pl. X), ils fixèrent directement les extrémités de ces rails avec des clous en fer enfoncés dans du bois (fig. 129, *d*), sur des blocs de pierre ou dés scellés dans la plate-forme de la route. Plus tard ces ornières — *tram-rails, plat-ways* — furent remplacées par des barres de fonte en lame saillante — *edge-rails* — (fig. 130, *m*) qu'il fallait maintenir dans leur position verticale. On se servit à cet effet de *chairs* (*n*, *n*), coussinets en fonte, sorte de selle renversée qui se fixe sur le dé et qui reçoit dans le vide ménagé entre ses deux ailes la tige du rail consolidée dans le coussinet par une clavette ou un coin (fig. 130, pl. X).

Les dispositions semblables se sont conservées jusqu'ici, depuis la substitution des rails en fer laminé aux rails en fonte. — Les premiers rails laminés avaient la forme d'égale résistance analogue à celle donnée en dernier lieu aux rails en fonte (fig. 131, pl. X). Nous verrons plus loin — 116,159 — les avantages et les inconvénients de ce système d'attache des rails.

Les premières lignes à grand trafic ont été construites sur dés en pierre : — Liverpool à Manchester ; — Greenick ; — Londres à Birmingham ; — Saint-Étienne à Lyon ; — Nurenberg à Furth ; — Taunus-Bahn ; — chemins bavarois, etc., etc. (fig. 131, pl. X).

La plate-forme des terrassements étant arrasée, on y creusait pour chaque voie deux sillons de 0m,60 environ de largeur et de profondeur, dans l'axe de chaque file de rails. Les dés armés de leur coussinets fixés par des broches en fer enfoncées dans des chevilles en bois qui remplissaient des trous percés dans la pierre, se plaçaient dans ces sillons, y étaient alignés et nivelés dans la direction voulue, puis assujétis dans leur position par un bourrage de pierrailles et de terre retirée des tranchées.

Ce système fut assez promptement abandonné, parce qu'il présentait trop de raideur au roulement, trop d'instabilité dans la position relative des deux files de rails. Cependant comme il offre certains avantages économiques, quelques chemins allemands, après y avoir apporté d'heureuses modifications, l'ont maintenu avec persévérance. On compte aujourd'hui de l'autre côté du Rhin plus de 600 kilomètres de voie posée sur dés en pierre répartis sur les chemins du Taunus, de la Bavière et du Wurtemberg.

Dans la plupart de ces applications, le dé en pierre est simplement enfoui dans le ballast et bourré comme une traverse en bois. Mais sur le chemin du Wûrtemberg un essai de pose de dés sur béton a bien réussi. La couche de béton a $0^{m},20$ d'épaisseur et $1^{m},00$ de largeur; le tout est recouvert de ballast. Selon les renseignements communiqués à la réunion de Munich, en 1868, après un an d'emploi le lit de béton ne présentait aucune trace de rupture ou de fatigue.

Appelée à se prononcer sur le système de pose sur dés en pierre, la réunion des ingénieurs allemands n'admet cette disposition que dans les parties de voie reposant sur le sol naturel ou bien sur des remblais assez vieux pour offrir toute garantie contre les tassements, et là où l'écoulement des eaux n'éprouve aucun obstacle.

En ligne droite ou dans les courbes de grand rayon il est inutile de se prémunir contre les changements de largeur de la voie; mais dans les courbes de rayon inférieur à 750 mètres, il y a des précautions à prendre. En Bavière on pose les joints des rails sur traverses en bois. Cette précaution ne nous paraît cependant pas indispensable; on pourrait conserver la pose sur dés dans toute la ligne et prévenir le changement de position à l'aide d'entretoises en fer réunissant les dés de joint par deux colliers en fer.

Lorsqu'on maintient les rails à l'aide de coussinets, ceux-ci ne reposent pas directement sur la pierre mais sur une plaquette de bois, de fonte ou de carton goudronné. En substituant le rail à large base au rail double champignon, le coussinet disparaît. Mais alors le roulement est dur, la pierre s'use sous le rail et réciproquement. Le chemin du Taunus échappe à ces divers inconvénients, en plaçant une semelle en bois de 0m,105 sur 0m,020 enchassée dans une rainure de 0m,010 ménagée sur la face supérieure du dé (fig. 132, pl. XII). Enfin pour augmenter la portée du rail sur le dé, et la résistance de la pierre au renversement latéral, on place le dé en diagonale. Sous un rail de 6m,00 dont le joint est en porte-à-faux, il se trouve trois dés intermédiaires posés en diagonale et deux dés, ceux voisins du joint, étant posés normalement.

106. Rails sur blocs en bois. — La voie de Jamaïca à Brooklin — Long-Island, État de New-York — dans un développement de 19 kilomètres a été primitivement établie sur dés en bois. Sous chaque file de rails on plaçait des bois debout, espacés de 1m,00 de centre en centre, mesurant 0m,30 de diamètre et un mètre de longueur, et le gros bout reposant sur le sol naturel. Quand tous les blocs étaient convenablement alignés on damait les terres autour de chaque bloc, puis on les sciait à la hauteur voulue. De deux en deux blocs, on accouplait ceux d'une file au symétrique de l'autre file à l'aide d'une barre de fer plat retenue par des crampons. Puis la tête de chaque bloc bien dérasée, et couverte d'un enduit gras étendu à chaud, recevait directement le patin d'un rail à large base fixé par des crampons.

Nous croyons que ce système n'a pas dû donner de bons résultats, surtout pour la fixation du rail dont les attaches ne devaient pas tenir dans le bois debout.

Dans ces derniers temps, un ingénieur français, M. Bergeron, directeur du chemin de la Suisse occidentale, a eu l'idée de supporter les rails à l'aide de pavés en bois placés les uns contre les autres sur des murs de ballast damé dans des fossés creusés sous la couronne des terrassements (fig. 133, pl. XI.) Le but de M. Bergeron est de réduire les frais de premier établissement et d'entretien en diminuant le poids du rail, se rapprochant ainsi du système américain primitif, mais s'en éloignant par la continuité de support et la facilité que son système procure sous le rapport de l'emploi des rails courts et du bois, les pavés pouvant se trouver presque partout à bas prix.

Dans son projet primitif, M. Bergeron reliait les deux files de rails à l'aide d'entretoises en fer; mais, à la suite d'objections sur la faible distance qui resterait entre l'entretoise et le boudin des rails, M. Bergeron propose d'entretoiser la voie par des fers à T, *m*, *m*, noyés dans les blocs de bois en dessous du patin des rails (fig. 133, c, pl. XI).

Ce système de voie serait très-économique, surtout pour les lignes où l'on pourrait se servir de rails de toutes longueurs. — Il faut souhaiter qu'une application prochaine donne la mesure de cette disposition qui pourrait peut-être faire craindre quelque instabilité en raison des très-nombreuses pièces dont la voie se composerait, si la circulation était très-active.

107. Plateaux-coussinets en fonte. — En 1847, le chemin de Versailles (rive gauche) fit l'essai, — 100 mètres de longueur, — d'un système de voie composé de rails à double champignon fixés sur des coussinets-plateaux en fonte. Ces coussinets-plateaux, leur nom l'indique, se composaient du coussinet ordinaire venu à la coulée avec un plateau de $0^{m},013$ d'épaisseur. Les plateaux de joints ayant $0^{m},40$ de longueur et de largeur pesaient 27 kil. 00. Les plateaux intermédiaires mesuraient $0^{m},30$ de longueur sur $0^{m},40$ de largeur, avec un poids de 19 kil. 50. Chaque plateau de l'une des files de rails se reliait au plateau voisin de l'autre file à l'aide d'une tringle en fer de 2 centimètres de diamètre.

Ce système de pose inventé par M. Henri fut essayé par d'autres chemins, entre autres celui de Paris à Strasbourg, — 200 mètres de voie; — mais il ne répondit pas aux espérances que l'on avait fondées sur cette disposition. Malgré la précaution que l'inventeur avait prise de faire venir à la coulée un croisillon sous la face inférieure du plateau, la voie se rétrécissait, se déplaçait trop facilement en tous sens, réclamant une main-d'œuvre d'entretien incessante et très-dispendieuse.

108. **Calottes sphériques en fonte.** — L'exposition universelle de 1851 appela l'attention des ingénieurs sur les supports brevetés au nom de M. Greave, disposés en forme de calotte sphérique, portant comme les plateaux Henri un coussinet venu de fonte sur lequel on peut fixer le rail. La calotte est percée d'un trou par lequel on opère le bourrage du support et le dressage de la voie. — Chaque support est réuni à son symétrique de la file voisine à l'aide d'une entretoise en fer (fig. 134, pl. XI).

Ce système employé sur la ligne du Lancashire-Yorkshire ne s'est pas étendu en Europe; mais il a reçu de nombreuses applications dans les pays chauds où le bois ne peut être conservé en bon état : ligne d'Alexandrie à Suez — chemins des Indes, — dans l'Amérique du Sud. Il a sur le système à plateaux-coussinets l'avantage de faire en quelque sorte corps avec le ballast, de s'y cramponner et de conserver ainsi la position assignée à chaque support dont la masse, combinée avec celle du ballast emprisonné, absorbe sans les transmettre les vibrations imprimées par le roulement des véhicules.

109. **Plateaux-étaux en fonte.** — M. P. Barlow, ingénieur du South Eastern railway, plaça sur cette ligne, vers 1850, des plateaux en fonte composés de deux mâchoires qui, réunies par des boulons à écrous, emprisonnaient le champignon inférieur du rail et le maintenaient en place. Les plateaux de joint avaient $1^{m},30$ de longueur et les intermédiaires $0^{m},99$ — L'écartement transversal des plateaux était maintenu par des tringles en fer.

Comme les calottes de M. Greave, les plateaux Barlow pèchent par défaut de solidarité des deux files de rails, mais, comme ces calottes, ils offrent l'avantage de la durée.

110. **Plateaux en bois.** — Les chemins français appliquèrent sur une assez grande échelle, de 1850 à 1855, les plateaux en bois proposés par M. Pouillet. C'étaient des tablettes carrées de $0^{m},03$ d'épaisseur, et $0^{m},60$ de ce côté, réunies par couple au moyen d'un madrier de $0^{m},06$ d'épaisseur, $0^{m},20$ de largeur, $2^{m},10$ de longueur. Les coussinets d'attache des rails se fixaient

sur les tablettes par deux boulons réunissant madrier, tablettes et coussinets.

Les partisans des plateaux Pouillet lui reconnaissaient l'avantage d'employer des bois de faibles dimensions, susceptibles de subir une bonne préparation, perdant probablement de vue que ces bois devaient être débités dans des pièces parfaitement saines et sans aubier. Toutefois l'enthousiasme du premier accueil disparut bientôt devant la réalité : instabilité de la voie ; entretien coûteux ; fatigue rapide des bois ; mise hors de service au bout d'un nombre d'années insuffisant pour couvrir les dépenses de premier établissement.

111. Plateaux en fer. — MM. Harel et Cie, maîtres de forge à Vienne (Isère), ont exposé en 1867, au Champ-de-Mars, des plateaux en fer laminé de $0^m,40$ sur $0^m,60$, réunis par une cornière-entretoise, reproduisant ainsi, comme forme, le système Pouillet. Pour combattre le glissement latéral les plateaux sont munis d'un rebord de 5 à 6 c/m ; mais nous pensons que, malgré cette précaution, les plateaux de MM. Harel ne trouveront jamais dans le ballast une assiette suffisamment stable, à moins que les dimensions des pièces ne prennent de plus grandes proportions, ce qui entraînerait à une plus forte dépense encore, considération capitale quand on propose de remplacer le bois dans les voies par le fer.

Ajoutons cependant que la préférence de MM. Harel pour le fer dans la construction des supports est bien justifiée, car même sous des sections doubles la fonte moulée est plus cassante que le fer. — On tirerait un bon parti de l'idée de MM. Harel en employant des cloches en tôle emboutie.

112. Plateaux cellulaires en fonte. — On a vu à la même exposition de 1867 un modèle de plateaux-coussinets en fonte portant sous la face inférieure un certain nombre de cloisons formant cellules. Les plateaux, du poids de 38 kilogrammes, sont espacés de $0^m,60$ vers les joints, et de $0^m,90$ sur le reste de la longueur du rail ; chaque couple est entretoisé par une cornière de $0^m,06$ sur $0^m,04$, pesant 9 kilogr. La fig. 135, pl. XI, représente ce système proposé par M. Richardson.

L'idée de diviser le plateau en cellules semblerait bonne si l'on pouvait faire le bourrage en tous les points; mais il est à craindre que la pression ne soit pas égale partout, que des vides ne s'y manifestent et qu'enfin l'ensemble pèche par défaut de masse.

113. CYLINDRES-COUSSINETS EN FONTE. — Plus heureux que le précédent, le système Griffin est appliqué sur différents chemins d'Angleterre et de l'Amérique du sud. D'après le spécimen exposé au Champ-de-Mars (fig. 136, pl. XI), le rail est supporté par un coussinet venu de fonte avec une base ayant la forme d'un demi-cylindre allongé, creux, fermé aux extrémités par une cloison venue également de fonte. Les couples de supports sont entretoisés par un fer-cornière, pesant $7^k,30$. — Tous les cylindres ont $0^m,42$ de largeur, les intermédiaires $0^m,70$ et ceux de joint $0^m,85$ de longueur. Sous chaque rail de $6^m,40$ se placent 6 supports, les joints étant éclissés en porte-à-faux. — Pour compenser l'excédant de frais entraîné par l'adoption de cette cloche pesante, M. Griffin réduit le poids de son rail, ramené à 26 kilogrammes par mètre. D'après cela le prix de revient de la voie s'établit ainsi pour $6^m,40$ :

| | k. | fr. | fr. | |
|---|---|---|---|---|
| 2 rails . . . . . . | 352,80 | à 20 | 70,55 | |
| 4 éclisses . . . . . | 8,00 | à 20 | 1,60 | |
| 8 boulons / 8 clavettes . . . . | 2,00 | à 40 | 0,80 | |
| 12 supports en fonte. | 384,00 | à 15 | 57,60 | |
| 6 entretoises en fer. | 43,80 | à 25 | 10,95 | |
| 12 coins en bois . . | | | 1,20 | |
| 12 coins d'entretoises | | | 0,40 | $143^f,10$ |

$$\text{Soit, pour 1 mètre.} \quad \frac{143,10}{6^m,40} = 22^f,36$$

Si les points d'attache du rail étaient ainsi éloignés d'un mètre, le poids du rail serait trop faible pour une ligne à fort trafic ; mais on pourrait soulager le rail en doublant le nombre de ses points d'attache aux cylindres, et alors on aurait peut-être l'inconvénient des demi-longuerines qui, en s'affaissant vers l'extrémité la première engagée sous les roues, se soulèvent à l'autre extrémité et ébranlent ainsi leur assiette.

*Dés en fer.* — On pourrait ranger dans cette catégorie le système proposé par M. Legrand, de dés en fer profilé suivant la section qu'il donne à ses traverses en fer — 122 —.

114. Eclisses-tables. — M. Mazilier a proposé, en 1862, de soutenir le rail à deux champignons au moyen d'éclisses faisant cornières dont l'aile horizontale repose sur le ballast, les files de rails parallèles étant réunies par des entretoises en fer à T, et des boulons à écrou. D'après l'inventeur, ce système aurait sur tous les autres l'avantage: 1° de supprimer le bois et la fonte, et par conséquent d'assurer une plus longue durée; — 2° d'obtenir au besoin un support continu en rapprochant les éclisses-tables; — 3° de donner un éclissage irréprochable; — 4° d'offrir une grande stabilité résultant du rapprochement de la surface d'appui de la surface de roulement; — 5° d'admettre le retournement des rails, etc., etc.

Ce système n'a pas reçu d'application, et c'est fâcheux, car l'expérimentation eût éclairé un côté encore obscur de la question des voies : le retournement des rails. Comme en beaucoup de choses, l'idée a eu le tort de venir trop tôt; il y a huit ans, le besoin de transformation de la voie ne se faisait pas encore sentir aussi vivement qu'aujourd'hui. Ce n'est pas cependant que le système de M. Mazilier soit à l'abri de toute critique; à notre avis, il manque de stabilité; sous les machines lourdes, il aurait très-probablement ondulé; enfin il serait revenu à un prix de revient élevé.

115. Résumé. — En exceptant les dés en pierre dont la grande masse absorbe très-convenablement les chocs du matériel roulant, tous les supports isolés actuellement connus résolvent incomplétement le problème. Il ne faut cependant pas les rejeter d'une manière absolue pour des lignes de faible trafic, ou soumises à un climat défavorable à la conservation du bois. Dans ces circonstances spéciales, les cloches enfouies assez profondément dans le ballast, et entretoisées d'une façon très-rigide, pourront donner une voie convenable.

## 2me CLASSE. — *Voies à supports conjugués.*

116. RAILS SUR COUSSINETS EN FONTE ET TRAVERSES EN BOIS [1]. — Tandis que les ingénieurs européens continuaient à fixer les supports en fonte des rails sur les dés en pierre, les américains, renonçant à ce mode de construction, posaient les supports sur des pièces de bois couchées transversalement à l'axe de la voie, soit sur deux petits massifs en maçonnerie, soit sur des longuerines en bois, soit enfin sur le terrain naturel. — C'est ainsi qu'a été construite en 1833 la voie du chemin de fer de Boston à Providence, primitivement projetée avec dés en pierre.

Dans ce système, les rails sont encore supportés par points espacés d'une certaine distance, mais ces points ne sont plus complétement isolés les uns des autres; les deux files de rails deviennent solidaires par l'intermédiaire des traverses qu'accouplent deux à deux les points de supports.

En réunissant les deux files de rails, les traverses en bois, par la raideur que donnent leurs dimensions transversales, répartissent la pression des rails sur une large surface, conservent à la voie l'écartement et l'inclinaison voulus, et par l'élasticité de leur constitution amortissent très-heureusement les chocs des véhicules. Elles se prêtent tout particulièrement à la pose de la voie sur terrassements, et facilitent ainsi le transport du ballast au lieu d'emploi (fig. 137, pl. XI) — 205, 206 —.

Enfin, une fois en place, elles font corps avec une masse considérable de ballast, lui transmettant une partie des vibrations que les rails ont reçues des véhicules, et contribuent grandement au maintien de la voie en bon état.

Cette disposition de voie a été dès l'origine adoptée par la grande généralité des chemins anglais et français, et a conservé encore la préférence de la majorité des lignes de la Grande-Bretagne.

[1] Nous ne parlerons pas d'un essai de traverses en pierres fait en quelques pays, notamment en Saxe, parce que cet essai n'a pas eu de suite et qu'il n'a d'ailleurs aucun intérêt. Pour qu'une pierre de la longueur d'une traverse eût la raideur nécessaire, il faudrait lui donner des dimensions transversales incompatibles avec les nécessités de l'emploi.

Le système de construction de voie posée sur traverses est le plus généralement employé, et jusqu'à présent il a fourni les meilleurs résultats : les traverses donnent à la voie une grande surface d'appui et facilitent l'écoulement des eaux à travers le ballast par une sorte de drainage; elles maintiennent assez médiocrement l'écartement et l'inclinaison des rails; mais avec elles la voie est moins difficile à relever qu'avec les dés et les longuerines.

La construction d'une voie sur traverses en bois exige, comparativement au système de pose sur longuerines, l'emploi d'un cube de bois plus considérable. Les rails, fixés seulement sur des supports discontinus, doivent présenter une plus grande résistance, et par conséquent un poids plus considérable. La déflexion aux joints est généralement plus sensible qu'avec les longuerines et la voie plus cahotante pour les voyageurs.

L'un des défauts les plus marqués des différents systèmes de supports isolés ou conjugués est le manque de résistance aux oscillations latérales des véhicules en mouvement. Cet effet se manifeste surtout lorsque la vitesse des trains est considérable. Ces oscillations sont dues à des causes diverses, inhérentes soit à la voie elle-même, soit aux véhicules, soit enfin aux machines locomotives soumises à des efforts alternatifs développés par le mouvement même de leur mécanisme, et croissant comme le carré de la vitesse de rotation des essieux moteurs. Les dés en pierre, sans lien entre eux d'un côté à l'autre de la voie, sont exposés particulièrement, comme nous l'avons dit, à subir l'effet de ces causes de perturbation. Le système des longuerines, réunies à des intervalles assez rapprochés par des pièces de bois transversales, résiste mieux qu'aucun autre système. Les traverses subissent d'une manière très-fâcheuse l'effet des mouvements latéraux des véhicules; elles se déplacent transversalement à l'axe de la ligne, et la voie prend une forme ondulée. Les chevilles en fer enfoncées dans les traverses s'usent, s'ébranlent et prennent du jeu; l'eau s'infiltre dans le bois et l'attache perd toute solidité.

Nous verrons ailleurs — *Locomotion* — que, grâce aux observations et aux indications de MM. Nollau, Le Chatelier, ingénieur en chef des mines, et Yvon Villarceau, membre de l'Institut, on peut atténuer notablement l'effet du mouvement oscillatoire des pièces du mécanisme des locomotives en les équilibrant avec soin. Mais la voie n'en laisse pas moins encore à désirer.

Le défaut principal des voies, avant l'application des éclisses, spécialement pour les voies posées sur traverses, était la mobilité des joints due à la flexibilité des rails, surtout sous l'action des trains à grande vitesse. Avec le coussinet ordinaire, le rail, en se courbant lorsque la roue d'un véhicule arrive au joint, ne porte plus que sur l'arête du coussinet et tend à déverser la traverse; lorsque la roue a dépassé le joint, l'effet inverse se produit, et la traverse tend à se déverser en sens contraire. La traverse, ainsi sollicitée par chacune des roues du convoi, et simultanément à ses deux extrémités, tend à prendre un mouvement d'oscillation autour de son axe, et arriverait promptement à un état de mobilité très-marqué si l'on négligeait de resserrer fréquemment les coins et de bourrer le ballast sous ses extrémités. On remarque de plus que la flexion du rail fait sauter les roues au delà du joint, surtout à grande vitesse; qu'il en résulte une série de chocs qui font prendre à la traverse une position constamment inclinée dans le sens de la marche, et qu'enfin cette inclinaison des traverses produit une dénivellation des rails, le *dévers*, qui aggrave encore l'effet produit par la flexion. Nous verrons plus loin — § II — quelles sont les précautions que l'on prend pour atténuer autant que possible ces divers mouvements.

117. Rails sur coins et traverses en bois. — Dans le but de soustraire les rails aux détériorations que le coussinet en fonte produit sur le champignon inférieur, M. Barberot proposait de supprimer le coussinet, et de soutenir le rail à l'aide de deux coins en bois placés debout contre le rail, et retenus sur la traverse par des vis pressant leur pied dans une entaille (fig. 138, pl. XI). Très-favorablement accueilli par plusieurs lignes françaises, le système de M. Barberot ne tarda pas à montrer ses inconvénients résultant du défaut de dimensions de ses coins, de la

difficulté de les maintenir en serrage par tous les temps, notamment aux joints des rails où les assemblages étaient le plus éprouvés.

118. **Rail sans coussinet sur traverses en bois.** — La conformation du rail à large base a bientôt démontré l'inutilité du coussinet d'attache, et depuis longtemps ce rail s'appuie directement sur la traverse, ou tout au plus pose sur une semelle ou selle en fer interposée — 167 —.

Employé d'abord par Mason-Patrick à Boston dès 1833, puis importé d'Amérique en Europe par M. Ch. Vignoles en 1836, le rail à large base fut à l'origine appliqué sur longuerines en bois; mais cette première disposition, entachée d'un vice radical — 167 —, fit place à la pose des rails sur traverses, adoptée aujourd'hui par la presque totalité des chemins de fer. Réduction des frais de premier établissement, simplicité de pose, facilité d'entretien courant, tels sont les avantages de ce système qui prend chaque jour plus d'extension (fig. 139, pl. XI).

Les paragraphes suivants renferment tous les détails de construction relatifs à ce genre de voie; nous n'avons pas besoin de nous étendre plus longuement ici à ce sujet.

119. **Rails sur traverses en fer.** — *Conditions générales.* — Si les traverses en bois satisfont à la plupart des exigences requises pour la constitution d'une bonne voie, elles sont malheureusement soumises à des conditions d'emploi qui en réduisent la durée, et occasionnent des frais de renouvellement périodiques très-onéreux. Toutes les précautions prises pour retarder les effets de la destruction du bois — ch. VI —, n'offrent pas encore une certitude bien établie sur la prolongation du temps de service obtenue à l'aide des divers procédés de préservation.

Un autre élément de renchérissement des bois, c'est le développement des voies ferrées : à mesure que les réseaux s'étendent, la consommation s'accroît et les forêts d'Europe se dégarnissent, ce qui obligera bientôt les administrations à tirer d'Amérique les traverses nécessaires.

Cette éventualité prochaine a engagé quelques ingénieurs à rechercher le moyen de substituer les traverses en fer aux traverses en bois. Mais pour que cette substitution soit acceptable, il faut :

1° Que les traverses en fer offrent des conditions de stabilité au moins égales à celles données par les traverses en bois;

2° Que le prix de premier établissement ne grève pas le présent d'une dépense trop grande, en vue d'une diminution encore incertaine dans les frais de renouvellement;

3° Que l'entretien journalier, avec toutes les exigences de facilité de réparation en cas d'accidents, ne présente pas plus de difficultés que l'entretien de la voie posée sur traverses en bois.

1° Sous le rapport de la *forme*, on recherche la disposition la plus convenable pour assurer aux rails une base d'appui correspondante à la pression verticale des véhicules; une surface transversale suffisante pour combattre la tendance au déplacement dans le sens de la marche des trains, tendance qui croît avec la vitesse des véhicules et le degré de pente de la voie, enfin un moyen efficace d'empêcher le glissement latéral, principalement dans les sections de voie en courbes.

2° Touchant les frais de premier établissement, on ne peut les rapprocher du coût des traverses que par l'abaissement du prix du fer, la réduction du poids et la simplicité du procédé de fabrication. Dans l'état actuel de la métallurgie, cette partie du programme n'est pas encore résolue.

Les avantages financiers que l'on espère trouver dans l'application des traverses métalliques ressort du calcul comparatif suivant :

En admettant que le poids moyen d'une traverse en fer soit de 45 kilogrammes, au prix de 200 francs la tonne; que le prix d'une traverse en bois prête pour la pose soit de 6 francs; que cette dernière dure 15 ans et la première 30 ans, on trouve :

*Pour les traverses en bois.*

| | | |
|---|---|---|
| Intérêt et amortissement du capital de premier établissement. . . . . . . | 6f,00 × 0,0565 = | 0f,339 |
| Renouvellement. . . . . . . . . . . | 6f,00 | |
| A déduire la valeur de la vieille traverse | 1f,00 | |
| | 5f,00 | |
| Dont 1/15 par an. . . . . . . . . . . . . . . . . | = | 0,333 |
| Total. . . . . . . . | | 0,672 |

*Pour les traverses en fer.*

| | fr. | fr. |
|---|---|---|
| Intérêt et amortissement du capital de premier établissement. . . . . . . | 9,00 | 0,0565 = 0,508 |
| Renouvellement . . . . . . . . . | 9 | |
| A déduire la valeur du vieux fer. . | 5,40 | |
| | 3,60 | |
| Dont 1/30 par an. . . . . . . . . . . . . . . . . . . | | 0,120 |
| Total. . . . . . . . | | 0,628 |

La différence annuelle par traverse serait de 0 fr. 672, — 0 fr. 628, = 0 fr. 044, en faveur de la traverse en fer s'il était démontré que sa durée fut de 30 ans.

En supputant tous les frais relatifs au renouvellement, et en admettant que les prix d'une traverse en bois et d'une traverse en fer, posées avec toutes attaches, soient respectivement 6 fr. 15 et 11 fr. 12 c., on trouve que pour qu'il y ait égalité d'avantage, la durée respective des traverses devrait correspondre aux données du tableau suivant :

| NOMBRE D'ANNÉES DE DURÉE DES TRAVERSES | |
|---|---|
| EN FER | EN BOIS |
| a. | ans |
| 8,36 | 6 |
| 10,25 | 7 |
| 12,38 | 8 |
| 14,80 | 9 |
| 17,47 | 10 |
| 20,85 | 11 |
| 24,81 | 12 |
| 29,94 | 13 |
| 36,95 | 14 |
| 84,77 | 15 |
| 93,22 | 16 |

Au point de vue de l'entretien journalier, la forme a une grande influence. Si la traverse a une faible masse, elle est trop-impressionnable sous les choix des véhicules, et au lieu d'arrêter les vibrations qui en sont la conséquence, elle les transmet immédiatement au ballast qui l'enveloppe. A peine quelques jours se sont-ils écoulés depuis la mise en service, que les traverses en fer mal profilées restent simplement suspendues dans le ballast et, ne faisant plus corps avec lui, deviennent *danseuses*.

La masse nécessaire à l'absorption des chocs peut s'obtenir de deux manières : ou donner beaucoup de poids au métal, et cette solution devient très-coûteuse, ou bien arranger le métal de façon à emprisonner un grand volume de ballast qui fasse corps avec la traverse et participe à tous les chocs.

A la question d'entretien se rapporte aussi le mode de fixation des rails; telle attache très-bonne à l'atelier devient détestable sur la voie. Pour satisfaire à toutes les conditions requises, une bonne attache devra se composer d'un très petit nombre de pièces simples, robustes, se dérangeant le moins possible sous l'influence des chocs, des variations de température, se démontant et se remontant facilement, et se laissant remplacer sans perte de temps.

Toutes les traverses en fer aujourd'hui connues se classent dans l'un des types suivants que nous allons passer en revue :

Traverses à double T.
Traverses à simple T.
Traverses à profil polygonal.
Traverses à profil curviligne.

120. **Traverses en fer double T.** — L'usine de Marcinelle et Couillet (Belgique), a essayé depuis 1862, sur l'une des voies de ses établissements, des traverses en fer double T, la hauteur du fer posée à plat, ayant 18 c/m de largeur, avec des ailes de 5 c/m. Chaque traverse a 2m,50 en longueur. Le rail à large base repose sur des tasseaux en chêne de 6 c/m d'épaisseur couchés entre les ailes du double T et entaillés pour donner aux rails l'inclinaison voulue, et recevoir la rondelle placée sous l'écrou de serrage des boulons à tige carrée sur la longueur engagée dans la partie horizontale de la traverse.

| | |
|---|---|
| Les traverses de Couillet pèsent 45k. A 16f les 100k, elles coûtent | 7f,20 |
| Plus les tasseaux en bois . . . . . . . . . . . . . . . . . . | 0,80 |
| Prix total. . . . . . . . | 8,00 |

sans compter la valeur des boulons.

Celles que l'usine a mises en essai se comportent bien, malgré une circulation active sur des courbes raides, des inclinaisons prononcées et sous des machines pesant 22 tonnes. — Il faudrait toutefois, avant de se prononcer sur leurs mérites, les voir en service sur des lignes à lourd trafic. Le prix de ces traverses est assez élevé, et cependant on en diminuerait difficilement le poids, car un essai de fer à double T de $0^m,16$ a démontré que la traverse réduite ne présenterait plus assez de surface d'appui.

Comme l'usine de Couillet, M. Desbrières emploie le fer à double T couché pour constituer sa traverse; mais son système diffère du précédent par le mode de serrage, par le moyen de donner l'inclinaison au rail et par l'addition d'un fer à T simple sous la traverse pour prévenir le glissement transversal (fig. 140, pl. XI).

Contre les ailes du double T sont rivées deux plaques de tôle, découpées pour recevoir le patin du rail en couchant le rail à plat avant de l'introduire dans l'échancrure. Une fois engagé, le patin est saisi par les plaques de tôle, et il suffit, pour le fixer, de chasser entre le patin et la table de la traverse deux cales en bois; disposition très-ingénieuse et qui pourra s'utiliser quand les traverses métalliques passeront dans la pratique.

La traverse de M. Desbrières doit avoir comme celle de Couillet l'inconvénient d'une faible hauteur verticale, par conséquent d'un défaut de résistance aux efforts dirigés dans le sens de la marche des trains. Toutes deux d'ailleurs sont pesantes et par conséquent trop coûteuses dans l'état actuel de la métallurgie.

121. Traverses en fer simple T. — Ce type est représenté par deux spécimens : l'un dû à M. Théod. Steinmann, ingénieur aux chemins autrichiens, et l'autre à la société belge des usines de Selessin.

La traverse de M. Steinmann est constituée par un fer à simple T de $250^{mm}$ de largeur d'ailes horizontales, de $110^{mm}$ de hauteur de tige verticale, sur $2^m,11$ de longueur.

Dans le spécimen exposé au Champ-de-Mars, l'inclinaison du rail était donnée par une plaque en fer entaillée suivant une face oblique, le serrage obtenu à l'aide de deux platines et de deux boulons à écrou, la plaque d'inclinaison séparée de la traverse par une lame de caoutchouc.

Avec ces arrangements, cette traverse est d'un poids excessif, 140 kilogrammes; sa forme ne permet pas un bon bourrage de ballast; l'assemblage du rail est compliqué et l'adjonction coûteuse de la lame de caoutchouc ne paraît pas devoir rendre le serrage permanent.

Le spécimen de Sclessin est un peu plus simple que le précédent, mais pèche également par le principe. La division du plan de pose de la traverse en deux plans inclinés vers l'axe de la voie donne l'inclinaison des rails; elle a en largeur $220^{mm}$ sur $0^m,120$ de hauteur, et pour poids 25 kilog. par mètre, soit pour $2^m,50$ = de 60 à 65 kilogrammes.

122. Traverses a profil polygonal. — MM. Faliès et Chollet ont donné à la Société des ingénieurs civils, en 1863, la description de traverses en tôle de fer, qu'ils proposaient de substituer aux traverses en bois. Leur projet se composait d'une pièce de tôle repliée, ayant pour section transversale un trapèze large de $0^m,100$ en haut et $0^m,160$ en bas. Des cloisons en tôle rivée aux parois inclinées consolidaient les faces longitudinales et limitaient les mouvements dans le ballast. — Dans le vide et à l'aplomb des rails se plaçaient des tasseaux en bois destinés à retenir les tire-fond d'attache.

Les conditions de fabrication de cette traverse en auraient élevé considérablement le prix; le projet n'a pas eu de suite.

M. Langlois, de Dreux, présentait à l'Exposition de 1867 de nombreux spécimens de traverses en fer, tous fondés sur l'emploi du fer Zorès.

Pour les rails à double champignon, M. Langlois place une selle en fonte sur le dos de la traverse, qui a pour dimensions $0^m,110$ de hauteur et $0^m,110$ de largeur à la base; le poids est de 12 kilogrammes au mètre.

Appliqué sous les rails à large base, le trapèze conserve la même hauteur, mais il prend un peu plus de largeur, $0^m,20$ à la base. Le dos de la traverse est entaillé pour donner l'inclinaison du rail. Le vide du trapèze est rempli par une pièce de bois calibrée qui reçoit les attaches des rails. — Le fer pèse 10k,50 au mètre courant. — Ce système mixte aurait tous les inconvénients des traverses en fer joints à ceux des traverses en bois.

Depuis 1864, les Compagnies de Lyon, de l'Est et du Nord ont mis en essai divers systèmes de traverses en fer, la plupart proposés par la Compagnie des forges de Franche-Comté sur les modèles dus à M. Vautherin.

Nous donnons la description des traverses en fer appliquées, à titre d'essai seulement, sur la première de ces lignes.

*Description générale.* — Les traverses sont en fer laminé, à section trapézoïdale, portant rivées sur leur face supérieure les selles d'appui du rail.

Les selles présentent, vers l'extérieur, un rebord sous lequel s'engage le patin du rail ; à l'intérieur, le patin est retenu par un prisonnier pris dans une mortaise rectangulaire pratiquée dans la selle et dans la traverse. Ce prisonnier est maintenu en place par une clavette à talon.

Pour changer un rail, on arrache la clavette avec une pince et on fait sortir le prisonnier ; le rail peut alors glisser transversalement vers l'intérieur de la voie, en se dégageant du rebord qui le maintient.

*Traverses intermédiaires.* — Les traverses intermédiaires

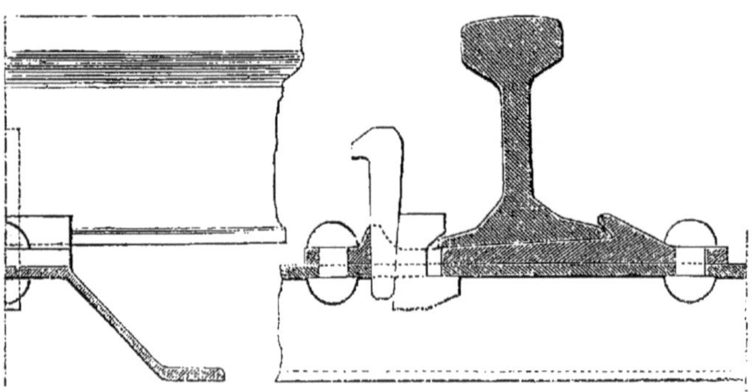

Fig. 141. Traverse intermédiaire en fer (Lyon). $\frac{1}{5}$.

(fig. 141) ont $2^m,50$ de longueur et $0^m,260$ de largeur à la base, ce qui leur donne une surface d'appui sur le ballast de $0^{m2},6500$.

Les traverses en bois ont pour dimensions minima $2^m,75$ et $0^m,200$, ce qui correspond à une surface d'appui de $0^{m2},5500$. Les traverses en fer présenteront donc plus de surface d'appui que les traverses en bois.

Le rail est maintenu par un seul prisonnier à l'intérieur.

*Traverses contre-joints.* — Les traverses contre-joints ont les mêmes dimensions que les précédentes. Elles sont disposées pour arrêter le glissement longitudinal des rails, au moyen de prisonniers spéciaux traversant les encoches ménagées dans le patin des rails. Ces encoches sont à $0^m,05$ l'une de l'autre sur les deux files de rails.

Or, dans les courbes, il arrive souvent que les joints, sur les deux files de rails, ne tombent pas rigoureusement en face l'un de l'autre. En supposant qu'on ait convenablement employé les rails courts dans la file intérieure, la quantité dont les joints pourront chevaucher ainsi variera de 0 à $0^m,02$; les traverses contre-joints, dont la position est déterminée par les encoches des rails, s'inclineraient alors dans un sens ou dans l'autre sur le rayon de la courbe. Il en résulterait un rétrécissement de la voie qui pourrait atteindre $1^{mm},5$ environ.

Pour atténuer les effets de cette disposition au rétrécissement, on a donné aux traverses contre-joints des dimensions telles que les joints étant en face l'un de l'autre, les traverses contre-joints donnent à la voie un excédant de largeur de $\frac{3}{4}$ de millimètre; de sorte que, lorsque les joints se croisent de $0^m,02$, la voie ne sera rétrécie que de $\frac{3}{4}$ de millimètre seulement, au droit des traverses de contre-joint.

Cette traverse ainsi disposée peut se placer dans une direction oblique de $0^m,05$ par rapport à l'axe de la voie; et, à cet effet, les selles sont montées sur les traverses, de manière à occuper cependant une direction normale à l'axe de la voie.

Ces précautions sont inutiles avec les traverses en bois, parce qu'on peut toujours percer sur place les trous des crampons des traverses contre-joints.

*Traverses de joint.* — La section des traverses de joint (figure 142) n'est pas exactement semblable à celle des traverses intermédiaires, mais leur largeur d'appui sur le ballast est la même; leur longueur étant de 2m,75, leur surface totale d'appui est de 0m²,7150.

Les traverses de joint en bois de 2m,75 sur 0m,03 présentent une surface d'appui de 0m,825; elles ont donc un léger avantage sur les premières.

La section des traverses de joint est moins facilement déformable que celle des traverses intermédiaires, par suite de l'addi-

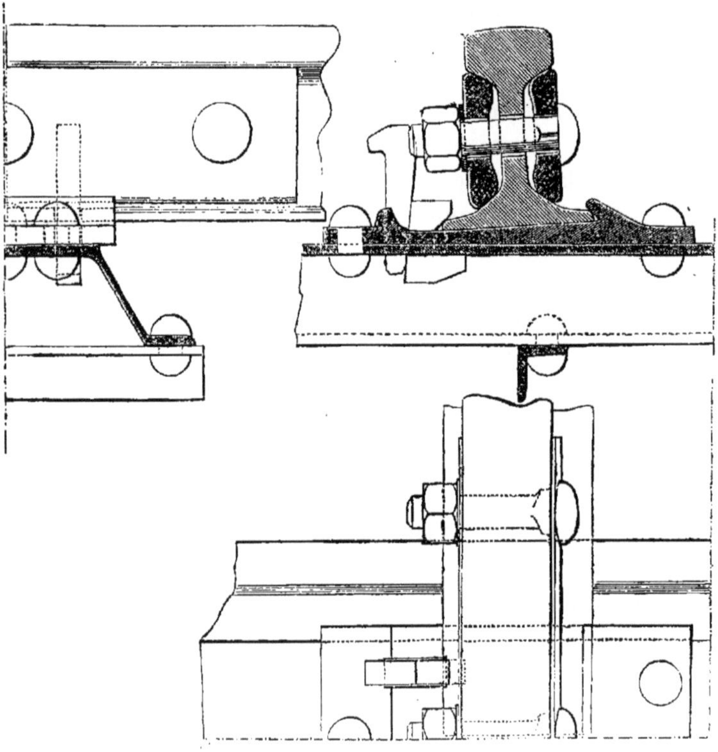

Fig. 142. Traverse de joint en fer (Lyon). $\frac{1}{5}$

tion de cornières rivées sous les rebords de la traverse, au droit de chaque file de rails. On s'oppose encore ainsi au glissement transversal des traverses de joint dans les courbes.

Les selles de joint ont le même profil que les selles intermédiaires; mais plus larges que ces dernières, elles sont fixées à la traverse par trois rivets au lieu de deux. Il y a deux prisonniers (analogues à ceux des traverses intermédiaires) et trois clavettes (type unique).

A l'usage, ces attaches laissaient à désirer, car, pendant les fortes gelées, le ballast en se soulevant repousse la clavette verticale et diminue le degré de serrage. — Pour remédier à cet inconvénient, on a fait venir à la contre-clavette fixe un retour d'équerre (fig. 143, pl. XII) qui protége l'extrémité inférieure de la clavette.

Les poids et les prix de ces traverses étaient :

| | | |
|---|---|---|
| Traverses de joints . . . . . . . . . . . | 54k,50 | 14f,00 |
| — de contre-joints . . . . . . . . | 41 ,00 | 10 ,05 |
| — intermédiaires. . . . . . . . . | 40 ,50 | 10 ,06 |

Les figures 145 et 146, pl. XII, représentent les divers essais tentés par la Compagnie de l'Est. — 147 traverses ont été posées en 1865 à titre d'essai comparatif.

Ces types, dont le fer a 7mm d'épaisseur, pèsent 65k et 41k ,00. — Un grand nombre de traverses se sont fendues de l'extrémité jusqu'à l'attache du rail. — Presque toutes ont pris une flèche de 13mm à 14mm sous la pression des trains; les platines servant d'appuis aux rails se cassent, les rivets prennent du jeu, et les crochets à demeure ne maintiennent pas l'écartement des rails.

Au chemin de fer du Nord, un déraillement survenu sur une portion de voie posée avec traverses en fer a mis en relief un des inconvénients de ce système : faible résistance aux chocs des roues déraillées et grande facilité de flexion. — De telle sorte que, lorsqu'il s'agit de reposer une voie désorganisée par un déraillement, toutes les traverses en fer plus ou moins fortement pliées et contournées sont absolument hors d'emploi immédiat, quand elles ne passent pas directement à la ferraille.

Quelques traverses du système Vautherin (fig. 143, pl. XII), ont été appliquées sur la section du chemin prussien de Saarbruck à Sulzbach. — Le poids de chaque traverse avec ses attaches est de 14 kilos le mètre courant. — Les plaques d'inclinaison y sont supprimées, la traverse étant pliée vers le milieu de manière à former deux plans obliques de 1/20 sur l'horizontale. — Le prix de chaque traverse est revenu à 6 fr. 87.— Les résultats ont paru tellement favorable au système essayé, que la direction du chemin de Saarbruck en a fait une commande de 15 000 pièces, destinées à remplacer les traverses en bois hors d'usage.

MM. Legrand et Salkin, de Mons (Belgique), avaient au Champ-de-Mars, en 1867, les modèles des traverses en essai sur le chemin du Nord français, du Centre et du grand Central belge (fig. 147, pl. XII). De section polygonale comme les précédentes, elles semblent offrir plus de résistance à la sortie du ballast bourré, et par conséquent promettre une stabilité satisfaisante. Le mode d'attache est particulièrement recommandable par sa simplicité et sa solidité.

123. Traverses a profil curviligne. — Parmi les spécimens exposés par l'usine de Franche-Comté, il faut mentionner la traverse à section demi-circulaire, dont le profil est indiqué par la (fig. 144, pl. XII); elle pèse $43^k$,500. De tous ceux essayés par la Compagnie de l'Est, ce dernier s'est le mieux comporté dans la voie. D'après un relevé tenu très-minutieusement des frais de main-d'œuvre d'entretien journalier, pendant neuf mois — mars à novembre 1868, — la dépense de main-d'œuvre du mètre courant de voie est ressortie comme suit :

| | | | |
|---|---|---|---|
| Voie sur traverses en fer à profil polygonal. . . | 0 fr. | 592 |
| — en bois. . . . . . . . . . | 0 | 510 |
| — en fer à profil curviligne. . . | 0 | 318 |

Ces différences s'expliquent par la forme du moule que ces traverses offrent au ballast; observons aussi que ces traverses étaient fermées à leurs extrémités par une tôle qui met obstacle au déplacement latéral.

Il ne faudrait cependant pas conclure d'une première expérience sur la valeur de ce système ; un nouvel examen, fait en octobre 1869, a constaté de nombreuses avaries éprouvées par un certain nombre de ces traverses.

La plupart des agrafes et des rivets (fig. 145 et 146, pl. XII) remuent à la main ; les platines (fig. 144) se cassent sous l'arête intérieure du patin du rail ; la traverse elle-même se fend de chaque côté de la partie plate qui s'enfonce sous la pression de la platine qui supporte le rail.

Il faut remarquer que le fer de ces traverses a seulement 5mm d'épaisseur, qui paraît insuffisante pour résister à l'action des trains.

La traverse de M. Lecrenier exposée dans la section du Champ-de-Mars, dévolue au Portugal, peut se ranger dans cette catégorie des profils curvilignes. — Ici la section est un peu aplatie afin d'offrir au patin du rail une surface d'appui plus étendue ; elle a 150mm de largeur dans le haut, et 200mm en bas ; le fer a 5mm d'épaisseur. Le patin du rail est incliné vers l'axe de la voie par suite d'un enfoncement de la face de pose pratiqué à chaud. — Quant au système d'attache, il n'offre rien de nouveau : platines de serrage maintenues par deux boulons à écrou.

D'après les renseignements fournis par l'exposant, ces traverses seraient en usage sur les chemins portugais depuis 1860, et s'y comporteraient bien. — Les rails sont réunis en porte-à-faux par des éclisses de profil analogue à celui des coussinets-éclisses.

### 3e Classe. — *Voies à supports continus.*

124. Longuerines en bois. — Dans les pays où le bois coûte peu et où le fer se tient à un prix relativement élevé, on cherche à combiner ces deux matières en vue d'utiliser leurs propriétés respectives : avoir une partie de la voie dure, résistant bien au roulement des véhicules, mais en la réduisant à son minimum de poids, et l'autre partie présentant une section normale suffisamment développée pour donner de la raideur et résister à la flexion transversale.

Cette association du bois au fer a pris tout d'abord un large développement dans l'Amérique du Nord, où, à l'origine des chemins de fer, on appliquait simplement une bande de fer plat de 60 à 70$^{mm}$ de largeur, sur 15 à 20$^{mm}$ d'épaisseur, maintenue sur des longuerines en bois à l'aide de clous à tête fraisée. Mais sous le poids des véhicules, ces bandes de fer ne tardèrent pas à se gondoler, à se laminer et, par suite, à déchausser les clous. La barre de fer plat manquait de raideur; on lui en donna en adoptant la forme d'une équerre; puis, pour ménager les roues, on arriva à la forme actuelle des rails à large base, mais avec une hauteur très-réduite. En réunissant les longuerines par quelques traverses, l'ensemble prit une assiette satisfaisante, et une continuité de résistance qui rendait le mouvement des véhicules assez uniforme.

Ces avantages ont engagé le célèbre ingénieur Brunel à en tirer parti lorsqu'il établit le chemin à grande voie du Great Western. Il se servit du rail en U renversé qui porte son nom, le fixa sur des longuerines réunies par des traverses à l'aide de barpons boulonnés. Pour augmenter la douceur de la voie et préserver le bois de l'incrustation des rails, Brunel interposait une lame de feutre.

En général, le système de voies sur longuerines présente une égalité de résistance transversale et une constance d'élasticité favorable à la conservation du matériel, ce que ne donne aucun autre procédé. En cas de déraillement les chances d'accidents sont diminuées; enfin le système des longuerines emploie un cube de bois moindre que celui des traverses, en même temps qu'il permet de diminuer le poids du rail.

Mais ces avantages disparaissent devant les inconvénients du système. — Bien que réunies de distance en distance par des tirants en fer ou des traverses en bois, les longuerines se jettent de côté, surtout dans les courbes; elles se gauchissent en laissant le rail inégalement soutenu; les crampons plient ou cassent; le bois des longuerines et celui des traverses se pénètrent mutuellement; enfin l'ensemble constitue de véritables caissons formant obstacle à l'écoulement des eaux de pluie.

La face supérieure des bois reste à découvert, exposée aux influences météoriques, tandis que l'opposée baigne dans la boue. La voie devient bientôt très-mauvaise, le rail se relâche de ses attaches, le bois pourrit très-promptement.

De plus, les réparations de la voie : relevage, bourrage, etc., sont bien plus difficiles qu'avec les traverses, à cause de la rigidité du système des pièces solidaires les unes des autres.

Enfin, au point de vue du prix de revient, les bois des longuerines coûtent beaucoup plus cher que ceux des traverses, car ils doivent être parfaitement équarris et l'on sait que le prix de ces pièces dépasse de beaucoup celui du bois flacheux destiné aux traverses.

Les longuerines ont été employées tantôt avec le rail Brunel — Midi, Bade, — tantôt avec le rail à base large — Amérique, Bade, ligne de Saint-Rambert à Grenoble, — mais elles ont disparu depuis longtemps de ces différents chemins.

125. Longuerines métalliques. — L'avantage des supports continus est tellement séduisant que les ingénieurs en poursuivent toujours l'application, mais ils cherchent aujourd'hui à échapper aux inconvénients que les longuerines en bois introduisent dans la voie. Les premiers essais dans la voie de la substitution des longuerines en fer aux longuerines en bois ont été tentés par M. William Barlow, vers 1849-1850. Mais ces divers tâtonnements l'amenèrent au rail massif dont nous parlerons plus loin — 126 —.

En 1853, M. Mac-Donnel établit sur le chemin de fer de Bristol à Exeter un rail Brunel porté par un fer à nervure formant longuerine. Malgré de nombreuses modifications pour éviter le ferraillement et l'usure des pièces, le système de M. Mac-Donnel n'a pas réussi; l'assemblage de ses divers organes paraît jusqu'à présent éprouver des difficultés insurmontables; en outre, le support ne résiste pas aux déplacements latéraux.

Un ingénieur du Nassau, M. Hiff, a repris la question en 1865, en se posant le programme suivant :

— La longuerine doit avoir une forme facile à obtenir au laminage, solide et stable dans le ballast.

— La longuerine combinée avec le rail doit présenter une résistance transversale suffisante pour toutes les charges que l'exploitation peut amener.

— Le rail doit se composer du métal le plus résistant, se prêter à un fort éclissage, et présenter un faible poids afin de diminuer les dépenses de remplacement.

— L'assemblage du rail et de la longuerine doit être simple et solide, facile à monter sur place.

— La réunion des deux files de rails doit être simple et disposée pour régler facilement la largeur de la voie.

Les figures 148 et 148 *bis*, pl. XIII, représentent la disposition due à M. Hiff. En 1867, le gouvernement prussien en autorisa un essai de 450 mètres de longueur, dans la gare d'Asmanshausen, ligne du Nassau.

Afin de réduire les dépenses de l'expérience, on employa un rail à large base ordinaire, éclissé en porte-à-faux, en rivant simplement le patin sur la longuerine en fer. — L'expérience étant satisfaisante, le système fut appliqué en 1868, sur une section de 12 kilomètres, entre Oberlahnstein et Ems. Enfin, d'après les résultats obtenus, le gouvernement a décidé qu'un embranchement de 29 kilomètres, celui du Westervalder — Aarthal, — serait exécuté suivant ce système de longuerines en fer portant un rail en acier.

Quand on étudie la composition de la voie, on se préoccupe à la fois de la question de résistance et des moyens propres à assurer l'entretien, à réduire les frais de renouvellement. Dans cette étude l'esprit est frappé de la nécessité où l'on se trouve, au bout d'un certain temps de service, de mettre au rebut un rail entier dont la face de roulement seule est avariée, quelquefois même assez légèrement.

Les ingénieurs ont donc naturellement cherché à s'affranchir de cette nécessité, en séparant le champignon qui s'use de la partie qui reste intacte dans le rail. De nombreuses tentatives ont été faites dans ce sens, en Amérique, en Angleterre et en Allemagne. Mais les difficultés d'assemblage, le ferraillement qui en était la conséquence, ont fait abandonner cette première idée.

— Elle n'en reste pas moins à l'ordre du jour, car depuis 5 à 6 ans elle sert de base à de nouveaux essais.

Ainsi, M. Heusinger von Waldegg, ingénieur en chef en Hanovre, a proposé le système représenté par la figure 149. Outre les divers inconvénients inhérents à toute disposition

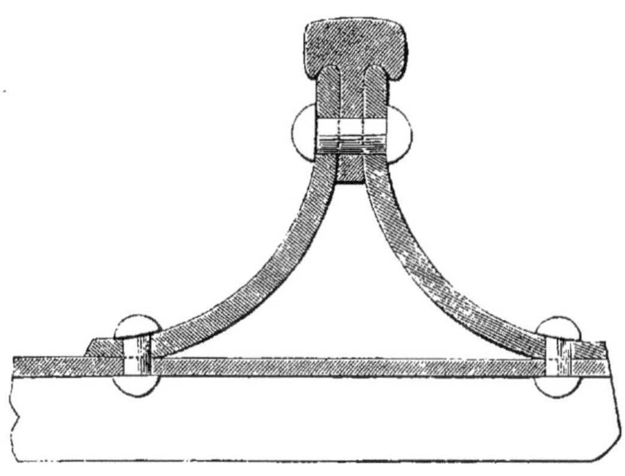

Fig. 149. Projet de voie en fer (Heusinger). $\frac{1}{5}$.

résultant de l'assemblage d'éléments relativement légers, qui demandent une très-grande précision d'ajustage impossible à réaliser pour une grande application, ce système possède encore celui d'une tendance très-marquée au déplacement latéral.

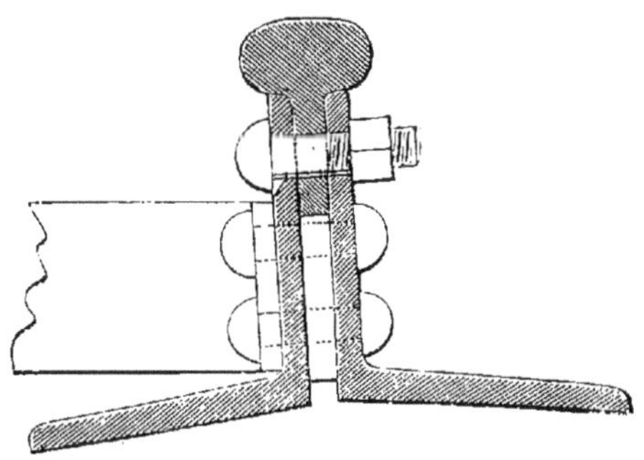

Fig. 150. Voie en fer (Scheffler). $\frac{1}{5}$.

Le système proposé en 1862 par M. le conseiller Scheffler, et appliqué aux chemins de fer du duché de Brunswick, est représenté par les figures 150 à 150 *ter*[1].

Les supports en fer d'équerre sont réunis entre eux et avec la

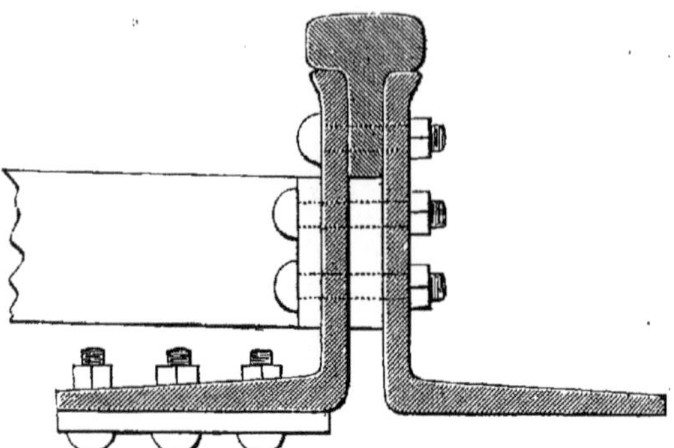

Fig. 150 *bis*. Voie en fer (Brunswick). $\frac{1}{5}$.

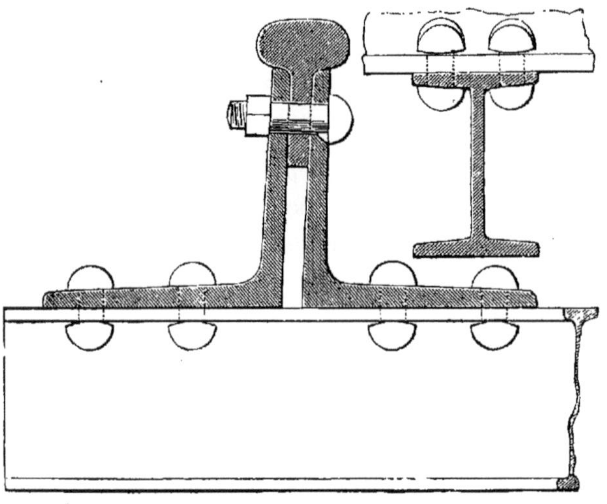

Fig. 150 *ter*. Voie en fer (Brunswick). $\frac{1}{5}$.

tige du champignon, à l'aide du boulon ordinaire et avec les entretoises, par des rivets ou des boulons.

[1] Extrait d'une note manuscrite de M. Scheffler en octobre 1868.

La distance des boulons d'assemblage est de $0^m,40$ d'axe en axe. — Les trous dans la tige des champignons sont ovales pour faciliter les mouvements longitudinaux.

Les joints des champignons et des supports sont croisés; ceux des supports sont renforcés par une platine.

Ces deux applications de la même idée, — différant seulement par le mode de pose et par la hauteur des fers-supports de $0^m,145$ et $0^m,120$, — sont posées l'une à côté de l'autre entre Brunswick et Volfenbüttel — $950^m$ de longueur, — moitié sur bon ballast de gravier pur, moitié sur mauvais ballast de sable terreux peu perméable. Elles reçoivent depuis plus de 4 ans 25 à 32 trains par jour et se tiennent bien. On a remarqué, après les gelées de 1865 seulement, qu'au point où la disposition des figures 150 et 150 *bis* (entretoisement par fer plat), s'est trouvée dans le mauvais ballast, il y a eu quelques tassements et des inflexions, tandis que la disposition de l'entretoisement par traverses inférieures, qui favorise l'écoulement de l'eau, n'a subi aucun dérangement.

Les arêtes des fers d'angle ne sortent pas du laminoir parfaitement dressées; aussi a-t-il fallu passer les fers sous la machine à raboter. Afin d'échapper à ce surcroît de frais, l'ingénieur en chef de l'usine de Hoerde, M. Daelen, chargé de la fabrication de ces essais, a proposé de faire venir au laminage une saillie d'équerre qui donne de la raideur à l'arête supérieure. Cette disposition, reproduite sur la figure 151, pl. XIV, est appliquée depuis 1867, sur la ligne de Brunswick à Wolfenbüttel; la longueur de cet essai est de 1 500 mètres, partie en courbe, mais on s'est servi du mode d'arrêt du champignon par clavette filetée, indiqué par la figure 154. Cette attache n'est pas très-solide et ne vaut pas le boulon à écrou ordinaire.

Le champignon de cet essai est en acier fondu, mais tellement sec que plusieurs barres se sont brisées au déchargement; ces ruptures se produisaient toujours au point où la tige du champignon est percée. Ces barres n'en ont pas moins servi. Cependant, afin d'éviter ce grave inconvénient que l'on pourrait rencontrer dans l'application de l'acier fondu Bessemer peu ductile,

M. Daelen a proposé de donner à la tige du champignon la forme indiquée par la figure 151, pl. XIII.

Cette disposition a été appliquée depuis septembre 1868 à une quatrième expérience, mais bien plus importante que les précédentes, sur la section comprise entre Kreiensen et Holzminden dont le développement s'élève à 19 kil. 600$^{m}$ de longueur en rampes de 0,012 et en courbes qui descendent jusqu'à 550 mètres de rayon. Le déplacement longitudinal du champignon est prévenu à l'aide d'une clavette qui entre dans une entaille ménagée à l'extrémité de chaque barre; mais on n'est pas encore fixé sur l'efficacité de ce procédé (fig. 152, pl. XIII).

Comme prix de revient, voici le résultat des dépenses que ces expériences ont occasionnées, au mètre courant de voie :

| | | | k. | | fr. | |
|---|---|---|---|---|---|---|
| La disposition de la fig. | 150 *ter* | pèse | 175 | prix | 55,50 | |
| — | 150 *bis* | | 149 | | 50 | |
| — | 150 | | 150 | | 55 | |
| — | 151 | | 135 | | 47,40 | champignon en fer grain fin. |
| | | | | | 48,50 | — acier Bessemer. |

La pose de ce système de voie revenait à l'origine des essais à 0 fr. 80 c. par mètre; aujourd'hui elle ne coûte plus que 0 fr. 30 c., c'est-à-dire 0 fr. 15 c. de moins que la pose des rails vignoles sur traverses; mais les pièces sont toujours préparées à l'usine, même celles qui doivent être pliées pour les courbes.

L'épaisseur du ballast en dessous des longuerines en fer est de 0,285 comme pour la voie sur traverses.

Il y a dans l'application de ce système une observation très-importante et qui s'applique à tous les genres de voies à longuerines : le bourrage sous les rails au bout d'un certain temps amène le ballast à l'état de masse tellement dure que l'écoulement de l'eau en est arrêté. — Une disposition efficace de drainage nécessaire à ce genre de voie réclame encore sa solution.

En 1866, la direction du Hanovre a placé entre Göttingen et Bovenden une longueur de 1 500 mètres de voie, établie d'après la disposition indiquée par les figures 153 et 154, ne différant du procédé Scheffler que par l'addition de cornières inférieures qui s'opposent au mouvement longitudinal. — Voici le résultat de

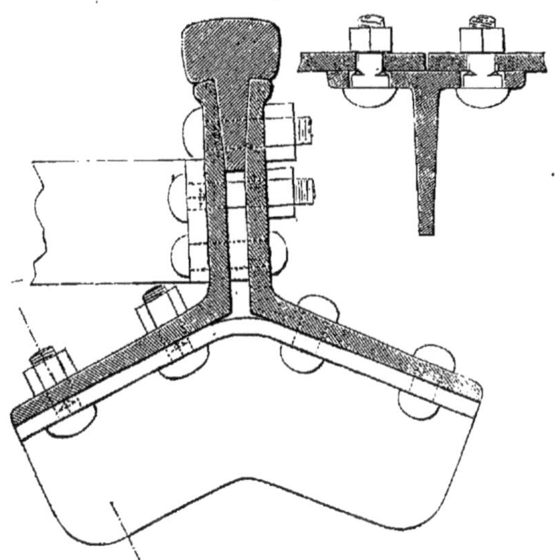

Fig. 153. Voie en fer du Hanovre. $\frac{1}{5}$.

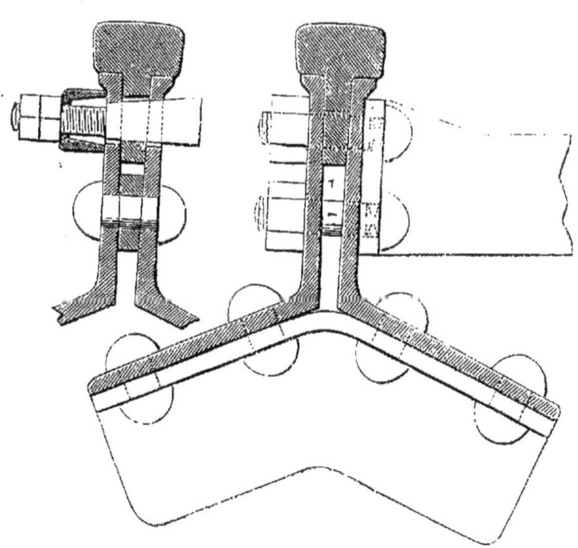

Fig. 154. Même projet avec addition d'une clavette à écrou $\frac{1}{5}$.

cet essai après deux ans de service, communiqué par la direction du Hanovre lors de la réunion des ingénieurs à Munich, en 1868 : sur les 1 500 mètres de voie, 1 000 mètres ont le champignon en fer à grain fin et 500 mètres en acier fondu. La dilatation causée par de hautes températures a produit des inflexions latérales, par suite de l'adhérence des cornières inférieures faisant fonction d'éclisses rivées aux supports longitudinaux, adhérence produite par la rouille qui rendit inutile l'ovalisation des trous des rivets. En été la voie était donc défectueuse.

Les champignons en acier se sont rompus en maints endroits, une rupture sur quatres barres de 6 mètres, deux ruptures sur quatre barres, et trois ruptures sur une barre. Jusqu'en août 1868, on n'avait cependant remplacé qu'un rail. Les ruptures se sont principalement produites aux trous rectangulaires des clavettes filetées.

Le fer à grains ne s'est pas rompu, mais il présente de nombreuses fentes verticales bien connues des usines ; en un mot l'emploi n'en a pas été satisfaisant. Dans ce même laps de temps il fallut remplacer deux entretoises en fer brisées.

La direction du Hanovre a décidé l'essai sur la même ligne des traverses en fer Vautherin — 122 —.

Reste à signaler l'éssai fait en 1867 par le chemin du Vurtem-

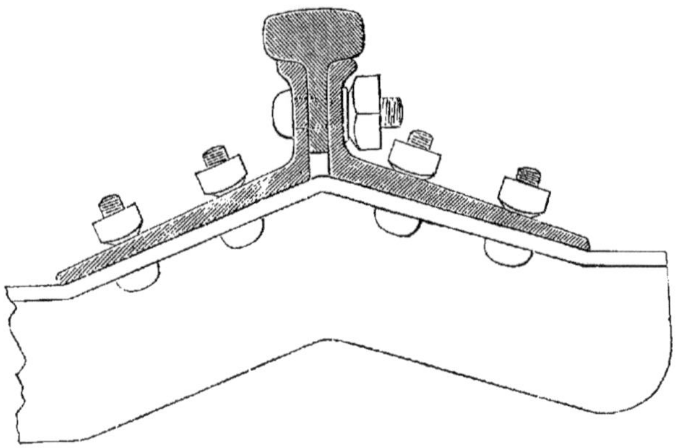

Fig. 155. Voie en fer Kostlin et Battig. $\frac{1}{8}$.

berg du système de M. Kostlin et Battig (fig. 155), sur l'une des voies comprises entre Aalen et Goldshöfe — longueur 1965$^{m}$, rampe 0,010, rayons variant de 900$^{m}$,50 à 3000$^{m}$ —. D'après les notes communiquées à la réunion de Munich, l'expérience a donné de mauvais résultats attribués partie aux dispositions vicieuses du système, partie à la mise en œuvre : nature défectueuse du ballast qui refusait à la voie une base convenablement résistante; division du rail en trois parties constitutives rendant l'assemblage tellement difficile que la voie ne pouvait pas être maintenue en état convenable. La dilatation des barres n'étant pas libre, la voie devient cahoteuse en été, et les boulons d'assemblage se brisent. Le laminage des champignons sous l'action des roues paraît devoir accroître la tendance des rails au ferraillement.

Dans ce système la voie pèse 136 kilogrammes : champignon 18 kil. 70, chaque demi-longuerine 20 kil., 20, une entretoise 10 kil., chaque boulon pour assujétir le champignon 0 kil., 370 gr., et pour fixer l'entretoise 0 kil., 180 grammes.

La même administration a fait aussi l'essai sur 240 mètres de la disposition proposée par M. Heusinger von Valdegg, pour l'entretoisement de deux files de rails (fig. 149, p. 295).

D'après le relevé des frais d'entretien des différents systèmes de voies employés sur la même section, les dépenses annuelles pour 100 mètres de voie seraient :

| | fr. | | fr. |
|---|---|---|---|
| Voies sur dés en pierre. . | 29,63 | Voie Kostlin et Battig. | 84,57 |
| Voie sur traverses. . . . | 29,96 | Voie Heusinger . . . | 150,30 |

Nous ne citerons que pour mémoire le système Paulus essayé sur une longueur de 20 mètres dans la gare de Graz, ligne du sud de l'Autriche, et ceux de MM. Welkner, Jordan, Fellkampt et Daelen. — L'essai de M. Paulus se compose d'une longuerine formée de deux vieux rails vignoles posés à plat, les deux patins embrassant la tige d'un champignon en acier fondu, le tout serré par des boulons à écrous. L'entretoisement des deux files de rail est effectué par de vieux rails vignoles renversés.

L'ensemble du système de voie Paulus pèse 141 kilos par mètre, le champignon et sa tige seuls 30 kil. 35; l'essai a coûté 30 fr. le mètre courant, les vieux rails étant pris à 11 fr. les 100 kilos. Jusqu'ici la voie s'est bien comportée, sauf des ruptures de champignons attribués à des défauts de qualité.

Nous nous contentons de reproduire dans les fig. 156 à 159 les autres systèmes, mais à titre de renseignements, ces projets

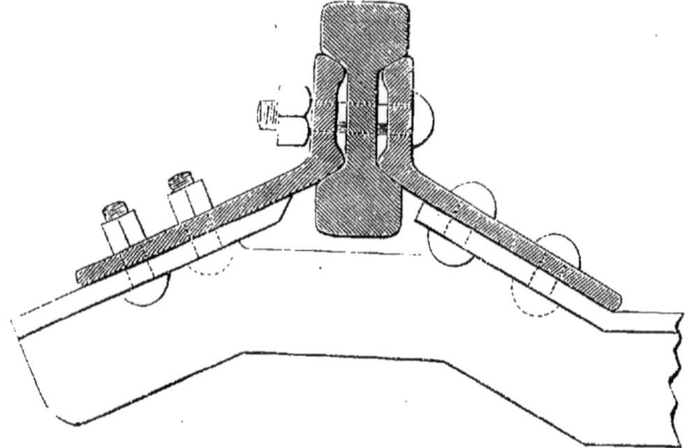

Fig. 156. Projet de voie en fer (Jordan). $\frac{1}{5}$.

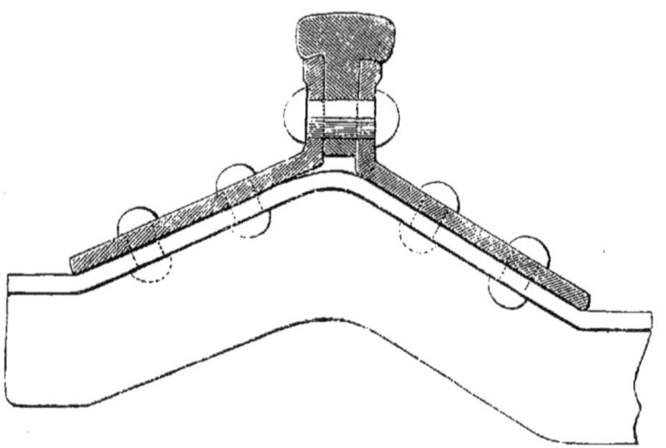

Fig. 157.

n'ayant pas été essayés, et avec raison, croyons-nous. Remarquons en passant que le système de M. Jordan (fig. 156), avec l'intention d'employer le rail à double champignon, présente d'un

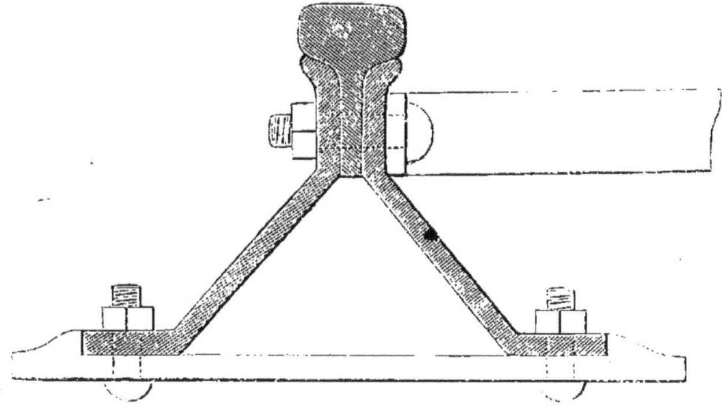

Fig. 158. Projet de voie en fer (Fellkampf). $\frac{1}{5}$.

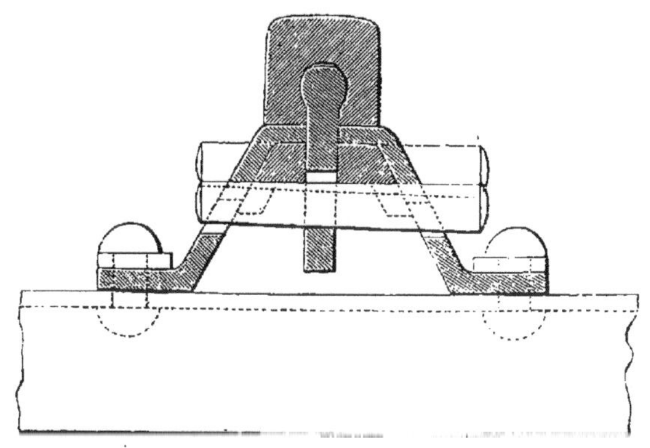

Fig. 159. Projet de voie en fer (Daelen). $\frac{1}{5}$.

côté l'inconvénient d'exiger un poids considérable de la matière qui coûte le plus dans le rail composé, de l'autre l'avantage d'offrir une attache du champignon plus résistante que les autres systèmes.

Ce projet rappelle d'ailleurs celui de M. Mazilier — 114 —.

*Résumé.* — En théorie, le principe de la voie composée de champignons reposant sur une base continue de résistance uniforme est inattaquable. Si la pratique rencontrait enfin une solution qui satisfît à toutes les conditions exigées pour l'entretien courant d'une voie en bon état, le principe de la voie composée en fer serait en définitive le plus économique; car, la base ne s'usant jamais, étant toujours parfaitement assise, la seule partie sujette à détérioration se réduirait au champignon dont l'acier prolongerait encore la durée. — Malheureusement l'expérience n'a pas encore dit son dernier mot sur les différents systèmes proposés; les ingénieurs feront bien de suivre attentivement ces essais.

## 4me Classe. — *Voies sans supports.*

126. Rail barlow. — Les défauts des rails composés de champignons assemblés sur des supports longitudinaux ressortent clairement des détails qui précèdent. Pour échapper à ces difficultés connues depuis longtemps, et conserver cependant l'avantage de la continuité des supports, M. William Barlow, ingénieur du Midland, a imaginé en 1849 une disposition qui semble au premier abord devoir complétement résoudre le problème. Développant le rail Brunel en élargissant ses ailes, il le place directement dans le ballast, en réunissant les abouts des barres par une selle de même profil ayant 0,600 à 0,750 de longueur, et chaque couple de rails parallèles à l'aide d'une entretoise en fer cornière (fig. 160, pl. XI).

Accueilli avec enthousiasme, ce système a reçu dès l'origine d'importantes applications: dans la Grande-Bretagne et l'Irlande, — lignes du Midland, Dublin à Belfast, Dublin à Ulster; — en France, sur les chemins de Bordeaux à Cette et de Narbonne à Perpignan; mais il a été abandonné avec non moins d'empressement au bout de peu de temps, par suite de la rapide détérioration des rails. Deux causes contribuaient à cette détérioration : d'une part la trop grande charge des véhicules relativement à la résistance propre des rails; d'autre part la qualité des rails.

Le défaut de résistance des rails à la pression des véhicules se manifestait par des flexions verticales qui rendaient la voie onduleuse, et nécessitaient des relevages fréquents, et par suite des dépenses d'entretien très-élevées. Le bourrage ne laissait rien à désirer, car au bout d'un certain laps de temps, le ballast formait sous le rail même un véritable conglomérat très-dur, un véritable mur qui ne laissait aucun passage à l'eau; mais le rail lui-même manquait de raideur. — L'excès de charge des essieux moteurs des machines n'a peut-être pas été étranger à cette déformation de la voie.

Quant à la qualité des rails, son principal défaut était le manque d'homogénéité. Par le mode même de fabrication, le champignon, formé d'ailleurs d'un fer dur et plus épais que celui des ailes, passait dans les cylindres sous une vitesse de beaucoup inférieure à celle des ailes. Le fer de ces dernières, plus mince que celui du champignon, se refroidissait plus vite et subissait des efforts d'extension plus grands que le centre du rail; il fallait donc composer le paquet en fer mou. De là des différences considérables dans le réchauffage des paquets et des tiraillements dans la contexture des barres, des défauts de soudure qui ne tardèrent pas à se manifester sur la voie. — Quant à la continuité de la voie, elle ne laissait rien à désirer, les changements de température n'exerçant aucune influence par suite de l'enfouissement des rails dans le ballast.

Aujourd'hui les rails Barlow ont fait place aux rails à double champignon portés par coussinets en fonte et traverses en bois.

127. Rail Hartwich. — L'éminent ingénieur qui dirige les constructions du chemin de fer rhénan, M. Emile Hartwich a repris depuis quelques années la question des rails sans supports, mais sa solution est plus radicale que toutes les autres. Conservant du rail vignoles le champignon et le patin, il augmente la distance qui sépare ordinairement ces deux éléments. Par cet accroissement de hauteur, le rail acquiert une résistance aux efforts verticaux telle que la pression des véhicules se répartit efficacement sur une grande partie de la longueur de la barre, si la face de pose du patin sur le ballast trouve une base d'appui suffisante pour prévenir toute flexion verticale.

Pour donner à la voie une assiette solide, M. Hartwich place les rails sur deux murs formés d'un mélange de pierre cassée et de gravier pilonné dans deux rigoles de 0m,470 de large et de 0m,60 de profondeur, creusées en dessous de la plate-forme des terrassements. Il réunit les deux files de rails à l'aide de boulons-entretoises espacés de 1m,25 en moyenne, qui maintiennent la voie dans son écartement. Enfin de fortes éclisses réunies par 8 boulons et des platines de joint placées sous le patin et maintenues également par 8 boulons forment l'assemblage des abouts des rails; le tout est enfoui dans une couche de ballast qui s'élève jusqu'au dessous du champignon.

Le premier essai de ce système, qui date de 1865, a été appliqué sur deux lignes de la compagnie des chemins rhénans : de Coblence à Oberlahnstein, et de Call à Mechernich (Eifel-Bahn). Les rails de cet essai qui ont 288 m/m de hauteur se développaient sur 375m de voie seulement. L'expérience ayant été très-satisfaisante, et démontrant que la résistance verticale était plus que suffisante, un second essai a été tenté, en 1867, sur 19 947m de la ligne de Kempen à Kaldenkirchen, avec des rails de 235 m/m de hauteur. Un spécimen de cette voie était posé dans l'annexe prussienne du Champ-de-Mars (fig. 161, pl. XIII).

Voici les dimensions et poids des parties constitutives de ce système :

| | m. | k. |
|---|---|---|
| Longueur du rail. . . . . . . . . . | 7,533 | |
| Hauteur . . . . . . . . . . . . . . | 0,235 | |
| Largeur du champignon. . . . . . . | 0,059 | |
| Épaisseur de l'âme . . . . . . . . | 0,011 | |
| Largeur du patin. . . . . . . . . . | 0,124 | |
| Poids par mètre courant de rail . | | 43,412 |
| Longueur des éclisses. . . . . . . | 0,392 | |
| Longueur des plaques d'appui . . . | 0,484 | |
| Largeur . . . . . . . . . . . . . . | 0,222 | |

La réussite de ces divers essais a engagé la compagnie des chemins rhénans à étendre l'emploi de la voie Hartwich sur la section de Neuss-Duren — 45 kilomètres, — et sur celle du chemin de la rive droite du Rhin comprise entre Ehrenbreitstein et Siegburg, environ 60 kilomètres. Dans les nouvelles voies Hartwich, on supprime les platines d'appui, mais on porte la longueur des éclisses à 628$^{mm}$, et le nombre des boulons qui les relient à 12. — Quant aux entretoises, au lieu de se trouver alternativement en haut et en bas du rail, comme à l'origine, elles sont placées à mi-hauteur du rail comme l'indique la fig. 161, pl. XIII, sans doute pour éviter la flexion des tringles en cas de déraillement.

La compagnie des chemins rhénans introduit aussi dans les voies de stations le principe du rail Hartwich, mais en réduisant sa hauteur à 157 m/m, et son poids à 36 kilos par mètre courant.

D'autres compagnies, séduites par les résultats qu'obtient la compagnie rhénane, appliquent le système Hartwich plus ou moins largement. La ligne de Deutz à Mulheim (compagnie du Coln-Minden), est munie d'une voie Hartwich dont les rails ont 210 m/m de hauteur, réunis par une éclisse renforcée.

Là le prix de revient ne s'est élevé qu'à 27 fr. 70 par mètre courant, tandis que les voies ordinaires composées de rails de 131 m/m de hauteur, et de traverses en chêne préparé, coûtent 30 fr. le mètre (fig. 162, pl. XIII).

Dans cette application, les rails ont 6$^{m}$,59 de longueur. L'éclisse extérieure renforcée a un moment de résistance égal à celui du rail; sa longueur est de 628 m/m; elle est maintenue par 8 boulons, le joint débarrassé des platines d'appui.

La compagnie de l'Est, en France, fait aussi l'essai du système Hartwich, sur la ligne principale de Paris à Strasbourg. — Depuis le mois de février 1869, une longueur de 1 200 mètres environ est en expérience entre les stations de Gagny et Chelles, près Paris. On a pris le rail de 235$^{mm}$ de hauteur, avec des éclisses symétriques de 550$^{mm}$, dont la forme est un peu modifiée, comme l'indique la fig. 163, pl. XIII. Les plaques d'appui jugées inutiles sont supprimées.

On a les poids suivants pour une longueur de rails de 6 mètres.

| | k. | k. |
|---|---|---|
| 2 rails . . . . . . . | 518,00 | |
| 4 éclisses. . . . . . | 54,60 | |
| 12 boulons d'éclisses . | 12,32 | |
| 5 tringles entretoises. | 35,75 | |
| | | 620,67. |

soit par mètre courant de voie, 103$^{k}$45.

Aux prix actuels des différents matériaux constitutifs de la voie, le système Hartwich ainsi appliqué revient à 1 fr. de moins que le système avec rails vignoles et traverses en chêne.

La voie essayée par la compagnie de l'Est est posée comme la voie ordinaire, avec une épaisseur de ballast en dessous du patin des rails de $0^m,35$ environ. Elle se trouve dans une tranchée dont la plate-forme se compose en grande partie d'argile glaiseuse difficile à assécher; aussi l'état de la voie laisse à désirer, car le bourrage transforme le ballast sous les rails en deux conglomérats très-peu perméables à l'eau. — Pour se rendre compte de l'effet qui se produit, il faut entrer dans quelques détails sur la construction même du chemin de fer sur ce point.

A 1 kilomètre de la station de Gagny, la ligne entre en courbe dans une tranchée remarquable par les difficultés que présente le maintien des talus. Les fossés qui bordent la plate-forme sont perreyés sur tout leur périmètre (fig. 15, p. 29). Le ballast, qui a 0,60 d'épaisseur, est soutenu par le mur en pierre sèche. Il repose tantôt sur la glaise verte, tantôt sur un sable argileux coquillé appartenant à la formation des marnes gypseuses du terrain tertiaire du bassin de Paris. C'est là que la voie Hartwich a été mise en place dans les derniers jours de janvier. — Pendant les mois de février, mars et avril, l'entretien des 1200 mètres réclamait la présence continue de l'équipe de quatre poseurs. Mais à partir du mois de mai, qui a été particulièrement pluvieux, l'équipe n'a plus suffi à maintenir la voie en état. Sous l'influence de l'eau dont le ballast — sable et argile — ne peut se débarrasser, la plate-forme de glaise cède et les rails s'enfoncent sous le poids des trains, principalement le rail intérieur de la courbe. La glaise remonte entre les rails et reflue vers le fossé dont le mur se renverse ou se boursoufle.

Le point le plus remarquable de cette expérience très-intéressante, c'est le joint des rails. Malgré la raideur des rails dans le sens vertical, malgré la très-grande résistance des éclisses les joints s'abaissent et présentent une flèche qui atteint jusqu'à 2 c., de telle sorte que les rails assemblés forment une série d'ondulations. Quand on veut redresser les joints, il faut découvrir deux longueurs de rails pour permettre aux fers de reprendre leur forme. Pour arrêter l'affaissement des joints, les poseurs dans l'impossibilité de maintenir la voie ne trouvaient rien de mieux que de la soutenir par des traverses : mais c'eût été la négation du système, et on l'a interdit; mais on augmente le nombre d'hommes. De plus, on va entreprendre de grands travaux d'assainissement.

La plate-forme recevra un drain collecteur dans l'axe de l'entrevoie. Ce collecteur attirera les eaux de la tranchée, même celles des fossés latéraux, et l'on espère qu'alors la voie se maintiendra, quand on aura recoupé transversalement le ballast par des tranchées pleines de cailloux cassés ; mais le joint n'en sera toujours pas moins un point faible. Et cependant d'après les expériences très-intéressantes qui ont été faites par les ordres de M. Ledru, ingénieur en chef, sur la résistance propre des rails Hartwich, on aurait dû espérer que la voie ainsi constituée présenterait toutes les conditions de résistance voulues.

Deux rails posés sur des supports écartés de $2^{m},70$, le joint éclissé placé à égale distance des supports, ont été soumis à des pressions statiques de 1000 à 25000 kilog. Entre 15000 et 17000 kil., le joint commence à fléchir et les boulons prennent charge. De 17 à 18000 kil. l'âme du rail se fend; la charge augmentant, le patin et le champignon s'écartent l'un de l'autre sous les réactions de l'éclisse; enfin quand la pression passe de 22 à 25000 kil., l'âme se déchire ainsi que l'indique la fig. 164, pl. XIII, qui représente les rails *a a* cassés dans deux expériences successives.

Les boulons du haut des éclisses sont à peine altérés, ceux du bas *b* fortement pliés et les trous extrêmes au bas de l'âme ovalisés de $0^{m},006$. Quant à l'éclisse, elle n'a subi d'autre altération qu'une légère courbure horizontale dont la flèche atteint à peine 5 m/m.

Il résulterait de ces épreuves que la voie Hartwich est susceptible de résister aux efforts les plus intenses que les véhicules peuvent lui imposer, même en supposant que le bourrage soit incomplet sur une longueur de 2 à 3 mètres, à la condition toutefois qu'elle trouve une base d'appui suffisamment résistante. A Gagny comme à Taverney, l'application démontre que la résistance du sol est insuffisante sous les trains, et encore faut-il observer que l'essai se fait à 1 kilomètre d'une station et sur une pente de 3 m/m 5, c'est-à-dire en un point où les vitesses n'ont rien d'exagéré. Il importe de remarquer enfin que la voie vignoles sur traverses placée à côté de la voie Hartwich et dans les mêmes conditions, se comporte très bien.

Pour assurer plus complétement la rigidité du joint il serait prudent de porter la longueur des éclisses à 820 m/m au moins et le nombre des boulons à 12, en écartant les trous du milieu de 200 m/m d'axe en axe, et les autres de 130 m/m. — De plus, dans le cas de mauvais terrains, il faudrait réunir les deux files de rails sous les joints, par une traverse en fer rivée aux patins des rails, afin de donner à l'assiette de la voie une plus large base.

128. Conclusion. De tous les essais de voie métallique sans supports, celui du système Hartwich paraîtrait offrir le plus de garanties au point de vue de la résistance verticale et de l'entretien courant, si l'on pouvait lui donner une base d'appui convenable. Mais il reste encore plusieurs inconnus à dégager dans le problème : Difficulté de bourrage uniforme, assèchement de la voie, base d'appui suffisante dans tous les cas, d'une part, et frais de renouvellement de la voie, d'autre part.

Dans le rail, c'est la surface de roulement qui se détériore en premier lieu, et quand le champignon est hors d'usage, le rail en entier doit être réformé. La perte est donc plus grande avec le rail Hartwich ou le rail Barlow qu'avec tout autre système.

Si l'activité de la circulation devait faire craindre une usure rapide, ce serait le cas d'appliquer l'acier Bessemer, mais alors interviendrait le prix de revient.

Les diverses expériences que nous avons signalées méritent l'attention des hommes de l'art, et leurs investigations les plus sérieuses, car la réduction des frais de construction et d'entretien des chemins de fer est un des points capitaux de l'industrie des transports. — Chap. XII —.

## § II

### PROFIL TRANSVERSAL.

129. Généralités. — Le profil transversal d'un chemin de fer est susceptible de nombreuses variations dépendant :

— De l'importance du trafic ;
— Des dimensions arrêtées pour les véhicules :
— De la configuration du sol ;
— Du climat ;
— Des localités traversées ;
— Des conditions d'établissement du chemin, etc., etc.

Les dimensions des locomotives, voitures et wagons déterminent la *largeur de la voie* qui correspond à l'écartement des deux roues montées sur un même essieu. Elles règlent aussi celle de *l'entrevoie*, espace ménagé entre les rails voisins de deux voies parallèles, puisque cet écartement doit être en rapport avec la largeur extérieure des véhicules dans le cas le plus défavorable, celui des portières ouvertes. Dans un grand pays déjà sillonné de nombreux chemins de fer, ou dans une localité où les prolongements d'autres chemins de fer déjà construits peuvent amener un trafic important dont le transbordement serait onéreux, l'hésitation sur le choix de la largeur de la voie n'est pas possible, et la force des choses entraîne l'adoption de la largeur des autres lignes. Mais quand il s'agit de créer de toutes pièces un réseau important dans un Etat d'une grande étendue, ou dans un pays complétement isolé, ou enfin lorsque le trafic probable ne répondrait pas aux dépenses d'un chemin de fer à grande section, on fait bien d'étudier la question sans autre préoccupation que celle inhérente à la nature même du problème à résoudre. L'expérience ayant démontré que les dimensions des voies établies en Europe, suffisantes à l'origine de l'exploitation, présentent déjà de sérieux obstacles au point de vue de l'augmentation de la force des machines et de l'amélioration du confort des voyageurs, on doit se demander s'il ne vaut pas mieux prendre immédiatement les mesures nécessaires pour ne plus rencontrer les mêmes difficultés dans l'exploitation des nouveaux réseaux.

D'un autre côté, quand un pays ne présente qu'un trafic restreint, mais rémunérateur d'une dépense modérée, on aurait tort, pour échapper à l'augmentation des frais de transbordement, de reculer devant la construction d'un chemin à petite section, permettant de desservir à peu de frais des localités que les grandes lignes ne peuvent pas atteindre — 103 —.

130. Largeur de la voie. — Quand l'étude du trafic à desservir et les conditions d'établissement du chemin de fer ont déterminé le type du chemin, il faut, avons-nous dit, arrêter la *largeur de la voie,* distance qui sépare les deux files de rails.

Les premiers chemins de fer à grande circulation ont pris un développement important dans les environs de Newcastle. Ils ont succédé aux voies de bois dont les propriétaires des houillières avaient garni les routes de terre afin d'en diminuer la fatigue et les frais d'entretien et d'augmenter les charges des chariots.

Les madriers de bois s'usant rapidement furent garnis de bandes de fer plat, puis de bandes de fonte; enfin ces voies mixtes disparurent devant les barres plates en fonte, *platways* ou *tramways,* et les barres à côté saillant *rail-ways* (fig. 129, pl. X) — La distance de ces barres correspondait à l'écartement des roues des chariots de terre, soit 4 pieds 8 pouces et demi, mesures anglaises, soit $1^{m},435$. En ajoutant à cette dimension celle d'un champignon de rail $0^{m},065$, on a l'espacement officiel d'axe en axe des rails en France $1^{m},50$, inséré dans les premiers cahiers des charges et qui a été suivi par toutes les compagnies françaises et la presque totalité des lignes d'Europe et d'Amérique.

Cette largeur de voie qu'on peut appeler *normale* aujourd'hui n'a pas été définitivement adoptée sans conteste, car quand le trafic des chemins de fer prit un grand développement, les ingénieurs chargés de la construction de certaines lignes crurent devoir prendre un plus grand espacement des rails afin d'augmenter les dimensions des locomotives. Les considérations sur lesquelles ils s'appuyaient étaient parfaitement fondées, mais elles arrivaient trop tard. Le réseau des voies à $1^{m},435$ s'était développé de toutes parts, et quand les différents écartements se trouvèrent en contact, les raccordements pour le transit des véhicules devinrent impossibles en pratique courante. Il fallut opter, et ce fut la voie étroite qui l'emporta, au grand détriment des progrès futurs de l'industrie des transports.

Deux Etats européens, la Russie et l'Espagne, ont néanmoins persisté dans leur choix d'une largeur de voie différente; mais cette détermination prise en vue d'un intérêt stratégique n'aura qu'une faible influence sur les résultats économiques de l'exploitation, car cette augmentation de largeur n'est pas suffisante pour donner au matériel roulant une ampleur convenable.

Voici les largeurs de voie supérieures à la largeur normale adoptées dans différents pays :

| | m. | | m. |
|---|---|---|---|
| Angleterre. . . | 2,133 | Espagne . . | 1,670 |
| Hollande . . . | 2,133 | Canada. . . | 1,600 |
| Irlande . . . . | 1,879 | Brésil . . . | 1,600 |
| Amérique du N. | 1,828 | Australie. . | 1,600 |
| Écosse. . . . . | 1,676 | Russie. . . | 1,523 |
| Chili. . . . . . | 1,676 | | |
| Inde. . . . . . | 1,676 | | |

131. Largeur de voie des chemins économiques. — Nous avons examiné — 103 — les différentes questions qui conduisent à l'adoption d'une voie de largeur réduite. L'annexe Q donne comme exemples les dimensions des organes de différents chemins économiques en exploitation à l'aide de locomotives. Nous nous contenterons d'indiquer ici la largeur de leur voie.

| | m. |
|---|---|
| Inde anglaise. . . . . . . . . . . . | 1,219 |
| Lambach à Gmunden. . . . . . . . | 1,106 |
| Anvers à Gand. . . . . . . . . . . | 1,100 |
| Mondalazac. . . . . . . . . . . . . | 1,100 |
| Norwége. . . . . . . . . . . . . . . | 1,067 |
| Australie . . . . . . . . . . . . . . | 1,067 |
| Mine de San Domingos (Portugal). . . | 1,067 |

| | m. |
|---|---|
| Tavaux Ponséricourt . . . . . . . . | 1,100 |
| Commentry . . . . . . . . . . . . | 0,950 |
| Blanzy . . . . . . . . . . . . | 0,800 |
| Bröhlthal . . . . . . . . . . . | 0,785 |
| Festiniog . . . . . . . . . . . . . | 0,610 |
| Ateliers du North-Western-Ry. . . . | 0,457 |

132. Entrevoie et accotement. — La largeur de l'entrevoie et celle de l'*accotement*[1] peuvent varier pour un même pays entre certaines limites ; cependant il ne faut pas perdre de vue, en fixant ces largeurs, que telles dimensions, reconnues suffisantes au moment de la construction, peuvent, quelques années après, se trouver trop faibles pour répondre aux nécessités du service. C'est ainsi que des voyageurs et des agents de l'exploitation des chemins de fer ont été et sont journellement victimes de leur imprudence quand, malgré les recommandations les plus expresses, ils sont heurtés par le parapet d'un pont, le mur ou le tablier d'un passage par-dessus, le pied-droit d'un tunnel, le tuyau d'une colonne alimentaire, ou enfin la portière d'un wagon qui se trouve sur une voie latérale, etc.

L'établissement du contrôle de route, très-utile au point de vue financier des intérêts de l'exploitation et rassurant pour les voyageurs, ne peut être établi sur toutes les lignes françaises, par suite du manque d'espace. La commission de l'enquête de 1862 s'exprime à ce sujet dans les termes suivants :

« Le contrôle de route est partout impossible du côté de l'entrevoie ; il n'est possible sur l'accotement qu'avec une distance de 1m,30 entre l'axe du rail extérieur et les parois d'ouvrages et objets de toute nature placés sur le flanc de la voie. Cette distance de 1m,30 peut d'ailleurs n'être considérée qu'à 1m,20 au-dessus du rail (hauteur de l'arête inférieure d'une portière ouverte) ; mais elle doit en revanche régner encore à 2m,70 (hauteur de l'arête supérieure de ladite portière) au-dessus de ce même rail.

[1] On désigne sous le nom d'*accotement* ou *marchepied* l'espace compris entre le rail extérieur et les parties d'ouvrages d'art qui s'élèvent au-dessus de la plate-forme, ou l'arête de rencontre du plan de la voie avec le plan du talus limitant la couronne des terrassements.

« Si l'on considère les ouvrages de 7m,40 de large prescrits par les premiers cahiers des charges, la discussion des profils fournis dans chaque service de contrôle fait voir que l'accotement n'y a point généralement 1m,30 de large. Pour obtenir cette largeur, il faut rapprocher les deux voies l'une de l'autre, aux dépens de l'entrevoie.

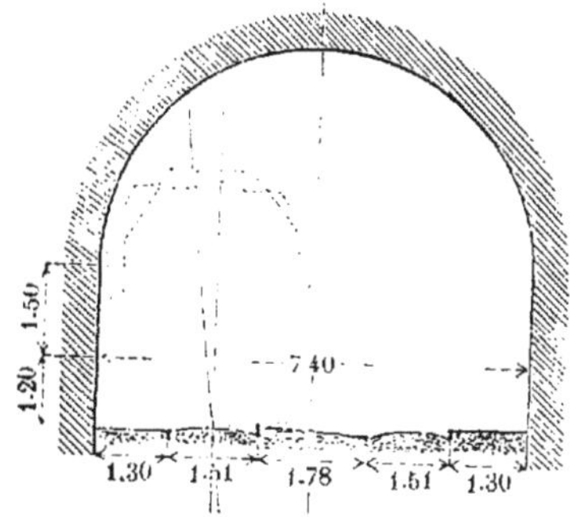


Fig. 165. Profil de voie en tunnel. $\frac{1}{50}$

« Sous les ouvrages d'art, le chemin devrait donc présenter le profil indiqué par la figure 165, c'est-à-dire que l'entrevoie devrait y être réduit à 1m,78.

« Dans les ponts et tunnels à plein cintre, où la courbe de la voûte prend rapidement naissance, l'accotement de 1m,30 ne suffirait point pour le développement de la portière, et il faudrait sous ces ouvrages diminuer encore davantage l'entrevoie. Cette réduction excessive pourrait entraîner la modification des gabarits de chargement et apporter un trouble considérable dans le service des marchandises. Il convient donc tout d'abord d'admettre que sur certaines lignes et en certains points les compagnies devront suspendre l'exercice du contrôle de route. »

Il est résulté de l'enquête — 38 — qu'on ne peut compter sur

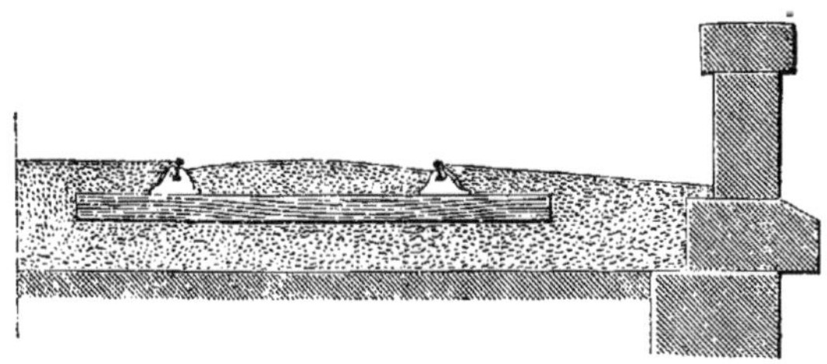

Fig. 166. Profil de la voie sur un ouvrage d'art. $\frac{15}{1000}$

un contrôle de route facile qu'en donnant aux tunnels une ouverture de 8 mètres entre les pieds-droits, et aux viaducs en dessous une largeur de 8 mètres entre les parapets (fig. 166).

Nous avons vu, en traitant la question de consolidation des talus, de quelle influence était la nature des terrains traversés sur la forme à donner au profil du corps de la route.

En tranchée, l'inclinaison des talus dépendra de la profondeur de l'excavation, de la qualité des terrains rencontrés, du prix du sol à acquérir. Cependant aux abords des villes, et le long des cours d'eau, au lieu de limiter le chemin par des talus inclinés, on peut, au moyen de murs de soutènement, se borner à n'occuper que l'espace strictement nécessaire à l'établissement de la voie, évitant ainsi l'acquisition de surfaces coûteuses ou l'exécution souvent difficile d'une dérivation.

Dans la traversée des forêts, il faut se préserver des chances d'accidents pouvant résulter de la chute des arbres sur la voie, des incendies causés par les étincelles s'échappant des cheminées de locomotives, des embarras causés par la présence des feuilles sur les rails, etc.; dans ce cas, une large emprise de terrain est de toute nécessité. Eu égard aux incendies, on creusera, parallèlement à la voie, des fossés destinés à arrêter la propagation du feu, en ayant soin de donner une plus grande profondeur au fossé limitant l'essartement.

Enfin, nous rappellerons à ce sujet les dispositions à prendre pour prévenir les amoncellements de neige — 29 et 227 —.

133. PROFIL DE LA PLATE-FORME. — Pour établir et conserver une voie en bon état, il faut, autant que possible, la protéger contre l'action des eaux. En examinant les divers moyens employés pour assécher la couronne des terrassements — ch. I, — nous avons essayé de faire ressortir toute l'importance des écoulements d'eau; il nous reste à étudier le profil de la voie le plus convenable pour atteindre le but proposé.

Si les supports des rails reposaient directement sur la plate-forme des terrassements composée, dans la plupart des cas, de terrains imperméables, ils ne tarderaient pas à manquer complétement d'assiette, surtout après quelque temps d'humidité. Pour leur donner un appui suffisant en répartissant sur le maximum de surface la pression qu'ils subissent, il faut interposer entre ces supports et la plate-forme du chemin une matière présentant une grande résistance à la compression et aux influences atmosphériques. Tel est le but du ballast — **135** —. Pour satisfaire aux conditions à remplir, le ballast doit être facilement perméable, et ne se laisser ni détremper par l'humidité prolongée ni attaquer par la gelée.

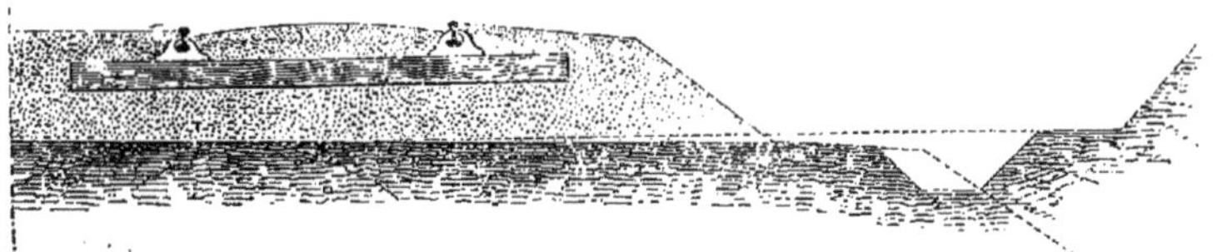

Fig. 167. Profil des voies anglaise et française. $\frac{15}{1000}$

La forme que l'on donne à la couche de ballast dépend de sa nature et des conditions dans lesquelles se trouve le chemin. En Angleterre et en France, à peu d'exceptions près, la couche de ballast est simplement posée sur la couronne des terrassements, le pied de ses talus se trouvant à une certaine distance du bord de la plate-forme (fig. 167). En Allemagne, on établit quelquefois la couche de ballast sur toute la largeur de la plate-forme, quand

Fig. 168. Profil de la voie allemande. $\frac{15}{1000}$

celle-ci se trouve dans un terrain argileux, humide (fig. 168). Cette disposition permet d'économiser les frais de rigoles qu'on doit établir à des distances assez rapprochées, 3 à 4 mètres environ, quand on encaisse le ballast d'après le système en cuvette; mais c'est ce dernier système qui est le plus généralement appliqué en Allemagne, en Belgique et en Suisse (fig. 169). Il présente sur le premier l'avantage d'employer une moindre quantité de ballast pour l'établissement de la voie et de se prêter mieux à la formation d'un lit de cailloux pour assise ; mais on prétend, sans citer de preuve à l'appui, que l'assèchement doit en être plus

Fig. 169. Profil des voies belge et suisse. $\frac{1}{150}$.

difficile, et, par conséquent, la destruction des traverses plus rapide que dans le système généralement appliqué en France. Rappelons, cependant, que la voie de Strasbourg à Bâle était disposée dans ce système et que les traverses en chêne sans préparation y ont duré plus de 15 ans, dans un bon ballast, il est vrai.

Plusieurs lignes allemandes, — Altona-Kiel, — Berlin, — Magdebourg, — État Hollandais, — sud de l'Autriche, — en recommandent l'emploi pour opposer au déplacement latéral des voies dans les courbes un obstacle assez résistant tout en étant suffisamment perméable. Notons encore qu'il est plus économique d'établissement, car il réduit d'un demi-mètre cube la quantité de ballast nécessaire par mètre courant de plate-forme. Cette réduction représente une économie de 1,500 à 2,500 francs par kilomètre. Cette disposition permet également de réduire la largeur totale des terrains nécessaires à l'établissement de la ligne de celle des talus du ballast qui, dans certains cas, peut s'élever jusqu'à $1^{m},50$, soit $0^{m},75$ de chaque côté. Comme on rencontre des localités où le prix du terrain dépasse 1 franc, 2 francs et plus par mètre carré, on voit qu'il peut y avoir intérêt à réduire au minimum la largeur du chemin en couronne.

Comme nous l'avons dit, le ballast se compose de deux couches : la première, celle qui forme le lit des supports, doit réunir toutes les qualités indiquées plus haut ; la seconde, destinée à maintenir les supports dans leur position et à les rendre solidaires les uns des autres, peut être composée de matières plus faciles à rencontrer — 135 —. L'épaisseur de la première couche de ballast, celle qui donne à la voie sa stabilité, est variable selon la nature du terrain qui lui sert de base : si le corps de la route est facilement perméable, il suffit de donner au ballast de pierrailles ou de gravier 0m,15 à 0m,18 d'épaisseur; si l'on n'a que du sable à sa disposition, il faut donner à la couche inférieure 0m,25 à 0m,30. Ces nombres sont augmentés de moitié si la plate-forme ne peut pas être complètement asséchée.

La seconde couche s'élève jusqu'au-dessous des rails dans la voie vignoles et jusqu'au dessus des coins dans celle à coussinets.

Ces bases étant posées, il faut déterminer le profil en travers de la voie en l'appropriant aux circonstances locales.

Les données invariables pour une ligne de chemin de fer : sont : l'*entrevoie*, la *largeur de la voie* et l'*accotement* ; ces données ont pour la voie ordinaire de 1m,50 d'axe en axe des rails les valeurs suivantes :

*Chemins à 2 voies.*

| | m. | | m. |
|---|---|---|---|
| Entrevoie . . . . . . . . . . . . . . . | 1,80 | à | 2,20 |
| 2 largeurs de voie (1m,44 à 1m,45). . . | 2,88 | | 2,90 |
| 2 accotements (1m,20 à 1m,75). . . . . | 2,40 | | 3,50 |
| 4 largeurs de rail (0m,06). . . . . . . | 0,24 | | 0,24 |
| Largeur totale en couronne. . . . . . | 7,32 | | 8,84 |

*Chemins à 1 voie*

| | m. | | m. |
|---|---|---|---|
| Largeur de la voie. . . . . . . . . . | 1,44 | à | 1,45 |
| 2 accotements (1m,20 à 1m,50). . . . . | 2,40 | | 3,00 |
| 2 largeurs de rail . . . . . . . . . . | 0,12 | | 0,12 |
| Largeur totale en couronne. . . . . . | 3,96 | | 4,57 |

Telles sont les largeurs minima de tous les profils transversaux à la hauteur du plan passant en dessous des rails.

Si le ballast est encoffré conformément aux types des che-

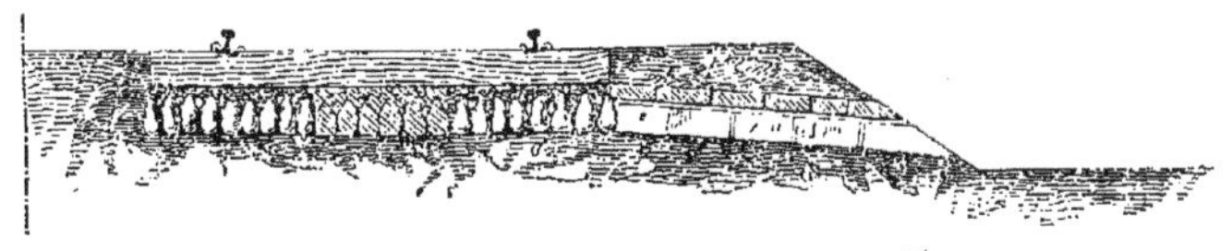

Fig. 170. Profil de la voie du Palatinat. $\frac{15}{1000}$

mins du Palatinat (fig. 170), de Bavière (fig. 171), de Suisse, de Belgique (fig. 169), etc., ou s'il occupe toute la largeur de la plate-forme comme sur les chemins de fer de Bade et de Hanovre

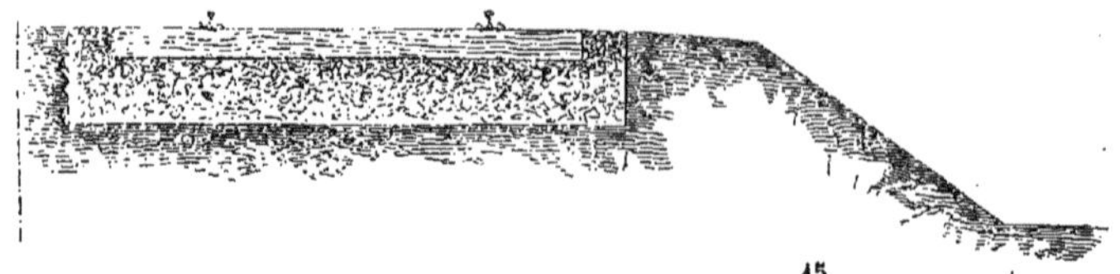

Fig. 171. Profil de la voie bavaroise. $\frac{15}{1000}$

(fig. 168), les dimensions précédentes représentent la largeur adoptée pour la couronne du chemin au niveau des rails.

Si on réserve deux banquettes de chaque côté du ballast posé librement sur la plate-forme (fig. 167), on ajoute à cette largeur celle des deux banquettes qui varie de 0m,70 à 1m,50. La largeur en couronne des terrassements, sous le ballast, prend alors les dimensions suivantes :

| | m. | m. |
|---|---|---|
| Chemins à 2 voies. . . | de 8,02 à | 9,54 |
| | 8,82 | 10,34 |
| Chemins à 1 voie. . . | de 4,66 | 5,27 |
| | 5,56 | 6,07 |

Dans les tranchées, la couche de ballast doit être, autant que possible, protégée contre les érosions que produisent les eaux coulant au pied des talus ; ce résultat n'est obtenu qu'en ménageant des fossés en contre-bas de la plate-forme des terrassements, comme l'indiquent les figures 167 et 169.

Les dimensions de ces fossés varient avec l'importance de la tranchée et la surface des talus qui viennent y déverser leurs eaux. Une largeur en plafond de 0m,20 à 0m,50, selon le cas, est généralement suffisante, surtout si on a pris la précaution d'établir une rigole au-dessus et en arrière de la crête des talus pour empêcher les eaux provenant des terrains supérieurs de descendre dans la tranchée — 13 —.

Afin de réduire la largeur de la plate-forme à un minimum, quand les circonstances locales empêchent de faire une large emprise de terrains, on limite la couche de ballast par deux murettes qui le soutiennent, tout en laissant filtrer les eaux (fig. 172).

En étudiant les divers profils, on ne doit pas perdre de vue les modifications que peuvent entraîner les différentes espèces de terrain traversé (ch. I, § III).

Enfin, nous croyons devoir recommander l'exécution d'une banquette sur l'un au moins des côtés des fossés, si l'on ne peut en ménager une seconde de l'autre côté. S'il n'y a qu'une banquette, on l'établira au pied du ballast, dont les parties éboulées pourront y être reprises; ainsi placée, la banquette sert aussi à la circulation des agents de la voie.

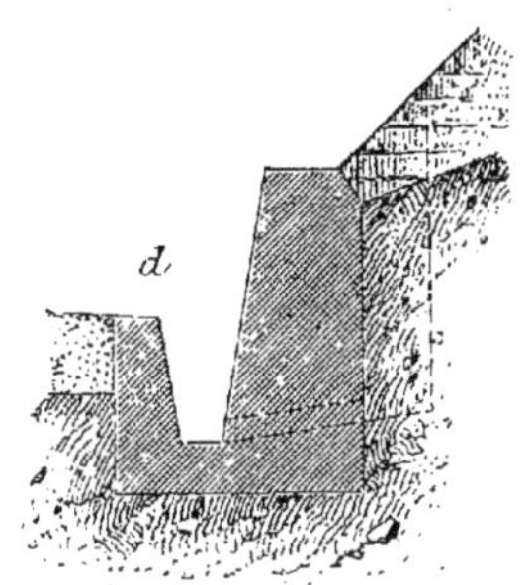


Fig. 172 Murettes soutenant le ballast

Au lieu du fossé et de la murette, le chemin rhénan fait passer dans les tranchées en rocher un drain longeant le pied du talus et étend le ballast jusqu'au pied de ce talus.

La compagnie de Paris-Méditerranée prend des dispositions analogues mais remplace le drain par un caniveau recouvert.

La figure 133, pl. XI, représente le profil que M. Bergeron propose de donner à la voie des chemins de fer économiques. Ce profil aurait l'avantage de réduire très-sensiblement les surfaces d'emprise des terrains, de faciliter la pose de la voie et le service des gardes. En reportant la voie d'un côté des terrassements, le nouveau projet présenterait plus de solidité sur les parties situées à flanc de coteau. Mais sur remblai en cas de déraillement les accidents seraient peut-être plus graves; aussi l'application ne saurait en être conseillée pour les lignes à grande vitesse.

Ces dispositions arrêtées, on recherche les moyens le plus propres à donner, dans chaque cas particulier, une assiette solide aux supports des rails. Les exemples suivants peuvent guider l'ingénieur dans le choix des dispositions qui s'approprient le mieux aux conditions de la ligne.

Quand le ballast est coûteux et qu'on peut se procurer de la pierre cassée, les ingénieurs allemands adoptent le profil indiqué par la figure 170. Lorsqu'il est indifférent d'employer la pierre cassée ou le gravier, et qu'il y a lieu d'en réduire le volume, on ménage dans la plate-forme un coffre pour chaque voie. Le profil de la figure 171 représente le système appliqué sur l'une des lignes du Palatinat bavarois et sur la ligne de Francfort-Bamberg. Le profil des lignes prussiennes, belges et suisses (fig. 169) se rattache aux systèmes précédents, bien que les premières n'emploient généralement que le sable très-fin pour ballast, tandis que les lignes suisses se servent le plus souvent de pierres ou cailloux cassés.

Le profil de la voie badoise (fig. 168) tient du système allemand par le mode de pose des supports sur le lit spécial de pierres cassées, et de celui adopté en Angleterre et en France par la disposition générale de la couche de ballast. Il n'y a point de banquette au pied du talus du ballast qui fait prolongement au talus du corps de la route.

Enfin les voies anglaises et françaises sont généralement placées dans une couche de ballast simplement posée sur la plate-forme (fig. 167); celle-ci est tantôt horizontale, tantôt disposée en dos d'âne. Plusieurs ingénieurs ont recommandé de relever les bords de la plate-forme des remblais de quelques centimètres au-dessus de l'axe de la ligne, afin de prévenir l'effet du tassement, toujours plus sensible vers l'extérieur qu'au centre. Cette disposition vicieuse, tend à transformer la plate-forme en cuvette et à rendre la voie ballottante, si les eaux s'y accumulent. On a ainsi tous les inconvénients de la voie encoffrée, sans avoir l'avantage que ce système procure, celui de diminuer le cube de ballast. Aujourd'hui la ligne de la plate-forme est généralement horizontale.

*Tableau des volumes de ballast employés dans différents profils pour simple voie.*

| | | m³ |
|---|---|---|
| Lignes anglaises et françaises. (Ep. = 0m,50) | (fig. 167). | 2,125 |
| Lignes allemandes . . . . . . . . . . . . | (fig. 171). | 1,500 |
| Lignes belges. . . . . . . . . . . . . . . . | (fig. 169). | 1,365 |

Les calculs qui ont servi de base à cette comparaison ne tiennent pas compte du volume des traverses. Si l'on suppose la voie établie sur des traverses espacées de 1 mètre d'axe en axe et cubant chacune $0^{m3},100$, la comparaison donnerait le résultat ci-après :

| | m3 |
|---|---|
| Lignes anglaises et françaises. . . . . . . . . . | 2,025 |
| Lignes allemandes. . . . . . . . . . . . . . . . | 1,100 |
| Lignes belges . . . . . . . . . . . . . . . . . | 1,265 |

134. Profil de la surface du ballast. — Au risque de nous répéter, nous ne pourrions insister assez vivement sur la nécessité absolue qu'il y a, dans l'établissement de la voie, de ménager aux eaux de pluie un écoulement prompt et facile. Si le ballast est perméable, on peut donner simplement à la voie le profil de la figure 167, ou, si l'on veut éloigner les eaux des extrémités des traverses afin de conserver aux rails une assiette solide, on

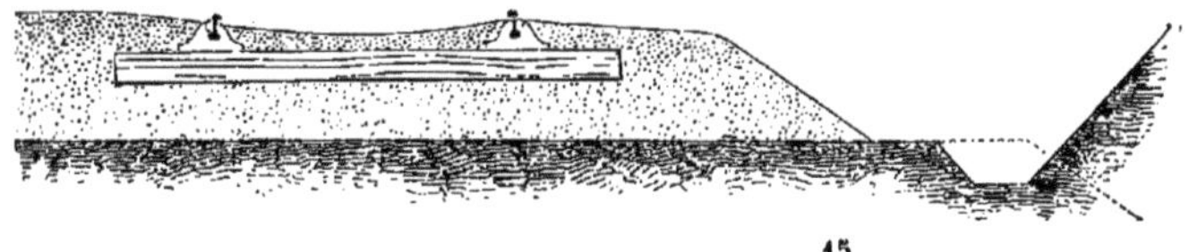

Fig. 173. Profil de ballast (Est). $\frac{15}{1000}$

peut creuser légèrement la surface du ballast entre les rails et donner une forte pente du rail extérieur vers le talus (fig. 173). Pour prévenir les érosions sur la crête du talus, il vaut mieux raccorder l'accotement et le talus par une surface cylindrique sur laquelle les eaux s'écoulent facilement sans entraîner le ballast.

La figure 173 représente l'ancien profil de l'Est, arrêté pour la voie à rails double champignon. Voici quelle est aujourd'hui les dispositions adoptées pour les lignes en rails à large base :

Le ballast à l'intérieur de la voie est arasé à cinq centimètres environ au-dessus des traverses ;

A l'extérieur et dans l'entrevoie, la surface est établie en pente de $0^{m},10$ à partir du rail, le point de contact avec le rail étant à deux centimètres au-dessous de la surface de roulement.

La largeur de l'accotement est de un mètre depuis le bord extérieur du rail jusqu'à la crête du talus du ballast.

Le plan de roulement des rails est à $0^m,44$ au-dessus de la couronne des terrassements.

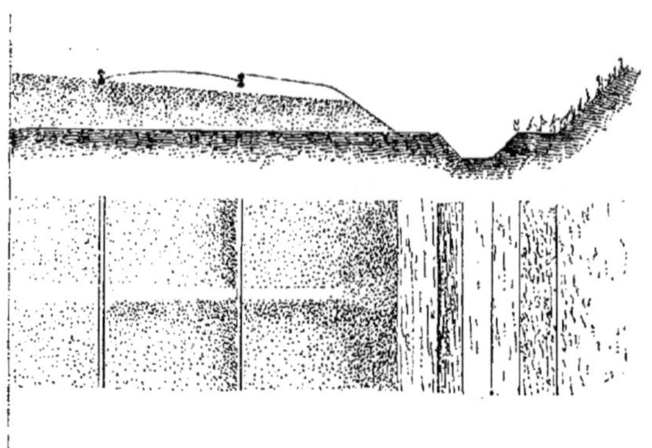

Fig. 174. Rigoles d'assèchement du ballast. $\frac{1}{100}$

Quand le ballast est peu perméable, on est obligé de ménager, dans le sens du profil en long, des *ados* très-rapprochés qui permettent aux eaux de se réunir et de trouver un écoulement rapide. La figure 174 donne une idée du système appliqué dans ce cas par le service de la voie de la ligne de l'Ouest. Les rigoles sont assez rapprochées pour que le ballast ne présente en aucun point de partie plate ou concave, ce qui demande au moins une rigole par rail de 6 mètres.

Tous les ingénieurs savent que, dans une voie en exploitation, les rails ont une tendance très-marquée au glissement. Pour les rails à double champignon, maintenus par des coussinets en fonte et des coins, le glissement diminue quand les coins, chassés dans le sens de la marche des trains, sont soigneusement recouverts de ballast. Ainsi préservés de l'action de l'air et du soleil, les coins se conservent dans un certain état d'humidité, et par conséquent de dilatation ; la présence du ballast, dont quelques parcelles s'interposent toujours entre le rail et le coin, produit encore un serrage plus énergique du rail dans son support.

Nous donnons plus loin — 214 et 233 — la description d'autres moyens propres à entraver le glissement des rails, mais nous pouvons indiquer ici que le choix du ballast n'est pas indifférent pour remplir ce but. S'il est trop gros, le coin est mal abrité et se trouve soumis aux variations atmosphériques ; si le ballast est trop fin, le coin ne tient pas en place ; aussi fait-on bien, quand on a deux natures de ballast à sa disposition, d'en réserver une partie de moyenne grosseur pour garnir les coins.

Relativement à tous les profils employés, il reste une recommandation à faire. C'est d'éviter autant que possible de mettre en présence deux espèces de ballast, comme le sable et la pierre cassée par exemple. Au bout d'un certain temps il se forme un mélange très-peu propre au maintien de l'assiette de la voie dans toutes les circonstances.

## CHAPITRE V.

### MATERIEL DE LA VOIE.

### § I.

### BALLAST.

135. Nature du ballast. — Le but de l'établissement de la voie dans une couche de ballast est de répartir sur une grande surface la pression que les trains exercent sur les rails ; d'amortir les chocs des roues des véhicules; de maintenir les supports des rails dans un milieu suffisamment résistant pour conserver à la voie toute la stabilité désirable, et assez perméable pour que les influences météoriques exercent le moins d'action possible sur les matériaux qui entrent dans la construction du chemin de fer.

Le ballast, pour être de bonne qualité, doit donc remplir les conditions suivantes :

— Se prêter en tout temps au bourrage convenable des supports des rails;

— Maintenir les supports dans une position déterminée ;

— Présenter quelque mobilité, afin de donner une voie suffisamment élastique ;

— Etre perméable aux eaux d'infiltration, tout en pouvant prendre une certaine liaison.

Il est souvent difficile de trouver un ballast satisfaisant à toutes ces conditions à la fois, et, pour le rencontrer, on est quelquefois obligé de parcourir de longues distances. Cependant, on ne doit pas reculer devant la dépense, pour choisir celui qui répond le mieux au programme.

Un ballast mauvais ou même médiocre, en effet, occasionne des frais d'entretien qui dépassent bientôt la prétendue économie qu'on a cru réaliser en employant du ballast de mauvaise qualité ; l'accélération dans l'altération des traverses, les difficultés d'entretien deviennent tellement sérieuses, qu'on est obligé, en dernier ressort, d'enlever le premier ballast et de lui en substituer un autre de bonne qualité. — Il vaut donc mieux se résoudre à faire immédiatement la dépense nécessaire, lorsqu'elle n'est pas en trop grand désaccord avec l'importance de la ligne.

Le meilleur ballast est formé de graviers moyens mélangés d'une petite quantité d'argile qui donne un certain liant, mais en quantité assez faible pour que l'ensemble soit encore très-perméable. Lorsque le ballast contient trop d'argile, il se convertit en boue sous l'action des pluies et donne une très-mauvaise voie. Il faut rejeter, pour la même raison, les matériaux gélifs, ceux qui se laissent écraser ou réduire en poudre, le sable trop fin.

Le gros sable et le gravier ne se trouvent pas partout, et, lorsqu'ils sont trop coûteux, on peut les remplacer par de la pierre cassée : mais on n'obtient ainsi qu'une voie médiocre, les pierres ne prenant pas toujours entre elles une liaison suffisante. Les briques cassées, les laitiers donnent une bonne voie ; mais, sous le rapport de l'entretien, ces matières présentent les mêmes inconvénients que les pierres cassées : il faut ménager dans ces deux cas, à côté de la plate-forme, une banquette pour la circulation des ouvriers et gardes-ligne.

En Angleterre, on a même employé de la houille, qui a fourni une excellente voie, mais il faut que cette houille ne contienne qu'une très-petite quantité de pyrite de fer, autrement elle s'enflammerait spontanément, par suite de la décomposition des sulfures à l'air libre.

Le ballast est généralement répandu en deux couches, quelquefois composées de matériaux différents, lorsque l'on veut économiser la consommation du ballast de meilleure qualité. On peut employer, par exemple, pour la couche inférieure, du sable fin, et, pour la deuxième, du sable plus gros, ou bien encore, pour la première couche, des pierres gélives, qu'on ne pourrait employer autrement et qu'on recouvre d'une couche suffisante de bons matériaux pour les préserver de la gelée.

Ainsi, au chemin du Nord on a formé, sur certains points, la couche inférieure avec la craie gélive et la couche supérieure au moyen de gros sable ; on a ainsi obtenu de bons résultats, tout en réduisant l'emploi de cette dernière matière.

Sur les chemins bavarois, on a employé des graviers quartzeux et des pierres non gélives n'ayant pas plus de 0$^{m}$,045 de diamètre, mélangés avec du sable grossier pur ou renfermant très-peu d'argile. Dans certains cas, on a obtenu un bon ballast et économisé le sable, en couvrant d'abord la plate-forme d'un blocage de 0$^{m}$,15 à 0$^{m}$,20 d'épaisseur, puis d'une couche de pierres passées à l'anneau de 0$^{m}$,05, mélangée d'environ un tiers de sable; mais le mélange de deux matières différentes n'est pas toujours bon.

Quelques chemins prussiens ont été ballastés avec de gros graviers débarrassés de terre et d'argile et de dimensions aussi uniformes que possible pour la couche inférieure.

Les graviers de ruisseaux et de rivières sont les meilleurs, parce qu'ils sont lavés et n'ont pas besoin d'être passés au crible. Du reste, on ne pratique que rarement cette opération, parce qu'elle est trop coûteuse. On emploie quelquefois le sable, mais il faut qu'il soit aussi gros que possible et non terreux. Pour la seconde couche, c'est-à-dire pour le bourrage et le remplissage, on a employé, au contraire, du gravier et du gros sable mélangés de parties terreuses ou argileuses. Ils se bourrent mieux que le sable et le gravier de rivière, tout à fait secs et rugueux. Une matière dont chaque grain est entouré naturellement d'une gangue argileuse, donne de meilleurs résultats qu'un mélange d'argile avec des matériaux plus purs.

Quand on n'a que des pierres cassées pour former la couche inférieure, on donne la préférence aux pierres qui ne présentent pas un degré de dureté trop prononcé ; ces dernières altèrent moins les arêtes des traverses et se prêtent mieux à la formation des couches. Dans la traversée des Vosges, le chemin de fer de Strasbourg a été ballasté avec du grès concassé ; à ciel ouvert, la voie, ainsi ballastée, se comporte assez bien, quand l'entretien est fait avec soin ; mais, dans les tunnels humides, les pierres se réduisent en masse pâteuse, qui empêche de conserver à la voie une assiette convenable — 188 —.

Le prix de revient détermine souvent le choix du ballast; mais, comme nous l'avons dit, l'emploi de ballast médiocre n'est admissible que lorsqu'il est impossible de faire autrement.

Nous avons vu, — 133 —, comment on procède pour réduire le cube du ballast quand le prix en est élevé.

136. Approvisionnement du ballast. — Dès que le tracé du chemin de fer est arrêté, l'ingénieur doit se préoccuper des approvisionnements de ballast. — L'importance de cette question n'a pas besoin de démonstration, car il faut encore que le ballast présentant les qualités requises se rencontre en quantités suffisantes, sur des points rapprochés de la ligne et accessibles au matériel de transport.

Le ballast provient ordinairement des tranchées du chemin, des minières à portée de la ligne, des rivières, des carrières dont on extrait les matériaux de construction, enfin des dépôts de produits de mines ou d'usines. Quelquefois, le ballast est fourni à la compagnie par un entrepreneur; il est transporté, suivant les cas, soit au tombereau, soit au wagon, sur voies provisoires. Le cahier des charges règle alors les obligations respectives de la compagnie et de l'entrepreneur. Autant que possible, il faut éviter de prêter à l'entrepreneur, pour former ses voies de service, les matériaux qui doivent entrer dans les voies définitives: car cet emploi est en général très-préjudiciable à leur conservation — 145 —.

Le ballast doit toujours présenter exactement sur toute la ligne le profil extérieur déterminé, non-seulement au moment de la réception provisoire, mais encore à l'époque de la réception définitive. On devra donc faire une provision suffisante de ballast pour que la voie puisse être maintenue à la hauteur fixée par le profil en long.

Pour tous les travaux de construction et d'entretien, le ballast est déchargé sur les accotements, dans l'entre-voie et même entre les rails. Il faut donner à ces dépôts des dimensions telles qu'ils n'atteignent pas le matériel de transport et ne gênent en rien la circulation.

En général, les dépôts de ballast, entre les rails, doivent être distants d'au moins $0^m,20$ des rails, et ne pas dépasser $0^m,10$ de

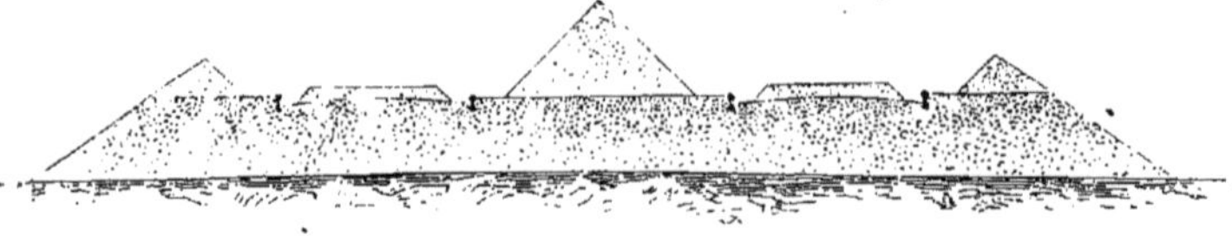

Fig. 175. Dépôts de ballast sur la voie. $\frac{1}{100}$

hauteur (fig. 175). Sur les accotements et dans l'entre-voie, on place les dépôts à une distance d'au moins $0^m,25$, et de façon que l'inclinaison des talus du côté des rails ne dépasse pas 45°.

Le ballast employé pour la construction d'une nouvelle ligne est généralement cubé en œuvre, au moment de la réception provisoire, d'après les dimensions des couches qui le composent. On détermine l'épaisseur moyenne de ces couches au moyen de sondages.

Dans certains cas, le volume des traverses, compté à raison de $1^{m3}$ pour dix traverses, est déduit du cube total. Sur d'autres lignes, cette déduction n'a pas été faite, le volume des traverses étant considéré comme formant compensation avec le déchet du ballast sur la plate-forme. Si le ballast est d'un prix élevé, cette concession ne laisse pas d'être importante.

Le ballast destiné à l'entretien de la ligne est approvisionné et déposé en tas sur divers points du chemin, hors de la voie. On donne à ces tas une forme déterminée et géométrique, permettant de les cuber facilement. On peut se servir, pour la mise en tas, de caisses analogues à celles que l'on emploie pour les matériaux destinés à l'entretien des routes.

On peut aussi faire les tas sans caisse et en régler seulement les dimensions au moyen de cerces.

Les prix de transport de ballast sont déterminés comme pour les terrassements et par des formules analogues. — Annexes K, L, M —.

Selon les difficultés d'extraction et la distance de transport, le prix de revient du ballast, rendu sur la voie, peut varier entre 2 francs et 8 francs le mètre cube [1].

## § II.

## SUPPORTS DES RAILS.

137. **Dés en pierre.** — Les *dés en pierre* qui ont été généralement employés à l'origine des chemins de fer, pour supporter les rails, ne se rencontrent plus aujourd'hui que sur un petit nombre de lignes. Ils transmettent la pression des trains sur une surface insuffisante, parce que généralement on ne leur donne pas d'assez fortes dimensions. Quand l'assiette n'est pas suffisamment large et résistante, l'emploi des dés en pierre est plus ou moins nuisible à la conservation des rails et du matériel roulant, et incommode aux voyageurs, malgré l'interposition, entre le rail et le coussinet ou entre le coussinet et la pierre, de certains corps élastiques, tels que bois, carton,

[1] En Écosse, le travail du ballastage fait généralement partie de l'entreprise des travaux. M. Bergeron, dans une notice très-intéressante sur les chemins de fer à bon marché, fait ressortir, comme suit, tous les avantages qu'il y a, sous le rapport de l'économie, à réduire les deux entreprises.

« On demandait un jour à M. Betts, entrepreneur anglais, quel est le meilleur ballast à employer sur un chemin de fer : C'est celui que l'on trouve sur place, répondit-il. Cette maxime, qui n'est pas vraie pour l'espèce ou la qualité du ballast, est essentiellement juste pour l'économie de la dépense. Les constructeurs des chemins écossais la pratiquent avec le plus grand soin. Si une tranchée présente des déblais d'une nature favorable, ils ne se font pas faute d'abaisser la plate-forme du chemin, d'élargir la tranchée et de modifier le profil pour se servir, comme ballast, de tout l'excédant des déblais. La voie de fer, posée définitivement, sert à les transporter au loin par locomotives, et il arrive souvent que le chemin est ballasté et prêt à être livré à l'exploitation dès que les autres travaux d'art et de terrassement sont achevés.

« On comprend combien ce système est plus économique que le nôtre, en France, où, par suite d'un usage résultant de l'application de la loi de 1842, la pose et le ballastage de la voie ne commencent qu'après la réception des travaux et la livraison de la plate-forme à son profil définitif. »

feutre goudronné, etc. Par contre, les dés présentant plus de durée que les supports en bois, il est possible de les employer dans les contrées pauvres en bois, et où les traverses deviendraient beaucoup trop coûteuses.

Les dés sont à base carrée ou rectangulaire de 0m,50 à 0m,75 de côté (fig. 131, pl. X); on leur a donné de 0m,25 à 0m,40 d'épaisseur, en les espaçant de 1 mètre à 1m,25 d'axe en axe. Les dés de joint sont le plus souvent rectangulaires, et leur longueur atteint 0m,90.

Les dés ont été posés de diverses manières : soit comme on l'a fait d'abord, parallèlement à l'axe du chemin, soit en diagonale, ce qui en rend le relevage plus facile et assure plus efficacement l'assiette contre le renversement; sur le chemin de Bolton, chaque voie était placée pour ainsi dire sur deux murs formés par des dés contigus. Ce chemin trop dur fut bientôt détruit. Le

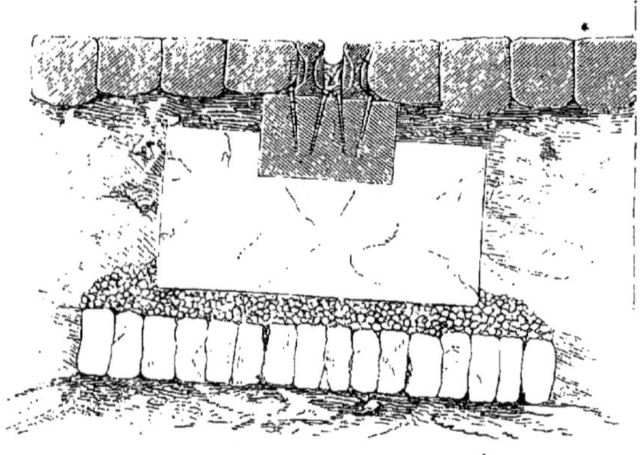

Fig. 176. Dés de la voie badoise. $\frac{1}{20}$

chemin de Londres-Birmingham a employé les dés simplement posés sur une couche de ballast répandue uniformément sur toute la plate-forme, puis noyés dans une seconde couche de ballast parfaitement bourrée autour de leurs faces.

Sur les chemins badois, ils sont en outre supportés par un pavage recouvert d'une petite couche de pierres cassées (fig. 176), sur le chemin wurtembergeois par une couche de béton. Le rail ne repose pas toujours directement sur la pierre, mais bien sur une petite longuerine ou plus simplement sur une plaquette en chêne de 15 à 20 millimètres d'épaisseur logée dans une entaille pratiquée à la couronne du dé (fig. 132, pl. XII). En 1854-1855, on a posé, sur le chemin de Bade, à titre d'essai et pour diminuer la consommation des bois, plusieurs lieues de voie sur des supports de la première espèce, mais les résultats n'ont pas été satisfaisants. Par contre, les essais du Wurtemberg et ceux du Taunus ont parfaitement réussi.

Suivant leur forme, on fixe les rails sur les dés, soit directement, soit par l'intermédiaire de coussinets; les chevilles et tire-fond ont été enfoncés tantôt dans la pierre, tantôt dans un goujon en bois de 0m,035 à 0m,040 préalablement chassé dans le dé, tantôt enfin à travers un petit madrier en bois de 0m,15 d'épaisseur placé dans une entaille pratiquée sur le dé. Pour prévenir la dislocation de l'attache, le chemin du Wurtemberg fait traverser d'outre en outre les boulons à écrous; les deux extrémités du bas sont réunies par une clavette commune.

Bien que de longue durée, les dés en pierre peuvent devenir assez coûteux; leur pose et leur entretien demandent beaucoup de soins. Lorsque la pierre n'est pas de très-bonne qualité, les blocs se fendent sous l'action des chevilles en bois et des chevilles en fer dont l'emploi combiné est nécessaire pour fixer les rails. Lorsque la pierre est tendre, quoique douée d'une grande ténacité, les fers posés directement sur la pierre la creusent à la longue et s'y incrustent en quelque sorte, ce qui exige un fréquent remaniement des attaches. Cet inconvénient disparaît avec le système du Taunus, et, comme nous l'avons vu, — 105 —, quelques chemins trouvent avantage à se servir de dés.

Voici le prix de revient comparatif de l'établissement de la voie — 6m — sur dés et sur traverses en chêne au chemin du Taunus :

| | fr. | fr. | |
|---|---|---|---|
| 10 dés percés et rendus sur place à . . . | 3,84 | 38,40 | |
| 10 languettes de bois préparées . . . . . . | 0,14 | 1,40 | |
| 20 chevilles en bois, le mille à . . . . . . | 41,55 | 0,84 | |
| 20 clous en fer id. . . . . . . | 83,10 | 1,66 | |
| | | | 15f.[illegible]0 |

| | fr. | fr. | |
|---|---|---|---|
| 7 traverses en chêne préparées à la créosote. | 8,15 | 56,05 | |
| 32 clous, le mille à . . . . . . . . . . . | 88,10 | 2,70 | |
| | | —— | 58f,75 |

On se sert, pour forer les trous dans les dés, d'une machine à percer. Quant à la nature minéralogique de la pierre, elle paraît être indifférente : granit, grès, calcaire, dolomie, schiste compacte, toutes ces roches conviennent, à la condition d'offrir une résistance suffisante à l'écrasement et aux actions météoriques.

138. Traverses en bois. — La faible durée des supports en bois, traverses ou longuerines, et les frais occasionnés par la nécessité de les renouveler à des intervalles assez rapprochés, constituent le principal inconvénient de ce mode d'établissement de la voie. Il est donc convenable de choisir des bois parfaitement sains et d'essences susceptibles de se conserver aussi longtemps que possible. Cette dernière condition est quelquefois difficile à remplir dans certaines localités, mais elle a pris moins d'importance depuis l'application des divers procédés de conservation des bois — 176 et suivants —.

En Angleterre et en Allemagne, on a d'abord employé le pin. Ce bois, quand il est bien résineux, dure assez longtemps; le mélèze, par exemple, a duré jusqu'à douze ans; dans le cas contraire, le sapin ne dure pas plus de trois ans, aussi ne l'emploie-t-on plus guère que préparé et encore ne convient-il que sur les voies à faible trafic, car son tissu lâche ne résiste pas longtemps à l'action des rails et de leurs attaches.

Les ingénieurs français et belges donnent la préférence au chêne, malgré son prix élevé, parce que, de toutes les essences, c'est celle qui se conserve le mieux sans préparation. Cependant le hêtre (*fagus sylvatica*), et le pin (*pinus sylvestris*), tendent depuis quelques années à remplacer le chêne, grâce aux perfectionnements apportés à la préparation des bois. Leur application à la voie des chemins de fer a permis de diminuer la consommation du bois de chêne, et par conséquent d'en maintenir le prix entre certaines limites.

Quelques chemins de fer suisses emploient le mélèze non préparé. En Amérique et au Mexique, c'est le gaïac qui est le plus fréquemment appliqué; sous le climat des tropiques, les autres essences pourrissent rapidement.

Quels que soient les bois employés pour la fabrication des traverses, ceux affectés de piqûres, pourritures, malandres, fentes de grandes dimensions, gerçures, gélivures, cadranures, roulures, nœuds vicieux et autres défauts, ne peuvent être que d'un mauvais usage, et il convient de les rejeter. Il est facile de reconnaître ces différents défauts.

Les piqûres sont de petits trous ou galeries produits par des insectes ordinairement spéciaux à chaque essence. On trouvera dans l'ouvrage de M. du Breuil, que nous avons déjà cité, la description de ces insectes et des moyens plus ou moins efficaces employés à leur destruction. Toutes les espèces ligneuses ne sont pas également exposées à l'attaque des insectes. Ainsi, parmi les bois exploités pour traverses, le chêne, le pin et le sapin souffrent beaucoup plus de leurs atteintes que le platane, le hêtre, le charme ou le mélèze.

La pourriture est une altération des matières azotées renfermées dans les couches ligneuses, sous l'action des influences atmosphériques et particulièrement des eaux de pluie pénétrant dans l'intérieur des arbres par des plaies ou des fentes. Cette altération se produit également sur des arbres morts ou des branches mortes, soit par l'envahissement des insectes, soit par le développement de diverses végétations cryptogamiques. Les bois, sous l'action d'une trop grande sécheresse, par exemple les traverses dans les souterrains, subissent également ce dernier mode d'altération, qu'on appelle *pourriture sèche*.

Les *malandres* sont des défectuosités amenées par des nœuds pourris qui atteignent des portions de moelle ou de cœur.

Les fentes (C, fig. 178), roulures, gerçures, gélivures et cadranures sont des solutions de continuité produites le plus souvent par la gelée, mais quelquefois aussi par une trop grande sécheresse.

Les *roulures* sont des fentes circulaires (B, fig. 177), produites par la désorganisation d'une couche ligneuse sous l'action de gelées tardives, survenues, par exemple, vers le mois de mai de l'année de la formation de la couche.

Fig. 177. Bois atteint de roulure. Fig. 178. Bois atteint de gélivure et de cadranure.

Lorsque les troncs renferment beaucoup d'humidité et qu'un grand abaissement de température se produit subitement, il se manifeste dans toute l'épaisseur des corps ligneux des fentes longitudinales, qui prennent le nom de *cadranure*, lorsqu'elles se dirigent du centre vers la circonférence, et celui de *gélivure*, de la circonférence vers le centre (fig. 178). Il est quelquefois difficile de distinguer ces deux cas; aussi sont-ils souvent confondus sous l'une ou l'autre de ces deux dénominations.

Les *nœuds vicieux* sont ceux qui présentent des solutions de continuité assez profondes pour faire craindre la rupture du bois ou une prompte altération. Quand les nœuds pourris ne pénètrent pas trop avant dans le bois, ils peuvent être tolérés, à la condition que l'on puisse les purger des parties pourries.

Tous les bois, en général, doivent être entièrement dépouillés de leur écorce. Cependant les billes préparées par le procédé Boucherie peuvent la conserver sans inconvénient, parce que l'écorce, pénétrée de sulfate de cuivre, a perdu ses tendances ordinaires à la pourriture.

Les bois de chêne durs, à fibres très-serrées, provenant de terrains élevés, secs, de composition silicéo-argilo-calcaire, sont préférés à ceux qui croissent sur un sol gras et humide.

Le chêne ne doit être abattu qu'en bonne saison, c'est-à-dire du 15 octobre au 15 mars; il faut en interdire l'emploi avant une année de coupe au moins.

Il arrive fréquemment que les traverses, soit avant, soit après la réception, se fendent sous l'action du soleil et surtout des vents du printemps. Nous verrons — 143 — comment on remédie en partie à cet inconvénient, par le mode d'empilage usité dans les dépôts du chemin de fer de l'Est. Quand la fente ne passe pas d'une face à l'autre et ne présente pas une grande longueur, la traverse peut encore être utilisée si on l'arme d'un boulon de $0^m,008$ à $0^m,012$, selon la force du bois.

On emploie quelquefois des S en fer pour arrêter les progrès des fentes, mais généralement ce moyen est insuffisant, et quand on ne veut pas boulonner la bille, il vaut encore mieux clouer sur la section des plaquettes de tôle, comme on l'a fait sur la ligne de Dieppe à Fécamp, ou simplement des planchettes en bois. Une traverse fendue sur toute son épaisseur ne peut pas faire un bon service et doit être rejetée.

Les observations faites jusqu'à ce jour permettent d'évaluer à douze, quinze et dix-huit ans, en moyenne, selon la qualité du ballast, la durée des traverses en chêne de bonne qualité, dépourvues d'aubier, sans préparation, enfouies dans un ballast sec, et formé, autant que possible, de gravier sablonneux.

La durée des traverses en hêtre ou sapin non préparés ne dépasse guère trois à quatre ans; mais on peut admettre maintenant que, grâce aux divers procédés employés pour la conservation des bois — ch. VI, § 1 —, ces traverses pourront durer au moins aussi longtemps que celles en chêne, sur lesquelles la préparation a d'ailleurs une certaine influence — 192 —, contrairement à l'opinion généralement reçue.

Le ministère de la marine, en France, a fait quelques tentatives d'introduction des bois de la Guyane. Il a livré quelques échantillons de traverses au prix de 83 fr. 09 c. le mètre cube; la traverse cubant 80 décimètres cubes, le prix de chaque pièce revient à 6 fr. 65 c., en y ajoutant 4 0/0 de frais de manutention.

Voici les noms et la teinte des différents bois importés :

| Noms. | Teinte. |
|---|---|
| Angélique. | Violet cendré. |
| Bagas. | Violet. |
| Cèdre. | Jaune. |
| id. | Noir. |
| id. | Gris. |
| Balata. | Blanc. |
| id. | Franc rouge. |
| Parcoury. | Jaune. |

Comme comparaison, nous ajouterons que les traverses de chêne de Russie reviennent au port français à 5 fr. 30, plus 4 0/0; celles de chêne, fournies par la France, coûtent en moyenne 5 fr. 94 c., plus 1 0/0 de frais de manutention.

139. Formes et dimensions des traverses en bois. — Il faut chercher à obtenir une surface d'appui suffisante pour que les roues les plus fortement chargées trouvent sous la traverse une base correspondant à une pression maxima de $2^k,5$ à $2^k,8$ (Lyon) par centimètre carré de bois utilement chargé, et comme on ne peut compter que sur 2 mètres au plus de charge dans la longueur d'une traverse, la partie médiane n'étant pas bourrée, non plus que les extrémités, il s'en suit que la largeur des traverses doit être calculée pour que la pression ne dépasse pas le maximum indiqué plus haut.

Les traverses ou billes placées sous les extrémités des rails sont exposées à un ébranlement plus grand que celles disposées sur le reste de la longueur; aussi la section des premières doit-elle être un peu plus forte que celle des secondes. On divise donc les traverses en deux catégories : traverses de joints, traverses intermédiaires. Sous le rapport de la forme de la section, les billes reçoivent également diverses dénominations; on les classe en traverses équarries, demi-rondes, mixtes, triangulaires.

Cette distinction entre traverses de joints et intermédiaires disparaît quand les abouts des rails tombent en porte-à-faux.

Les *traverses équarries* ont leurs faces larges dressées à la scie, et les faces latérales abattues à la scie ou à la cognée; la face inférieure, celle qui repose sur le ballast, doit être à vive arête et sans aubier; on peut tolérer des flaches ou de l'aubier sur l'autre face, pourvu qu'elle n'en soit pas affectée sur plus de 0m,05 de largeur. Il n'est pas prudent d'admettre parmi les traverses équarries celles qui, tout en présentant deux faces de sciage et deux faces dressées à la cognée, proviennent de jeunes arbres ou de branches moyennes. Ces billes, qui, dans le commerce, portent le nom de traverses de *brin* ou d'*une*, possèdent un bois incomplétement formé. Après quelques années de séjour sur la voie, elles se transforment en rondins, par suite de la disparition, sur toutes les faces de ces traverses, de l'aubier et des jeunes couches de ligneux qui n'ont pu supporter l'action de l'atmosphère et le travail du bourrage.

Les *traverses demi-rondes* proviennent généralement de troncs

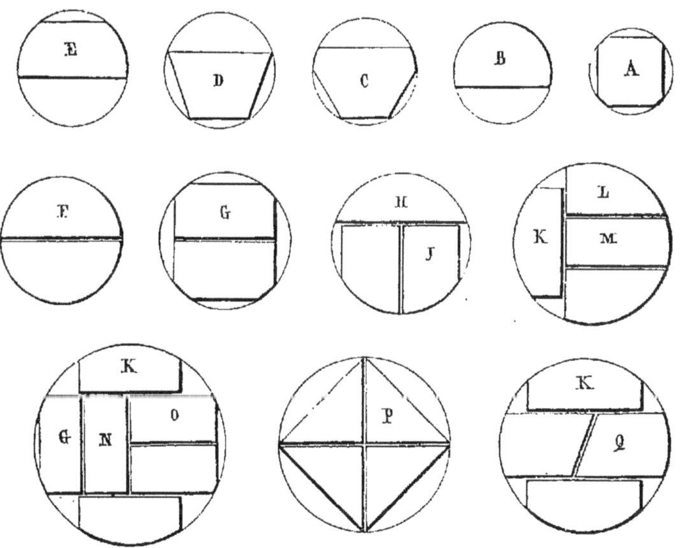


Fig. 179. Formes des traverses et débitage des billes. $\frac{1}{20}$

d'arbres fendus en deux à la scie; leur épaisseur est donc à peu près égale à la moitié de leur largeur; cependant il n'en est pas toujours ainsi, et l'on a néanmoins conservé la dénomination de demi-ronde à toute traverse dont la section est formée par un segment de cercle. Les traverses demi-rondes en bois de chêne sont, la plupart du temps, dépouillées de leur écorce; l'aubier n'est toléré que sur 0m,025 d'épaisseur. Ces traverses ne font pas un aussi bon service que les traverses équarries, car leur destruction est plus rapide et leur face de pose plus susceptible de détérioration sous l'action du bourrage; aussi dans la rédaction d'un marché est-il prudent de stipuler que la quantité de traverses demi-rondes, si on les admet pour faire baisser le prix de la fourniture, ne dépassera pas une proportion fixée à l'avance.

Nous désignons par *traverses mixtes* celles dont le périmètre de la section est formé par deux ou trois lignes droites et deux ou une ligne courbe.

Les formes qui peuvent résulter de toutes ces combinaisons varient avec le mode de débitage employé. Elles sont indiquées dans la figure 179, par des tracés qui représentent le débitage le plus avantageux des billes selon leur diamètre. Les formes M, N, O, Q, se débitent rarement dans le chêne, parce que, dans ces grandes dimensions, cette essence est utilisée comme bois de marine et coûte très-cher. Cependant on en trouve un certain nombre dans les livraisons, quand le fournisseur ne peut pas faire un meilleur emploi de ses bois.

Les traverses triangulaires P ont été fréquemment employées dans les pays qui, comme l'Angleterre, sont dépourvus de bois de chêne. On les tirait de poutres de sapin du Nord, sciées suivant une ou deux diagonales, selon leur grosseur; mais ces traverses ne donnent pas une voie bien assise et d'un entretien facile; aussi l'usage ne s'en est-il pas propagé.

Autant que possible, il ne faut employer que des traverses droites sur toutes leurs faces; on tolère néanmoins une légère courbure quand elle ne peut pas compromettre la stabilité de la bille, ce dont on est assuré quand la ligne qui joint les centres des appuis des rails se trouve tout entière comprise dans la projection horizontale de la traverse.

Nous avons parlé plus haut des mouvements que les trains

impriment aux traverses dans la direction de l'axe de la voie ou perpendiculairement à cet axe. Remarquons que les traverses équarries, avec leurs faces verticales, s'opposent davantage à ces deux mouvements que les traverses demi-rondes. Il faudra donc, autant que possible, leur donner la préférence. On emploie souvent des traverses à deux faces de sciage et une face circulaire, L (fig. 179); dans ce cas, on devra toujours poser les traverses de manière que le ballast contre lequel doit s'appuyer la face verticale fasse opposition à leur mouvement dans le sens de la marche des trains, sur les lignes à deux voies; sur les chemins à voie unique on alternera l'orientation des traverses de cette forme, afin d'empêcher le mouvement, dans un sens comme dans l'autre.

140. Dimensions des traverses en bois. — Nous indiquons dans le tableau suivant les dimensions des traverses employées sur divers chemins français et étrangers. (Les lettres de la colonne *profils* se rapportent aux diverses sections de bois représentées par la figure 179).

| DÉSIGNATION DES CHEMINS DE FER. | NATURE DES TRAVERSES. | LONGUEUR | | TRAVERSES ÉQUARRIES | | | | | TRAVERSES DEMI-RONDES | | | | |
|---|---|---|---|---|---|---|---|---|---|---|---|---|---|
| | | Minim. | Maxim | PROFILS. | LARGEUR INFÉRIEURE Minim. | LARGEUR INFÉRIEURE Maxim. | ÉPAISSEUR. Minim. | ÉPAISSEUR. Maxim. | PROFILS. | LARGEUR INFÉRIEURE. Minim. | LARGEUR INFÉRIEURE. Maxim. | ÉPAISSEUR. Minim. | ÉPAISSEUR. Maxim. |
| FRANCE. | | | | | | | | | | | | | |
| NORD (1864). . | Chêne. . . . . . . 5/6. . . . . . . . . . . | 250 | 260 | G, J. . . . . . . . | 24 | 30 | 12 | 14 | | | | | |
| | Chêne 1/6. . . . . . . . . . . | | | G. . . . . . . . . . | 22 | 23 | 12 | 14 | | | | | |
| | Hêtre préparé. 96/100 . . . . . . . . . | | | G, J, M, N, O. . . | 24 | 30 | 12 | 15 | F, L . . . | 26 | 32 | 13 | 16 |
| | Hêtre préparé. 4/100 . . . . . . . . . | | | G, J, M, N, O. . . | 22 | 23 | 12 | 14 | | | | | |
| EST . . . . . . . | Chêne, hêtre ou charme préparé. (1863) . . . . . . joint . . . . | 255 | 275 | E. G, J, M, N, O. | 27 | 30 | 13 | 16 | F, H, L . | 32 | 36 | 14 | 18 |
| | interm. . . | | | E, G, J, M, N, O. | 21 | 26 | 13 | 16 | F, H, L . | 26 | 34 | 14 | 18 |
| MIDI . . . . . . | Sapin préparé. 9/10. . . . . . . . . . . . | 265 | 275 | | | | | | F . . . . . | 26 | 32 | 13 | 16 |
| | Sapin préparé. 1/10. . . . . . . . . . . . | | | | | | | | E . . . . . | 22 | 23 | 12 | 14 |
| OUEST . . . . . | Chêne. . . . . . . joint. . . . . . . . . . | 270 | | G, O, N . . . . . | 30 | | 14 | | | | | | |
| | Chêne. interm . . . . . . . . . | | | G, O, N . . . . . | 21 | | 14 | | | | | | |
| | Hêtre préparé. joint. . . . . . . . . . | | | G, O, N . . . . . | 30 | | 14 | | F . . . . . | 29 | | 14,5 | |
| | Hêtre préparé. interm . . . . . . . . . | | | G, O, N. . . . . . | 21 | | 14 | | J . . . . . | 26 | | 14,5 | |
| | | | | M . . . . . . . . . | 21,5 | | 14,5 | | K . . . . | 24 | | 14,5 | |
| LYON . . . . . . | Chêne. . . . . . . joint. . . . . . . . . . | 275 | | G, O, N. . . . . . | 30 | | 15 | | | | | | |
| | Chêne. interm . . . . . . . . . | | | G, O, N. . . . . . | 20 | | 15 | | B, F, H. | 30 | | 18 | |
| | Hêtre préparé. joint. . . . . . . . . . | | | G, O, N. . . . . . | 30 | | 15 | | B, F, H. | 20 | | 16 | |
| | Hêtre préparé. interm . . . . . . . . . | | | G, O, N. . . . . . | 20 | | 15 | | | | | | |
| ANGLETERRE . | Sapin du Nord. . . . . . . . . . . . . . . . | 275 | 300 | P. . . . . . . . . . | 30 | | 15 | | | 30 | | 15 | |
| ECOSSE. . . . . | Sapin du Nord. . . . . . . . . . . . . . . . | 270 | | | 26 | 28 | 14 | | | | | | |
| BELGIQUE . . . | Chêne ou hêtre préparé joint . . . 1/6 | | | | | | | | | 24 | 28 | 12 | 14 |
| | Chêne ou hêtre préparé interm. 4/6 | 250 | 270 | | 22 | 24 | 12 | 14 | | 18 | 20 | 12 | 14 |
| | Chêne ou hêtre préparé interm. 1/6 | | | | | | | | | | | | |
| BAVIÈRE. . . . | Chêne. . . . . . . joint. . . . . . . . . . | 260 | | | 32 | | 14 | 15 | | | | | |
| | Chêne. interm. . . . . . . . . . | | | | 22 | 28 | 14 | 15 | | | | | |
| SAXE . . . . . . | Chêne, pin prép. joint. . . . . . . . . . | 233 | | E, G. . . . . . . . | 40 | | 15 | 17 | | | | | |
| | Chêne, pin prép. interm . . . . . . . . . | | | | 27 | | 15 | 17 | | | | | |
| PRUSSE. . . . . | Chêne, pin prép. joint. . . . . . . . . . | 280 | | | 30 | 37 | 15 | 18 | | | | | |
| | Chêne, pin prép. interm . . . . . . . . . | 250 | | | 23 | 21 | 13 | 15 | | | | | |
| CENTRAL-SUISSE. . . . | Chêne écorcé sans aubier. joint. . . . | 240 | | C, D. . . . . . . . | 30 | | 15 | | | | | | |
| | Chêne écorcé sans aubier. interm. . | | | | 24 | | 15 | | | | | | |

141. Mesurage des traverses. — Les traverses sont mesurées au moment de la réception, et payées tantôt d'après leur volume, tantôt suivant un prix convenu pour chaque espèce, dont les dimensions minima sont indiquées au marché. S'il s'agit de bois préparés, le mesurage des traverses se fait après l'injection et au moment de la réception provisoire. Les dimensions de chaque traverse sont inscrites sur un carnet, avec l'indication de sa forme et de sa section. L'agent réceptionnaire doit alors, chaque soir, dresser contradictoirement avec l'entrepreneur le cube de chaque traverse, d'après un barème convenu entre l'administration du chemin de fer et le fournisseur.

Le carnet de réception employé sur la ligne du Nord a la forme suivante :

| DATES des RÉCEPTIONS | N° d'ordre | DIMENSIONS | | | CUBE DES TRAVERSES. | | | |
|---|---|---|---|---|---|---|---|---|
| | | Longueur | Largeur. | Épaisseur. | Rectangulaires. | Demi-ronde. | à deux faces de sciage et une circulaire. | à trois faces de sciage et une circulaire. |
| Report. . | | | | | | | | |

Les traverses équarries se cubent généralement pour ce qu'elles sont, en comptant de 5 en 5 centimètres pour les longueurs, et de centimètre en centimètre pour les largeurs et les épaisseurs. Toute fraction inférieure à $0^{m},05$ pour les longueurs, et à $0^{m},01$ pour les largeurs et épaisseurs, n'est pas comptée. Le cahier des charges fixe d'ailleurs un cube minimum et un cube maximum quand les traverses sont payées au volume. Les traverses qui, par la combinaison de leurs dimensions, présentent un cube inférieur au minimum stipulé, sont rejetées; celles dont le cube est supérieur au maximum ne sont comptées que pour ce maximum; on défalque du produit obtenu le cube de l'aubier, quand son épaisseur n'est pas dans les conditions de tolérance.

La longueur des traverses se mesure au moyen d'une règle en bois divisée en mètres, décimètres et demi-décimètres, portant à l'une de ses extrémités un talon en fer avec retour d'équerre. Les largeurs et épaisseurs des traverses équarries se mesurent avec l'équerre à deux branches inégales divisées en centimètres.

En nous reportant à la figure 179, on cubera, comme traverses équarries, celles présentant les formes A, G, M, N, O, en appliquant la formule $V = L\,l\,e$, dans laquelle L représente la longueur, $l$ la largeur de la base inférieure, et $e$ l'épaisseur de la traverse. On pourra cuber de la même manière les traverses ayant la forme K, en prenant pour épaisseur une moyenne entre l'épaisseur dans l'axe et la hauteur des faces latérales, et les traverses de forme C, D, E, J, Q, en prenant pour chaque largeur la moyenne des largeurs des faces supérieure et inférieure.

Les traverses demi-rondes sont évaluées d'après l'un des modes de cubage employés dans le commerce des bois en grume et qui peuvent se résumer ainsi :

I. Pour faire ce qu'on appelle le *cubage au tiers de la circonférence, sans déduction*, on prend le tiers de la *circonférence moyenne*, C, du corps de l'arbre, c'est-à-dire mesurée au milieu de la longueur de la bille; on multiplie cette quantité par elle-même, et le résultat par la longueur de l'arbre :

$$V = \left(\tfrac{1}{3}C\right)^2 L.$$

Une traverse demi-ronde, de même longueur, aurait pour volume la moitié de celui de cette bille, soit :

$$V = \tfrac{1}{2}\left(\tfrac{1}{3}C\right)^2 L.$$

Ce mode est peu usité, parce qu'il donne un produit supérieur au volume réel.

II. Le *cubage au quart de la circonférence* se fait en élevant au carré le quart de la circonférence moyenne, et en multipliant le résultat par la longueur de la bille :

$$V = \left(\tfrac{1}{4}C\right)^2 L.$$

C'est un mode que l'on a souvent employé pour les traverses demi-rondes :

$$V=\frac{1}{2}\left(\frac{1}{4}C\right)^2L.$$

III. Le cubage au *sixième déduit* consiste à déduire $\frac{1}{6}$ de la circonférence, à multiplier le quart de la différence par lui-même, et le produit par la longueur de l'arbre. On a ainsi :

$$V=\left(\frac{C-\frac{1}{6}C}{4}\right)^2L.$$

Le cube des traverses demi-rondes livrées sur cette base sera :

$$V=\frac{1}{2}\left(\frac{C-\frac{1}{6}C}{4}\right)^2L=\frac{1}{2}\left(\frac{5}{24}C\right)^2L.$$

IV. Enfin, un dernier mode de cubage usité est celui dit *au cinquième déduit*, analogue au précédent :

$$V=\left(\frac{C-\frac{1}{5}C}{4}\right)^2L=\left(\frac{1}{5}C\right)^2L.$$

On aura donc pour les traverses demi-rondes :

$$V=\frac{1}{2}\left(\frac{1}{5}C\right)^2L.$$

Les formes B, F, H, L de la figure 179 se cubent comme demi-rondes, soit par l'un des modes de cubage qui précèdent, soit, plus exactement, d'après un rayon moyen entre la moitié de la largeur et l'épaisseur maxima.

Tous ces modes de cubage donnent lieu à des contestations ou à des erreurs qu'il faut éviter, et le meilleur moyen pour y parvenir consiste à prendre la méthode du cubage exact, ou bien à compter pour un même cube minimum toutes les traverses reçues, en établissant soigneusement les conditions du marché. C'est ce que l'on tend à faire depuis quelque temps.

La question du cubage se réduit donc, aujourd'hui, à vérifier si les traverses ont les dimensions fixées par le cahier des charges. Selon les conventions avec le fournisseur, l'un des modes indiqués sert à l'ingénieur pour dresser un barême remis à l'agent chargé de la réception, et qui dispense ce dernier de tout calcul. Au chemin de l'Est, le barême employé est divisé en deux séries de tableaux indiquant, l'une les cubes des traverses équarries, l'autre les cubes des traverses demi-rondes. Chacune de ces séries contient autant de tableaux que les traverses peuvent présenter d'épaisseurs différentes de centimètre en centimètre. Les nombres inscrits dans les colonnes, à la rencontre de la largeur et de la longueur mesurées, indiquent le volume des traverses exprimé en décimètres cubes.

*Traverses équarries.*

| ÉPAISSEUR = 14. | | | | | | | | | |
|---|---|---|---|---|---|---|---|---|---|
| LARGEUR DE LA BASE INFÉRIEURE → | 21 | 22 | 23 | 24 | 25 | . . . | . . . | . . . | . . . |
| LONGUEUR 2,55 | 75 | 79 | 82 | 86 | 89 | . . . | . . . | . . . | . . . |
| 2,60 | 76 | 80 | 84 | 87 | 91 | . . . | . . . | . . . | . . . |
| . | . | . | . | . | . | | | | |
| . | . | . | . | . | . | | | | |
| . | . | . | . | . | . | | | | |

Dans le barême des traverses demi-rondes, l'épaisseur est remplacée par le rayon moyen.

Pour la fourniture de la ligne de Wissembourg, le barême des traverses demi-rondes cubées au quart de la circonférence avait la forme suivante :

*Traverses demi-rondes.*

| LONGUEUR DE LA DEMI-CIRCONFÉRENCE → | 48 | 49 | 50 | 51 | 52 | . . . | . . . | . . . | . . . |
|---|---|---|---|---|---|---|---|---|---|
| LONGUEUR. 2,40 | 69 | 72 | 75 | 78 | 81 | . . . | . . . | . . . | . . . |
| 2,45 | 71 | 74 | 76 | 80 | 83 | . . . | . . . | . . . | . . . |
| . | . | . | . | . | . | | | | |
| . | . | . | . | . | . | | | | |
| . | . | . | . | . | . | | | | |

142. Réception. — I. Au chemin du Nord, le cahier des charges admet au même prix les traverses en chêne non préparé et celles en hêtre injecté de sulfate de cuivre ou à la créosote.

Les traverses en chêne demi-rondes, profil F, sont exclues des fournitures.

La face inférieure de toutes les traverses doit présenter deux arêtes vives sans aubier. Pour celles de formes G, O (fig. 179), les faces latérales doivent avoir au moins $0^m,05$ de hauteur sans compter l'aubier, et la face supérieure doit être dépourvue d'aubier sur une largeur d'au moins $0^m,11$. Les traverses de forme J doivent avoir $0^m,17$ à $0^m,23$ de largeur à la face supérieure.

Pour les traverses de forme L, la plus grande épaisseur doit se trouver à $0^m,10$ au moins de la face latérale sciée.

On ne tolère, pour la courbure des traverses, qu'une flèche inférieure à $\frac{1}{20}$ de la longueur. Comme qualité, les bois doivent satisfaire aux conditions énumérées plus haut — 138 —.

Nous indiquons au chapitre suivant les procédés employés pour la conservation des bois, et les essais qui permettent d'en constater la bonne application.

Au chemin du Nord, le mesurage se fait, comme nous l'avons indiqué, par cinq centimètres pour les longueurs et par centimètre pour les largeurs; mais les épaisseurs sont comptées de demi-centimètre en demi-centimètre. Les traverses dont une seule des dimensions est plus faible que le minimum fixé sont rejetées; celles présentant des dimensions supérieures au maximum sont admises sans qu'il soit tenu aucun compte de l'excédant.

Le cube moyen des traverses ne peut pas être inférieur à celui qui résulte des dimensions supérieures et inférieures pour chaque catégorie de bois, soit approximativement $0^m,087$ pour les traverses en hêtre et $0^{m3},088$ pour celles en chêne. En cas d'insuffisance, on met au rebut un certain nombre de pièces reçues dans les plus faibles dimensions, et le fournisseur est tenu de les remplacer par des bois plus forts, de manière à satisfaire à la condition stipulée.

II. D'après le cahier des charges de la Compagnie des chemins de fer de l'Est, en 1865, toutes les traverses en bois préparé doivent être d'essence de hêtre ou de charme, et injectées de sulfate de cuivre ou de créosote.

On admet, comme traverses équarries, les formes G, N, O (fig. 180), les traverses à trois faces de sciage et une face circulaire J, M, Q, et les traverses à deux faces de sciage parallèles E, Les traverses demi-rondes F peuvent comprendre des traverses H provenant de billes dont on aurait enlevé un madrier de cœur, et des traverses L à deux faces de sciage et une face circulaire. Pour ces dernières, l'épaisseur la plus forte doit se trouver au tiers au moins de la largeur, à partir du talon.

On ne tolère de courbure des traverses que dans le sens latéral, et seulement quand la flèche ne dépasse pas $0^m,10$. Les faces de sciage supérieure et inférieure des traverses équarries doivent être parfaitement parallèles.

Le cube des traverses équarries s'obtient par la formule $V = L\,l\,e$, dans laquelle L est la longueur mesurée de 5 en 5 centimètres, $l$ la largeur de la base inférieure, $e$ l'épaisseur mesurée de centimètre en centimètre. Le cube des traverses demi-rondes s'obtient par la formule $V = \frac{1}{2}\,\pi\,R^2L$, R étant la moyenne entre la $\frac{1}{2}$ largeur de la base et l'épaisseur maxima.

Ainsi, dans ce cas, on arrive très-approximativement au cube réel du bois, plus élevé que le cube obtenu par la méthode de cubage au quart.

De même qu'au chemin de fer du Nord, le cube moyen des traverses ne doit pas être inférieur au cube résultant de la moyenne des dimensions supérieures et inférieures.

Dans un marché passé pour la fourniture de 70 000 traverses en chêne nécessaires à la pose de la première voie sur la ligne de Wissembourg, le nombre des traverses demi-rondes ne devait pas dépasser les $\frac{2}{7}$ de la fourniture, soit 20 000 traverses; dans cette proportion était compris un certain nombre de traverses K à face supérieure cylindrique.

En mesurant l'épaisseur et la largeur des traverses équarries, on défalquait les dimensions de l'aubier qui n'étaient pas dans les conditions de tolérance, et la réception de même que le cubage s'opéraient comme si l'aubier n'avait pas existé.

III. Les traverses en bois de pin préparé, demi-rondes, de formes E, F, employées par la compagnie des chemins de fer du Midi, doivent être entièrement dépouillées d'écorce. Ces traverses, dans la proportion de $\frac{4}{5}$ au moins de la fourniture, doivent avoir 0m,13 à 0m,16 de rayon.

On admet seulement jusqu'à concurrence de $\frac{1}{10}$ les traverses ayant la forme E, de 0m,22 à 0m,23 de largeur et de 0m,12 à 0m,14 d'épaisseur, déduction faite de l'épaisseur à prendre pour obtenir les plans de pose des coussinets. On refuse toute traverse présentant plus d'une des dimensions minima, et une courbure dont la flèche dépasserait 0m,12.

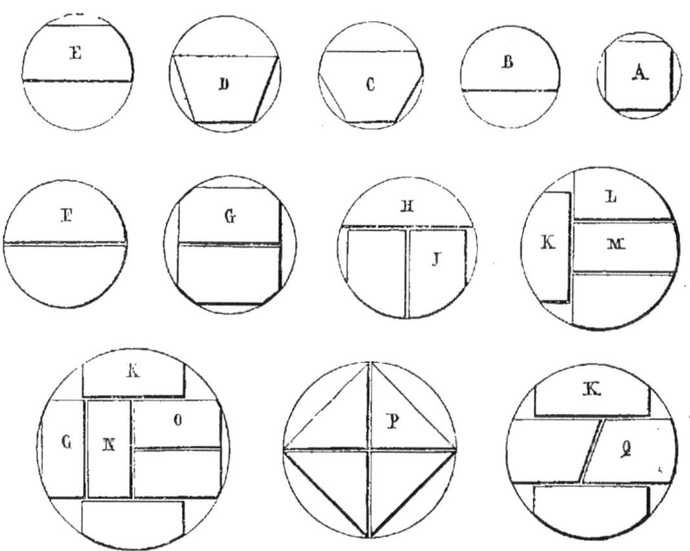


Fig. 179. Formes des traverses et débitage des billes. $\frac{1}{20}$

IV. Au chemin de fer de l'Ouest, on emploie, sur le nouveau réseau, des traverses en chêne non préparé et des traverses en hêtre préparé au sulfate de cuivre.

Les traverses de joints doivent former le cinquième du nombre total. Les traverses en chêne sont équarries, purgées d'aubier, et ne peuvent présenter des flaches ayant plus de $0^m,03$ de largeur. Les traverses en hêtre pour joints doivent être rectangulaires, G, N, O, avec les mêmes tolérances que celles en chêne. Les traverses intermédiaires peuvent en outre présenter les formes F, J, K, M. Pour la forme J. la face supérieure ne doit pas avoir moins de $0^m,17$; pour la forme K, les faces latérales pas moins de $0^m,11$ de hauteur; et la largeur maxima de la traverse, pour la forme M, pas moins de $0^m,225$. On ne tolère qu'une flèche ne dépassant pas $\frac{1}{20}$ de la longueur dans le sens horizontal.

Les traverses sont payées à la pièce. Toute traverse présentant une seule dimension inférieure à celles indiquées au cahier des charges est refusée; celles qui ont des dimensions supérieures sont admises, mais sans qu'il soit tenu aucun compte de l'excédant, et à la condition expresse qu'elles présentent des sections dans lesquelles les sections minima puissent être inscrites.

V. — Au chemin de fer de Lyon, les traverses en chêne sont équarries et ne doivent pas présenter plus de $0^m,03$ de flache ou d'aubier, mesurés sur les faces. Les traverses en hêtre préparé sont équarries ou demi-rondes; les premières ont les mêmes dimensions que les traverses en chêne.

On rejette toute traverse présentant une seule dimension inférieure au minimum, ou fendue à l'un des bouts sur toute son épaisseur ou toute sa largeur.

Les traverses sont payées à la pièce, et on ne tient pas compte de ce qui excède le cube minimum.

143. Empilage des traverses. — Lorsque les traverses sont examinées et mesurées avec soin, celles admises reçoivent une marque à l'une de leurs extrémités, quelquefois aux deux. Cette marque peut être faite à froid, à l'aide d'un marteau portant d'un côté une hachette, de l'autre un timbre spécial à chaque Compagnie (fig. 180). Les traverses rebutées reçoivent sur leurs extrémités deux coups de hachette en croix.

Au chemin de fer de l'Ouest, on marque toutes les traverses

présentées à la réception, avec un fer chauffé au rouge, et portant, pour les traverses reçues, les lettres C.F.O, et pour les traverses rebutées, la lettre R; les traverses de joints sont, en outre, marquées d'un J.

Les bois reçus sont chargés sur wagons, si toutefois la Compagnie peut en mettre à la disposition des fournisseurs, aussitôt après la réception, et conduits aux chantiers de sabotage; dans le cas contraire, les traverses sont empilées, avec soin, par espèces et par tas réguliers, sur des emplacements désignés; le fournisseur est alors dispensé du chargement.

On sépare toujours les traverses de joints des traverses intermédiaires, ainsi que celles en bois préparé de celles en chêne. Elles sont rangées le plus souvent en piles mortes, très-longues, contenant un nombre indéterminé de traverses; mais chaque pile est numérotée, et le livre de magasin indique le nombre de traverses qu'elle contient; dans tous les cas, ces piles doivent reposer sur deux rangées de traverses de rebut et non directement sur le sol; les extrémités des piles sont montées par assises croisées pour éviter les éboulements.

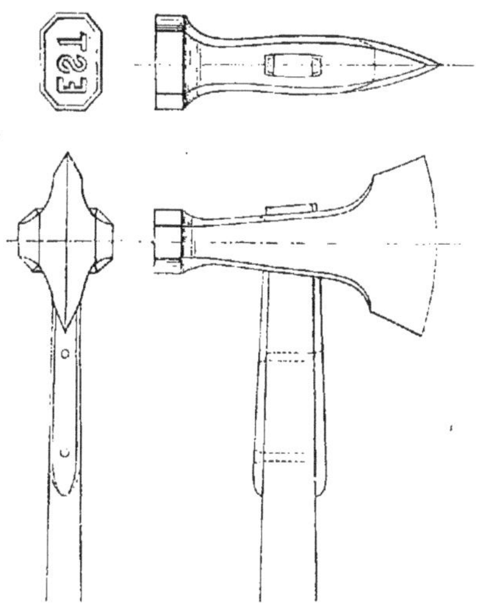

Fig. 180. Marteau pour la réception des bois. $\frac{1}{4}$

On fait quelquefois des piles carrées avec assises croisées, en ménageant entre ces piles un certain intervalle. Cette disposition est plus commode que la précédente, en ce qu'elle permet de passer entre les tas, de les visiter facilement, de consolider par des S ou des plaques de tôle ou de bois clouées les traverses qui se fendent, de faire, enfin, des tas d'un nombre déterminé de traverses; mais elle est plus coûteuse et exige plus de terrain, ce qui fait qu'on l'applique plus rarement que la précédente.

Au chemin de fer de l'Est, le cahier des charges impose au fournisseur le mode d'empilage suivant :

Les traverses sont empilées aux lieux de réception ou sur des emplacements désignés, par espèces, joints ou intermédiaires, en piles mortes de $1^m,80$ de hauteur minima, sur des chantiers en traverses demi-rondes; les extrémités des piles croisées pour éviter les éboulements (fig. 181).

Les traverses équarries sont placées à la partie inférieure des

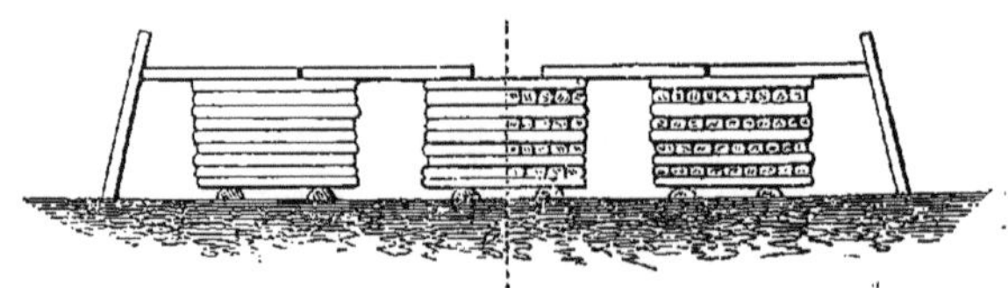

Fig. 181. Empilage des traverses. $\frac{1}{200}$

piles, les rangs supérieurs ne devant contenir que des traverses demi-rondes, la face circulaire en dessus.

Les piles placées dans le voisinage de la voie de fer alimentent l'expédition des traverses dans le sens perpendiculaire à cette voie; elles sont séparées par des couloirs réguliers d'un mètre de largeur, recouverts au moyen d'une rangée de traverses demi-rondes, aussi jointives que possible; les piles extrêmes sont garanties par des traverses demi-rondes, en saillie de $0^m,80$.

Moyennant l'exécution de ces prescriptions, qui ont pour but d'empêcher les traverses de se fendre, les fournisseurs sont dispensés de l'obligation de garnir d'S et de boulons les traverses qui seraient fendues avant l'expiration du délai de garantie. La réception définitive a ordinairement lieu six mois au moins après la réception provisoire. Les agents de la Compagnie doivent donc, à partir de l'entrée en approvisionnement des bois pour lesquels les indications précédentes ont été exactement suivies, garnir d'S et de boulons les traverses qui se fendraient. Une circulaire leur prescrit également de goudronner les extrémités des traverses.

**141. Supports métalliques.** — Tous les détails de fabrication et de réception des pièces en fonte se trouvent développés au n° 159, ainsi que dans le chapitre VII consacré aux appareils de la voie.

Pour les supports en fer, le profil étudié dans le but de fournir une résistance suffisante aux efforts transversaux doit faciliter le laminage et requérir le moins de main-d'œuvre possible. On n'oubliera pas que plus grande est la distance verticale entre la face d'appui du rail et l'extrémité inférieure des ailes de pose dans le ballast, plus grande aussi est la difficulté de fabrication; la vitesse de passage au laminoir de chaque point des barres étant en effet proportionnelle à la distance de ce point à l'axe des cylindres, il y a inégalité d'extension des fibres du fer, inégalité que l'on corrige par le degré de compression et par l'augmentation du nombre de cannelures profilantes. D'un autre côté, plus le fer est mince, plus rapidement il se refroidit, plus il résiste alors à l'extension, et moins il se prête à la répétition des passes. — Nous avons déjà signalé ces difficultés à propos du rail Barlow — 126 —.

On obtiendrait probablement un bon résultat en laminant les barres à l'épaisseur finale, mais sous un profil peu tourmenté, et en achevant la mise en profil définitif par un étampage qui suivrait immédiatement le laminage, ainsi que nous l'avons proposé en février 1868, pour un type de traverses à section polygonale fermée.

Relativement à la qualité, on évitera l'emploi d'un fer aigre, cassant, car sous les épaisseurs qu'on est obligé d'adopter pour amener les pièces au minimum de poids, les barres ne tarderaient pas à se fendre, et par conséquent à passer aux rebuts, si le fer n'était pas doux, malléable.

La réception portera donc et sur la qualité et sur la forme. On fera subir au fer les épreuves indiquées au paragraphe suivant. Pour la forme, sans être très-rigoureux sur l'exactitude du profil en travers, on exigera que la face d'appui du patin des rails soit parfaitement plane. On n'accordera d'ailleurs aucune tolérance sur la position assignée aux attaches, position que l'on vérifiera à l'aide de gabarits disposés pour subir, à toutes les températures, les mêmes variations de longueur et de largeur que les pièces à recevoir.

## § III.

### RAILS.

145. Conditions générales. — A tous les points de vue les rails représentent la partie capitale de la voie. — Leur forme, la nature et la qualité du métal qui les constitue, leurs dimensions enfin, assurent à un degré plus ou moins prononcé la sécurité de la circulation, en même temps qu'elles exercent une influence plus ou moins considérable sur les dépenses de premier établissement et sur les frais d'entretien.

En étudiant la construction de la voie, le problème posé consiste à trouver pour le minimum de dépenses d'installation et de frais annuels, un maximum de sécurité; solution que l'on n'a pas encore découverte, car les données varient non-seulement d'un chemin à l'autre, mais encore d'une section à l'autre sur le même chemin. Telle ligne dont le trafic paraissait avoir acquis un trafic normal, et par suite une marche régulière dans ses dépenses annuelles, se voit amenée, par un accroissement de circulation, à augmenter la puissance de ses moteurs, dont l'action destructive sur les rails nécessite, comme conséquence, un accroissement de résistance des éléments constitutifs de la voie.

Laissant à l'avenir le soin d'améliorer les conditions d'exploitation, les administrations chargées de la création du chemin tendent à réduire à la dernière limite les dépenses de premier établissement, et la réduction tombe trop souvent sur les frais de construction de la voie, en particulier sur le poids ou la qualité des rails. C'est un tort, car les frais d'entretien de la voie sont des charges constantes, augmentant d'autant plus d'importance, et exerçant en même temps une action d'autant plus désastreuse sur le matériel roulant que la voie aura été installée avec des matériaux insuffisants de dimensions et de qualité.

Autre observation : Les rails destinés à la voie définitive se placent souvent en voie provisoire pour l'exécution des terrassements. Employés ainsi, dans de mauvaises conditions de pose et d'entretien, exposés à toutes les chances d'accident que le matériel de construction peut présenter, les rails subissent, dans cette première période de leur emploi, des avaries qui ne se traduisent pas toujours à l'extérieur, mais qui, certainement doivent en altérer la durée. Ce n'est pas tout : une fois placés en voie définitive, les rails reposent dans du ballast mal bourré, sur des terrassements ou des ouvrages d'art incomplétement tassés, sur un sol enfin qui n'a pas pris le degré de compression qu'il n'atteint qu'après quelque temps d'exploitation. Pendant cette seconde période, les supports des rails ne conservent pas le plan de pose géométrique qui leur a été assigné dès l'origine : la distance des points d'appui peut varier du simple au double, par suite du défaut de bourrage d'un support ou d'une dépression dans le corps de la route. Il peut donc arriver fréquemment que le fer d'un rail soit exposé à travailler bien au delà de la limite d'élasticité. Telle est l'explication la plus plausible de l'accroissement rapide des frais d'entretien de la voie, après trois ou quatre ans de circulation sur les nouvelles lignes, et du renouvellement forcé des rails au bout de sept ou huit années d'exploitation, alors même que les dimensions et la nature des fers semblaient leur assurer une durée deux ou trois fois plus considérable.

On remédierait en grande partie à ces causes de détérioration en proscrivant, d'une manière absolue, l'emploi du matériel des voies définitives pendant la construction du chemin.

Il n'est pas d'ingénieur de chemin de fer qui n'ait eu à constater les abus les plus graves dans l'emploi du matériel lors de l'exécution des travaux, abus inévitables malgré les pénalités sévères édictées contre les entrepreneurs et même les agents de l'administration du chemin de fer.

Ces observations s'appliquent aussi aux procédés souvent trop sommaires que l'on suit pour ballaster la voie. Bien entendu, le matériel définitif peut être utilisé dans ce cas, mais une surveillance assidue est de toute rigueur.

Le nombre des éléments variables qui entrent dans la constitution de la voie et du matériel est trop grand, les relations de ces éléments entre eux sont trop peu définies, pour que, réunies dans une seule formule, on puisse en tirer la valeur de l'une des données du problème, toutes les autres étant supposées connues; mais en cherchant à se rapprocher d'une relation empirique entre la section du rail, l'écartement des supports, le poids des machines et la vitesse maxima des trains les plus rapides, pour les anciennes voies qui ont fait un service beaucoup plus long que les voies nouvelles, peut-être arriverait-on à établir d'une manière plus avantageuse que par les procédés actuels, le poids du rail et l'écartement des supports en raison des autres données de la question.

146. Forme des rails. — Le rail, exposé à l'action verticale des véhicules, doit pouvoir en supporter les efforts sans subir de déformation. La portion du rail la plus exposée à la détérioration c'est le champignon. Aussi semble-t-il que la forme du rail en ∩ devrait présenter le plus d'avantages, puisque les bords du champignon sont parfaitement épaulés; mais, pour donner à ce rail une raideur suffisante, il faudrait en allonger les ailes outre mesure, et alors on tomberait dans l'inconvénient d'un rail trop lourd ou de répartition vicieuse du métal. — Toutes les tentatives de modifications ont toujours ramené les ingénieurs à la forme d'une section à double T.

En considérant la partie voisine du joint comme encastrée d'un côté et simplement posée de l'autre, le rail devrait satisfaire à la formule $PL = \frac{RI}{n}$, dans laquelle — Appendice, pag 700 — :

P est le poids appliqué à l'extrémité du bras de levier;

L — la longueur du bras de levier;

leur qualité : de plus, l'augmentation croissante du trafic n'a pas permis de porter un jugement définitif sur cette question, et ces rails, dont on estimait la durée à trente années au moins, font place aujourd'hui aux rails en acier Bessemer et Martin.

Le fer à *grain fin* se rapproche le plus du fer à l'état de pureté ; on peut toujours l'obtenir en poussant l'affinage de la fonte assez loin pour enlever du bain les substances qui l'altèrent. C'est là la qualité de fer qu'il faut choisir. Mais, avant d'entrer dans la description des procédés de fabrication des rails, il paraît nécessaire de rappeler en deux mots la marche des opérations successives.

149. Fabrication des rails. — On sait que le fer se trouve dans la nature à l'état d'oxydes, en combinaison avec quelques-uns des corps qui constituent la croûte du globle, formant ainsi ce que l'on appelle les *minerais de fer*. — Ces minerais ont une composition variable avec l'âge du terrain où on les trouve, et qui exerce la plus grande influence sur la qualité du métal qu'on veut en extraire. — Ainsi, quand on désire obtenir des produits supérieurs, il faut éviter l'emploi des minerais chargés de soufre et de phosphore, fournis en général par les terrains secondaires ou leurs successeurs, et s'adresser de préférence aux minerais renfermant du manganèse, recherchant surtout ceux des terrains de transition.

Ces minerais traités au haut fourneau donnent la fonte qui contient, entre autres substances associées au fer en proportions plus ou moins notables mais qui peuvent varier à l'infini, les métalloïdes indiqués au tableau suivant, avec les limites inférieures et supérieures de ces proportions :

| | | | |
|---|---|---|---|
| Carbone . . . . . . | 2,260 | à 6,275 | p. 100 |
| Silicium . . . . . . | 0,100 | 4,460 | |
| Soufre . . . . . . . | traces | 0,125 | |
| Phosphore . . . . . | traces | 0,260 | |
| Manganèse . . . . . | traces | 10,870 | |

Ces corps sont fournis à la fonte soit par les minerais, soit par les fondants, soit enfin par le combustible.

A l'aide d'élaborations plus ou moins longues, plus ou moins coûteuses, on parvient à débarrasser, en grande partie, le fer de ces substances. Le carbone ne disparaît pas toujours complétement. Il faut même en conserver une certaine proportion, car l'analyse démontre que les aciers contiennent une proportion de carbone qui varie de 0,15 à 1,50 p. 100, et que les bons fers en retiennent de 0,10 à 0,60 p. 100.

Ainsi l'acier, en ce qui concerne sa composition relativement à la proportion de carbone, est l'intermédiaire entre la fonte et le fer. — Mais la proportion de carbone est-elle la seule caractéristique de l'acier? Quel est le rôle du silicium et des autres corps? Quelle est l'influence du carbone? La science n'a pas encore répondu à ces diverses questions.

Lorsque le métallurgiste veut obtenir du fer ou de l'acier au moyen de la fonte, il la soumet à des réactions chimiques dont l'expérience lui a démontré l'efficacité, pour séparer le métal des corps qui le rendent impropre au service exigé.

C'est en combinant l'action de la chaleur avec celle des corps qui possèdent une plus grande affinité que le fer pour les diverses substances énumérées plus haut, que l'on parvient à faire passer la majeure partie de ces substances, soit à l'état de scories qui se séparent du fer par différence de densité ou de fusibilité, soit à l'état de gaz qui disparaissent dans l'atmosphère.

Pour fabriquer le fer, la fonte en lingots est mise en fusion, dans de certaines proportions, sur la sole d'un four à réverbère; là, sous l'action de la chaleur, de l'oxygène de l'air et de divers réactifs appropriés à la nature des fontes, elle est fortement brassée et dépouillée autant que possible des différents métalloïdes cités plus haut : tel est le but du *puddlage*. La masse spongieuse que l'on en retire, la *loupe*, est comprimée et étirée en barres qui constituent le fer *brut*, dit *puddlé*, ou de *première opération*.

Ce fer contient encore des scories, du *laitier*; pour l'en débarrasser, on découpe les barres en fragments d'une certaine longueur; ces fragments servent à former des *paquets* que l'on soumet au réchauffage, jusqu'à un degré de température suffisant pour que la compression puisse en expulser les scories et souder aussi complétement que possible les barres entre elles.

Ainsi la *trousse*, le *paquet*, c'est-à-dire l'ensemble de barres qui doivent former le rail, est composé de plusieurs assises. Pour un paquet de rail à double champignon, le fer des assises inférieure et supérieure doit être dûr, résistant à la compression. Quand on prépare un paquet pour rail à patin, l'assise supérieure doit être en fer dur à grain; l'assise inférieure, celle qui forme le patin, peut se composer de fer à nerf; on donne à ces assises spéciales le nom de *couvertes*.

Or, d'après l'opinion d'un certain nombre d'ingénieurs, ces assises spéciales doivent être absolument fabriquées en fer corroyé, c'est-à-dire puddlé, étiré, recoupé en barres, puis mis en *paquet pour couvertes*. Ce paquet est réchauffé au blanc soudant, pour être étiré de nouveau et recoupé en barres qui prennent alors le nom de *couvertes*. Entre ces couvertes on place les assises ou *mises* de fer puddlé brut, pour constituer le *paquet pour rail*.

Ces indications générales étant données, nous pouvons passer en revue les conditions spéciales imposées aux maîtres de forges par les cahiers des charges.

Il y a quelques années, les administrations de chemins de fer entraient dans tous les détails de fabrication; leurs cahiers des charges renfermaient les maîtres de forges dans des prescriptions tellement sévères et souvent si contradictoires, que les ingénieurs chargés d'en appliquer les clauses étaient obligés de passer outre ou de rendre inexécutables les marchés contractés sous ces conditions.

Depuis quelque temps, les administrations tendent à débarrasser les fabricants des prescriptions relatives au mode de fabrication, et substituent à la garantie illusoire qu'elles espéraient trouver dans la rigueur des clauses de fabrication, la garantie effective du fabricant auquel liberté est plus ou moins largement rendue dans le mode d'élaboration du métal et de composition des paquets.

En Belgique, le cahier des charges des chemins de fer de l'État stipule simplement que les rails seront en fer fort, provenant de minerai de première qualité ; le fer sera dur, bien affiné, parfaitement soudé ; mais l'entrepreneur a toute latitude dans la préparation, la fabrication, le choix enfin du mode qui lui paraît le plus convenable pour obtenir des rails durables et exempts de défauts.

Quelques ingénieurs, en Allemagne principalement, mais c'est la minorité, voulaient que la transformation de la fonte en fer fut conduite de telle sorte, que le puddlage produise uniquement du fer à nerf, parce que cette variété supporte un réchauffage plus énergique que le fer à grain ; que les trousses pour rail, composées de fer puddlé, fussent corroyées au pilon pendant deux ou trois minutes, puis réchauffées pendant quinze minutes et passées aux cylindres dégrossisseur et finisseur. Le rail ainsi obtenu, composé d'une seule espèce de fer, supportant un même degré de température au réchauffage, devait présenter moins de chances de dessoudure que les rails formés de barres de diverses natures. Mais l'expérience n'a pas donné raison à cette opinion, car le fer à nerf est moins pur, moins dur que le fer à grain.

La plupart des ingénieurs, en France notamment, donnent la préférence au rail composé partie de fer corroyé, partie de fer puddlé brut, le fer corroyé devant constituer une fraction notable de la section du champignon ; et, comme cette portion du rail est plus exposée que les autres aux efforts des bandages, on s'arrange pour qu'elle présente un fer à grain fin, un fer dur. Le patin du rail Vignoles est généralement formé de fer nerveux que l'on est obligé d'admettre sous peine d'une augmentation considérable des déchets, et par conséquent du prix de fabrication, parce qu'au puddlage, il est difficile d'éviter la production du fer nerveux, et qu'au laminage, la forme du patin force le fer à s'étirer en fibres allongées.

Dans le grand-duché de Bade, les conditions imposées pour la fabrication et la fourniture des rails de composition homogène se résument ainsi :

Les rails seront fabriqués exactement d'après les dessins et gabarits remis au fabricant.

Les rails seront livrés sur une longueur de 6 mètres (20 pieds) au poids de 224 kilogrammes avec une tolérance de $0^m,003$ sur la longueur et de 2 pour 100 sur le poids.

On admettra néanmoins des rails de $4^m,50$ (15 pieds) et $5^m,40$ (18 pieds) de longueur, mais seulement jusqu'à concurrence de 3 pour 100 de la livraison totale.

Le fournisseur ne peut faire fabriquer les rails que dans une usine agréée par la direction du chemin de fer, et dont les produits soient favorablement connus.

Les rails doivent être exécutés en fer de nature absolument uniforme et d'excellente qualité, travaillé deux fois à chaude soudante, et d'une texture nerveuse et pure.

Les rails seront obtenus au laminage avec des faces unies et propres, sans ondulations ni défauts d'étirages ou corrections par mises rapportées, sans traces de soudure, fentes ou exfoliations. Ils seront parfaitement dressés dans leur longueur, leurs extrémités coupées d'équerre avec l'axe, la tranche rigoureusement saine et unie. Les rails seront percés à chaque extrémité, conformément aux dessins remis, de deux trous dans la tige, destinés à recevoir les boulons d'éclisses, et de deux entailles rectangulaires dans le patin, pour loger les tiges des crampons. Ces trous et entailles seront bien d'équerre, propres, unis et sans bavures. Chaque rail sera muni de l'estampille de l'usine.

La vérification des rails et la surveillance de la fabrication s'exercent dans l'usine par un délégué de la direction du chemin de fer, sans autres frais à la charge du fournisseur que ceux résultant de la main-d'œuvre et des dispositions nécessaires aux épreuves et à la marque des rails. La réception proprement dite et le pesage ont lieu à l'une des stations de la ligne, aux frais de l'administration du chemin de fer.

Les rails reconnus par le délégué acceptables à l'usine y sont marqués d'une estampille de contrôle et ainsi certifiés propres à être expédiés au lieu de livraison ; mais la réception réelle n'est définitivement effectuée qu'après de nouvelles vérifications et pesées. Si le fournisseur a des observations à faire sur la détermination du poids des rails livrés, il doit les présenter lors du pesage, car ultérieurement elles ne seraient pas prises en considération. Si les rails sont reconnus défectueux au lieu de livraison, le fournisseur doit, dans un délai de quatre semaines au plus, les remplacer par d'autres rails sans défauts, sinon sa livraison est considérée comme incomplète et l'administration a le droit de mise en demeure et de se pourvoir aux frais du fournisseur en retard.

Le fournisseur est responsable de la bonne qualité des rails pendant deux ans, à partir de la fin de la livraison; en vertu de cette garantie, il doit remplacer à ses frais tous les rails qui pendant ce temps deviendraient impropres au service par suite de défaut de matière ou de vice de fabrication.

Ainsi, en exceptant la prescription de composer le rail en fer martelé et étiré deux fois, le cahier des charges laisse toute liberté de fabrication au fournisseur.

Quant aux épreuves à faire subir aux rails, latitude entière est donnée au délégué de l'administration. Les essais effectués par les ingénieurs d'un certain nombre de chemins de fer allemands consistent à soumettre le rail posé sur deux appuis distants de 3 pieds ($0^m,90$), à une pression de 10 000 et même 14 500 kilogrammes sans flèche permanente ou avec une flèche permanente de $0^m,108$ sans altération; retourné, le champignon en bas, le rail doit pouvoir prendre sans altération une flèche permanente qui va jusqu'à $0^m,078$ et même $0^m,100$.

Comme mesure préventive, l'administration du chemin de fer badois se réserve la faculté de refuser la soumission des fournisseurs dont elle n'aurait pas eu lieu d'être satisfaite antérieurement.

*Rails des chemins français.* — Les prescriptions des cahiers des charges, en France, sont beaucoup plus minutieuses. Indépendamment des indications générales concernant la longueur, le poids, les marques, etc., elles comprennent, comme on va le voir, les détails de fabrication les plus circonstanciés.

Prenant la matière à partir des fours à puddler, le cahier des charges prescrit la *classification* des fers ébauchés en trois catégories : fer à grain, fer métis — grain mélangés de nerf, — fer à nerfs. En tout cas, il exige que le fer puddlé soit de bonne qualité, travaillé avec soin, convenablement épuré, les bouts écrus affranchis et les barres bien dressées.

Dans les paquets pour *corroyés*, autrement dit pour *fers à couvertes*, il ne doit entrer que du fer à grain, et le sens du laminage de ces paquets (c'est-à-dire la largeur des assises étant parallèle ou perpendiculaire à l'axe des appareils étireurs) est prescrit par l'ingénieur de la Compagnie. Les barres doivent avoir la longueur du paquet. La largeur des barres est telle que les joints se croisent sur toute la longueur, mais chaque assise doit avoir une épaisseur régulière.

Ce paquet réchauffé est étiré et recoupé en barres parfaitement affranchies, ayant la longueur et la largeur du paquet pour rail. C'est entre ces barres que l'on place les deux autres catégories de fer, en ayant soin d'interposer entre le fer à grain et le fer à nerf, le fer métis, qui, participant des deux natures, se soude mieux à l'un et à l'autre.

Pour être sûr d'obtenir une compression suffisante des paquets, le cahier des charges en prescrit les dimensions transversales.

La trousse pour rail se compose donc, en haut et en bas, de fer corroyé, représentant en poids le tiers de la masse totale, et dans l'intervalle, de fer puddlé brut, métis ou à nerf. Comme nous l'avons dit, les barres pour couvertes doivent avoir toute la longueur et toute la largeur du paquet. Celles de l'intérieur peuvent être en deux ou trois largeurs, pourvu que les joints soient bien croisés; pour la longueur, on tolère l'introduction de barres en deux pièces, dans le milieu du paquet, pourvu que le bout le plus court ait au moins $0^{m},30$ et que les extrémités bien affranchies se touchent en laissant le moins de vide possible dans l'intérieur. Enfin, les assises doi-

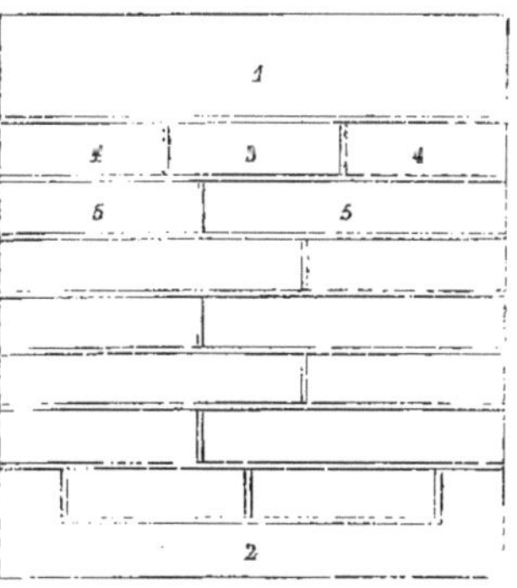


Fig. 187. Trousse pour rail à base large (Paris-Lyon-Méditerranée). $\frac{1}{5}$

vent avoir une épaisseur régulière. Les dimensions des paquets et les dispositions des appareils étireurs doivent être soumises à l'approbation de l'ingénieur de la Compagnie.

Les trousses des rails à base large du chemin de fer de Paris-Lyon-Méditerranée (fig. 187) ont 0m,22 de hauteur et 0m,20 de largeur, vides non compris, et une longueur de 1m,10. Le poids du paquet doit dépasser le poids du rail fixé de 40 kilogrammes environ, selon le type du rail.

Les rails du chemin de fer du Midi, fabriqués dans le pays de Galles, proviennent de paquets (fig. 188) qui ont 0m,22 de largeur, 0m,25 de hauteur, 0m,95 de longueur, et composés de neuf assises. Les mises inférieure et supérieure (1, 1) forment les couvertes; immédiatement en dessous d'elles viennent deux barres en corroyé (2, 2) placées à l'extérieur, pour empêcher les criques de se produire sur les faces latérales des champignons.

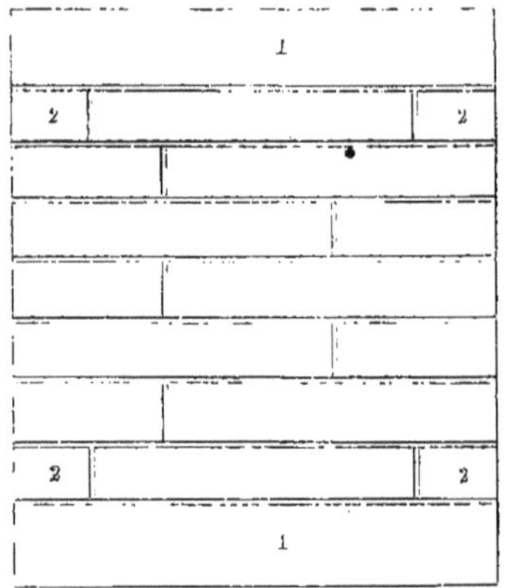

Fig 188. Trousse pour rail à double champignon (Midi). $\frac{1}{5}$

Les trousses du rail Vignoles du Nord (fig. 189) ont en largeur 0m,21, en hauteur 0m,22, et en longueur 0m,90; elles comprennent :

— Une couverte (1) de 0m,36 d'épaisseur en fer à grain corroyé, obtenue avec des mises laminées *verticalement*. Cette couverte constitue le champignon;

— Deux assises de fer à nerf (2, 3), l'une verticale, l'autre horizontale, pour former le patin;

— Au-dessus de cette dernière, une assise de fer métis; enfin, l'intervalle est rempli par les assises de fer à grain puddlé.

*Travail des paquets pour couvertes.* — La plupart des cahiers des charges ne prescrivent rien de spécial sur cette opération préliminaire. La Compagnie du Midi a, depuis 1861, imposé à ses fournisseurs un mode d'étirage de ses paquets pour couvertes qui est ainsi décrit : les loupes provenant du travail de puddlage conduit en vue de produire du fer fort seront martelées sous le pilon, de manière à recevoir la forme de prismes qui seront réchauffés et passés au laminoir.

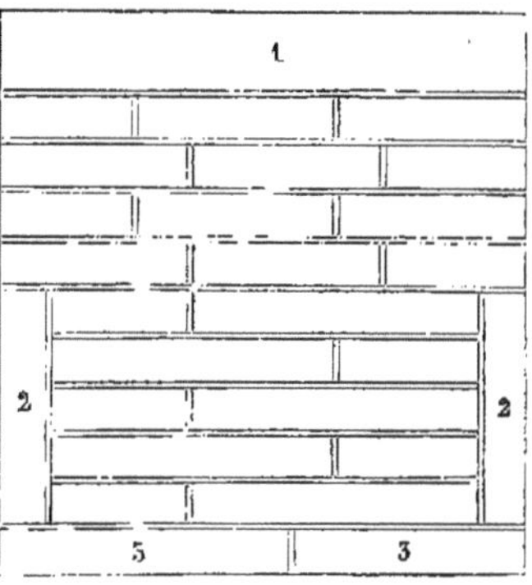

Fig. 180. Trousse pour rail à base large (Nord). $\frac{1}{5}$

Dans les usines de Blaina et Dowlais, où la même Compagnie a fait fabriquer des rails pour son nouveau réseau, en l'absence de marteau-pilon, la loupe est pressée au squeezer et passée de la même chaude entre quatre cannelures de laminoirs qui la réduisent en barres de 0m,027 d'épaisseur.

Les barres, mises en paquet de neuf assises, sont chauffées au four à réverbère, puis passées au laminoir, qui les soude et les transforme en couvertes de 0m,03 d'épaisseur sur 0m,022 de large.

La Compagnie du Nord, comme nous l'avons dit, fait choisir pour la couverte les fers qui présentent le grain le plus fin. Les barres choisies, mises en paquet et réchauffées, sont laminées, en ayant soin de conserver à la largeur des mises le sens vertical pendant l'étirage du paquet. La couverte se trouve ainsi composée d'une bande de 0m,22 de largeur sur 0m,035 à 0m,040 d'épaisseur formée par la soudure de mises dont la largeur forme l'épaisseur de la couverte.

*Travail des paquets pour rails.* — Le profilage des paquets se fait en une ou deux opérations séparées. Les cahiers des charges des chemins de fer du Nord, de Lyon et de l'Ouest, ne prescrivent rien de spécial à ce sujet. Ils exigent simplement que le laminage soit aussi parfait que possible, et rebutent tous les rails mal soudés, pailleux, criqués ou rompus dans leurs fibres. Le cahier des charges du chemin de fer du Midi demande l'application, à l'étirage des paquets pour rails, de la méthode du travail en deux chaudes employée dans le Derbyshire (Rotterham) et en Allemagne (Phœnix) depuis plusieurs années. Dans le pays de Galles, où le fer ne supporterait pas l'étirage au marteau, le paquet, composé comme nous l'avons dit plus haut, est chauffé au four à réverbère pendant une heure et demie; puis on le porte aux *bloomings* ou cylindres ébaucheurs, animés d'un mouvement circulaire alternatif, à raison de treize révolutions par minute; après son passage à travers leurs quatre cannelures, le paquet, soudé et allongé de $0^{m},30$, est reporté au four à réchauffer, où il séjourne une demi-heure, pour passer de là aux cylindres dégrossisseurs et finisseurs.

Quand l'usine est convenablement outillée, la Compagnie fait passer les paquets sortant du four au blanc soudant sous un marteau pilon de 3000 kilogrammes, avec une chute de 1 mètre, et les fait ramener à une section moitié moindre. Le paquet, ainsi étiré par le martelage, est réchauffé, puis passé aux laminoirs.

150. Rails soudés en acier puddlé. — On peut produire l'acier par deux méthodes complétement opposées : — décarburation partielle des fontes très-pures; — recarburation ou cémentation du fer forgé.

L'affinage de la fonte au petit foyer a donné longtemps la plus grande partie de l'acier employé par l'industrie, mais son prix de revient élevé devait engager les métallurgistes à en rechercher la réduction dans les errements qui avaient conduit la fabrication du fer aux procédés économiques de la méthode anglaise.

Les premiers essais pour le puddlage de l'acier datent de 1838; mais M. Stengel, directeur des forges de Lohe, près Siegen (Prusse-Rhénane), qui tentait cette opération, ne put parvenir à la rendre régulière. C'est en 1847, dans les usines de Limbourg, puis dans les forges voisines du pays de Siegen que le puddlage de l'acier devint l'objet d'une fabrication régulière et suivie de l'autre côté du Rhin.

En Belgique l'établissement de Seraing, en France l'usine de

Hombourg (Moselle) et les forges du Creuzot introduisent de 1850 à 1855, sur la rive gauche du Rhin, le nouveau procédé dont les produits figuraient avec avantage à l'Exposition universelle de 1855. A partir de cette époque, le puddlage prend une grande extension et fournit aux chemins de fer des quantités considérables d'acier ou prétendu tel destiné à former les pièces soumises à de grandes fatigues.

Comme nous l'avons dit dans notre première édition, il y a une distinction à faire. Quand on veut de l'acier véritable, susceptible de prendre la trempe, une simple décarburation ne suffit pas ; il faut s'attaquer aux fontes pures, aciéreuses, c'est-à-dire provenant de minerais de qualité supérieure — 149 —. Si l'on peut se contenter d'un produit dur et assez tenace, le métal obtenu par le puddlage de fontes moins coûteuses remplit les conditions voulues pour la fabrication des rails.

Le puddlage de la fonte pour acier ressemble beaucoup à l'opération pour fer, mais il est plus difficile à diriger : température plus élevée, brassage constant et maintien sur le métal d'une couche de scories qui le préserve d'une décarburation trop rapide, addition de matières contenant du manganèse et du silicium dont les oxides augmentent la fusibilité des scories et améliorent sensiblement les produits en enlevant le plus possible du soufre et du phosphore que l'oxigène du four n'a pas séparés du fer.

Comme dans l'état actuel de la métallurgie on ne peut pas couramment obtenir, au puddlage, des loupes de poids suffisant pour constituer un rail entier, il faut, de même que dans la fabrication des rails en fer, composer le rail en acier puddlé de mises superposées.

Aussi, les résultats fournis par l'emploi des rails en acier puddlé ne sont-ils pas tous également satisfaisants. Sur vingt-quatre Directions de chemins allemands qui, en 1868, avaient mis en service depuis plusieurs années plus de 200 000 mètres de voies en acier puddlé, trois Directions seulement qui n'avaient employé ce produit que dans les changements de voie s'en déclaraient satisfaites ;

Cinq Directions formulaient des plaintes assez vives sur son emploi;

Six autres Directions n'avaient pas une expérience suffisamment prolongée pour se prononcer.

Parmi les lignes qui ont appliqué de l'acier puddlé dans les voies courantes, il faut citer la Kaiser-Ferdinand-Nord-Bahn. Cette Compagnie trouve dans l'acier puddlé une matière durant plus longtemps que le fer et résistant mieux à la rupture que l'acier fondu : question de provenance.

Quant aux inconvénients reprochés à l'acier puddlé, ce sont l'inégalité de résistance et la tendance au dessoudage des mises.

151. Rails massifs en acier fondu. — La première fabrique d'acier fondu fut établie à Scheffield, par Huntsmann, en 1740; pendant près d'un siècle l'Angleterre conserva le monopole de cette fabrication, réservée jusqu'en ces derniers temps à la coutellerie fine, aux armes et autres menus objets pesant au plus quelques kilogrammes. Aussi l'étonnement du public fut-il très-grand lorsque M. Krupp, d'Essen, exposa en 1851, à Londres, le premier lingot d'acier fondu pesant 2 250 kilogrammes; plus grand encore lorsqu'en 1855 il envoya à Paris un lingot de 5 000 kilogrammes. Dans les deux dernières expositions universelles, la fabrique d'Essen a montré de nouveaux progrès en exposant, en 1862, un lingot de 20 000 kilog., et en 1867, un dernier lingot pesant 40 000 kilog., destiné à être façonné sous un marteau de 50 000 kilog. en un essieu coudé pour navires. L'introduction du procédé Bessemer dans l'usine d'Essen ne dut pas être étrangère à la production de ces lingots monstres.

Cette révolution subie par la fabrication de l'acier fondu permit aux ingénieurs de chemins de fer de recourir à ce produit devenu abordable et par son prix et par les dimensions des pièces, deux obstacles jusqu'alors infranchissables.

L'acier qui seul mérite le nom d'acier fondu provient de la fusion dans un creuset en terre réfractaire ou en plombagine de l'acier naturel ou de l'acier cémenté, ou du fer de bonne qualité mélangé à 2 0/0 de poussière de charbon de bois.

On commence par briser les barres d'acier en petits morceaux dont on fait un triage très-minutieux et que l'on classe de manière à ne fondre ensemble que des pièces de même texture, de même qualité, ce qui se reconnaît au grain et à la couleur de la cassure.

Les creusets chargés de ces fragments sont chauffés au blanc dans des fours dont la voûte se trouve au niveau du sol de la fonderie. Au bout de trois à quatre heures, la fusion est opérée; on retire le creuset du four et on en coule le contenu dans des moules en fonte ou lingotines.

Les lingots sont réchauffés, puis soumis à un fort martelage, nécessaire pour donner du corps à l'acier, faire disparaître les soufflures. S'il s'agit de rails, les lingots étirés sont réchauffés de nouveau et passés au laminoir. — On conçoit, d'après ces courtes explications, combien l'acier fondu au creuset devient cher et par conséquent impossible à utiliser pour la voie courante des chemins de fer.

152. Rails massifs en fonte affinée [1]. — Débarrasser mécaniquement et sans l'intervention de la main de l'homme, la fonte du carbone et des autres corps qui l'accompagnent; — effectuer cette opération dans des conditions telles que les réactions se passent en conservant l'élévation de température nécessaire à l'élaboration de la matière, et que le produit puisse se couler en lingots de poids suffisant pour en tirer les pièces que l'on veut obtenir; — employer pour cette fabrication des matières et des méthodes relativement assez peu coûteuses pour rendre les produits abordables à l'industrie : voilà le problème que les novateurs en métallurgie cherchent à résoudre depuis quelques années.

Quel est, pour l'industrie des chemins de fer, l'intérêt majeur dans la solution du problème?

Les rails en fer périssent par deux causes dominantes : 1° Le manque de dureté; — 2° Le défaut de soudure des mises — 149 —.

[1] Voir à ce sujet une note sur la fabrication de l'acier, par M. Jordan. *Mémoires et comptes rendus des travaux de la Société des ingénieurs civils*, 1869, 1er cahier.

Si leur prix de revient n'a rien d'exagéré, — 110 à 120 fr. la tonne, — par contre ils durent peu sur les lignes à grand trafic.

Les rails d'acier puddlé peuvent présenter un degré de dureté convenable, mais leur composition en mises superposées les expose à l'exfoliation. On peut les obtenir au prix de 160 à 180 fr. la tonne.

Enfin, les rails d'acier fondu échappent aux vices constitutionnels qui viennent d'être indiqués. Obtenus à l'aide d'un métal convenablement épuré, les lingots, d'une masse suffisamment homogène, se laissent étirer en rails durs, compactes, tenaces, en un mot, satisfaisant à toutes les conditions de résistance et de durée. Mais le prix de fabrication se tient encore entre le triple ou le quadruple du prix des rails en fer; c'est trop considérable pour permettre la substitution de l'acier fondu au fer ordinaire ou à l'acier puddlé dans les voies courantes.

Diverses solutions ont été proposées pour remplacer l'acier fondu au creuset, sinon par l'acier véritable, — nous avons vu que l'acier véritable ne s'obtient qu'à l'aide de minerais spéciaux travaillés par des méthodes particulières entraînant à des frais élevés, — du moins par une matière qui réunirait les principales propriétés recherchées par l'industrie des transports, et dont le prix n'aurait rien d'excessif.

De toutes ces solutions, celle de M. Bessemer est la première en date, en application industrielle et en importance.

Dans son premier brevet, pris en 1855, le célèbre métallurgiste se proposait de convertir toute fonte en fer malléable pendant qu'elle est liquide, et de lui conserver sa fluidité, sans addition de combustible, de manière à couler dans des lingotières le métal réduit. Le procédé reposait, à son origine, sur l'insufflation dans le bain, de l'air et de la vapeur d'eau.

Après de nombreuses transformations [1], M. Bessemer et ses cessionnaires se sont arrêtés au procédé suivant :

La fonte, provenant directement du haut-fourneau ou d'une

[1] M. Bessemer a pris plus de quatre-vingts brevets d'invention, d'addition, de perfectionnements, etc.

seconde fusion, est versée liquide dans un creuset oscillant autour d'un axe horizontal qui passe très-près de son centre de gravité.

De nombreuses tuyères pénétrant dans la partie inférieure du creuset amènent dans la masse fluide le vent lancé par une machine soufflante. L'air, en arrivant dans le métal fondu, se divise en innombrables bulles qui font bouillonner, boursouffler le bain, et produisent une violente agitation.

L'oxygène de l'air attaque d'abord le silicium, puis le carbone, et élève la température du métal à un degré inconnu jusqu'ici.

Du creuset s'échappent des torrents de flammes rougeâtres d'abord, puis violettes, ensuite bleues et enfin blanches.

Durant cette élaboration, le silicium est transformé en acide silicique, et passe dans les scories qui recouvrent le bain, le carbone en oxide de carbone et en acide carbonique entraînés dans les flammes. Lorsque celles-ci deviennent blanches, chargées d'étincelles dont les dimensions se sont successivement réduites et qui vers la fin de l'opération prennent une allure pétillante, la fonte est transformée en fer fondu.

Si l'on veut se contenter de fer simplement décarburé, on peut couler le métal dans l'état où le laisse cette première élaboration.

Si l'on a en vue la production d'un métal présentant les caractères de l'acier, notamment la dureté, il faut, quand cette première période est terminée, ajouter au métal liquide une certaine proportion de fonte aciéreuse, contenant seulement du carbone et du manganèse et le moins possible d'autres substances; — c'est la fonte miroitante, le *spiegeleisen*, que l'on choisit à cet effet.

La teneur connue de cette fonte en carbone permet de doser pour ainsi dire chimiquement le carbone qui doit rester dans ce mélange.

Selon la proportion plus ou moins élevée de spiegeleisen ajouté, on obtient l'acier ou métal Bessemer, à divers degrés de dureté; on le retire en renversant le creuset dont le contenu passe dans une poche de coulée et de celle-ci dans les lingotières.

Pour transformer en barres les lingots ainsi obtenus, on les chauffe avec précaution, progressivement, afin que la chaleur se répande également dans toute la masse et ne dépasse pas un certain degré ; car trop chauffé, l'acier devient tendre, cassant. Les lingots, parvenus à la température voulue, passent alors sous le marteau, puis aux laminoirs ordinaires. Il n'y a qu'une simple précaution à prendre : c'est de laminer lentement, afin de ne pas détériorer les cylindres.

Notons encore un point important : pour obtenir des lingots sans soufflures, — les soufflures produisent la destruction des rails —, on doit couler le métal dans des lingotières disposées pour permettre d'exercer sur la pièce une pression énergique avant sa solidification.

*Emploi du spectroscope.* — Il y a, durant l'affinage de la fonte au creuset Bessemer, un moment intéressant : celui où il faut arrêter l'action du vent. L'allure et la couleur de la flamme sortant du col du creuset donnent de très-bonnes indications ; cependant, ce moyen empirique paraît insuffisant, et quelques métallurgistes essayent de lui substituer un guide plus scientifique.

Le spectroscope, convenablement disposé, dénote, pendant l'affinage, des raies noires qui disparaissent presque toutes à la fois lorsque la décarburation est complète, et cette disposition est le signal de l'arrêt du vent. L'usage du spectroscope tend à se répandre et se trouve employé avec succès en Belgique, en Autriche, en Bavière, en Prusse et en Saxe.

Quand les fontes à traiter possèdent une constitution sensiblement uniforme, les agents de l'usine se mettent assez promptement au courant de la marche la plus convenable à suivre, et, dans ce cas, l'allure étant régulièrement établie, le spectroscope devient inutile ; mais lorsqu'on change de nature de fonte, et par conséquent d'allure, le spectroscope peut rendre et rend de grands services.

Si l'approvisionnement des fontes à convertir est convenablement aménagé comme composition moyenne, le traitement Bessemer, ainsi dirigé, d'après les vrais principes de la métallurgie nouvelle, offre des garanties d'uniformité de résultats, sinon plus, du moins aussi complètes que celles fournies par toute autre méthode d'élaboration.

Nous appelons cependant l'attention des ingénieurs de chemins de fer appelés à utiliser les rails de métal Bessemer sur un fait intéressant. — Les fabricants désireux d'utiliser les chutes ou bouts des rails coupés à la longueur prescrite, ont pris l'habitude de remettre ces bouts dans la poche de coulée, profitant de l'élévation de température du bain pour faire fondre ces chutes et diminuer ainsi la proportion de déchets. Probablement ces morceaux ajoutés n'ayant pas la même température et la même composition que le bain, se marient mal avec le métal fondu, et donnent des rails qui sur la voie se séparent en longues lanières. Nous avons vu des portions de champignon se détacher sur plusieurs décimètres de longueur, et notamment sur les portions de rails exposés aux chocs, les pattes de lièvre de croisement, par exemple.

Les ingénieurs feront donc bien d'interdire ces additions de bouts écrus dans les nouveaux lingots, — ces bouts écrus pouvant d'ailleurs être convertis en métal homogène, par le procédé Martin — 153 —.

*Puissance de production.* — On effectue l'affinage Bessemer sur des masses de fonte dont l'importance varie avec la puissance de l'usine, de 3 500 à 5 000, 7 000 et même 10 000 kilogrammes en une opération, et chaque creuset peut faire au minimum quatre opérations par jour.

*Modifications de l'appareil Bessemer.* — Au lieu d'employer le creuset mobile, les ingénieurs suédois ont appliqué la méthode d'affinage dans un four fixe. L'appareil suédois se compose de deux étages : l'inférieur, formé d'une cuve en fonte formant porte-vent ; — l'étage supérieur, composé d'un cylindre en tôle, garni de briques réfractaires, et fermé par une voûte percée au centre d'une ouverture carrée, surmontée d'une cheminée inclinée.

Le vent arrive par le pourtour de la cuve en fonte et reçoit, par la disposition des tuyères une direction oblique par rapport aux diamètres de la cuve, ce qui donne au bain une agitation suffisante pour renouveler le contact de toutes les molécules du bain.

La coulée s'effectue en perçant un obturateur analogue à celui d'un cubilot.

Les phénomènes de la conversion sont les mêmes que dans le creuset mobile, mais la conduite de l'opération est plus facile, le rendement plus élevé et les frais d'établissement moindres. Par contre, l'appareil mobile a l'avantage de permettre l'arrêt immédiat de l'opération s'il arrive un accident, et surtout l'addition des fontes recarburantes qui donnent du corps à l'acier.

*Classement des aciers Bessemer.* — On a vu — 149 — que le fer peut présenter tous les degrés de carburation qui, de l'état de fer doux, le font passer à l'acier puis à la fonte.

Dans cette position intermédiaire occupée par les produits carburés qui séparent le fer pur du fer au maximum de carburation, se groupent toutes les matières aciéreuses avec leurs différentes qualités. Les fabricants suédois, reconnaissant la nécessité d'un classement des aciers, pour faciliter les rapports et les transactions, ont rangé ces matières en dix classes, réduites par l'habile métallurgiste styrien, M. de Tunner, à sept classes adoptées aujourd'hui par les ingénieurs allemands. Ces classes présentent les particularités mentionnées au tableau suivant :

| Numéros des classes. | Teneur en carbonne. | Caractères du métal. |
|---|---|---|
| I | 1,50 % | peu malléable, — insoudable. |
| II | 1,25 | assez malléable, difficilement soudable. |
| III | 1,00 | malléable, — peu soudable. |
| IV | 0,75 | bien malléable, — soudable. |
| V | 0,50 | très-malléable, — acier tendre. |
| VI | 0,25 | très-soudable, — fer à grain fin. |
| VII | 0,05 | Extrêmement malléable et soudable. |

Les deux dernières classes ne renferment, à proprement parler, que du fer ; leur caractère distinctif gît dans l'impossibilité où sont leurs produits de prendre la trempe.

Lorsqu'on emploie de bons minerais, comme celui de Huttenberg — fer carbonaté spathique, — traité à Heft en Carinthie, les produits marchands sont flexibles et malléables comme le fer, durs et résistants comme l'acier, sans en avoir l'aigreur [1].

Voici quelques-uns des résultats obtenus dans des expériences faites à Storé :

| Nos des aciers essayés. | Résistance absolue par centim. carré. |
|---|---|
| III | 9 757 kil. |
| V | 9 936 |
| III | 8 639 |
| V | 10 093 |

Quant à la densité, elle varie de 7865, trouvés par M. de Tunner sur un cylindre d'acier fondu nº VI, à 8050 que présentent les aciers fins et durs des classes III et IV.

La méthode Bessemer, appliquée aux fontes provenant de minerais purs, ne laisse donc rien à désirer sous le rapport de la qualité et du prix de revient.

153. Affinage des fontes impures. — Quand la fonte est sulfureuse et phosphoreuse, l'expulsion du soufre et du phosphore n'a pas le temps de s'effectuer, l'affinage étant trop rapide. Aussi, le métal rendu par les fontes de cette catégorie renferme ces deux substances en fortes proportions et ne remplit aucune des conditions demandées à l'acier.

La mauvaise qualité des fontes rend le procédé Bessemer inefficace, et quand on a voulu le leur appliquer, on n'y est parvenu qu'à l'aide de fortes additions de fonte spéciale d'un prix élevé.

Afin de rendre plus générale l'application du procédé Bessemer, les métallurgistes recherchent depuis quelque temps les moyens de préparer économiquement les fontes impures, et de les rendre propres à passer au creuset d'affinage. — Partant du même ordre d'idées que les autres métallurgistes, à la suite de Cort, l'inventeur du puddlage de la fonte, M. Bessemer propose de faire subir aux fontes impures une sorte de mazéage, de finage dans un four à réverbère dont la sole peut osciller autour

[1] Expériences de M. Frey, directeur de l'usine de Storé.

d'un axe horizontal. Le chauffage du four se ferait par des gaz lancés sur le bain, à l'aide d'appareils analogues à celui du convertisseur ordinaire. L'ingénieux inventeur espère, par ce moyen, purifier la fonte, la débarrasser des métalloïdes que l'affinage au creuset n'enlève pas.

M. Nystrom emprunte à M. Bessemer le principe de l'élaboration de la fonte, mais il conserve, du procédé de puddlage ordinaire, l'action dissolvante exercée par les scories sur le soufre et le phosphore.

Dans sa fabrique d'acier de Gloucester, près Philadelphie, M. Nystrom coule la fonte dans un cylindre horizontal, suspendu suivant son axe.

Le vent souffle à la surface du bain qui se recouvre d'une couche de scories. En vertu de la haute température du bain, le métal est en ébullition constante; le soufre et le phosphore se combinent avec l'oxygène dans la scorie, leurs oxydes sont éliminés par l'alumine et la chaux du flux, à la surface duquel ils se volatilisent.

Ce procédé marche plus lentement que le procédé Bessemer pur, mais l'allure peut se régler à volonté, et ses produits, extraits de fontes impures, sont très-satisfaisants.

M. Galy-Cazalat a proposé d'affiner la fonte à l'aide de l'air et de la vapeur d'eau, dont les éléments devraient se combiner avec le carbone et les autres métalloïdes rendus ainsi volatiles; mais l'introduction de la vapeur d'eau, même surchauffée, produit un abaissement de température qui arrête les réactions. Si l'on pouvait tourner cette difficulté, le procédé de M. Galy-Cazalat présenterait de grands avantages pour le traitement de toutes les fontes, sans considération de qualités.

M. Bérard propose d'affiner la fonte sur la sole d'un four à réverbère chauffé au gaz. On insufflerait alternativement de l'air pur pour élever la température, et des gaz hydro-carbonés pour enlever le soufre et le phosphore. L'entière application de cette méthode n'a pas encore eu lieu, de sorte que l'on ne sait pas si l'affinage complet des fontes impures est possible à l'aide de ce procédé.

Pour tirer parti des fontes de toutes qualités, l'habile directeur des usines de Ebbw-Vale (pays de Galles), M. Parry, les soumet d'abord à un puddlage partiel qui les débarrasse d'une grande partie du soufre et du phosphore. Les massiaux, ainsi produits, passent alors dans un cubilot où, en présence d'un coke pur et de castine en excès, ils se transforment en fonte contenant 2 à 3 0/0 de carbone, qui, affinée dans le creuset Bessemer, donne sinon de l'acier, du moins du fer fondu de bonne qualité pour rails.

Le procédé Parry donne aussi la possibilité d'utiliser les bouts de fer de toute provenance, en les recarburant au cubilot.

Lorsqu'on met en présence de la fonte liquide, du fer doux ou du fer oxydé, on donne naissance à une réaction dans laquelle le fer, en prenant une portion de carbone, se transforme, avec toute la masse, en acier, si les matières en présence sont de bonne qualité.

Cette transformation, indiquée déjà par Réaumur, en 1722, est essayée depuis quelque temps. M. Martin, maître de forges à Sireuil, a pris, en 1865, un brevet d'invention pour la fabrication de l'acier et du métal homogène, basée sur la réaction du fer sur la fonte, opérée dans un four à réverbère, avec le chauffage Siémens.

De même que le procédé Bessemer, le système de M. Martin s'applique à l'affinage complet de la fonte et à la recarburation par addition de fonte pure, comme à l'affinage incomplet de la fonte. Il a d'ailleurs, sur son concurrent, l'avantage de pouvoir être dirigé au gré de l'opérateur, et par conséquent de fournir un produit plus épuré, puisque le bain peut rester soumis à la réaction des scories aussi longtemps que l'exige l'affinage. Il permet, de plus, l'addition dans le bain de fonte, de minerais riches et purs dont l'oxyde brûle le carbone, addition que n'admet pas le creuset Bessemer.

Cependant, le procédé Martin ne fournit pas plus que les autres procédés, de l'acier avec toute espèce de fonte; mais il peut rendre de grands services en permettant, comme le procédé Parry, d'utiliser des fers et surtout de vieux rails dont l'écoulement n'est pas régulièrement facile.

Les matières fortement oxygénées et facilement décomposables peuvent aussi servir à décarburer la fonte. Comme tels, les azotates se prêtent à cette réaction, et dans les mains de M. Heaton, directeur des usines de Langley-Mill, près de Nottingham, ces produits servent à l'affinage des fontes du Cleveland; connues dans le monde métallurgique, comme les plus chargées de soufre et surtout de phosphore.

Le convertisseur de Langley-Mill se compose d'un cubilot sans soufflerie. Le creuset, qui repose sur un chariot, est pourvu à sa base d'une chambre cylindrique dans laquelle on dépose une quantité déterminée d'azotate de soude, recouverte par une plaque de fonte percée de trous. La fonte provenant d'un cubilot ordinaire et versée dans le convertisseur, élève la température de l'azotate qui entre en décomposition. Le bain émet des vapeurs nitreuses dont l'abondance va en croissant jusqu'au moment où se produit une sorte de déflagration Après quelques minutes, l'acide azotique ayant fourni tout son oxygène au carbone de la fonte, on retire le chariot du cubilot, et son contenu est coulé en moules, le métal se séparant des scories liquides par différence de densité.

Le lingot peut être réchauffé au réverbère, laminé ou forgé. On peut aussi le refondre au creuset avec addition de spiegeleisen ou d'oxyde de manganèse et de charbon de bois.

Le procédé Heaton n'a pas encore dit son dernier mot; devant fonctionner dans une usine importante de la Moselle, il donnera bientôt la mesure de sa valeur.

M. Bessemer s'est aussi occupé de l'application des nitrates à la métallurgie, mais seulement à titre de réactif pour un affinage partiel. Dans cet ordre d'idées, il a d'abord remplacé la boîte à vent de son creuset par une boîte remplie de nitrate, appliquée au creuset, au moment où il va recevoir la fonte liquide.

M. Bessemer a aussi proposé de lancer, par les tuyères ordinaires, dans le bain, un mélange d'air et de poussière de nitrate.

Plus tard, il a dirigé les jets de nitrate liquide, non par le fond, mais latéralement, par des tuyères obliques aux diamètres du creuset, de manière à donner au bain un mouvement giratoire, comme dans l'appareil de Nischne-Tagilsk, en Russie.

Il a récemment fait breveter un nouveau creuset, destiné à effectuer, dans le même appareil, un premier, puis un deuxième affinage. Le creuset à deux fins présente, vis-à-vis de l'ouverture de chargement, une première cavité percée dans le fond de tuyères à vent, et latéralement de trous pouvant servir à l'introduction des réactifs dans le bain ou d'un ringard. Un revêtement analogue à celui des soles de fours à réverbère garnit toute la partie de cette cavité en contact avec la fonte. Lorsque la fonte liquide est amenée dans cette cavité, les tuyères de la boîte à vent sont dégagées, et lancent alternativement de l'air et de la vapeur d'eau. Sous ces deux réactifs, le métal se décarbure, et en ajoutant au bain, à travers les ouvertures latérales, des battitures, du minerai, du péroxyde de manganèse, etc., etc., on peut opérer sur ce bain à la manière du puddlage.

Quand on juge l'opération suffisamment avancée, on ramène le creuset à la position initiale de chargement, pour introduire dans le bain une dose de fonte pure et manganésifère. On relève le creuset, mais on n'arrête pas la masse à la première cavité; on la fait passer dans la seconde cavité munie de tuyères de fond et qui fait avec la première un angle de 90°. Dans cette seconde cavité, le métal est décarburé et transformé en fer fondu ou en acier, par le procédé ordinaire.

Sans préjuger de la valeur industrielle du nouveau procédé de M. Bessemer, on peut déjà reconnaître qu'il a, en sa faveur, une complète utilisation de la chaleur développée dans les différentes réactions, et par conséquent une réduction de frais. Mais les divers revêtements de la cornue résisteront-ils longtemps?

M. Gjerss, de Middlesborough, transforme les fers provenant de toutes espèces de fonte, en les refondant au contact d'un mélange de goudron, de minerai de fer, de minerai de manganèse et de chaux.

Le tout est placé dans un grand creuset situé au centre d'un four chauffé par le régénérateur Siemens. Le fer se carbure et coule, transformé en acier, par deux trous ménagés au fond du creuset, sur la sole du four, où un bain de scories préserve l'acier du contact des flammes.

Avant de couler l'acier déposé sur la sole où il s'affine, on peut prendre des échantillons et juger de la qualité, la corriger au besoin par l'addition de fonte ou de fer, comme dans la méthode de M. Martin.

En résumé, toutes ces recherches tendent au même but : Produire un métal dur, homogène, et en masses de volume convenable, par un procédé suffisamment économique pour répondre aux besoins actuels de l'industrie. Jusqu'à présent les procédés Bessemer et Martin sont seuls entrés dans la voie des grandes applications.

Des commandes importantes faites par les compagnies de la Méditerranée, du Nord et de l'Ouest, mettront les produits de ces deux procédés en présence. Il sera intéressant de suivre les résultats de ces diverses applications.

154. Rails mixtes. — Nous comprenons sous ce titre les diverses espèces de rails présentant au champignon un métal dur et résistant, et du fer doux dans les autres parties du rail. On peut classer les rails mixtes en rails à *couverte cémentée*, — rails à *couverte d'acier soudée*, — rails à *couverte d'acier rapportée*.

*Rails à couverte cémentée.* — L'application de la cémentation au matériel de chemins de fer remonte déjà loin Dès 1852, plusieurs chemins avaient fait l'essai de pièces de changements et croisements de voies, de bandages de roues en fer cémenté suivant les procédés Coutant et Vorces.

La cémentation appliquée à des fers de qualité probablement

défectueuse, n'eut pas de succès pour les appareils de la voie, tandis qu'utilisée pour les bandages fabriqués en fer de bonne qualité, elle s'est continuée jusqu'ici, rendant des services par l'augmentation de durée de cette partie du matériel roulant.

Abandonnée pendant longtemps, la cémentation des rails reprend faveur depuis quelques années, l'accroissement continu du trafic produisant une accélération de destruction des rails, que l'on cherche à combattre par le durcissement de la surface de roulement, en reprenant les essais de cémentation du champignon.

On sait qu'en exposant le fer en contact avec un mélange de charbon de bois et d'autres matières plus ou moins utiles, telles que le carbonate de soude, à une température rouge, et pendant un nombre de jours d'autant plus grand qu'on veut obtenir un effet plus marqué, le fer absorbe une certaine quantité de carbone et prend la dureté de l'acier.

L'emploi de barres-éprouvettes permet de suivre la marche de l'opération et de l'arrêter quand la cémentation a atteint l'épaisseur voulue.

Plusieurs chemins allemands et italiens, le chemin d'Orléans, en font d'importantes applications, soit dans les voies de manœuvres, soit sur les rampes des voies principales, et jusqu'ici les résultats ne peuvent être considérés comme concluants. Les frais de l'opération s'élèvent en moyenne à 25 ou 30 fr. la tonne de rails, selon leur poids et la profondeur de cémentation qui varie de 3 à 5 millimètres.

Comme on l'a dit plus haut, l'opération n'est utile qu'appliquée sur des rails en bon fer. Aussi, doit-on exiger des fournisseurs une durée de garantie beaucoup plus longue que pour les rails en fer ordinaire.

L'usine du Phœnix (Prusse-Rhénane), qui a fourni les rails cémentés à la plupart des chemins allemands et italiens, garantit ses fournitures pendant cinq années; mais un fait qui démontre la difficulté de comparaison des résultats obtenus par les différentes expériences, c'est que certaines lignes comme Leipsig à Dresde, l'Ouest-saxon, la Basse-Silésie, ont eu un assez grand nombre de rails écrasés dans la deuxième et troisième année de la garantie, tandis que l'Elisabeth-Bahn n'a signalé aucune avarie après quatre ans et demi d'usage des rails fabriqués dans la même usine.

*Rails à couverte d'acier soudée.* — La fabrication de ces rails ne demande rien de particulier qu'une précaution dans la disposition des mises qui doivent se souder, et qu'une grande attention dans le réchauffage des paquets.

Lors des premiers essais de cette fabrication, on choisissait l'acier puddlé pour la couverte. D'après les indications fournies à la conférence de Munich, en 1868, le nombre de kilomètres de voies construites en rails de cette catégorie s'élevait à 244, répartis entre 21 administrations. Sur ce nombre, sept lignes se déclarent satisfaites de leur emploi ; par contre, sept administrations ont éprouvé des mécomptes. Quant aux autres lignes, le peu de durée des essais ne leur permet pas encore d'émettre une opinion.

Le défaut signalé comme le plus fréquent, c'est le manque de soudure dans la partie supérieure de la couverte.

L'acier fondu a aussi servi à former la couverte des rails mixtes ; mais pour des essais très-restreints. Trois lignes seulement l'ont employé : le chemin de Basse-Silésie, l'Est prussien et le chemin de Saarbruck dans la gare Saint-Jean.

Manque de dureté du champignon : tel est le défaut principal de ces rails, signalé à la conférence de Munich.

L'acier Bessemer, enfin, sert plus largement à la fabrication en question. En 1868, sept lignes allemandes s'en déclaraient satisfaites, prématurément à coup sûr, car le Sud de l'Autriche qui fabriquait ses rails dans son usine de Gratz, et qui l'avait appliqué sur 170 kilomètres, y renonce.

M. Verdié, à Firminy, fabriquait également des rails spéciaux à couverte d'acier, en coulant dans une lingotière renfermant une barre de fer destinée à constituer la partie inférieure du rail une quantité d'acier fondu suffisante pour former la couverte du champignon du rail. Même procédé était suivi pour la fabrication des bandages mixtes, et le résultat ne laissait rien à désirer comme résistance, car on n'employait que de très-bonnes matières, et la soudure était parfaite; seulement le produit revenait à un prix trop élevé pour l'appliquer à la voie courante.

La question étant envisagée au point de vue simplement théorique, les rails mixtes doivent céder le pas aux rails massifs. dont l'homogénité offrira toutes garanties, tandis que dans les rails composés de mises rapportées, on a toutes chances de trouver beaucoup de défauts, et principalement des manques de soudure. D'autre part, en raisonnant au point de vue financier, si l'on doit faire entrer en ligne de compte la mise de fonds immédiate, le problème se pose tout autrement. Jusqu'à présent, les rails massifs sont d'un prix trop élevé pour certaines lignes de profil accidenté et de trafic ordinaire. Dans ces derniers cas, les rails mixtes dont le prix ne dépasse que de 25 à 30 0/0 celui des rails ordinaires, rendraient des services, s'ils n'avaient pas les défauts du manque d'homogénéité.

Enfin, parmi les points à considérer, signalons celui de la vente des rails hors d'usage. Les rails mixtes trouvent difficilement à se placer pour être dénaturés par les procédés métallurgiques ordinaires. Ici, en effet, il faudrait décarburer la couverte avant de convertir le rail en fer. Cette difficulté disparaîtra-t-elle lorsque le procédé de conversion au réverbère — 153 — aura pris tout son développement?

Par toutes ces raisons, les rails mixtes n'auront pas un succès bien marqué, et l'on en viendra soit aux rails en acier, pour les grandes lignes, soit aux rails en bon fer pour les chemins secondaires. Telle est la résolution du Sud de l'Autriche.

*Rails à couverte rapportée.* — Les Américains ont fait de nombreux essais de composition des rails en parties ajustées, afin de conserver et d'utiliser indéfiniment celles qui ne s'usent pas, en appliquant à la partie fatiguée, au champignon, une matière résistante comme l'acier et dont le remplacement entraînerait à peu de frais par suite de la réduction de son poids. C'est la même idée, mais sur échelle réduite, que celle de la constitution de la voie en rails sur longuerines métalliques — 125 —.

Il suffit de rappeler cette disposition pour faire comprendre le peu de succès que devrait avoir toute recherche dans cette voie. L'ajustage des diverses parties du rail est coûteux et trop sujet à dérangement.

Cependant, une dernière tentative due à M. J.-L. Booth, de Rochester (États-Unis), et appliquée sur un embranchement du chemin central de Pensylvanie, paraît, au dire du journal à qui nous empruntons ces détails [1], avoir quelques chances de réussite. La figure 189 bis, pl. XII, donne un croquis de la section de ce rail. Pour le fabriquer, on commence par laminer à longueur la partie principale qui est en fer. On la recouvre alors d'une bande d'acier de même longueur et assez chaude pour qu'en passant les deux barres réunies au laminoir, la couverte d'acier embrasse le corps du rail et l'étreigne fortement en se refroidissant.

D'après le *reporter*, la pression des véhicules, loin de produire une séparation de la couverte en rendrait le serrage plus énergique, assertion difficile à comprendre et qui mérite la confirmation d'une expérience prolongée.

155. Ajustage des rails. — *Longueur des barres*. — Le fabricant livrera, en vertu des conditions à inscrire au cahier des charges, et dans une proportion à fixer d'après les rayons et le développement des sinuosités de la ligne, des rails de longueur réduite destinés à former la file intérieure des courbes — 210 —.

Le marché réserve aussi à l'ingénieur la faculté de réclamer des barres de longueurs exceptionnelles jusqu'à 10 mètres, dans la proportion de 1 à 2 0/0, à l'effet de poser la voie sans joints sur certains ouvrages d'art.

Ces rails exceptionnels sont payés à un prix spécial, supérieur de 4 ou 5 0/0 au prix de la fourniture générale.

Pour diminuer les pertes du fabricant, qui seraient considérables par les rebuts des barres écourtées pour défauts aux extrémités, les rails inférieurs à la longueur normale sont admis dans la proportion de 1 barre sur 20 — Nord, — et 1 sur 30, —

[1] L'*Engineer* du 16 octobre 1868.

Lyon, Ouest; — mais ils ne peuvent provenir que de rails de longueur normale écourtés pour défauts aux extrémités.

On donne à ces barres exceptionnelles des longueurs correspondantes aux portées, où aux dimensions nécessaires pour obtenir le développement convenable de la file intérieure dans les courbes raides.

A l'Est, les longueurs anormales sont 5m,90, 5m,10 et 4m,20, indépendamment des rails de 5m,96, considérés comme rails de longueur normale.

La compagnie de Paris-Méditerranée accorde une tolérance de 2mm en plus ou en moins sur la longueur prescrite.

*Marques de l'usine et dates.* — Il est du plus grand intérêt que l'administration du chemin de fer connaisse exactement la provenance et la date de fabrication des rails. A cet effet, les rails doivent porter des marques bien apparentes désignant l'usine, l'année et le mois de fabrication. On obtient ce résultat au moyen d'une gravure faite dans la dernière cannelure du cylindre, qui reproduit ces indications en relief sur l'âme de chaque barre.

*Coupage.* — Les extrémités des rails sont affranchies à une distance suffisante pour que les parties conservées ne présentent aucun défaut. La coupe, disaient les anciens cahiers des charges, doit se faire à froid, au tour ou au rabot, de manière qu'il n'en résulte ni arrachements ni bavures; mais le coupage à froid est aujourd'hui abandonné presque partout. La barre sortant des cylindres est assez chaude pour qu'on puisse scier les deux bouts successivement ou même simultanément sur un banc à deux lames circulaires. Les chutes, encore rouges, sont immédiatement aplaties et utilisées dans les paquets de rails, ou laminées pour fers marchands.

Les extrémités des rails sont ensuite dressées, soit l'une après l'autre, soit en même temps (Burbach), au moyen de la machine à fraiser.

La longueur des rails chauds est calculée pour qu'après refroidissement, ils aient, aussi rigoureusement que possible, la longueur normale. En marche ordinaire, le coupage est assez exact pour rendre un rail de réception au moyen d'un simple ébarbage à chaud à la râpe.

Quand il n'a pas la dimension voulue, on le fait passer au coupage à froid opéré par une machine à lame rotative.

*Dressage.* — Dans le but d'obtenir une voie aussi régulière que possible, on exige avec raison des fabricants que les rails soient parfaitement dressés sur les quatre faces. Le dressage doit être fait, autant que possible, à chaud ; les rails, à leur sortie du cylindre, sont placés sur une table en fonte où on les dresse à coups de maillets en bois. Si les rails sont à champignons inégaux ou à large base, la table doit avoir une courbure telle, que les rails, appliqués bien exactement sur la table bombée, se redressent par la simple différence de contraction que le refroidissement opère sur les deux bases. Pour connaître la courbure qu'il faut donner à la table de dressage, on fait chauffer un rail du profil en fabrication et on le dresse bien exactement. En se refroidissant, ce rail prend une courbure que l'on relève soigneusement, pour la reporter en sens inverse sur le moule de la table de dressage. A la suite de cette première table cintrée, vient une seconde table inclinée qui, à sa partie supérieure, celle qui touche la première table, présente la même courbure que celle-ci, mais vers le bas, devient complétement plane, de sorte que la barre y arrive droite et refroidie.

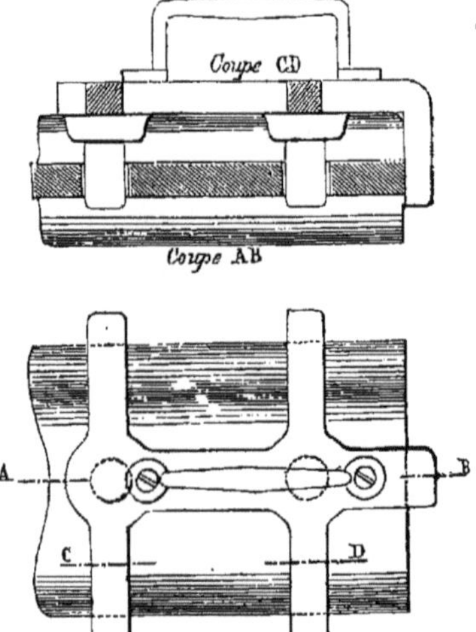

Fig. 190 Gabarit de vérification du perçage des trous. — $\frac{1}{5}$

L'emploi du marteau en fer doit être interdit pour le dressage, car il déforme le profil du rail; il pourrait d'ailleurs être appliqué à parer quelque défaut du fer. Si le dressage est achevé à froid, on ne l'exécute qu'en employant un moyen de serrage gradué, tel que la vis de pression.

*Perçage et entaillage.* — Les trous destinés à recevoir les boulons d'éclisses, ou les attaches sur les traverses, peuvent être percés au foret ou à l'emporte-pièce. Dans ce dernier cas, on doit interdire l'emploi simultané de deux poinçons, leur action pouvant produire des fentes qu'il est facile d'éviter en les faisant agir successivement. Les dimensions des trous et entailles doivent être rigoureusement maintenues, mais on accorde généralement au fabricant une tolérance de $\frac{1}{2}$ millimètre sur la position de ces trous; la vérification s'en fait au moyen du gabarit représenté par la figure 190. Nous indiquerons, dans le chapitre VI, § III, les procédés appliqués au perçage et à l'entaillage des rails — 197 à 200 —.

156. Surveillance, épreuves et réception provisoire. — L'usine ne doit mettre en train sa fabrication que lorsque, sur la remise des échantillons, elle y est autorisée par l'administration du chemin de fer. L'ingénieur ne donnera cette autorisation qu'après s'être assuré, au moyen des vérifications les plus minutieuses, que le profil, les dimensions, le poids et la résistance du rail aux diverses épreuves qu'il lui fait subir, répondent aux conditions du marché.

Afin de suivre aussi rigoureusement que possible la fabrication dans toutes ses phases, il faut vérifier les rails au fur et à mesure de leur sortie de l'atelier. Les barres doivent être conservées à sec, et préservées autant que possible de l'oxydation. On choisit, dans chaque série, un certain nombre de barres, qui ne dépasse généralement pas 1 pour 100. L'agent a soin de prendre pour ses essais les rails qui lui paraissent le plus défectueux, principalement ceux qui présentent un degré de réchauffage différent d'une face à l'autre, ce qui se reconnaît facilement à la couleur du fer.

On fait subir aux rails trois espèces d'épreuves pendant lesquelles on tient compte de la température des rails et de l'air ambiant : la première consiste à placer le rail sur deux appuis distants de $0^m,90$, $1^m,00$, $1^m,10$ et $1^m,20$, selon sa force de résistance, et à lui appliquer, en un point situé à égale distance des appuis, une pression qui varie de 8 000 à 13 000 kilogrammes;

après cette épreuve, le rail ne doit pas conserver de flèche sensible. La seconde épreuve s'exécute sur le même rail, placé dans la même position, en poussant la charge de pression jusqu'à la rupture; il doit supporter, pendant cinq minutes sans se rompre, une pression de 25 000, 27 000 et même 30 000 kilogrammes.

L'appareil employé pour effectuer ces expériences consiste tantôt en une combinaison de leviers (fig. 191), tantôt en une presse hydraulique convenablement disposée.

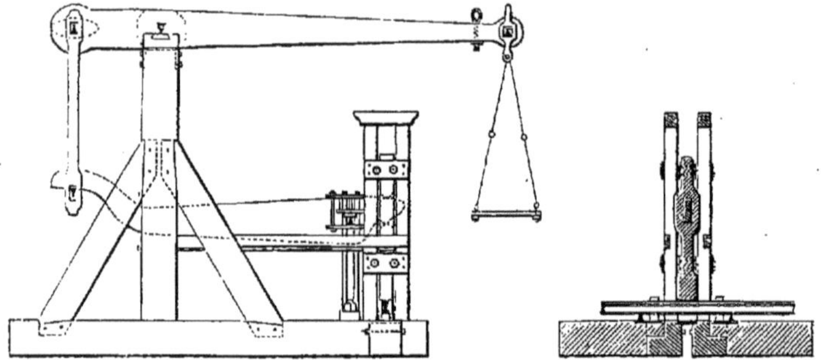

Fig. 191. Machine à essayer les rails par pression. $\frac{1}{100}$

Les presses hydrauliques avec indicateurs manométriques ou à soupapes donnant fréquemment des indications erronées, on a cherché à mesurer directement la pression au moyen de romaines.

La compagnie du chemin de fer de Paris à Lyon emploie la presse hydraulique à romaine représentée par la figure 192, pl. XIV.

Cet appareil se compose :

— D'un bâti en fonte B;

— D'un cylindre en fonte C enfermé dans ce bâti, avec son piston plongeur P, constituant la presse hydraulique proprement dite; l'eau arrive dans le cylindre par le conduit *c*;

— Des couteaux A et A'A', entre lesquels est placé le rail à essayer. Ce rail repose d'abord sur les rouleaux *rr*, soutenus par les deux contre-poids *p' p'*, jusqu'à ce qu'il arrive au contact des couteaux A'A'. Le couteau A est fixé sur la tête du piston plongeur P;

— D'un système de bielles, couteaux et leviers L, L', L', L", constituant la romaine. Les premiers leviers L sont en grande partie équilibrés par les contre-poids $p'$ mobiles sur les leviers L'. Un poids $p$ pouvant, au moyen d'une vis V, se déplacer le long du levier L", permet d'équilibrer et de mesurer la pression exercée sur le rail;

— D'un appareil donnant la mesure des flexions du rail. Cet appareil repose, par l'intermédiaire d'un support à trois branches $s$, sur le milieu de l'entretoise E, qui réunit les couteaux A'A'. Une tige $t$, en fer creux, guidée par les supports $s$ et $s'$, peut glisser verticalement; mais elle porte une rainure, dans laquelle passe une clavette en acier, fixée au guide $s'$, qui l'empêche de tourner. Un manchon, calé sur cette tige, limite sa course à 0m,300, en buttant, soit contre le support $s$, soit contre $s'$. La tige $t$ se termine, à sa partie inférieure, par une vis $v$ avec contre-écrou qui repose sur le rail. A la partie supérieure, elle porte un bras horizontal $b$ auquel est fixée, par une vis de rappel, une lame flexible $k$.

L'appareil mesureur, proprement dit, se compose :

— D'un tambour, sur lequel s'enroule la lame $k$; d'un système d'engrenages destiné à mesurer cet enroulement, et qui agit sur deux aiguilles indiquant, sur le même cadran, les centimètres et les millimètres; enfin, d'un ressort spirale destiné à maintenir en contact les dents d'engrenage et à tendre la lame $k$;

— Des rouleaux $rr$ pressés contre le rail par les leviers $ll$ et les contre-poids $p''p''$. Lorsque, après avoir fait fléchir le rail sous une pression déterminée, on retire cette pression pour s'assurer qu'il ne reste pas de flèche permanente, le rail ne doit pas quitter les couteaux A'A', ce qui arriverait si on l'abandonnait à lui-même, la pression étant retirée. Pour cela, on applique chacun des rouleaux $r$ contre le rail, à l'aide d'une vis et d'un petit volant. Les contre-poids $p''p''$ doivent sensiblement équilibrer le poids du rail, des couteaux A'A', de l'entretoise E, et une fraction du poids des premiers leviers LL de la romaine qui ne peut être équilibrée par les contre-poids $p'p'$. Chacun des contre-poids $p''$ pèse 70 kilogrammes.

Pour mettre en place le rail à essayer, il faut abaisser les rouleaux $rr$, au moyen de la vis et du volant, jusqu'à ce que les contre-poids $p''p''$ viennent reposer sur leurs appuis; introduire le rail et resserrer ensuite les vis, de manière à soulever de nouveau les contre-poids.

Il y a lieu de régler de temps en temps la position des contre-poids des leviers supérieurs de la romaine, de telle sorte que, le rail étant en place (le champignon en dessous du patin pour les rails Vignoles) et les rouleaux $r$ appliqués contre lui, le grand levier L''' de la romaine soit en équilibre, son contre-poids $p$ étant au zéro. Ce contre-poids pèse 200 kilogrammes, et lorsqu'il est à l'extrémité opposée du levier, il peut faire équilibre à une pression de 10 000 kilogrammes.

Avant chaque opération, on règle la position de la vis de rappel de la lame $k$ de l'appareil mesureur de la flexion, de telle sorte que, la tige $t$ reposant sur son arrêt inférieur, l'aiguille des millimètres vienne un peu à gauche du zéro. Puis, le rail étant mis en place, on règle la vis $v$, de manière à amener les deux aiguilles au zéro du cadran.

On voit que si le rail fléchit, la tige $t$ montera; elle entraînera la lame $k$ qui se déroulera d'une quantité égale à la flèche que prend le rail. Au moment de la rupture du rail, la tige $t$ montera brusquement; mais l'appareil mesureur permet à la lame $k$ de se dérouler de $0^m,360$; or nous avons vu que la course de la tige $t$ est limitée à $0^m,300$; on ne courra donc pas le risque de briser le mécanisme.

Pour troisième épreuve enfin, on place chaque moitié du rail cassé, de champ, sur deux supports disposés comme ceux que l'on emploie pour les épreuves à la pression, et on la soumet au choc d'un mouton tombant d'une certaine hauteur. Mais, dans cette épreuve, il y a plusieurs précautions à prendre : les supports de la barre à essayer doivent présenter une résistance suffisante pour que le choc du mouton ait toute son efficacité; si l'on se contentait de placer deux petits supports en fonte, sur le terrain naturel ou sur une charpente légère sans fondation, la levée du mouton pourrait être considérable, sans que le rail rompît sous le choc amorti par l'élasticité du sol.

Aussi la compagnie du Nord prescrit-elle que les supports en fonte reposeront, par l'intermédiaire d'un châssis en bois de chêne, sur un massif en maçonnerie de 1 mètre d'épaisseur au moins, établi sur un terrain solide. La compagnie de Lyon exige que les supports soient installés sur une enclume en fonte de 10 000 kilogrammes au moins, établie sur un massif en

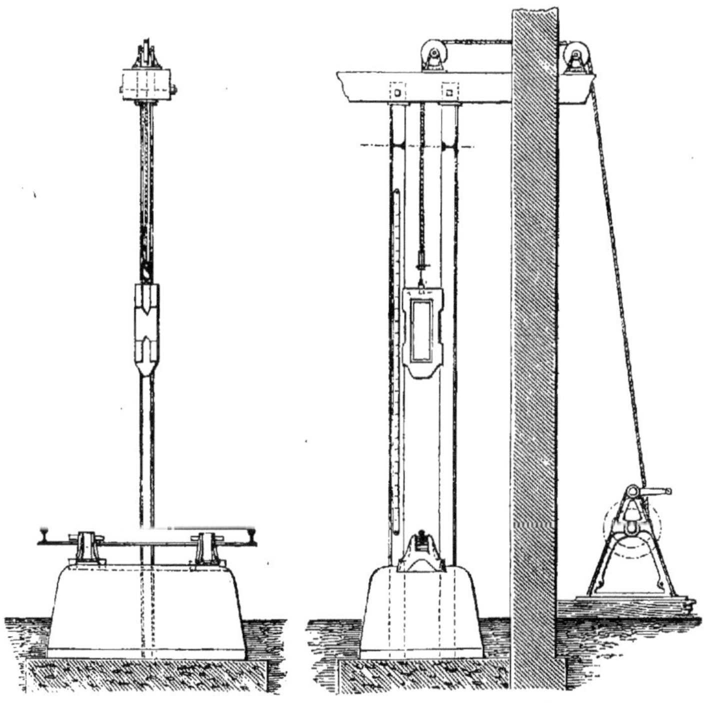

Fig. 193. Appareil à essayer les rails par choc. $\frac{1}{100}$

maçonnerie de 1 mètre d'épaisseur et de 3 mètres carrés 3 dixièmes de base.

Dans le premier cas (Nord, Midi), la Compagnie exige que le rail supporte, sans se rompre, le choc d'un mouton de 300 kilogrammes tombant de 2 mètres. Dans le second (Lyon), le mouton pesant 200 kilogrammes, l'épreuve tient compte de la température de l'air ambiant :

A la température de 0° et au-dessous, la hauteur de chute *minima* devra être de. . . . . . . . . . . . 1m,30
A la température de 0° à + 20° et au-dessous, la hauteur de chute *minima* devra être de. . . . . . . 1m,50
A la température de 20° et au-dessus, la hauteur de chute *minima* devra être de. . . . . . . . . . . . 1m,70

La compagnie de l'Ouest, avec la fondation du premier système, soumet le rail au choc d'un mouton de 300 kilogrammes, avec une hauteur de chute de 1m,50. Par contre, l'administration des chemins de l'État belge essaye les rails au choc avec un mouton de 200 kilogrammes sous une chute de 3 mètres. Enfin, la compagnie d'Aix-la-Chapelle à Maestricht, a porté l'épreuve jusqu'à employer un mouton de 300 kilogrammes tombant de 5 mètres, épreuve à outrance qui n'a d'autre résultat que d'induire l'administration en erreur, en lui faisant fournir des fers mous.

La figure 193 représente en coupe et en élévation le mouton à essayer les rails construit sur les indications de la compagnie du chemin de fer de Paris à Lyon. — L'appareil est disposé pour que le décrochage du mouton s'opère sans ébranlement ; deux rails convenablement lubrifiés forment les guides du mouton, qui doit tomber sans frottement important ni déviation sur le point indiqué.

Les frais d'installation des appareils d'épreuves et la main-d'œuvre relative à tous les essais et à la réception, ainsi que la perte résultant des rails cassés, sont à la charge du fabricant.

Les agents de l'administration du chemin de fer ont le droit d'exercer de jour et de nuit, sur la fabrication, toute la surveillance nécessaire pour s'assurer que les conditions du cahier des charges sont bien observées.

Les rails doivent avoir la forme indiquée par les dessins et le gabarit de section remis au constructeur; ils sont vérifiés au moment de la réception au moyen d'un gabarit de profil. La figure 194 représente celui des rails Vignoles du Nord.

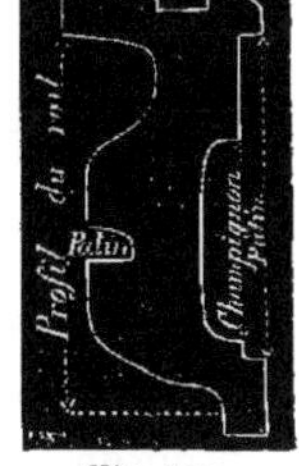


Fig. 194. Gabarit de profil des rails. $\frac{1}{5}$

Les rails rebutés sont marqués d'un signe de rebut très-apparent et indélébile, s'ils ne sont pas immédiatement dénaturés sous les yeux de l'agent. Les rails reçus provisoirement sont poinçonnés, sur les deux sections, à l'estampille de l'administration du chemin de fer.

Les réceptions forment l'objet d'un procès-verbal dont un double est remis à l'usine — annexe P, t. II. —

*Poids des rails.* — Parmi les formalités préalables à la prise de possession des rails, la constatation du poids des barres est une des plus intéressantes. Ce poids résulte du gabarit donné au fabricant et de la densité du fer. Fixer à priori la densité du fer est chose à peu près impossible, car ce nombre varie avec la qualité, le mode de fabrication et la provenance du métal. — On ne peut pas introduire le poids exact dans les conditions du cahier des charges, mais on doit l'établir aux débuts de la fabrication, puis accorder une tolérance, sur le poids fixé, de 2 0/0 en plus ou en moins.

La densité des rails peut, jusqu'à un certain point, renseigner sur l'homogénéité du métal et sur le degré d'épuration qu'il a subi. — On se rappelle en effet, que la densité du fer peut varier de 7 k., 500 à 7 k., 650, que celle de l'acier présente des différences qui s'élèvent de 7 k., 700 à 8 k., 050 [1] — 59 —.

157. GARANTIE. — Tout en prenant les précautions les plus minutieuses durant la fabrication et les réceptions, les administrations de chemin de fer sont exposées à recevoir des rails plus

[1] Pour connaître le volume du rail, ce qui n'est pas facile en raison de l'irrégularité de sa figure, il suffit de déterminer le volume de l'eau qu'il déplace quand on le plonge dans un bain convenablement disposé.

ou moins défectueux. Elles doivent donc exiger du fabricant une garantie de durée des rails, dont l'importance sera d'autant plus grande que la liberté de fabrication aura été plus largement accordée au maître de forges.

La durée peut être stipulée en nombre fixe d'années ou en temps limité par le passage d'un nombre de trains déterminé. — Ainsi, le Midi et l'Ouest exigent une garantie de service effectif de trois années sur des voies désignées à l'avance. Ces Administrations se réservent la faculté de rebuter les rails qui, dans le transport, avant ou pendant la pose et le délai de garantie, seraient cassés ou détériorés à raison de vices de fabrication ou de matière.

La compagnie de Paris-Méditerranée fait porter la garantie sur le passage de 15000 trains. — Cette disposition nous paraît la plus équitable, car elle met le maître de forges à l'abri de l'accroissement de trafic qui peut survenir dans l'intervalle de la garantie. Cependant il fera bien de stipuler le maximum de charge des essieux moteurs.

Enfin la véritable solution nous paraîtrait celle qui ferait entrer dans les conventions relatives à la garantie le tonnage total, le poids maximum des essieux et la vitesse, ainsi que nous l'avons indiqué en partie dans nos exemples de prix de revient de la voie — annexe Q. t. I. —

Pour éviter un remaniement et une révision complète des voies, la quantité de rails à rebuter est déterminée par des expériences partielles, et le fournisseur s'engage à subir, sur le prix du marché et pour l'ensemble de la fourniture, une réduction proportionnelle au nombre de rails qui ne résistent pas à l'épreuve suivante :

On prend, à divers moments de la fabrication, 2 à 10 pour 100 des rails fournis, pour les placer sur les sections de la ligne indiquées au marché. Avis est donné au fabricant de l'emplacement et de la date de la pose de ces rails; le bureau de statique de l'exploitation, tient compte exactement du nombre de trains qui passent sur chaque ligne. A l'expiration du délai de garantie, la proportion des rails avariés, c'est-à-dire de ceux qui ont déjà été remplacés pour défauts graves et de ceux qui, dans les voies, présentent un commencement de détérioration, comme écrasement, défaut de soudure, exfoliation, rupture, fissure à l'éclissage, etc., est établie contradictoirement. La proportion ainsi fixée est appliquée à toute la fourniture, que tout ou partie en ait été mise en service, et détermine pour les rails de cette fourniture la quantité de tonnes à rebuter. L'administration déduit de cette constatation la quantité de tonnes passible de l'indemnité fixée au marché, et qui représente la différence de valeur entre une tonne de rails neufs et une tonne de rails hors de service, y compris les frais de transport et autres, résultant du remplacement des rails avariés, les rails auxquels l'indemnité se rapporte restant, d'ailleurs, la propriété de la Compagnie.

La compagnie de l'Ouest, dont le délai de garantie est de trois années, fait une première vérification à la fin de la deuxième année de service; elle établit contradictoirement la proportion de rails avariés, sur des sections déterminées à l'avance, proportion qui doit être appliquée à l'ensemble de la fourniture, et qui donne le premier élément pour déterminer la quantité de tonnes qui subira la réduction de prix.

Un deuxième élément est fourni par le nombre de rails avariés, relevé à la fin de la *troisième année de service* sur la portion de la fourniture posée la première, jusqu'à concurrence de 30 p. 100 de la fourniture entière, sur quelque point des lignes spécifiées au marché qu'elle soit posée.

On prend alors une moyenne entre ces deux éléments, d'après laquelle on calcul le nombre de tonnes auquel s'applique la réduction de prix stipulée.

La proportion de rails avariés peut, selon la provenance des usines et le trafic, varier de 2 à 12 pour 100, et la valeur de l'indemnité entre 90 et 100 francs la tonne pour un prix d'acquisition oscillant entre 182 et 230 francs par 1 000 kilogr. de rails.

La réception définitive a lieu quand la reconnaissance contradictoire dont il vient d'être parlé est achevée et que les règlements sont terminés.

Les conventions des Compagnies françaises indiquent, en outre : les lieux et les époques de livraison, les amendes pour retards, le mode de payement; elles stipulent que les rails poinçonnés compris dans les procès-verbaux aux usines sont, par ce fait même, la propriété incontestable de la Compagnie. Cette clause a pour but d'assurer au chemin de fer la livraison des rails reçus, quand bien même il s'élèverait, entre l'Administration et le fabricant, une contestation dont celui-ci pourrait profiter pour priver la Compagnie des rails reçus dont elle aurait besoin.

Comme sanction donnée à la garantie, l'Administration retient une partie des sommes dues au fournisseur et ne délivre le solde qu'après la réception définitive des rails effectuée ainsi qu'il vient d'être dit. Généralement les payements s'effectuent de la manière suivante :

85 % de la valeur dans le courant du mois qui suit la réception provisoire à l'usine.

10 % de la valeur des rails livrés aux points stipulés.

5 % après la réception définitive, quand la liquidation de l'indemnité pour avaries des livraisons faites est terminée.

L'application de ces diverses prescriptions a déjà donné lieu à des décisions judiciaires extrêmement graves pour les maîtres de forge en défaut.

158. Observations générales; précautions. — Les agents préposés à la surveillance et aux réceptions, dans les usines, sont chargés d'une mission des plus importantes, dans laquelle leur responsabilité est sérieusement engagée. Ils ne doivent donc pas perdre de vue les prescriptions du cahier des charges et les instructions spéciales qu'ils reçoivent de leur chef de service. Chaque détail de fabrication fera l'objet d'un examen attentif de leur part : qualité des minerais et du combustible, composition des lits de fusion, marche du haut fourneau, travail des ours à puddler et des convertisseurs, cinglage et étirage des s, mise en paquets, laminage, dressage et coupage des rails; es opérations solidaires les unes des autres, et demandant à uivies avec une scrupuleuse attention.

Les agents doivent s'assurer par des tournées fréquentes, notamment pendant la nuit, de l'exactitude apportée dans la composition, dans le degré de chauffage des paquets, etc. Des cassures répétées et en tous sens les renseigneront sur la qualité des divers produits en rapport avec le degré d'avancement du travail.

Nous ne saurions trop engager les agents chargés de faire subir ces épreuves aux rails de s'entourer de toutes les précautions possibles, pour éviter les erreurs dont leurs expériences pourraient être entachées. Ils devront toujours prendre en considération le degré de température du rail au moment de l'opération, car une élévation ou un abaissement de température de quelques degrés seulement exerce une très-grande influence sur la résistance momentanée des fers — 156 —.

Au point de vue de la soudure, l'examen des sections dressées doit fournir à l'agent des indices à peu près certains sur la marche de la fabrication. Les lignes séparatives des mises se décèlent très-clairement en passant sur la section une légère couche d'acide.

En outre, et comme recommandations spéciales, nous pourrons lui donner les indications suivantes :

— Veiller à ce que les barres passent dans toutes les cannelures des cylindres;

— Rechercher les défauts dissimulés avec divers mastics, et qui se décèlent par des traces de rouille;

— Examiner la couleur des deux faces des rails; quand elles présentent deux teintes différentes, il y a négligence dans le chauffage; choisir ces rails pour faire les essais d'épreuves au mouton ou à la presse.

Le poids des barres et le gabarit (fig. 194), qui sert à vérifier toutes les dimensions de la section des rails, fournissent des indices suffisants sur la régularité du travail mécanique. Les cannelures des cylindres pouvant s'agrandir outre mesure, après le passage de mille rails environ, ou les cylindres eux-mêmes étant exposés à se casser, on fera bien d'engager le fabricant à préparer une deuxième paire de cylindres finisseurs, pour n'avoir pas d'interruption.

La marque de l'usine doit toujours être très-apparente sur tous les rails.

Les rails de longueur exceptionnelle seront indiqués par une marque spéciale et indélébile. On les empilera séparément, de manière à pouvoir les expédier à toute réquisition du chef de service.

L'empilage des rails doit être fait de telle sorte que chaque pile ne contienne que des rails de même longueur.

On s'arrange ordinairement pour que toutes les piles contiennent le même nombre de rails; disposition qui en facilite le comptage et l'inventaire. On tâchera d'obtenir que l'usine conserve les rails à couvert; sinon, il faudra donner de l'inclinaison aux barres, afin d'éviter le séjour de l'eau sur le fer.

Les agents aux usines doivent, indépendamment des rapports dont nous avons parlé plus haut, transmettre périodiquement au chef de service un état récapitulatif des rails fabriqués, reçus et expédiés. Ils tiennent ponctuellement au courant des registres spéciaux, dans lesquels ces indications sont exactement inscrites, avec tous les détails nécessaires pour établir, en tout temps, la situation des fournitures de rails en nombre, poids et longueurs.

Les agents des Administrations de chemins de fer en mission dans les usines y rencontrent généralement toute la déférence légitimement due au caractère dont ils sont investis. Afin de conserver l'autorité morale indispensable pour accomplir leur devoir, qu'ils ne fassent donc de critiques et d'observations qu'après un mûr examen et en s'adressant, non pas aux ouvriers, mais au directeur de l'usine, dont les intérêts, bien compris, sont étroitement liés avec ceux de l'Administration qu'ils représentent. Si le directeur ne tient pas compte des observations de l'agent, celui-ci en refère à son chef immédiat, en lui adressant un rapport spécial sur l'incident.

NOTA. — Pour évaluer rapidement le poids des rails d'après leur profil, au lieu d'employer les procédés de quadrature connus, on peut se servir du *planimètre*, qui donne immédiatement la surface enveloppée par un contour linéaire quelconque.

## § IV.

### ATTACHES DES RAILS.

Nous désignons sous le nom général d'*attaches* tous les éléments de la voie destinés à maintenir invariablement le rail dans une position déterminée ; ces pièces doivent donc présenter une résistance suffisante à l'action verticale exercée par le poids des véhicules, ainsi qu'à la pression latérale résultant du *mouvement de lacet* des roues.

Les systèmes d'attaches proposés sont très-nombreux, mais nous sortirions du cadre de notre travail si nous voulions entreprendre la description de toutes les formes plus ou moins compliquées qui ont fait l'objet d'essais ou de tentatives d'application. Nous bornerons notre examen aux types généralement employés.

159. Coussinets en fonte ; formes et dimensions. — Le coussinet en fonte se compose d'une base ou semelle, surmontée de deux joues, comprenant entre elles la *chambre* destinée à recevoir le rail et le coin de serrage (fig. 137, pl. XI).

La semelle reçoit directement la pression verticale exercée par le rail sous charge, et, indirectement, la pression latérale des boudins, transmise par les joues ; elle doit donc résister à la compression et à la traction. Il faut, en conséquence, que la section soit calculée pour qu'en service ordinaire les efforts demandés à la fonte ne dépassent pas la limite d'élasticité. Pour augmenter la résistance de la semelle, on lui donne une forte épaisseur ; afin d'en diminuer le poids, des vides sont disposés de manière à n'en pas compromettre la solidité ; mais ces vides ont le grand inconvénient de transformer la face d'appui de la semelle en une espèce de grillage dont les barreaux supportant tout le poids des véhicules s'incrustent dans le bois et le désagrégent. A partir de ce moment, les coussinets perdent leur position normale, l'inclinaison et l'écartement des rails changent, enfin les attaches ne suffisent plus pour maintenir solidement le coussinet; si la traverse n'est pas complétement détériorée, il faut la resaboter, c'est-à-dire placer le coussinet sur une partie saine de la bille.

La semelle est percée de deux trous pour recevoir les attaches sur la traverse. Les axes de ces trous sont disposés de chaque côté du plan passant par le milieu du coussinet, perpendiculairement à la longueur du rails; si ces axes se rencontraient dans un même plan parallèle à la longueur de la traverse, le bois aurait plus de tendance à se fendre sous l'action des attaches. La joue touchant le rail doit en épouser la forme aussi exactement que possible sur toute sa longueur, il faut donc que la surface en soit parfaitement parallèle à l'axe du rail; à l'extérieur, cette joue peut être épaulée par une seule nervure dirigée dans le sens du grand axe de la semelle. La joue qui reçoit le coin, au contraire, a deux inclinaisons qui facilitent l'introduction et le serrage du coin, dans quelque sens qu'il soit dirigé (fig. 253, n° 224). Cette disposition évite l'emploi de deux types de coussinets (de droite et de gauche) appliqués il y a quelques années.

La joue du coin est soutenue tantôt par une, tantôt par deux nervures placées vers l'entrée, pour résister aux efforts du coinçage, qui sont plus considérables aux bords du coussinet que vers le milieu. Cependant cette disposition, bonne sous ce dernier point de vue, présente un inconvénient au sabotage et à l'entretien, car les deux nervures, entre lesquelles est logé le trou de l'attache, gênent le passage de l'outil qui sert au clouage. La majeure partie des avaries remarquées sur les coussinets sabotés n'ont pas d'autre cause.

*Dimensions des coussinets.* — Les coussinets de joint en fonte étant généralement supprimés, notre étude ne porte que sur les coussinets intermédiaires. Les dimensions principales de ces coussinets ressortent du tableau qui suit, le millimètre étant pris pour unité :

| | | Bavière. | Est. | Lyon. | Nord. | Ouest. |
|---|---|---|---|---|---|---|
| Longueur de la semelle. . . . | | 293mm | 260mm | 282mm | 290mm | 255mm |
| Distance des trous (d'axe en axe) | | 193 | 190 | 216 | 222 | 195 |
| Epaisseur de la semelle | sous le rail. . . . . | 52 | 45 | 45 | 50 | 48 |
| | aux trous des attaches | 29 | 36 | 36 | 35 | 33 |

| | | Bavière. | Est. | Lyon. | Nord. | Ouest. |
|---|---|---|---|---|---|---|
| | | — | — | — | — | — |
| Largeur de la semelle dans l'axe du rail. | en haut | 78 | 78 | 81 | 80 | 85 |
| | en bas. | 105 | 100 | 100 | 100 | 100 |
| Largeur de la joue du rail . . | | 72 | 50 | 45 | 45 | 30 |
| — — du coin. . | | 73 | 60 | 70 | 70 | 65 |
| Diamètre des trous d'attache | en haut. . | 39[1] | 21 | 22 | 19,5 | 22,5 |
| | en bas . . | 33 | 20 | 20 | 19 | 21 |
| Poids du coussinet. . . . . . | | 8k,75 | 10k,30 | 10k,50 | 9k,70 | 9k |
| Poids du rail . . . . . . . . | | 35k,00 | 37k,50 | 38k,10 | 37k,40 | 37k,75 |

Dans les récentes transformations de ses voies, la compagnie de l'Ouest, en posant les éclisses en porte-à-faux, a substitué aux coussinets de 9 kilogrammes, des coussinets à 2 et 3 nervures, de largeur double des anciens et qui pèsent les uns 15k,100 et les seconds 15k,700 la pièce.

160. **Fabrication des coussinets en fonte.** — *Modèles.* — La position relative des joues et de la semelle, qui donne au rail l'inclinaison voulue sur la voie, constitue l'une des conditions les plus importantes à maintenir dans la fabrication des coussinets. Par les anciens procédés de fabrication, on obtenait le vide de la *chambre* au moyen d'un noyau que l'on plaçait, après coup, dans le moule du coussinet, le modèle enlevé. Ce noyau, indépendant du reste du moule, ne se présentait pas toujours dans les mêmes conditions de pose, de dimensions et de résistance; de là des inégalités très-sensibles dans la forme des coussinets fabriqués et dans la position des rails sur la voie.

On a introduit depuis quelques années, dans les usines d'une certaine importance, un système de moulage qui supprime complétement l'emploi de la boîte à noyau : il consiste à établir des modèles exactement semblables aux coussinets à produire — sous réserve toutefois des dimensions correspondantes au retrait de la fonte, — et à découper ces modèles en parties telles que chacune d'elles puisse être successivement retirée du sable. On doit exécuter ces modèles en fonte ou, mieux encore, en bronze, et les ajuster avec toute la précision exigée dans la

[1] Ces trous sont remplis d'abord par un bouchon en bois à travers lequel passe le clou d'attache barbelé.

construction des machines les plus parfaites. L'ingénieur imposera donc au fabricant la condition de lui soumettre ses modèles, et de ne commencer sa fabrication qu'après vérification faite des premiers coussinets et remise d'un échantillon accepté et poinçonné par l'administration du chemin de fer, pour servir de type.

Les coussinets doivent porter en relief et venus de fonte, sur leurs faces extérieures, la marque du fabricant, l'année et le mois de fabrication. Chaque coulée doit être mise à part, en tas distincts des coussinets des autres coulées, jusqu'à ce que l'agent en ait fait la réception.

*Qualité de la fonte.* — Les coussinets peuvent être coulés en fonte de première ou seconde fusion, mais de bonne qualité, *grise,* d'un grain homogène, fin, avec de légers arrachements, douce à la lime et au burin, non sujette à tasser. On doit refuser les coussinets présentant des cassures blanches ou seulement truitées. On rejette également sans autre vérification les échantillons présentant à l'extérieur des défauts de fabrication, tels que : gouttes froides, coutures, soufflures, avalures dans les angles rentrants, tassements sous la semelle, arêtes ou pointes présentant des parties blanches. Certains coussinets, présentant à l'intérieur une couche poreuse, tendre, compressible, seront également refusés. Ce défaut est facile à reconnaître, car, en brisant quelques coussinets fabriqués depuis un certain temps, la partie poreuse apparaît comme une couche attaquée par la rouille.

161. Epreuves. — Réception. — Tous les coussinets doivent avoir leurs surfaces nettes et unies, la semelle parfaitement plane, les coutures abattues à la lime, les bords ébarbés, les trous des attaches réguliers, alésés au besoin, et présentant les dimensions exactes des calibres, sans tolérance. Ce calibre est un tronc de cône en acier dont les bases ont un diamètre supérieur de $\frac{1}{2}$ millimètre au diamètre des trous; on refuse tout coussinet dont les trous ne pourraient pas recevoir le petit bout du calibre qui doit y passer ou qui laisseraient passer le gros bout du calibre. La chambre doit pouvoir être traversée par un gabarit en tôle

d'acier (fig. 195, A) ayant exactement sa forme; un bout de rail et un coin types, remis au fabricant, doivent s'adapter avec précision et sans ballottement dans chaque coussinet.

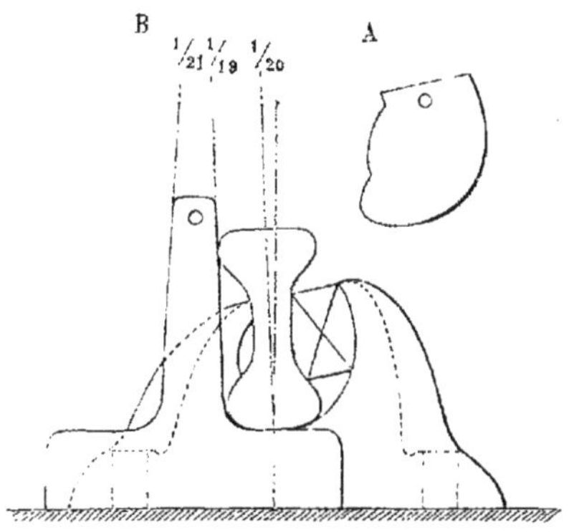


Fig. 195. Gabarits pour la vérification des coussinets. $\frac{15}{1000}$

On vérifie l'inclinaison des joues du cousinet par rapport à la semelle, en plaçant le coussinet armé du rail type coincé, sur un *marbre* de fonte bien dressé, et en appliquant contre le rail un gabarit (fig. 195, B) dont la branche verticale est dressée sur ses tranches avec deux inclinaisons limites comprenant entre elles l'inclinaison normale du rail sur la voie, soit $\frac{1}{19}$ et $\frac{1}{21}$ si l'on a choisi $\frac{1}{20}$ pour règle générale. Les coussinets dans lesquels le rail coincé présenterait des inclinaisons en dehors des limites de tolérance seront refusés.

*Epreuves.* — Chaque coulée est généralement soumise à deux séries d'épreuves, l'une au choc, l'autre à la pression, à la flexion ou à la traction. Ces essais se font tantôt sur les coussinets simplement, tantôt sur les coussinets et des barreaux d'expérience, tantôt enfin sur des échantillons seulement. Ces échantillons doivent être coulés avec des appendices pour s'opposer au retrait, en sable très-sec, pendant la coulée des coussinets, et en présence de l'agent chargé de la réception.

I. Le cahier des charges de la Compagnie de l'Ouest prescrit d'essayer un certain nombre de coussinets choisis dans chaque coulée, mise à part et empilée, sans que la proportion des coussinets brisés aux épreuves puisse dépasser 1 pour 200. Dans l'épreuve au choc, on place le coussinet renversé sur deux saillies distantes de 0m,20 faisant corps avec une enclume de 400 kilogrammes, et on laisse retomber au milieu de la distance des points d'appui, et d'une hauteur de 0m,70 un boulet bien guidé pesant 30 kilogrammes. Si tous les coussinets soumis à cette épreuve résistent au choc, la coulée est reçue; dans le cas où l'un des coussinets a été cassé, on pousse les essais jusqu'à ce que le nombre de dix coussinets essayés soit atteint; si sur ce nombre trois coussinets ont été cassés, la coulée est refusée. On considère comme cassés les coussinets fendus, mais comme ayant résisté ceux qui, bien que fêlés, résistent encore au choc d'un boulet tombant de $0^{m},30$ de hauteur. Si l'usine le désire, l'essai peut être prolongé jusqu'à vingt coussinets; pour que la coulée soit de réception, le nombre de coussinets considérés comme cassés doit être inférieur à six.

Dans le cas de l'*épreuve à la pression*, le coussinet, placé comme pour l'épreuve au choc, est soumis à une pression portée successivement au delà de 20 000 kilogrammes. Si l'un des coussinets essayés rompt sous une charge inférieure à 16 000 kilogrammes, ou si la moyenne des charges produisant la rupture n'atteint pas 20 000 kilogrammes, la coulée est refusée.

II. La Compagnie du Midi soumet les fontes à deux sortes d'épreuves : les coussinets fabriqués, au choc du mouton; les échantillons d'essai, à la traction.

*Épreuve au choc.* — La table du coussinet repose sur deux chenêts en acier trempé, taillés en biseau, encastrés dans une enclume pesant 400 kilogrammes au moins. Ces chenêts se trouvent dans l'axe des trous de chevillettes et sont percés de deux trous à travers lesquels passent des boulons fixant le coussinet sur l'enclume. Le mouton de 30 kilogrammes, à base hémisphérique, tombe d'abord d'une hauteur de $0^{m},30$, puis de $0^{m},35$ et ainsi de suite, en augmentant chaque levée de $0^{m},05$ jusqu'à $0^{m},65$, et à partir de là de $0^{m},025$ jusqu'à la rupture. Si dans ces essais deux coussinets sur dix cassent sous le choc du mouton tombant d'une hauteur égale ou inférieure à $0^{m},60$, la coulée entière est refusée.

*Épreuve à la traction.* — A chaque coulée sont fabriqués dix barreaux à anneaux de $0^{m},30$ de longueur et $0^{m},025$ de diamètre ramené au tour à $0^{m},020$. L'agent réceptionnaire choisit cinq de ces barreaux, les soumet à une charge de 10 kilogrammes par millimètre carré de section, et successivement à une surcharge de 1 kilogramme par millimètre carré; si l'un de ces barreaux vient à se rompre sous une charge de 15 kilogrammes par millimètre carré, la coulée entière sera refusée.

III. La Compagnie du chemin de fer de Paris à Lyon et à la Méditerranée limite ses essais aux épreuves sur échantillon consistant en deux barreaux et deux lingots coulés en même temps que les coussinets présentés à la réception.

Pour l'*épreuve au choc*, un barreau de $0^m,04$ d'équarrissage placé horizontalement sur deux couteaux distants de $0^m,16$, faisant corps avec une enclume de 800 kilogrammes au moins, doit supporter sans se rompre le choc d'un mouton de 12 kilogrammes, tombant librement d'une hauteur de $0^m,40$, au milieu de la partie du barreau comprise entre les deux couteaux.

Dans l'*épreuve à la flexion*, un lingot de $0^m,08$ d'équarrissage doit supporter sans se rompre l'action d'un poids total de 960 kilogrammes agissant sur un bras de levier de 2 mètres de longueur faisant partie de l'appareil de Monge.

L'*appareil de Monge* (fig. 196) se compose d'un levier sus-

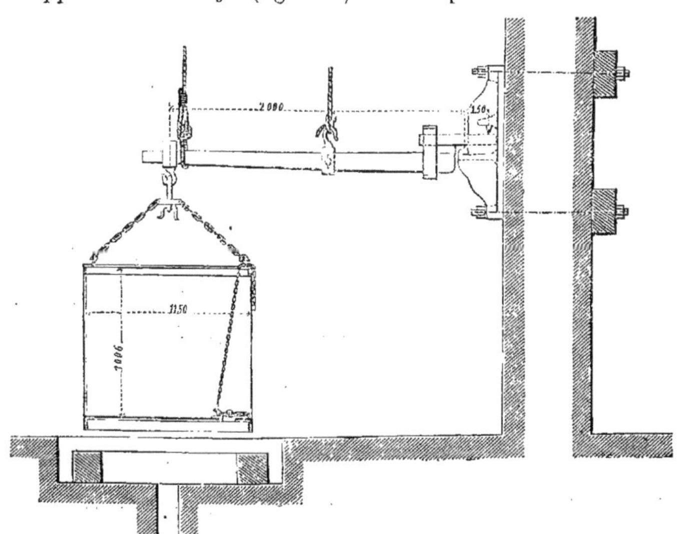


Fig. 196. Appareil de Monge pour essayer les matériaux. $\frac{1}{50}$

pendu par l'une de ses extrémités au barreau à essayer. Ce levier soutient, à son autre extrémité, une cuve en tôle dans laquelle on introduit de l'eau qui doit produire la charge et qui peut, après l'opération, s'échapper par une soupape placée au fond de la cuve. Le barreau d'épreuve est pris entre deux couteaux fixés à frottement contre les consoles d'une plaque de support.

L'introduction de l'eau pouvant être réglée à volonté, l'emploi de cet appareil permet d'augmenter la charge d'épreuve avec autant de ménagements que possible, et de suivre l'opération dans toutes ses phases, avec plus de facilités qu'en se servant des machines à poids solides.

Les barreaux et lingots, coulés en sable très-sec et terminés par des appendices disposés pour s'opposer au retrait, reçoivent le même numéro d'ordre que la coulée. L'épreuve s'effectue sur une seule pièce de chaque espèce; si elle se brise, *toute la coulée est refusée.* La deuxième pièce ne sert qu'à remplacer la première quand celle-ci est manquée à la coulée.

IV. Les épreuves indiquées par le service de la voie des chemins de fer de l'Est consistaient à soumettre à la traction quelques échantillons des fontes employées à la fabrication des coussinets.

Deux échantillons, venus de fonte avec chaque coulée de coussinets, étaient disposés en barreaux de $0^m,40$ de longueur totale, terminés par deux anneaux de $0^m,08$ de diamètre extérieur.

Le diamètre de la tige, brute de fonte, était de $0^m,015$ pour l'un des barreaux, et $0^m,020$ pour l'autre.

Au tour, on ramenait ces tiges au diamètre de $0^m,011$ et $0^m,016$. L'anneau supérieur étant fixé à un support solide, on suspendait à l'anneau inférieur un plateau qui recevait la charge des poids.

La tige de $0^m,011$ de diamètre devait supporter sans se rompre un effort de 1 500 kilogrammes, soit $15^k,70$ par millimètre carré de section, et celle de $0^m,016$, une charge de 3 000 kilogrammes, soit d'environ 15 kilogrammes par millimètre carré de section.

*Réception*. — Les coussinets ayant satisfait aux vérifications et épreuves indiquées sont reçus et poinçonnés de la marque du chemin de fer. Les poids sont constatés à l'origine de la fourniture sur des coussinets dont on a vérifié toutes les dimensions. Le reste de la fourniture est réglé avec une tolérance de 3 pour 100 en plus ou en moins accordée sur le poids normal.

*Garantie*. — Nonobstant la réception provisoire à l'usine, le fournisseur doit être responsable des coussinets pendant un certain délai; il remplace à ses frais tous ceux qui seraient avariés pendant le transport, le sabotage, la pose et deux années de service en voies provisoires ou définitives.

162. Observations générales. — Les recommandations que nous avons cru devoir faire aux agents chargés de contrôler la fabrication et d'effectuer les réceptions de rails, s'adressent, en général, aux agents délégués dans les usines pour surveiller la fabrication du matériel. Il n'y a donc pas lieu d'y revenir.

En ce qui concerne spécialement la fabrication des coussinets en fonte, on fera bien de suivre attentivement la marche du haut-fourneau, la composition des lits de fusion, la qualité du combustible, la pression et la température du vent, la nature du laitier, etc.; si l'allure est dérangée par une cause quelconque, il faut arrêter la coulée des coussinets jusqu'à ce que le fourneau ait repris sa marche normale. Quand les coussinets sont fabriqués en fonte de seconde fusion, il y a intérêt à essayer directement les fontes servant au mélange, et à en vérifier la provenance et la qualité. Généralement les ouvriers mouleurs, qui sont payés au poids de coussinets reçus quant à la forme, coulent les pièces avec un métal très-chaud, pour éviter les coutures, reprises, etc.; c'est une tendance qu'il faut essayer de combattre, l'expérience ayant démontré que la fonte laissée pendant quelques minutes en *poches*, avant la coulée dans les moules, présente plus de garanties de solidité que lorsqu'elle est versée immédiatement après la sortie du fourneau.

En un mot, l'emploi de la fonte ordinaire présente un si grand nombre de chances de rupture, et les conséquences qui peuvent en résulter sont tellement graves, que l'on ne saurait prendre assez de précautions contre l'introduction de toute pièce défectueuse dans la fourniture.

Les inconvénients qui résultent de l'emploi de la fonte dans la construction de la voie courante deviennent bien plus graves encore lorsqu'il s'agit des coussinets de joint. Aussi, pour éviter les dangers de cette application, a-t-on substitué aux coussinets en fonte des éclisses, des cornières, et enfin des coussinets-éclisses en fer laminé, faisant corps avec le rail au moyen de boulons et écrous. Cette substitution écarte d'une manière absolue les chances de rupture brusque, inévitable avec la fonte appliquée aux joints des rails; elle rend l'entretien de la voie plus facile, plus économique, et le roulement des véhicules, plus doux et plus régulier.

163. Coins. — Les coins servent à maintenir les rails dans les coussinets. On ne se sert plus que de coins en bois placés contre la face du rail extérieure à la voie, disposition qui ménage la joue externe du coussinet et permet de recouvrir le coin avec du ballast pour le conserver autant que possible à l'abri de la trop grande sécheresse.

*Forme.* — La forme des coins a beaucoup d'influence sur leur effet et leur durée. Le bloc de bois qui les constitue a trois faces parallèles à son axe et une face inclinée. Deux des faces parallèles à l'axe sont planes; la troisième épouse exactement le profil du rail entre les deux champignons. Quant à la face inclinée sur l'axe, elle a pour profil moyen celui de l'intérieur de la joue du coussinet placée en dehors de la voie, et son inclinaison sur l'axe varie entre $\frac{1}{50}$ et $\frac{1}{25}$ de la longueur; autrement dit, pour une longueur de 250 millimètres entre les deux têtes, on a adopté pour différence d'épaisseur dans le sens horizontal 5, 8 et 10 millimètres, d'une extrémité du coin à l'autre. Nous croyons que cette dernière inclinaison est trop prononcée; les coins ainsi disposés rencontreront un excès de résistance à l'enfoncement dans le coussinet et le feront fendre, ou réciproquement le coussinet avariera la face des coins. Exigeant plus de force à l'enfoncement, le coin court aussi plus de risque d'être fendu par les chocs du chasse-coins.

D'un autre côté, une inclinaison faible nécessite l'emploi de bois très-sec; car, si on fabrique les coins en bois humide, la dessication en réduit les dimensions, et une faible différence d'épaisseur, du petit au gros bout, ne suffit plus pour remplir efficacement l'espace compris entre le rail et le coussinet.

Les deux têtes du coin doivent être parfaitement d'équerre avec les trois faces parallèles à l'axe; les arêtes des têtes seront fraisées pour faciliter l'entrée du coin dans le coussinet d'une part, et ramener, d'autre part, le choc du chasse-coins vers l'axe; on évite par ce moyen la fente du bois.

Des gabarits servent d'ailleurs à régler la forme exacte des coins.

*Qualités du bois.* — On peut fabriquer des coins dans le bois neuf de chêne ou d'acacia, à la condition que le bois sera sans aubier, sec, compacte, sain, sans nœuds, ni roulures, gerçures, piqûres ou tous autres défauts.

Les vieilles traverses de chemins de fer dont le bois est bien conservé, mais qu'il faut mettre au rebut par suite de fentes ou défaut de dimensions, donnent un très-bon rendement par le débit en coins. Le produit en est généralement plus avantageux que par la vente comme bois à brûler.

*Fabrication.* — Pour présenter dans leur forme toutes les conditions de régularité requises, les coins doivent être fabriqués mécaniquement.

Un atelier de fabrication de coins peut se composer : d'une scie circulaire pour débiter les bois à la longueur; de deux machines à raboter qui donnent, l'une, le profil du coin contre le rail, l'autre, le profil externe; enfin, d'une machine à fraiser les bouts.

On obtiendrait de très-bons produits en commençant par débiter les blocs qui doivent être rabotés et fraisés, en les laissant sécher à couvert pendant quelques mois, et en ne parachevant les coins qu'après cette dessiccation préalable.

*Réception.* — Les coins doivent être de droit fil, avoir des faces parfaitement lisses et sans flaches, des arêtes vives et nettes, le profil exact des gabarits en acier poinçonnés. Chaque coin, présenté par la petite tête, doit entrer à la main de 1 centimètre dans le plus petit gabarit, et s'arrêter dans le plus grand à 1 centimètre de la grosse tête; il doit enfin épouser exactement les faces du rail et du coussinet avec lesquelles il est en contact. Tout coin qui ne satisfait pas à ces conditions est rebuté. Les coins reçus sont poinçonnés sur l'une des têtes.

*Observation.* — Les coins débités dans du bois suffisamment sec, et qui remplissent les conditions ci-dessus indiquées, seront conservés dans un magasin clos et couvert, pour éviter une trop prompte dessication, ou l'absorption de l'humidité.

Le prix des coins varie de 80 francs à 120 francs le mille, selon les facilités d'approvisionnement que la ligne peut trouver. En traitant quelque temps à l'avance avec des fournisseurs bien installés, on peut en obtenir des conditions favorables.

La consommation annuelle des coins devient très-régulière au bout de quelques années d'exploitation; leur durée moyenne ne dépasse guère quatre ans.

Le renouvellement des coins ayant principalement lieu pendant les mois de juin à septembre, il faut que l'approvisionnement en soit fait pendant l'hiver. C'est aussi la saison la plus favorable à la réduction des prix de main-d'œuvre, les travaux de charpente étant généralement suspendus à cette époque de l'année.

164. Éclisses. — Le but des éclisses est de remédier à la solution de continuité que présentent les rails posés à la file les uns des autres, en rendant les bouts des rails voisins solidaires l'une de l'autre.

Nous avons vu, en traitant du profil des rails — 104 —, que la question de l'inclinaison de l'épaulement du champignon a son importance au point de vue de la durée des rails. Nous en retrouvons la contre-partie quand il s'agit de l'éclissage; car, si le contact entre le rail et l'éclisse se fait sur des plans trop inclinés par rapport au grand axe de la section du rail, les éclisses tendent à s'écarter et, par suite, à fatiguer les boulons. L'inclinaison comprise entre 0,500 et 0,545 paraît répondre le mieux au but de l'éclissage.

L'exemple du joint en porte-à-faux appliqué aux rails à coussinets a engagé quelques ingénieurs allemands à l'appliquer aux rails à large base, et les résultats de cette disposition ont paru tellement avantageux au point de vue de la douceur de roulement et des frais d'entretien qu'un grand nombre de lignes ont été transformées dans ce sens.

A la conférence de Munich, en 1868, on avait posé la question suivante :

Quelles sont les résultats de l'application des joints en porte-à-faux, et quelles sont les lignes qui se proposent d'en poursuivre l'emploi ?

Quarante-trois Directions ont répondu à cette question : vingt-huit avaient appliqué le joint en porte-à-faux, et s'en trouvaient bien ; une seule avait eu un mauvais résultat ; dix autres ne l'avaient pas encore essayé.

En fait, le joint en porte-à-faux, pourvu de longues éclisses serrées par quatre boulons, est adopté aujourd'hui en Allemagne sur un développement dépassant 2 000 kilomètres ; il est en voie d'application sur le réseau de Paris-Lyon-Méditerranée. Les figures 185 et 198, pl. XIII, représentent le mode d'éclissage adopté par cette compagnie.

Voici quels sont les motifs invoqués en faveur des joints en porte-à-faux :

Le roulement est plus doux, parce que les joints présentant souvent des vides ou des différences de hauteur entre les deux extrémités des rails en contact, le choc des bandages qui en résulte est moins sensible sur le joint en porte-à-faux, par suite de l'élasticité du système ; tandis qu'avec le joint supporté, principalement avec le joint muni d'une platine intermédiaire entre le rail et la traverse, il se produit un effet de réaction du support qui développe l'effet du choc des roues, contribue à détériorer les bandages et à déranger le joint, l'assiette de la traverse, etc. Aussi avec les joints en porte-à-faux les abouts des rails sont-ils bien mieux ménagés qu'avec les joints supportés ; les éclisses, quand les plans de contact avec les rails sont suffisamment inclinés, tiennent mieux ; les attaches des rails sur les traverses voisines du joint sont plus solides; les traverses se conservent mieux; en un mot, l'entretien de la voie est beaucoup plus facile et moins coûteux. L'expérience décidera.

On a longtemps tâtonné sur la forme des éclisses; mais aujourd'hui les ingénieurs sont à peu près d'accord sur le profil à leur donner. La figure 198, pl. XIII, en représente la dernière expression.

Quand il s'agit d'appliquer les éclisses plates aux rails à deux champignons, le joint est placé entre deux supports, en porte-à-faux par conséquent; la théorie indique que c'est la disposition la plus favorable au point de vue de la résistance normale, mais à la condition, toutefois, que les supports voisins du joint s'en rapprocheront autant que possible, et qu'ils seront toujours parfaitement soutenus, ce qui est loin d'être exact en pratique.

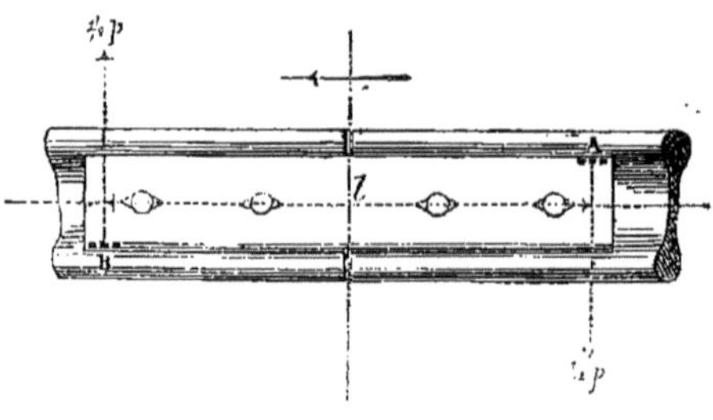


Fig. 197. Eclisse vue de face. $\frac{1}{10}$

D'un autre côté, le joint éclissé est d'autant meilleur que la la longueur de l'éclisse est plus grande. Quand on observe ce qui se passe dans une voie éclissée (fig. 197), on remarque deux portions de l'éclisse plus intéressées que tout le reste dans la résistance. Ces portions se trouvent aux extrémités A et B de la diagonale du rectangle de l'éclisse, et démontrent par la dépression du métal en ces points, que les efforts de la charge s'y concentrent plus énergiquement que sur le reste des surfaces en contact. La charge P étant placée au milieu de la longueur $l$, on voit qu'elle se décompose en deux autres forces dirigées en sens contraire et formant un couple, et que l'effet de la charge sur les parties les plus fatiguées de l'éclisse sera d'autant plus petit que $l$ sera plus grand, la réaction de l'éclisse étant représentée par $\frac{P}{2} \times \frac{l}{2}$.

Il s'agit donc encore de concilier deux conditions opposées. En allongeant les éclisses, on améliorerait l'éclissage sous ce dernier point de vue ; mais si l'on écartait en même temps les traverses voisines du joint, on augmenterait considérablement le travail du fer de l'éclisse au joint, travail déjà trop élevé et qui exige une excellente qualité de métal. Aussi faut-il tenir ces traverses aussi près que possible l'une de l'autre.

Quand on emploie le rail à coussinets, les coussinets et les coins voisins du joint empêchent de donner à l'éclisse une longueur convenable ; enfin, le bourrage des traverses n'est possible qu'en laissant entre elles un espacement minimum, et trop réduit d'ailleurs, de $0^m,40$. Telles sont les raisons qui ont fait rejeter, dans plusieurs cas, l'éclissage en porte-à-faux des rails à deux champignons, pour lui substituer l'emploi des éclisses-cornières et des coussinets-éclisses.

L'éclissage des rails à patin ne présente plus ces inconvénients ; le joint repose à volonté sur une traverse ou entre deux traverses, et l'éclisse prend la longueur qu'on veut lui donner : grand avantage du deuxième rail sur le premier.

Les joues intérieures des éclisses ont généralement un profil identique. Il serait à désirer, pour diminuer le nombre de pièces différentes entrant dans le matériel de la voie, que le profil extérieur fût aussi le même ; cependant quelques ingénieurs font venir au laminage, sur la face externe de l'une des éclisses, une rainure destinée à maintenir la tête des boulons d'éclissage quand on serre l'écrou ; on peut éviter cet inconvénient, en ménageant dans les trous de boulons une encoche pouvant retenir un étoquiau venu de forge sous la tête du boulon (fig. 197, p. 420 et 198 *a*, pl. XIII). Dans ce cas les deux éclisses sont identiques.

Les éclisses sont généralement réunies ensemble et au rail par quatre boulons. Quelquefois l'éclissage s'opère au moyen de trois boulons, c'est-à-dire un boulon seulement traversant la tige de chaque rail, et le troisième placé dans le joint ; cette disposition est rarement adoptée, car bien qu'elle offre l'avantage de diminuer le prix de l'éclissage, elle a le grave inconvénient d'affaiblir la section la plus fatiguée de l'éclisse.

La consolidation des éclisses, surtout pour les joints en porte-à-faux, est de la plus haute importance. Comme nous le verrons plus loin, on s'est préoccupé des moyens d'empêcher les écrous des boulons de se dévisser. La compagnie de Lyon applique le procédé de M. Bouchacourt, qui consiste à retenir l'écrou par une broche en fer introduite dans une rainure longitudinale venue au laminage sur la face extérieure de l'éclisse, et pénétrant sous deux écrous contigus dans une petite encoche ménagée dans la face intérieure de chaque écrou (fig. 198 *a*, pl. XIII, et 204 bis, pl. XI). Comme chaque écrou est muni de six encoches semblables, on peut toujours en amener une sur la rainure de l'éclisse et arrêter l'écrou à l'aide de la broche.

M. Dillon-Corneck, chef de section au chemin de fer de Lyon, a proposé d'arrêter l'écrou à l'aide de la rondelle-arrêt, en relevant de 90° le bord de cette rondelle, fixée elle-même par un ergot dans le trou ovalisé de l'éclisse (fig. 198 bis, pl. XII). Quand on veut faire tourner l'écrou, il suffit d'abattre le bord relevé de la rondelle, et pour fixer de nouveau l'écrou, si le bord rabattu est cassé, on peut relever une autre partie de la rondelle, et ainsi de suite. Cette ingénieuse disposition n'a pas encore reçu d'application étendue.

Le système d'éclissage représenté par la figure 198 ter, pl. XIII, est dû à M. Tudor, ingénieur à Boston.

Les boulons portent deux filets de vis à pas différents qui retiennent les écrous engagés dans une rainure venue de laminage sur la face extérieure de chaque éclisse. Les boulons se terminent par deux bouts à section polygonale qui pénètrent dans le vide d'une clef de même forme. En faisant tourner les boulons, les écrous étant rendus fixes par la rainure des éclisses se rapprochent par suite de la différence de leur pas de vis et le serrage peut être aussi énergique que l'on veut. Quand au desserrage par rotation de l'écrou il est impossible.

La disposition de M. Lucas a quelque analogie avec celle de M. Bouchacourt : au lieu d'arrêter l'écrou par une broche retenue dans la rainure de l'éclisse, il le maintient par une clavette enfoncée dans une rainure ménagée partie dans le boulon, partie dans l'écrou. Le boulon a deux rainures opposées, l'écrou en porte trois, de sorte qu'en 1/6 de tour il y a deux demi-rainures en présence. Cette disposition ne paraît pas aussi convenable que celle de M. Bouchacourt, en ce sens que les rainures doivent altérer le pas de vis et l'affaiblir.

La réunion des ingénieurs allemands tenue à Munich en 1868 s'est préoccupée de la question du desserrage des boulons d'éclisses. Après avoir passé en revue les divers procédés mis en usage pour éviter le desserrage des écrous tels que : doubles écrous; écrou simple avec clavette; écrous à filets, droite et gauche; mattage des filets après serrage; clef enfoncée entre l'écrou et le boulon; procédé Lucas, — etc., etc., la réunion a constaté que les diverses lignes consultées se partageaient en deux groupes cherchant à prévenir le desserrage des écrous de boulons, l'un par un moyen artificiel, l'autre par une construction convenable de l'éclisse dans son ensemble. C'est en effet, par ce procédé, recommandé par la réunion, que la question doit être résolue : éclissage robuste, forte inclinaison des portées de l'éclisse contre le rail — au maximum 6/11, 146 —; emploi de forts boulons de 27mm au moins de diamètre, pas de vis très-aplati, et écrous assez hauts pour comprendre au moins 12 à 13 filets.

*Tableau des principales dimensions des éclisses appliquées aux rails à large base.*

| INDICATON DES CHEMINS DE FER. → | Nord. | Autrichien de l'État. | Bade. | Lyon. | Saxe. | Bavière. Francfort. Bamberg. | Palatinat. | Central Suisse. |
|---|---|---|---|---|---|---|---|---|
| | mm. | mm. | mm. | mm. | mm. | mm. | mm. | mm. |
| Longueur | 450 | 390 | 540 | 480 | 405 | 645 | 460 | 457 |
| Hauteur | 82 | 79 | 75 | 87 | 68 | 74 | 74 | 56 |
| Epaisseur maxima | 20 | 20 | 15 | 22 | 10,5 | 19 | 16,5 | 17 |
| Diamre des trous de boulons. | 20 | 20 | 24 | 27 | 20 | 23,5 | 23,5 | 17 |
| Diamètre des boulons | 19 | 19 | 24 | 25 | 19 | 22 | 22 | 15,6 |
| Espacement des boulons intermédiaires | 150 | 75 | 72 | 140 | 104 | 153 | 100 | 168 |
| Espacement des boulons extrêmes | 350 | 295 | 396 | 380 | 312 | 527 | 360 | 378 |

165. Eclisses-cornières. — Nous ne connaissons d'applications importantes de ce système de consolidation de joints que celles faites sur les lignes du chemin de Louis (Ouest-Bavière et de Westphalie (Prusse), il y a quelques années.

Le rail reposait directement sur la traverse par le champignon inférieur, soutenu des deux côtés par des cornières en fer, réunies au moyen de boulons. Deux cas se présentent avec cette disposition : ou bien les cornières et le rail portent en même temps sur le bois, ou bien le rail seul est en contact avec la traverse. Dans le premier, le serrage n'est pas complet ; dans le second, l'effort se transmet immédiatement sur les boulons, et il ne tarde pas à produire un ferraillement que l'on ne parvient à éviter qu'en faisant porter le patin de la cornière sur la traverse par une arête seulement.

Les cornières de la ligne bavaroise étaient fixées sur la traverse de joint au moyen de trois crampons, deux à l'extérieur et un à l'intérieur, logés dans des encoches pratiquées au bord du patin. Celles de la ligne prussienne ont été appliquées non-seulement aux joints, mais aussi comme coussinets intermédiaires; elles étaient fixées sur le bois par des clous-tire-fond traversant les trous percés en plein dans le patin.

Voici leurs dimensions principales :

| Dimensions des éclisses-cornières. | Chemins bavarois de Louis. Joints. millim. | Chemins de Wesphalie, Joints. millim. | Chemins de Wesphalie, interm. millim. |
|---|---|---|---|
| Longueur | 490 | 392 | 170 |
| Hauteur de la joue verticale | 80 | 100 | 100 |
| Epaisseur maxima | 16 | 13 | 13 |
| Largeur du patin | 48 | 65 | 65 |
| Epaisseur maxima | 14 | 13 | 13 |
| Diamètre des trous de boulons | 23,5 | 22 | 22 |
| Diamètre des boulons | 22 | 20 | 20 |
| Distance des trous { intermédiaires | 126 | 105 | » |
| Distance des trous { extrêmes | 378 | 315 | » |

166. Coussinets-éclisses. — Comme nous l'avons dit plus haut, l'emploi des coussinets-éclisses permet de supprimer les coussinets de joint en fonte et de conserver tout le reste de la

voie sans modifier les espacements des traverses. Cependant, il y a dans l'application plusieurs précautions à prendre pour rendre aussi complète que possible l'efficacité de ces appareils.

La figure 199 indique le profil d'un coussinet-éclisse adopté sur plusieurs lignes françaises pour les rails à double champignon.

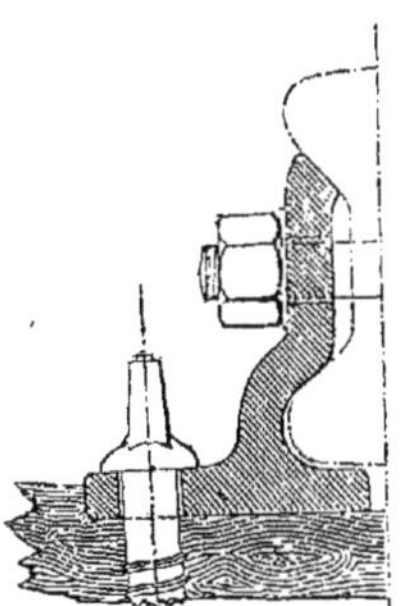

Fig. 199. Profil de coussinet-éclisse. $\frac{1}{5}$

On a reconnu à l'usage que les parties *a*, *b* et *c* (fig. 200) étaient celles qui présentaient les traces les plus sensibles d'usure sous l'action du passage des trains; qu'entre *a* et *a'* on trouvait quelquefois un bourrelet de 1 millimètre représentant l'intervalle laissé entre les abouts des rails, tandis que la partie du patin en contact avec le champignon inférieur ne décelait aucune usure appréciable. Ces légères altérations des portées supérieures ne proviennent d'autre cause que du relâchement des boulons de serrage et du défaut de bourrage des traverses.

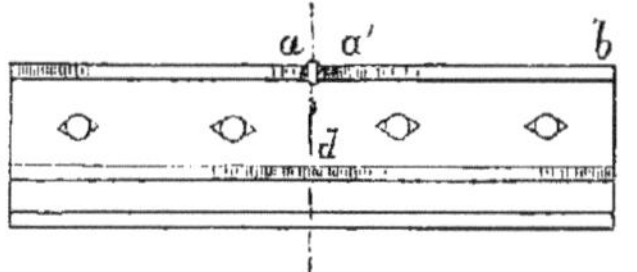


Fig. 200. Face intérieure d'un coussinet-éclisse. $\frac{1}{10}$

Il suffit donc, pour avoir un joint d'une sécurité absolue, de veiller, quand la voie est nouvellement posée, à ce que les écrous soient toujours convenablement serrés, et surtout qu'ils appuient sur une rondelle interposée entre l'écrou et le rail. Au bout de peu de temps, il devient inutile de s'en occuper; ce qui soulage beaucoup le travail des équipes d'entretien.

Comme dans le cas des éclisses plates, on a employé deux profils différents pour les coussinets-éclisses, en vue de maintenir la tête des boulons; mais on a, depuis, adopté la disposition des boulons à ergots logés dans des encoches ménagées de chaque côté des trous de boulons dans le corps du coussinet-éclisse, ce qui permet de conserver aux deux joues un profil identique.

Les patins du coussinet ont été d'abord fixés sur les traverses par des crampons simplement en contact avec le patin; les voies, ainsi établies, n'ont pas tardé à prendre le mouvement de translation connu sous le nom de *glissement* des rails. On s'est alors décidé à encocher le patin pour embrasser tout ou partie de la section des crampons; le glissement s'est arrêté, mais on a bientôt remarqué que le serrage sur la traverse n'était pas suffisant, et que le crampon et l'éclisse s'usaient sous l'influence de la marche des trains. Pour obvier à ce dernier inconvénient, des tire-fond, traversant en plein le patin, ont été substitués aux crampons (fig. 199).

Le coussinet-éclisse n'a pas encore été appliqué d'une manière suivie aux rails à patin. Cependant les difficultés que l'on rencontre à bien éclisser les rails devraient engager les ingénieurs à entreprendre cet essai.

Le tableau suivant donne les principales dimensions des coussinets-éclisses appliqués aux lignes dont la désignation suit :

| | | Est. millim. | Lyon. millim. | Orléans. millim. | Ouest. millim. |
|---|---|---|---|---|---|
| Hauteur totale de la joue verticale | | 123 | 123 | 121 | 116 |
| Épaisseur maxima | | 17 | 18 | 17 | 16 |
| Largeur totale du patin | | 88 | 89 | 90 | 92 |
| Épaisseur maxima | | 17 | 18 | 16 | 14 |
| Diamètre des trous de boulons | | 21 | 21 | 21 | 21<br>27 |
| Diamètre des boulons | | 20 | 20 | 19 | 19 |
| Distance des trous | intermédiaires | 100 | 100 | 100 | 100 |
| | extrêmes | 295 | 295 | 300 | 300 |
| Longueur totale | | 370 | 370 | 370 | 400 |

Les coussinets-éclisses, qui ont été employés sur le réseau de l'Ouest, étaient fixés sur les traverses au moyen de crampons ou de tire-fond à large chapeau, qui, à l'intérieur de la voie, sont pris dans une encoche, carrée pour les crampons et demi-ronde pour les tire-fond; à l'extérieur, on les place en dehors du coussinet-éclisse et simplement contre le patin : ce qui n'est pas toujours suffisant. Aussi, pour obtenir une fixation plus énergique des coussinets-éclisses, le patin fût-il élargi, de façon à en permettre l'attache au moyen de tire-fond à tête ordinaire.

Dans le but de réduire à un seul modèle les éclisses intérieure et extérieure, le patin de chaque demi-coussinet-éclisse portait trois trous de 0m,23 de diamètre : le demi-coussinet-éclisse, placé à l'intérieur de la voie, fixé au moyen d'un tire-fond qui passe dans le trou du milieu, et le demi-coussinet-éclisse, à l'extérieur de la voie, attaché par deux tire-fond enfoncés dans les trous extrêmes du patin.

Afin que ces tire-fond ne puissent pas être confondus avec les tire-fond ordinaires, ils portent sur la tête et venue à l'étampage, une croix en relief, suivant les diagonales du carré. Les trous des tire-fond placés à l'intérieur de la voie sont percés dans les traverses au moment du sabotage au chantier, au lieu de l'être sur place — chap. VI, § 2 —. Les trous de ceux en dehors de la voie ne doivent être percés dans les traverses qu'au moment de la pose, en tenant la tarière verticale, et seulement lorsque les coussinets-éclisses ont été boulonnés sur les rails et fixés sur les traverses au moyen des deux tire-fond placés à l'intérieur de la voie.

*Observation.* — Bien que l'emploi des coussinets-éclisses se justifie par cette considération que le joint soutenu présente plus de garanties de sécurité que le joint en porte-à-faux, il faut cependant tenir compte des faits constatés par l'expérience. Or, il résulte des applications effectuées par les réseaux de l'Est et de l'Ouest français, que le patin des coussinets-éclisses s'incruste dans le champignon inférieur des rails, ce qui rend le retournement impossible et la voie cahotante.

Ce défaut provenant de la différence de dureté des pièces en contact serait probablement évité par l'emploi des rails d'acier, ou tout au moins en fabricant les coussinets-éclisses du métal identique à celui de la couverte du champignon.

167. SELLES OU PLATINES. — Ces pièces sont destinées à empêcher le patin du rail Vignoles de pénétrer dans les traverses, surtout quand celles-ci sont tirées de bois tendre. Elles ont

tantôt une, tantôt deux nervures. La figure 201 représente, en coupe et plan, les selles de joint et intermédiaire du chemin de fer de Paris-Lyon-Méditerranée, la selle de joint ayant la dimension ABCD et la selle intermédiaire la forme ABC'D'.

Depuis l'introduction du joint en porte-à-faux, la ligne de Lyon supprime les selles, à l'imitation du chemin du Nord.

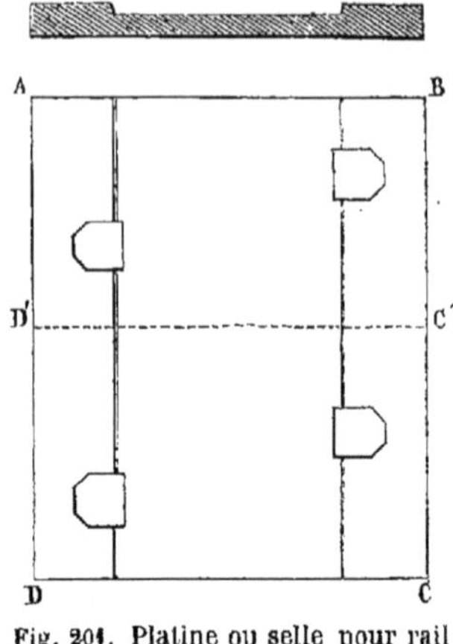


Fig. 201. Platine ou selle pour rail Vignoles. $\frac{1}{5}$

*Tableau des dimensions des selles adoptées par quelques chemins de fer.*

| | Saarbruck. millim. | Central suisse. millim. | Lyon joint. millim. | Lyon interm. millim. | Est millim. | Bavière Palatinat. millim. |
|---|---|---|---|---|---|---|
| Longueur | 160 | 165 | 210 | 105 | 130 | 177 |
| Largeur totale | 170 | 165 | 180 | 180 | 170 | 179 |
| Epaisseur aux nervures. | 18 | 19 | 15 | 15 | 18 | 17 |
| Epaisseur sous le rail. | 9 | 10 | 10 | 10 | 9,5 | 8,5 |
| Largeur des nervures. | 35 | 35 | 39 | 39 | 36 | 38 |
| Nombre de nervures | 1 | 1 | 2 | 2 | 2 | 2 |
| — de trous | 4 | 4 | 4 | 2 | 2 | 4 |

En rapprochant les dimensions des rails et des selles, on remarquera, dans le tableau qui précède, que la distance entre les nervures est inférieure de $0^{m},010$ à la largeur du patin du rail de l'Est. Cette disposition est prise en vue de mettre obstacle au glisssement longitudinal du rail; à cet effet, la partie de son patin engagée dans la platine de joint est entaillée de chaque côté. Cette entaille, formant redan, vient butter contre les nervures de la platine, et s'oppose énergiquement au mouvement des rails. Les selles ou platines de joint sont regardées sur plusieurs chemins de fer comme très-nécessaires; au chemin du Nord, au contraire, on les considère comme inutiles. Pour arrêter le glissement longitudinal sur ce dernier chemin, on enfonce dans deux entailles ménagées aux extrémités du patin des rails, deux petits clous de section rectangulaire dont les dimensions nous paraissent insuffisantes pour remplir le but proposé, quand le profil du chemin se présente avec des inclinaisons supérieures à 5 millimètres.

*Observation.* — Il se produit en Allemagne une certaine réaction contre l'emploi des selles; on leur objecte de former en quelque sorte enclume et de fatiguer le rail. Cependant les selles offrent l'avantage de consolider la voie dans les courbes de petit rayon en ce qu'elles répartissent sur toutes les attaches de la traverse la pression latérale exercée par les trains, pression qui, sans la selle, s'exerce seulement sur l'attache extérieure et en diminue la solidité.

La selle du chemin du Semmering est laminée avec une différence d'épaisseur sur la face de pose du patin du rail, ce qui donne l'inclinaison sans avoir à entailler les traverses aussi profondément que d'habitude.

Sur le Brenner, pour soulager les attaches dans les courbes à rayon de 300m,00, la selle est munie d'une saillie inférieure qui, incrustée dans une rainure ménagée dans la traverse, s'oppose à la tendance au glissement transversal du rail et soulage les attaches.

168. Fabrication des pièces d'éclissage. — Quel que soit le mode d'éclissage adopté, les pièces qui en constituent l'appareil sont soumises à des efforts considérables; les éclisses plates, les coussinets-éclisses, les selles, sont percés de trous qui diminuent la résistance du fer, et qui sont autant de causes de défectuosités, aussi bien lors de la fabrication qu'à l'emploi; de là, nécessité absolue de fabriquer ces pièces avec des soins tout particuliers et des matières de choix. Nous indiquerons comme type de fabrication spéciale applicable dans ces différents cas la méthode suivie pour la fabrication des coussinets-

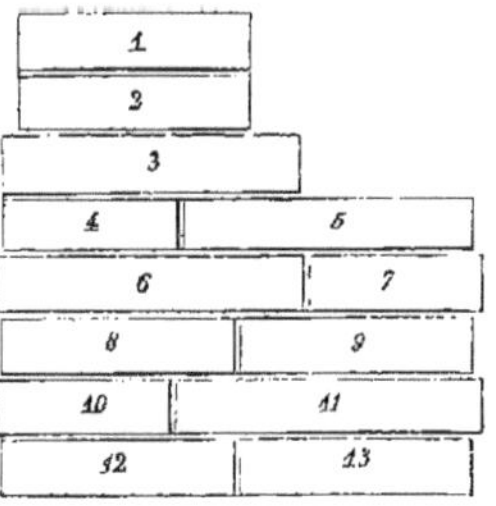

Fig. 202. Paquet pour laminage des coussinets-éclisses. $\frac{1}{5}$

éclisses dans l'une des usines du nord de la France, bien outillée pour ce genre de travail.

Le fer employé doit subir trois opérations : le cinglage, l'étirage des loupes, et deux corroyages. Le paquet, présentant la section indiquée par la figure 202, est formé de huit assises de barres ayant 20 millimètres d'épaisseur chacune, ce qui donne au paquet une hauteur totale de 160 millimètres; sa longueur est de $0^m,90$. Il est composé de la manière suivante :

| | | | |
|---|---|---|---|
| Barres | 1, 2, 12 et 13. Fer corroyé de. . | 80mm | de largeur. |
| — | 3 et 5. Bouts de rails laminés de. | 100 | — |
| — | 4, 7 et 10. Fer ébauché de . . . | 60 | — |
| — | 6 et 11. — de . . . | 105 | — |
| — | 8 et 9. — de . . . | 80 | — |

On place à la fois dans un four six paquets pesant 800 kilogrammes, moitié corroyé, moitié ébauché, qui donnent, en moyenne, 66 éclisses de 400 millimètres de longueur. Au bout d'une heure et demie de chauffage, le paquet est passé aux cylindres ébaucheurs portant sept cannelures.

On change d'ailleurs la direction des mises du paquet, en passant d'une cannelure à la suivante. La barre doit traverser ensuite les quatre cannelures des cylindres finisseurs.

En quittant la dernière cannelure, la barre est amenée à la scie circulaire par un chariot monté sur roues dentées engrenant avec des crémaillères, affranchie de ses bouts écrus, et découpée en onze morceaux de 400 millimètres de longueur.

Les morceaux, toujours rouges, sont présentés à trois cannelures d'une molette, ayant chacune le profil de l'une des trois faces de l'éclisse; puis ils passent, encore chauds, au dressage, opération qui se pratique en matrice sous une presse à main. Enfin, après refroidissement, les éclisses sont ébarbées par l'action de molettes qui font facilement tomber les franges redressées par l'ébarbage à chaud. Ce travail doit être très-soigné, car il importe de ne laisser sur la section de l'éclisse aucune saillie qui pourrait en empêcher le contact, sur toute sa longueur, avec le rail.

L'ébarbage terminé, on passe les pièces aux machines à poinçonner pour les percer des trous de boulons et de tire-fond.

En suivant avec soin ce mode de travail, on obtient des produits qui satisfont complétement aux conditions imposées par les compagnies de chemins de fer.

Quelle qu'en soit la forme, les éclisses doivent être fabriquées en fer de première qualité et mieux encore, en acier; car les éclisses sont généralement trop faibles, et ce que l'on peut gagner en résistance par la qualité du métal, améliore sensiblement la composition du joint. Aussi plusieurs lignes allemandes ont-elles adopté les éclisses en acier [1].

Les pièces finies et dressées présenteront un profil uniforme et sans bavures sur toute leur longueur, des trous sans refoulement ni déchirure, des surfaces lisses et unies.

169. Epreuves. — Réception. — Garantie. — Les cahiers des charges des Compagnies de Lyon et de l'Ouest stipulent les conditions d'épreuves suivantes pour les *coussinets-éclisses :*

A. Deux barres à éclisses assemblées reposent par leur patin sur deux points d'appui espacés de 1m,10; on applique au milieu de cette distance une charge de 5 500 kilogrammes, correspondant à un effort de traction de 20 kilogrammes par millimètre carré de section; maintenue pendant quinze minutes, cette charge ne doit laisser aucune flèche sensible sur les barres.

B. Les mêmes barres, placées dans les mêmes conditions, devront supporter pendant cinq minutes, sans rupture, une charge de 13 000 kilogrammes, soit 50 kilogrammes par millimètre de section.

C. Les deux moitiés des mêmes barres assemblées et couchées, le patin de champ, sur deux supports en fonte placés sur un châssis en bois de chêne ayant pour base un massif en maçonnerie de 1 mètre d'épaisseur au moins, supporteront sans rupture le choc d'un mouton de 300 kilogrammes, tombant de 1m,50 de hauteur.

D. Epreuves diverses ayant pour but de s'assurer du parfait soudage des mises à l'intérieur des barres.

[1] Altona-Kiel: Berlin-Stettin; Hanovre: Cœln-Minden: Leipsig-Dresde; Saxe, etc.

Lorsque les barres essayées à raison de 1 pour 100 ne résistent pas à ces épreuves, on continue les expériences. Si un dixième des essais ne répond pas aux conditions, la série entière des barres ayant fourni les échantillons d'épreuve, est rebutée et ne peut servir à la fabrication des coussinets-éclisses.

Les pièces ou barres rebutées doivent être marquées d'un signe indélébile, à moins que le fabricant ne préfère les dénaturer immédiatement.

Les épreuves des *éclisses plates* sont analogues à celles que nous venons de décrire, et appliquées tantôt à des barres du profil des éclisses, tantôt à des éclisses complétement achevées; la Compagnie du Midi applique la troisième épreuve (C, au mouton) indiquée plus haut, sur le joint de deux bouts de rails assemblés avec les éclisses et leurs boulons.

*Réception.* — On exige du fabricant que jusqu'à leur réception, les objets fabriqués soient conservés en lieu sec. Les éclisses fabriquées avec les barres qui satisfont aux épreuves prescrites, doivent être, comme nous l'avons dit, parfaitement dressées, ébarbées, lisses et unies; les trous sans déchirures, ni refoulements ou bavures et parfaitement conformes aux indications des dessins, sous réserve toutefois d'une tolérance de *un quart de millimètre* en plus ou en moins sur le diamètre des trous.

La distribution des trous exige une grande rigueur d'exécution. Cette distribution est vérifiée avec un bout de rail portant des goujons d'acier dont les axes ont exactement les espacements des trous indiqués sur les dessins; mais les diamètres de ces goujons sont d'un demi-millimètre inférieurs aux diamètres des trous des éclisses.

Une tolérance de 2 millimètres en plus ou en moins est accordée sur la longueur normale. Le rail-gabarit doit librement porter dans les éclisses, et se trouver en contact avec elles sur toutes les surfaces indiquées par les dessins.

Les éclisses acceptées reçoivent une marque apparente, indiquant l'usine et l'année de fabrication. Pour que l'expédition des pièces se fasse dans les meilleures conditions, on doit les faire lier, avec du fil de fer, en bottes contenant un même nombre de pièces, et d'une manipulation facile.

*Garantie.* — Nonobstant la réception à l'usine, des éclisses, coussinets, selles, etc., le fournisseur en reste garant dans le transport, avant, pendant et en général deux ans après la pose; il remplace donc à ses frais toutes les pièces qui, dans ce délai, présenteraient des traces de détérioration provenant de vices de fabrication ou de matière.

Il est accordé dans les réceptions partielles une tolérance de 2 pour 100, qui se réduit pour la fourniture totale à 1 pour 100 en plus ou en moins sur le poids normal.

170. CHEVILLETTES. — Pour fixer les coussinets sur les traverses, on se sert de *chevillettes* formées d'une tige, tantôt cylindrique de 15 à 18 millimètres de diamètre, tantôt prismatique de 18 à 20 millimètres, surmontée d'une tête renflée qui s'appuie sur la semelle du coussinet; l'autre extrémité de la tige se termine, soit par une section droite ou par un tronc de cône très-obtus, soit enfin par un biseau. Toutes ces formes sont défectueuses, car une fois enfoncées dans la traverse, les chevillettes compriment le bois jusqu'au moment où il a perdu son élasticité; à partir de là, le bois ne serre plus la chevillette, et l'attache du coussinet ne présente plus de solidité.

D'autres causes encore concourent à détériorer la chevillette, et doivent engager à en rejeter l'emploi. C'est l'usure qui se manifeste au collet de la chevillette dans toute la traversée de la semelle du coussinet (fig. 203) : cette usure laisse dans le trou de cette semelle un vide que rien ne décèle à l'extérieur, puisque le chapeau est en contact avec la semelle. D'autres fois on rencontre un phénomène inverse : la chevillette se conserve intacte dans la traversée du coussinet, mais dans le bois elle se trouve réduite à l'état de clou (fig. 203 *bis*), la pointe étant successivement attaquée par les réactions chimiques des matières ligneuses. Quand l'un de ces deux effets

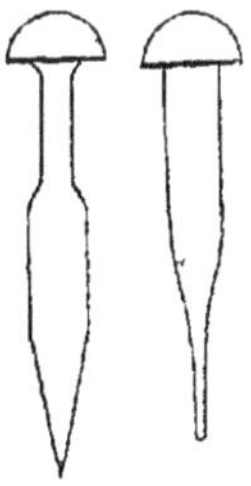

Fig. 203 et 203 *bis*. Usure des chevillettes. $\frac{1}{5}$

se présente, il est impossible de fixer l'attache du coussinet, puisque la chevillette est chassée à fond; il ne reste plus d'autre ressource que celle de dessaboter la traverse et de replacer les coussinets sur un point où le bois possède encore une texture suffisamment saine.

Les inconvénients que présentent les chevillettes en fer ont engagé plusieurs ingénieurs à les abandonner, pour leur substituer des chevillettes en bois comprimé; mais on a promptement renoncé à ce mode d'attache des plus défectueux.

*Clous barbelés.* — Ces attaches ont été employées sur les chemins bavarois pour fixer les coussinets sur les traverses ou les dés.

Le clou barbelé se compose d'une tige de $0^m,14$ de longueur, entre le chapeau et la pyramide qui forme la pointe; cette tige a une section carrée de $0^m,012$ de côté sous le chapeau, et $0^m,009$ vers la pointe, qui elle-même a $0^m,020$ de longueur; le chapeau a $0^m,048$ de diamètre et $0^m,012$ d'épaisseur; sur chaque arête sont pratiquées trois entailles s'ouvrant de bas en haut, et qui s'opposent au soulèvement du clou.

Pour préserver le fer du contact de la fonte et de l'usure qui pourrait en résulter, le trou du coussinet est rempli par une rondelle en bois percée d'un petit trou destiné à faciliter l'entrée du clou.

Quand le coussinet est fixé sur un dé, le trou pratiqué dans la pierre est rempli par une cheville en bois dans laquelle on chasse le clou barbelé.

Sur 7 542 702 attaches de rails et coussinets employés dans la construction du chemin de fer de l'Etat bavarois, le nombre des clous barbelés s'élevait à 3 689 502. (Rapport sur l'exercice 1860-1861).

Cependant comme les barbes des clous arrachent les fibres du bois lors de l'enfoncement, ces barbes ne sont que d'un effet assez insignifiant, — aussi a-t-on renoncé à cette attache.

171. Clous a vis et tire-fond. — Cette attache a été fréquemment employée en Allemagne, sur le chemin du Semmering, en Bavière, en Westphalie, sur les chemins badois, etc.; en France, elle tend à se substituer généralement aux chevillettes et aux crampons. Les clous tordus employés en Bavière et au Semme-

ring pour maintenir les patins des rails Vignoles diffèrent des pièces analogues appliquées aux chemins badois et prussiens : 1° par le raccord de la tige avec la tête, raccord fait par un congé pour les premières, et par un angle droit pour les seconds ; 2° par le nombre de révolutions qu'on a fait subir aux arêtes. A l'exception du clou à vis de Westphalie, qui a la tête carrée, les autres attaches ont la tête hexagonale. Leurs dimensions ressortent du tableau suivant :

| | Chemins de : | | |
|---|---|---|---|
| | Bade. | Wesphalie. | Bavière. |
| Hauteur de la tête. . . . . . | 12mm | 13mm | 15mm |
| Diamètre du cercle circonscrit. | 28 | 44 | 47 |
| Diamètre de la tige . . . . . | 15 | 16 | 20 |
| Longueur totale. . . . . . . | 150 | 157 | 90 |

Ces diverses attaches satisfont pleinement aux conditions de solidité : enfoncées à coups de masse dans le bois, elles y prennent un degré de serrage énergique ; mais, par suite du mode de fabrication, leur surface est rugueuse, et quand il s'agit de les retirer de la traverse, on est obligé de déployer les plus grands efforts et de se servir de la pince pour les ébranler avant de pouvoir les dévisser.

Les tire-fond, qui ne sont autre chose que des chevillettes filetées à tête polygonale ne présentent pas cet inconvénient.

La figure 204 indique le tire-fond le plus généralement employé en France.

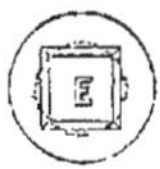

Fig. 204. Tire-fond. $\frac{3}{40}$

| | |
|---|---|
| La longueur totale est de. . . . . . . . . . . | 178mm |
| — du collet à la pointe. . . . . . . . | 140 |
| — — au commencement de la partie filetée. . . . | 30 |
| Hauteur du collet. . . . . . . . . . . . . . | 10 |
| Diamètre du collet. . . . . . . . . . . . . . | 32 |
| Hauteur de la tête au-dessus du collet. . . . . | 28 |
| Largeur de la tête en haut. . . . . . . . . . . | 15 |
| — en bas . . . . . . . . . . | 18 |
| Diamètre de la tige sous le collet. . . . . . . . | 21 |

| | |
|---|---|
| Diamètre de la tige à la pointe. . . . . . . . . | 14mm |
| Diamètre extérieur du filet. . . . . . . . . . . . | 20 |
| Pas de la vis. . . . . . . . . . . . . . . . . . . | 7 |

La section du filet a la forme d'un triangle dont la base, parallèle à l'axe du tire-fond, a 0m,004 de longueur. La projection sur cette base, du côté tourné vers la partie supérieure, a une longueur de 1mm,5 et la projection du troisième côté sur la même base, 2mm,5. Cette disposition donne au filet une plus grande résistance à l'arrachement que si le triangle générateur du filet était isocèle. Pour faciliter la pose des tire-fond, et pouvoir interdire l'emploi du marteau dans cette opération, la Compagnie du Nord fait abattre, au tour, la première spire à partir de la pointe; l'ouvrier peut alors placer le tire-fond à la main, et lui faire faire plusieurs tours avant d'employer la clef. La tête du tire-fond des chemins de fer de l'Est porte *en relief* un E venu de forge (fig. 204); une amende sévère est infligée au poseur dont les tire-fond en place se présenteraient avec cette marque écrasée par des coups de marteau.

Tel est, à peu de variations près, le type du tire-fond adopté par la plupart des chemins de fer français, en remplacement des chevillettes de coussinets et des crampons de patin de rails ou de coussinets-éclisses.

Ainsi, la Compagnie du chemin de fer du Nord donne à la tête du tire-fond une forme hexagonale aplatie, au lieu de la disposition pyramidale à base carrée indiquée par le dessin.

Le filetage des tire-fond est exécuté à froid; quelques fabricants ont essayé le filetage à chaud, mais les pièces ainsi fabriquées n'ont pas une section parfaitement circulaire, et leur emploi est rendu difficile par l'intensité du frottement qu'ils éprouvent dans le bois. La même cause empêcherait de leur appliquer la galvanisation, très-utile opération, au point de vue de la conservation du fer et des traverses, si l'on n'avait pas la ressource de tremper les tire-fond dans un corps lubrifiant, avant la pose.

172. **Boulons.** — Avant l'emploi des tire-fond, quelques ingénieurs avaient adopté l'usage des boulons à écrou pour fixer les patins des rails Brunel ou des rails Vignoles au joint. Cette

attache ne laisserait rien à désirer au point de vue de la solidité ; mais il n'en est pas de même sous le rapport de l'entretien courant, car les têtes de boulons doivent se trouver en dessous des traverses, et quand il faut les remplacer l'opération devient difficile; d'ailleurs, les écrous se rouillent rapidement, et, pour enlever les boulons, il faut souvent les couper au ciseau à froid.

Ce système n'en est pas moins conservé sur plusieurs lignes anglaises. La figure 205, pl. XIII, indique la disposition appliquée sur le South-Eastern-Ry. La figure 206, pl. XII, représente le boulon à crochets, *fang-bolts,* qui sert à fixer le patin du rail Vignoles. Cet arrangement est préférable au précédent, en ce que le pas de vis est moins exposé à la rouille et le serrage plus facile à obtenir.

Quant aux boulons qui fixent les éclisses au rail, leur emploi est universel aujourd'hui. Les types appliqués ne diffèrent entre eux que par la hauteur du pas du filetage, la forme de la tête, etc.

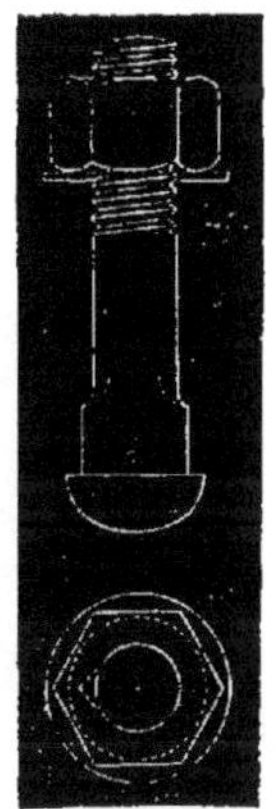
Fig. 207. Boulon d'éclisse (Ouest). $\frac{3}{10}$

Sur le chemin de fer de Paris-Lyon-Méditerranée, le pas des boulons d'éclisses a $0^m,003$ de hauteur, le filet $0^m,002$ de profondeur, le fond et la partie saillante étant formés par la révolution d'un arc de cercle décrit avec un rayon d'un demi-millimètre.

La tige est munie sous la tête de deux arrêts, ergots ou étoquiaux qui, se logeant dans les encoches correspondantes des éclisses, maintiennent le boulon pendant le serrage des écrous. Cette simple disposition permet de n'employer qu'un seul modèle d'éclisse ou une seule clef pour serrer le même boulon (fig. 206 bis, pl. XI).

La figure 207 donne la forme des boulons d'éclisses employés sur les chemins de l'Ouest. Entre l'écrou et l'éclisse, on interpose une rondelle en fer qui empêche le desserrage des écrous provoqué par la trépidation de l'assemblage sous l'action du passage des trains. Quelques ingénieurs ont muni le boulon de deux écrous pour s'opposer a cet inconvénient, mais la pratique a démontré que la rondelle remplit le même but que le deuxième écrou, et qu'au bout de peu de temps, après une pose bien faite, les écrous ne se dévissent plus.

Fig. 208.
Crampon (Lyon). $\frac{3}{10}$

Nous avons indiqué au n° 164 les divers moyens proposés en dernier lieu pour empêcher les écrous de boulons de se desserrer.

Au premier abord, tous ces détails peuvent paraître de minime importance. Ils n'en doivent pas moins être étudiés avec beaucoup de soins, car une disposition plus ou moins intelligente amène une augmentation ou une réduction de travail dans l'entretien de la voie, et par conséquent un accroissement ou une diminution de sécurité de circulation.

173. Crampons. — Le crampon le plus généralement employé est formé d'une tige à section octogonale (fig. 208) carrée ou rectangulaire, terminée d'un côté par une tête évasée ou à oreilles, et de l'autre par une partie obtuse, un taillant ou enfin une pointe pyramidale. Quand l'extrémité est disposée en taillant (fig. 209), il est indispensable que celui-ci soit dirigé parallèlement à l'axe de la voie, de manière à couper le bois perpendiculairement à la direction des fibres; si on le plaçait dans le sens des fibres, le crampon ferait office de coin et provoquerait des fentes dans la traverse, qui, par là, deviendrait impropre au service. Cette observation sur la direction du taillant s'applique également aux clous et aux chevillettes.

Fig. 209.
Crampon (Ouest). $\frac{3}{10}$

Il faut avoir soin dans l'étude du modèle de crampon, de ménager une transition aussi adoucie que possible, pour le passage de la tige à la tête. L'arrangement représenté par la fig. 209 est vicieux en ce que le creusement sous la tête donne une tendance à la séparation de la tête.

Les crampons sont encore employés par de nombreux ingénieurs, de préférence aux tire-fond, ces derniers présentant souvent de très-grandes difficultés au démontage, arrachant le bois et ne pouvant plus être replacés dans le même trou, ou bien le trou perdu pouvant être difficilement bouché à l'aide d'une cheville en bois.

Voici les principales dimensions des crampons employés sur plusieurs lignes allemandes, belges et françaises.

| DESIGNATION des ÉLÉMENTS. | BADE | BAVIÈRE | PALATINAT BAVAROIS. | EST. — HAINAUT et FLANDRES. | LYON | OUEST. |
|---|---|---|---|---|---|---|
| | mm. | mm. | mm. | mm. | mm. | mm. |
| Longueur totale du crampon. | 132 | 145 | 172 | 142 | 150 | 162 |
| Longueur de la tige à section uniforme . . . . . . . . . . . | 72 | 90 | 110 | 74 | 120 | 90 |
| Largeur de la tige . . . . . . . | 13 | 13 | 15 | 17 | 19 | 18 |
| Epaisseur de la tige . . . . . . | 15 | 13 | 13 | 14 | 19 | 14 |
| Saillie du nez. . . . . . . . . . | 18 | 12 | 10 | 18 | 15 | 16 |

Le poids des crampons varie de $0^{k},250$ à $0^{k},300$.

**174. Bagues Desbrières.** — M. Desbrières, ancien ingénieur aux chemins de fer algériens, a publié dans les mémoires et compte rendu des travaux de la Société des ingénieurs civils — 3e cahier, 1863 — une note très-intéressante sur un perfectionnement apporté par lui dans l'emploi des crampons. Ce procédé consiste à loger dans la traverse, immédiatement au-dessus du trou du crampon, une bague en fonte percée d'un trou de section égale à celle du crampon. Ce dernier, mis en place, s'appuie contre la

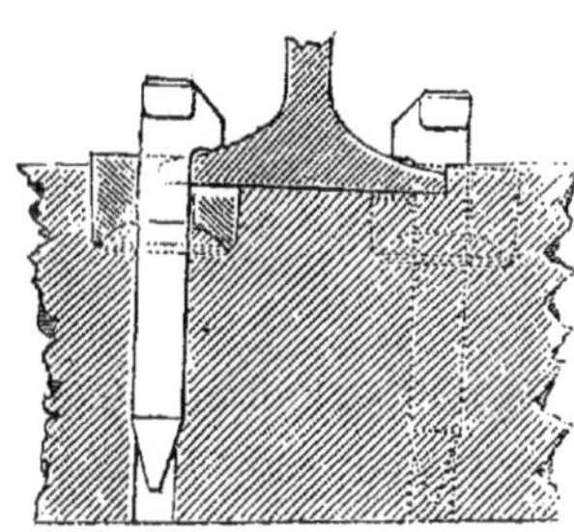

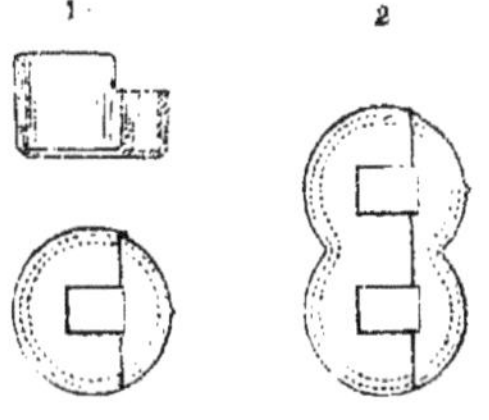


Fig. 240. Bagues Desbrières, 1, intermédiaires, 2, de joints. $\frac{1}{8}$

fonte de la bague, qui présente une résistance beaucoup plus grande que le bois (fig. 210).

Ce système, appliqué surtout aux traverses en bois tendre, dans lequel les crampons prennent rapidement du jeu, présente des avantages sérieux comme palliatif, là où le déplacement latéral des rails est à craindre. Depuis 1862, il a été appliqué avec succès sur plusieurs chemins français et étrangers, notamment : au chemin du Nord français dans des traverses en pin des Landes ou en sapin du Nord; — au chemin d'Enghien à Montmorency dans des traverses en chêne posées sur courbes de 200 mètres de rayon; — au chemin du Médoc; etc., etc.

D'après les résultats obtenus, nous croyons que les bagues Desbrières faciliteront l'emploi des bois tendres et par conséquent la construction des chemins de fer à bon marché.

175. Conditions de fabrication. — Toutes les pièces dont nous venons d'indiquer les formes et la destination sont soumises à des efforts considérables en tous sens; elles doivent être fabriquées avec du fer de première qualité et par des procédés qui n'en altèrent pas la résistance.

L'agent chargé de surveiller la fabrication s'assurera que le fer destiné à former les pièces de la commande réunit toutes les conditions de sécurité désirables. Le métal ne doit être cassant ni à chaud ni à froid; il faut que l'on puisse facilement l'étirer sous le marteau, le souder, le percer à chaud et à froid, sans criques ni gerçures; on exige qu'il présente au cisaillage une coupe grasse et franche, sans arrachements ni déchirures; que sa cassure ait une couleur claire; qu'il ne présente enfin aucune trace de soudures, pailles, brûlures ou défauts d'épuration.

La tête des chevillettes, tire-fond, boulons et crampons sera toujours refoulée dans la masse et non rapportée. Autant que possible on doit faire venir ces têtes au laminage en barres continues et découpées à chaud suivant les longueurs prescrites; un simple réchauffage suffit alors pour terminer les têtes à la forme voulue, mais le refoulement et la façon devront être opérés de manière à ne pas altérer la texture du fer, principalement vers la jonction de la tige et de la tête. Les arêtes doivent être très-vives et régulières, les surfaces parfaitement unies, droites et sans coutures, les têtes exactement centrées et perpendiculaires à la tige. L'extrémité des boulons et tire-fond sera légèrement chanfreinée avant le filetage. Les parties filetées ne conserveront aucune trace de feu. Les écrous peuvent être enlevés dans la masse ou fabriqués par enroulement, mais dans ce cas la soudure doit être faite à cœur et sur une longueur au moins égale à deux fois l'épaisseur de l'anneau.

*Réception.* — Tous les fers employés dans ces diverses fabrications devront être essayés et résister aux épreuves suivantes :

On enfonce les bouts découpés dans un bloc en fonte percé d'un trou de même section, et on frappe latéralement sur le fer à essayer jusqu'à ce qu'il se plie sous un angle d'au moins 45 degrés. Retiré du trou et plongé dans l'eau pour le faire refroidir, puis redressé à froid, il ne doit présenter ni criques, ni déchirures, ni dessoudures ou autres détériorations. Cette épreuve s'exécute aussi en enfonçant le fer à essayer dans un bloc de chêne, mais elle est moins concluante.

Soumis à la traction dans le sens du laminage, le fer doit supporter, sans allongement permanent, un effort de 16 kilogrammes par millimètre carré de section, et dans le sens perpendiculaire 15 kilogrammes. Les épreuves poussées jusqu'à la rupture devront accuser une résistance supérieure à 40 kilogrammes dans un sens et 35 kilogrammes dans l'autre. Ces épreuves s'appliquent également aux boulons armés de leurs écrous. On essaye aussi les écrous isolés en enfonçant dans le trou, à coups de marteau, un poinçon d'acier, jusqu'à la rupture; on peut s'assurer par là de l'état de la soudure. Si plus du dixième des pièces éprouvées subit une détérioration, le lot doit être refusé.

*Vérification.* — Toutes les pièces doivent être exactement conformes aux dessins et aux modèles et épouser parfaitement les gabarits de vérification. Les faces de contact doivent être sans bavures, les arêtes, vives et régulières.

Le filetage des écrous, des boulons et des tire-fond aura la longueur prescrite et sera bien régulier; chaque écrou ne devra point ballotter sur son boulon; il pourra s'adapter à tout boulon choisi au hasard et réciproquement. Il n'est accordé aucune tolérance sur le diamètre et la longueur des parties filetées, car à l'emploi, lors de la pose, il peut arriver que les écrous tournés à fond ne produisent pas le serrage voulu, ce qui entraîne la sujétion d'augmenter le nombre de rondelles. Quant aux parties droites, on peut admettre sans inconvénient une tolérance de $\frac{1}{2}$ millimètre sur les diamètres ou les épaisseurs, et de 1 millimètre sur les longueurs. La face de serrage de l'écrou doit être rigoureusement perpendiculaire à la tige du boulon, de manière à intéresser toute la section du boulon dans la résistance à l'effort qu'il supportera. Les rondelles, bien planes, doivent être recuites après le découpage, pour leur rendre la ductilité que l'écrouissage peut leur avoir fait perdre.

*Garantie.* — Le fabricant est toujours responsable de sa fourniture depuis le moment où il la livre à l'usine jusqu'à l'expiration du délai de garantie. Pour éviter à cet égard toute contestation, il est nécessaire que chaque pièce porte la marque indestructible du fournisseur; elle sera donc appliquée sur un point de la tête que les outils de pose et d'entretien ne peuvent pas détériorer; sur remise des têtes de pièces avariées, le fabricant doit, suivant les conventions, les remplacer par des pièces en bon état. Dans d'autres cas, on constate seulement l'état des pièces à l'expiration du délai de garantie, et le fournisseur indemnise l'administration de la valeur de la détérioration, les pièces avariées demeurant d'ailleurs la propriété du chemin de fer.

*Poids.* — Le poids normal des pièces est constaté au début de la fabrication en comparant les cotes des dessins à celles des pièces exécutées. L'administration ayant déclaré acceptables les pièces présentées, on en constate le poids, qui sert pour toute la fourniture, avec une tolérance de 1 à 2 pour 100 en plus ou en moins.

*Expéditions.* — Pour préserver ce petit matériel des avaries, il doit être enduit d'un corps gras, et conservé à l'usine dans un lieu très-sec. L'expédition s'en fait par barils en bois qui contiennent toujours un même nombre de pièces de même espèce : le baril doit porter en lettres ou chiffres indélébiles le nombre et le poids des pièces renfermées. L'agent réceptionnaire plombe ces barils ficelés en sa présence, et son plomb sert de marque de réception à l'usine.

Le fabricant est responsable du conditionnement de cet emballage et subit toutes les conséquences des détériorations qui pourraient se présenter jusqu'à l'arrivée du matériel au lieu de dépôt, où une nouvelle vérification doit être faite sur chaque pièce fournie.

*Modifications.* — Dans toutes les conventions entre les administrations de chemins de fer et les constructeurs ou fabricants, il doit être entendu et stipulé que l'administration aura toujours le droit, en cours d'exécution, de modifier la forme des pièces commandées, en prenant toutefois livraison des produits déjà fabriqués. Cette condition est de rigueur, car elle permet aux ingénieurs de profiter de toutes les améliorations qui peuvent se présenter pendant l'exécution d'une commande.

## CHAPITRE VI.

### PRÉPARATION, POSE ET ENTRETIEN DE LA VOIE.

### § I.

### CONSERVATION DES BOIS.

176. Généralités. — Les parties constitutives des bois se composent d'un tissu fibreux, la *cellulose* des chimistes, et d'une matière incrustante, le *ligneux*, qui remplit les cavités de ce tissu.

Les fibres de la cellulose ont une composition élémentaire constante :

| | |
|---|---|
| Carbone. . . . . | 44,44 |
| Hydrogène. . . . | 6,18 |
| Oxygène. . . . . | 49,38 |

Le ligneux, par contre, renferme, sous des proportions très-variables, des substances organiques formées de carbone, d'hydrogène, d'oxygène et d'azote dissoutes dans la sève et déposées par ce véhicule pendant sa circulation dans les cavités de la cellulose.

En examinant la section transversale d'un arbre (figures 177 et 178), on voit que le bois se compose de couches concentriques superposées. Les couches centrales étant de formation plus ancienne que les couches extérieures renferment une plus grande proportion de matière incrustante que ces dernières.

Les couches centrales sont le *cœur* de l'arbre, les couches extérieures l'*aubier*. Contenant plus de matière incrustante et dure, moins de substances albumineuses, le cœur résiste plus longtemps que l'aubier aux altérations des subtances azotées, sous l'influence de l'air et de l'humidité, et *vice versa*. Aussi, les essences dites de *bois tendre*, celles qui ont beaucoup d'aubier s'altèrent plus rapidement que les essences de bois durs.

Les causes de ces altérations ne sont pas bien définies; aussi la recherche des moyens de les combattre manque-t-elle d'une base sûre.

En supposant que la *pourriture* des bois provienne de la décomposition des matières azotées par la fermentation, et de la destruction opérée par les insectes qui se nourrissent de ces substances, on préviendrait cette altération, tout au moins en ralentirait-on les progrès, en faisant réagir sur les matières azotées les agents chimiques reconnus par l'expérience comme les plus propres à empêcher la fermentation des substances animales, en se combinant avec leurs éléments putrescibles.

Partant de cette hypothèse, on a tenté de préserver les bois de la décomposition, à l'aide de diverses matières connues pour leur propriétés antiseptiques. Mais en supposant que l'on ait découvert un corps positivement propre à conserver le bois, le problème ne serait pas complétement résolu, car il faut non-seulement que les dépenses d'application de ce corps ne s'élèvent pas à un taux hors de proportion avec le résultat voulu, mais de plus que de sa nature ce corps supporte sans altération les influences du milieu dans lequel il sera exposé, tout en restant neutre à l'égard des fibres non azotées du bois et des fers de la voie.

En ce qui touche particulièrement la conservation des bois employés à la construction de la voie, il faut que les dépenses occasionnées par les procédés de préservation soient inférieures au coût de remplacement de ces bois; sans cela il n'y aurait aucun intérêt à se préoccuper de la question. Et à ce sujet, on ne perdra pas de vue que les traverses deviennent impropres au service, moins peut-être par la décomposition organique elle-même, que par les effets mécaniques de la circulation, par la fente, par le déplacement plus ou moins fréquent des attaches, etc., etc.; toutes causes de destruction échappant aux procédés de conservation.

Le nombre des substances applicables à la conservation des

bois est donc assez limité, et l'efficacité de ce petit nombre n'étant pas absolument démontrée, rien d'étonnant dans la résolution de renoncer à toute préparation prise par plusieurs Administrations, en Allemagne et en Russie notamment, en raison des conditions particulières où se trouvent leurs chemins : qualités du ballast; bas prix des bois, de la main-d'œuvre, etc.

*Historique.* — De tout temps la question de préservation des bois s'est imposée aux préoccupations des observateurs. Quoique ignorant les lois constitutives des végétaux, les anciens, par intuition, n'en essayaient pas moins de poursuivre le but proposé, tantôt en faisant écouler la sève des arbres sur pied, à l'aide d'incisions pratiquées à la base du tronc avant l'abattage [1], tantôt en appliquant à la surface des bois ouvrés des enduits résistant plus ou moins heureusement aux agents atmosphériques.

Ce dernier procédé, loin d'avoir une efficacité quelconque sur les bois encore verts, est reconnu aujourd'hui comme accélérant la décomposition des bois, puisqu'il met obstacle à leur dessication.

La période véritablement scientifique de la question date seulement du jour où les savants découvrant les lois de la végétation, le mode de formation, et les principes constitutifs des plantes, ont donné à l'industrie la direction des recherches qui peuvent conduire au but.

C'est ainsi que Néhémie-Grew [2], Etienne Hales [3], de la Baisse [4], Duhamel du Monceau [5], Charles Bonnet [6], Pallas [7], aux XVII^e^ et XVIII^e^ siècles, ont ouvert la voie si brillamment parcourue de nos jours, par MM. Fourcroy [8], de Mirbel [9], de Candolle [10], Dutrochet [11], Gay-Lussac et Thénard [12], Biot [13], Dumas [14], Liebig [15],

[1] Vitruve, livre II, ch. IX. — [2] *Anatomie des plantes*, 1685. — [3] *Statique des végétaux*, traduite par Buffon, 1735. — [4] *Dissertation sur la circulation de la sève*, 1733. — [5] *Physique des arbres et traité de l'exploitation des forêts*, 1758. — [6] *Usage des feuilles dans les plantes*, 1754. — [7] *Actes de la Société de Saint-Pétersbourg*, 1779. — [8] *Système des connaissances chimiques*, 1801. — [9] *Bulletin des sciences chimiques*, 1802-1815. — [10] *Théorie élémentaire de la botanique*. — [11] *Histoire anatomique et physiologique des végétaux et des animaux*, 1821-1837. — [12] *Recherches phys.-chimiques*, 1811 — [13] *Mémoires de l'Académie des sciences*, 1833, 1834. — [14] *Traité de chimie appliqué aux arts*, 1823-184?. — [15] *Annales de Poggendorf.*

Hartig[1], Payen[2], etc., etc., auxquelles la science doit les plus heureuses découvertes sur la physiologie des végétaux.

On lit dans l'ouvrage de John Knowles, — *Recherches sur les moyens employés par l'amirauté pour préserver les bois des navires de la pourriture*[3], — que dès 1756, le savant Hales, déjà cité, conseillait de tremper les bordages des vaisseaux dans l'huile végétale, pour leur donner une longue durée.

Reed, en 1740, avait déjà préconisé l'emploi de l'acide pyroligneux, sans aucun doute en raison des effets obtenus par la créosote que renferme ce produit.

A un autre point de vue, on essayait encore de chauffer les bois. Duhamel, dans son traité de l'exploitation des forêts[4], et Pallas, engageaient les constructeurs à soumettre les bois à une dessication artificielle. La carbonisation même, plus ou moins superficielle, était préconisée, malgré les insuccès constatés sur plusieurs navires préparés par ce procédé.

En 1813, Champy imbibait de suifs les bois destinés à l'emmagasinement des poudres. Maintenu pendant quelques heures dans un bain de suif chauffé à 200°, le bois perdait son eau ainsi transformée en vapeur, que le suif remplaçait par le refroidissement de la masse.

En 1828, M. Laughton[5] prenait patente pour un procédé de préservation des bois à l'aide du chauffage et de la dessication par le vide.

Mais la période véritablement industrielle de la préparation des bois, ne date que de 1831. A cette époque M. Bréant, vérificateur général des essais à la monnaie de Paris, prenait un brevet pour l'injection dans le bois de liquides antiseptiques, et poursuivait ses recherches jusqu'en 1838. Dans son procédé, Bréant, soumettait les bois à la dessication par le vide obtenu au moyen d'un condensateur à vapeur (A, fig. 215, pl. XV), et à l'in-

[1] *Bulletin de la Société d'encouragement*, 25e année. — [2] *Comptes rendus de l'Académie*, *Recueil des savante étrangers*, *Bulletins de la Société d'encouragement*. 1839, 1840. — [3] Traduit de l'anglais par ordre du ministre de la marine. Imprimerie royale, 1825, p. 43. — [4] 1764, p. 328. — [5] *Repertory of patents*, etc., avril 1828.

jection du liquide antiseptique refoulé dans le cylindre à préparation B, par la pompe C.

Ce procédé coûteux par l'exiguité des appareils, a été rendu pratiquement appliquable par Payn, qui a pu s'en servir à la préparation des traverses de chemin de fer. — Il a servi de point de départ aux procédés décrits au nº 183.

En 1833, le célèbre Faraday rendait compte à la Société royale de Londres, du mode de préparation employé par Kyan, pour préserver de la pourriture les bois de navires. Kyan immergeait les pièces dans une dissolution froide d'une livre de bichlorure de mercure dans cinquante livres d'eau, les y laissait pendant un mois et les desséchait ensuite. Pour prévenir les accidents ultérieurs, le sublimé corrosif ayant saturé les matières azotées, on devait enlever l'excédant du poison par un lavage à l'eau albumineuse — 181 —.

En 1835, le docteur Moll demandait patente pour son système de préservation des bois obtenue au moyen des vapeurs de créosote et d'eupione injectées à la suite du vide produit par la vapeur d'eau condensée.

Le 11 décembre 1837, M. le docteur Boucherie déposait sa demande de brevet pour l'injection des bois par succion vitale. L'obtention de ce brevet, qui avait lieu le 23 mars 1838, précédait la patente de John Bethel, datée du 11 juillet 1838, suivie elle-même d'un certificat d'addition délivrée à M. Boucherie, le 15 avril 1839.

L'idée première de M. Boucherie reposait sur l'injection du liquide préservateur, obtenue par l'utilisation de la puissance d'aspiration que possèdent les végétaux à l'état vivant.

Il pratiquait au pied de l'arbre à préparer une incision circulaire qui baignait dans un petit réservoir alimenté par la liqueur antiseptique.

Mais ce procédé très-ingénieux, qui ne remplissait que bien imparfaitement le but industriel, a été abandonné et remplacé par celui que nous décrivons plus loin — 179 —.

Bethell chauffait les traverses à 110° pendant quelques heures, puis il les plongeait dans une chaudière remplie de goudron.

Enfin, il les injectait aussi de sulfate de cuivre, les desséchait et les imbibait ensuite de goudron.

MM. Renard-Perrin et Testud de Beauregard, prenaient, en 1846, un brevet pour la préparation du bois par le vide et la pression atmosphérique. L'inspection de la figure 216, pl. XV, dispense ici de toute explication; nous y reviendrons plus loin.

Mentionnons encore la méthode brevetée vers 1854, par MM. Buttner et Mœhring de Dresde, décrite au n° 182; enfin les divers perfectionnements et additions appliqués par MM. Léger, Fleury et Pyronnet, Dorsett et Blythe, etc., etc., à la préparation des traverses de chemin de fer, et qui réunissent tous les avantages des divers procédés ou indications dont le point de départ se retrouve dans les inventions de Bréant, Moll, Payn et Bethel.

Quant à la préparation par la carbonisation, elle a été reprise dans ces dernières années sur la recommandation de M. de Lapparent — 186 —.

177. **Matières antiseptiques.** — Les conditions essentielles à rechercher dans un réactif propre à la préparation des traverses se résument ainsi : efficacité; — manipulation facile; — prix de revient modéré.

Les substances connues comme satisfaisant le mieux à ces *desiderata* sont :

Le sublimé corrosif ou bichlorure de mercure;
Le chlorure de zinc;
Le sulfate de cuivre;
La créosote.

Beaucoup d'autres corps, tels que le pyrolignite de fer, le sulfate de fer combiné avec le chlorure de barium, le sulfate de zinc, etc., etc., ont fait l'objet d'applications plus ou moins importantes; mais on les a reconnus ou inefficaces ou nuisibles ; aussi s'en tient-on aujourd'hui aux quatre antiseptiques indiqués plus haut.

Le bichlorure de mercure possède une efficacité bien connue, et mise en relief depuis que les ingénieurs anglais Newmann de Cheltenham et Kyan en ont fait l'application à la préparation des bois de diverses constructions et notamment des traverses de chemins de fer depuis 1832.

Malgré le prix élevé de ce produit, on l'emploie sur les chemins de Bade, du Nord de la Hesse, de Bebra-Hanau, du Main-Weser, de la Verra, du Main-Neckar, du Wurtemberg et de Rhein-Nahe.

Le chlorure de zinc, neutre, a donné de très-bons résultats à l'amirauté anglaise, aux chemins allemands d'Altona-Kiel, Brunswick, Mecklembourg, Hanovre, Lubeck-Büchen, Oldenbourg et Ouest-Saxon, aux lignes télégraphiques Hollandaises et Prussiennes dans les terrains sablonneux.

Par contre, ce réactif a échoué sur les chemins de Bade, Cologne-Minden, Kaiser-Ferdinand et sur les lignes télégraphiques déjà citées, dans les terrains calcaires. — Ces échecs sont attribués par les partisans du chlorure de zinc à l'application du réactif par simple coction à l'air libre; il faut, d'après leur expérience, l'employer par injection sous pression.

La reprise des travaux de mines de cuivre exploitées par les Romains, a, depuis longtemps, mis en évidence la propriété que possède le sulfate de cuivre de conserver le bois; mais l'application industrielle de ce réactif n'a pris une grande extension, principalement en France, que depuis l'exploitation du procédé Boucherie. Cependant la vogue dont a joui le sulfate de cuivre se perd depuis quelques années, notamment en Belgique et sur les chemins d'outre-Rhin. En 1865, quinze chemins allemands l'employaient; en 1868, le nombre de ces chemins s'est trouvé réduit à six.

La faveur de la créosote a suivi une marche inverse : employé à l'origine sur quelques rares chemins, cet antiseptique est exclusivement adopté aujourd'hui, par la majeure partie des lignes anglaises et par l'État belge. On le rencontre encore sur les chemins de Cologne-Minden, Basse-Silésie, Est-Prussien, Saarbruck, Rhein-Nahe, et la plupart des chemins français, où on l'emploie concurremment avec le sulfate de cuivre.

Lorsqu'on distille le bois en vase clos, on recueille un certain nombre de produits carbonés, le goudron de bois entre autres.

La distillation de ce goudron donne des matières huileuses contenant un corps soluble dans la potasse : c'est la *créosote* — $C^{26} H^{16} O^{4}$, — huile incolore, fortement odorante, très-vénéneuse, bouillant à 203°, peu soluble dans l'eau, mais très-soluble dans l'alcool et l'éther, qui jouit de la propriété de coaguler l'albumine et d'empêcher la décomposition des matières organiques.

Par assimilation, on désigne dans l'industrie, sous le nom général de *créosote*, un mélange très-complexe de différents corps que l'on obtient en distillant le goudron recueilli dans la fabrication du gaz d'éclairage à la houille.

Les produits de cette distillation peuvent se fractionner en diverses catégories, d'après leur température de volatilisation.

Dans la première catégorie se rangent les eaux ammoniacales et les carbures d'hydrogène tels que la benzine, volatils entre 30° et 100°. Dans la seconde, on trouve les huiles lourdes qui distillent entre 100° et 200°, donnant des carbures d'hydrogène azotés comme l'aniline, des carbures d'hydrogène et des carbures d'hydrogène oxydés comme l'acide phénique et la créosote.

De 200° à 300°, on retire des huiles très-lourdes et des graisses vertes qui renferment encore des carbures d'hydrogène comme la naphtaline, et des alcalis comme la quinoléine (leukol). Enfin, le résidu de la distillation, poussée au-delà de 300°, est un brai très-cassant.

Parmi tous ces corps, dont la plupart ne diffèrent entre eux que par l'arrangement de leurs éléments, quel est celui qui, dans la préservation du bois, remplit le plus efficacement le rôle d'antiseptique? C'est là une question encore à résoudre. — Quelques savants pensent que l'action préservatrice des huiles du goudron de houille est due à l'acide phénique.

Cependant les ingénieurs du chemin de l'État belge préfèrent, comme liquide conservateur, les huiles qui proviennent de la distillation à haute température, supérieure à 200°, par conséquent renfermant peu d'acide phénique.

De leur côté, les ingénieurs du chemin de fer du Nord exigent dans l'huile une proportion de 15 0/0 en acide phénique, sans appuyer cependant leurs préférences par des résultats d'expérience.

Sans plus de motifs, le chemin de fer de l'Est demande au minimum 8 parties d'acide phénique sur 100 parties de créosote du commerce.

Enfin, à titre d'application de la créosote, nous citerons encore le brevet pris en 1835 par le docteur Moll qui indiquait, comme spécialement préservatrice, les vapeurs d'eupione et de créosote.

Cette idée, combinée avec le séchage artificiel ou étuvage des bois, se retrouve dans le brevet de M. Blythe, du 6 mars 1869.

Par des expériences très-suivies, M. Forestier, ingénieur en chef des ponts et chaussées, a constaté que les bois suffisamment pénétrés de créosote du commerce résistent à l'action destructive du taret, tandis que, les mêmes essences préparées par les autres substances recommandées comme préservatrices, sont très-rapidement dévorées par ces mollusques [1].

Si la destruction spontanée des traverses est due à l'attaque des animaux ou des agents atmosphériques, la créosote doit, dans les climats du Nord, agir efficacement pour protéger le bois.

Aussi, sous l'empire de cette conviction, depuis 1868, les ingénieurs du chemin de fer de l'État belge ont adopté le créosotage des traverses, à l'exclusion de tout autre système de préparation.

178. Classement des procédés de conservation. — Envisagés uniquement au point de vue de la préparation mécanique, les divers procédés appliqués aujourd'hui à la préservation des traverses de chemins de fer peuvent se ranger dans quatre classes :

1° Injection par circulation vasculaire;
2° Injection par imbibition à l'air libre;
3° Injection en vase clos sous pression;
4° Carbonisation superficielle.

A chaque classe se rattachent différents modes de préparation dans lesquels interviennent : la dessication naturelle ou artificielle des bois; l'emploi de la vapeur d'eau ou des pompes pneu-

[1] Annales des P.-et-Ch., Mémoires, t. XV, 1868.

matiques pour enlever l'air et l'eau renfermés dans le tissu ligneux; l'application, à une température et sous une pression plus ou moins élevée, de la liqueur antiseptique, etc., etc.

Nous décrirons d'abord chacun de ces procédés dans ses parties essentielles; puis, en l'absence d'autre critérium, nous résumerons sous forme de conclusion, dans un état récapitulatif, les résultats statistiques fournis par chaque méthode.

179. Injection par circulation vasculaire. — *Procédé Boucherie.* Le principe de ce procédé repose sur la propriété que possèdent les tissus végétaux, de se laisser parcourir par un liquide, dans le sens de leurs vaisseaux longitudinaux.

Les bois auxquels on applique cette méthode avec succès sont le hêtre, le charme, le bouleau et l'aune. Les bois de pin et de sapin d'un certain âge ne sont plus considérés comme pouvant donner de bons résultats, parce qu'ils ont trop de cœur. Les chemins de l'Est et du Nord n'admettent plus à la préparation Boucherie que le hêtre et le charme.

On sait que par le procédé de M. le docteur Boucherie, les arbres ne se préparent qu'en grume, c'est-à-dire lorsqu'ils sont encore complétement recouverts de leur écorce. On découpe généralement les troncs à la première grosse branche; ils doivent être parfaitement sains, sans pourriture ni cœur rouge; celui-ci doit, en tout cas, être enlevé lors du débitage en traverses.

Les bois se prêtent mieux à la pénétration lorsque, abattus depuis quinze jours au plus, ils ont été dépouillés de leurs branches immédiatement après l'abattage, pour conserver au tronc l'humidité de la sève. On a soin de ménager aux deux extrémités un excédant de longueur d'un décimètre, afin de pouvoir *rafraîchir*, c'est-à-dire renouveler les sections d'introduction et de sortie de la liqueur préservatrice, quand elles sont oblitérées par les impuretés du liquide et les matières séveuses entraînées pendant l'opération; le ralentissement de la pénétration est indiqué par la diminution de l'écoulement du liquide à l'extrémité libre de la bille.

Il est reconnu que les arbres abattus pendant les mois de janvier, février, mars, et tronçonnés, c'est-à-dire dépouillés de leurs branches, aussitôt après l'abattage, peuvent être préparés sans difficulté jusqu'à la fin de mai.

Dans les forêts de l'État, le dernier délai d'abattage est fixé au 15 avril. Il est donc nécessaire d'établir des chantiers suffisants pour traiter avant le 1er juin tous les bois approvisionnés.

Il est très-important que les nœuds dont la présence n'a aucune action nuisible sur les pièces à préparer, ne soient pas coupés ras sur le tronc, en forêt. Ces nœuds sont avivés à la hache, sur le chantier, pour provoquer le passage du liquide, et abattus seulement après l'entière préparation des billes.

Il est bon d'employer pour la dissolution du sulfate de cuivre l'eau la plus limpide et contenant le moins possible de sels calcaires. La quantité de sulfate de cuivre dissoute varie entre 1 et 2 kilogrammes par hectolitre d'eau et celle introduite dans le bois entre 5 et 6 kilogrammes par stère.

Avant la mise en chantier, les bois, quel que soit le temps écoulé depuis leur abattage, sont *rafraîchis* aux deux bouts, c'est-à-dire écourtés, pour provoquer l'écoulement du liquide et donner aux pièces la longueur voulue.

On peut préparer des billes à la longueur des traverses ou à une longueur double. Dans ce dernier cas, on donne un trait de scie au milieu de la longueur de la bille (fig. 211, pl. XV), en conservant intact un segment de la section totale, segment qui doit être un minimum, comme nous le verrons plus loin; on introduit alors dans le trait de scie un petit anneau de corde (fig. 212), qui forme ainsi un réservoir où arrive la dissolution du sel. Dans l'autre cas, on place l'anneau de la corde entre le bout de la bille rafraîchi et un plateau en bois (figure 213, planche XV).

Dans la *préparation à la corde* on a soin, en donnant le trait de scie, de ne conserver intacte que la quantité de bois strictement nécessaire pour maintenir la liaison des deux parties de la bille. En laisser trop, ce serait augmenter la proportion de bois non préservée, la liqueur ne pénétrant pas transversalement dans le bois.

En plaçant la corde, il est important qu'elle affleure l'écorce sans masquer le bois, afin de laisser la plus grande partie possible de la section de l'arbre en communication avec le liquide.

Les bois doivent être décrassés au moins deux fois sur la section d'entrée du liquide, pour que la pénétration ait lieu jusqu'à la partie centrale.

Pour la longueur ordinaire des traverses, la durée de préparation varie de quarante-huit à cent heures, selon l'état de l'atmosphère. Les pièces qui, au bout de ce temps, ne donnent pas au centre une apparence de cuivre bien prononcée, sont retournées ou *relancées*, comme le dit le cahier des charges de l'Est, c'est-à-dire qu'on les charge, au moyen de *plateaux* (fig. 214, pl. XV), par le point de déchargement primitif. Cette seconde opération peut durer de douze à vingt heures.

Après le débit à la scie, on doit regarder comme mal préparées :

— Les pièces dans lesquelles le sel de cuivre ne paraît pas réparti d'une manière uniforme sur toute la surface ;

— Celles qui ne donneraient pas au réactif (solution de cyanure double de fer et de potassium) une teinte rouge-sang après l'enlèvement, à l'herminette, de la surface de sciage ;

— Enfin les pièces présentant des veines blanches dans la section transversale de déchargement ou celles correspondantes aux nœuds.

Le chemin de fer du Nord emploie des bois injectés de sulfate de cuivre, soit par le procédé Boucherie, soit en vase clos. Dans le premier cas, le sel doit être pur et introduit dans le bois à raison de $5^k,5$ par stère, la dissolution faite à raison de $1^k,5$ par hectolitre. On constate la bonne préparation des traverses au moyen du réactif composé de $0^k,090$ de cyanoferrure de potassium (prussiate de potasse du commerce) dissous dans un litre d'eau. Ce réactif, étendu au pinceau sur un point quelconque de la surface du bois, doit donner une coloration rouge brun due à la formation du cyanure de cuivre.

Le cahier des charges des chemins de fer de l'Est prescrit l'emploi du sulfate de cuivre de première qualité, sans réaction acide et ne contenant pas plus de 0,01 de sulfate de fer. La dissolution filtrée doit pénétrer dans les billes sous une pression d'au moins 8 mètres d'eau et pendant trente heures. Elle contient 1 kilogramme de sulfate de cuivre par hectolitre. L'essai se fait comme au chemin de fer du Nord, et principalement sur la tranche de sortie du liquide antiseptique, après l'enlèvement, à l'herminette, d'une couche de bois de $0^m,01$ au moins d'épaisseur.

Le chemin de fer de l'Ouest exige que le sulfate de cuivre soit dissous à raison de 2 kilogrammes par hectolitre d'eau; on ajoute quelquefois une certaine proportion de sel marin.

En résumé, et quel que soit le titre de la dissolution, les ingénieurs français n'acceptent de bois préparé par le procédé Boucherie que lorsqu'il contient une quantité minima de 5 kilogrammes de sulfate de cuivre par mètre cube, répartie aussi uniformément que possible.

Le prix de la préparation des traverses par le procédé Boucherie, dans un chantier coûtant 4000 francs d'installation, peut s'établir comme suit pour 1 mètre cube de bois, y compris le bois des dosses et déchets :

| | fr. |
|---|---|
| — Main-d'œuvre . . . . . . . . . . . . . . . . | 2,50 |
| — Sulfate de cuivre, $5^k,5$ à $0^f,80$ . . . . . . . . | 4,40 |
| — Frais généraux, amortissement, etc. . . . . . | 1,10 |
| Prix de préparation de $1^{m3}$. . . . . . . . . . | 8,00 |

Au chemin de fer du Nord, on compte 1 fr. par traverse pour préparation par ce procédé, le mètre cube de bois donnant 10 traverses, plus des dosses ou déchets utilisés et comptés au prix du commerce.

180. Préparation des poteaux du télégraphe électrique. — On peut les injecter, soit par la méthode Boucherie, soit en vase clos. Dans la première méthode, voici comment on procède :

On dissout, dans des cuves posées sur le sol, le sulfate de cuivre à raison de $1^k,50$ par hectolitre d'eau. La liqueur clarifiée est versée dans une cuve noyée dans le sol. De cette cuve la dissolution est élevée à l'aide d'une pompe, dans un réservoir établi sur un échaffaudage dont la hauteur, variant avec la longueur des poteaux et leur essence, doit être suffisante pour que la dissolution puisse pénétrer tous les canaux séveux, et cependant ne pas donner lieu à une pression susceptible de faire passer la liqueur trop rapidement dans le bois en ne lui laissant pas le temps de se combiner. Pour les poteaux de 8 mètres de longueur, on a reconnu que la hauteur d'échaffaudage la plus convenable est comprise entre 8 et 10 mètres.

En sortant de ce réservoir, la dissolution est dirigée vers les pieds des poteaux couchés presque horizontalement sur des chantiers. Les tuyaux en cuivre qui amènent la dissolution la distribuent à chaque poteau à l'aide d'un petit tuyau en caoutchouc, aboutissant au pied du poteau armé d'un plateau à corde.

Les poteaux sont injectés avec leur écorce, que l'on enlève ensuite. La durée de l'injection varie d'après l'âge, la longueur des poteaux et l'époque de l'année.

En belle saison, trois jours sont nécessaires à la préparation des poteaux de 6 mètres, sept jours pour les poteaux de 8 mètres et douze jours pour ceux de 10 mètres.

Un chantier, sur lequel on tient en préparation 200 poteaux, peut fournir environ 100 poteaux de 8 mètres par semaine.

L'installation d'un chantier contenant deux rangées de 100 poteaux chacun, coûte de 3 000 à 3 500 francs.

Huit hommes suffisent à la main-d'œuvre d'un tel chantier.

On a injecté de créosote les poteaux télégraphiques de l'État belge ; mais cette préparation a donné de mauvais résultats. Soit que la créosote qui ne se combine pas s'écoule par l'effet de son poids, soit qu'elle s'évapore sous l'action des agents atmosphériques, la préparation au sulfate de cuivre est préférable, et l'État belge y est revenu La manipulation des poteaux fraîchement créosotés est d'ailleurs pénible pour les ouvriers.

Voici les prix du bois préparé par le procédé Boucherie, prix variable par les quantités de sulfate de cuivre absorbées qui oscillent entre 6 kil. — France, — ou 10 kil. — Belgique,

— et 13 kil. — Prusse, — par mètre cube, et d'après les prix de main-d'œuvre :

| | fr. | | fr. |
|---|---|---|---|
| — $1^{m3}$ de sapin . . . . . . . . . . . . . . | 40,00 | à | 50,00 |
| — 6 kil. à 13 kil. sulfate de cuivre à $0^{f},80$. | 4,80 | — | 10,40 |
| — Main d'œuvre. . . . . . . . . . . . . . | 4,00 | — | 8,00 |
| — Frais généraux. . . . . . . . . . . . | 2,50 | — | 0,75 |
| Prix d'achat et de préparation de $1^{m3}$. | 51,30 | à | 79,15 |

Le prix de préparation varie donc entre 11 fr. 30 et 19 fr. 15 le mètre cube.

La figure 214, pl. XV, représente en plan et en élévation l'installation d'un chantier de préparation par le procédé Boucherie. La dissolution du sulfate de cuivre s'effectue dans la cuve inférieure *a*. De là, elle est montée dans les cuves supérieures *bb*, à l'aide de pompes mises en mouvement par un moteur quelconque. Dans la figure, le moteur est une locomobile qui transmet son mouvement par un fil télodynamique et sert en outre à faire mouvoir les autres machines employées au débitage du bois.

La dissolution descend des cuves *b*, situées à $10^{m},00$ au moins au-dessus du sol, par les tuyaux *tt*, et se distribue dans les pièces à préparer à l'aide de tubulures *c*, munie de tuyaux en caoutchouc *d* se terminant par un ajutage en bois *f* (fig. 211), qui pénètre dans un trou foré dans le bois plein ou dans le plateau (fig. 213).

Le chantier est disposé pour que le liquide sortant des pièces de bois s'écoule vers une cuve *g*, ménagée dans le sol, où on le recueille pour en tirer des produits pharmaceutiques. On a indiqué quelquefois que ce liquide était repris pour utiliser le sulfate de cuivre mélangé de liqueur séveuse; mais c'est à tort, car on renvoie ainsi dans le bois des matières putrescibles.

*Procédé Renard-Perrin.* — M. Payen, rendant compte à la Société d'Encouragement, dans sa séance du 28 février 1849, de ce procédé, s'exprimait ainsi (extrait) :

Une pièce de bois *b* (fig. 216, pl. XV) à injecter est appliquée contre l'appareil *a* composé d'un cylindre en fonte, terminé au sommet par un ajutage rodé et fermé à l'aide d'un obturateur qui porte une tige métallique *c*, garnie à son extrémité inférieure d'un paquet d'étoupes imbibé d'alcool. Au bas du cylindre se trouve un robinet à air *e*. En avant du cylindre est un disque *d* faisant corps avec un ajutage, et percé à son centre d'un trou qui communique avec l'intérieur du cylindre *a*. Le bois à préparer s'applique contre ce disque, une rondelle de cuir interposée servant à compléter le joint que l'on rend aussi étanche que possible à l'aide de deux chaînes et d'écrous roulants.

Le cylindre *a* peut être reculé ou avancé sous l'impulsion donnée par la vis horizontale *v*.

L'autre extrémité de l'arbre est enveloppée d'un sac de toile imperméable *s* communiquant avec un réservoir *r* contenant le liquide à injecter.

Pour faire pénétrer le liquide dans l'arbre, on opère le vide dans le cylindre *a*, en allumant l'alcool de l'étoupe. L'air chassé par la tension de la vapeur d'alcool est remplacé par cette dernière. On ferme alors le robinet à air, la condensation de la vapeur s'effectue, et la pression atmosphérique agissant sur le liquide du réservoir *r* pénètre dans l'arbre.

Des contestations de brevets ont empêché le développement de ce procédé, dont le principe aurait pu trouver, moyennant quelques modifications, d'utiles applications pour préparer rapidement des poteaux et des arbres de grande longueur.

Injection par imbibition à l'air libre. — Dans ce procédé primitif, on plonge les bois dans la liqueur antiseptique froide ou chaude, contenue dans de grands bacs ouverts, et on les y laisse plus ou moins longtemps. Il faut donc une installation considérable quand on doit préparer un certain nombre de traverses.

Comme nous allons le voir, la liqueur employée est tantôt le sublimé corrosif (procédé Kyan), tantôt le sulfate de cuivre (procédé Knab), tantôt le chlorure de zinc, tantôt enfin la créosote.

181. Procédé par immersion a froid. — Ce procédé, qui a pris le nom de M. Knab, fut appliqué, vers 1850, par les chemins de fer de Paris à Strasbourg et d'Amiens à Boulogne, sur les tra-

verses en chêne, et par les chemins de Berlin-Anhalt, de Lubeck-Buchen sur les traverses en pin. Là, il n'a donné que de mauvais résultats.

Depuis 1858, le chemin de Berlin-Postdam a repris cette méthode. En trois jours d'immersion dans une dissolution de sulfate de cuivre marquant 2 1/2 à 3° Beaumé, une traverse de pin absorbe 1 kilog. de sel.

L'immersion à froid des traverses en pin, séchées préalablement pendant six à neuf mois, est pratiquée depuis 1861 par l'Ouest-Saxon qui emploie le chlorure de zinc au titre de 1/40.

Les bois secs restent plongés dans la liqueur pendant quatorze jours, puis exposés à l'air un mois au moins avant l'emploi. On les recouvre alors d'un enduit de couleur jaune, composé de 0,01 de chlorure de fer et 0,99 de chlorure de zinc.

Le chemin d'Oldenbourg immerge les traverses de pin dans une dissolution de chlorure de zinc au 0,033 et les y laisse 72 à 96 heures ; mais il prend la précaution de n'employer que des traverses bien sèches.

Le procédé Kyan, appliqué en 1839 par les chemins badois, sur les traverses en chêne, a été repris en 1858 et étendu aux traverses de toutes essences. Il est en faveur aux chemins du Main-Weser, du Main-Neckar, de la Hesse, de Rhein-Nahe, du Wurtemberg.

On y emploie le bichlorure de mercure dissous à chaud, à raison de $0^k,5$ pour 3 litres d'eau. Cette première dissolution est ensuite étendue dans 150 volumes d'eau froide. Les traverses restent plongées dans ce bain pendant dix jours.

On a vu à l'Exposition du Champ-de-Mars, en 1867, des traverses en sapin préparées au bichlorure de mercure, par MM. Steinbeiss, Otto et C^ie (Bavière). Ces traverses sont soumises à froid à l'action du sel pendant huit jours.

On en fait l'application dans le Wurtemberg, et le fournisseur garantit une durée de dix ans.

182. Méthode par immersion a chaud. — L'imbibition de la liqueur antiseptique est plus rapide quand on élève la température du bain. L'action de la chaleur doit dilater les pores et

chasser l'air confiné, peut-être même coaguler les matières putrescibles. En se refroidissant, la liqueur pénètre dans le bois sous l'influence de la pression atmosphérique.

Depuis 1852, le chemin d'Altona-Kiel prépare ainsi ses traverses au chlorure de zinc : la liqueur marquant 3° Beaumé, et placée avec les traverses dans des caisses en bois, est échauffée par la vapeur jusqu'à 60° ou 70° R. Les traverses restent dans le bain jusqu'au refroidissement, c'est-à-dire au moins 24 heures.

Pour préparer la liqueur, on commence par dissoudre dans une caisse en bois 5 kilog. de vieux zinc dans 21 kilog. d'acide chlorhydrique du commerce, puis on étend la dissolution dans 394 litres d'eau.

Le chemin de Berlin-Postdam fait aussi par immersion la préparation des traverses de pin au sulfate de cuivre. Un premier bain, sous 2/3 à 3° B et à la température de 60° Réaumur, reçoit les traverses pendant 3 heures 1/2; puis un second sous 4 1/2 à 5° B, à la température de 14° ou 18° Réaumur pendant 3 heures 1/2 également.

Les traverses absorbant $1^{k},00$ de sulfate de cuivre du prix de 1 fr., la main d'œuvre et les frais d'entretien étant évalués à 0 fr. 20; le prix de revient du mètre cube ressort à 9 fr. 70. Ce chemin continue à préparer ses traverses par le procédé à chaud concurremment avec le procédé à froid indiqué plus haut.

Le chemin de fer de Paris à Orléans immerge ses traverses en chêne dans un bain de sulfate de cuivre au titre de $\frac{1}{50}$ à la température de 60°. Depuis treize ans que ce système est en pratique, on n'a pas eu à regretter son application, puisque l'aubier paraît devoir durer autant que le cœur.

On a préconisé pendant un certain temps, en Allemagne, le procédé Buttner et Mœhring, qui consistait à faire *cuire* les traverses placées debout dans des cuves en bois remplies d'une dissolution de chlorure de zinc. Cette méthode, appliquée sur les lignes de Bade, à des traverses de chêne et de pin; de Cologne-Minden, à des traverses en hêtre; de l'Est-saxon, à des traverses en pin; de la Thuringe, à des traverses en hêtre, n'a donné que de mauvais résultats, dûs sans doute à un trop long séjour des bois dans un bain élevé à une température dépassant 100°.

On peut ranger dans la même classe l'un des procédés *Béthel*, dont on rencontre de nombreuses applications en Angleterre et en Allemagne, et qui consiste à faire sécher les traverses à l'étuve, puis, quand elles sont bien desséchées, à les plonger dans un bain chaud d'huile de goudron de houille.

La dessication doit être poussée assez lentement, afin de ne pas faire fendre le bois. Les traverses, dans cette méthode, absorbent en moyenne 3 kilogrammes d'huile créosotée.

183. Injection en vase clos sous pression. — C'est à Bréant que revient l'honneur d'avoir indiqué, de 1831 à 1838, les principes et les bases de ce procédé : emploi du vase clos; — action de la vapeur et emploi des pompes pneumatiques pour faire le vide; — pression exercée par une pompe foulante. A Payne et à Béthel appartient le mérite d'avoir rendu industriel et pratique le procédé de Bréant; à M. Blythe, de l'avoir perfectionné par l'étuvage des bois.

Abstraction faite de la question du choix de la liqueur antiseptique, la *préparation en vase clos*, appliquée en concurrence avec le système Boucherie, présente certains avantages : le temps écoulé entre l'abattage et la mise en préparation n'a pas d'influence sensible sur la pénétration du liquide antiseptique; les bois équarris se préparent aussi bien que les bois en grume, ce qui évite une perte de près du quart du bois préparé; le cœur est pénétré plus profondément que par le procédé Boucherie; de plus, on a observé que les bois en grume se fendillent beaucoup plus facilement que les bois débités, et que le sciage des bois préparés est plus difficile que celui des bois non préparés.

Dans la méthode de préparation en vase clos, il ne faut employer que des bois bien sains, abattus en bonne saison, bien empilés, bien desséchés, non échauffés, etc., etc.; sans ces précautions essentielles, la préparation est pour le moins inutile.

La préparation des traverses en vase clos comprenait, il y a quelques années, les opérations suivantes :

— Passage dans le cylindre rempli de traverses d'un courant

de vapeur, pendant vingt-cinq minutes au moins, pour bien échauffer le bois, ou dessication et échauffement des traverses à l'étuve.

— Réduction de la pression atmosphérique dans l'appareil jusqu'à $0^m,52$ et $0^m,68$ de mercure : ce vide est maintenu tout le temps nécessaire pour enlever au bois son excès d'humidité et permettre le dégagement des gaz qu'il renferme, c'est-à-dire pendant quinze à vingt minutes au moins.

— Enfin, introduction de la dissolution dans le cylindre et refoulement progressif du liquide jusqu'à la pression de plusieurs atmosphères. On maintient cette pression à l'aide de pompes foulantes pendant le temps nécessaire pour que le bois soit pénétré à la dose que l'expérience indique comme la plus convenable; dans tous les cas, cette opération ne dure jamais moins d'une demi-heure.

Depuis 1863, on a supprimé l'injection de la vapeur, et on la remplace par la dessication artificielle du bois.

Voyons maintenant les diverses applications de ce procédé.

Avant 1842, les ingénieurs anglais préparaient leurs traverses en vase clos, à l'aide du vide et de la pression, en employant la créosote ou le chlorure de zinc.

Depuis l'année 1847, le chemin du Hanovre prépare ses traverses au chlorure de zinc, à l'aide du vide et de la pression. Voici comment il est encore appliqué à toutes les traverses, sans distinction d'essence :

Les traverses, placées dans un cylindre, sont d'abord soumises à un courant de vapeur; puis, à l'aide de pompes pneumatiques, on fait le vide aussi complet que possible dans le cylindre. Le chlorure de zinc contenant 25 0/0 de zinc métallique, étendu dans 60 fois son volume, est ensuite introduit froid dans le cylindre, et refoulé par des pompes jusqu'à la pression de 8 atmosphères.

Le chemin de Brunswick a suivi le même procédé depuis 1852 à 1857, en employant la solution de chlorure de zinc à 1/30; mais, après quatre ans d'essai, on crut remarquer que la liqueur antiseptique trop concentrée attaquait les fibres du bois de pin. A partir de 1857, on a étendu le chlorure de zinc dans 50 fois son volume, et en l'appliquant au chêne, au pin et au hêtre, il est encore en usage dans les mêmes conditions. Nous verrons plus loin les observations intéressantes auxquelles ces traverses préparées ont donné lieu.

Depuis 1847, le chemin de fer du Nord, et en 1853 la Compagnie du Midi, ont fait l'application du même système en employant comme sel métallique le sulfate de cuivre.

Enfin, depuis 1861, les chemins de fer du Nord de l'Espagne et de Séville à Xérès ont employé des traverses préparées en vase clos, mais préalablement desséchées à l'étuve comme le pratiquait Béthel dès avant 1852.

Depuis 1861, le chemin de l'Est prussien abandonnant le sulfate de cuivre prépare ses bois à la créosote. Avant de les placer dans le cylindre à injection, les traverses sont desséchées dans un four.

Le chemin de Cologne à Minden n'emploie plus que la créosote après avoir essayé de la préparation au sulfate de cuivre et au chlorure de zinc dans le vase clos. Le vide est aussi complet que possible, et la pression terminale est tenue à 7 1/2 atmosphères.

Même procédé sur le chemin de la Haute-Silésie, mais les traverses sont préalablement desséchées jusqu'à évaporation complète de l'eau, puis placées dans le cylindre, où un vide de $0^m,52$ est entretenu pendant une demi-heure ; enfin injectées de créosote avec une pression de 6 1/2 atmosphères, pendant 45 minutes.

184. Installation d'un chantier d'injection des bois. — Un chantier complet pour la préparation des bois en vase clos se compose (fig. 217 et 217 bis, pl. XVI) :

1° D'un espace suffisamment étendu et convenablement desservi par des voies pour recevoir les traverses, les empiler et en effectuer économiquement le transport ;

2° D'une étuve A disposée pour faire sécher les bois par une marche méthodique, comprenant un four à deux ouvertures opposées, l'une servant à l'introduction de wagonnets chargés des traverses à dessécher, l'autre à la sortie des mêmes wagonnets chargés des traverses desséchées;

3° D'un grand cylindre en tôle B pouvant recevoir au moins cent traverses à la fois, ce qui suppose un diamètre de 1m,75 et une longueur de 5m,75, comme dimensions minima;

4° D'une machine à vapeur destinée à fournir la vapeur pour échauffer la créosote, et le mouvement aux pompes pneumatiques ainsi qu'aux pompes foulantes;

5° De récipients C pour emmagasiner la liqueur en quantité suffisante à la préparation d'au moins une cylindrée;

6° D'un développement de voies en rapport avec toutes les manœuvres à effectuer dans le chantier.

Nous avons indiqué dans la figure 219 le cylindre à injection employé par le chemin de fer du Nord. Il se compose de deux moitiés qui peuvent se détacher l'une de l'autre, glisser sur des rails de manière à dégager leur ouverture et permettre le chargement des traverses, imitation du cylindre que M. Fragneau a fait breveter en 1861, pour le transport en forêts des appareils d'injection en vase clos.

La fig. 220, pl. XVI, représente l'appareil à injection complet que la compagnie de l'Est a établi sur chariot pour être transporté aux points d'approvisionnement des traverses.

La chaudière à vapeur est suspendue sous le châssis entre les roues du wagon. Le cylindre moteur placé sur l'un des brancards donne le mouvement à un essieu coudé qui fait agir soit la pompe à air, soit la pompe foulante, en même temps que la pompe alimentaire. Le robinet *a* se réunit par un coude en caoutchouc au tuyau plongeant dans le bac à créosote. Des manomètres indicateurs du vide et de la pression, des tubes en verre à niveau, servent à suivre la marche de l'opération.

L'obturation des deux ouvertures est assez difficile à obtenir; le lut que l'expérience a indiqué comme le meilleur est le crotin de cheval, qui forme un feutre imperméable.

[1] Pour tous les détails de la préparation et de la manœuvre, on consultera avec beaucoup de fruit le Mémoire de M. Forestier, cité plus haut.

Avec cet appareil ainsi monté, la compagnie de l'Est peut préparer six cents traverses par jour.

Voici les poids des différentes parties de l'appareil locomobile de l'Est :

| Désignation | Poids | Sous-total | Total |
|---|---|---|---|
| Cylindre d'injection : | | | |
| Tôle d'acier et rivure. . . . | 3 000 k. | | 5 020 k. |
| 2 fonds et couronne (fonte). . | 1 400 | | |
| 24 charnières . . . . . . . | 240 | | |
| Remplissage. . . . . . . . | 180 | | |
| 2 frettes. . . . . . . . . | 200 | | |
| 24 verrins. . . . . . . . . . . . . . . | | | 700 |
| Chaudière à vapeur avec tous ses appareils . | | | 1 300 |
| Mécanisme : cylindre, organes, pompes, etc. | | | 2 000 |
| Accessoires : | | | 1 035 |
| Tuyauterie. . . . . | 100 k. | 330 k. | |
| Robinetterie. . . . . | 230 | | |
| Supports du cylindre. | 235 | 505 | |
| 2 potences et supports | 270 | | |
| Bâche alimentaire. . | | 200 | |
| Poids total . . . . . | | | 10 055 |
| Poids supplémentaire à ajouter si l'on construit la chaudière en cuivre au lieu d'acier, en cas de préparation au sulfate de cuivre. . . . . . . . | | | 700 |

On peut remplacer la chaudière en cuivre par un doublage de plomb, ou un enduit de goudron protégé par un cuvelage en bois.

L'appareil locomobile de l'Est avec sa chaudière en acier, coûte 20 000 fr., non compris le train qui peut être employé de nouveau à porter une voiture à voyageurs quand l'appareil est enlevé.

La compagnie du Midi, satisfaite du résultat de l'injection au sulfate de cuivre, a construit son cylindre en cuivre rouge. Ce récipient formé de deux parties de longueur égale assemblées par des boulons, a $17^m,00$ de longueur non compris les calottes sphériques, et $1^m,250$ de diamètre intérieur.

Il est décomposé en deux récipients fonctionnant alternativement de part et d'autre du moteur et des pompes. Les boulons de jonction des fonds mobiles sont articulés sur la collerette fixée à l'appareil. Le fond mobile à charnière horizontale supérieure est équilibré par des contrepoids qu'on fait glisser sur les leviers. Pour assurer la fermeture, l'axe de rotation porte sur des coussinets dont on peut régler la position.

La pompe à air et la pompe d'injection, toutes deux horizontales, à double effet, ont la même course : $0^m,300$ ; Diamètre de la pompe à air : $0^m,300$; — diamètre de la pompe d'injection : $0^m,105$; — nombre de coups doubles de chaque pompe par minute : 50. Chaque pompe a son mouvement indépendant formé d'une poulie, d'un engrenage droit (fonte et bois), divisé dans le rapport 1/3.

La courroie mue par le tambour menant de la locomobile se place alternativement sur une poulie centrale fixée à un arbre spécial, ou sur l'une ou l'autre des poulies adjacentes calées sur un arbre creux en fonte indépendant, dans lequel tourne l'arbre de la poulie centrale.

Ces trois poulies ont $1^m,00$ de diamètre, $0^m,100$ de jante, et font 150 tours; — le mouvement des pompes est régularisé par deux volants de $1^m,50$ de diamètre.

Les tuyaux pour la vapeur, le vide et l'injection sont bifurqués à leur origine sur la chaudière et sur les pompes, de manière à desservir alternativement chaque récipient.

Tous les robinets sont en bronze, du système dit américain, à soupape et à boule. Pour la pompe pneumatique, quelques constructeurs préfèrent aux clapets les tiroirs qui font perdre moins de temps pour obtenir le vide.

185. Conditions de fabrication et de réception des traverses préparées en vase clos.— *Injection au sulfate de cuivre.* — Quelle que soit la quantité de sulfate de cuivre à introduire au mètre cube de bois, on doit faire varier la quantité de liqueur à injecter selon l'état des bois. — Pour les bois verts, dans lesquels la pénétration est plus difficile que pour les bois secs, quand on veut obtenir un minimum de 5 à 6 kilogrammes de sulfate de cuivre on se sert d'une dissolution au taux de 2,k00 à 2k,30 de sulfate par 100 kilos, refoulée à la pression de huit à dix atmosphères.

Pour les bois secs, on peut employer la liqueur au titre de $1^k,50$ à $2^k,00$, sous la pression de cinq à six atmosphères. — Cette dernière combinaison est adoptée quand on étuve préalablement les bois.

Quand ces différents points sont arrêtés, on charge le cylindre de traverses et on note la quantité de bois introduite. — Le cylindre fermé, on fait marcher les pompes pneumatiques; le vide marqué par le tube barométrique ne doit pas être inférieur à 65 centimètres de mercure. — La communication s'établit alors entre le cylindre et le réservoir à liqueur, les pompes à air fonctionnant toujours. — Le cylindre étant à peu près rempli, on ferme le robinet du tuyau plongeant dans le réservoir; on arrête les pompes à air et on met en mouvement la pompe foulante qui puise la liqueur dans le réservoir et achève le remplissage du cylindre. On constate le titre de la liqueur, ce qui permet de fixer la quantité réelle de dissolution à injecter.

Pour déterminer cette quantité, on fait une marque à la place occupée par l'indicateur du flotteur quand commence le refoulement du liquide, et on constate la quantité absorbée à l'aide de l'échelle qui suit l'abaissement du flotteur. Le volume requis par le calcul étant absorbé, on arrête les pompes foulantes et on laisse écouler du cylindre le liquide non absorbé. Le flotteur indique encore la quantité de liqueur non absorbée. Le cylindre est alors débarrassé des traverses injectées et rempli de nouveaux bois à préparer.

Dans les chantiers de MM. Dorsett et Blythe, les cylindres en tôle de fer sont recouverts à l'intérieur d'une couche de 1 millimètre d'épaisseur d'un mélange de bitume raffiné et de gutta-percha, puis d'une lame de plomb de 2 millimètres, et enfin d'un doublage de bois de 4 centimètres.

Les dimensions des cylindres les plus convenables sont les suivantes : longueur $15^m,00$, diamètre $1^m,80$. La locomobile a une force de huit chevaux, alimentée par les débris de bois du chantier. Le chargement et le déchargement durent une heure; le vide, le remplissage et le refoulement, une heure. On fait donc en douze heures six opérations qui fournissent 1 400 traverses. Deux brigades de six hommes à chaque bout du cylindre suffisent à toutes les manipulations.

L'installation d'un chantier de ce genre revient à 30,000 fr. environ.

On se sert quelquefois d'un cylindre en fonte de 5m,80 de longueur sur 1m,50 de diamètre, en deux parties réunies au milieu par des boulons agrafés ; l'intérieur est recouvert d'une couche de minium pour préserver le fer de l'attaque du liquide.

Cette disposition n'est peut-être pas très-efficace. Pour s'assurer que la liqueur n'a pas entraîné de sulfate de fer en corrodant le cylindre, on enlève dans les bois préparés de la sciure que l'on dessèche, incinère et traite par l'acide azotique.

En versant dans la solution un excès d'ammoniaque, on redissout le cuivre, et l'on peut alors voir l'oxyde de fer se précipiter, s'il y a eu corrosion du cylindre.

*Injection à la créosote.* — Les bois étuvés ou non sont enfermés dans un cylindre qui n'a plus besoin de garniture protectrice comme dans la préparation au sulfate de cuivre. Voici les prescriptions de la compagnie de l'Est pour l'injection des traverses de hêtre :

Les traverses seront séchées dans une étuve à air chaud, à 60° ou 80° centigrades, pendant vingt-quatre heures au moins, et dans tous les cas, suivant leur état de siccité, pendant un temps suffisant pour assurer une pénétration bien complète et bien régulière de la créosote. L'étuvage sera conduit avec précaution de manière à éviter autant que possible la fente du bois. On rebutera les traverses fendues lorsqu'elles ne pourront être convenablement consolidées.

En sortant de l'étuve, les traverses seront placées dans un cylindre pouvant être fermé hermétiquement. A l'aide d'une pompe pneumatique, on fera le vide dans le cylindre, de manière que la différence entre la pression intérieure et la pression atmosphérique soit représentée par une colonne de mercure d'au moins 0m,65.

On mettra le cylindre en communication avec un réservoir contenant la créosote préalablement chauffée à 65° centigrades au moins, à l'aide d'un serpentin à vapeur, sans mélange d'eau de condensation.

Jusqu'au complet remplissage du cylindre, le vide sera maintenu par la pompe pneumatique, de manière que les traverses placées à la partie supérieure du cylindre restent soumises à l'action du vide, jusqu'à ce qu'elles soient complétement immergées. — A cet effet, on constate le remplissage du cylindre à l'aide d'un dôme muni d'un tube de niveau.

On refoulera la créosote dans le cylindre avec des pompes, à une pression effective d'au moins 10 kilogrammes par centimètre carré, constatée par un manomètre.

L'action des pompes sera continuée pendant un temps suffisant pour assurer l'absorption complète et régulière de la créosote.

La créosote devra être liquide à la température de 35° centigrades; à cette température sa densité ne sera pas inférieure à 1,030 ; elle devra contenir au moins 8 0/0 d'acide phénique.

La quantité de créosote à faire absorber par les bois, ne devra pas être inférieure à 220 litres par mètre cube; pour la constater, un flotteur à tige indiquera les quantités absorbées, et les dimensions du réservoir seront telles que chaque hectolitre de créosote absorbé corresponde à une division d'un centimètre au moins sur la tige du flotteur.

On aura soin de ne mettre dans le cylindre que du bois présentant les mêmes conditions de dimensions, de nature et de degré de siccité, afin de rendre la préparation uniforme.

Pour s'assurer de l'opération, on choisit, à raison de 5 0/0 des traverses à préparer, les traverses les moins propres en apparence à une bonne injection, et on les place à la partie supérieure du cylindre. Pesées avant et après l'opération, l'augmentation du poids de chacune d'elles ne doit pas être inférieure à 20 pour 100 du poids primitif.

En Angleterre, où la créosote ne coûte que 4 francs les 100 kilogrammes, on se contente d'injecter 10 kilog. par traverse. — Le prix de l'injection payé à l'entrepreneur varie de 0 fr. 80 à 1 franc.

En Belgique, où la créosote coûte 6 fr., le prix de la préparation est d'environ 1 fr. par traverse.

*Vérifications.* — Pour constater les résultats du système de préparation en vase clos, on dispose dans chaque opération deux pièces d'essai, l'une de longueur double de celle des traverses plus $0^m,10$, l'autre d'une épaisseur double de celle des traverses. Après l'opération, la première pièce est coupée en trois morceaux, celui du milieu ayant $0^m,10$ de longueur, et les deux autres la dimension ordinaire des traverses; le morceau de $0^m,10$ est gardé par l'agent réceptionnaire, pour servir de contrôle. La seconde pièce est sciée par le milieu de son épaisseur. On vérifie si ces pièces sont entièrement pénétrées, et, dans le cas affirmatif, on procède à la réception; si, au contraire, elles présentent des parties ne contenant que peu ou point de matière antiseptique, toutes les traverses sont refusées comme étant incomplétement préparées; ces traverses peuvent être soumises à une nouvelle opération avec d'autres doubles pièces d'essai.

Cette vérification ne laisse pas d'offrir assez peu de garanties ; l'analyse chimique nous paraîtrait beaucoup plus sûre et plus équitable pour toutes les parties.

L'agent chargé de surveiller la préparation tient un carnet d'attachements où il indique :

— La durée du passage de la vapeur dans le cylindre quand on conserve cette opération préliminaire ;

— La durée et le degré du vide obtenu ;

— La durée de l'introduction du liquide et sa température ;

— La durée de la pression, son intensité, et ses fluctuations pendant l'opération ;

— Les poids des traverses d'essai avant et après l'opération.

Malgré toutes ces précautions, l'administration qui reçoit ses traverses d'entrepreneurs, intéressés avant tout à faire des économies, s'expose à trouver des mécomptes. Quant aux garanties de durée que ces marchés peuvent spécifier, elles n'ont pas encore été mises à exécution sur une large échelle; lorsqu'elles viendront à effet, il se soulèvera probablement de grandes contestations, et sur le mode d'emploi, et sur le système de construction de la voie, etc., etc.

Il nous paraît bien préférable de prendre à la charge du chemin de fer la préparation des bois et de lui donner tout le soin que comporte cette grave question.

186. Carbonisation superficielle. — M. de Lapparent, directeur des constructions navales et du service des bois de la marine française, a décrit un procédé de conservation des bois, consistant en une carbonisation des surfaces sous l'action d'un jet de gaz enflammé. Une soufflerie permet de mêler au gaz, à sa sortie, l'air nécessaire pour obtenir une combustion complète, et d'imprimer au jet une force telle, qu'on puisse le diriger dans tous les sens et le faire agir, non-seulement sur les faces du bois, mais encore dans les trous, fentes, joints, tenons, mortaises, etc., et en général sur toutes les parties de la construction. On peut employer une seule soufflerie à pédale pour deux ou plusieurs jets de gaz.

Ce procédé très-simple a été appliqué surtout à la carbonisation superficielle des coques de navires.

On peut faire ainsi, à l'aide du jet de gaz, une couche noire qui s'oppose à la fermentation des principes azotés contenus dans le bois, à la végétation cryptogamique et aux attaques des insectes xylophages.

Il se produit, en effet, sous cette couche carbonisée, une seconde couche brunâtre, torréfiée, dans laquelle se trouvent développés des produits empyreumatiques et créosotés, qui sont d'excellents agents antiseptiques.

Ce mode de conservation, dont l'efficacité a été reconnue depuis longtemps, est applicable aux bois difficilement pénétrables comme le chêne, et peut être employé seul ou concurremment avec les substances antiseptiques injectées dans les autres bois. Le sulfate de cuivre ne pénètre en effet jamais complétement, et dans tous les cas, les eaux pluviales l'entraînent partiellement, par un phénomène semblable à celui de l'endosmose.

Mais la carbonisation, qui empêche le développement des végétaux cryptogamiques produisant la pourriture des bois, ne paraît pas devoir s'opposer à la décomposition du cœur dans les vieux arbres.

M. de Lapparent conseille de n'appliquer son procédé qu'au bois de chêne, abattu en saison convenable, purgé d'aubier et de sève, c'est-à-dire à une essence à peu près réfractaire aux procédés de conservation. Mais il pense qu'en appliquant la carbonisation aux traverses injectées de sulfate de cuivre, dont la préparation est souvent incomplète, on en augmenterait encore la durée.

Chaque mode de conservation a ses avantages spéciaux, suivant l'emploi qu'on doit faire du bois préparé. C'est ainsi que les enduits à base très-inflammable doivent être éloignés des constructions et que la carbonisation peut être réservée pour les bois difficilement imprégnables, tels que le cœur de chêne, l'acacia, etc., qui ont la plus grande durée naturelle.

Quand on ne peut être déterminé par aucun de ces motifs, il faut faire intervenir le prix de revient.

*Appareil Hugon.* — Cet appareil consiste en un fourneau A contenant le combustible, porté par une colonne mobile B, servant à le faire mouvoir verticalement, ou horizontalement selon les besoins, au moyen d'un chariot glissant sur une table. Un soufflet à double vent D (fig. 221; pl. XVI) est relié au fourneau par un tuyau en caoutchouc. En arrière et à un niveau supérieur se trouve un réservoir E contenant de l'eau ou un autre liquide propre à activer la combustion; la quantité de liquide à injecter dans le fourneau à chaque coup de soufflet est réglée au moyen d'un robinet. La pièce de bois à carboniser H repose, par l'intermédiaire de rouleaux qui permettent de la déplacer facilement, sur un banc en bois G.

Pour mettre l'appareil en marche, on commence par remplir d'eau la cavité près de laquelle vient se monter le tube de caoutchouc amenant l'air des soufflets. Cette eau, destinée à protéger le tuyau contre la haute température du fourneau, doit être renouvelée suivant les besoins. On allume d'abord dans le fourneau du menu bois en laissant ouverts la porte inférieure placée sur le devant et l'orifice supérieur servant au chargement du combustible. Lorsque le bois est enflammé, on ferme la porte du devant en lutant avec de la glaise, et on fait fonctionner la soufflerie; on charge alors par l'orifice supérieur et par petites quantités le combustible, jusqu'à ce que le fourneau soit plein.

Le combustible étant bien allumé, on ferme la porte de l'orifice supérieur, et la flamme sort par la tubulure recourbée placée sur le devant du fourneau. C'est cette flamme activée constamment et régulièrement par la soufflerie, qu'on projette sur le bois et qui en opère rapidement la carbonisation.

Lorsque le fourneau est en bonne marche, ce qui a lieu ordinairement après dix minutes ou un quart d'heure environ, on règle l'injection de l'eau au moyen des robinets. Cette eau est entraînée par l'air provenant des soufflets et se décompose au contact du combustible incandescent, en gaz hydrogène, oxyde de carbone et acide carbonique. Les gaz combustibles provenant de cette décomposition viennent, en se combinant avec l'oxygène de l'air au sortir du fourneau, s'ajouter à la flamme provenant du combustible employé et augmenter d'une manière notable sa force de carbonisation.

Quand la flamme faiblit, on donne un ou deux coups de ringard par l'orifice supérieur, et on remplace par petites quantités le combustible brûlé. Cette opération doit être faite plus ou moins souvent, selon la nature du combustible employé.

On peut se servir, pour la carbonisation, de coke mélangé au charbon, de houille, de bois, de charbon de bois, enfin de tout combustible solide ou liquide (en injectant ce dernier) pouvant produire une flamme.

On doit, autant que possible, protéger les bois à carboniser contre la pluie et le brouillard, car il faut évidemment vaporiser l'eau dont le bois est imbibé, avant que la carbonisation puisse s'opérer; de là, une perte de combustible et surtout de temps, qui peut varier du simple au double pour le même travail à faire, si on opère sur du bois abrité, ou sur du bois mouillé.

Lorsqu'on se trouve sur un chantier de chemin de fer, il est facile de protéger une portion des traverses au moyen d'une bâche qui en couvre une quantité équivalente à trois ou quatre jours de travail, et qu'on fait glisser successivement au fur et à mesure que la carbonisation s'opère.

*Appareil Ravazé.* — La carbonisation, à l'aide de l'appareil Hugon, marche lentement : deux cents traverses par jour au plus. Pour accélérer l'opération, MM. Ravazé, de Nantes, emploient un cylindre de $10^m,00$ de longueur (fig. 222, pl. XVI), ouvert aux deux bouts, dans lequel une chaîne sans fin fait cheminer les traverses sur toute la longueur du cylindre, en sens inverse d'un courant de flammes lancé dans le cylindre par un foyer ménagé à l'une des extrémités.

Un appareil de $10^m,00$ de longueur alimenté par un foyer consommant de 3 à 4 mètres cubes de bois en 10 heures de travail, et desservi par un moteur de la force de un cheval-vapeur, peut carboniser de 800 à 1 000 traverses par jour.

| | |
|---|---|
| Le cylindre, avec sa chaîne et ses accessoires pèse de 5 000 à 6 000 kilog., et coûte . . . . . . . . . . . | 4 500 fr. |
| Le moteur. . . . . . . . . . . . . . . . . | 1 500 |
| Total. . . . | 6 000 fr. |

Le prix de revient de la carbonisation, y compris le droit de brevet, est de 0 fr. 30 par traverse.

La compagnie d'Orléans a installé trois appareils de ce genre à Capdenac, à Libourne et à Périgueux, où près d'un million de traverses ont subi la carbonisation. On voit que l'idée de M. de Lapparent a reçu une large application; reste au temps à prononcer sur son efficacité.

Quant au choix du procédé, l'expérience seule peut guider.

Cependant, il semble que la carbonisation au vent forcé doive être plus efficace, car le gaz comburant pénètre plus avant que les flammes *lèchant* simplement la surface.

Pour tout concilier, il faudrait combiner un foyer à flamme forcée, lançant ses gaz par des tuyaux sur les quatre faces de la traverse à la fois, avec le cylindre à chaîne sans fin, qui permet d'utiliser méthodiquement la chaleur développée, en desséchant le bois avant de le carboniser.

187. Résultats statistiques de l'emploi des traverses. — Il y a dans la question de conservation des traverses tant d'éléments exerçant chacun une influence spéciale, qu'il est impossible de décider à priori du choix à faire entre les différents modes de préservation des bois. — Si toutes les lignes de chemins de fer publiaient le résultat de leurs expériences, à l'instar des chemins de fer allemands et de l'État belge, on en tirerait probablement quelques données générales qui pourraient limiter le champ des nouveaux essais à tenter.

Pendant longtemps on a considéré comme inutile l'application aux traverses de chêne des procédés de conservation, le cœur ou bois parfait étant imperméable; — il faut cependant distinguer. Si les traverses étaient complétement débitées dans le bois parfait; si, comme au chemin de fer du Nord, on rejetait absolument les traverses demi-rondes; si enfin le prix du bois était très-réduit, la préparation du chêne n'aurait qu'un faible intérêt; — c'est pour cette raison que quelques chemins de fer, comme la Grande-Société en Russie, ceux de Berlin à Stettin, de la Galicie, de K. Ferdinand-Nord-Bahn, de l'Impératrice-Elisabeth, de Neisse-Brieg, d'Oppeln-Tarnowitz, etc., ont renoncé à l'imprégnation des bois.

Dans le même ordre d'idées le chemin de l'État bavarois s'abstient de toute préparation sur les bois de toute essence, et il évalue comme suit le temps d'usage de ses traverses :

| | |
|---|---|
| Chêne . . . . . . . . . . . . | 15 à 18 ans. |
| Mélèze . . . . . . . . . . . . | 10 à 12 ans. |
| Pin. . . . . . . . . . . . . . | 8 à 10 ans. |
| Sapin. . . . . . . . . . . . . | 6 à 8 ans. |

Ce sont les moyennes de durée des traverses non-imprégnées, employées sur les chemins allemands. Cependant les traverses en chêne du chemin de Saarbruck, posées de 1852 à 1858, paraissent actuellement exiger un remplacement annuel de 10 0/0, ce qui en portera la durée totale à douze années.

Le chemin de fer du Nord français consacre annuellement au

renouvellement de ses voies 200,000 traverses, chêne ou hêtre et charme imprégnés. Le nombre total des traverses posées s'élevant à 3 000 000, la durée moyenne serait de 15 ans; mais il faut des trois millions retrancher les traverses des voies neuves qui ont une étendue très-importante, de sorte que la moyenne de durée des traverses ne doit guère ressortir à plus de dix ou douze années. La Compagnie porte en dépenses à son budget annuel un onzième de la valeur des traverses.

A côté de ces résultats, il faut reproduire l'opinion de la conférence des ingénieurs allemands, énoncée à Munich en septembre 1868 [1].

« 1° En appliquant convenablement un bon procédé, l'impré-« gnation des bois en augmente la durée;

« 2° Les substances qui ont donné les meilleurs résultats sont « la créosote, le chlorure de zinc et le bichlorure de mercure;

« 3° La constitution saine et un état sec du bois à impré-« gner, sont les principales conditions de réussite de l'opéra-« tion; en outre, la perméabilité du ballast a une très-grande « influence sur la durée des bois;

« 4° Des indications fournies par les diverses lignes consultées, « il résulte, d'après le tableau suivant, qu'après treize années « d'emploi sur la ligne le rapport des traverses remplacées, pour « les bois imprégnés, est de :

1 : 3 pour le chêne.
et de 2 : 5 pour le pin.

*Proportion des traverses remplacées pour 100 traverses posées.*

| Nombre d'années après lequel le remplacement a été nécessaire. | CHÊNE | | PIN sylvestre. | | SAPIN épicéa. | | HÊTRE. | |
|---|---|---|---|---|---|---|---|---|
| | Naturel. | Imprégné. | Naturel. | Imprégné. | Naturel. | Imprégné. | Naturel. | Imprégné. |
| 5 ans | 4,5 | 0,2 | 13,6 | 1,6 | 48,8 | 28,3 | 100 | 4,3 |
| 7 ans | 10,6 | 0,8 | 37,3 | 3,2 | 93,4 | 48,7 | | 10,83 |
| 10 ans | 31,1 | 3,5 | 67,7 | 11,6 | | | | 11,5 |
| 13 ans | 34,9 | 12,1 | 100 | 41,8 | | | | 25 |

[1] *Referate über die beantwortungen*, etc., etc. — Munich, 1868.

188. Essais comparatifs sur la durée des traverses. — Pour que certains résultats prennent un caractère d'application générale, il faut qu'ils soient relevés en tenant compte des différentes circonstances qui se présentent dans la pratique. Comme ensemble d'observations bien conçues, nous citerons celles que les Directions des chemins de fer du Brunswick et du Hanovre ont organisées en vue de faire ressortir l'influence des actions extérieures sur la durée des traverses de diverses essences.

La première a, dès l'année 1857, disposé ses expériences pour constater : 1° l'influence du fer sur les traverses; 2° l'influence de la couverture des traverses par le ballast; et 3° l'influence du délai compris entre l'injection et la mise en place, c'est-à-dire immédiatement, six semaines et douze semaines après l'injection. Chaque série d'expérimentation a été appliquée sur des traverses de chêne, de pin et de hêtre, soit en bois naturel, soit en bois injecté au chlorure de zinc — 183 —.

Il est résulté de ces dispositions quarante-huit essais comprenant chacun trois traverses. Depuis 1857, 72 traverses en bois naturel reposent dans la voie et 72 traverses en bois injecté sont couchées simplement dans le ballast de l'une des stations de la ligne, sans contact avec le fer

Sur chaque lot, moitié est recouverte de ballast, l'autre moitié a sa face supérieure découverte.

A la fin de chaque année, toutes les traverses sont examinées une à une, et leur état consigné dans un rapport dont le dernier constate en 1868 que parmi les traverses en bois naturel :

A — Le chêne reste deux ans sans s'altérer; puis la pourriture attaque en premier le chêne recouvert, sans contact avec le fer ; de telle sorte que le bois finit par être complétement pourri au bout de 9 ans, tandis que les autres traverses en chêne, couvertes ou découvertes, mais en contact avec le fer, ont un noyau encore sain après dix ans ;

B — Le hêtre reste un an sans altération, puis il pourrit avec une vitesse sensiblement égale de manière que toutes les traverses sont détruites au bout de quatre ans ;

C — Le pin reste sans altération pendant un an ; — les traverses recouvertes et en contact avec le fer sont pourries en cinq ans; celles couvertes ou découvertes, sans contact avec le fer, en six ans; enfin celles découvertes, en contact avec le fer, en huit ans.

Comme les traverses en bois injecté ne sont pas encore toutes hors de service, on ne peut pas juger définitivement de l'effet des influences extérieures; mais il est permis déjà de tirer les conclusions suivantes :

1° Les traverses en contact du fer résistent moins bien à la pourriture que les autres, à l'exception du hêtre.

2° Les traverses découvertes se montrent moins durables que les autres, le pin excepté.

3° Le chêne et le hêtre injectés de la liqueur au trentième résistent mieux que ces essences injectées de la liqueur au cinquantième — 189 —. C'est tout le contraire avec le pin.

4° Toutes les essences dénotent une tendance à la pourriture plus prononcée, quand elle sont posées immédiatement après l'injection que lorsqu'on attend quelques semaines.

La Direction du Hanovre a observé l'influence exercée par la nature du ballast. Elle a reconnu que les traverses en hêtre injecté de chlorure de zinc se comportent beaucoup mieux quand elles sont posées sur la pierre cassée et enveloppées de gravier perméable que lorsqu'elle reposent dans le ballast imperméable. Ce mauvais résultat devient pire encore dans les tranchées où se présente ce ballast défectueux.

D'après une révision détaillée faite en 1868, sur 73 675 traverses posées en 1854 et 1855, 36,6 pour 100 peuvent encore durer de 4 à 7 ans; 25 pour 100 feront encore 1 à 3 ans de service; enfin 11,55 pour 100 seront bientôt hors d'usage.

Ainsi 74,55 après une durée de 13 à 14 ans sont encore en service.

Ces recherches ont également démontré que les traverses intermédiaires, placées dans un bon ballast, peuvent faire un service de 18 années. Dans un mauvais ballast, après 13 ans de service, 25 pour 100 des traverses sont à remplacer, tandis que dans un ballast perméable on a retrouvé après cette même période 95,5 pour 100 des traverses en excellent état.

Le rapport fait remarquer que les traverses de joint sont en chêne et que les traverses de hêtre forment les intermédiaires. — Il ajoute qu'en ce qui concerne la destruction par effets mécaniques, elle est plus rapide sur les traverses en hêtre que sur celles en chêne, et qu'il convient dès lors de donner aux pièces en hêtre une section plus étendue, un à deux centimètres dans les deux sens. La pourriture commence à partir des crampons et marche en s'éloignant du rail, dans le sens longitudinal des fibres; sous le rail lui-même le bois reste sain.

La quantité de chlorure de zinc injectée dans chaque traverse en moyenne est de 0 kil. 404 pour le chêne, 0 kil. 92 pour le pin, 1 kil. 90 pour le hêtre.

Depuis 1846, le chemin de Berlin-Hambourg injecte les traverses en chêne et en pin avec du sulfate de cuivre, en vase clos. Après avoir employé des dissolutions au 40^me^ puis au 60^me^, on en est venu au 100^me^; chaque mètre cube de pin absorbe environ 3^k^,00 de sulfate de cuivre, et exige une dépense de 4 fr. 50 de préparation. On voit que la quantité de substance antiseptique est moins élevée que celle admise par les cahiers des charges français, et fixée d'après les expériences de M. Boucherie à 5^k^,50 par mètre cube.

Depuis 1858, l'Etat belge a renoncé à l'imprégnation des traverses par le sulfate de cuivre, en raison de la destruction qui se manifeste dans les points en contact avec le fer; durant les dix dernières années, il a placé dans ses voies près de 1 800 000 traverses en sapin imprégné de créosote. Pour que cette injection soit efficace, la quantité de créosote doit être d'au moins 150 litres par mètre cube de sapin, et 100 litres pour le chêne, d'après l'opinion de certains ingénieurs belges. Sans fixer la quantité à injecter, l'Etat belge prescrit dans son dernier cahier des charges de maintenir le vide pendant une heure et la pression à huit atmosphères pendant deux heures.

On injecte en moyenne au chemin de l'Est-Prussien vingt litres de créosote dans une traverse de pin, et six litres dans une traverse en chêne; sur le chemin de la Haute-Silésie, dans une traverse de joint en chêne, 10 kil. de créosote et dans une traverse intermédiaire en pin 20 kilogrammes, ce qui approcherait des quantités de 250 à 300 litres par mètre cube de bois, indiquées par M. Forestier, dans le mémoire cité plus haut.

189. ÉTUDE ÉCONOMIQUE DE L'APPLICATION DES PROCÉDÉS DE CONSERVATION. — Cette question si obscure de la conservation artificielle des traverses se complique de plusieurs conditions particulières, telles que le climat, la nature et la qualité du ballast, la nature du bois et le prix de l'injection. Tout en appliquant avec succès une matière propre à empêcher la pourriture, il ne faut cependant pas que la préservation donne, à grands frais, au bois une durée dépassant la limite assignée aux traverses par l'action destructive des rails, du bourrage, des attaches, des fentes, etc., etc. Prenons un exemple :

Si une traverse en hêtre naturel, coûtant 3 fr. 10 c., plus 0 fr. 65 de préparation au chlorure de zinc (Hanovre), soit 3 fr. 75 c., dure dix-huit ans, la même traverse préparée à la créosote et coûtant 5 fr. 25 c. devrait durer vingt-cinq ans, c'est-à-dire un temps proportionnel au prix, soit : 18 : 25 :: 3 fr. 75 c. : 5 fr. 25 c., et cela sans tenir compte des intérêts du capital supplémentaire. Mais cette traverse résistera-t-elle vingt-cinq ans à toutes les causes d'altération mécanique indiquées plus haut ?

En matière de préparation des bois, il est hasardeux de formuler quelque règle générale. Tel procédé qui donne d'excellents résultats sur telle essence et dans telles conditions locales n'en donne ailleurs que de médiocres ou de mauvais. Cependant on peut, d'après l'expérience acquise, prévoir jusqu'à un certain point les résultats généraux que l'on trouvera en suivant une méthode de préférence à une autre. Ainsi l'application de la créosote ne paraît pas convenir aux bois exposés à l'air et surtout à la chaleur sèche. Par contre elle sera parfaitement employée dans les localités humides, dans le ballast terreux, etc.

Ce serait une marche inverse que l'on aurait à suivre dans la préparation des bois à l'aide des sels métalliques. Ainsi les bois de pin des Landes, injectés de sulfate de cuivre en vase clos, donnent aux chemins du Midi les meilleurs résultats, tandis que les mêmes bois pénétrés de créosote se sont promptement altérés quand ils ont éprouvé les effets des hautes températures et de la sécheresse dans les lignes méridionales.

190. PRIX DE REVIENT DE LA CONSERVATION DES TRAVERSES :

| | Chêne. | Pin. | Sapin. | Hêtre. |
|---|---|---|---|---|
| *Au sulfate de cuivre.* | fr. | fr. | fr. | fr. |
| Chemin de fer du Nord (France). . | » | » | » | 1,50 |
| id. du Midi . . . . | » | 0,47[1] | » | » |
| Berlin-Hambourg . . . . . . . | 0,50 | 0,50 | » | » |
| Est Prussien. . . . . . . . . | » | 0,56 | » | » |
| Berlin-Anhalt . . . . . . . . | » | 0,26 | » | » |
| Magdebourg Wittemberg . . . . | » | 1,00 | » | » |
| Berlin Postdam. . . . . . . | » | 1,20 | » | » |
| Westphalie . . . . . . . . . | 0,85 | » | » | » |
| Magdebourg Leipsig . . . . . . | » | » | 0,50 | » |
| *Au chlorure de zinc.* | | | | |
| Chemin de fer du Hanovre . . . | 0,30 | 0,40 | » | 0,65 |
| id. Brunswick. . . . | 0,43 | 0,75 | » | 1,00 |
| Altona-Kiel . . . . . . . . . | 0,60 | » | 0,60 | » |
| Cologne à Minden . . . . . . . | 0,70 | » | » | 1,12 |
| Hesse. . . . . . . . . . . | » | » | » | 0,62 |
| *Au bichlorure de mercure.* | | | | |
| Chemin de Rhein-Nahe . . . . . | 1,25 | 2,00 | 2,00 | 2,25 |
| Nassau . . . . . . . | 1,00 | » | » | » |
| Bade . . . . . . . . | 1,12 | 1,12 | 1,12 | » |
| *A la créosote.* | | | | |
| Au chemin de Cologne à Minden. . | 1,00 | 1,75 | » | 2,25 |
| Aix-Dusseldorf . . . . . . . . | 1,12 | » | » | » |
| Midi (France) . . . . . . . . | » | 0,82[2] | » | » |
| État Belge . . . . . . . . . | » | » | 1,25 | » |
| Haute-Silésie. . . . . . . . . | 1,68 | 2,87 | » | » |
| *Carbonisation superficielle.* | | | | |
| Chemin d'Orléans . . . . . . . | 0,30 | » | » | » |

| | fr. | |
|---|---|---|
| (1) Sulfate absorbé par traverse 0,511 k. à 0,72 fr le kilogr. . . . . . | 0,36 | f. 0,47 |
| Main-d'œuvre . . . . . . . . . . . . . . . . . . | 0,06 | |
| Frais généraux (non compris droits de brevets, amortissement, etc.) | 0,05 | |
| (2) Créosote absorbée par traverse 12,100 à 0,055 . . . . . . . . . | 0,682 | f. 0,817 |
| Main-d'œuvre . . . . . . . . . . . . . . . . . . | 0,085 | |
| Frais généraux (non compris droits de brevets, amortissement, etc.) | 0,050 | |

| Dimensions des traverses | EN PIN. | EN CHÊNE. |
|---|---|---|
| | m. m. | m. m. |
| Longueur . . . . . . . . . . . . | 2,65 à 2,75 | 2,65 à 2,75 |
| Largeur . . . . . . . . . . . . | 0,26 à 0,32 | 0,24 à 0,28 |
| Epaisseur . . . . . . . . . . . . | 0,13 à 0,16 | 0,12 à 0,14 |

## § II.

### PRÉPARATION DES TRAVERSES.

Nous avons vu précédemment que les traverses approvisionnées doivent être rangées en piles d'une contenance uniforme, et séparées selon leur destination. Avant leur emploi sur la ligne, les traverses sont préparées pour recevoir les rails ou leurs attaches. Les opérations qui se rapportent à cette préparation portent les noms de *sabotage*, *entaillage* et *perçage*.

191. Sabotage. — Cette dénomination de *sabotage* s'appliquait plus particulièrement à la fixation des *coussinets* sur les tra-

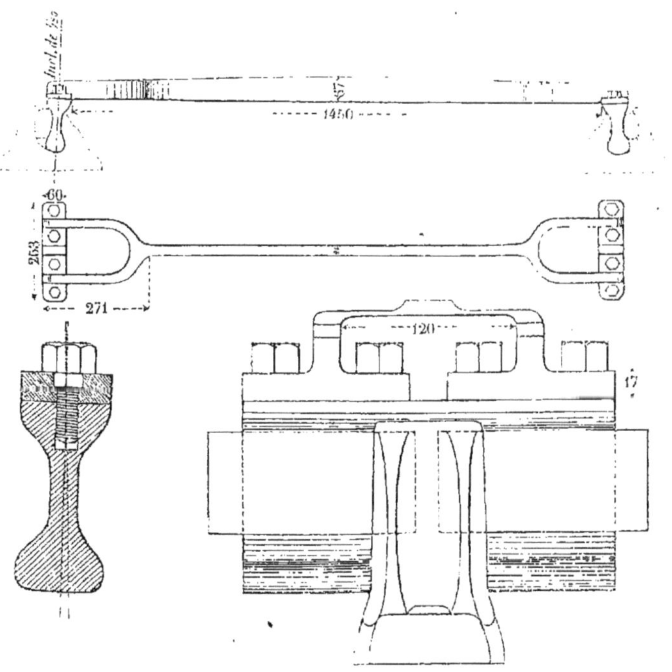


Fig. 223. Gabarit de sabotage. $\frac{1}{20}$ — Détails. $\frac{1}{5}$

verses; par extension elle s'emploie aussi pour désigner l'entaillage des traverses de la voie en rails à base large.

Comme la forme des joues des coussinets donne aux rails l'inclinaison voulue, leur semelle doit se trouver sur un plan sensiblement horizontal. Il suffit donc de poser les coussinets sur deux points de la traverse satisfaisant à cette condition.

Les billes étant empilées perpendiculairement à la longueur des tas, on établit à la suite et dans le sens de cette longueur un chantier formé de deux longuerines distantes de 1$^{m}$,50 environ l'une de l'autre. On amène chaque traverse sur ce chantier et, réservant la plus grande face plane pour la pose sur le ballast, on présente sur la face opposée, celle affectée de flaches, le *gabarit de sabotage* armé des deux coussinets à fixer (fig. 223).

Ce gabarit est composé d'une traverse en fer rigide, dont chaque extrémité, disposée en fourche, porte un morceau de rail de 0$^{m}$,25 de longueur, fixé de manière que les deux champignons supérieurs soient distants l'un de l'autre de la largeur normale de la voie, et que l'axe de la section transversale du rail présente exactement l'inclinaison des rails dans la voie.

La forme de ce gabarit et le mode d'attache des deux bouts de rails aux extrémités de la barre qui les réunit, peuvent d'ailleurs varier suivant la largeur de la voie adoptée; mais le principe en reste toujours le même.

Pour commencer l'opération, les saboteurs retournent le gabarit, les rails en haut; ils y ajustent chacun des deux coussinets à saboter, au moyen de deux coins en bois chassés en sens contraire, l'emploi d'un seul coin ordinaire pouvant fausser la position du coussinet. On s'assure que les coussinets sont disposés convenablement par rapport à l'axe du gabarit et que chaque bout de rail est bien en contact avec son coussinet sur les points déterminés.

Dans cet état le gabarit armé est présenté sur la traverse, avec précaution, pour ne pas déranger les coussinets. Ceux-ci doivent être placés à des distances à peu près égales des extrémités de la traverse et autant que possible dans l'axe de la bille ou suivant une ligne parallèle. On choisira, en tous cas, pour le plan de pose de chaque coussinet, la portion la plus saine du bois; la semelle ne doit jamais reposer sur une surface qui ne serait pas complétement purgée d'aubier. Quand le bois est fendu, il faut, avant tout, s'astreindre à éviter que les chevillettes ou les tire-fond qui fixent le coussinet ou le rail sur la traverse, ne tombent trop près et dans la direction des fentes.

S'il s'agit d'une traverse à face plane, les ouvriers examineront si le contact des semelles et de la surface du bois est parfait dans tous les sens; s'il n'y a pas contact parfait, on enlève le gabarit pour dresser les surfaces d'appui avec l'herminette, en ayant soin de présenter le gabarit et de retoucher le bois jusqu'à ce que le contact soit obtenu.

Quand la traverse à saboter présente une face circulaire, il faut l'entailler à une profondeur suffisante pour que la semelle du coussinet repose en plein sur le bois parfait. A cet effet, on marque d'abord l'emplacement des coussinets sur la bille, puis le gabarit enlevé, on donne, sur la profondeur voulue à chaque emplacement, deux traits de scie perpendiculaires à la longueur de la traverse, et l'on enlève, à l'herminette, le bois compris entre les deux traits de scie; il faut conserver les épaulements qui apportent un surplus de résistance à l'assiette du coussinet, dans le cas où ses attaches manqueraient en service.

Si le bois a été soumis à quelque procédé de conservation, on peut arrêter l'entaille à l'aubier, et conserver à la traverse autant d'épaisseur que possible; si, au contraire, le bois n'est pas préparé, il faut purger l'entaille de tout l'aubier qui serait en contact avec la semelle du coussinet.

La surface d'appui ne doit, en aucun cas, affecter la forme de cuvette tendant à ramener l'eau de pluie vers la semelle; il faut au contraire, prendre toutes les précautions pour que l'eau puisse s'écouler à l'extérieur de la traverse, par exemple, au moyen de deux petits plans inclinés, sans toutefois que les faces de pose des coussinets deviennent convexes. Les entailles étant bien dressées, on doit goudronner toute la surface du bois qui servira d'appui au métal.

Toutes les précautions précédentes sont de la plus haute importance, et doivent être rigoureusement observées; car, de la bonne exécution du sabotage dépendent la solidité, la durée et l'entretien économique de la voie.

192. Perçage des traverses pour les voies a coussinets. — Les coussinets fixés au gabarit étant posés sur la partie de la traverse dressée pour les recevoir, on perce les trous des attaches suivant une direction bien normale à la surface de pose de la traverse, en commençant par ceux qui se trouvent à l'intérieur de la voie. La profondeur des trous devra être au moins égale à la longueur de l'attache, moins l'épaisseur de la semelle du coussinet; sans cette précaution la traverse pourrait se fendre pendant l'enfoncement de l'attache. Lorsque les coussinets doivent être fixés sur la traverse par des chevillettes, les trous intérieurs à la voie étant percés, puis passés au goudron, on y enfonce les chevillettes, goudronnées elles-mêmes, à moitié de la profondeur. On perce alors les trous extérieurs à la voie, en prenant les mêmes précautions que pour les premiers, et on y enfonce les chevillettes de la même quantité. On complète ensuite le clouage en frappant alternativement sur les deux chevillettes de chaque coussinet, de manière à ne pas faire changer sa position. Il faut arrêter l'action des marteaux dès que la tête des chevillettes est en contact avec la semelle du coussinet, car, en frappant plus longtemps, on peut faire sauter cette tête ou fendre le coussinet.

Au chemin du Nord, le diamètre des tarières pour trous de chevillettes ne devait être que de 15 millimètres, c'est-à-dire 4 millimètres de moins que le diamètre des chevillettes. Au chemin de l'Ouest pour des chevillettes de 18 millimètres de diamètre, celui des tarières ne doit pas dépasser 14 millimètres.

Quand les coussinets doivent être fixés sur la traverse au moyen de tire-fond, les trous intérieurs étant percés, on y place les tire-fond suffisamment graissés ou goudronnés, ou galvanisés, en les assujétissant au moyen de quelques légers coups d'un petit marteau à main. On visse les tire-fond en se servant d'une clef à douille (fig. 224, A), jusqu'à ce que le collet non fileté soit engagé dans le coussinet. Les autres trous sont ensuite percés comme les premiers et garnis de leurs tire-fond enfoncés à la même profondeur que les autres. On complète alors le serrage des tire-fond en les vissant alternativement, de manière à donner le même degré de serrage de part et d'autre. Pour des tire-fond de 20 millimètres de diamètre extérieur, et de 14 millimètres de diamètre du corps, la tarière employée n'a que 14 millimètres, au plus 15 millimètres de diamètre, quand le bois est exceptionnellement dur et qu'il use rapidement le laceret.

Les coussinets étant solidement fixés sur la traverse, on dégage le gabarit avec deux petits leviers, après avoir desserré les coins. Le facile dégagement du gabarit est un indice de bon sabotage. Cette opération, du reste, est toujours vérifiée au moyen d'une jauge que nous décrirons plus loin.

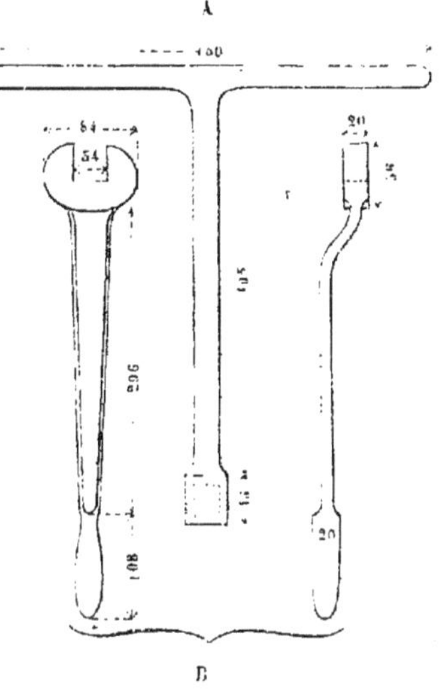

Fig. 224.
A. Clef à douille pour le serrage des tire-fond à tête pyramidale.
B. Clef pour le serrage des tire-fond à tête plate ou des boulons d'éclisses.
$\frac{1}{10}$

La figure 224, B, représente une clef employée généralement pour le serrage des boulons ou des tire-fond à tête plate à quatre ou six pans.

Toutes les opérations de sabotage de chaque traverse sont effectuées simultanément, pour les deux extrémités, par deux hommes composant un atelier. Ces deux hommes, payés environ trois francs par journée de dix heures, peuvent saboter quarante traverses, ce qui porte à 0 fr., 15 le prix de revient du sabotage d'une traverse.

193. ENTAILLAGE DES TRAVERSES POUR RAILS VIGNOLES. — Comme nous l'avons vu, les coussinets en fonte sont depuis longtemps disposés de manière à donner aux rails l'inclinaison qu'ils doivent avoir, tout en plaçant la semelle sur un plan horizontal.

Avec les coussinets primitifs en fonte, les rails Vignoles ou les coussinets-éclisses dont le patin est symétrique par rapport à l'axe vertical du rail, l'inclinaison ne s'obtient que par une disposition spéciale donnée à la traverse. Les patins ne s'appuient plus sur un plan horizontal, mais sur deux plans inclinés vers l'axe de la voie d'une quantité déterminée, variant de $\frac{1}{10}$ à $\frac{1}{24}$ selon les rayons de courbure de la ligne, et qui est en général de $\frac{1}{20}$.

Les entailles, pour obtenir ces plans inclinés, peuvent se faire soit à la main, à l'aide d'un gabarit, soit avec une machine à fraiser.

Dans le premier cas, on se sert d'un gabarit composé d'une traverse en bois ou en fer, portant à chaque extrémité un bloc rectangulaire en bois ou en fer, qui a, en longueur et largeur, des dimensions suffisantes pour embrasser au moins toute la surface occupée par le patin du coussinet-éclisse ou du rail Vignoles.

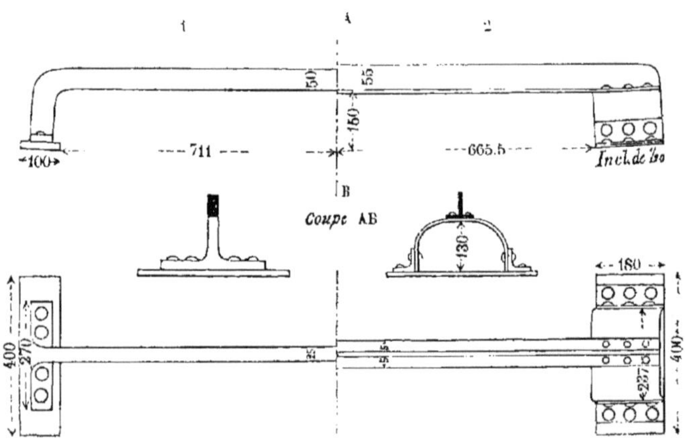


Fig. 225. Gabarit pour l'entaillage des traverses. (Lyon). $\frac{1}{20}$

Pour préparer les traverses de joints qui reçoivent les coussinets-éclisses, le chemin de fer de l'Ouest emploie un gabarit composé d'une barre de fer portant à chacune de ses extrémités une plaquette en tôle. Ces plaquettes, qui doivent être placées à un écartement correspondant à la largeur de la voie, ont $0^m,30$ de longueur, et $0^m,20$ de largeur; leur face inférieure est inclinée de $\frac{1}{20}$ sur l'horizontale.

Au chemin de fer de Lyon, on se sert de deux gabarits analogues, mais de dimensions différentes, l'un (fig. 225, 1), pour l'entaillage des traverses intermédiaires sans selles, de la voie Vignoles, l'autre (fig. 225, 2) pour l'entaillage des traverses avec selles.

Au chemin de fer du Nord, les blocs en bois fixés aux extrémités du gabarit ont $0^m,35$ de longueur et $0^m,105$ de largeur. Ces deux pièces sont inclinées de $\frac{1}{20}$, de telle sorte que leur face inférieure donne l'inclinaison du fond de l'entaille, et que leurs faces latérales peuvent servir à guider le laceret employé au perçage des trous.

Pour faire les entailles d'une traverse, on place celle-ci sur le chantier, la face affectée de flaches en dessus. Les ouvriers présentent le gabarit sur cette face, en s'arrangeant pour placer les entailles à peu près à égale distance des deux extrémités de la traverse, sur la portion la plus saine et la plus propre à servir d'appui au rail. Ils tracent alors l'emplacement des entailles et, le gabarit enlevé, ils donnent dans la traverse quatre traits de scie, comme pour le sabotage des traverses à face circulaire. On achève l'entaille à l'herminette ou à la bisaiguë, en ayant bien soin de conserver intactes les faces verticales des entailles produites par la scie.

La profondeur des entailles doit être suffisante pour que le patin du coussinet-éclisse porte sur toute sa longueur, ou que le patin du rail Vignoles s'appuie sur une longueur d'au moins $0^m,14$ de bon bois. Les arêtes du fond de l'entaille doivent être parallèles à la face inférieure de la traverse. On s'assure de l'exactitude des entailles en présentant le gabarit et en retouchant le fond jusqu'à ce que les faces inférieures des plaquettes ou des blocs soient en contact parfait avec le bois.

Il faut s'arranger pour que l'entaille présente un épaulement extérieur suffisant pour soutenir l'attache du patin, sans toutefois réduire pas trop l'épaisseur de la traverse sous le rail.

194. Machine a entailler les traverses. — L'entaillage à la *raboteuse* se fait avec beaucoup plus de rapidité et d'exactitude qu'avec le gabarit que nous venons de décrire.

La machine à raboter qui donne ce résultat consiste en un bâti en fonte de 1 mètre de hauteur, formé de deux cadres verticaux, distants de 2m,75 à 3 mètres, selon la grandeur des bois à raboter, et réunis par cinq longerons; à 0m,50 de hauteur au-dessus du sol se trouve un plateau horizontal, que l'on peut élever ou abaisser à volonté, au moyen d'un levier. Au-dessus de ce plateau et sur la face supérieure du bâti, il y a deux chariots, indépendants l'un de l'autre, guidés dans deux rainures et disposés pour recevoir un mouvement de translation horizontale perpendiculaire à l'axe de la traverse. Ces chariots supportent chacun un porte-rabots présentant, quand il est armé de ses lames, la figure d'un cône tronqué, dont les bases sont formées par deux scies circulaires, et dont les génératrices font avec

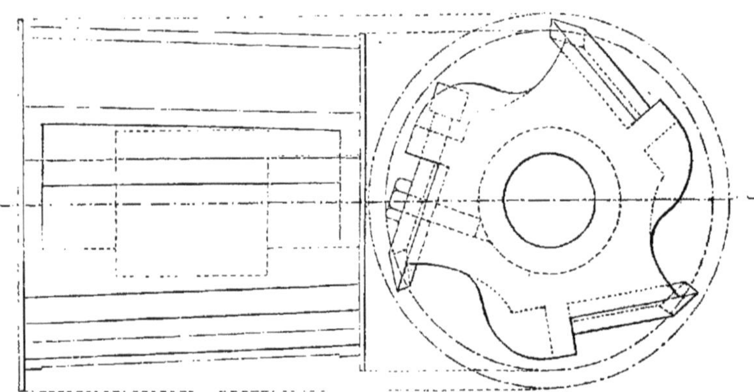

Fig. 226. Porte-rabots pour l'entaillage des traverses à la machine. $\frac{1}{4}$

l'axe un angle égal à l'inclinaison du rail sur la voie (fig. 226).

Chaque porte-rabots est mis en mouvement de rotation par deux roues dentées, mues au moyen d'une manivelle et d'un petit volant.

Quand on veut raboter une traverse, on la place sur le plateau mobile, qui, ainsi chargé, est soulevé par deux leviers à la disposition de deux hommes placés devant la machine, jusqu'à la hauteur suffisante pour que le bois soit attaqué par les rabots. Deux manœuvres placés à chaque manivelle impriment un mouvement rapide de rotation à chacun des porte-rabots qui enlève le bois compris entre les deux scies circulaires, au fur et à mesure qu'il avance horizontalement avec son chariot. Chacun des deux chariots est mis en mouvement au moyen d'une vis de rappel dont la manivelle est commandée par chacun des deux hommes placés en avant de la machine.

Le service de l'outil exige donc six hommes et, pour l'alimenter, deux hommes de plus, qui alternent avec les manœuvres tournant la manivelle. Montée sur quatre galets, la machine, ne pesant que 1 900 kilogrammes, peut être roulée facilement à l'extrémité de chaque pile du chantier.

Deux machines de ce genre ont servi au rabotage des traverses employées à la réfection des voies de la ligne de Strasbourg à Bâle. Elles pouvaient entailler jusqu'à 300 traverses par jour; mais, en comprenant les temps d'arrêt pour réparations, chômages forcés, etc., elles ont raboté en moyenne 289 billes pour le prix de 16 fr. 25 de main-d'œuvre, ainsi réparti :

| | fr. | fr |
|---|---|---|
| 1 chef d'équipe à . . . . . . . . . . | 2,25 | 16,25 |
| 7 manœuvres à 2f,00 . . . . . . . . . | 14,00 | |

Les dépenses se sont établies comme suit pour la préparation de 49 794 traverses :

| | fr. | | fr. |
|---|---|---|---|
| Main-d'œuvre. . . . . . . . . . | 2792,90, | soit par traverse. | 0,0561 |
| Entretien et réparation. . . . . | 692,60 | — | 0,0139 |
| Intérêt et amortissement de la machine, sur 1800 fr. (6 mois). | 180,00 | — | 0,0036 |
| Dépense totale. . . . . . | 3665,50 | — | 0,0736 |

L'entaillage à la machine a donc sur l'entaillage à la main le double avantage de l'exactitude absolue et de l'économie.

Les machines à saboter que nous venons de décrire, sont facilement transportées d'un chantier à un autre.

Quand on peut concentrer la préparation complète des traverses sur un chantier principal, il y a intérêt à disposer la machinerie comme l'a fait au chemin du Bourbonnais M. l'ingénieur en chef Bazaine.

195. Perçage des traverses pour voies Vignoles. — Les traverses entaillées passent au perçage. L'opération est faite par deux hommes, perçant simultanément les deux extrémités d'une même traverse. Ces ouvriers peuvent se guider au moyen du gabarit qui a servi à dresser les entailles (fig. 225).

Lors des travaux de réfection de la ligne de Bâle, on a employé pour l'entaillage à la main et le perçage un gabarit indiqué par la figure 227 et qui, bien qu'un peu plus coûteux que le précédent, nous paraît préférable, en ce que son emploi ne laisse aucune latitude dans la direction des trous à percer.

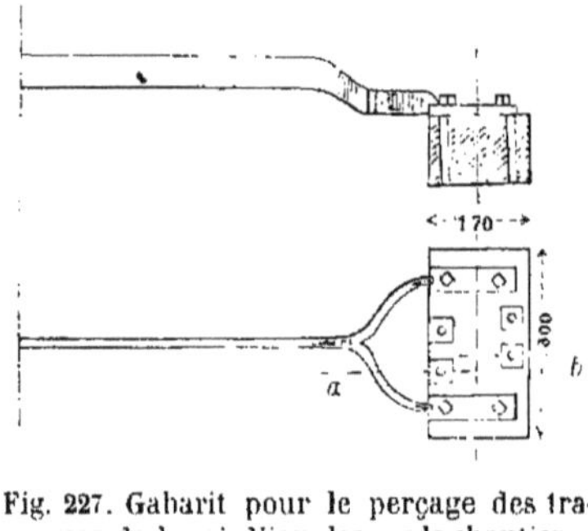

Fig. 227. Gabarit pour le perçage des traverses de la voie Vignoles, sur le chantier. $\frac{1}{20}$

Les plaquettes sont remplacées par deux madriers dont la face inférieure est doublée de tôle, et qui sont percés de quatre trous garnis de tubes en fer. A l'Est, on a simplement substitué à ce système des blocs en fonte évidés. Enfin, au chemin de fer de Lyon, on emploie, pour percer les trous sur place, un gabarit servant en même temps à maintenir l'écartement des rails (fig. 228).

Le diamètre du laceret de la tarière doit être un peu inférieur ou tout au plus égal au diamètre du cercle inscrit dans la section pleine de l'attache. On lui donne ordinairement 2 à 4 millimètres en moins, comme nous l'avons vu à l'occasion du perçage des trous pour les chevillettes ou tire-fond servant à fixer les coussinets en fonte — 192 —.

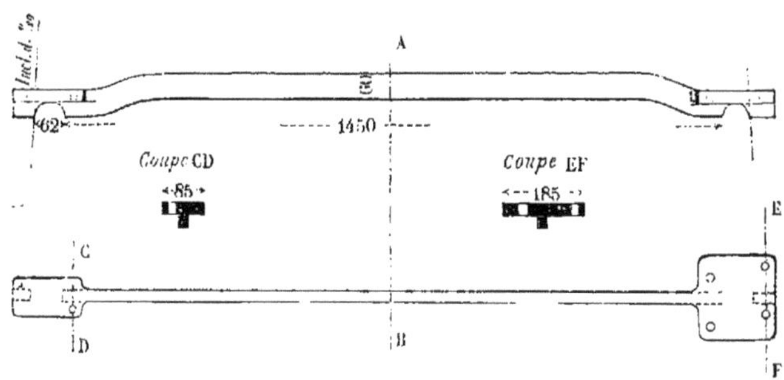


Fig. 228. Gabarit pour le perçage des traverses sur la voie. $\frac{1}{20}$

Les trous des crampons à section rectangulaire se percent avec des tarières dont le diamètre doit être inférieur à la plus petite des dimensions. Au chemin de Strasbourg à Bâle, les trous des crampons, de 17 millimètres sur 14, étaient percés avec des tarières de 13 millimètres de diamètre.

Avant de trancher la question du choix du diamètre des tarières qui dépend de l'espèce d'attache adoptée et de l'essence du bois dont on dispose, on fera bien d'essayer avec une machine simple, un levier à pied de biche par exemple, le degré de résistance à l'arrachement que présente l'attache enfoncée dans des trous de différents diamètres et chassée dans le bois à force de bras, sans toutefois que la traverse se fende ou que l'attache soit faussée par les efforts développés pendant l'opération.

Comme nous le verrons plus loin, le perçage préalable des traverses pour rails Vignoles se fait également sur place lors de la pose. On le supprime même, dans certains cas — 217, 218 —.

Ce perçage peut aussi se faire sur le chantier de préparation avec une machine à percer spéciale.

Les trous doivent être percés d'outre en outre de la traverse, et dirigés bien perpendiculairement à la surface de l'entaille qui sert d'appui au rail (fig. 185 *ter*, pl. XIII).

Les traverses sabotées sont remises en piles mortes à la suite du chantier de travail, qui se trouve ainsi constamment placé entre la pile des traverses brutes et celles des traverses sabotées.

196. Réemploi des vieilles traverses. — Les traverses retirées, pour une cause quelconque, des voies en exploitation, peuvent être réemployées de nouveau, si le bois en est sain, en bon état ; si, les parties pourries étant enlevées, les traverses conservent au moins les dimensions minima des traverses neuves les plus faibles ; si enfin, elles ne portent pas de fentes qui les rendraient impropres au service, malgré la consolidation qu'on pourrait y apporter au moyen de boulons. Quand elles réunissent toutes ces conditions, les vieilles traverses reçoivent, avant d'être resabotées, une première préparation qui consiste à enlever le bois pourri sur toutes les faces, et à boucher complétement les anciens trous avec des chevilles en bon bois de chêne bien sec, préalablement trempées dans l'huile ou le goudron.

On procède alors au sabotage de la même manière que pour les traverses neuves, en ayant soin toutefois d'éviter que les nouveaux trous tombent dans l'emplacement des anciens, et en mettant le bois dur complétement à découvert sous la semelle des coussinets ou des rails.

Si l'on emploie des attaches ayant déjà servi, on aura soin de rejeter toutes celles usées au collet.

Les vieilles traverses qui ont encore du bon bois peuvent aussi être utilisées dans leur partie saine, soit en les assemblant à mi-bois, sur toute la longueur, soit en les ajustant bout à bout.

On emploie aussi les morceaux sains des vieilles traverses à la fabrication des coins — 163 —.

Enfin, on tire parti des traverses hors de service en les appliquant à la construction des paraneiges — 29 —.

197. Vérifications et réceptions. — Pour s'assurer que le sabotage des traverses est fait avec tout le soin désirable, il faut surveiller attentivement toutes les opérations de détail qui s'y rapportent et passer en revue, chaque soir, les traverses prépa-

rées dans la journée. On vérifie le gabarit de sabotage au moins une fois par jour, au moyen d'une jauge spéciale (fig. 229, 1), qui se compose d'une règle en fer portant des branches en retour d'équerre dressées suivant l'inclinaison des rails sur la

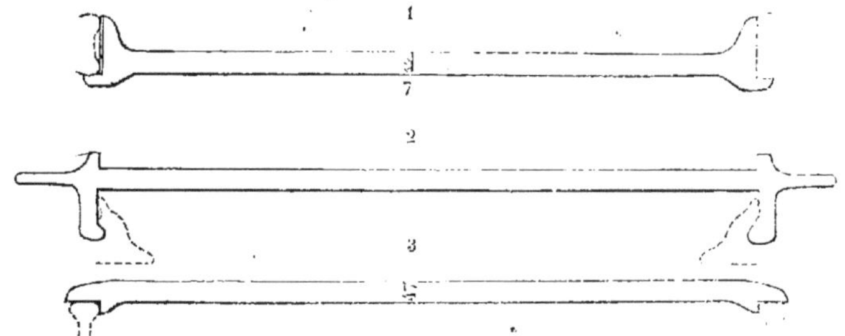


Fig. 229. Jauges pour la vérification du sabotage. $\frac{1}{20}$

voie. Ces appendices doivent s'appuyer contre les saillies intérieures des rails, tandis que les prolongements rectilignes de la règle s'appliquent exactement contre les faces des champignons inférieurs.

Cette jauge peut servir à vérifier non-seulement le gabarit de sabotage, mais encore l'écartement de la voie après la pose.

Pour vérifier le sabotage, on se sert d'une jauge spéciale formée d'une règle en fer, portant à chaque extrémité deux talons, un petit et un grand (fig. 229, 2). L'écartement des petits talons est plus faible que celui des grands de 3 à 4 millimètres seulement, limite de tolérance que l'on peut adopter pour l'écartement des rails sur la voie. Pour se servir de cette jauge, l'agent de la surveillance présente aux coussinets sabotés les deux grands talons, qui doivent entrer exactement dans la chambre du rail; s'ils n'y entrent pas, malgré le serrage donné aux attaches intérieures des coussinets, ce sera une preuve que l'écartement est trop grand pour les alignements droits ou les courbes à grand rayon; la traverse sera mise de côté et marquée pour être employée dans les courbes de petit rayon. Si la jauge ainsi disposée entre trop facilement, on la retourne pour présenter aux coussinets les talons courts; si ces talons entrent dans les coussinets, malgré le serrage donné aux attaches extérieures, ce sera une preuve que l'écartement des coussinets est trop faible, et la traverse sera refusée.

S'il s'agit de vérifier les entailles faites pour rails à patin ou coussinets-éclisses, on se servira simplement des gabarits indiqués — 193, figures 225 et 227, — qui doivent s'appliquer très-exactement sur le fond de l'entaille.

Enfin, les jauges représentées par la figure 229, 1, 3, servent à vérifier l'écartement des rails après la pose.

Tous les gabarits étant des *outils de précision*, l'agent tiendra la main à ce qu'ils soient manœuvrés avec soin, sans percussion ni efforts.

Les réparations ou vérifications de gabarits ne doivent se faire que sur des épures d'une exactitude irréprochable, et, autant que possible, dans un seul et même atelier. Pour que le travail ne chôme pas sur un chantier, en cas de rupture ou d'inexactitude d'un gabarit, il faut pourvoir chaque chantier d'un ou de deux gabarits de rechange.

Les coins employés au serrage des coussinets pendant le sabotage sont remplacés dès qu'ils n'ont plus la forme ou la résistance nécessaires pour produire un coinçage parfait.

Avant d'être sabotées, toutes les traverses qui ne sont pas en excellent état, sont soumises à l'inspection du chef de chantier, qui décide de leur emploi ou de leur mise au rebut. Celles qui portent des fentes peu profondes peuvent, comme nous l'avons vu, être consolidées par des boulons ou des cales à clef, et faire un bon service dès que la fente ne peut plus s'étendre — 138 —.

Quand une traverse déjà percée de trous doit être employée de nouveau, on remplit les vieux trous avec des chevilles de bois bien sec et goudronnées.

Le sabotage et le perçage terminés, il est bon de goudronner les entailles et les trous. Le goudron doit être appliqué à chaud, par un beau temps, et sur des surfaces sèches. On l'étend sur l'entaille au moyen d'un pinceau, et on en remplit les trous avec une cuiller à bec, après les avoir tamponnés à leur orifice inférieur.

La galvanisation des tire-fond ne dispense pas du goudronnage des trous.

Le chef de chantier doit dresser tous les jours un procès-verbal de réception pour l'annexer au décompte à payer aux ouvriers dans le cas où cette pièce serait demandée pour le règlement de la comptabilité.

## § III.

### PRÉPARATION DES RAILS ET ATTACHES.

Les rails sont généralement livrés, dans les chantiers, prêts pour la pose, c'est-à-dire parfaitement dressés, dégauchis et percés de trous ou d'encoches destinés à recevoir les boulons d'éclisses ou les attaches sur les traverses.

Néanmoins, il peut arriver que ces opérations n'aient pas été faites dans les usines de fabrication, ou bien qu'on reçoive dans un chantier des matériaux provenant soit de voies ayant servi à la construction de la ligne, soit de la démolition d'une voie ancienne posée sans les perfectionnements récemment introduits dans la construction et qui, dans ces différents usages, ont été ou faussés, ou déformés; il nous paraît donc nécessaire d'entrer dans quelques détails concernant la préparation des rails.

198. Dressement et courbage des rails. — Il y a plusieurs moyens de redresser les rails courbés. Le plus simple consiste à installer sur le chantier une voie de la longueur d'un rail ordinaire [1]; contre l'un des rails on couche un gabarit formé d'un madrier de 6 mètres de longueur et de $0^m,12$ d'épaisseur. Une des faces verticales est droite, et l'autre découpée en arc de cercle, ayant $0^m,20$ de flèche, la face courbe présentant en creux le profil latéral des rails. Ainsi disposé, ce madrier présente une largeur de $0^m,50$ en son milieu, et $0^m,30$ à ses extrémités.

Le rail est placé contre cette partie courbe du gabarit et sou-

[1] Chemin de fer du Hanovre.

mis, dans cette position, à l'action de deux crics puissants dont on peut faire varier l'énergie selon la courbure plus ou moins prononcée du rail. Quand le rail courbé présente un angle un peu vif, on a recours à l'interposition d'un bloc de bois pour augmenter encore la flèche du gabarit.

S'il s'agit, au contraire, de courber des rails droits pour une voie de petit rayon, pour des voies de changement par exemple, on se sert du même procédé, en donnant au gabarit une flèche plus grande. Mais si les voies à poser contiennent beaucoup de courbes à faible rayon, il peut être plus avantageux d'employer une machine à cintrer les rails.

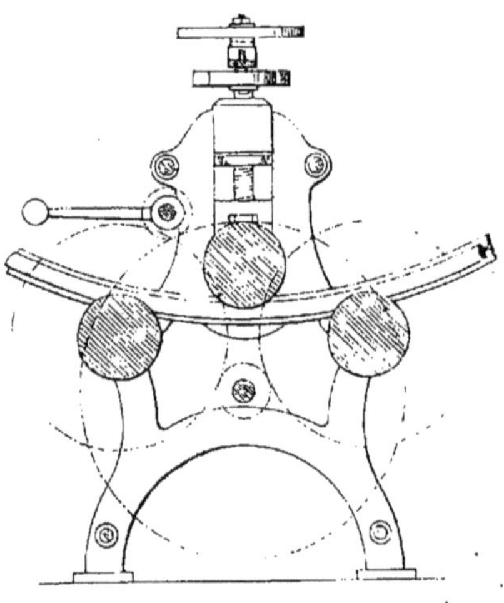

Fig. 230. Machine à cintrer les rails. $\frac{1}{25}$

Cette machine est composée de trois cylindres horizontaux dont les axes se trouvent aux sommets d'un triangle isocèle (fig. 230). Ces cylindres portent une cannelure profilée suivant la section des rails. Selon le degré de courbure à donner ou à faire disparaître, on passe le rail une ou plusieurs fois entre les cylindres, que quatre hommes, d'ailleurs, font facilement tourner.

On peut encore se servir d'une vis commandée par un grand levier (fig. 231) portant à ses extrémités deux masses lourdes; l'écrou de la vis est fixé à la branche horizontale d'un étrier dont les branches verticales sont attachées au plateau d'un fort établi. Le rail étant soutenu à une certaine distance de la vis par deux points fixes, l'action de la vis s'exerce sur la partie de la barre à redresser ou à courber.

Cet outil est très-énergique, trop énergique même; quand il est mal employé, son action peut dépasser le but et rompre la cohésion du fer. On ne doit donc en tolérer l'usage qu'avec une très-grande réserve; nous serions même d'avis de le proscrire

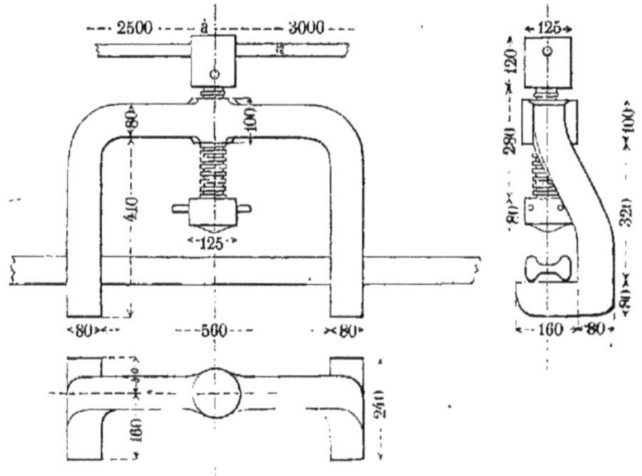


Fig. 231. Presse à dresser les rails. $\frac{1}{20}$

d'une manière absolue, si l'emploi ne pouvait en être surveillé par un agent consciencieux, prudent et expérimenté.

Le dressement et le courbage des rails s'opèrent enfin, et très-simplement, sur le chantier même de pose, en laissant tomber sur deux traverses ordinaires le rail à plat d'une hauteur qui dépend de la forme, du poids du rail et de la nature du fer; les ouvriers acquièrent rapidement l'expérience nécessaire pour obtenir avec certitude la flèche voulue.

Au chemin de l'Est français [1], qui emploie des rails Vignoles de 35k,00 au mètre, et de 6m,00 de longueur, on prend les nombres suivants pour règle normale :

| Hauteur de chute du rail. | Flèches. | Rayons des courbes. |
|---|---|---|
| m. | mm. | m. |
| 0,65 | 5 | 900 |
| 0,80 | 10 | 600 |
| 0,90 | 15 | 300 |

Distance des deux traverses recevant le choc, 5m,50.

[1] Instruction pour la pose de la voie. — Décembre 1866

| Pour les rayons de | 300, | 400, | 500, | 600, | 700, | 800, | 900, | 1 000$^{m}$, |
|---|---|---|---|---|---|---|---|---|
| les flèches sont : | 15, | 13, | 12, | 10, | 8, | 7, | 5, | 4$^{mm}$. |

Une précaution essentielle à prendre consiste à classer les rails suivant leur degré de courbure, et à les marquer d'un signe indiquant la grandeur du rayon.

Le redressement des rails ou le courbage coûte moyennement 0$^{f}$,05 à 0$^{f}$,20 par rail.

199. **Perçage des trous de boulons.** — Cette opération peut se faire au *foret* ou au *poinçon*.

La machine à forer porte une ou deux mèches, selon qu'on veut percer un ou deux trous à la fois; quand les trous sont très-rapprochés de l'extrémité du rail, cette machine est indispensable, l'action du poinçon pouvant faire fendre le rail.

Comme la machine à forer, celle à poinçonner peut être également disposée pour percer un ou deux trous; mais il faut bien se garder de faire engager les deux poinçons en même temps, car il y a presque toujours, dans ce cas, rupture du rail ou surcharge de la machine.

La préparation du poinçon constitue à elle seule la partie la plus délicate du poinçonnage.

On emploie à cet usage une tige d'acier du diamètre maximum que doit avoir le poinçon terminé; la pièce est forgée, tournée selon la forme adoptée, chauffée au rouge sombre et trempée dans l'eau froide, puis polie au papier d'émeri; enfin, on la fait revenir au bleu clair ou au violet, en la plaçant dans un tube en fer forgé ou entre deux plaques de fer préalablement chauffées au rouge-cerise.

Aux forges d'Aubin, les outils à tremper sont placés dans un four dormant chauffé au coke, et dans lequel on les amène avec ménagement à la chaleur rouge.

On les retire du four pour les recouvrir d'une poudre composée d'un mélange fondu et pulvérisé de :

| | k. |
|---|---|
| Borax. . . . . . . . . . . . . . . . . | 0,500 |
| Sel ammoniac . . . . . . . . . . . . | 0,250 |
| Prussiate de potasse. . . . . . . . . | 0,100 |
| Résine . . . . . . . . . . . . . . . . | 0,060 |
| | 0,910 |

La pièce saupoudrée est remise au feu jusqu'à ce que la matière soit bien fondue, puis retirée et plongée brusquement dans l'eau froide, qui lui enlève complétement sa chaleur.

Un poinçon convenablement trempé perce en moyenne, sans s'émousser, 800 trous de 0m,033; il peut être rafraîchi et retrempé trois fois, ce qui donne 1 600 rails percés par un poinçon, soit une durée de quatre jours de travail.

Rien n'est plus capricieux que la résistance de cet outil; on a vu des poinçons fabriqués par la première méthode, aux usines du Phœnix, percer 12 000 rails; d'autres, au contraire, étaient mis hors d'usage au dixième rail, quelques-uns même se brisaient au premier trou [1].

Le perçage des rails est une opération qui paraît simple, mais qui peut aussi devenir très-dispendieuse si elle n'est pas judicieusement organisée. Un chantier bien disposé doit comprendre deux voies pour l'arrivée et le départ des matériaux. Entre ces voies se trouve un espace de 50 mètres; au milieu se place la machine à poinçonner, d'un côté les dépôts de rails à percer et de l'autre les rails percés prêts à être chargés sur waggons. Quand on ne peut les expédier immédiatement et qu'on doit les déposer pour être repris plus tard, le prix de revient en est accru d'autant. L'opération est assujétie à un grand nombre de conditions très-importantes; mais celle qui les domine toutes, c'est l'installation des moyens efficaces pour utiliser complétement le mouvement imprimé aux poinçons. Il faut prendre les dispositions pour que l'alimentation ne souffre aucun retard, que le *virement* de chaque rail, bout pour bout, se fasse pour ainsi dire instantanément, que chaque rail se dégage facilement de la matrice, que le poinçon ne reste pas serré dans le trou, etc

Quand toutes ces conditions sont remplies, quatorze ouvriers comprenant :

| | fr. |
|---|---|
| 1 chef d'équipe à . . . . . . . . . . . | 4,00 |
| 12 manœuvres à . . . . . . . . . . . . | 2,60 |
| 1 enfant à . . . . . . . . . . . . . . | 1,00 |

[1] Une matrice sert pour 4 800 rails, un porte-poinçon pour 30 000 rails, enfin un porte-matrice pour 120 000 rails. *Annuaire des anciens élèves des Écoles des arts et métiers*, 1863.

peuvent prendre les rails en piles à côté de la machine, les percer de 4 trous et les charger sur wagons, au nombre de 300 par jour, surtout si on affecte une prime sur les quantités terminées.

Les dépenses peuvent s'établir ainsi :

| | fr. |
|---|---|
| Main-d'œuvre . . . . . . . . . . . . . . . . . | 35 |
| Prime . . . . . . . . . . . . . . . . . . . . | 10 |
| Poinçons . . . . . . . . . . . . . . . . . . | 1 |
| Graisse, huile. . . . . . . . . . . . . . . . | 1 |
| Amortissement de la machine et de ses accessoires, hangars, etc . . . . . . . . . . . . | 3 |
| | 50 |
| A déduire pour les débouchures. . . . | 5 |
| | 45 |

soit par rail 0f,15.

Avec les machines à forer, le prix de revient du perçage est de 0f,40 par rail; il y a donc intérêt à employer la machine à poinçonner quand le nombre de rails à percer est important. Voici les prix des différentes machines :

| | fr. |
|---|---|
| Machine à un foret (110k). . . . . . . . . . | 400 |
| Machine à deux forets (210k) . . . . . . . . | 600 |
| Machine à double poinçon (7 000k). . . . . . . | 6 800 |

Quand on peut activer la poinçonneuse par une machine à vapeur, ainsi que cela se pratique dans les forges à rails, l'opération est beaucoup plus économique. En outre, le travail est considérablement simplifié quand le perçage des quatre trous se fait sans retourner le rail bout pour bout; il suffit pour cela de ménager dans la table d'appui du rail, sur le bâti et de chaque côté du porte-poinçon, des entailles correspondant à chaque trou et pouvant recevoir alternativement un taquet contre lequel vient buter le rail [1].

[1] Cette disposition, décrite dans l'*Annuaire de la Société des anciens élèves des Écoles des arts et métiers*, par M. Warling, chef des ateliers des usines d'Aubin (1868, XVIe année), est adoptée dans les forges de ce nom.

La manœuvre est très-simple : deux hommes à droite de la machine font glisser sur des rouleaux le rail à percer, jusqu'à ce qu'il touche le taquet placé pour arrêter le rail au premier trou ; ce trou percé, le taquet est enlevé et placé dans la deuxième entaille de gauche, où il arrête le rail poussé pour recevoir le deuxième trou ; ceci fait, le taquet est enlevé pour être placé à droite du poinçon ; le rail, poussé vers la gauche de la machine, est saisi par deux autres manœuvres, qui répètent, pour la deuxième extrémité du rail, les opérations qui ont été effectuées pour le percement des trous de la première.

La manœuvre, comme on voit, est plus rapide qu'avec une machine demandant le virement du rail; aussi ce procédé permet-il de percer de trous ayant $0^m,033$ de diamètre sur $0^m,022$ de profondeur, jusqu'à 600 rails par jour.

Pour poinçonner 400 rails par jour, avec une machine motrice, il suffit d'un machiniste, quatre manœuvres et un gamin.

Le perçage des trous de boulons doit quelquefois se faire sur la voie au moyen d'une machine à forer portative ou même d'un simple foret à déclic. Il faut, dans ce cas, prendre toutes les

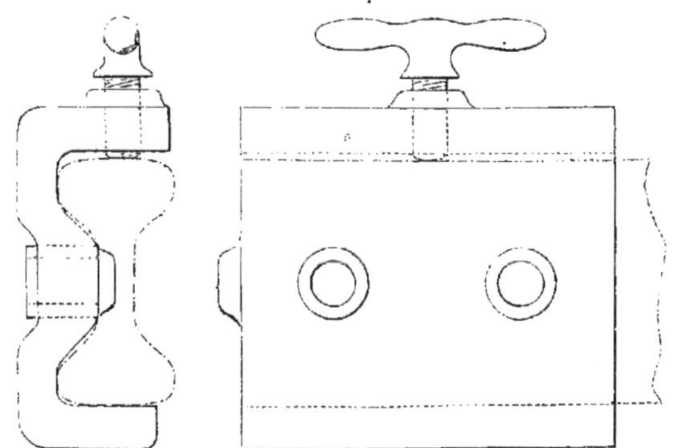

Fig. 232. Gabarit pour le perçage sur place des trous de boulons d'éclisses. $\frac{1}{5}$

précautions possibles pour éviter les erreurs dans la position des trous qui doivent correspondre à ceux des éclisses. Dans ce but, l'outil foreur est guidé dans son travail par un gabarit que l'ouvrier applique à l'extrémité du rail avant de commencer l'opération. La figure 232 représente ce gabarit qui porte, à l'une de ses extrémités, un talon destiné à buter contre le bout du rail à percer. Quand les trous sont forés, on peut en vérifier la position au moyen du gabarit déjà décrit (fig. 233).

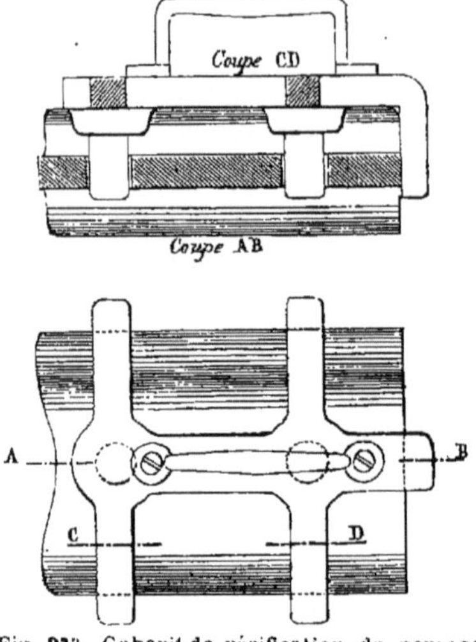

Fig. 233. Gabarit de vérification du perçage des trous. — $\frac{1}{5}$

200. Encochage. — Les patins des rails Vignoles doivent quelquefois recevoir des encoches qui embrassent tout ou partie de la section des attaches sur la traverse, et arrêtent le glissement longitudinal des rails.

L'encochage s'effectue au moyen d'un emporte-pièce travaillant sous la pression d'une vis à trois filets de 0m,07 de diamètre extérieur, et de 0m,06 de pas. Un balancier de 2 mètres de longueur met la vis en mouvement, et, en une descente de l'outil, lui fait produire deux encoches. Pour faciliter l'opération, le poinçon est divisé en deux étages qui travaillent l'un après l'autre, et enlèvent l'encoche par parties successives dans une même descente de l'outil.

La machine, pour être desservie convenablement, demande le travail de dix hommes ; la dépense se répartit de la manière suivante pour 300 rails encochés par jour :

| | fr. | |
|---|---|---|
| 10 hommes à 2 fr. par jour en moyenne. | 20,00 | |
| Prime . . . . . . . . . . . . . . . . . | 3,00 | |
| Graissage, etc. . . . . . . . . . . . . | 0,25 | |
| Poinçon . . . . . . . . . . . . . . . . | 0,25 | fr. |
| Amortissement (sur 600 fr.) . . . . . . | 0,30 | 23.80 |
| A déduire les débouchures. . . . . . . | | 2,80 |
| Total de la dépense par jour. . . | | fr. 21,00 |

soit par rail 0f,07.

Ce même travail, fait à la main, a été payé 0f,11 par rail, sans compter les frais de bardage.

201. CHANFREINAGE. — Le champignon des extrémités des rails neufs présente fréquemment des exfoliations. Cette cause d'avarie, insignifiante à l'origine, peut amener promptement la mise au rebut de rails fabriqués d'ailleurs dans de bonnes conditions ; elle provient du refoulement dans le sens longitudinal des fibres du fer qui se trouvent exposées aux chocs répétés des roues.

On y obvie en pratiquant simplement sur le pourtour de la section du champignon un chanfrein auquel on peut donner sans inconvénient 0m,005 de largeur, en l'inclinant à 45° sur la face du joint. Cette opération s'exécute facilement à la lime, dans le cours des manipulations que subissent les rails avant la pose (fig. 185 bis, pl. XIII).

Un ajusteur peut chanfreiner 200 rails par jour, à raison de 5 francs, la fourniture des limes étant à sa charge ; l'opération revient donc à 0f,025 par rail.

202. SELLES, COUSSINETS-ÉCLISSES, BOULONS. — Ce petit matériel arrive, en général, prêt pour la pose ; il est néanmoins important de le vérifier au chantier avant de le distribuer sur la ligne, car le transport en est coûteux et les pièces dépareillées ou faussées peuvent se perdre ; l'administration du chemin de fer serait mise par là dans l'impossibilité d'en demander le remplacement au fournisseur.

Les éclisses, selles, etc., qui viennent en contact avec les traverses ou les rails doivent s'y appliquer très-exactement et leurs trous recevoir sans difficultés les boulons, tire-fond et crampons ; il faudra donc s'assurer, au moyen de gabarits exactement dressés, que les faces ne présentent aucune inégalité ou saillie qui empêcherait le rapprochement des portées ; les pièces qui présenteraient ces imperfections seront ajustées à la lime ou au ciseau froid ; celles que le transport aurait trop fortement avariées seront réparées dans un atelier spécial, et confiées à des ouvriers très-exercés à ce genre de travail. Les éclisses ou coussinets-éclisses seront réunis par paires, munies de leurs boulons. On examinera également si les filets de vis des tire-fond et des boulons sont bien sains et non avariés; avant de les livrer aux poseurs, il faut les nettoyer et les graisser ; même observation pour les écrous, qui ne devront avoir que le jeu suffisant pour pouvoir être manœuvrés à la main. Il est inutile d'ajouter que tous ces matériaux sont soumis au chantier à une comptabilité sévère, qui doit renseigner très-exactement sur leur entrée et leur sortie.

203. Observation générale. — Dans toutes les opérations que subit le matériel de la voie, on remarquera que le coltinage est de toutes la plus importante, par les dépenses qu'elle occasionne. Elle peut se résumer par un chiffre : 1 mètre courant de voie simple se compose en général d'une traverse avec ses attaches et de 2 mètres de rails. Or, le bardage d'une traverse comprenant l'enlèvement, le transport à 20 mètres et le rangement, ne peut pas être évalué à moins de. . . . . . . . . . . . . 0f,05

Le maniement d'un rail de 6 mètres, dans les mêmes circonstances, coûte en moyenne 0f,15, et pour 2 mètres. . . . . . . . . . . . . . . . . . . . . . . . . . . 0 ,05

Ensemble. . . . . . . . . 0f,10

Cette dépense, se multipliant par le nombre de manœuvres qu'on fera subir à ce matériel, peut s'élever, selon les circonstances, à 200, 300 ou 400 francs par kilomètre de voie. L'ingénieur de la voie portera donc toute son attention sur l'organisation des chantiers de préparation, de manière à éviter toutes les fausses manœuvres, les doubles emplois; en un mot, il devra prendre ses mesures pour que le matériel ne fasse que *traverser* le chantier de préparation sans s'y arrêter, si c'est possible.

## § IV.

### POSE DE LA VOIE.

204. **Piquetage.** — Lorsque les terrassements sont achevés et la plate-forme pourvue de toutes les dispositions propres à l'assécher d'une manière permanente, il s'agit d'établir la voie, conformément au tracé géométrique arrêté par la direction. La première opération consiste à piqueter l'axe du chemin de fer, sur la plate-forme, en appliquant une des méthodes décrites au chapitre I, § 1.

Les piquets de $1^{m},20$ de longueur minima sont enfoncés dans la plate-forme à la distance de 100 mètres en alignement droit et de 50 mètres en alignement courbe. Dans les courbes de petits rayons, la distance des piquets doit descendre à 25 mètres. Au moyen du profil en long arrêté, on placera d'autres piquets à tous les changements de direction de l'axe ou d'inclinaison de la ligne. Ces derniers piquets, d'une forme spéciale, seront enfoncés avec soin, de manière que la tête soit exactement au niveau de la surface des rails.

Au chemin de fer du Hanovre, on préfère indiquer cette hauteur par un trait de scie horizontal qui sert de point de repère à deux petits piquets placés sur une ligne perpendiculaire à l'axe, et dont la tête affleure le niveau des rails. Pour garantir ces piquets principaux des avaries et dégradations qui peuvent les atteindre en cours de travail, on les entoure de tuteurs enfoncés obliquement dans la plate-forme, et qui les protégent sans les cacher — chapitre I, § 1.

205. **Ballastage.** — Le ballastage sur une ligne en construction doit se faire en deux couches. La première couche peut être exécutée de deux manières — 136 — :

— En utilisant une des voies provisoires ayant servi aux terrassements ;

— En posant une voie provisoire sur la plate-forme.

Dans le premier cas, il y a lieu de distinguer la méthode à appliquer sur un chemin à une voie, de celle pratiquée sur une ligne à deux voies.

*Ballastage d'une ligne à simple voie.* — Il faut organiser les trains de ballastage de manière que leurs croisements puissent se faire, soit dans les stations, soit dans les voies d'évitement établies entre deux stations. Les garages ou évitements doivent se raccorder à leurs extrémités avec la voie principale, et se développer sur une longueur suffisante pour laisser toute liberté de circulation à la voie principale.

Indépendamment de ces garages, il peut être bon de placer de loin en loin, tous les cinq kilomètres par exemple, des voies de dépôt de matériel roulant. Ces voies pourront au besoin être établies en impasse ou *terminus*, sur des terrains loués et occupés temporairement.

Le dressement de la plate-forme étant parachevé, on amène le ballast sur trains complets remorqués par des chevaux ou des locomotives. On ne peut se servir que de wagons basculant dans le sens longitudinal ou de wagons à plate-forme fixe. Le train arrivé sur l'emplacement à ballaster, on sépare les wagons pour répartir le ballast sur la longueur correspondante au volume transporté. Les wagons déchargés et le train enlevé, on régale le ballast, en lui conservant une hauteur telle que son niveau supérieur coïncide avec le niveau inférieur des traverses de la voie définitive.

Pour une ligne à une voie, la quantite de ballast nécessaire à la première couche se calculera sur un cube de $5^{m} \times 0^{m},25 = 1^{m3},250$ par mètre courant de voie.

Il faut veiller à ce que le ballast en tas ne recouvre jamais la surface des rails ; aussi les dépôts dans la voie, qui ne seront pas répandus immédiatement, devront être distants, comme nous l'avons vu, de $0^{m},20$ au moins des rails, et ne pas dépasser leur niveau de plus de $0^{m},10$. En dehors de la voie, les dépôts pourront être établis sur une hauteur quelconque, pourvu que l'inclinaison du côté des talus ne dépasse pas 45°, et que le pied des talus soit à $0^{m},25$ au moins des rails — 136 —.

206. Ballastage d'une ligne a deux voies. — S'il s'agit de ballaster une ligne dont les terrassements sont faits pour deux voies, on portera la voie provisoire sur l'un des côtés de la plate-forme; l'autre côté, resté libre, sera dressé avec tous les soins prescrits.

Les garages et remisages des trains peuvent être ménagés sur l'emplacement de la deuxième voie et, par conséquent, séparés par des distances que l'ingénieur fixe à volonté.

Le ballast est alors amené par les trains composés de wagons basculant de côté ou de wagons à plate-forme fixe.

On fera le répandage et le régalage du ballast, en ayant soin d'observer les recommandations précédentes relatives à la hauteur et à la distance des dépôts par rapport aux rails.

207. Ballastage avec les matériaux de la voie définitive. — Quand on ne dispose pas de voies de terrassement, le dressement de la plate-forme étant d'ailleurs terminé, on commence par établir à l'emplacement fixé et sur la plate-forme une voie provisoire avec les matériaux de la voie définitive. A cet effet, la surface de la terre sur laquelle on doit poser est bien dressée. On répartit sur cette surface les traverses à leurs emplacements respectifs, en commençant par les traverses de joints — 208 —. On met ensuite les rails en réglant convenablement les joints — 209 —, puis, à leur place, les traverses intermédiaires, et on pose les tire-fond ou les crampons en bourrant légèrement.

La voie posée sur terre sert au transport de son ballast et des matériaux nécessaires pour la prolonger, mais on a soin de conduire le travail de manière qu'il ne passe jamais plus d'un train avant un premier relèvement sur ballast. A cet effet, tout train de ballast arrivant sur une section posée sur terre, s'arrête dès qu'il y est engagé de sa longueur. On le décharge sur place; il se retire, la voie est relevée, réglée et raffermie — 218 —, de manière à pouvoir recevoir les trains suivants, sans aucun dommage pour ses éléments. On arrive à la hauteur définitive par des relevages successifs dont aucun ne doit dépasser $0^{m},10$ à $0^{m},12$, et conduits de manière à conserver des raccordements sans ressauts brusques avec les parties non relevées.

Les relevages doivent se faire en agissant sous les traverses et non sous les rails, afin de ménager les attaches.

Les questions de vitesse, de sûreté et de police des trains, sont traitées ailleurs — *Exploitation* : mesures de sécurité —.

208. Répartition des traverses[1]. — *Rails à champignons symétriques.* — Au chemin de fer du Nord, les rails de 6 mètres à deux champignons, posés sans éclisses, étaient soutenus par huit traverses ainsi espacées :

| 1 | | 2 | | 3 | | 4 | | 5 | | 6 | | 7 | | 8 | | 1 |
|---|---|---|---|---|---|---|---|---|---|---|---|---|---|---|---|---|
| | 0,50 | | 0,70 | | 0,90 | | 0,90 | | 0,90 | | 0,90 | | 0,70 | | 0.50 | |

ce qui donne :

| | | | |
|---|---|---|---|
| 2 portées de | 0m,50 . . . . . . . | = | 1m,00 |
| 2 — | 0 ,70 . . . . . . . | = | 1 ,40 |
| 4 — | 0 ,90 . . . . . . . | = | 3 ,60 |
| | | | 6m,00 |

Les mêmes rails posés avec éclisses en porte-à-faux étaient soutenus par sept traverses réparties de la manière suivante :

| | 1 | | 2 | | 3 | | 4 | | 5 | | 6 | | 7 | |
|---|---|---|---|---|---|---|---|---|---|---|---|---|---|---|
| 0,30 | | 0.90 | | 0,90 | | 0,90 | | 0,90 | | 0,90 | | 0,90 | | 0,30 |

c'est-à-dire :

| | | | |
|---|---|---|---|
| 2 portées de | 0m,30 . . . . . . . | = | 0m,60 |
| 6 — | 0 ,90 . . . . . . . | = | 5 ,40 |
| | | | 6m,00 |

La voie des chemins de l'Ouest en rails à champignons symétriques, avec coussinets-éclisses aux joints, est posée comme suit, pour un rail de 6 mètres :

| 1 | | 2 | | 3 | | 4 | | 5 | | 6 | | 1 |
|---|---|---|---|---|---|---|---|---|---|---|---|---|
| | 0,80 | | 1,10 | | 1,10 | | 1,10 | | 1,10 | | 0,80 | |

Ce qui donne :

| | | | |
|---|---|---|---|
| 2 portées de | 0m,80 . . . . . . . | = | 1m,60 |
| 4 — | 1 ,10 . . . . . . . | = | 4 ,40 |
| | | | 6m,00 |

[1] Voir annexe Q, une note de M. L. Barré, ingénieur civil, sur la résistance des rails, eu égard à la distance des supports.

Dans les parties de voies très-fatiguées ou présentant un tracé accidenté, on place une traverse de plus, et la longueur du rail de 6 mètres est ainsi divisée :

| 1 | | 2 | | 3 | | 4 | | 5 | | 6 | | 7 | | 1 |
|---|---|---|---|---|---|---|---|---|---|---|---|---|---|---|
| | 0,60 | | 0,90 | | 1,00 | | 1,00 | | 1,00 | | 0,90 | | 0,60 | |

Soit :

| | | | | |
|---|---|---|---|---|
| 2 portées de | 0$^{m}$,60. . . . . . | = | 1$^{m}$,20 |
| 2 | — | 0 ,90. . . . . . | = | 1 ,80 |
| 3 | — | 1 ,00. . . . . . | = | 3 ,00 |
| | | | | 6$^{m}$,00 |

Les rails à coussinets du chemin bavarois Ludwigs-West-Bahn ayant 0$^{m}$,122 de hauteur et pesant 34$^{k}$,25 par mètre sont divisés, quand la longueur est de 6$^{m}$,140 (21 pieds), en

| | | | | |
|---|---|---|---|---|
| 2 | portées de | 0$^{m}$,759. . . . . | = | 1$^{m}$,518 |
| 2 | — | 0 ,856. . . . . | = | 1 ,712 |
| 3 | — | 0 ,970. . . . . | = | 2 ,910 |
| | | | | 6$^{m}$,140 |

Quand la longueur est de 5$^{m}$,250 (18 pieds), il y a :

| | | | | |
|---|---|---|---|---|
| 2 | portées de | 0$^{m}$,759. . . . . | = | 1$^{m}$,518 |
| 2 | — | 0 ,859. . . . . | = | 1 ,718 |
| 2 | — | 1 ,007. . . . . | = | 2 ,014 |
| | | | | 5$^{m}$,250 |

*Rails Vignoles.* — Les espacements des traverses sur les lignes du Hanovre et sur le chemin Central suisse varient avec la longueur des rails. Pour 6$^{m}$,40 (21 pieds anglais), il y a :

CENTRAL SUISSE.

| | | | | |
|---|---|---|---|---|
| 2 | portées de | 0$^{m}$,725 | = | 1$^{m}$,45 |
| 6 | — | 0 ,825 | = | 4 ,95 |
| | | | | 6$^{m}$,40 |

HANOVRE.

| | | | | |
|---|---|---|---|---|
| 2 | portées de | 0$^{m}$,778 | = | 1$^{m}$,556 |
| 2 | — | 0 ,925 | = | 1 ,850 |
| 3 | — | 0 ,998 | = | 2 ,994 |
| | | | | 6$^{m}$,400 |

Pour 5$^{m}$,487 (18 pieds anglais) :

2 portées de 0$^{m}$,681 = 1$^{m}$,362
5 — 0 ,825 = 4 ,125
5$^{m}$,487

2 portées de 0$^{m}$,784 = 1$^{m}$,568
2 — 0 ,961 = 1 ,922
2 — 0 ,998 = 1 ,997
5$^{m}$,487

Pour 4$^{m}$,572 (15 pieds anglais) :

2 portées de 0$^{m}$,636 = 1$^{m}$,272
4 — 0 ,825 = 3 ,300
4$^{m}$,572

2 portées de 0$^{m}$,790 = 1$^{m}$,580
2 — 0 ,961 = 1 ,922
1 — 1 ,070 = 1 ,070
4$^{m}$,572

Les rails des chemins badois, du type Vignoles, ont 0$^{m}$,120 de hauteur, et pèsent 37$^{k}$,5 par mètre courant; ceux de 6 mètres de longueur étaient posés sur huit traverses présentant huit espacements de 0$^{m}$,75 d'axe en axe des traverses.

Aujourd'hui on n'emploie que 7 traverses ainsi réparties :

| 760 | 860 | 900 | 960 | 900 | 860 | 760 |
|---|---|---|---|---|---|---|

ou, pour des longueurs de rails de 7$^{m}$,50, 9 traverses.

| 750 | 780 | 840 | 900 | 960 | 900 | 840 | 780 | 750 |
|---|---|---|---|---|---|---|---|---|

La ligne du Nassau prend la répartition suivante :

| 700 | 900 | 900 | 900 | 900 | 900 | 700 |
|---|---|---|---|---|---|---|

Le chemin du Bourbonnais, avec rails de 130 m/m de hauteur, du poids de 36$^{k}$,00 le mètre, a adopté la division ci-dessous :

| 802 | 1,100 | 1,100 | 1,100 | 1,100 | 802 |
|---|---|---|---|---|---|

| 802 | 1,133 | 1,133 | 1,133 | 802 |
|---|---|---|---|---|

Au chemin de l'Est français où le rail Vignoles pèse 35 kilogrammes au mètre, on prend deux systèmes de pose. Il y a par rail une traverse de joint et cinq ou six traverses intermédiaires : cinq sur les lignes secondaires, six sur les lignes à lourd trafic. Dans le premier cas on a :

2 portées de $0^m,80$, 2 de $1^m,075$ et 2 de $1^m,125$;

Dans le second cas on a :

2 portées de $0^m,75$ et 5 de $0^m,90$.

Depuis quelques années la pose des joints éclissés en porte-à-faux des rails Vignoles prend beaucoup d'extension, surtout en Allemagne. Voici en conséquence de cette disposition la répartition des traverses sur la longueur de 6 mètres, au chemin du Palatinat.

| 300 | 900 | 900 | 900 | 900 | 900 | 900 | 300 |
|---|---|---|---|---|---|---|---|

La ligne de Paris-Lyon-Marseille remplace ses anciens rails par des rails en acier Bessemer, de 130 m/m de hauteur et de base, pesant 40 kilogrammes par mètre ; elle répartit ses 8 traverses par rail de la manière suivante :

| 604 | 300 | 700 | 800 | 800 | 800 | 800 | 800 | 700 | 300 |
|---|---|---|---|---|---|---|---|---|---|

Les traverses voisines du joint sont espacés de 604 m/m, d'axe en axe, comme l'indique le diagramme ci-dessus.

Au chemin de Mamers à St-Calais, — chemin d'intérêt local qui aura des rails de $113^{mm}$ de hauteur, du poids de 30 kilogrammes, — la répartition des traverses sera la suivante :

2 portées aux joints en porte-à-faux de $0^m,302 = 0^m,604$
6 — intermédiaires $0\ ,900 = 5\ ,400$

209. Largeur des joints. — Les rails exposés aux variations de température changent de longueur d'une manière pour ainsi

dire permanente; il faut donc leur laisser la liberté de se contracter et de se dilater pour qu'il n'y ait point refoulement des rails quand ils s'allongent, tout en maintenant la continuité de la voie quand ils se raccourcissent. On obtient ce résultat en intercalant entre les abouts des rails, au moment de la pose, des plaquettes d'acier d'une épaisseur variable avec la température de l'atmosphère.

Dans un climat tempéré, on peut se contenter d'employer trois épaisseurs de plaquettes, correspondant aux indications du thermomètre d'après la règle suivante :

| | |
|---|---|
| De 0° à 5° . . . . . . . . | 0m,003 |
| 5° à 20° . . . . . . . . | 0 ,002 |
| 20° à 40° . . . . . . . . | 0 ,001 |

En Suisse et dans le nord de l'Europe, les variations de température étant plus considérables, on a réglé les joints au moyen de quatre à cinq jeux de plaquettes ainsi divisés :

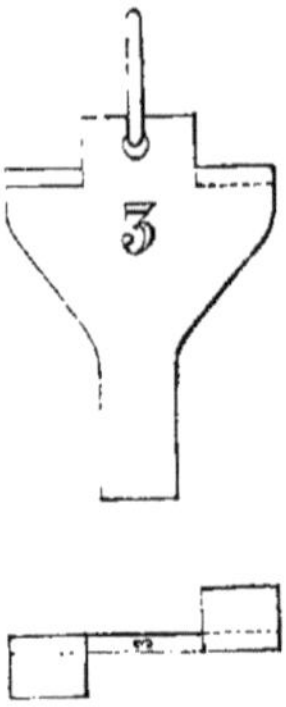

SUISSE.

| | |
|---|---|
| Température + 37° . . . . . . . . | 0m,0010 |
| — + 25° . . . . . . . . | 0 ,0021 |
| — + 12° . . . . . . . . | 0 ,0030 |
| — 0° . . . . . . . . | 0 ,0039 |
| — — 12° . . . . . . . . | 0 ,0048 |

HANOVRE.

| | |
|---|---|
| En été, à midi et au soleil . . . . . | 0m,002 |
| En été, le soir et le matin . . . . . | 0 ,003 |
| Au printemps et à l'automne . . . . | 0 ,005 |
| En hiver . . . . . . . . . . . . . . | 0 ,006 |

Fig. 234. Cale ou plaquette pour régler la largeur des joints. — $\frac{1}{4}$

Chaque plaquette porte en creux l'indication de son épaisseur. — La figure 234 représente une plaquette ayant 0m,003 d'épaisseur.

210. Voie dans les courbes. — Quelque soit le mode adopté pour assurer la solidarité des rails aux joints, la solution de continuité est toujours un point faible, et la pression des boudins des roues contre le rail tend à rejeter la voie vers l'extérieur.

Pour éviter le déplacement latéral des voies dans les courbes de petit rayon, quelques chemins, comme Altona-Kiel, Bebra-Hanau, Brunswick, Hanovre, Leipsig-Dresde, Oldenburg, Warsovie-Vienne, posent les rails avec joints croisés, c'est-à-dire les joints d'une file correspondant au milieu des rails de l'autre file. Dans ce cas, l'une des files de rails est terminée, au commencement et à la fin des courbes, par un rail dont la longueur est moitié de la longueur ordinaire. En appliquant le même procédé, d'autres lignes augmentent le nombre des traverses dans les courbes de petit rayon. Sur les alignements droits et dans les courbes de grand rayon, parcourus avec grande vitesse, on reproche aux joints croisés de donner aux véhicules des mouvements d'oscillation dont l'amplitude croît avec la vitesse de parcours. — Aussi, généralement on place les joints en regard les uns des autres. Dans les alignements droits, il faut toujours avoir soin de poser les joints correspondants, ainsi que les traverses, sur une ligne rigoureusement perpendiculaire à l'axe ; sans cette précaution, la direction oblique d'une traverse pourrait causer un rétrécissement de la voie.

Dans les alignements courbes, on parvient à disposer les traverses normalement à l'axe de la ligne en intercalant dans la file intérieure un certain nombre de rails raccourcis, nombre qui varie avec le rayon de la courbe.

Si R est le rayon de la courbe, L la longueur d'un rail, $a$ la demi-largeur de la voie, la différence des longueurs du rail extérieur et du rail intérieur est donnée par la formule

$$d = \frac{2\,a\,L}{R + a}.$$

Pour éviter l'inconvénient de raccourcir tous les rails de la file intérieure, quelques ingénieurs ont préféré n'en raccourcir qu'un petit nombre, mais en diminuant leur longueur de tout l'espace qui sépare deux trous de boulons d'éclisses. Le nombre de rails à raccourcir dans ce cas est donné par la formule $n = \frac{e}{d}$, dans laquelle $e$ représente la différence des longueurs de la courbe intérieure et de la courbe extérieure, et $d$ la distance entre les centres des deux trous de boulons d'éclisses.

Nécessairement dans les courbes ainsi construites, on n'a que $\frac{e}{d}$ traverses de joint normales à l'axe, mais la surlargeur donnée à la voie compense un peu les rétrécissements partiels que peut causer l'obliquité des autres traverses de joint.

Les chemins de fer français ont adopté la méthode suivante : Les traités stipulent toujours la livraison de rails courts d'une longueur fixe, dans une proportion déterminée. Ces rails se subdivisent en deux catégories : la première comprend les rails coupés suivant une longueur correspondante à la longueur normale diminuée d'une ou de deux portées, et qui proviennent de barres aux extrémités défectueuses — 155 —; la seconde se compose de rails approchant très-près de la longueur normale et destinés à entrer dans la file intérieure des courbes. Pour 6 mètres de longueur normale, ces rails courts ont 5m,96. Ne sont pas compris dans ces deux catégories les rails de longueur exceptionnelle employés pour les poses spéciales — 220 —.

D'après ces données, on a dressé le tableau suivant :

| RAYON de LA COURBE. | LONGUEUR de rail intérieur correspondant à une longueur de 6 mètres de rail extér. | DIFFÉRENCE entre le rail de 6 mètres extérieur et le rail intér. correspondant | NOMBRE de rails de 6 mèt. à employer à l'extérieur pour un rail de 5m,96 à l'intérieur. | NOMBRES ENTIERS RÉGLANT L'EMPLOI DU RAIL de 5m,96. NOMBRE de rails de 6 mètres à l'extérieur | NOMBRE de rails de 5m,96 à l'intérieur |
|---|---|---|---|---|---|
| 1 | 2 | 3 | 4 | 5 | 6 |
| m. | m. | mm. | | | |
| 100 | 5,9406 | 89,4 | (1) | . | . |
| 150 | 5,9433 | 59,7 | | . | . |
| 200 | 5,9551 | 44,9 | | . | . |
| 250 | 5,9641 | 35,9 | 1,114 | 11 | 10 |
| 300 | 5,9760 | 30,0 | 1,333 | 13 | 10 |
| 350 | 5,9743 | 25,7 | 1,556 | 31 | 20 |
| 400 | 5,9775 | 22,5 | 1,778 | 9 | 5 |
| 500 | 5,9820 | 18,0 | 2,222 | 11 | 5 |
| 600 | 5,9850 | 15,0 | 2,667 | 27 | 10 |
| 700 | 5,9871 | 12,9 | 3,101 | 31 | 10 |
| 800 | 5,9875 | 12,5 | 3,200 | 16 | 5 |
| 1000 | 5,9910 | 9,0 | 4,444 | 22 | 5 |
| 1100 | 5,9920 | 8.0 | 4,969 | 5 | 1 |
| 1200 | 5,9925 | 7,5 | 5,333 | 53 | 10 |
| 1300 | 5,9931 | 6,9 | 5,780 | 29 | 5 |
| 1400 | 5,9936 | 6,4 | 6,220 | 31 | 5 |
| 1500 | 5,9940 | 6,0 | 6.667 | 67 | 10 |
| 1800 | 5,9950 | 5,0 | 8,000 | 8 | 1 |
| 2000 | 5,9955 | 4,5 | 8,889 | 89 | 10 |
| 2500 | 5,9964 | 3,6 | 11,111 | 111 | 10 |
| 3000 | 5,9970 | 3,0 | 11,333 | 133 | 10 |

(1) Pour ces rayons, il faudrait adopter des rails de 5m,90.

A l'aide de ce tableau, on peut régler, pour chaque courbe, le nombre de rails de $5^m,96$ qu'il faut intercaler dans les rails de 6 mètres de la file intérieure, afin de conserver aux traverses de joint une direction sensiblement normale à l'axe. Si le développement des courbes ne comporte pas la proportion des nombres de rails longs et courts indiqués dans les colonnes 5 et 6, on s'en rapproche le plus possible, sauf à laisser avancer un rail de $5^m,96$ sur l'alignement droit et à regagner, dans la largeur d'un certain nombre de joints de cet alignement, la différence de longueur d'un cours de rails sur l'autre.

211. Surhaussement du rail extérieur, ou dévers. — Dans les alignements droits, le plan tangent aux surfaces de roulement des rails de la même voie doit être perpendiculaire au plan vertical passant par l'axe de la ligne. Néanmoins, pour prévenir l'effet des tassements sur les remblais fraîchement exécutés dépassant $1^m,50$ de hauteur, on surhausse par le bourrage des traverses le rail extérieur, de $0^m,005$ à $0^m,020$, selon la hauteur du remblai. Cette disposition est de beaucoup préférable à l'exhaussement des arêtes des remblais dont nous avons parlé à propos de la construction des terrassements.

On sait qu'on obvie également à l'effet des tassements des remblais, en les établissant avec une surlargeur de couronne (fig. 111, pl. III), calculée d'après le foisonnement des déblais et la hauteur du remblai — 7 et 8 —.

Lorsque la plate-forme a pris son assiette, il faut poser et régler la voie à la manière ordinaire.

Dans les courbes, le plan tangent aux champignons des rails ne peut plus être normal à la surface cylindrique verticale qui passe par l'axe de la ligne; il faut le placer obliquement par rapport à cette surface cylindrique. Voici pourquoi :

Un corps en mouvement tend, en vertu de la vitesse acquise, à conserver invariablement le plan dans lequel s'effectue le mouvement [1]. Aussi, quand un véhicule parcourt un alignement droit, il suit une marche parfaitement rectiligne, si la

[1] Communication de Foucault à l'Académie des sciences, en février 1851, sur le pendule du Panthéon, et en septembre 1852 sur le gyroscope.

voie n'a pas d'irrégularités, et si les bandages portent exactement le même diamètre à la surface de roulement.

Lorsque ce véhicule entre dans une courbe, il tend à suivre la direction rectiligne imprimée par le mouvement acquis; s'il n'est pas ramené vers l'intérieur de la courbe par quelques dispositions spéciales, les boudins des bandages sont insuffisants pour le maintenir sur la voie; il déraille.

Ces dispositions consistent, on le sait, dans la conicité des bandages et dans le surhaussement du rail extérieur.

La conicité corrige, en partie, l'influence du parallélisme des essieux et la différence de longueur des chemins parcourus par les roues d'un même essieu.

Quant au surhaussement du rail extérieur, il a pour but d'opposer l'action de la pesanteur à l'effort que développe le véhicule pour conserver son plan de mouvement.

Pendant longtemps, on s'est contenté de considérer le véhicule circulant en courbe comme soumis uniquement à la force dite centrifuge, dont l'intensité est donnée par la formule générale $\frac{mv^2}{R}$, $m$ étant la masse, $v$ la vitesse du mobile exprimée en mètres par seconde, et R le rayon de la courbe.

Pour détruire l'effet de cette force, et sans tenir compte du frottement, on établit les rails suivant une surface inclinée vers le centre de la courbe d'une quantité telle, que cette surface soit normale à la résultante de la force centrifuge et de l'action de la pesanteur qui est représentée par le poids P du véhicule, multiplié par le rapport $\frac{h}{l}$ du surhaussement $h$ du rail extérieur à la largeur $l$ de la voie mesurée d'axe en axe des rails.

On trouve, d'après cela, la valeur du surhaussement $h$, en égalant ces deux efforts et en remplaçant $m$ par $\frac{P}{g}$, $g$ représentant l'intensité de la pesanteur $= 9^m,809$ à Paris :

$$h = \frac{lv^2}{gR}, \quad . \; . \; . \; . \; . \; . \; . \; . \quad (\alpha).$$

Sur cette hypothèse, on a calculé le tableau suivant, dans lequel le surhaussement est indiqué en millimètres et les vitesses en kilomètres à l'heure :

| RAYON de la COURBE. | SURHAUSSEMENT DU RAIL EXTÉRIEUR POUR UNE VITESSE DE : | | | | | | | |
|---|---|---|---|---|---|---|---|---|
| | 30 k. | 40 k | 50 k. | 60 k. | 70 k. | 80 k. | 90 k. | 100 k. |
| m. 300 | 35 | 63 | 98 | 142 | 192 | 252 | 318 | 393 |
| 400 | 27 | 47 | 74 | 106 | 145 | 186 | 238 | 295 |
| 500 | 21 | 38 | 59 | 85 | 116 | 151 | 191 | 235 |
| 600 | 18 | 31 | 49 | 71 | 96 | 126 | 159 | 196 |
| 700 | 15 | 27 | 42 | 61 | 83 | 108 | 135 | 168 |
| 800 | 13 | 24 | 37 | 53 | 72 | 94 | 120 | 148 |
| 900 | 12 | 21 | 33 | 47 | 64 | 84 | 106 | 131 |
| 1000 | 11 | 20 | 29 | 42 | 58 | 76 | 96 | 118 |
| 1100 | 10 | 17 | 26 | 38 | 52 | 68 | 85 | 106 |
| 1200 | 9 | 16 | 25 | 35 | 48 | 63 | 80 | 98 |
| 1300 | 8 | 15 | 23 | 33 | 45 | 58 | 74 | 91 |
| 1400 | 8 | 14 | 21 | 30 | 41 | 54 | 68 | 84 |
| 1500 | 7 | 13 | 20 | 28 | 38 | 50 | 64 | 79 |
| 1800 | 6 | 11 | 16 | 24 | 32 | 42 | 53 | 66 |
| 2000 | 5 | 10 | 15 | 21 | 29 | 33 | 48 | 59 |
| 2500 | 4 | 8 | 12 | 17 | 23 | 30 | 38 | 47 |
| 3000 | 4 | 6 | 12 | 14 | 19 | 25 | 32 | 39 |

Évidemment les données de ce tableau ne sont applicables que dans certaines limites, le surhaussement à adopter devant correspondre à la vitesse des trains les plus rapides.

Ce tableau fait voir : 1° que les grandes vitesses doivent être proscrites sur les courbes très-fermées, car le surhaussement maximum que l'on peut admettre est 0m,150, dévers considérable, fatiguant le rail intérieur, et cependant dépassé quelquefois en Amérique ; 2° que pour les petites vitesses, le surhaussement doit être très-faible; on peut, par conséquent, le supprimer dans les points où tous les trains s'arrêtent.

Cependant des déraillements se produisent assez souvent dans les gares où les courbes sont très-fermées, peut-être par défaut de conicité des bandages ou de jeu dans les boîtes à graisse. On les évite en relevant le rail extérieur; au chemin de l'Est, ce dévers ne dépasse jamais 0m,050 dans ce cas particulier.

En pratique, il faut poser des règles précises, afin de ne rien laisser à l'arbitraire des agents; on leur remet donc un tableau exact de la valeur des surhaussements ou dévers dans les courbes en pleine voie.

Le tableau suivant donne les surhaussements appliqués sur des chemins de fer exécutés dans des conditions très-différentes d'établissement et d'exploitation.

| RAYON de la COURBE. | OUEST FRANÇAIS. | ÉTAT BAVAROIS. | HANOVRE. | CENTRAL SUISSE. | STEIERDORF (AUTRICHE) | MIDI (FRANCE). |
|---|---|---|---|---|---|---|
| m. | mm. | mm | mm. | mm. | mm. | mm. |
| 114 | . | . | . | . | 95 | . |
| 133 | . | . | . | . | 81 | . |
| 152 | . | . | . | . | 71 | . |
| 171 | . | . | . | . | 63 | . |
| 200 | 130 | . | . | . | 54 | . |
| 250 | 110 | . | . | . | 43 | . |
| 300 | 100 | 116 | . | 72 | 37 | . |
| 350 | . | 102 | . | 64 | 33 | . |
| 400 | 100 | 93 | 65 | 56 | 28 | . |
| 450 | . | 88 | 57 | 52 | 23 | . |
| 500 | 85 | 85 | 52 | 46 | 21 | . |
| 550 | . | 78 | 45 | 44 | 20 | . |
| 600 | 75 | 67 | 40 | 36 | . | 100 |
| 700 | 70 | 56 | 34 | 33 | . | . |
| 800 | 70 | 45 | 29 | 27 | . | 80 |
| 900 | 65 | 35 | 25 | 24 | . | . |
| 1000 | 65 | 27 | 22 | 21 | . | 60 |
| 1200 | 50 | 15 | 19 | 18 | . | . |
| 1500 | 40 | . | 17 | 12 | . | 40 |
| 1800 | 30 | . | 16 | . | . | . |
| 2000 | 30 | | 15 | . | . | 30 |
| 2300 | . | . | 14 | . | . | . |
| 2500 | 20 | . | 13 | . | . | 25 |
| 2800 | . | . | 12 | . | . | . |
| 3000 | 15 | . | 11 | . | . | 20 |
| 3500 | . | . | 10 | . | . | . |
| 3750 | . | . | 8 | . | . | . |
| 4000 | . | . | . | . | . | 15 |
| 6000 | . | . | . | . | . | 10 |

Les instructions générales applicables aux grandes lignes comportent des amendements à mesure que les chemins de fer pénètrent dans les contrées plus accidentées, où les trains prennent par conséquent de moindres vitesses.

Ainsi, pour le réseau de l'Est français, sur les lignes où circulent des trains de grande vitesse, on donne le dévers correspondant à la formule ($\alpha$) où $v = 18^{m},00$ ;

Sur les lignes où circulent seulement des trains omnibus, on applique à la formule ($\alpha$) $v = 14^{m},00$ ;

Enfin, sur les courbes très-fermées, qui se trouvent à l'entrée ou à la sortie des gares, le dévers est donné par la formule ($\alpha$), calculée avec $v = 10^m,00$.

Les trains acquièrent une vitesse plus grande en descendant les pentes qu'en les remontant; pour les lignes à deux voies, il est donc naturel de donner à la voie descendante un dévers plus prononcé qu'à la voie montante.

On modifie les valeurs données par la règle générale en tenant compte des points où les trains prennent habituellement une accélération ou un ralentissement marqué.

Nous avons dit plus haut que le dévers généralement adopté résultait de l'hypothèse que l'on n'avait à combattre que l'effet de la force centrifuge. Cependant, on a remarqué depuis quelques années, — et nous observerons que le phénomène se manifeste principalement sur les lignes dirigées du Nord au Sud, — que le dévers ainsi calculé est notablement insuffisant. Cette insuffisance est-elle due à ce que l'on ne tient aucun compte de l'effort développé par la masse totale des véhicules ou par les roues elles-mêmes, surtout les roues de machines, qui tendent à conserver leur mouvement dans leur plan de rotation, comme le tore dans le gyroscope de Foucault, ou enfin de l'influence du mouvement de rotation de la terre sur son axe, qui est, comme on sait, très-marqué sur les fleuves sensiblement parallèles au méridien terrestre ?

Quoi qu'il en soit, l'expérience a engagé plusieurs administrations à renoncer aux indications de la formule établie sous la seule considération de la force centrifuge.

Ainsi, sur le chemin de Paris à la Méditerranée, l'expérience faisant abandonner l'emploi de cette formule, conduit à adopter la formule empirique $h = \frac{V}{R}$, ($\beta$), dans laquelle V représente la vitesse des trains en kilomètres à l'heure et R le rayon des courbes.

On a divisé le réseau de la Compagnie en quatre classes :

La première comprend les lignes à grands rayons de courbure parcourues par les trains de très-grande vitesse. On y applique la formule (6) en posant V = 70 k.

La seconde se rapporte aux chemins à courbes très-ouvertes, parcourues par les trains de grande vitesse : on y prend V = 60 k.

Dans la troisième se rangent les lignes à rayons moyens, où les trains prennent une vitesse modérée : V = 50 k.

La quatrième enfin est affectée aux lignes à courbes très-fermées, desservies par des trains de petite vitesse : V = 40 k.

Et cependant, les dévers déduits de ces formules ne satisfont pas complétement la question, quand il s'agit de vitesses très-faibles [1]. Voici les valeurs du dévers appliqué sur les nouvelles lignes du réseau central d'Orléans, calculées d'après la formule $h = \frac{45}{R}$ :

| Rayons. | Dévers. | Rayons. | Dévers. |
|---|---|---|---|
| 300 mètres | $0^m,150$ | 700 mètres | $0^m,064$ |
| 350 | 0 ,130 | 800 | 0 ,056 |
| 400 | 0 ,112 | 1000 | 0 ,045 |
| 500 | 0 ,090 | 1200 | 0 ,037 |
| 600 | 0 ,075 | 1500 | 0 ,030 |
| | | 2000 | 0 ,022 |

Les ingénieurs allemands contestent également à la formule de la force centrifuge son efficacité. Le Main-Weser-Bahn a fait de nombreuses expériences pour déterminer pratiquement la valeur exacte du dévers. On y a relevé successivement le rail extérieur des courbes, tant que le bord intérieur de ce rail blanchi à la craie dénotait un frottement du boudin des roues au passage des trains les plus rapides, et l'on s'est arrêté aux valeurs suivantes du surélèvement, valeurs qui, depuis plusieurs années, donnent complète satisfaction au problème posé.

Ces valeurs ressortent d'une formule empirique dans laquelle

[1] D'après une communication faite dans la séance de la Société des ingénieurs civils du 5 avril 1867, par M. Nordling, ingénieur en chef au réseau central d'Orléans, pour empêcher les boudins de monter sur le rail extérieur d'une courbe provisoire de 175 mètres de rayon, on a dû porter le dévers à $0^m,13$, tandis que la formule (6) ne donnait que $0^m,040$ et la formule ($\alpha$) $0^m,003$.

n'intervient pas la vitesse, à tort selon nous, quand il s'agit de plusieurs lignes à trafics différents.

| Rayons | Dévers |
|---|---|
| 300 mètres | $0^{m}$,150 |
| 450 | 0 ,135 |
| 600 | 0 ,120 |
| 750 | 0 ,105 |
| 900 | 0 ,090 |
| 1200 | 0 ,060 |
| 1500 | 0 ,030 |

Ces surélèvements sont de beaucoup supérieurs aux valeurs suivantes, adoptées par l'Est prussien qui se trouve dans des conditions géographiques différentes :

| Rayons | Dévers |
|---|---|
| 853 mètres | $0^{m}$,052 |
| 1130 | 0 ,039 |
| 1507 | 0 ,026 |
| 2260 | 0 ,018 |
| 3014 | 0 ,013 |

Ces différences considérables dans l'application d'une mesure universellement reconnue comme indispensable pour la sécurité de la circulation et l'entretien économique du matériel fixe et roulant, démontrent que la question du dévers demande une étude analytique nouvelle, mais plus complète, dans laquelle il faudra faire intervenir toutes les forces dont quelques-unes ont été indiquées plus haut.

*Raccordement des alignements en élévation.* — D'après ce que nous avons dit, la différence de niveau entre le rail extérieur et le rail intérieur peut atteindre au moins $0^{m}$,150. Pour passer du plan horizontal sur lequel roulent les véhicules en alignement droit, au plan oblique sur lequel ils circulent en courbe, il faut, dans l'intérêt de la sécurité, du confort des voyageurs et de la conservation du matériel, ménager une transition.

On résout cette question de plusieurs manières. Tantôt sacrifiant le dévers sur une partie de la courbe, on ne donne le surhaussement que graduellement, à partir du point de tangence ; solution peu conforme aux conditions de stabilité. Tantôt on pose en dévers la partie de l'alignement droit qui précède le point de tangence, de manière à obtenir le dévers complet à l'entrée même de la courbe. Tantôt enfin on partage le dévers moitié sur l'alignement droit, moitié sur la courbe. Pour les courbes très-fermées, cette dernière solution n'est qu'à moitié satisfaisante et applicable seulement là où les courbes sont très-rapprochées les unes des autres. Dans tous les autres cas, le second système est préférable, car il n'a d'autre inconvénient que de placer les véhicules dans une position légèrement inclinée sur la partie du raccordement et sur une longueur relativement faible.

Cette longueur dépend du degré d'inclinaison adopté pour ce raccordement. Il est généralement compris entre $0^m,001$ et $0^m,003$. Ainsi, pour un devers de $0^m,100$, la longueur de la file de rails en alignement droit à relever serait de 100 mètres dans le premier cas, de 33 mètres dans le second.

Quelques ingénieurs font disparaître le dévers au point de tangence, à la sortie des courbes des lignes à deux voies; mais cette disposition ne paraît pas convenir au cas où, pour une cause quelconque, l'une des voies devrait être parcourue dans les deux sens.

*Raccordement des alignements en plan.* — Le dévers donné sur l'alignement droit a pour effet de reporter les essieux vers la file intérieure des rails et par suite d'écarter les boudins des bandages de la file extérieure, au moment où le véhicule entre dans la courbe. L'élargissement de la voie reportée vers le centre de courbure contribue encore à produire ce résultat, et par conséquent à diminuer le choc éprouvé par le véhicule lorsqu'il doit changer sa direction rectiligne pour prendre le mouvement curviligne.

Quelques ingénieurs ont pensé, entre autres MM. Pressel [1] et Weisbach [2], en Allemagne, MM. Chavès [3] et Nordling [4], en

[1] *Eisenbahnzeitung*. Stuttgard, 1854. — [2] *Der Ingenieur*. Brunswick, 1863. — [3] *Société des ingénieurs civils*. 2e cahier, 1865. — [4] *Ibid.*, 2e cahier, 1867.

France, que le raccordement en élévation pourrait être combiné avec un raccordement en plan disposé pour ménager une transition encore plus favorable entre les deux directions. Partant de la formule du dévers donné par la force centrifuge, ils se sont imposé la condition de donner à la projection horizontale de chaque élément du raccordement en élévation une courbure passant successivement du rayon infini au rayon de la courbe à raccorder. On est ainsi arrivé, après plusieurs simplifications, à une formule du 3me degré, qui représente la courbe à construire.

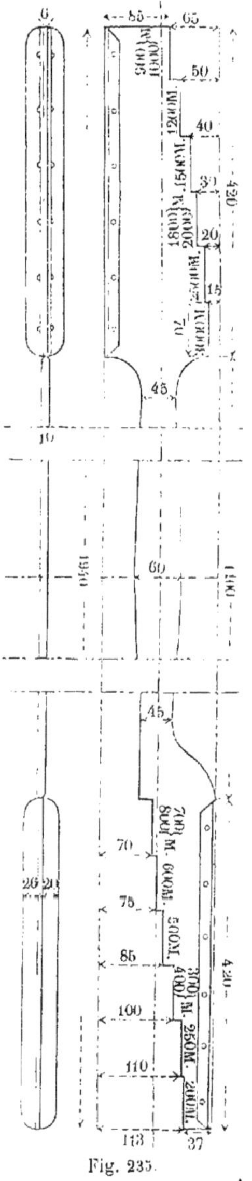
Fig. 235.
Règle de surhaussement. $\frac{1}{10}$

Mais la formule qui repose sur la considération de la force centrifuge étant insuffisante, il y a lieu de supposer que les conséquences tirées de son emploi ne répondent pas complétement au but proposé.

Quoi qu'il en soit, plusieurs administrations — Main-Weser, Tilsitt-Insterburg, Est prussien, Sud de l'Autriche, Nord français, Réseau central d'Orléans — ont approuvé ces dispositions. Le lecteur trouvera dans les *Mémoires de la Société des ingénieurs civils de* 1867, 2e cahier, deux ordres de service réglant cette question pour la construction et la pose des voies sur deux sections du Réseau central — 5 —.

*Mode d'application du dévers.* — Le surhaussement du rail extérieur est fixé et vérifié au moyen de la règle représentée par la figure 235, l'horizontalité des faces planes de cette règle étant indiquée par un niveau à bulle d'air que l'on applique sur la plaque qui recouvre le rail à surhausser.

Les surhaussements portés aux tableaux qui précèdent doivent être réduits de moitié environ dans les courbes voisines des stations, en raison du ralentissement des trains en ces points.

Le dévers sera l'objet des soins assidus des agents de la voie. Pour en assurer le maintien, il est bon de placer sur l'accotement deux repères qui fixent l'un le niveau du rail intérieur, l'autre celui du rail extérieur. Ces deux repères, donnant bien exactement la différence de hauteur des deux files de rails, permettent d'en faire la vérification en toute circonstance, même dans le cas de tassement de la plate-forme de la ligne. Sur plusieurs chemins, le dévers est marqué en chiffres peints à l'huile, sur un tableau placé à l'entrée et à la sortie de chaque courbe. Ce tableau a la forme ci-dessous :

| R = 750 mètres |
|---|
| L = $1^m,445$ |
| D = $0^m,040$ |

dans lequel R indique le rayon de la courbe, L l'écartement intérieur des rails, en tenant compte de l'élargissement, et D le dévers.

Au chemin de fer de l'Est on marque le commencement et la fin de chaque courbe par un poteau saillant de $1^m,10$ au-dessus de terre et portant une planchette de $0^m,35$ sur $0^m,35$, avec les inscriptions suivantes : le rayon, le développement de la courbe et le surhaussement du rail extérieur.

Quand on est conduit à donner des dévers différents aux rails extérieurs des deux voies, on indique l'un au-dessus de l'autre le surhaussement de la voie paire et celui de la voie impaire ; par exemple :

D. 1 = $62^{mm}$.
D. 2 = $39^{mm}$.

Nous devons rappeler ici l'observation qui a déjà été faite

— 38 —, au sujet des tunnels et ouvrages d'art, dont les parois pourraient être rencontrées par les corniches ou les lanternes des véhicules parcourant des courbes dont le rail extérieur est surhaussé. Il peut y avoir lieu, en projetant un tunnel courbe, de déplacer soit l'axe de la voie, soit l'axe du tunnel ou de modifier son profil. S'il s'agit de poser la voie dans un tunnel déjà construit, il faudra étudier l'influence du dévers sur les véhicules et déterminer la direction de l'axe de la voie en conséquence. Nous reviendrons encore sur cette question en parlant des relevages de la voie — 225, 226 —.

212. Élargissement de la voie. — La largeur normale de la voie est fixée, comme nous l'avons dit, de concert entre les services des travaux et du matériel. Un accord semblable est de rigueur pour déterminer la surlargeur à donner à la voie dans les courbes de faible rayon, surlargeur nécessaire pour éviter les frottements des boudins des roues contre les rails.

Cet élargissement dépend de plusieurs données qu'il s'agit de combiner pour chaque cas particulier. Ces données sont :

— L'écartement des essieux extrêmes des véhicules ;
— Le diamètre des roues ;
— La largeur et la conicité des bandages.
— La distance de calage des roues montées :
— Le jeu des essieux dans les plaques de garde.

En traçant des courbes sur une échelle suffisante et en y rapportant la position prise par un train de véhicules dans le parcours, on peut se rendre compte du jeu qu'il est nécessaire de laisser entre le boudin de la roue et le rail. Si, pour simplifier la question, on veut faire abstraction de la majeure partie des données du problème, il suffit de calculer la flèche d'un arc de cercle de rayon déterminé, dont la corde représenterait la ligne droite passant par les points de contact des rails et des boudins des roues extrêmes des véhicules, ligne qui représente la plus grande base rigide du train.

C'est ainsi que l'on trouve pour différents rayons de courbure les valeurs de flèche renfermées dans le tableau ci-dessous :

| LONGUEUR DES CORDES DES ARCS SOUS-TENDUS. → | 3m | 4m | 5m |
|---|---|---|---|
| RAYONS DES ARCS | FLÈCHES | | |
| m. | mm. | mm. | mm. |
| 150 | 7,6 | 13,4 | 20,9 |
| 300 | 3,9 | 6,7 | 10,5 |
| 400 | 2 9 | 5.0 | 8,8 |
| 500 | 2,3 | 4,0 | 6,3 |
| 600 | 1,9 | 3,4 | 5,3 |
| 700 | 1,6 | 2,9 | 4,5 |
| 800 | 1,4 | 2,5 | 3,9 |
| 900 | 1,3 | 2,3 | 3,5 |

Au chemin de l'Est, la largeur normale de $1^m,447$ entre les rails laisse aux roues d'un même essieu un jeu latéral de $0^m,035$ pour les wagons, et de $0^m,032$ pour les locomotives, quand les roues et les rails sont au profil normal. Ce jeu est nécessaire pour éviter les frottements des rebords des roues contre les rails. En raison de la conicité des bandages égale à $\frac{1}{20}$, ce jeu correspond à une différence possible de $0^m,00175$ pour les wagons, et de $0^m,0016$ pour les locomotives, entre les rayons de roulement des roues d'un même essieu. Pour les roues de wagon de $1^m,03$ de diamètre au roulement moyen, la différence de $0^m,00175$ entre les deux rayons permettrait aux deux roues de parcourir sans glissement une voie en courbe de 444 de rayon minimum.

Le jeu indiqué plus haut suffirait donc pour toutes les courbes de rayon plus grand, en ne considérant qu'un seul essieu et des roues de $1^m,03$ de diamètre.

Dans les courbes de petit rayon, la largeur de la voie est augmentée de $0^m,010$, dans les courbes de $400^m$ à $350^m$ de rayon, et de $0^m,020$ dans les courbes de $300^m$ à $150^m$ de rayon.

Sur plusieurs chemins on conserve la largeur normale aux points de tangence des courbes; la surlargeur totale ne s'obtient qu'après 3 ou 4 longueurs de rail; cette disposition n'est pas bonne, car la surlargeur est immédiatement nécessaire à l'entrée comme nous l'avons dit — 211 —. Il faudrait donc que la surlargeur commençât sur les premiers rails de l'alignement droit précédant la courbe, en la répartissant insensiblement à raison de 1 millimètre pour 1 mètre, ce qui faciliterait encore l'entrée en courbe en ramenant ainsi les roues vers le centre de courbure par l'effet de la conicité.

L'élargissement s'applique successivement par le déplacement de la file intérieure, le rail extérieur conservant sa direction normale.

*Tableau des surlargeurs adoptées sur divers chemins de fer.*

| RAYONS des COURBES | SURLARGEURS DONNÉES SUR LES CHEMINS : | | | | |
|---|---|---|---|---|---|
| | NORD FRANÇAIS | HANOVRE | CENTRAL SUISSE | ÉTAT BAVAROIS | EST FRANÇAIS |
| m. | mm. | mm. | mm. | mm. | mm. |
| 150 | 20 | . | . | . | 20 |
| 300 | . | . | 15 | 21 | |
| 360 | . | . | 12 | 18 | 10 |
| 400 | . | 18 | . | 15 | |
| 450 | 5 | 16 | 9 | 12 | 0 |
| 500 | . | 14 | . | . | . |
| 550 | . | 12 | . | 9 | . |
| 600 | . | 10 | 6 | . | . |
| 650 | . | 8 | . | 7 | . |
| 700 | . | 6 | . | . | . |
| 800 | . | . | . | 6 | . |
| 900 | . | . | 3 | 2 | . |

Quand on prend un parti relatif à l'élargissement de la voie dans les courbes, il faut tenir compte de l'écartement des roues, du jeu laissé entre le boudin et le rail, et enfin, de la largeur des bandages, des wagons étrangers comme des wagons appartenant à la ligne elle-même.

Sur la ligne de Steierdorf à Oravitza, destinée au transport des houilles, les wagons de transport ayant $2^m,529$ d'écartement d'essieux, on a dû limiter la surlargeur, même dans les courbes les plus roides, à $0^m,0316$ par suite d'insuffisance de largeur des bandages.

213. — Changements d'inclinaison. — Pour ménager la transition entre les *pentes*, *rampes* et *paliers* qui se succèdent, on peut les raccorder entre eux de deux manières différentes :

En France, le raccordement s'opère au moyen d'un plan auquel on donne de 6 à 12 mètres de longueur pour chaque millimètre de différence de pente, le raccordement ayant lieu moitié en deçà, moitié au delà du point d'intersection des deux plans.

En Allemagne et en Suisse, on a raccordé les changements de pente par une surface cylindrique dont la base est un cercle de 3 000 mètres de rayon. Pour chaque cas particulier, on dessine sur un profil en long, à l'échelle de $\frac{1}{150}$ pour les longueurs et de $\frac{1}{10}$ pour les hauteurs, la courbe directrice (de 3 000 mètres de rayon), qui doit être tangente aux deux surfaces à raccorder; il suffit, pour la déterminer, d'en calculer trois ordonnées. Cette courbe étant tracée sur le dessin avec la position des abouts des rails donnée par le profil en long, on relève les différences de hauteurs trouvées ainsi entre les piquets du nivellement primitif et la courbe de passage. Ces différences sont rapportées sur le terrain au moyen d'un niveau.

Ce raccordement entre deux pentes différentes ne doit pas être négligé, en général; mais il faut surtout l'appliquer quand le profil de la ligne est accidenté, et que les différences d'inclinaison sont très-marquées; il prend alors une véritable importance. Sur certaines lignes en montagne, on rencontre fréquemment de fortes rampes succédant à un palier; or, une locomotive de grand empattement, comme les machines à trois et quatre essieux moteurs, se trouverait, pendant le passage sans transition du palier à la rampe, suspendue pour ainsi dire sur ses deux essieux extrêmes, dont les ressorts seraient fortement surchargés, tandis que les roues intermédiaires deviendraient, pour ainsi dire, folles, leur adhérence nulle, et ce précisément au moment où l'on en a le plus besoin. Les rails de la voie n'en souffriraient pas moins.

L'effet inverse se reproduirait, mais d'une manière tout aussi fâcheuse, car il en résulterait déraillement si une pente succédait brusquement et sans transition à une rampe.

Nous ne parlons point ici de la succession immédiate d'une rampe à une pente, *cette succession immédiate étant proscrite* d'une manière absolue en construction de chemins de fer. Un tel changement d'inclinaison doit être, dans tous les cas, divisé par un palier d'une longueur égale au moins à celle des trains les plus chargés.

214. **Moyens préventifs contre les dérangements de la voie** — Quelque bien étudiée que soit la construction de la voie, ses éléments ne conservent pas toujours la position assignée. Ainsi sur certains points les deux files de rails se déplacent à la fois transversalement ou longitudinalement; ailleurs ils changent d'inclinaison, en se rapprochant ou s'éloignant de l'axe de la voie; tantôt dans les courbes le rail à patin se porte vers l'extérieur.

*Glissement longitudinal des rails.* — Dans les voies à coussinets, toujours parcourues dans le même sens, les coins doivent être chassés sur les deux files de rails, en pleine voie, dans le sens de la marche des trains; aux abords des stations où les freins sont serrés et dans les fortes pentes sur lesquelles les rails glissent dans le sens même de l'inclinaison, il faut chasser les coins dans la direction de la pente ou de la station.

Sur les lignes à voie unique, les coins doivent être chassés dans les deux directions à partir du milieu du rail, et non pas en sens inverse sur chaque file de rails, comme cela se pratique souvent, car il peut arriver que les traverses deviennent obliques par rapport à l'axe de la voie, quand il faut *diviser* les joints.

L'emploi des coussinets-éclisses combat le glissement des rails surtout quand, munis d'une encoche au patin, ces coussinets sont fixés sur les traverses par les crampons ou les tire-fond entrant dans cette encoche.

On a observé sur les chemins de fer de l'Ouest que les files extérieures des deux voies glissent beaucoup plus que les files touchant l'entrevoie. On attribue cet effet à la mobilité du ballast en contact avec ces files extérieures et à sa dessiccation, les coins devenant par là plus lâches. Les voies à ballast encaissé sont affranchies de ce défaut de résistance — 133 —.

On parvient aussi à arrêter le glissement des rails à deux

champignons en plaçant dans la tige du rail un goujon qui bute contre la joue du coussinet — 223 —.

Pour les voies à rails à patin on emploie divers moyens qui ont tous des inconvénients sans résoudre complétement la question.

Le chemin du Nord chasse entre les abouts des rails dans la traverse de joint un clou dont la tête fait saillie et se loge entre les patins, mais ce clou s'use rapidement, et d'ailleurs il gêne la dilatation.

Au chemin de l'Est, on entaille le patin sur la demi-longueur de la plaque de joint dont les joues font arrêt. Ce procédé est bon, mais seulement sur les pentes faibles ; sur les fortes pentes le rail pousse avec lui la traverse de joint.

Afin de répartir la résistance à l'entraînement, on arcboute les rails sur un plus grand nombre de traverses. Plusieurs chemins, tels que celui d'Orléans, et d'autres en Allemagne, pratiquent sur la longueur du rail un certain nombre d'encoches dans lesquelles se logent les crampons ou tire-fond qui préviennent le mouvement longitudinal des rails.

Le chemin de Lyon perce en plein dans le patin le trou destiné à recevoir le crampon extérieur, ayant par cette disposition deux buts en vue : diminuer le bras de levier qui tend à soulever le crampon ; arrêter le mouvement de translation.

Le chemin du Nord-Kaiser-Ferdinand emploie des équerres en fer fixées aux bouts des rails et butant contre la première traverse.

Aucun de ces moyens n'est satisfaisant et celui des encoches (en allemand *Einklinkung*) est le plus mauvais de tous, car le patin finit par guillotiner l'attache, ou bien, ce qui est plus grave, l'encoche provoque une rupture du rail surtout si le rail est en acier.

*Déplacement latéral de la voie.* — Dans les courbes les voies tendent quelquefois à se porter vers l'extérieur. On a proposé pour arrêter ce déplacement tantôt de croiser les joints des deux files de rails, tantôt de faire encaisser la voie entre des banquettes solides, tantôt de maintenir les traverses à l'aide de piquets chassés dans la plate-forme, tantôt de relier les deux voies entre elles par des entretoises, tantôt enfin de poser la voie sur du ballast composé d'éléments durs, à arêtes vives, produisant un grand frottement contre les traverses.

De toutes ces dispositions la dernière est la seule à utiliser : combinée avec un devers convenable elle doit parfaitement suffire dans la plupart des cas.

*Déplacement latéral des rails.* — Sous l'action des boudins des roues de machines mal réglées, les attaches extérieures des rails se déversent en comprimant le bois ou bien elles sont usées par le patin ; le patin des rails lui-même s'incruste aussi dans le bois [1]. Quelques chemins comme Altona-Kiel opposent à cette tendance des crampons de section plus grande.

D'autres comme Magdebourg-Leipsig, Halle-Cassel, l'Est français, augmentent le nombre des attaches à l'extérieur. Dans ce dernier chemin on augmente le nombre de tire-fond à mesure que le rayon de la courbe diminue. Dans les courbes de 600 mètres, on place deux tire-fond supplémentaires par longueur de rail, et ce sur la seconde traverse intermédiaire à partir de chaque joint.

Dans les courbes de 500 mètres de rayon on emploie trois tire-fond supplémentaires, répartis sur chaque traverse contre-joint et sur la traverse du milieu.

Dans les courbes de 400 mètres de rayon il y a quatre tire-fond supplémentaires répartis sur la première et sur la deuxième traverse intermédiaire à partir de chaque joint.

Enfin dans les courbes de 300 mètres et au-dessous, on place un tire-fond supplémentaire sur chaque traverse intermédiaire.

Les chemins de l'État bavarois et du Main-Neckar substituent aux traverses en bois tendre comme le pin ou le sapin, des bois durs comme le chêne ou le mélèze. C'est un très-bon moyen, mais sur des lignes où les machines ne sont pas très-lourdes et la vitesse peu considérable.

Sur le chemin de l'Est bavarois, on réunit les deux files de rails dans les courbes roides par une entretoise en fer rond bou-

[1] Expériences de M. de Weber : *Die Stabilität des Gefüges des Eisenbahngleise.*

lonnée en dehors des deux rails, très-bon moyen mais coûteux; on place deux boulons par longueur de rail de 6 mètres.

Les chemins du Hanovre, de Cologne-Minden, Saarbruck, sud de l'Autriche, etc., placent sous les rails des selles intermédiaires comme au chemin de Lyon. Ces selles rendent les deux attaches du rail sur la traverse solidaires et par conséquent soulagent l'attache extérieure.

L'efficacité de cette plaque supplémentaire est évidente, car elle augmente la surface d'appui du rail sur la traverse; mais ce moyen rend le roulement bruyant et dur.

Pour obvier à l'élargissement de la voie qui résulte du déversement ou déplacement latéral du rail extérieur, le chemin d'Altona-Kiel se sert de cales en bois qui étayent le rail contre le champignon en s'appuyant sur la traverse dans laquelle elles sont incrustées comme les cales du système Barberot.

*Rétrécissement de la voie.* — Sur certaines lignes très-chargées de trafic et de vitesse, et cela dans les alignements droits, les rails se déversent à l'intérieur par suite de la compression des bois; leur inclinaison atteint quelquefois $\frac{1}{10}$, et l'on a des exemples de points où la largeur de la voie est réduite de $0^m,015$. — Si l'on veut conserver une inclinaison uniforme dans tous les alignements, il n'y a d'autre remède à cette déformation, uniquement rencontrée sur les voies en rails à patin, que l'emploi de bois durs, de selles très-larges ou de cales intérieures, comme celles du chemin d'Altona. Mais ce n'est qu'un palliatif: nous croyons que cette déformation de la voie indique un excès d'inclinaison des rails ou de charge des machines. Il n'y a en effet aucune raison pour donner aux rails la même inclinaison dans les alignements droits et dans les courbes. Sur les lignes très-chargées on ferait donc bien d'essayer de diminuer l'inclinaison en la ramenant à $\frac{1}{25}$ ou même $\frac{1}{30}$.

215. Pose de la voie en rails a deux champignons. — Pendant le répandage de la première couche de ballast, on amène les matériaux de la voie définitive correspondant à 200 mètres environ de longueur de voie.

Si la distance du dépôt au lieu de pose n'est pas grande, le transport peut en être fait avec des wagons-brouettes poussés à bras d'hommes; quand le dépôt est éloigné du chantier de pose, au delà de 50 mètres par exemple, on trouve avantage à employer des chevaux. Enfin on utilise autant que possible les trains de ballastage remorqués par des chevaux ou des machines. Les matériaux sont déposés sur les accotements et avec assez d'avance pour que les brigades de poseurs ne soient jamais arrêtées par le manque de matériaux.

Les ateliers de pose peuvent être composés de diverses manières, suivant la rapidité que l'on veut imprimer au travail: s'il n'est pas nécessaire de pousser activement la pose de la voie, il convient de partager l'opération de façon à utiliser aussi longtemps que possible les mêmes ouvriers, en tirant ainsi le meilleur parti de leur expérience.

Lorsque le chemin du Nord, en 1857, posa la voie en rails à deux champignons, joints en porte-à-faux, il partagea le personnel en ateliers de vingt-quatre hommes, divisés en trois brigades de huit hommes chacune, dont un chef d'équique choisi parmi les meilleurs ouvriers exercés au travail de la pose. Quant aux ouvriers, ils peuvent être de simples manœuvres, mais on fera bien de les prendre parmi les ouvriers d'états, tels que charpentiers, charrons, forgerons, et en tous cas parmi les hommes les plus robustes.

L'outillage d'un atelier ainsi composé, comprend :

24 pelles.
24 pioches à bourrer (en fer).
1 masse en fer.
8 grosses pinces.
4 pinces à pied de biche.
4 leviers ou anspects.
4 chasse-coins.
4 clefs à fourche pour écrous.
10 cales ou plaquettes de joint de différentes épaisseurs.
1 thermomètre.
2 règles divisées, de la longueur des rails.
2 gabarits d'écartement.
2 niveaux à bulle d'air en fonte.
2 niveaux à fil-à-plomb d'au moins 1m,60.
2 grandes équerres de 1m,60 de branche.
2 doubles mètres divisés.
6 jalons.
2 jeux de nivelettes.
1 herminette.
2 wagons-brouettes.
2 tarières.

L'axe de la ligne étant tracé en plan et en profil, il faut, si la ligne est à deux voies, fixer par des jalons l'axe de la voie à la distance de l'axe de la ligne adoptée par le plan de pose — 130 — 131 — 132 —.

Alors on établit les nivelettes à pieux (fig. 236 B) à côté et dans l'alignement des deux cours de rails, en ayant soin de bien assurer la position des pieux par une fiche convenable, et en serrant les nivelettes à la hauteur voulue pour donner aux rails la cote déterminée d'après les piquets d'axe. Ces opérations donnent exactement la position des rails.

L'un des chefs de brigade commence alors par marquer sur le ballast, avec la règle divisée (fig. 237), l'emplacement de chaque traverse; les sept autres ouvriers de la brigade mettent les traverses dans leur position, en commençant par celles de joint, ou par les deux traverses les plus voisines, si les joints sont en porte-à-faux; on a soin de placer ces premières traverses avec précision, en les tenant un peu plus élevées que les autres.

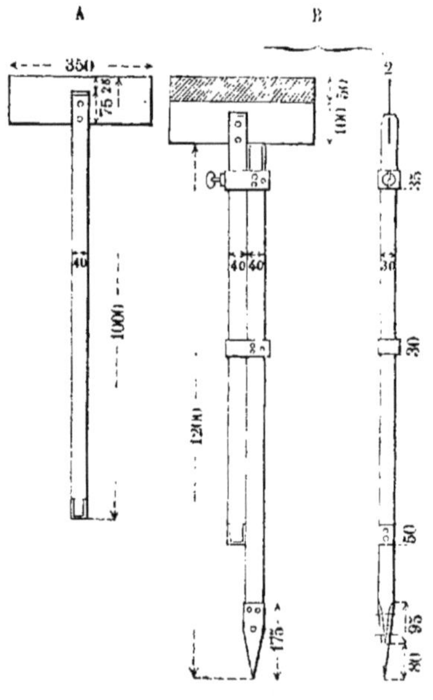


Fig. 236. Nivelettes. $\frac{1}{20}$

Quand l'axe des attaches des rails ne correspond pas à l'axe de la traverse, on doit placer la face verticale la plus voisine de l'axe des attaches du côté d'où doit venir le train, afin de donner à la traverse une plus grande résistance au renversement.

Vient ensuite la deuxième brigade, dont le chef et deux hommes règlent la position exacte des traverses intermédiaires, et les cinq autres posent les rails dans leurs coussinets, les relient avec les éclisses et leurs boulons sans les serrer, en plaçant entre les abouts des rails les cales ou plaquettes d'écartement fixées par le degré de température au moment de la pose (fig. 234).

La troisième brigade procède alors au coinçage des rails de la manière suivante : 1° l'un des ouvriers marque la position des coussinets ; 2° un second distribue les coins en les plaçant près des traverses ; 3° deux autres, chacun avec une grosse pince ou un anspect court (fig. 238), soulèvent les traverses et les ajustent de manière à faire concorder les coussinets avec la place marquée sur le rail ; 4° le chef de brigade pose les coins avec toutes les précautions nécessaires pour éviter d'en déchirer les surfaces ou de les fendre ; 5° deux autres ouvriers de la brigade garnissent le dessous des traverses soulevées, avec la pelle ou la pioche, de la quantité de ballast nécessaire pour les maintenir à la hauteur requise ; 6° le dernier ouvrier serre alors à fond les boulons des éclisses.

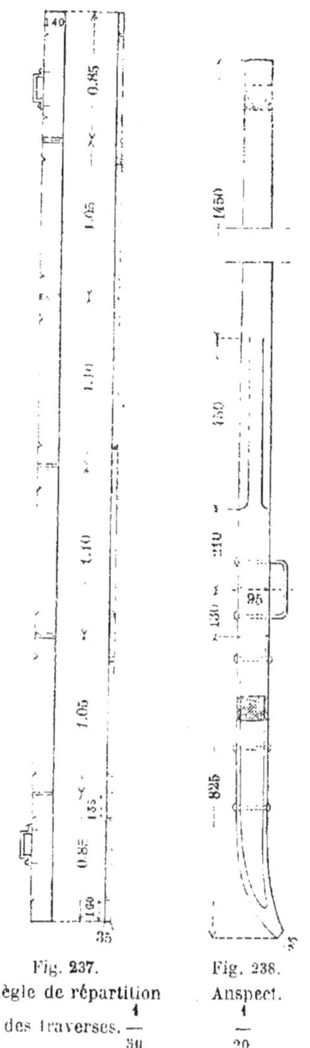


Fig. 237. Règle de répartition des traverses. $\frac{1}{50}$

Fig. 238. Anspect. $\frac{1}{20}$

Les deux autres brigades, ayant pris de l'avance sur la troisième, reviennent sur leurs pas et travaillent en commun au garnissage et au bourrage des traverses, au dressement de la voie, enfin au bourrage définitif.

Quand la pose se fait avec voie provisoire sur plate-forme à l'emplacement de la voie définitive, on peut, ainsi qu'il a été dit précédemment, n'exécuter le ballastage qu'à mesure de la pose de la voie; dans ce cas, on procède par relevages successifs.

Les traverses étant posées sur la plate-forme à leurs distances respectives et les rails placés dans les coussinets, on décharge le ballast entre les traverses et sur les accotements.

Alors on soulève avec de forts anspects les traverses de joint jusqu'à une hauteur excédant un peu celle qu'elles devront conserver.

Pendant ce temps les autres ouvriers garnissent le dessous des traverses intermédiaires avec du ballast, et en font le bourrage aussi complet que possible.

Arrivés à l'extrémité de la voie non ballastée, on dispose les rails suivant un plan incliné qui permet aux trains de passer de la voie relevée à la voie couchée sur la plate-forme. En général, on n'opère pas le relevage en une seule fois; il vaut mieux le faire en deux et même en trois opérations successives, car on ménage ainsi les rails et surtout leurs attaches.

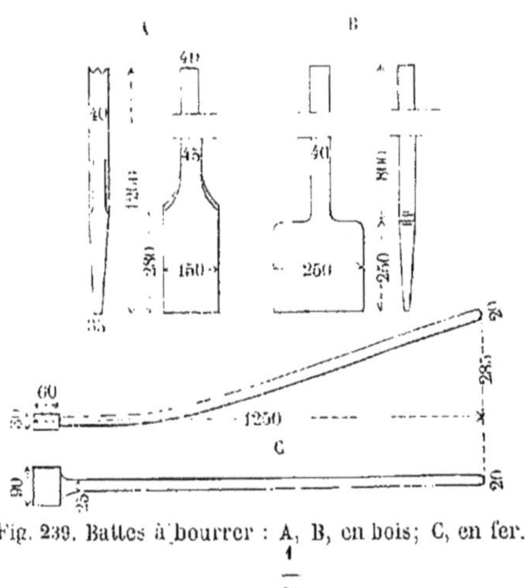

Fig. 239. Battes à bourrer : A, B, en bois; C, en fer. $\frac{1}{20}$

Avec ce système de pose provisoire sur plate-forme, les relevages successifs ne permettent pas l'emploi des éclisses; dans ce cas, on fait le joint près du plan incliné, avec des traverses et coussinets de joint qu'on remplace par des éclisses quand les rails sont parvenus à leur cote de hauteur définitive.

216. Bourrage des traverses. — Par longueur de rail, on met

deux hommes travaillant simultanément sur les côtés opposés d'une même traverse ; ces deux ouvriers commencent par le milieu de la traverse en s'éloignant vers les extrémités. Pour commencer le bourrage, on se sert des battes en bois ou en fer représentées par la fig. 239 (A, B, C). Quand le ballast a pris une certaine consistance, on emploie la pioche à bourrer, dont les coups doivent avoir d'abord une direction très-inclinée de manière à tasser le ballast aussi verticalement que possible. Cette direction se rapproche successivement de l'horizontale à mesure que le ballast se serre sous la traverse, mais en ayant soin que la pioche ne rencontre pas les arêtes de la traverse.

La figure 240 représente deux espèces de pioches à bourrer : — Le type A est formé d'un arc en bois garni à ses deux extrémités de deux ferrements aciérés, fixés sur le bois au moyen de petits rivets à tête fraisée. — L'outil B est en fer avec ses extrémités aciérées. Beaucoup plus lourd et plus coûteux que le précédent, il ne doit être employé que dans les parties de lignes où le ballast, difficile à bourrer, exige des chocs suffisamment énergiques pour prendre corps.

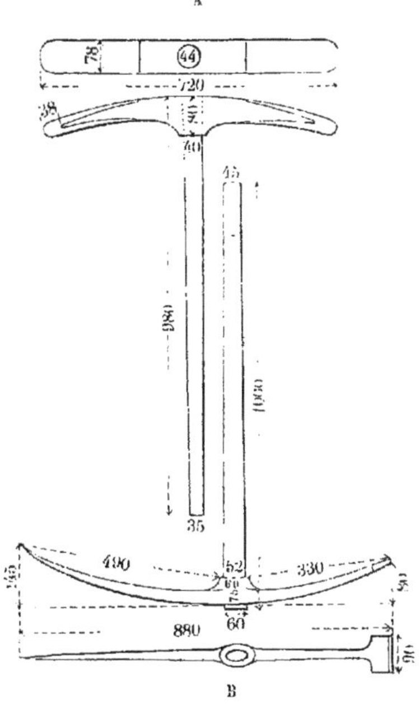

Fig. 240. Pioches à bourrer. $\frac{1}{20}$

On doit éviter de bourrer le ballast au milieu même de la longueur des traverses, sur un espace de 0m,40 à 0m,50, que l'on se contente de garnir de sable sans serrage. Cette disposition a pour but de faire porter la traverse sous l'aplomb des rails, là où le bourrage doit être le plus énergique. Quand il s'agit d'une pose nouvelle, le bourrage, surtout au commencement, ne doit pas être forcé; il s'agit, avant tout, d'obtenir un serrage aussi uniforme que possible sous toutes les traverses, afin qu'elles portent toutes également.

Lorsque le bourrage a dépassé la limite convenable et qu'il en résulte une surélévation anormale du rail, il faut, si cette différence de hauteur est trop forte, enlever le ballast sous la traverse; si elle est faible, on pourra la faire disparaître par quelques coups de dame donnés, *non pas sur la traverse*, ce qui doit *être absolument interdit*, mais seulement sur le rail.

217. Emploi du coussinet-éclisse. — Quand les joints sont faits avec des coussinets-éclisses, on place les deux parties de chaque coussinet de manière qu'il y ait coïncidence parfaite sur toute la longueur, entre leurs portées et le rail, mais en ne serrant que légèrement les boulons. Ce n'est qu'après le bourrage de toutes les traverses à hauteur définitive et le dressage des rails que les boulons sont serrés à fond. Les ouvriers placent à chaque joint la règle d'écartement (fig 241, 2), et enfoncent le tire-fond qui fixe la joue intérieure du coussinet-éclisse; c'est seulement alors qu'il percent les trous des crampons ou tire-fond extérieurs, en ayant soin, dans cette dernière manœuvre, de tenir la tarière normale —195—. L'enfoncement de ces attaches doit être fait avec précaution pour ne pas donner au coussinet-éclisse, et par suite au rail, une fausse position; dans ce but, la

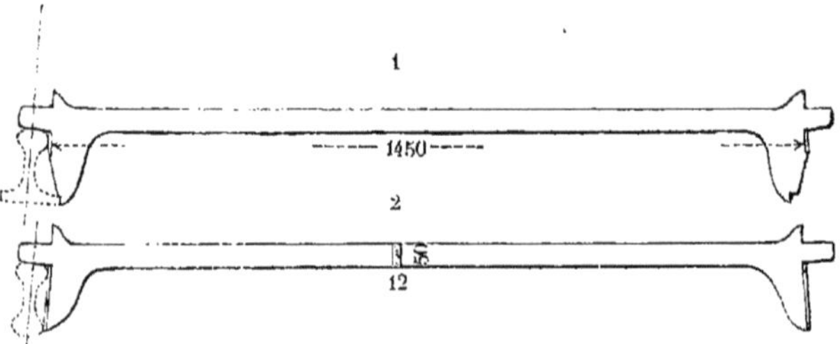


Fig. 241. Règles d'écartement des rails. $\frac{1}{20}$

règle d'écartement est maintenue jusqu'à l'achèvement de l'opération.

On peut employer pour ce perçage sur place le gabarit représenté par la figure 242.

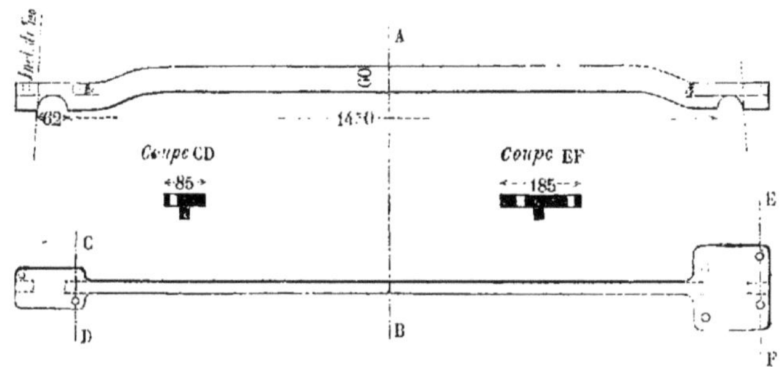


Fig. 242. Gabarit pour le perçage des traverses sur la voie. $\frac{1}{20}$

218. Pose de la voie Vignoles. — Les traverses, préalablement entaillées à l'inclinaison voulue, sont réparties par quatre ouvriers sur le ballast; celles de joint posées à leur place, au moyen de la règle ayant la longueur du rail.

Deux ouvriers suivent les premiers et placent les platines de joint, les cales d'écartement des abouts, les éclisses et leurs boulons, mais sans les serrer à fond.

Le chef ouvrier, au moyen des nivelettes et des piquets d'axe, fait dresser la voie dans les deux sens. Quatre ouvriers, après avoir placé la règle d'écartement près des joints, enfoncent les crampons dans les traverses, — en Hanovre sans percer les trous à l'avance —.

Il y a plusieurs précautions à prendre pendant cette opération.

— Ne pas enlever la règle d'écartement avant l'achèvement du clouage ;

— Placer les crampons à égale distance des joints ;

— Enfoncer les crampons par des coups droits et assurés ;

— Modérer les derniers coups de masse dès que la tête du crampon touche le patin du rail.

En Hanovre, pour empêcher les traverses de se fendre pendant le clouage, ce qui arrive rarement, on perce les trous sur place pendant les grandes chaleurs de l'été, ou bien en hiver on chauffe légèrement les crampons.

Quand les crampons sont mal assujettis, on les arrache avec la pince à pied-de-biche (fig. 243, A); s'ils sont cassés, on les chasse avec un mandrin de même section, et on les remplace par d'autres en bon état. Arrivent alors deux hommes qui, en se servant de la règle de répartition des traverses, marquent exactement avec de la craie sur les rails la place des traverses intermédiaires, donnent à celles-ci leur position définitive et distribuent les crampons. Une colonne de huit hommes suit les précédents. Munis d'anspects et de blocs de bois qu'ils posent sur le ballast pour servir de points d'appui à leurs leviers, quatre ouvriers soulèvent chaque traverse à ses deux extrémités, jusqu'au contact des rails maintenus à leur écartement au moyen de la règle (fig. 241). Les quatre autres hommes placent alors les crampons en prenant les précautions indiquées plus haut.

On néglige dans ce premier travail les légères imperfections, qui sont corrigées plus tard.

Le dressage est fait sous la direction du chef poseur; celui-ci se place dans l'axe de la voie, et avec deux ou trois ouvriers armés de pinces (fig. 243, B), il fait riper la voie jusqu'à ce qu'elle soit à l'alignement voulu; à moins de nécessité absolue, le ripage ne doit pas se faire avec le marteau.

Pour dresser la voie dans le sens vertical, les ouvriers forcent le bourrage des traverses jusqu'à ce que les rails atteignent la hauteur prescrite. En alignement droit, la hauteur de l'une des files de rails est fixée par rapport aux piquets de hauteur, au moyen du niveau à bulle d'air; puis la deuxième file est repérée sur la première, avec le niveau à fil-à-plomb.

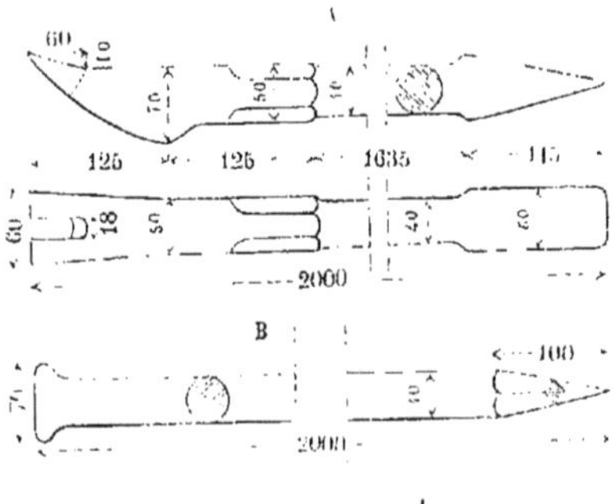

Fig. 243. Pinces. $\frac{1}{20}$

Dans les courbes, la première file étant posée comme précédemment, la deuxième est fixée à hauteur, au moyen du niveau à fil-à-plomb posé sur une règle portant des entailles qui correspondent aux rayons des courbes et donnant ainsi directement le surélèvement du rail extérieur (fig. 235).

La voie étant parfaitement dressée, le bourrage définitif s'exécute au moyen de vingt à vingt-cinq ouvriers; sur chaque rail, on met deux hommes travaillant simultanément de chaque côté de la même traverse.

Après le bourrage, on redresse encore la voie, mais dans ce cas on opère plutôt par enfoncement des traverses Quand elles sont beaucoup trop élevées, il faut en retirer le ballast petit à petit; mais, si la surélévation est faible, on peut donner à la traverse et mieux au rail, quelques coups de dame, avec précaution toutefois, pour ménager le bois.

Le remplissage s'exécute ensuite en piétinant et serrant le ballast aux joints des rails et aux extrémités des traverses.

C'est seulement après l'achèvement du remplissage que l'on peut laisser circuler les trains sur les voies nouvelles; jusque-là, on fera bien de n'admettre sur les voies que des wagons poussés à bras d'homme ou tirés par des chevaux.

La pose des voies sur *le chemin de fer Central suisse* a été faite au moyen d'ateliers de quarante-six hommes, pouvant achever en onze heures de travail 100 mètres de voie au minimum [1]. Chaque atelier se composait comme suit :

| | | |
|---|---|---|
| Chef d'équipe . . . . . . | 1 | |
| Poseurs de rails . . . . . | 5 | |
| Poseurs de traverses . . . | 10 | (2 équipes de 5 hommes). |
| Poseurs et cloueurs . . . | 12 | (2 équipes de 6 hommes). |
| Bourreurs. . . . . . . . | 14 | |
| Poseurs d'éclisses . . . . | 2 | |
| Aide-forgeron . . . . . . | 1 | |
| Surveillant . . . . . . . | 1 | |
| Total. . . . . . | 46 | |

[1] Les ateliers du chemin du Pacifique — Omaha à Sacramento, — sont arrivés à poser jusqu'à 10 kilomètres de voie par jour : c'était il est vrai un tour de force commandé par la circonstance et exigeant un remaniement ultérieur.

Ces hommes étaient employés au chantier de dépôt pendant la suspension des travaux de pose de la voie. L'outillage d'un atelier ainsi organisé comprenait l'outillage ordinaire employé à la pose de la voie proprement dite, et l'outillage spécial à la préparation du matériel, tel que marteaux de forgeron, scies, ciseaux, machines à percer, forge portative, etc.

En Wurtemberg et en Suisse, l'axe de la voie étant piqueté comme nous l'avons dit précédemment, dans les courbes on tendait entre deux piquets d'axe des ficelles divisées en dix parties au moyen de nœuds qui servent d'abscisses aux ordonnées qu'on relève à l'échelle pour marquer la position du rail intérieur; le rail extérieur se réglait d'après le premier.

Les piquets de niveau étaient placés, dans les alignements droits, sur l'axe ou sur l'accotement; dans les courbes, sur l'accotement intérieur. Outre ces piquets de niveau, on en place d'autres au moyen des nivelettes (fig. 236), et c'est d'après ces derniers piquets placés à proximité des joints, que l'on règle la hauteur des rails au moyen du niveau d'eau ou à bulle d'air.

Les rails, traverses, etc., pour 150 mètres de longueur de voie, sont disposés sur les accotements. On les amène pendant la nuit sur les wagons à ballast, jusqu'à l'extrémité de la voie dont le bourrage est achevé; de là le transport se fait à bras et les matériaux sont répartis de manière qu'ils se trouvent à la hauteur du point où ils seront employés. L'approvisionnement doit correspondre au travail de pose de deux jours au moins.

Les poseurs placent alors les rails et les traverses de joint, en se servant des jalons pour la direction à donner à la voie, et des niveaux pour la hauteur du rail intérieur. On règle la hauteur des rails extérieurs au moyen du niveau à fil-à-plomb, et l'écartement, avec la règle d'écartement variable selon la grandeur du rayon. Ainsi posés, les rails sont légèrement fixés sur les traverses de joint avec les crampons.

Cette première brigade est suivie de deux autres, distantes entre elles de 10 à 12 mètres, chargées de placer les traverses intermédiaires sans déranger les traverses de joint; elles mettent de côté les rails, placent les traverses intermédiaires, reposent les rails et font un léger bourrage des traverses.

Le perçage et le clouage s'exécutent par la brigade suivante. Pour chasser les crampons, les traverses sont soulevées au moyen d'anspects, les platines de joint conservant leur position normale, les rails maintenus à l'écartement et dans la direction voulue, de manière à rendre le dressement le moins laborieux possible ; chaque brigade de cloueurs suit toujours la même file de rails.

Les bourreurs sont partagés en brigades de six hommes, dont deux bourrent les traverses de joint et règlent le ballast pendant que les autres font le bourrage des traverses intermédiaires ; quand la deuxième brigade a rejoint la première, elle reprend le travail à la troisième longueur de rail, laissant en arrière la première, qui, à son tour, dépasse celle qui la précède, et ainsi de suite.

Quand, au lieu de se servir de crampons, on fixe les rails avec des tire-fond, les traverses sont percées d'avance. A l'Est, on place les tire-fond à la main après les avoir graissés pour rendre leur introduction plus facile ; on les serre ensuite au moyen de la clé à douille (fig. 244, A) ; l'enfoncement par percussion sera rigoureusement interdit.

Le serrage des tire-fond doit être suffisant pour mettre en contact le rail et la traverse. Il faut éviter d'aller au-delà, surtout jusqu'à faire déverser le rail et conduire ce serrage de manière à ne pas fausser la largeur de la voie ; aussi les deux ouvriers opérant simultanément aux extrémités de chaque traverse se font-ils précéder du gabarit d'écartement (fig. 241, I), placé bien normalement tout près de la traverse à fixer ; ils serrent alternativement et progressivement chaque tire-fond en évitant de serrer aucun d'eux immédiatement à fond, et en s'arrangeant de manière à terminer le serrage par le tire-fond intérieur.

Le dressement s'effectue sous la direction d'un chef d'équipe aidé de quatre hommes armés de leviers, de dames et de marteaux. La fixation des éclisses complète la pose ; cette dernière opération est exécutée par deux hommes munis de clefs pour serrer les écrous des boulons (fig. 244, B). Ce travail demande de la part de ces ouvriers un certain tour de main pour obtenir un serrage convenable des écrous, c'est-à-dire une pression suffisante des deux éclisses, tout en ménageant les filets des boulons ou de leurs écrous. Pour cela il suffit à un homme de force moyenne d'exercer la pression dont il est capable sans effort anormal à l'extrémité de la clef (fig. 244, B). — Un serrage plus énergique n'assurerait pas à l'éclisse un meilleur effet et pourrait altérer les filets. La tête et l'écrou doivent porter bien normalement sur les faces des éclisses. L'interposition des rondelles est nécessaire pour empêcher le desserrage de l'écrou — 172 —.

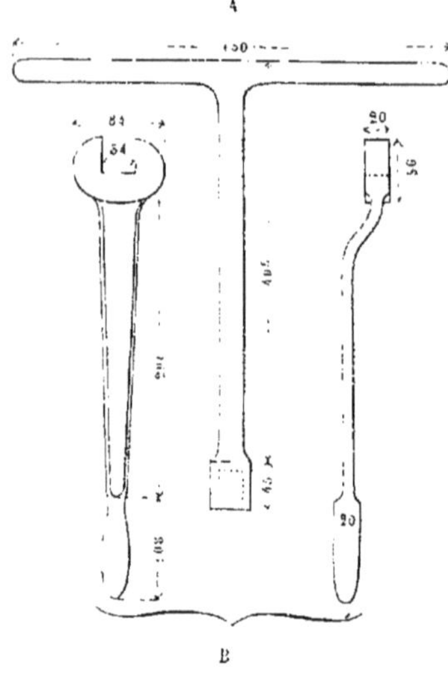

Fig. 244. A. Clef à douille pour le serrage des tire-fond. — B. Clef pour le serrage des boulons d'éclisses. $\frac{1}{10}$

*Réparations.* — Il est nécessaire de resserrer fréquemment les boulons dans les premiers temps de la pose, parce que ces boulons prennent du jeu par suite du rodage des surfaces de contact des éclisses; si l'on néglige cette précaution et qu'on veuille *plus tard* resserrer les boulons, l'oxydation des pas de vis arrête les écrous et l'on casse un grand nombre de boulons. Une pose neuve doit toujours subir un relevage en grand au printemps ou à l'automne qui suit l'ouverture de la ligne ; les tassements partiels qui se présentent dans l'intervalle sont simplement corrigés par le bourrage des traverses ballotantes ou le redressement des parties déviées. Lors de ces réparations partielles, il ne faut déblayer à la fois qu'une seule face des traverses et remplir le vide immédiatement après l'achèvement de l'opération — 225 —.

219. **Pose de la voie des passages a niveau.** — A la rencontre des passages à niveau, les voies doivent être posées sans aucune saillie ni dépression par rapport au plan de la route de terre.

Il faut aussi que, sur toute la surface de la traversée du chemin de fer, la plate-forme soit recouverte d'une matière susceptible de supporter la circulation de cette route.

Quand le chemin transversal est peu fréquenté, la chaussée peut être construite soit en madriers de sapin de 8 à 10 centimètres d'épaisseur, soit en gravier ou cailloux, à la *macadam*.

Si la circulation de la route est importante, il vaut mieux paver toute la traversée, en choisissant des pavés de bel échantillon.

Il faut, en outre, ménager une *rainure* ou *ornière* au long du champignon des rails qui regarde l'axe de la voie, rainure destinée à livrer passage au boudin des roues du railway.

A cet effet, on place à une certaine distance du rail, vers l'axe de la voie, un contre-rail fixé de manière à conserver invariablement la position qui lui est assignée.

L'intervalle à ménager entre le rail et le contre-rail, sur la largeur de la route, doit être tel que les sabots des animaux ne puissent pas s'y enfoncer de manière à se trouver arrêtés. — Les administrations de chemin de fer ont, en effet, à soutenir de nombreux procès intentés par les propriétaires d'animaux blessés et même mis hors de service par suite de l'arrêt des sabots introduits dans les rainures trop larges ou trop profondes de passages à niveau.

La rainure est ordinairement obtenue au moyen de deux rails à champignons distants de 0m,05 à 0m,06 ; mais ces rails laissent en dessous du champignon un vide qui peut aller jusqu'à 0m,10 de largeur et plus encore en profondeur. C'est dans ce vide que s'introduisent souvent les crampons des fers des chevaux, et qu'ils s'y calent par les efforts de l'animal. Pour parer à cet inconvénient, quelques chemins de fer allemands ont adopté un rail spécial qui a la forme du

Fig. 245. Rail de passage à niveau.

profil indiqué par la figure 245. L'ornière ainsi construite n'offre aucun des inconvénients signalés plus haut, mais elle oblige à introduire un nouvel élément dans la voie, à interrompre la pose de la voie courante à chaque passage à niveau, et par suite à multiplier les coupures de rails et les joints, ce qui est toujours une cause d'embarras pour l'entretien. En outre, ce rail ne se prête pas bien à l'évasement destiné à donner de l'entrée à l'ornière ou à la surlargeur de la voie dans les courbes.

On obvie en grande partie aux inconvénients de l'ornière ordinaire en garnissant le fond avec une fourrure en bois; dans ce cas, l'espace libre de l'ornière doit avoir au moins 0m,038 de profondeur, en prévision de l'usure des bandages.

Quand la voie est construite avec des rails à deux champignons et des coussinets, la pose des rails se fait sur des traverses portant des coussinets spéciaux qui reçoivent le rail courant avec son inclinaison ordinaire, et le contre-rail, auquel on ne donne point d'inclinaison. En sabotant ces traverses, on a soin de placer la chambre du rail sans inclinaison du côté du milieu de la traverse.

Nous avons vu — 31 et 32 — que la largeur des passages à niveau varie avec l'importance des chemins rencontrés et l'angle des traversées.

Les contre-rails, dans toute la longueur du passage, seront posés de manière que leurs joints, si la largeur du passage en doit comporter, ne correspondent pas à ceux des rails.

En dehors de la largeur réglementaire de la voie charretière sur le passage à niveau, le contre-rail est dévié sur une longueur suffisante pour donner *de l'entrée* aux boudins, et éviter ainsi les chocs violents des roues mal calées à la rencontre des contre-rails.

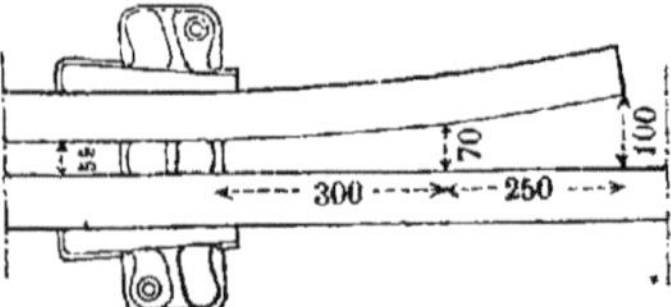

Fig. 246. Rail et contre-rail de passage à niveau. $\frac{1}{20}$

La figure 246 représente en plan l'extrémité déviée d'un contre-rail de passage à niveau, et sa situation relativement au rail courant de la voie. Les deux rails reposent dans un coussinet double qui les maintient à la distance voulue.

Les coussinets en fonte employés dans la construction des passages à niveau doivent être plus élevés que les coussinets ordinaires, afin de laisser une hauteur suffisante au-dessus de la traverse pour exécuter le pavage de la traversée.

L'écartement normal étant $0^m,055$, la déviation de l'extrémité libre devrait être $0^m,020$ correspondant à l'usure maxima des boudins et l'ouverture totale portée à $0^m,075$; mais comme il peut se présenter des roues en partie décalées ou trop usées, on prolonge la déviation jusqu'à $0^m,10$ de largeur; alors on a soin que l'extrémité du contre-rail ainsi déviée soit à 1 mètre au moins de la bordure de la chaussée pour voitures, et à $0^m,50$ au moins de la bordure du trottoir pour piétons.

Avec les rails Vignoles, on prend d'autres dispositions pour attacher le contre-rail. — On fixe souvent les deux rails sur des coussinets en fonte portés par les traverses, soit en maintenant les rails par leurs patins, soit en les consolidant au moyen de boulons qui les relient aux joues des coussinets.

Les passages à niveau du chemin de fer Central suisse sont formés par la juxtaposition de deux rails fixés avec des crampons ordinaires sur des platines en fer à double inclinaison, portant des tasseaux en fer; ces platines sont noyées dans l'épaisseur des traverses. (*Note sur les chemins de fer suisses* [1]).

Les passages à niveau du chemin de fer badois ont été établis d'après le système de pose mixte sur dés et longuerines, appliqué sur quelques parties du réseau. La figure 247 en donne une description suffisante. Sauf l'emploi des longuerines, que nous blâmons, ce système nous paraît le plus simple de tous ceux que nous avons décrits, et en même temps celui dont l'entretien est le plus facile et le moins coûteux pour les passages pavés.

Il ne suffit pas en effet qu'un passage à niveau soit solidement construit, il faut encore que l'on puisse facilement l'entretenir en bon état, et que le remplacement des pièces s'en fasse rapidement, afin de ne point interrompre la circulation sur la ligne; or, le remplacement des traverses pourries ou des coussinets cassés entraîne la démolition d'une grande partie du passage, tandis que le rail porté par des dés en pierre peut être enlevé facilement et remplacé en un tour de main sans que le reste de la chaussée soit entamé.

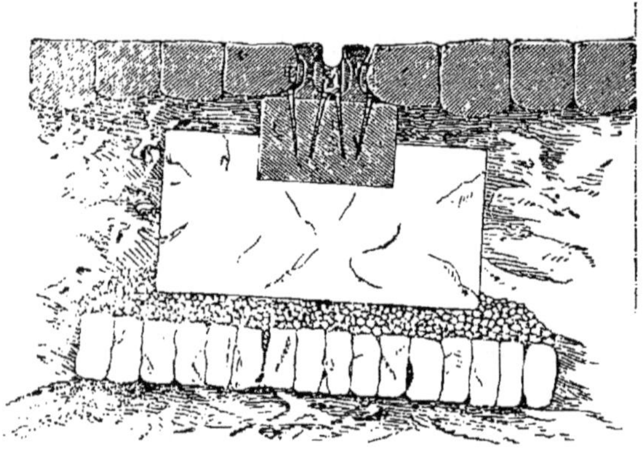

Fig. 247. Pose des passages à niveau des chemins badois. $\frac{1}{20}$

L'entretien présente encore plus de difficultés quand il s'applique à des passages à niveau posés sur longuerines réunies par des traverses.

Aujourd'hui on tend à simplifier de plus en plus toutes les parties des passages à niveau. On pose le rail et le contre-rail absolument comme sur la voie courante, quel que soit le système adopté; on fait, chaque fois que cela est possible, une chaussée en macadam; quand on est obligé, à cause de l'activité de la circulation, de faire un pavage, on diminue la couche de sable et la dimension des pavés au-dessus des traverses ou longuerines, choisissant les plus petits pavés pour les placer contre les rails ou les coussinets.

Pour les passages à niveau des chemins de l'Est, construits en rails Vignoles de $0^m,120$ de hauteur, on emploie comme nous venons de le dire, des contre-rails qui laissent une ornière de 0m,05 de largeur normale. Toutes les ornières se terminent des deux côtés par une partie évasée, obtenue en infléchissant les contre-rails suivant une courbe en arc de cercle de 3m,00 de rayon sur 0m,60 de longueur; la largeur de l'ornière à l'extrémité des contre-rails est ainsi portée à 0m,11.

Le contre-rail a une inclinaison de $\frac{1}{20}$ symétrique de celle du rail, de façon qu'il reste entre les patins un intervalle de 0m,022 pour placer les tire-fond.

Quand le passage à niveau est simplement empierré, les rails et contre-rails sont fixés directement sur les traverses.

Lorsque la chaussée doit recevoir un pavage, il faut lui ménager une plus grande épaisseur au-dessus des traverses. A l'origine on se servait de traverses de 0m,12 posés sur couche de sable de 2 à 3 centimètres d'épaisseur. Il résultait de cette disposition une différence de niveau entre le pavage général et les rails que l'on rachetait par des petits plans inclinés formés avec des pavés très-petits, taillés à la demande de la pose.

Pour éviter cette sujétion et l'inconvénient de la présence des plans inclinés, on interpose entre les rails et les traverses des cales en fonte de 0m,08 d'épaisseur. Les tire-fond qui traversent ces cales ont une tige cylindrique suffisamment longue pour que les filets s'engagent dans la traverse, de la même quantité que les tire-fond de la voie courante.

La Compagnie du chemin de Lyon s'est servie de traverses plus épaisses, évidées de chaque côté des rails et contre-rails, afin de pouvoir faire un pavage parfaitement horizontal. Cette disposition est coûteuse et gênante : coûteuse, puisqu'elle occasionne un déchet de bois dont il y a lieu de tenir compte; gênante, car elle interrompt l'uniformité dans la pose de la voie courante et nécessite un matériel spécial en approvisionnement.

En Belgique, en Prusse, on a supprimé le contre-rail sur la traversée des routes peu importantes, l'ornière étant formée par le rail de la voie et un pavage ou un parquet en madriers.

Cette disposition est très-économique et peut convenir à la

plupart des chemins où la circulation est peu active, la vitesse des trains modérée et les voitures légèrement chargées.

220. RENCONTRE DES OUVRAGES D'ART. — PORTÉES ANORMALES. — Lorsque la voie passe sur des ouvrages courants, elle suit sans modification sa marche normale ; il faut cependant prendre les précautions suivantes :

— Donner au ballast sous les traverses une épaisseur de $0^m,25$ au minimum ;

— Répartir les supports de la voie de manière que la clef de voûte se trouve toujours entre deux traverses;

— Quand les ouvrages ont peu de longueur, éviter, si c'est possible, les joints entre les culées. Les cahiers des charges réservant à l'administration du chemin de fer la faculté de commander des rails de longueurs variables depuis $6^m,00$ jusqu'à $10^m,00$, cette précaution pourra toujours être prise.

Aux approches d'un ouvrage d'art sur lequel le système de voie est différent de celui de la voie courante, s'il consiste, par exemple, en rails Brunel ou Vignoles posés sur longuerines faisant corps avec les tabliers des ponts métalliques, etc., on arrête la pose à 50 ou 60 mètres de l'ouvrage, et l'on mesure exactement la distance qui reste à poser entre la voie courante arrêtée et l'origine de la voie spéciale à l'ouvrage d'art. — La lacune est remplie au moyen de rails de longueurs exceptionnelles alternant avec des rails ordinaires.

Autant que possible il faut éviter ces rails de sujétion, et pousser sur les ouvrages d'art en général la voie courante, sans changement d'allure.

Le passage des trains sur les ponts métalliques de quelque étendue produit des vibrations qui se manifestent souvent par un bruit très-intense. On peut diminuer l'amplitude de ces vibrations par un bon système de construction de l'ouvrage, et par les soins apportés dans l'exécution de tous les assemblages.

En ce qui concerne les ouvrages existants, on peut remédier à l'inconvénient signalé en posant les rails sur bois, traverses ou longuerines, dont l'élasticité annule en partie l'effet des chocs des véhicules. L'emploi des traverses est préférable à celui des longuerines, en raison de la facilité de remplacement.

*Rails coupés.* — Les coupures de rails sont toujours une cause de gêne pour le service de l'entretien; il faut donc les éviter autant que possible. Mais, quand on sera obligé de subir cette nécessité, on prendra toujours la précaution de placer, en approvisionnement, un deuxième rail de même longueur à proximité de celui qui est posé dans la voie.

En cas de pose spéciale, il ne peut plus être question de conserver aux traverses leur espacement réglementaire; — les portées normales pourront donc être modifiées, mais *toujours en moins,* afin de ménager les rails — ANNEXE N —.

## § V.

### ENTRETIEN ET RÉFECTION.

221. ENTRETIEN DU BALLAST. — Le ballast doit être profilé en travers et dans le sens longitudinal, de manière à donner aux eaux un écoulement rapide — 134 —. Il est important que ce profil, qui varie d'ailleurs avec la nature du ballast, soit rigoureusement conservé dans sa forme générale, ses talus entretenus avec soin, les portions qui s'éboulent relevées constamment, le ballast le plus gros recouvrant le menu pour empêcher le ravinement par les eaux ou l'enlèvement par le vent.

Souvent on pose les traverses de la voie Vignoles — 188 — à fleur de la surface du ballast. Cette disposition conduit, dans les courbes de petit rayon, à relever notablement l'une des extrémités des traverses au-dessus du plan général de la voie, et à

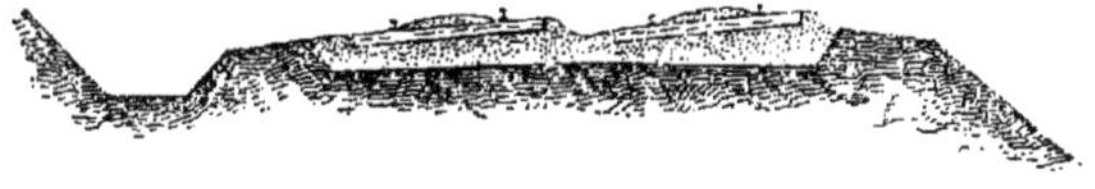

Fig. 248. Profil de la voie Vignoles en courbe. — $\frac{1}{300}$

donner au ballast le profil représenté par la figure 248, qui est disposé pour éloigner les eaux des extrémités des traverses et leur ménager un prompt écoulement.

Pour conserver au ballast la plus grande faculté d'absorber l'eau, il importe d'en écarter toute végétation et, par conséquent, d'arracher immédiatement les plantes qui pourraient y avoir pris racine; les mêmes précautions s'appliquent aux banquettes de la plate-forme des terrassements.

La qualité du ballast a la plus grande influence sur les frais d'entretien de la voie : il faut donc, pour un ballast donné, rechercher la forme qui paraît le mieux appropriée à sa nature. Si l'on n'a pas obtenu tout d'abord une voie suffisamment résistante, si les tentatives opérées en modifiant soit la forme des profils-types, soit la composition de la matière, n'ont pas rendu à la voie la stabilité voulue, il faut, sans hésiter, remplacer le ballast défectueux par un ballast de bonne qualité; mais ce remplacement constitue une dépense parfois considérable.

Le prix de revient du mètre cube de ballast renouvelé varie nécessairement avec la localité, le taux de la main-d'œuvre, la nature et la valeur du ballast, enfin la distance de transport. Le tableau suivant résume les frais, par mètre cube de ballast, afférents aux diverses opérations de ce renouvellement sur plusieurs sections d'une grande ligne en exploitation.

| ACHAT DU BALLAST | MAIN-D'ŒUVRE (1) | TRACTION | FRAIS GÉNÉRAUX | TOTAUX | OBSERVATIONS. |
|---|---|---|---|---|---|
| fr. | fr. | fr. | fr. | fr. | (1) Y compris l'enlèvement du mauvais ballast. |
| 1,70 | 2,52 | 1,10 (2) | 0,61 | 5,93 | (2) 0 f. 032 par k. |
| 1,72 | 1,54 | 0,63 (3) | 0,36 | 4,25 | (3) 0 f. 047 par k. |
| 0,50 (4) | 1,33 | 0,62 | 0,19 | 2,64 | (4) Extrait d'une carrière appartenant au chemin de fer. |
| 1,70 | 3,00 | 0,49 (5) | 0,45 | 5,65 | (5) 0 f. 036 par k. |
| 1,70 | 1,20 | 0,45 (6) | 0,25 | 3,60 | (6) 0 f. 023 par k. |

Ces chiffres justifient pleinement les considérations que nous avons développées au sujet du choix du ballast — 135 —.

222. Entretien des traverses. — Après un laps de temps plus ou moins long, les traverses présentent des symptômes

d'ébranlement ou de détérioration, sur lesquels le service d'entretien portera toute son attention.

L'ébranlement est facile à reconnaître d'après l'état désagrégé du ballast qui entoure la traverse; on y remédie en la dégarnissant de la seconde couche et en bourrant le ballast jusqu'à ce que la traverse ait pris une assiette convenable — 215 —.

Les détériorations qui intéressent la sécurité sont : la courbure, l'écrasement, les fentes, la rupture transversale et la pourriture.

Les traverses, celles même qui sont posées normalement à l'axe, peuvent, quand elles se courbent, produire un rapprochement ou un écartement des rails. L'écrasement du bois amène un résultat semblable. Si cette diminution ou cette augmentation de la largeur réglementaire de la voie dépasse $0^m,01$ à $0^m,02$, il est indispensable de retirer les traverses affectées de ce défaut, et de les saboter à nouveau.

Lorsque les fentes passent par les attaches du rail, il faut immédiatement remplacer la traverse avariée par une traverse en bon état, et procéder pour la pièce retirée conformément aux dispositions indiquées précédemment — 195 —.

Il en sera de même pour les traverses pourries superficiellement. — Lorsque la pourriture a réduit l'épaisseur du bon bois à moins de $0^m,10$ à $0^m,12$, il n'est pas prudent de conserver dans les voies principales une telle pièce qui peut d'ailleurs trouver sur les voies de garage un emploi très-convenable.

Les traverses se déplacent quelquefois dans la direction de l'axe de la voie et dans le sens transversal. Ces deux modifications au plan de pose n'intéressent pas toujours la sécurité; mais, lorsque le déplacement des traverses dans la direction de l'axe de la voie se fait inégalement sur les deux extrémités des traverses, il peut produire un rapprochement des rails; il faut parer sans retard à cette défectuosité en redressant les traverses obliques.

Les traverses déplacées dans le sens transversal doivent être ramenées dans la position voulue, en employant le levier B fig. 243) et en bourrant très-énergiquement le ballast vers l'extrémité de la traverse qui tend à sortir de l'alignement.

Pour s'opposer à ce déplacement, quelques ouvriers se servent, surtout dans les courbes de petit rayon, de piquets en bois enfoncés verticalement dans la plate-forme, à l'extrémité des traverses qui ont une tendance à glisser. Cette pratique ne doit être tolérée qu'à titre provisoire, car le déplacement en question étant un indice de pose défectueuse, il faudrait, s'il persistait, faire une révision minutieuse des profils, en tous sens, et ramener la voie dans sa position normale par un remaniement complet.

C'est principalement sur les traverses de joint ou voisines du joint que l'attention doit se porter. Quand les voies ne sont pas éclissées, les traverses de joint se renversent en tournant autour de leur axe longitudinal, et les extrémités des rails *désaffleurent* (fig. 249). Il faut redresser ces traverses par un bourrage

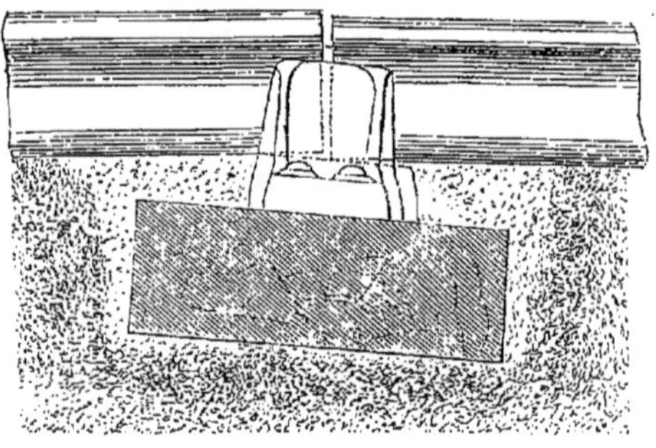

Fig. 249. Dévers des traverses. $\frac{1}{10}$

plus serré du côté qui tend à plonger ; malgré le soin apporté à ce travail, l'effet ne tarde pas à se reproduire et les rails à *désaffleurer ;* on retrouve ainsi à tous les joints de la ligne une cause permanente de destruction de la voie ainsi que du matériel roulant, et de malaise pour les voyageurs.

Quand la voie est éclissée, le dévers des traverses est moins prononcé, mais la traverse de joint est en quelque sorte suspendue dans le ballast désagrégé. L'assemblage des abouts des rails est soumis à des efforts anormaux qui se traduisent par une fatigue excessive de l'éclissage. Les signes extérieurs de ces efforts sont des traces d'oxydation sur les rails, aux extrémités des éclisses. Pour y remédier, on tiendra le bourrage des joints plus *roide* que celui des autres traverses; cette recommandation est d'autant plus importante que les joints forment généralement des *points bas*, en raison de la fatigue qu'ils éprouvent, et que ces points bas attirent les eaux dont la présence altère l'assiette de la voie — 127 —.

C'est surtout avant l'entrée de l'hiver que le règlement du profil du ballast et le bourrage des traverses doivent être exécutés avec le plus de soin, de manière à présenter le moins de défectuosités possible lors de l'arrivée des gelées ou des changements notables de température.

Nonobstant ces précautions, si des tassements sérieux se présentent et nécessitent le relevage des traverses gelées, on peut maintenir le niveau de la voie au moyen de cales en bois; mais il est bien entendu que ce palliatif disparaîtra dès que les circonstances atmosphériques permettront de réparer la voie par les moyens ordinaires.

223. Entretien des attaches. — Les soins que réclament les attaches consistent à les maintenir constamment en contact avec les pièces dont elles doivent assurer la position et à les remplacer lorsqu'elles ne remplissent plus les conditions de leur emploi.

*Chevillettes.* — Les chevillettes que l'on applique encore pour fixer sur les traverses les coussinets en fonte sortent quelquefois de leur trou; le tassement du ballast décèle promptement l'existence de ce point défectueux. — On enfonce les chevillettes à petits coups de masse, de manière à remettre leur tête en contact avec le coussinet; si cette opération ne suffit pas, il faut changer le coussinet de place afin de poser la chevillette dans une partie de bois plus résistante.

Le percement des nouveaux trous ne doit se faire qu'avec une tarière d'un diamètre rigoureusement suffisant pour que l'enfoncement de la chevillette puisse avoir lieu sans faire fendre les traverses ; par exemple, on prendra une tarière de 0m,014 pour des chevillettes de 0m,018 — 194 —. Toute tarière d'un diamètre supérieur sera immédiatement retirée des mains des équipes d'entretien. Il faut, comme nous l'avons dit, avoir soin de boucher les anciens trous avec des chevilles en bois sain et bien sec.

Quand la tête d'une chevillette est détachée, on doit essayer d'arracher la tige, et s'il ne reste pas assez de fer en saillie pour qu'on puisse la saisir avec une tenaille à fourche ou la pince à pied de biche (fig. 243 A), on chasse la tige à travers le bois au moyen d'un mandrin d'un diamètre un peu inférieur à celui de la chevillette ; on replace alors dans le trou une chevillette neuve, en ayant soin de la frapper légèrement et bien normalement.

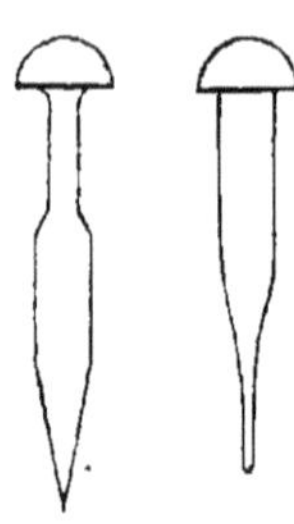

Fig. 250. Usure des chevillettes. $\frac{1}{5}$

Nous avons vu — 170 — que les chevillettes présentent deux points distincts d'usure normale : tantôt sur le *collet*, partie comprise dans l'épaisseur de la semelle du coussinet, tantôt sur la tige engagée dans le bois (fig. 250). Ces deux espèces de détérioration, dues à deux causes différentes, la première toute mécanique, la seconde résultant de réactions chimiques, nécessitent l'une et l'autre le remplacement des chevillettes avariées. D'après M. Culmann, ces réactions seraient dues à l'oxydation du fer de la chevillette, à la formation du sesquioxyde de fer qui aurait la propriété de céder une partie de son oxygène à la matière ligneuse qu'il brûlerait ainsi, et de revenir à l'état de protoxyde pour se transformer de nouveau en sesquioxyde, et ainsi de suite indéfiniment, propageant la destruction du bois d'un côté et du fer de l'autre. On remplace donc la chevillette avariée ; cependant, si l'effet se présentait sur plus d'une chevillette par traverse, il vaudrait mieux retirer la bille de la voie et déplacer les coussinets — *Remarque* —.

*Crampons.* — Les observations relatives à l'entretien des chevillettes s'appliquent également à celui des crampons. Pour les crampons, toutefois, l'enfoncement doit se faire avec plus de ménagements encore, car un coup de masse porté à faux peut faire sauter la tête du crampon. Pendant le remplacement des attaches sur la voie, il faut poser la règle d'écartement entre les rails et chasser bien normalement les crampons; sans cette double précaution, la largeur de la voie pourrait se trouver modifiée. Les crampons sont souvent coupés au ras de la traverse par le patin des rails ou celui des coussinets-éclisses. Pour éviter cet inconvénient, on engage les crampons ou les tire-fond en plein dans le patin (fig. 185 *ter*, pl. XIII, et 251); on arrête aussi le glissement des rails Vignoles en encochant la partie du patin du rail engagée dans la platine de joint — 167 —.

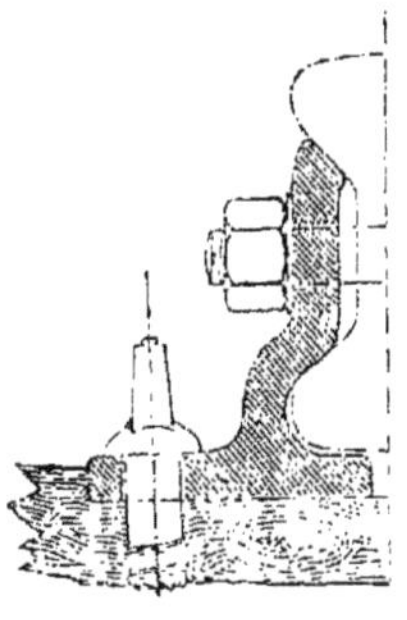

Fig. 251. Substitution des tire-fond aux crampons. $\frac{1}{5}$

*Tire-fond.* — Il faut que les filets soient complétement remplis de bois; le trou percé d'avance ne doit donc pas avoir un diamètre supérieur à celui du corps du tire-fond. On aura soin, en remplaçant un tire-fond, de le graisser avant de l'enfoncer. Dès qu'il sera enfoncé d'une quantité suffisante pour que le filet ait commencé à pénétrer dans le bois, on devra employer la clef et ne tolérer à aucun titre et sous aucun prétexte l'usage du marteau; si le serrage présentait quelque difficulté, on mettrait deux hommes à la clef pour donner les derniers tours au tire-fond, jusqu'à ce que le chapeau vienne au contact de la pièce à fixer.

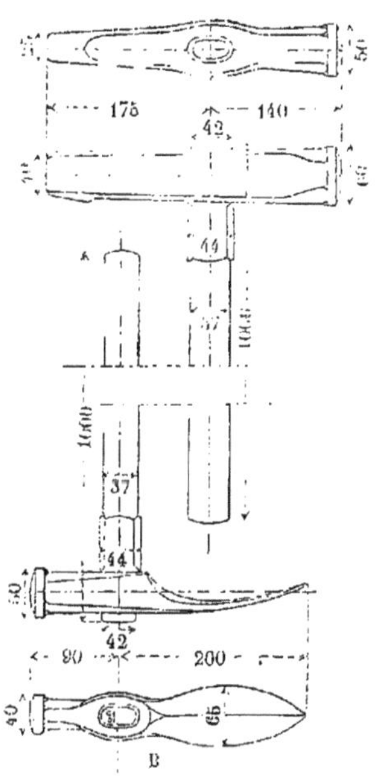


Fig. 252. A. Chasse-coin ordinaire B. Chasse-coin de tournée. $\frac{1}{10}$

L'état de la saillie ménagée sur la tête du tire-fond renseignera très-exactement sur l'observation de ces prescriptions —171 —.

*Coins.* — Les coins doivent être posés et chassés avec précaution. Leurs arêtes sont abattues par un chanfrein à chaque extrémité. Les coins ainsi disposés s'engagent facilement dans le coussinet. Il faut, en les posant, éviter d'arracher le bois et les frapper, avec la chasse ou le chasse-coin de tournée (fig. 252, B), dans l'axe de la tête; en frappant vers les bords on risque de faire éclater le bois.

Sur les lignes à double voie, le petit bout des coins doit être tourné du côté vers lequel se dirigent les trains. — Sur les lignes à voie unique, on chassera les coins dans les deux directions à partir du milieu de chaque rail — 210 —.

La *marche*, le *glissement des rails*, qui, lorsque le temps est sec, absorbe une grande partie du travail des équipes d'entretien, peut notablement diminuer par un coinçage soigné. Pour obtenir ce résultat, il est nécessaire d'employer des *coins bien secs et conservés à couvert;* si on les emploie humides, on ne peut les engager dans le coussinet qu'en réduisant leur épaisseur, et alors la dessiccation les rend impropres au service. Un coin bien sec ne doit entrer dans le coussinet que sur une longueur égale à la largeur de la joue; si, étant neuf, il pénètre plus avant, il ne tarde pas à prendre du jeu. Quand ce cas se présente, les poseurs ajoutent quelquefois des cales pour suppléer au défaut de serrage; cette mesure est mauvaise et à peine tolérable à titre provisoire. Les équipes d'entretien doivent toujours être munies d'une quantité de coins suffisante pour que le remplacement des pièces défectueuses puisse se faire sans délai.

La dessication des coins est une des causes principales de dérangement des rails à coussinets. On obvie à cet inconvénient en tenant les coins bien couverts de ballast, dont on choisit pour cela les parties les plus terreuses : on entretient ainsi autour des coins une certaine humidité qui arrête la dessiccation du bois.

Il faut recommander aux cantonniers de ne frapper les coins avec la chasse que quand cela est nécessaire, et de donner le coup avec précaution, car certains ouvriers, par excès de zèle, se croient obligés, à chaque tournée, de frapper tous les coins indistinctement et avec force, ce qui contribue à les mettre promptement hors de service. C'est surtout pendant les quatre mois de juin à septembre que l'entretien réclame le plus de soins, les deux tiers des coins hors de service pendant toute l'année étant remplacés généralement dans le courant des mois de juillet et d'août.

Comme nous l'avons dit précédemment, la durée des coins ne dépasse pas quatre années.

La figure 252, B, représente la chasse ou chasse-coin de tournée; c'est l'outil le plus généralement employé. Quant à celui représenté par la figure 252, A, il ne doit être employé qu'en pose neuve pour chasser les chevillettes et les crampons.

*Coussinets en fonte.* — Cette partie du matériel de la voie occasionne peu de frais d'entretien. Quand la fabrication a été bien soignée, la réception convenablement faite, et le sabotage des traverses pratiqué suivant les prescriptions détaillées précédemment, les coussinets ne doivent être remaniés que quand les traverses elles-mêmes arrivent à leur fin.

Nous rangeons dans cette catégorie de réparations le cas où les semelles des coussinets, découpées en portées de surface insuffisante, pénètrent dans le bois et modifient le plan de pose de la voie. Si la pénétration est uniforme, l'inclinaison du rail peut ne pas subir de modification; mais si la semelle rencontre des parties ligneuses inégalement compresssibles, il en résulte des dévers de coussinets qui peuvent changer la position normale des rails. Dans ce cas, la traverse doit être resabotée ou mise au rebut, selon les conditions de résistance qu'elle présente.

Nous ne parlerons que pour mémoire des ruptures de coussinets provenant de coups de chasse mal dirigés ou de déraillement; quand ces accidents empêchent les attaches de serrer convenablement la semelle sur la traverse, ou les joues de maintenir en contact parfait le rail et le coin, il faut remplacer les coussinets avariés.

*Eclisses, selles*, etc. — L'usure et l'entretien des éclisses plates, des coussinets-éclisses, des selles, platines, etc., sont renfermés dans des limites excessivement restreintes. Les seules détériorations que l'on ait constatées jusqu'ici consistent en une sorte de léger refoulement du métal vers les parties extrêmes; mais ce mattage n'altère en rien la solidité du joint.

De même que pour les coussinets en fonte, nous rappellerons que, sans être fragiles comme ces derniers, les éclisses, selles, etc., demandent néanmoins des ménagements dans l'emploi; il ne faut pas les frapper trop violemment avec le marteau, car les chocs pourraient, sur la tranche, en altérer le profil, et, sur les faces, y apporter des gauchissements, altérations qui, à coup sûr, empêchent l'éclisse d'appuyer convenablement.

Il faut donc manier ces pièces avec précaution et desserrer leurs attaches avant de les déplacer.

*Boulons*. — Les avaries ou ruptures de boulons d'éclisses sont très-fréquentes. Cet article des frais d'entretien provient en grande partie du manque de soins dans la manœuvre de ces organes. Ainsi on frappe, souvent sans nécessité, sur la tête des boulons en place et à fond; un seul coup dans ce cas suffit pour faire sauter la tête et mettre le boulon hors de service. Il en est de même quand on veut forcer un boulon à pénétrer dans des trous qui ne correspondent pas exactement les uns aux autres. D'autres fois, et sans se rendre compte des dimensions de la partie filetée, on cherche à serrer à outrance un écrou à bout de filet, malgré l'excès de résistance que la main éprouve dans ce cas. Toutes ces manœuvres sont mauvaises, et le bon entretien de la voie réclame certains ménagements qu'il faut rigoureusement observer. Ainsi, quand on veut enlever un écrou en service depuis un certain laps de temps, il ne faut pas chercher à le desserrer brusquement, mais plutôt à l'ébranler en s'efforçant de le serrer et le desserrer alternativement et peu à peu.

L'efficacité de l'éclissage dépend avant tout du maintien constant des têtes et écrous des boulons au contact des joues d'éclisses; mais l'ébranlement produit par la circulation des trains ne tarde pas à produire le desserrage des écrous; cet effet se reconnaît au claquement des éclisses, et, avant que ce phénomène se produise, à la trace d'oxyde que l'écrou laisse sur l'éclisse. On parvient à arrêter ce mouvement et à ménager en même temps les filets des boulons, en prenant la précaution de repasser souvent le serrage des écrous, pendant quelque temps après une pose neuve — 218 —, et en employant des rondelles en fer qu'on interpose entre l'éclisse et l'écrou. Ces rondelles peuvent suppléer au défaut de longueur de la partie filetée, et atténuent les imperfections de la fabrication des boulons, etc.

Quelques ingénieurs se servent de deux boulons superposés; mais l'emploi de ces deux pièces demande certaines précautions que négligent souvent les hommes d'équipe : ainsi, il ne faut pas serrer ou desserrer les deux écrous à la fois, mais séparément; sans cela le filet se trouve promptement mis hors d'usage.

Les écrous se placent souvent à l'extérieur de la voie, lorsque l'on craint le choc des boudins des roues contre les écrous où les boulons. Sur les chemins où l'on tient le ballast à la hauteur du champignon supérieur, il faut, pour les surveiller et les serrer au besoin, repousser le ballast à une certaine distance de l'éclisse. De là, remaniement fréquent du ballast, introduction de corps étrangers dans les filets du taraudage, présence de l'eau vers les traverses de joint; toutes causes de surcroît de travail qu'on supprime en plaçant les écrous à l'intérieur de la voie. Cette dernière disposition en facilite d'ailleurs la vérification par une seule tournée entre les deux files de rails de la voie, mais il serait fâcheux, sous prétexte de faciliter la surveillance, comme le conseillent certaines personnes, de tourner tous les écrous de manière à présenter une position uniforme. Si les pans d'écrous avaient tous la même position, ce serait un hasard que le serrage des boulons fut uniformément égal; — il faut tenir les écrous dans la position quelconque réclamée par le serrage.

L'usage des clefs à écrou d'un modèle uniforme est très-important, et pour simplifier les types de matériel et pour ménager les boulons. La figure 244, B, donne les dimensions d'une clef à écrou qui répond très-bien au but proposé. L'autre outil représenté par la figure 244, A, est une clef à douille pour la manœuvre des tire-fond.

*Remarque.* — Le sulfate de cuivre employé pour la conservation des traverses, doit, avons-nous dit précédemment, être très-pur et sans réaction acide, sinon, les parties du bois qui environnent les attaches en fer se décomposent rapidement et se transforment en une matière spongieuse, charbonnée, sans consistance. Pour remédier à ce grave défaut, on recouvre les attaches d'une couche de cuivre métallique susceptible de prendre le poli ; ainsi préparées, les attaches ne présentent plus les mêmes difficultés à l'emploi que lorsque le fer est recouvert de zinc, et le bois conserve toutes ses qualités.

224. ENTRETIEN DES RAILS. — Au bout d'une certaine période d'emploi qui varie avec la résistance des rails, leur qualité, les soins apportés à l'entretien de la voie d'une part, avec la vitesse, le nombre et le tonnage des trains, le poids des machines, et surtout la charge des essieux moteurs, d'autre part, les rails subissent des modifications dans leur pose, leur profil, leur texture, etc.

La circulation des trains fait cheminer les rails dans le sens de la pente sur les parties inclinées et dans la direction de la marche des trains sur les portions de ligne en palier. Cette progression des rails est tellement marquée, que, si on n'y portait pas remède, leurs extrémités ne tarderaient pas à quitter les traverses de joint. C'est par la *division des joints* qu'on replace les rails dans leur position normale, opération qui nécessite la *dépose des rails*. Il ne faut employer que ce procédé pour rétablir la voie en état de viabilité, et ne jamais *riper* les traverses de joint sous les abouts des rails ; ce dernier moyen aurait pour conséquence de changer l'assiette des traverses et de modifier les portées des rails, ce qui en compromettrait la résistance. On conçoit, d'après ce qui précède, combien le travail d'entretien est aggravé par le glissement des rails.

Nous avons indiqué plus haut les précautions que l'on pouvait prendre dans le coinçage pour s'opposer à ce mouvement. Malgré les soins apportés à cette opération, lorsque les rails continuent à glisser, on peut employer l'un des moyens que nous avons indiqués — 201 et 214 — quand le rail est à patin ou lorsque les joints sont munis de coussinets - éclisses ; s'ils reposent simplement dans des coussinets de joint ordinaires, ou si les éclisses sont en porte-à-faux, on arrête le glissement en perçant le rail d'un trou à côté d'un ou de plusieurs coussinets intermédiaires et en plaçant dans ce trou un goujon maintenu par le coin (figure 253). Cette opération, que la Compagnie de l'Ouest a exécutée sur les lignes non éclissées, s'est faite entièrement sur place, l'équipe retirant un rail et le remplaçant au fur et à mesure par un rail déjà percé. Le coin doit toujours être assez long pour recouvrir la tête du goujon et le maintenir en position.

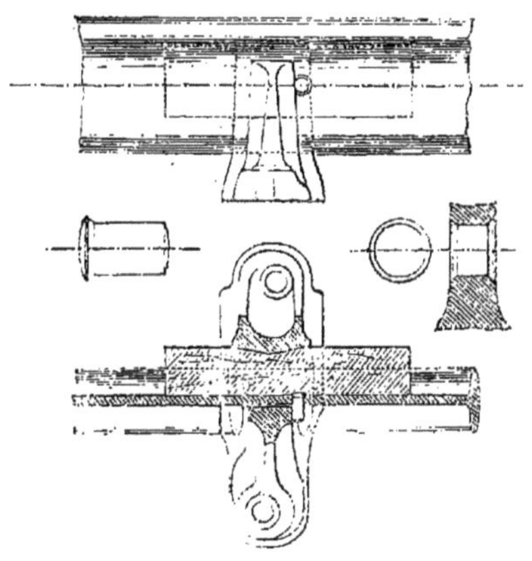

Fig. 253. Goujon pour arrêter le glissement des rails. $\frac{1}{20}$

Pour conserver aux rails la faculté de se dilater, il faut ménager entre leurs abouts l'espacement prescrit — 209 —. Quand donc on *divise les joints*, et en général quand on *dépose* un rail, il faut prendre les précautions indiquées précédemment à ce sujet, sinon la dilatation pourrait faire dévier les rails de leur direction, et en cas de remplacement d'un rail avarié par un rail neuf de longueur normale, celui-ci ne pourrait plus entrer dans l'intervalle laissé par le rail auquel il est substitué. Nous renvoyons à nos observations précédentes — 220 — pour les précautions à prendre au sujet des rails coupés.

Lorsque par un temps sec on examine les deux files de rails d'une voie où la circulation est active, on remarque sur les champignons une bande plus brillante que le reste de la surface ; en pose normale et avec des rails bien sains, cette bande doit avoir une largeur sensiblement uniforme, car elle est la trace du roulement des bandages. Dans la pratique, cette zone est loin de présenter toute la régularité désirable ; elle se jette tantôt vers le dedans, tantôt vers le dehors de la voie; au lieu de conserver la largeur normale, elle s'étend soit à droite, soit à gauche de l'axe des rails, quelquefois des deux côtés à la fois.

Ces variations dans la direction et la largeur de la zone de roulement sont autant d'indices de dérangement dans la construction de la voie. Si la zone est déplacée latéralement, on est averti par là qu'il y a, soit abaissement de l'une des deux files de rails, soit modification dans leur écartement, soit enfin changement d'inclinaison par rapport à l'axe. Ces modifications peuvent provenir, tantôt de dérangement dans les attaches ou supports des rails, tantôt de flexion des traverses dans le sens concave ou convexe ; on doit donc immédiatement s'en assurer au moyen des niveaux pour le premier cas, et du gabarit de vérification de pose pour le second.

Si la zone de roulement s'élargit, la question est plus sérieuse, car il y a indice d'écrasement du rail, d'aplatissement du champignon, détériorations entraînant avec elles des conséquences désastreuses pour la solidité de la voie : dessoudures, exfoliations et enfin rupture.

L'attention la plus scrupuleuse doit donc être portée sur l'état des rails. Quand un champignon commence à s'écraser sur un des côtés, il ne faut pas hésiter à le retourner, de manière à utiliser pour la résistance à la flexion ce qu'il peut encore conserver d'intact dans la partie avariée. Les exfoliations qui se produisent doivent être arrêtées en détachant avec le ciseau à froid, jusqu'au vif, les parties arrachées et en abattant soigneusement l'angle de la section. Si l'on ne prenait pas la précaution d'enlever ces lanières, le passage des véhicules pourrait les arracher et occasionner des accidents.

Quand les abouts de rails ne correspondent pas exactement entre eux sur tout le périmètre des sections, il faut enlever au burin les parties saillantes.

Les rails posés sur coussinets de fonte prennent l'empreinte de la semelle après un certain temps de service qui varie avec le poids des véhicules de la ligne et la dureté du fer. Quand le rail ne comporte pas le retournement, comme le rail à champignons inégaux, par exemple, l'empreinte peut devenir profonde sans qu'il en résulte d'inconvénient pour la circulation; mais, lorsque le rail est à champignons symétriques et susceptible d'être utilisé sur ses quatre faces, il ne faut pas tarder à le retourner, dès que l'incrustation se manifeste, même légèrement. Nous sommes d'avis que ce déplacement des rails devrait avoir lieu périodiquement, et aux époques correspondantes à la durée probable des rails, de manière à les user aussi également que possible sur toutes leurs faces.

Les rails en service se rompent quelquefois, sans avoir donné de signes extérieurs de détérioration; cet accident provient généralement de chocs produits par le dérangement de quelque pièce du matériel roulant. Il faut donc avoir sous la main des rails de rechange, afin de rétablir sans retard la circulation des trains.

Les rails de rechange sont conservés sur des râteliers en bois installés le long des accotements de la voie. La figure 254 représente en plan, coupe et élévation, les anciens poteaux-râteliers de la voie des chemins de fer de l'Est. Les rainures sont disposées de telle sorte que l'enlèvement d'un rail n'est possible qu'en retirant une broche cadenassée traversant la mortaise par laquelle on introduit les rails dans le râtelier.

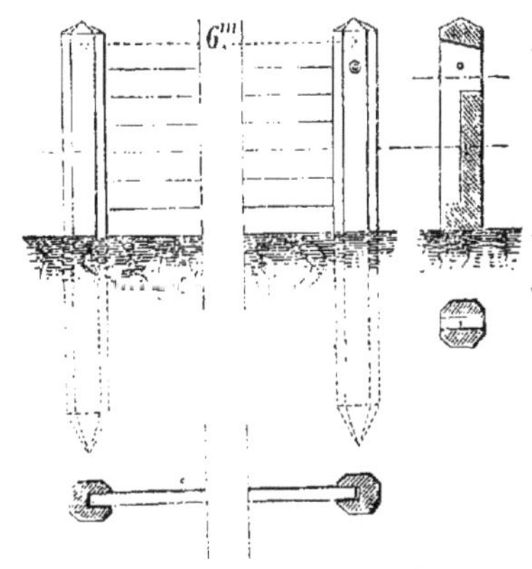


Fig. 254. Râtelier à rails. $\frac{1}{30}$

On a remplacé depuis quelque temps ce râtelier vertical par deux chantiers horizontaux à rainures masquées par des tringles assujetties à l'aide d'un cadenas. Cet appareil n'est pas commode et la manœuvre devient fatiguante.

225. Redressement de la voie. — Lorsque les trains ont circulé sur la voie pendant un laps de temps dont la durée dépend de la solidité de l'infra-structure du chemin, de la qualité et du profil du ballast, enfin, des soins apportés à l'entretien journalier, le chemin quitte son plan de pose primitif et présente une série d'ondulations verticales et horizontales plus ou moins prononcées, sans que l'on puisse constater d'avaries dans les divers éléments qui composent la voie. Le dérangement provient, soit de tassements partiels ou généraux, soit de la disparition du ballast qui n'a plus l'épaisseur voulue. Il faut alors procéder au *relevage partiel* ou au *ripage*, soit enfin au *relevage en grand* de la voie.

*Relevage partiel et ripage.* — Cette opération s'applique à une petite portion d'une voie qui a subi un léger tassement dans le sens vertical ou un déplacement latéral. Elle consiste à dégarnir de ballast l'une des faces longitudinales seulement des traverses tassées, à bourrer ces billes progressivement jusqu'à ce que les rails remontent à la cote du plan de pose prescrit, et à les repousser avec les pinces jusqu'à l'alignement voulu.

On commence le travail du côté par lequel les trains arrivent, en ayant soin de ne pas relever de plus de un demi à un centimètre à la fois, et de répartir cette saillie sur une longueur d'un ou deux rails.

Lorsque ce travail est exécuté, on regarnit les traverses en donnant au ballast le profil déterminé.

Quand on procède à un relevage, il faut avoir égard à la position respective des rails en courbe, et si la file intérieure se présente dans des conditions telles qu'avec un léger bourrage elle puisse prendre la position convenable, on se bornera au relevage de la file extérieure seulement. La moitié de chaque traverse conserve ainsi une assise que le temps a consolidée.

En effectuant ce travail pendant la circulation des trains, les poseurs doivent éviter avec soin de laisser les outils ou matériaux à moins de $1^m,50$ de distance des rails; le ballast enlevé entre les traverses ne peut être déposé qu'en dehors de la voie, et en tas qui ne dépassent pas 0^m,25 de hauteur au-dessus du rail. Sous aucun prétexte, on ne doit tolérer l'amoncellement du ballast sur la voie, parce que les sables peuvent s'introduire dans les pièces basses des machines et occasionner des dérangements ou des entraves dans la marche des trains.

Durant cette opération, le signal de ralentissement doit être fait aux machinistes.

*Relevage en grand.* — Lorsque les remblais ont subi des tassements considérables qui changent la distribution des pentes et rampes de la voie, généralement on procède au *relevage en grand,* travail qui a pour but de rétablir les rails au niveau qui leur est assigné par le profil en long.

Cette opération doit être précédée d'un nivellement de la section et d'un piquetage nouveau, si la ligne n'a pas conservé le piquetage primitif. Cependant, avant de décider l'exécution de ce remaniement, qui donne, pendant un certain temps, un surcroît de difficultés d'entretien analogues à celles qui suivent une pose nouvelle, il faut, par un nivellement préalable, relever la position des rails et s'assurer que la nouvelle distribution des pentes et rampes n'aggrave pas sensiblement les conditions d'exploitation, autrement dit, que les nouvelles inclinaisons générales ne dépassent pas les inclinaisons maxima de la section de la ligne.

Quand un relevage est reconnu nécessaire, il faut, en piquetant la voie à nouveau, avoir égard à la position des ouvrages d'art en dessous et en dessus des rails : en dessous, pour ménager entre la face inférieure des traverses et l'ouvrage une épaisseur d'au moins 0^m,25 de ballast ; en dessus, pour conserver entre les rails et les faces inférieures et latérales de l'ouvrage, la distance nécessaire au passage du gabarit de chargement. Cette observation doit surtout s'appliquer aux voies dans les courbes — 38, 210 —.

Le travail de relevage étant décidé, on réunit sur la partie à réparer plusieurs équipes de cantonniers, de poseurs et même d'ouvriers auxiliaires. On doit alors procéder par relevages partiels successifs, dont chacun n'excède pas 3 ou 4 centimètres. Le relevage s'exécute comme pour le réglage d'une pose neuve, au moyen des anspects, pinces et bourroirs. Le raccordement de la voie relevée avec la partie de la voie laissée en place doit se faire au moyen de plans inclinés ayant quatre ou cinq longueurs de rail, dont le bourrage doit être bien soigné pour éviter la flexion.

Il est inutile d'ajouter que toutes les précautions réglementaires relatives à la distance des outils et des matériaux sur la voie, aux signaux et autres mesures prescrites, doivent être scrupuleusement observées.

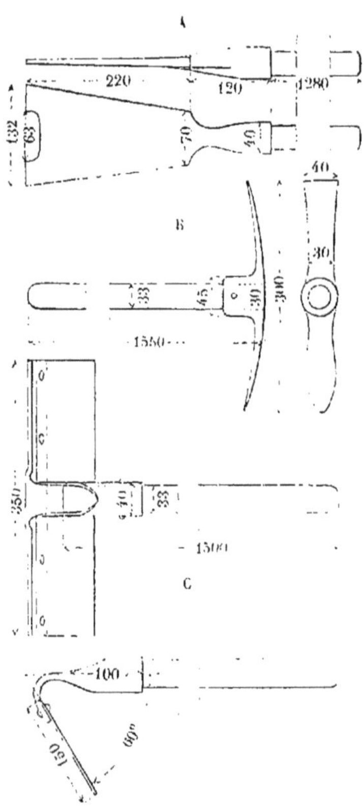


Fig. 255. Outils pour l'entretien des passages à niveau. $\frac{1}{10}$

226. Entretien des passages a niveau. — Ces parties de ligne demandent une surveillance et un entretien plus scrupuleux que le reste de la voie courante. Les rails y ont à supporter la fatigue et les détériorations qui proviennent des véhicules du chemin de fer et de la route de terre; la chaussée se dégrade, les rainures se remplissent de corps étrangers dont l'accumulation peut produire le soulèvement des boudins des roues et amener un déraillement.

Il faut donc tenir parfaitement propre la surface des rails et des contre-rails; débarrasser les rainures des corps étrangers, feuilles mortes, neige, glace, etc., et nettoyer la surface de la chaussée.

La figure 255, A, représente l'outil qui sert à nettoyer la surface des rails.

Le nettoyage de la rainure s'opère au moyen de l'outil représenté par la figure 255, B.

Enfin, on débarrasse la chaussée des corps qui peuvent l'encombrer avec la ratissoire (fig. 255, C).

Il faut, en outre, arroser et balayer constamment les passages à niveau fréquentés, qui sont très-souvent recouverts de poussière; sans cette précaution, la poussière se soulève pendant la circulation des trains, et pénètre dans le mécanisme et l'intérieur des véhicules.

227. Entretien de la voie en hiver. — A l'approche de la saison d'hiver, le service de l'entretien et de la surveillance doit redoubler d'activité pour diminuer, autant que possible, les effets sur la voie de la chute des feuilles et des perturbations atmosphériques telles que les brouillards, la neige, le verglas, la gelée, les grandes pluies d'automne et de printemps.

A l'époque de leur chute, les feuilles s'amoncellent souvent au point de couvrir les rails, principalement dans les tranchées profondes, ce qui a pour effet de diminuer et même d'annuler l'adhérence des roues motrices ou l'action des freins. Les gardes doivent alors nettoyer la surface des rails et veiller à ce qu'elle reste toujours à découvert.

Les brouillards rendent les rails gras, glissants, et font *patiner* les roues des véhicules. Pour donner aux roues motrices l'adhérence nécessaire, les mécaniciens laissent agir l'appareil à sable dont toutes les machines doivent être munies. Cet appareil, destiné à répandre du sable à la surface des rails, sert, en temps ordinaire, à augmenter l'adhérence des roues motrices à la remonte ou l'action des freins à la descente. Il peut n'être pas suffisant en temps de brouillard, et, sur certaines lignes, les gardes sont chargés de répandre du sable sec sur les rails, à l'aide d'un petit réservoir muni d'un long tube.

Le verglas produit également le patinage des roues et demande l'application de mesures analogues. En Saxe, lorsque, par un temps froid et une pluie continuelle, le verglas se forme avec une grande rapidité, on fait circuler en pilote une machine de réserve pour briser la glace, notamment dans les parties de lignes en rampe.

Lorsque le temps menace de se mettre à la gelée, surtout si la couronne du ballast a la forme indiquée par la figure 173, les garde-ligne et poseurs dégagent le ballast à l'intérieur des rails, sur une hauteur permettant aux boudins des roues de passer librement. Les eaux, qui pourraient se geler et former un obstacle résistant, sont également détournées; enfin, toutes les mesures doivent être prises pour que les roues des véhicules portent bien directement sur les rails et non sur le ballast, sur la neige durcie ou l'eau congelée.

Ces précautions s'appliquent d'ailleurs aux passages à niveau et à tous les appareils de la voie : changements, croisements, plaques tournantes, etc.

Vers le mois de novembre, ou plus tôt s'il y a lieu, on s'occupe de la pose des paraneiges sur les points indiqués par les observations précédentes.

Indépendamment des moyens préventifs indiqués — 29 —, il faut aussi organiser les moyens d'action propres à faire disparaître les encombrements de neige.

Pour assurer la prompte arrivée des secours sur les points menacés, les chefs de section doivent, avant l'époque précitée, s'informer du nombre approximatif d'hommes que pourraient leur fournir les villages riverains du chemin de fer, surtout dans les localités voisines des points où la neige s'accumule le plus habituellement.

Dès que la neige commence à tomber, et même si elle n'est qu'imminente, un service de nuit sera organisé dans chaque section. A chacun des gardes-ligne on adjoindra deux hommes choisis de préférence parmi les équipes de l'entretien, en assignant, par exemple, à chaque garde un parcours de surveillance de 3 kilomètres environ. La surveillance du garde-ligne et des deux auxiliaires sera incessante et portera principalement sur les localités signalées comme les plus exposées. En temps ordinaire, ils parviendront, en employant la pelle et le râteau (fig. 256), à débarrasser les voies, si la neige est peu abondante. Mais aussitôt qu'elle leur semblera s'amonceler sur un point quelconque de la ligne, en quantité assez considérable pour neutraliser leurs efforts, ils devront appeler à leur aide les ouvriers supplémentaires désignés d'avance et signaler aux stations voisines l'encombrement de la voie.

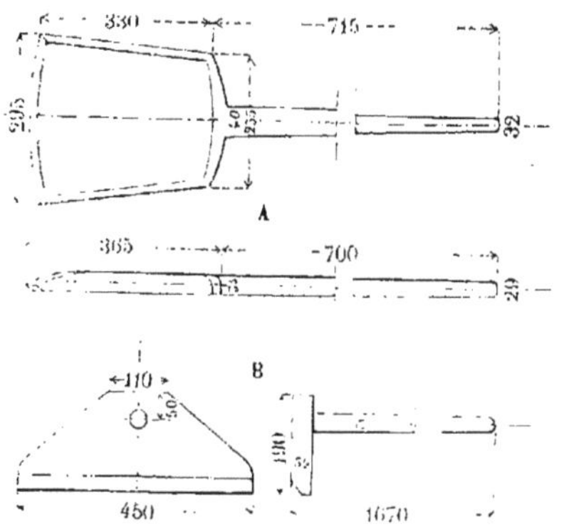

Fig. 256. A. Pelle à neige. B. Rateau. $\frac{1}{20}$

Lorsque la neige ne s'élève qu'à une faible hauteur sans être trop serrée, les ouvriers l'enlèvent de la surface des rails, au fur et à mesure de sa chute. Les trains peuvent d'ailleurs circuler sur une voie couverte de 0$^{m}$,25 de neige, mais il faut toutefois débarrasser la plate-forme, soit à bras, soit à l'aide de chasse-neige, sans quoi, si la chute se prolonge, les ornières formées finiraient par se remplir, surtout pendant un froid très-vif.

Les charrues à neige, que l'on place en tête des trains, permettent de frayer la voie quand elle est couverte d'une couche de neige d'une épaisseur inférieure à 1$^{m}$,50. On traverse quelquefois des encombrements beaucoup plus considérables (2 à 4 mètres), mais de peu d'étendue, et en employant des chasse-neige de dispositions et dimensions spéciales, dont nous donnons ailleurs la description. — *Locomotion* : matériel roulant —. Pour franchir un obstacle d'une certaine longueur, il faut élever la tension de la vapeur au maximum afin que la machine profite de toute la puissance qui lui reste, la vitesse lui faisant défaut dans ce cas.

Comme nous l'avons vu précédemment, l'exploitation peut être entravée quand le vent chasse directement la neige des champs dans les tranchées. Ce cas se présente surtout quand la neige, accompagnée d'un grand vent, tombe par une basse température. Alors, toutes les mesures employées pour détruire les encombrements sont inutiles, car la neige est ramenée, au fur et à mesure, par le vent, vers le point que la pelle ou le traîneau lui a fait quitter. Souvent même la charrue à neige est une cause d'embarras : quand la neige est légère et en mouvement, elle se ramasse en arrière de l'appareil ; si elle est humide, elle se pelotonne en avant et l'encombre ; en un mot, le chasse-neige ne peut plus ni avancer ni reculer.

Dans le nord de l'Allemagne, l'administration s'est souvent résignée, pendant les tourmentes de neige, à suspendre l'exploitation, car les traîneaux, charrues, etc., ne sont plus d'aucun secours. Sur les chemins du nord et de l'est de la Prusse, on a vu six locomotives arrêtées dans la neige, avec un froid de 16° Réaumur. A cette température, les pompes se congèlent et les roues des machines patinent sous l'influence de petits coins de glace que l'on ne peut enlever. La tourmente se maintient rarement dans toute son intensité au-delà d'un jour ou deux ; le retour du calme permet de déblayer la voie à bras d'hommes.

Lorsque la neige, très-dense, s'élève à une grande hauteur, les charrues à neige ne suffisent plus pour frayer la voie, et la main de l'homme devient indispensable pour rétablir la circulation.

Dans la traversée de l'Alp-Souabe en Bavière, une ou deux heures après que l'orage a éclaté, la neige devient très-abondante. C'est alors que chaque garde-ligne et les deux hommes qui l'accompagnent vont appeler les ouvriers supplémentaires dans les villages environnants. Les listes étant dressées à l'avance, ces ouvriers se rendent immédiatement aux points qui leur ont été signalés comme le plus habituellement encombrés.

Les brigades réunies attaquent la neige en ouvrant, dans toute l'épaisseur de la couche, une cunette (fig. 257, 1) de la largeur d'une des voies. On choisit naturellement la voie la moins encombrée ou celle sur laquelle doivent arriver les premiers trains. Quand cette voie est ainsi déblayée, on fait avancer une machine précédée d'un chasse-neige qui élargit la base de la cunette (fig. 257, 2). Les trains peuvent alors traverser la tranchée; les

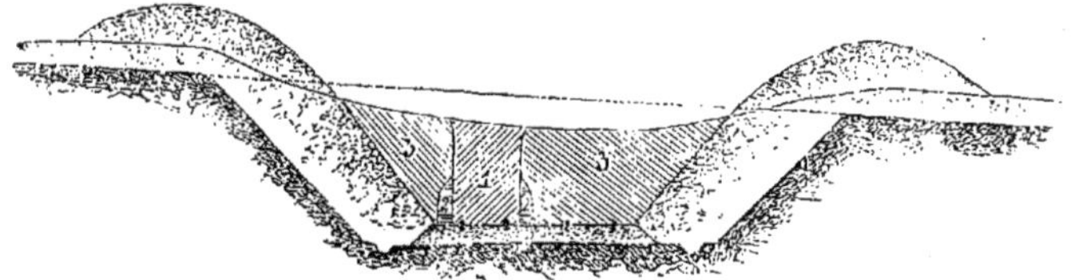


Fig. 257. Enlèvement des neiges en tranchée. $\frac{1}{400}$

hommes ont soin de pratiquer des petites niches dans la neige pour se garer des trains qui, du reste, doivent toujours annoncer leur arrivée au moyen du sifflet. Les ouvriers déblayent enfin, à la pelle, toute la plate-forme du ballast de chaque côté de la cunette (fig. 257, 3).

C'est dans ces encombrements qu'il faut surtout surveiller avec activité le personnel accumulé sur la voie. Pendant les tourmentes, les hommes chargés du déblayement cherchent à se préserver le mieux qu'ils peuvent du froid et de la neige. Ils se couvrent la tête au moyen de vêtements épais qui les empêchent presque toujours d'entendre le bruit des trompes et même celui du sifflet des locomotives. On peut citer un grand nombre de morts accidentelles résultant de ce fait.

Pour opérer l'élargissement par le chasse-neige, il vaut mieux atteler la machine du traîneau immédiatement aux trains, car, la machine pilote marchant en éclaireur laisse souvent se former en arrière un nouvel encombrement.

La neige s'accumule quelquefois en très-grande quantité sur la

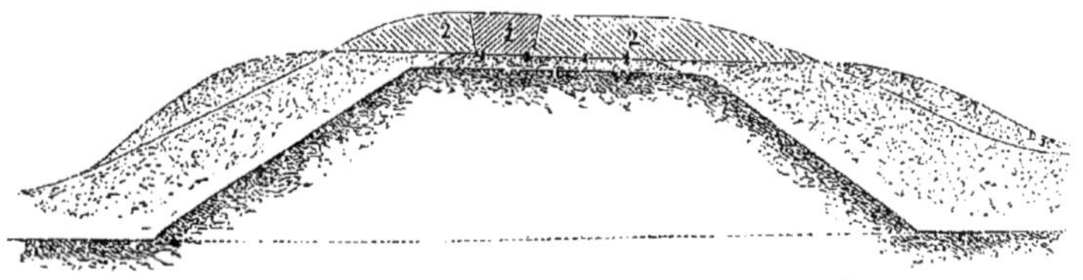


Fig. 258. Enlèvement des neiges en remblai. $\frac{1}{400}$

plate-forme de certains remblais. L'enlèvement se fait, comme pour les tranchées, en commençant par frayer une des voies (fig. 258, 1), puis en dégarnissant, après le passage de la charrue, toute la surface du ballast (fig. 258, 2).

Il faut toujours avoir soin de dresser des surfaces aussi planes que possible pour ne pas présenter d'obstacle au vent, car la plus légère proéminence devient le point de départ d'un amoncellement.

Quand la neige tombe en trop grande abondance, au point d'empêcher les ouvriers supplémentaires de sortir des villages voisins, l'exploitation est suspendue; il peut arriver qu'une ou plusieurs machines, des trains même soient arrêtés et obligés de rester dans la neige pendant vingt-quatre heures et au-delà. L'interruption de la voie peut d'ailleurs durer plus ou moins longtemps, selon la localité où se produit l'encombrement. Ainsi, dans la région élevée de la ligne bavaroise, celle où le climat est le plus rude, où les hommes ont le plus de vigueur, entre Kempten et Kaufbeuren, vers Günzach, localité située à 427 mètres au-dessus du niveau du lac de Constance, et à 812 mètres au-dessus du niveau de la mer, le stationnement des trains ne dure guère que quelques heures; mais vers Schwabmünchen, entre Buchloe et Augsbourg, à l'altitude de 500 m., les hommes sont moins aguerris, moins forts, moins exercés, et l'arrêt des trains se prolonge quelquefois pendant un et même deux jours.

Sur l'avis donné par les gardes, des encombrements de neige, les chefs des stations voisines avertissent les gares principales, arrêtent tous les trains, abritent les voyageurs en pourvoyant à leurs besoins, et enfin ne rétablissent la circulation qu'après le déblaiement de la voie.

*Remarque.* — Dans chaque section d'une ligne en exploitation, il devra être tenu un état de renseignements quotidiens touchant les variations météoriques et sur les différentes conséquences que ces variations ont exercées sur les voies. Cet état indiquera pour les points principaux, la direction du vent et l'influence des pluies, de la neige, des brouillards, etc. Ces renseignements sont précieux pour le service des années suivantes, car il est intéressant de connaître par quel vent, à quelle époque, dans quelles circonstances enfin, tel ou tel point des voies doit être surveillé plus spécialement. Ces données permettent en peu de temps de combattre, avec quelque certitude de succès, les accumulations de neige et de leur opposer, en toute connaissance de cause, les moyens de préservation appliqués d'abord en tâtonnant et presque au hasard.

228. **Réfection des voies.** — Après un certain nombre d'années d'exploitation, les voies parviennent à un état de détérioration tel que la circulation des trains ne peut plus avoir lieu avec toute la sécurité désirable. C'est généralement par les traverses que le dépérissement commence, et par suite la nécessité de substitution; mais, quand le trafic de la ligne a pris plus d'importance et que les rails sont devenus trop faibles par rapport au poids des locomotives, il est également nécessaire de les remplacer; on s'arrange alors de façon à faire coïncider cette opération avec le renouvellement des traverses. Ce travail, partiel ou total, prend le nom de *réfection;* il peut être effectué de deux manières : soit par petites portions successives et sans interruption de la circulation, — ce qui est toujours le cas pour les lignes à une voie, — ou pour celles où il n'est pas possible de faire voie unique; soit par grandes sections, en reportant sur une seule voie le mouvement des trains pairs et impairs.

La réfection de la voie, comme une pose neuve ou un relevage, doit toujours être précédée d'un nivellement de la ligne et d'un nouveau piquetage de l'axe de la voie; il faut également indiquer par des piquets la hauteur de chacune des files de rails, leur écartement dans les courbes, l'inclinaison des pentes et rampes à rétablir, etc. — Annexe N —.

I. S'il s'agit de renouveler une voie sur laquelle la circulation ne peut pas être interrompue, on commence par apporter et ranger sur les accotements les matériaux neufs, en les répartissant de manière qu'ils se trouvent vis-à-vis du lieu d'emploi.

Ce transport s'effectue par des trains de nuit, si la circulation n'a lieu que de jour; dans le cas contraire, les matériaux sont amenés par wagons attelés aux trains de marchandises jusqu'à la station la plus voisine du lieu d'emploi, puis de là transportés sur wagonnets ou lorrys.

Le transport effectué, les ouvriers attachés au service de l'entretien, et les auxiliaires qui leur sont adjoints pour le temps de la réfection, dégarnissent les traverses de ballast. Si les portées des rails ne doivent pas être changées, on dégarnit simplement le dessus et les faces verticales des traverses à remplacer, en ayant soin de conserver intacte l'assiette solide des anciennes traverses, surtout si la voie n'a pas besoin d'un relevage. Dans le cas contraire, il faut enlever complétement toute la couche supérieure du ballast jusqu'au-dessous de la face inférieure des traverses. Ces opérations ne se font d'ailleurs que par portions de voie d'une longueur telle que les vieux rails puissent être enlevés, les nouveaux reposés sur leurs traverses, et la continuité de la voie rétablie entre deux passages de train. Le ballast étant rejeté sur les accotements, les vieux rails détachés, les vieilles traverses enlevées et déposées en dehors de la voie, les traverses neuves sont placées aux écartements fixés, les rails neufs posés bout à bout et immédiatement garnis de leurs éclisses.

Pour alléger le travail de pose, nous avons employé un porte-rail composé d'une barre en bois armée de deux chaînes, dont l'une est terminée par un goujon (fig. 259). Pour s'en servir, on passe le goujon en dessous du rail et on le fait entrer dans le dernier anneau de l'autre chaîne : en soulevant la barre, le rail est suspendu à quelques centimètres du sol; il peut ainsi être transporté et déposé facilement à la place voulue, sans que les ouvriers soient gênés dans leurs mouvements par la crainte des accidents qui sont fréquents lorsque la manœuvre des rails est faite sans le secours de cet outil.

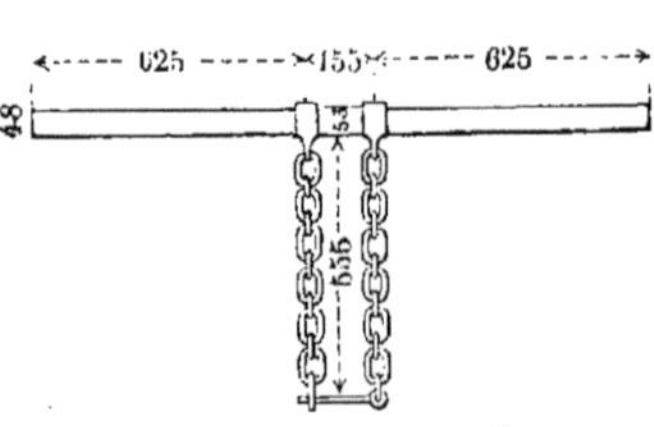


Fig. 259. Porte-rail. $\frac{3}{100}$

Les extrémités des rails sont fixées sur les traverses de joint, et les traverses intermédiaires suffisamment bourrées pour que les rails reposent également sur toute leur longueur. Cette partie du travail doit être poussée vigoureusement, car elle a pour but de rétablir la continuité de la voie et de livrer passage à tous les trains qui peuvent se présenter. Une fois les rails assis sur la voie, on se hâte de terminer leur attache sur les traverses intermédiaires; vient alors le dressage en plan et en hauteur, qui se fait d'après les piquets posés à l'avance. Quand toutes les traverses sont bourrées, on remblaye le ballast mis de côté, en donnant à sa surface le profil adopté.

Les vieux matériaux sont alors enlevés en suivant la marche inverse des transports de matériaux neufs au lieu d'emploi.

Nous n'avons pas besoin d'ajouter que ces travaux doivent être conduits avec la plus grande activité alliée à la plus EXTRÊME PRUDENCE.

Le chef d'équipe chargé de diriger les chantiers connaît nécessairement tous les détails du service de l'entretien. Il est muni de l'instruction relative aux signaux, du tableau de marche des trains, dont il a d'ailleurs une parfaite connaissance. Avant de commencer la démolition de la voie, il a envoyé de chaque côté du chantier un ouvrier porteur de signaux que tout train survenant doit respecter; pendant que les rails sont enlevés, il fait arborer le signal *rouge* (ARRÊT); quand les rails sont replacés, il suffit de montrer aux machinistes le signal de ralentissement. Sur le chantier même, le chef d'équipe a toujours sous la main les signaux qui lui permettent d'indiquer aux trains le ralentissement ou l'arrêt. Ces signaux consistent en drapeaux, voyants, et feux de différentes couleurs (fig. 260).

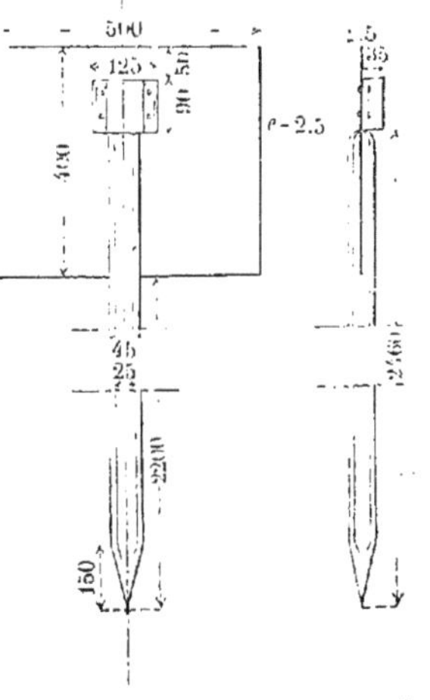

Fig. 260. Voyant porte-lanterne. — $\frac{1}{20}$

Enfin, les travaux de cette espèce exigent la surveillance d'un agent du service de la voie, qui a la haute main sur tous les hommes occupés à la réfection. Cet agent s'assure que toutes les mesures de précaution sont constamment prises; que tous les hommes présents sur les chantiers sont en bon état de santé et parfaitement sobres; qu'ils obéissent à tous les commandements, et que, notamment, lors du passage des trains, ils se tiennent sur l'accotement et hors d'atteinte des véhicules; que le ballast et les matériaux sont toujours rangés à une distance telle qu'ils ne puissent pas toucher et endommager les machines ou les wagons, etc.

L'importance de la main-d'œuvre dans la réfection de la voie ressort des données suivantes :

On avait partagé en deux sections le renouvellement d'une division de ligne de premier ordre. — Deux ateliers établis dans la première travaillèrent 237 jours pour refaire 78210 mètres de voie, soit 330 mètres par jour. Le nombre d'ouvriers ayant été de 89,66 par jour, chaque homme produisit $3^{m},68$. — Le travail de la deuxième section dura 69 jours, pour refaire 16476 mètres de voie, soit $238^{m},77$ par jour; mais on n'y occupa que 62 hommes en moyenne : le travail quotidien de chacun d'eux fut donc de $3^{m},85$.

D'après cet exemple, on peut, en évaluant à 3 ou 4 mètres le travail journalier d'un homme, se rendre compte approximativement du nombre d'ouvriers nécessaire pour effectuer, dans un temps donné, la réfection d'une voie de longueur déterminée.

Nous résumons ici les dépenses occasionnées par la réfection de 16330 mètres de voie, sur une section d'un chemin de première importance, et où, ne pouvant pas faire voie unique, on dut opérer par portions successives entre le passage des trains. Les rails primitifs avaient $4^{m},50$ de longueur, pesaient $37^{k},5$ le mètre courant, et étaient supportés par 4 traverses. Les nouveaux rails avaient 6 mètres, pesaient 36 kilogrammes, et reposaient sur 6 traverses. Le tableau suivant ne comprend que les frais de main-d'œuvre; les dépenses se rapportent aux voies en rails Vignoles ou à champignons symétriques éclissés, le prix de revient étant le même dans les deux cas.

*Réfection de 16 330 mètres de voie sur le chemin de fer de****

(voie Vignoles).

| DÉSIGNATION DES DÉPENSES. | NOMBRE d'heures. | PRODUITS partiels. | DÉPENSES par ARTICLE. | DÉPENSES TOTALES. |
|---|---|---|---|---|
| | | fr. c. | fr. c. | fr. c. |
| CHAPITRE I. | | | | |
| RÉCEPTION AUX CHANTIERS. | | | | |
| ART. 1. TRAVERSES. | | | | |
| Déchargement et rangement. . . . . . . . | 4 194 | | 1 208,37 | |
| ART. 2. RAILS. | | | | |
| Déchargement et rangement. . . . . . . . | 3 441 | | 1 172,81 | |
| ART. 3. ECLISSES, BOULONS, TIRE-FOND. | | | | |
| Déchargement et rangement. . . . . . . . | 143 | | 50,22 | 2 751,40 |
| CHAPITRE II. | | | | |
| PRÉPARATION AUX CHANTIERS. | | | | |
| ART. 1. TRAVERSES. | | | | |
| Rabotage . . . . . . . . . . . . . . . . | 4 846 | 1 701,77 | | |
| Perçage . . . . . . . . . . . . . . . . | 5 615 | 1 971,82 | | |
| Goudronnage . . . . . . . . . . . . . . | 788 | 276,72 | | |
| Rectification du sabotage . . . . . . . . | 336 | 117,99 | 4 068,30 | |
| ART. 2. RAILS. | | | | |
| Perçage et coupage . . . . . . . . . . . | 386 | | 135,55 | 4 203,85 |
| CHAPITRE III. | | | | |
| TRAVAUX PRÉLIMINAIRES. | | | | |
| ART. 1. CHARGEMENT, TRANSPORT ET DISTRIBUTION A PIED D'OEUVRE. | | | | |
| Traverses. . . . . . . . . . . . . . . . | 3 275 | 2 399,26 | | |
| Rails . . . . . . . . . . . . . . . . . | 2 214 | 1 621,90 | | |
| Eclisses, boulons, tire-fond . . . . . . . . | 279 | 204,39 | 4 225,55 | |
| Journées de chauffeurs, mécaniciens, etc. . . | 405 | | | |
| ART. 2. DÉMOLITION DE LA VOIE. | | | | |
| Dégarnissage . . . . . . . . . . . . . . | 13 663 | | 4 798,04 | |
| Enlèvement des rails . . . . . . . . . . | 908 | 318,86 | | |
| — des traverses et coins . . . . . . . | 2 451 | 860,72 | | |
| Rangement sur la voie. . . . . . . . . . | 1 167 | 409,81 | 1 589,39 | 10 612,98 |
| CHAPITRE IV. | | | | |
| POSE DE LA VOIE. | | | | |
| ART. 1. POSE DE LA VOIE COURANTE. | | | | |
| Traverses . . . . . . . . . . . . . . . . | 4 231 | 1 485,80 | | |
| Rails . . . . . . . . . . . . . . . . . | 1 485 | 521,49 | | |
| Pose des tire-fond. . . . . . . . . . . . | 1 101 | 386,64 | | |
| Boulonnage des éclisses . . . . . . . . . | 2 221 | 779,95 | | |
| Bourrage des traverses. . . . . . . . . . | 4 037 | 1 417,67 | | |
| Regarnissage . . . . . . . . . . . . . . | 6 097 | 2 141,08 | | |
| Relevage partiel et dressage. . . . . . . . | 10 615 | 3 727,67 | | |
| Règlement du ballast . . . . . . . . . . | 3 107 | 1 091,09 | 11 551,39 | |
| *A reporter.* . . . . | . . . | | | 17 548,23 |

| DÉSIGNATION DES DÉPENSES. | NOMBRE d'heures. | PRODUITS partiels. | DÉPENSES par ARTICLE. | DÉPENSES TOTALES. |
|---|---|---|---|---|
| | | fr. c. | fr. c. | fr. c. |
| *Report* . . . . . | | | | 17 548,23 |
| ART. 2. PASSAGES A NIVEAU (un passage). | | | | |
| Dépose de l'ancien passage . . . . . . . . | 6 | 3,49 | | |
| Sabotage, assemblage des traverses . . . . . | 78 | 29,67 | | |
| Pose. . . . . . . . . . . . . . . . . | 12 | 6,41 | 39,57 | |
| ART. 3. CHANGEMENTS ET CROISEMENTS (4). | | | | |
| Dégarnissage et enlèvement des vieux matériaux. . . . . . . . . . . . . . . . | 545 | 191,39 | | |
| Chargement, déchargement, transport aux dépôts des vieux matériaux . . . . . . . . | 307 | 167,81 | | |
| Châssis de changements et croisements . . . | 534 | 195,52 | | |
| Déchargement et rangement. . . . . . . | 38 | 13,34 | | |
| Chargement, transport et distribution à pied d'œuvre . . . . . . . . . . . . . . | 51 | 78,61 | | |
| Pose. . . . . . . . . . . . . . . . . | 525 | 184,37 | | |
| Regarnissage, relevage partiel, dressage, règlement du ballast. . . . . . . . . . . . | 661 | 232,50 | 1 063,54 | 12 654,50 |
| CHAPITRE V. RENTRÉE DES VIEUX MATÉRIAUX. | | | | |
| ART. 1. Dessabotage . . . . . . . . . . . | 805 | 282,69 | | |
| Chargement, déchargement, transport aux dépôts . . . . . . . . . . . . . . . . | 10 838 | 4 823,54 | | |
| Rangement des matériaux . . . . . . . . | 17 905 | 6 287,70 | 11 393,93 | 11 393,93 |
| CHAPITRE VI. FRAIS GÉNÉRAUX. | | | | |
| ART. 1. Tournées des chefs d'équipe . . . . . | 2 237 | 785,56 | | |
| Signaux de jour et de nuit . . . . . . . . | 1 543 | 597,86 | | |
| Travaux de la forge (outillage). . . . . . . | 981 | 589,50 | 1 972,92 | 1 972,92 |
| | | | | 43 569,58 |

*Prix de revient de la main-d'œuvre de réfection de 1 mètre courant de voie.*

| | | fr. |
|---|---|---|
| — Frais de chargement et rangement au chantier. . . | Bois. | 0,090 |
| — — — | Fer . | 0,078 |
| — Préparation au chantier. . . . . . . . . . . . . . | Bois. | 0,249 |
| — — | Fer . | 0,009 |
| — Chargement, transport et distribution à pied d'œuvre. | Bois. | 0,147 |
| — — — | Fer . | 0,110 |
| *A reporter*. . . . . | | 0,683 |

| | fr. |
|---|---|
| *Report* . . . . . . . . . . . . . . | 0,683 |
| — Pose et dépose des changements et croisements. . . . . . | 0,065 |
| — Démolition de l'ancienne voie. . . . . . . . . . . . . . . | 0,391 |
| — Pose de la nouvelle voie. . . . . . . . . . . . . . . . . | 0,707 |
| — Réfection du passage à niveau. . . . . . . . . . . . . . | 0,003 |
| — Manutention des vieux matériaux. . . . . . . . . . . . . | 0,698 |
| — Frais généraux. . . . . . . . . . . . . . . . . . . . . . | 0,120 |
| Prix pour 1 mètre courant. . . . . . | 2,667 |

II. La réfection des lignes à deux voies sur lesquelles on peut faire voie unique, est plus facile et moins coûteuse que la précédente.

L'opération commence par l'approvisionnement des matériaux neufs à côté de la voie à renouveler. On les range vis-à-vis du lieu de leur emploi, les rails placés bout à bout sur l'accotement et les traverses couchées sur le talus.

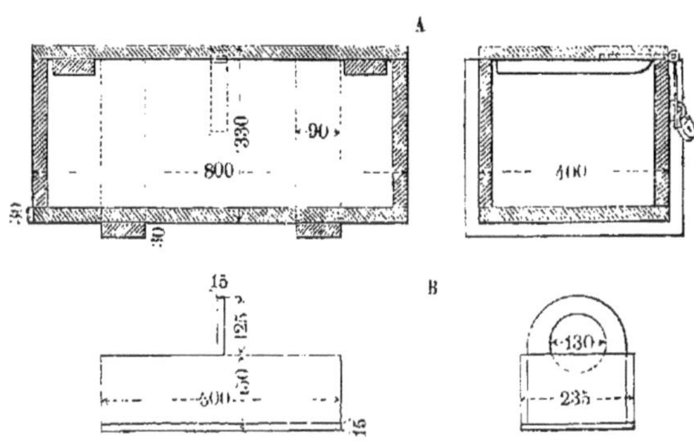


Fig. 261. Caisses-magasin sur la ligne. $\frac{1}{20}$

Les outils et le petit matériel sont déposés dans des caisses fermant à clef (fig. 261, A) et placés sous la surveillance d'un gardien.

La distribution des boulons, crampons, etc., se fait au moyen de la petite boîte (fig. 261, B).

Pendant ces préparatifs, on a disposé à chacune des extrémités de la section deux changements de voie qui permettent de faire passer tous les trains sur la voie unique.

On peut se contenter d'un seul changement à chaque extrémité, sauf, au moment de l'interruption de la circulation sur la voie en réparation, à en riper quelques rails pour les mettre sur le prolongement du changement de voie.

S'il s'agit, par exemple, de procéder à la réfection de la voie

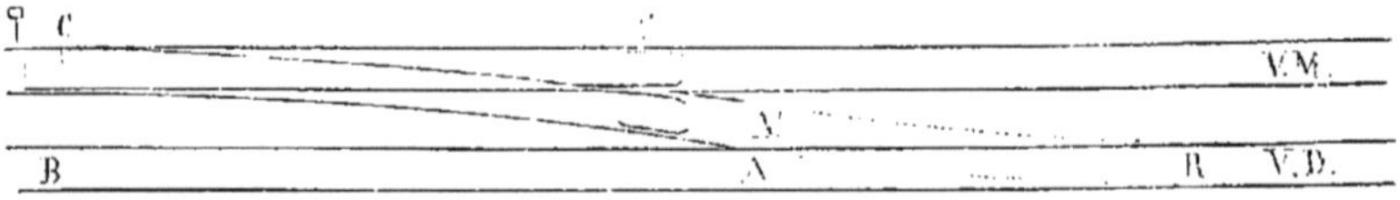

Fig. 262. Établissement de la circulation sur voie unique avec un seul changement de voie. $\frac{1}{500}$

impaire V D (fig. 262), on commence par poser sur la voie paire V M, entre deux passages de train, le changement de voie C puis le croisement C', et on prolonge la communication de voie jusqu'au voisinage de la voie impaire V D. On fait en sorte que l'extrémité de la voie déviée A'C puisse aboutir aux derniers rails de la voie V D déplacés par un simple ripage des traverses de R A en R A', dès que l'on veut arrêter la circulation sur la voie à réparer à partir de A vers B.

Toutes ces mesures étant prises, et l'accord établi entre les divers services, la circulation est portée tout entière sur la voie unique. On installe deux ou un plus grand nombre d'ateliers sur la section. Comme pour la pose, le travail se divise en plusieurs brigades : ballasteurs qui enlèvent le ballast jusqu'au niveau inférieur des traverses seulement, et qui le rechargent quand la voie est posée; bardeurs de rails et de traverses; distributeurs d'éclisses, de boulons et crampons; éclisseurs, cloueurs, bourreurs et dresseurs.

Nous complétons ces renseignements par le résumé des dépenses effectuées lors de la réfection de la première partie de la voie impaire de la ligne de Strasbourg à Bâle en 1857.

La voie construite en 1839-1840 était formée de rails de $4^{m},50$ de longueur, à double champignon, pesant 25 kilogrammes le mètre courant, supportés par cinq traverses uniformément espacées de $0^m,90$ d'axe en axe. Ces traverses avaient $2^m,35$ de longueur, et mesuraient en moyenne $0^{m3},095$. Le ballast, — sable et gravier d'excellente qualité, — avait $0^m,35$ de hauteur, avec encoffrement en terre, comme les lignes belges.

L'augmentation toujours croissante du trafic et du poids des machines avait considérablement fatigué la voie dans les dernières années. D'ailleurs, les traverses étaient parvenues au terme de leur durée, et la force des rails ne correspondait plus aux efforts auxquels ils étaient désormais soumis. La réfection des voies fut décidée, en employant, pour la voie impaire, des traverses neuves en bois de chêne ou en bois préparé par le procédé Boucherie, et des rails Vignoles éclissés du poids de 36 kilogrammes le mètre courant, de 6 mètres de longueur, avec six portées réparties de la manière suivante :

| 1 — 2 | 2 — 3 | 3 — 4 | 4 — 5 | 5 — 6 | 6 — 1 |
|---|---|---|---|---|---|
| $0^m,85$ | $1^m,05$ | $1^m,10$ | $1^m,10$ | $1^m,05$ | $0^m,85$ |

Les traverses ont $2^m,50$ à $2^m,70$ de longueur, $0^m,13$ à $0^m,16$ d'épaisseur, les traverses intermédiaires ayant $0^m,22$ à $0^m,30$ de largeur, et les traverses de joint $0^m,31$ à $0^m,40$[1].

Les traverses étaient reçues dans diverses stations et transportées de là aux chantiers de la ligne pour y être sabotées, percées et boulonnées au besoin.

Les rails livrés par les usines n'étaient ni percés, ni encochés, ni limés. Ces diverses opérations, coûteuses par les manipulations qu'elles nécessitent sur les chantiers, sont aujourd'hui effectuées sans difficultés par les maîtres de forge; mais en 1856 les Compagnies n'étaient pas encore parvenues à les imposer aux fournisseurs.

Le tableau suivant donne la récapitulation de ces dépenses :

[1] Tous les matériaux en bon état, retirés de la voie impaire, furent destinés à l'entretien de la voie paire, et l'excédant employé à la réfection de la ligne de Mulhouse à Thann; les rails de cette ligne, ne pesant que 20 kilogrammes par mètre, ne présentaient plus la résistance correspondante au poids des machines destinées à faire le service de cet embranchement, qui devait d'ailleurs recevoir un prolongement jusqu'à Wesserling.

## Ligne de Strasbourg à Bâle.

*État des dépenses de réfection de la voie impaire sur une longueur de 49k,794m.*

| DÉSIGNATION DES DÉPENSES. | NOMBRE. | PRIX. | PRODUITS partiels. | DÉPENSES. | |
|---|---|---|---|---|---|
| | | | | PARTIELLES. | TOTALES. |
| | | fr. c. | fr. c. | fr. c. | fr. c. |
| CHAPITRE I. TRANSPORT ET RÉCEPTION AUX CHANTIERS. | | | | | |
| ART. 1. TRAVERSES. | | | | | |
| Chargement au lieu de réception. | 49 794 | 0,05 | 2 489,70 | | |
| Transport aux chantiers [1] . . . | | 0,50 | 24 897,00 | | |
| Déchargement et empilage. . . | | 0,05 | 2 489,70 | 29 876,40 | |
| ART. 2. RAILS. | | | | | |
| Chargement au lieu de réception. | 16 598 | 0,05 | 829,90 | | |
| Transport aux chantiers [2] . . . | | 3,387 | 56 212,60 | | |
| Déchargement . . . . . . . | | 0,05 | 829,90 | 57 872,40 | |
| ART. 3. ÉCLISSES, BOULONS ET CRAMPONS. | | | | | |
| Chargement au lieu de réception. | 232 | 1,00 | 232,00 | | |
| Transport aux chantiers [3] . . . | | 11,60 | 2 691,20 | | |
| Déchargemt, comptage et rangemt | | 1,00 | 232,00 | 3 155,20 | 90 904,00 |
| CHAPITRE II. PRÉPARATION AUX CHANTIERS. | | | | | |
| ART. 1. TRAVERSES. | | | | | |
| Rabotage, main-d'œuvre [4] . . . | 49 794 | 0.056 | 2 792,90 | | |
| Entretien des machines . . . . | | | 692,60 | | |
| Perçage et boulonnage [5] . . . . | | | 2 344,85 | | |
| Entretien de l'outillage . . . . | | | 103,35 | 5 933,70 | |
| ART. 2. RAILS. | | | | | |
| Perçage [6] : main-d'œuvre. . . . | 16 598 | | 5 347,20 | | |
| — entretien des outils . | | | 872,00 | | |
| Encochage [7] : main-d'œuvre. . . | | | 1 195,55 | | |
| — entretien des outils. | | | 142,90 | | |
| Chanfreinage des abouts [8] . . . | | | 255,45 | 7 813,10 | 13 746,80 |
| CHAPITRE III. TRAVAUX PRÉLIMINAIRES A LA POSE. | | | | | |
| ART. 1. CHARGEMENT, TRANSPORT ET DÉCHARGEMt A PIED D'ŒUVRE. | | | | | |
| Traverses [9] . . . . . . . . . | 49 794 | 0,11 | 5 477,33 | | |
| Rails [10] . . . . . . . . . . . | 16 598 | | 1 825,80 | | |
| Eclisses, boulons, crampons [11]. . | | | 591,20 | | |
| Rangement sur les accotements (journées) . . . . . . . . | 1 556 | 1,90 | 2 955,63 | 9 850,00 | |
| ART. 2. EMBRANCHEMENT DE LA VOIE IMPAIRE SUR LA VOIE PAIRE. | | | | | |
| Pose et dépose des changements de voie (8 sections) . . . . . | 8 | 161,64 | 1 293,00 | 1 293,00 | |
| *A reporter. . . .* | | | | 11 143,00 | 104 650,80 |

| DÉSIGNATION DES DÉPENSES. | NOMBRE | PRIX. | PRODUITS PARTIELS. | DÉPENSES PARTIELLES | DÉPENSES TOTALES. |
|---|---|---|---|---|---|
| | | fr. c. | fr. c. | fr. c. | fr. c. |
| *Report.* . . . | | | | 11 143,00 | 104 650,80 |
| ART. 3. DÉMOLITION DE LA VOIE. | | | | | |
| Déballastage (journées) . . . . | 2 768,50 | 1,80 | 4 983,55 | | |
| Démolition et classement des matériaux de la voie (journées) . | 2 240,75 | 2,00 | 4 481,45 | 9 465,00 | 21 608,00 |
| CHAPITRE IV. POSE DE LA VOIE. | | | | | |
| ART. 1. VOIE COURANTE. | | | | | |
| Pose des traverses et des rails (journées) . . . . . . . . . | 1 493,80 | 2,00 | 2 987,65 | | |
| Distribution des éclisses, boulons et crampons (journées) . . . | 132,00 | 1,50 | 198,20 | | |
| Pose des éclisses (*id.*). . . . . | 746,60 | 2,00 | 1 493,80 | | |
| Clouage (*id.*) . . . . . . . . | 1 394,00 | 2,50 | 3 485,60 | | |
| Bourrage et dressage (*id.*) . . . | 3 236,90 | 2,00 | 6 473,20 | | |
| Reballastage (*id.*) . . . . . . | 2 436,60 | 1,80 | 4 386,00 | 19 024,45 | |
| ART. 2. PASSAGES A NIVEAU [12]. | 104 | | | | |
| Sabotage des traverses . . . . | 666 | 0,625 | 412,00 | | |
| Courbage et perçage des contre-rails . . . . . . . . . | 222 | 2,91 | 646,80 | | |
| Pose des contre-rails . . . . . | 222 | 2,24 | 498,10 | | |
| Repavage . . . . . . . . . . | | | 2 060,00 | 3 616,90 | 22 641,35 |
| CHAPITRE V. RENTRÉE DES VIEUX MATÉRIAUX. | | | | | |
| ART. 1. | | | | | |
| Dessabotage des traverses, rangement des matériaux sur les accotements (journées) . . . | 3 034 | 1,90 | 5 760,50 | | |
| Déchargement aux dépôts (*id*) . | 1 201 | 1,90 | 2 263,00 | | |
| Transport (nombre de trains) . | 78 | 54,00 | 4 212,00 | | |
| Empilage et classement (journ.) | 1 287 | 1,90 | 2 450,09 | 14 685,50 | 14 685,50 |

| CHAPITRE VI. FRAIS GÉNÉRAUX. | TRAITEMENT. | DÉPLACEMENTS. | |
|---|---|---|---|
| | fr. | fr. c. | |
| ART. 1. | | | |
| Agents réceptionnaires du matériel de la voie. . | 2 562 | | |
| Sous-chef de section . . . . . . . . . . . | | 121,00 | |
| Gardes-chantiers. . . . . . . . . . . . . . | 2 800 | 1 274,95 | |
| Chefs et sous-chefs poseurs. . . . . . . . . | 1 665 | 191,50 | |
| Piqueurs. . . . . . . . . . . . . . . . . . | | | |
| Gardes-chefs (pr conduite des trains de matériaux). | | 186,00 | |
| | 7 027 | 1 930,95 | 8 957,95 |
| DÉPENSE TOTALE. . . . . . . . . . . . . . | | | 172 543,60 |

1. — Distance moyenne de transport : 100 kilomètres à 0f,05 par tonne et par kilomètre.

2. — 3569 tonnes, avec un parcours moyen, des usines aux chantiers, de 307 kilomètres.

3. — 232 kilomètres à 0f,05 par tonne et par kilomètre.

4. — L'équipe d'une machine se compose de 8 hommes : 1 chef d'équipe à 2f,25 par jour, et 7 ouvriers à 2 francs — 195 —.

5. — Chaque équipe se compose de 2 poseurs à 0f,07 par traverse de joint, et 0f,045 par traverse intermédiaire.

6. — *A la machine à forer*. — 13598 rails. — 9 ouvriers, dont 1 à 3 francs et 8 à 2 francs par jour.

| | fr. |
|---|---|
| Main-d'œuvre . . . . . . . . . . . | 4 847,20 |
| Entretien . . . . . . . . . . . . . | 592,00 |
| Soit par rail : 0f,40. | 5 439,20 |

— *A la machine à poinçonner*. — 3030 rails. — 13 ouvriers, dont 1 à 4 francs et 12 à 2f,25 par jour.

| | fr. |
|---|---|
| Main-d'œuvre . . . . . . . . . . . | 500 |
| Entretien. . . . . . . . . . . . . | 280 |
| | 780 |

Soit par rail : 0f,26.

7. — *A l'emporte-pièce*. — 3099 rails, avec deux frappeurs à 2f,50 et 12 bardeurs à 2 francs ; dépense : 498f,25 ; soit par rail : 0f,15.

— *Au burin*. — 6462 rails, avec 4 ajusteurs à 0f,105 par rail et 4 bardeurs à 2 francs ; dépense : 840 francs, soit par rail : 0f,13.

8. — A la journée, à raison de 5 francs, y compris la fourniture des limes.

9. — Les traverses ont été transportées par 37 trains de nuit parcourant en moyenne 20 kilomètres et revenant à vide.

| | fr. |
|---|---|
| Chaque train occasionnait une dépense d'environ. . | 57,00 |
| 44 journées de main-d'œuvre à 2f,07. . . . . . . . | 91,08 |
| Soit pour 1346 traverses . . . . . . . . . . . . . | 148,08 |

| | fr. |
|---|---|
| 10. — 17 trains : traction, entretien et éclairage . . . . | 716,00 |
| 555 journées employées au chargement et déchargemt | 1109,80 |
| Dépense totale. . . . . | 1825,80 |

11. — Ce matériel fut transporté, par trains ordinaires, aux stations

voisines des lieux d'emploi, ce qui occasionna une dépense de 591f,20, ainsi divisée :

| | fr. |
|---|---|
| Transport par trains. . . . . . . . . . . . . . . . | 139,00 |
| Transport par lorrys, 338 journées à 1f,90. . . . . . . . | 452,20 |
| Total. . . . | 591,20 |

12. — 104 passages à niveau, dont 7 à 2 longueurs de rail, et 97 à une seule longueur. (Ce nombre de passages à niveau est très considérable, puisqu'il correspond à 5 passages environ par kilomètre.)

*Prix de revient de réfection d'un mètre courant de voie.*

MATÉRIAUX.

Pour une longueur de 6 mètres :

| | | fr. |
|---|---|---|
| — Traverses ; 6 à 5f,50 la pièce. . . . . . . . . . . . | | 33,00 |
| — Rails ; 2, pesant 440 kilogr. à 20 fr. les 100 kilogr. | | 88,00 |
| — Eclisses ; 2 paires, 16k,6 à 25 francs. . . . . . . . | | 4,15 |
| — Crampons ; 28, environ 8 kilogrammes à 40 francs. | | 3,20 |
| — Boulons ; 8, environ 4 kilogrammes à 50 francs. . | | 2,00 |
| — Platines ; 2 de 4 kilogrammes, 8 kilogr. à 25 francs. | | 2,00 |
| Total pour 6 mètres. . . . . | | 132,35 |
| Soit par mètre. . . . . . | | 22,06 |
| A déduire pour les vieux matériaux : | | |
| Traverses. . . . . . . . . . . . . . . . | 0,50 | |
| Rails. . . . . . . . . . . . . . . . . . | 7,00 | |
| Coussinets, chevillettes. . . . . . . . . | 1,50 | |
| | | 9,00 |
| Prix des matériaux. . . . . . . | | 13,06 |

MAIN-D'ŒUVRE.

| | fr. |
|---|---|
| — Frais de chargement, transport et rangement au chantier : bois. . . . . . . . . . . . . . . . | 0,6000 |
| — fer. . . . . . . . . . . . . . . . . | 1,2256 |
| — Préparation au chantier ; bois. . . . . . . . . . | 0,1191 |
| — — fer. . . . . . . . . . . | 0,1569 |
| — Chargement, transport et déchargement à pied d'œuvre. . . . . . . . . . . . . . . . . . | 0,2178 |
| *A reporter*. . . . . . . . | 2,3194 |

| | | fr. |
|---|---|---|
| *Report*. . . . . . . . . . | | 2,3194 |
| — Pose et dépose des changements. . . . . . . . . . | | 0,0258 |
| — Démolition de l'ancienne voie. . . . . . . . . . | | 0,1900 |
| — Pose de la nouvelle voie. . . . . . . . . . . . . | | 0,3820 |
| — Réfection des passages à niveau. . . . . . . . . | | 0,0726 |
| — Manutention des vieux matériaux. . . . . . . . | | 0,2949 |
| — Entretien des outils : | fr. | |
| Préparation ; bois. . . . . . . . . . | 0,0160 | |
| — fer. . . . . . . . . . | 0,0204 | |
| Pose. . . . . . . . . . . . . . . . . | 0,0114 | |
| | | 0,0478 |
| — Frais généraux. . . . . . . . . . . . . . . . . | | 0,1797 |
| Main-d'œuvre. . . . . . . . . | | 3,5122 |

Prix de revient de réfection d'un mètre courant de voie 16f,57.

Le prix de revient que nous avons établi plus haut, pour la main-d'œuvre de réfection de 1 mètre courant de voie sur une ligne maintenue en circulation, ne comprend pas les frais de transport des matériaux au chantier et s'applique à une longueur de 16 kilomètres ne présentant qu'un seul passage à niveau; tandis que le dernier prix comprend les frais de transport des matériaux au chantier, les frais de préparation des rails, — qui n'ont aucune importance dans le premier cas ; — de plus il s'applique à une section présentant 5 passages à niveau par kilomètre.

Ainsi chaque fois que cela sera possible, l'administration d'un chemin de fer réalisera une très-grande économie et aura plus de sécurité en reportant successivement la circulation sur l'une des deux voies pendant les travaux de réfection.

**229. Restauration et emploi des rails avariés.** — Les rails avariés peuvent se diviser en deux classes :

— Rails écrasés ou exfoliés d'un bout à l'autre ;

— Rails avariés sur certaines places seulement.

La première classe s'utilise généralement dans la fabrication des rails neufs — annexe Q —; on tire encore un très-bon parti de ces fers dans la construction des barrières de passages à niveau — chap. III, § 3 —, et des poteaux indicateurs — chap, VIII —, dans l'établissement des paraneiges, etc., etc.

Les chemins de Brunswick se sont également servi de rails avariés, en guise de pieux et palplanches, dans la construction des bâtardeaux et la fondation des ponts; c'est une question de prix de revient.

La seconde classe, celle des rails partiellement avariés, sert à former les voies de garage, de service, etc., etc.

Il est cependant possible d'en tirer un meilleur parti lorsque l'on se trouve à de grandes distances des fabriques de rails, et que l'on dispose d'un atelier convenablement outillé, situé à proximité du dépôt. — On peut à cet effet se servir du procédé introduit aux ateliers d'Olten, par M. Riggenbach, directeur du service des machines du Central-Suisse, et à ceux de Berg près Stuttgard, par M. l'ingénieur Henckel, de Francfort.

Ce procédé diffère des autres modes de réparation, par ce fait qu'il ne restaure pas les parties avariées, mais qu'après les avoir enlevées, il reconstitue des rails de longueur normale en soudant les parties saines. A cet effet, les bouts des rails à souder sont découpés à chaud en sifflet, de manière que l'un d'eux forme un angle dièdre saillant, l'autre un angle dièdre rentrant, l'arête de ces angles se trouvant perpendiculaire à la fois à l'axe longitudinal du rail, au patin et au plan tangent au champignon parallèle au patin (*a*, fig. 262 bis, pl. III).

Les bouts mâle et femelle réunis sont introduits dans un four *b* placé sur une petite voie de fer disposée sur le sol de l'usine, les extrémités libres des rails étant soutenues par des chevalets *c* roulant sur la même voie.

Le four chauffé au coke, reçoit d'un ventilateur le vent qui avant de pénétrer dans le foyer se rend dans une chambre à air surmontée d'une grille, dont les barreaux supportent le combustible que l'on pousse dans le foyer en le faisant glisser sur deux petits plans inclinés ménagés de chaque côté du four. Après six à huit minutes de chauffage, on arrête le vent; le fer amené au blanc soudant est refoulé à l'aide de deux moutons *m* suspendus par des chaînes à la charpente de l'atelier, et qui frappent horizontalement et en sens inverse contre les extrémités libres des bouts à réunir.

On retire alors du four le rail ainsi soudé en une seule pièce; on soumet la soudure à un martelage convenable à l'aide de matrices appropriées, sur une enclume *e* mobile sur la petite voie du four.

Enfin on le fait passer, encore à la chaleur rouge, dans un petit laminoir à main *l* qui amène le fer au profil voulu. Après le dressage, chaque rail posé sur deux appuis distants de $1^m,00$, est soumis à un effort de 10000 kilogrammes appliqué au point de soudure.

Dans une usine convenablement installée, deux fours desservis par neuf hommes livrent 18 à 20 rails par jour.

En mars 1869, on avait réparé, dans l'espace de trente mois, à l'usine d'Olten, environ 8 000 rails fournis par divers chemins de fer suisses qui les avaient replacés dans les voies principales. A la même époque, l'usine de Berg avait soudé 2 000 rails pour les chemins du Wurtemberg et entreprenait le même travail pour les chemins badois.

A ce sujet, M. Riggenbach nous écrit, en date du 21 août 1869 :

« . . . . . . . . . . . . . . . . . . . . . . .

« L'économie pour les chemins de fer qui sont éloignés des « centres métallurgiques est énorme, de sorte que l'on m'envoie « (à Olten) les rails de Genève, Neuchâtel, Pontarlier, etc. « Malgré ce transport de 100 à 140 kilomètres, les divers che- « mins y trouvent encore un grand avantage. »

230. Observation. — L'examen attentif de l'ensemble des différentes questions traitées jusqu'ici met en lumière toute l'importance des détails relatifs à la constitution de la voie. Ainsi, pour ne rappeler ici qu'un petit nombre de points principaux, l'assainissement des talus et la préparation de la plate-forme des terrassements et du ballast, le sabotage des traverses, l'écartement des rails, le surélèvement dans les courbes, enfin la fixation des attaches constituent autant d'opérations qui réclament toute l'attention de l'ingénieur désireux d'établir une

voie dont l'entretien ne présente pas de difficultés sérieuses.

Sous ce dernier point de vue, comme sous celui de la sécurité de la circulation, la pose de la voie faite *en régie* est incontestablement préférable à la pose *par entreprise*.

L'administration du chemin de fer qui, dans la période d'exploitation, subira toutes les conséquences des faits écoulés pendant la construction, doit immédiatement se résoudre à dépenser les sommes nécessaires pour arriver au meilleur résultat, en s'attachant des agents d'une capacité reconnue; ceux-ci auront tout avantage à bien soigner la pose de la voie, s'ils sont destinés à en suivre l'entretien.

L'entrepreneur se trouve dans une situation toute opposée. N'ayant en vue que la réalisation d'un bénéfice, il cherche à exécuter les travaux dans le plus court délai, par le plus petit nombre possible d'agents qui manquent souvent de l'expérience nécessaire. La garantie de six mois ou même d'un an qu'il accepte, est, la plupart du temps, insuffisante pour permettre à l'administration de compter sur les résultats qu'elle serait en droit d'attendre d'un marché souvent onéreux [1].

L'application de ce principe se justifiera plus complétement encore, à propos de la pose des appareils de la voie — chap. VII —.

(1) Cette question doit être très-équitablement résolue par une convention conclue entre la Compagnie concessionnaire des chemins de fer de la Turquie d'Europe et la Société d'exploitation des mêmes chemins. — D'après cette convention, un arrangement interviendra de commun accord à l'effet de confier la pose de la voie définitive à la Compagnie exploitante, sans qu'il puisse en résulter, pour cette dernière, d'autre profit qu'une garantie de bonne exécution et de sécurité pour son exploitation.

FIN DU TOME PREMIER.

# ANNEXES

A. — Programme pour la rédaction des projets.

B. — Note sur la nature des contrats à passer pour l'exécution des travaux.

C. — Programme d'un cahier des charges pour l'exécution des travaux de terrassements et ouvrages d'art.

D. — Modèles de spécifications d'ouvrages d'art en maçonnerie.

E. — Modèle de spécification d'un pont métallique.

F. — Programme d'un cahier des charges pour la fourniture, le transport, la plantation, la pose et l'entretien des clôtures vives et sèches.

G. — Programme d'un cahier des charges pour la fourniture des traverses en bois de chêne et en bois préparé.

H. — Programme d'un cahier des charges pour la fourniture des rails.

I. — Programme d'un cahier des charges pour la fourniture des coussinets en fonte, coussinets-éclisses, éclisses, boulons, chevillettes, crampons, tire-fond, selles intermédiaires et de joint, etc.

K. — Programme d'un cahier des charges pour le ballastage et la pose de la voie.

L. — Étude sur l'établissement des formules de transport.

M. — Type d'une série de prix pour les travaux de terrassements et ouvrages d'art.

N. — Type d'ordre de service et d'instruction réglant le travail relatif au renouvellement de la voie.

O. — Outils de la voie.

P. — Modèle d'état des encombrements de neiges.

Q. — Détails sur l'établissement du prix de revient de la voie.

NOTA. — Tous les chiffres compris entre tirets — — dans le cours des annexes, à l'exception de ceux de la série de prix — annexe M —, renvoient aux numéros des sujets traités dans l'ouvrage.

# ANNEXE A.

## A

## PROGRAMME

POUR LA

# RÉDACTION DES PROJETS

| PIÈCES A PRODUIRE | ÉCHELLES. | RÈGLES A OBSERVER. |
|---|---|---|
| | | **I. — AVANT-PROJET.** |
| **Dessins :** 1° EXTRAIT DE CARTES 2° PLAN GÉNÉRAL. . . | *Ad libitum.* On adoptera, suivant le cas, l'une des échelles suivantes : $\frac{1}{1000}$, $\frac{1}{2000}$, $\frac{1}{2500}$ $\frac{1}{5000}$ ou $\frac{1}{10000}$ On fera usage, autant que possible, des plans du cadastre. | 1. Les accidents du terrain seront toujours figurés sur la carte ou sur le plan général au moyen soit de courbes horizontales, soit de hachures, soit de teintes conventionnelles; on y inscrira, en outre, entre parenthèses, autant de cotes utiles de hauteur au-dessus du niveau de la mer que l'on aura pu en recueillir, particulièrement celles qui se rapportent aux faîtes et aux thalwegs. Les extraits de cartes devront être calqués sur les cartes gravées ou manuscrites qui existent dans les bureaux, notamment sur celles du dépôt de la guerre. Lorsqu'un projet s'étendra sur une certaine partie du littoral maritime, on se servira de cartes hydrographiques existantes, surtout de celles qui sont publiées par le dépôt de la marine, pour figurer le développement des côtes et indiquer les cotes de profondeur. 2. Les cartes et le plan général seront orientés. 3. La direction de chaque cours d'eau sera indiquée par une ou plusieurs flèches. 4. Pour établir une concordance parfaite entre le plan et le nivellement, on rapportera sur le plan, avec précision, les points principaux du profil en long, notamment les bornes milliaires ou kilométriques, s'il en existe, tous les pieds de pentes ou sommets de rampes, les piquets d'angles et les points où doivent être placés les ouvrages d'art. De plus, lorsque cela pourra être utile pour faciliter l'examen du projet, on rabattra le profil en long sur le plan. 5. Lorsqu'un tracé devra passer dans une vallée sujette à des inondations, on indiquera sur |

| PIÈCES A PRODUIRE | ÉCHELLES. | RÈGLES A OBSERVER. |
| --- | --- | --- |
| | | le plan la limite du champ d'inondation. Si le projet a pour but l'amélioration d'un fleuve ou d'une rivière, ou une défense de rive, on s'attachera plus particulièrement à indiquer le tracé du thalweg et les limites du champ d'inondation sur les deux rives. Le plan devra d'ailleurs s'étendre suffisamment, en amont et en aval des ouvrages projetés, pour donner une idée exacte de la direction générale des cours d'eau.<br>6. Lorsqu'il s'agira du tracé d'une route, d'un canal ou d'un chemin de fer, le plan général devra présenter, des deux côtés du tracé, et sur une largeur totale qui ne sera pas, en général, de moins d'un kilomètre, des rangées transversales de cotes de nivellement en nombre assez grand pour justifier complètement le choix de la direction proposée. Les chemins transversaux et, au besoin, les limites des propriétés, fourniront des directions naturelles pour ces nivellements. Ils seront compris, autant que possible, entre des limites naturelles, telles que le flanc d'un coteau et une ligne de thalweg ou le bord d'un cours d'eau.<br>7. Le nivellement sera, autant que possible, rapporté au niveau de la mer. |
| 3° PROFIL EN LONG.<br>Longueurs. . . .<br>Hauteurs. . . . . | Échelle du plan général.<br>Échelle décuple de celle des longueurs. | 8. Les cotes de longueur seront inscrites sur deux lignes tracées au-dessous du profil, parallèlement à la rive du papier. Sur la première ligne seront inscrites les longueurs partielles entre deux cotes consécutives de nivellement; sur la seconde, les mêmes longueurs cumulées à partir de l'origine. S'il s'agit d'un tracé de route ou de chemin de fer, on inscrira sur une troisième ligne la longueur et la déclivité de chaque pente ou rampe; s'il s'agit d'un projet de navigation, on y indiquera, au besoin, les distances entre les principaux ouvrages d'art.<br>Pour les chemins de fer, on cotera, sur une quatrième ligne, les longueurs des alignements droits, ainsi que les longueurs et les rayons des courbes.<br>Enfin, pour tous les projets, sur une ligne établie au-dessus du profil, on indiquera la longueur du tracé dans la traversée de chaque commune.<br>9. La longueur du tracé sera divisée en kilomètres; l'origine sera indiquée par un zéro, et les extrémités des divers kilomètres seront marquées par des chiffres romains. Chacune de ces divisions principales sera subdivisée en fractions exactes du kilomètre, lesquelles seront numérotées en chiffres arabes.<br>La longueur des entre-profils ainsi numérotés devra être constante dans toute l'étendue d'un même avant-projet.<br>S'il est nécessaire d'établir des profils intermédiaires, on les placera, autant que possible, à des distances du profil normal qui précède immédiatement, exprimées par des nombres entiers, sans fraction de mètre, et on les désignera par le numéro de ce profil normal, auquel on ajoutera les indices *a*, *b*, *c*, etc. |

| PIÈCES A PRODUIRE | ÉCHELLES. | RÈGLES A OBSERVER. |
|---|---|---|
| | | 10. Le profil en long indiquera toujours la coupe du terrain par un simple trait noir. Les lignes du projet seront tracées en rouge. Les surfaces de remblai seront lavées en rouge, et celles de déblai en jaune. Les cotes de remblai et de déblai seront inscrites en rouge, et placées, celles de remblai immédiatement au-dessus, et celles de déblai immédiatement au-dessous de la ligne du terrain, excepté sur les points où cette ligne se trouvera très-rapprochée de celle du projet, auquel cas les cotes devront être inscrites au-dessus des deux lignes à la fois, s'il y a remblai, et au-dessous, s'il y a déblai.<br>11. Les ponts, ponceaux, aqueducs et autres ouvrages d'art, seront figurés en coupe sur le profil en long.<br>Le niveau des plus hautes et des plus basses eaux connues, et celui des plus hautes eaux de navigation, seront indiqués par des lignes bleues que l'on rattachera au plan général de comparaison par des cotes de même couleur.<br>Lorsqu'il s'agira d'un projet de navigation, on indiquera à la fois, sur le profil en long, la rivière et le chemin de halage.<br>Dans les projets des ports maritimes et des ouvrages à la mer, on aura toujours soin d'indiquer les hautes et les basses mers de morte eau ainsi que les hautes et basses mers de vive eau, tant ordinaires qu'extraordinaires.<br>12. Lorsqu'il y aura lieu de comparer plusieurs tracés, les nivellements respectifs de ces tracés, entre les mêmes points du plan, seront ou superposés ou placés les uns au-dessus des autres, mais toujours sur une même feuille. On emploiera pour les lignes et écritures relatives à chaque tracé la couleur qui aura été affectée à ce tracé sur le plan. |
| 4° PROFILS EN TRAVERS. | $\frac{1}{200}$ pour les longueurs et pour les hauteurs. | 13. Les profils en travers comprendront une étendue au moins double de celle du terrain à occuper. La cote prise sur l'axe sera distinguée des autres par l'emploi d'un caractère spécial ou plus prononcé. Cette cote sera la même que celle du profil en long.<br>Les cotes des profils en travers et celles du profil en long appartiendront toujours à un même plan général de comparaison : seulement, pour ne pas avoir de trop longues ordonnées, on pourra rapporter ces profils à une ligne passant à un certain nombre de mètres au-dessus ou au-dessous du plan de comparaison, mais en laissant les cotes telles qu'elles doivent être pour indiquer les hauteurs prises par rapport à ce plan.<br>Les profils en travers levés dans le voisinage d'un cours d'eau ou sur un terrain submersible seront accompagnés d'un trait bleu indiquant le niveau des plus hautes eaux, et rattaché au plan général de comparaison par une cote de même couleur.<br>Lorsqu'il s'agira de projets de travaux à exécuter en lit de rivière ou de projets de digues à établir sur le bord des rivières, on y joindra |

| PIÈCES À PRODUIRE | ÉCHELLES. | RÈGLES À OBSERVER. |
|---|---|---|
| 5° Type d'ouvrages d'art. | | des profils en travers en nombre suffisant pour faire connaître la position du thalweg, et l'on aura soin d'étendre ces profils au delà des limites du champ d'inondation. |
| Pour les dimensions n'excédant pas 100 mètres. . . | $\frac{1}{100}$ | Les profils en travers seront tous rabattus du côté du point de départ. |
| *Idem* excédant 100 mètres . . . . . | $\frac{1}{200}$ sauf à employer au besoin, pour certains détails, des échelles multiples de celles qui précèdent. | 14. Tous les dessins seront cotés avec exactitude. Le niveau des plus basses et des plus hautes eaux, ceux des hautes et des basses mers de morte eau, de vive eau ordinaire et de vive eau d'équinoxe, y seront toujours indiqués par des lignes et des cotes bleues. |
| Pièces écrites : 1° Mémoire à l'appui de l'avant-projet ; 2° Tableau approximatif des terrassements, ouvrages d'art, etc. ; 3° Estimation approximative et détaillée des dépenses ; 4° Relevé de la circulation annuelle (pour les projets de route, en distinguant, autant que possible, les diverses parties de la route) ; 5° Bordereau des pièces du dossier. | | |
| | | **II. — PROJETS DÉFINITIFS.** |
| Dessins : | | 15. Les accidents du terrain seront toujours figurés sur le plan général au moyen soit de courbes horizontales, soit de hachures, soit de teintes conventionnelles. |
| 1° Plan général. | On adoptera, suivant les cas, l'une des échelles suivantes : $\frac{1}{1000}$, $\frac{1}{2000}$, $\frac{1}{2500}$, $\frac{1}{5000}$ ou $\frac{1}{10000}$. On fera usage, autant que possible, des plans du cadastre. | 16. Le plan général sera orienté, et la direction de chaque cours d'eau y sera indiquée par une ou plusieurs flèches. 17. On rapportera sur le plan général tous les points du profil en long, sans exception. Les rayons des arcs de cercle, et, pour les paraboles, les rayons de courbure aux points de tangence, ainsi qu'au sommet, seront cotés avec exactitude. 18. Dans les vallées, on indiquera sur le plan le thalweg, ainsi que les limites du champ d'inondation. |
| 2° Profil en long. Longueurs. . . . Hauteurs. . . . . | Échelle du plan. Échelle décuple de celle des longueurs. | 19. Comme aux nos 7, 8, 9, 10 et 11, en ajoutant que l'on indiquera sur le profil les sondages qui auront été faits, notamment sur l'emplacement des tranchées et des remblais d'une certaine hauteur, ainsi que dans le lit des rivières, pour les projets des ponts ou des travaux de navigation. |
| 3° Profils en travers. | $\frac{1}{200}$ pour les longueurs et pour les hauteurs. | 20. Comme au no 13, en ajoutant seulement que l'on mettra, en tête du cahier des profils en travers, les profils types de la route, du canal ou du chemin de fer à exécuter. |

| PIÈCES A PRODUIRE | ÉCHELLES. | RÈGLES A OBSERVER |
|---|---|---|
| 4° Ouvrages d'art.<br>Pour les dimensions n'excédant pas 25 mètres. | $\frac{1}{50}$ | 21. On indiquera sur la coupe des fondations de tous les ouvrages, soit par des traits distincts, soit par des teintes conventionnelles, la nature et l'épaisseur des couches de terrain dans lesquelles les fondations seront engagées.<br>On inscrira en outre, sur chaque couche, l'indication de sa nature et de son épaisseur. |
| Pour les dimensions excédant 100 mètres. | $\frac{1}{200}$ | |
| *Idem*, comprises entre 25 et 100 mèt. | $\frac{1}{100}$ | 22. Le niveau des plus basses et des plus hautes eaux, ceux des hautes et basses mers de morte eau, de vive eau ordinaire et de vive eau d'équinoxe, seront toujours indiqués sur les élévations et sur les coupes des ouvrages d'art par des lignes et des cotes bleues. |
| Pour les portes d'écluse, les ponts tournants, les voies et le matériel des chemins de fer, et, en général, pour les ouvrages en charpente ou en métal. | De $\frac{1}{20}$ à $\frac{1}{5}$ en n'employant que des rapports simples et décimaux. | 23. Sur les plans, coupes et élévations des ouvrages d'art, on aura soin de mettre autant de cotes qu'il sera nécessaire pour que l'on n'ait pas besoin de recourir au devis. On écrira en chiffres plus prononcés les dimensions principales, par exemple : pour les ponts et ponceaux, l'ouverture et la montée des voûtes, la hauteur des pieds-droits, l'épaisseur des piles et culées, l'épaisseur à la clef, la largeur entre les têtes, la hauteur et l'épaisseur des parapets, la largeur des trottoirs, la distance entre les trottoirs, etc. : pour une écluse, la largeur du sas, la hauteur des bajoyers, celle du mur de chute, la longueur totale de l'écluse, la distance du mur de chute à la chambre des portes d'aval, etc.<br>24. L'appareil sera toujours figuré en élévation et en coupe. |
| **Pièces écrites :**<br>1° Mémoire à l'appui du projet ;<br>2° Devis et cahier des charges ;<br>3° Avant-métré ;<br>4° Analyse de prix ;<br>5° Détail estimatif ;<br>6° État sommaire des indemnités à payer ;<br>7° Bordereau des pièces du projet ; | | 25. Les pièces n^os^ 2, 3, 4 et 5 seront toujours exactement conformes aux formules arrêtées par l'administration. Ces formules seront réimprimées dans chaque département, sans modifications, additions ni retranchements. La réimpression sera faite suivant le format prescrit ci-après.<br>26. On ne reproduira, dans les pièces du projet, aucune des conditions qui figurent dans le cahier des charges et conditions générales, auquel on devra toujours renvoyer par le dernier article du devis.<br>27. On aura soin d'inscrire dans le bordereau toutes les pièces du projet, avec un numéro correspondant. |
| | | **III. — PIÈCES A PRODUIRE.** |
| 1° Plans parcellaires par commune ; | $\frac{1}{1000}$ | 28. Chaque plan parcellaire sera rapporté sur une feuille de papier continue, formée de feuilles ajustées en lignes droites, sans goussets. En conséquence, à chaque changement notable de direction de l'axe, on établira un onglet en blanc, déterminé par deux lignes formant un angle d'une amplitude convenable, et disposées de manière qu'il soit facile de reproduire à volonté l'état des lieux. A cet effet, le papier sera brisé suivant deux plis que l'on reformera au besoin : les deux brisures aboutiront au même point sur l'une des rives du papier : l'une des brisures sera perpendiculaire à ces rives, de manière à |

| PIÈCES A PRODUIRE | ÉCHELLES. | RÈGLES A OBSERVER. |
|---|---|---|
| | | diviser en deux parties égales l'angle mort où le dessin sera interrompu. |
| | | 29. On inscrira sur chaque parcelle le nom du propriétaire, le numéro de la matrice cadastrale, et, de plus, un numéro d'ordre écrit en rouge, correspondant à celui de l'état des indemnités. |
| | | Le plan portera en outre les lettres par lesquelles on désigne les sections cadastrales, et les dénominations locales des subdivisions ou lieux dits. |
| 2° TABLEAU des surfaces des terrains à acquérir; 3° ÉTAT DÉTAILLÉ des indemnités à payer; 4° BORDEREAU des pièces du dossier. | | 30. On reproduira sur ces états les noms, les numéros et les autres désignations inscrites sur le plan. Pour les noms, il y aura deux colonnes, dans l'une desquelles on inscrira les noms qui figurent à la matrice cadastrale, et dans l'autre ceux des propriétaires actuels et de leurs fermiers ou locataires. |
| | | **IV. — DISPOSITIONS GÉNÉRALES.** |
| | | 31. Les plans et nivellements seront toujours rapportés dans le sens indiqué par la dénomination de la route, du canal ou du chemin de fer, ou dans le sens du cours de la rivière, en allant de gauche à droite. |
| | | 32. On inscrira aux deux extrémités du plan les mots : |
| | | *Côté de* ...... (Points de départ et d'arrivée servant à la dénomination de la route, du canal ou du chemin de fer). |
| | | 33. Afin de faciliter la recherche, sur les cartes, du lieu où les travaux doivent être exécutés, on placera, à l'origine du profil en long, une note indiquant approximativement la distance de ce point aux principaux centres de population qui précèdent; et à l'extrémité du même profil, une note semblable indiquant la distance de ce second point aux principaux centres de population situés au delà. |
| | | 34. On aura soin d'indiquer sur tous les plans les centres de population, domaines, chemins, cours d'eau, ouvrages d'art, tracés, etc., dont il est fait mention dans les rapports, mémoires, délibérations et autres pièces quelconques faisant partie du dossier, afin de faciliter l'intelligence de ces pièces. Autant que possible, on y inscrira les chiffres des populations. |
| | | 35. On évitera d'employer des expressions locales, ou, si on les emploie, on en donnera la traduction. |
| | | 36. Les écritures devront être bien lisibles, ainsi que les chiffres inscrits sur les plans et profils. Les petits caractères (lettres ou chiffres) n'auront pas moins de deux millimètres de hauteur. |
| | | 37. Les échelles seront représentées graphiquement sur les plans et profils. En même temps, elles seront définies en chiffres, comme dans l'exemple suivant : |
| | | *Echelle de* 0m,005 *pour mètre* $\left[\frac{1}{200}\right]$. |

| PIÈCES A PRODUIRE | ÉCHELLES. | RÈGLES A OBSERVER. |
|---|---|---|
| | | 38. Les plans, profils et dessins seront, autant que possible, collés sur calicot blanc, ou sinon, dressés sur bon papier, souple et propre au lavis.<br>39. Tous les plans, profils, dessins et pièces écrites, sans exception aucune, seront présentés dans le format dit *tellière*, de 0m,31 de hauteur sur 0m,21 de largeur.<br>40. Les plans, profils et dessins seront pliés suivant ces dimensions, en paravent, c'est-à-dire à plis égaux et alternatifs, tant dans le sens de la hauteur que dans celui de la longueur, en commençant toujours par cette dernière dimension.<br>41. Les titres, signatures et autres écritures d'usage, ainsi que l'échelle, seront placés sur le *verso* du premier feuillet des plans, profils et dessins, de manière qu'il soit toujours facile de les mettre en évidence, que le dessin soit plié ou qu'il soit ouvert.<br>42. Les ingénieurs emploieront les formules suivantes :<br>*Dressé par* { *l'ingénieur ordinaire* / ou *l'élève ingénieur* . . } *soussigné*<br>*Vérifié et présenté par* { *l'ingénieur en chef* . . / ou *l'ingénieur faisant fonctions d'ingénieur en chef* . . . . . . . . . } *soussigné, conformément à sa lettre* ou *à son rap. du* . . .<br>43. On inscrira d'ailleurs, en caractères très-lisibles, au-dessous des titres généraux, les noms et les grades des signataires du projet.<br>44. Les procès-verbaux de conférences entre les ingénieurs des services civil et militaire seront toujours accompagnés d'une expédition des plans, nivellements, dessins et autres pièces mentionnées dans le procès-verbal et portant les mêmes dates et les mêmes signatures que le procès-verbal.<br>APPROUVÉ :<br>*Le Ministre des Travaux publics*,<br>BINEAU. |

# B

## NOTE

SUR LA

# NATURE DES CONTRATS

A PASSER

# POUR L'EXÉCUTION DES TRAVAUX.

Dans l'exécution des grands travaux, on peut suivre trois modes différents pour régler les rapports entre l'administration qui fait exécuter et l'entrepreneur qui exécute :

1° Traité à forfait ;
2° Traité sur série de prix ;
3° Traité sur série de prix avec limitation des quantités à fournir.

*Traité à forfait.* — Ce traité stipule que pour un prix fixé en bloc, l'entrepreneur sera tenu de livrer un travail déterminé. Ce mode de contrat n'est applicable qu'à des objets qui peuvent être parfaitement définis. Hors de là, il est de tous le plus dangereux. (Art. 1793 et 1794 du Code civil.)

*Traité sur série de prix.* — Dans ce mode de contrat on ne définit que la nature et le prix de détail de l'objet à fournir, mais non les quantités ni le prix total. On se borne à stipuler, outre le prix de chacun des détails, la nature, la qualité et les conditions de livraison de ces travaux de détails dont l'ensemble reste indéterminé.

Il n'exige avant l'exécution ni métré, ni plans, mais seulement, lorsque le marché a pris fin, le compte et la mesure des travaux fournis.

Ce mode de contrat, moins aléatoire que le précédent, expose cependant l'entrepeneur à certains risques. Tous les prix de détails ne sont pas également avantageux ; quelques-uns même peuvent être onéreux.

De là ce résultat que si le maître fait porter le gros de l'entreprise sur tel ou tel détail, le bénéfice de l'entrepreneur peut être compromis.

Pour le maître ce contrat est dangereux, en ce qu'il ne l'avertit pas du montant même approximatif de la dépense ; en ce qu'il ne la limite pas. On ne l'emploie donc que pour les travaux qui ne peuvent prendre une grande extension.

*Traité sur série de prix avec limitation des quantités à fournir.* — La plupart des grands travaux s'exécutent aujourd'hui en joignant à la série de prix qui forme la base du contrat, une désignation approximative du travail à livrer et des quantités de chaque nature d'ouvrages qu'il comporte, et en stipulant de plus que les quantités ainsi prévues ne pourront être augmentées ni diminuées que dans des proportions déterminées.

Ce traité limite autant que possible les chances aléatoires de l'entreprise et place les deux parties en présence avec toute leur indépendance, sans que l'une soit à la merci de l'autre.

Il permet au maître de se rendre compte assez approximativement des dépenses dans lesquelles il s'engage, et ne le met pas à la merci de l'inhabileté, ou de la connivence, ou de la négligence de ses agents, en ce qui concerne du moins l'étendue des engagements contractés.

Quant à l'entrepreneur, le détail estimatif qui est communiqué ne doit pas l'empêcher de vérifier par lui-même les bases sur lesquelles il est établi ; car, bien que limitatif, il peut encore être rédigé de telle sorte qu'il soit transformé, par parties, en un véritable traité à forfait, très-avantageux pour le maître et désastreux pour l'entrepreneur.

C'est sur des interprétations erronées de ces clauses que se basent la plupart des procès engagés entre les compagnies ou administrations et les entrepreneurs.

---

# C

# PROGRAMME

D'UN

# CAHIER DES CHARGES

POUR L'EXÉCUTION DES TRAVAUX

# DE TERRASSEMENTS ET OUVRAGES D'ART[1].

## CHAPITRE I.

### DESCRIPTION DU TRACÉ.

ARTICLE 1er. *Indication des points principaux* — Introd. —

ART. 2. *Tracé de l'axe du chemin.* — L'axe du chemin présentera en plan les alignements et les courbes de raccordement indiqués au tableau suivant — 1, 2, 3, 4 — :

| INDICATION DES ALIGNEMENTS et DE LEURS REPÈRES. | LONGUEUR DES ALIGNEMENTS | | ANGLE des alignem. adjacents. | RAYONS des courbes de raccord. | LONGUEUR des tangentes. |
|---|---|---|---|---|---|
| | Droits. | Courbes. | | | |
| | | | | | |
| Total des alignements droits. . | | | | | |
| Total des alignements courbes. | | | | | |
| LONGUEUR TOTALE. . . | | | | | |

[1] Chemins de fer des grands réseaux français.

Art. 3. *Profil en long.* — L'axe du chemin offrira la succession des paliers, pentes et rampes qui sont indiqués dans le tableau suivant — Introd. — :

| DÉSIGNATION DES PALIERS PENTES ET RAMPES. | ORDONNÉES | | LONGUEUR DES PALIERS. | PENTES. | | | RAMPES. | | |
|---|---|---|---|---|---|---|---|---|---|
| | à l'origine. | à l'extrém. | | Longueur. | Pente par mètre. | Abaissem. | Longueur. | Rampe par mètre. | Élévation. |
| | | | | | | | | | |
| Totaux. . . . . . . . . . | | | | | | | | | |

| | | | |
|---|---|---|---|
| Somme des élévations. . . . . . . . . | | Cote de départ. . . . . | |
| Somme des abaissements. . . . . . . | | Cote d'arrivée. . . . . . | |
| Différence. . . . . . . . . . . . . . | | Différence. . . . | |

(Ces deux différences doivent être sensiblement égales.)

Art. 4. *Profil transversal du chemin.* — Dimensions des remblais et des déblais en couronne. Ces dimensions résultent de celles adoptées pour les diverses parties de la voie — 129, 133 — : distance entre les rails, largeur du champignon des rails, entrevoie, accotements (en déblai ou en remblai, pour deux voies ou pour une voie). — Inclinaison des talus — 9 —. Profils exceptionnels. — Fossés — 129 —.

Art. 5. *Chemins et routes coupés par le chemin de fer.* — 26, 33 —.

1° Passages à niveau — 31 —.

| Nos d'ordre | Numéros des piquets. | DÉSIGNATION. | Nos d'ordre | Numéros des piquets. | DÉSIGNATION. |
|---|---|---|---|---|---|
| | | | | | |

2° Passages en dessus du chemin de fer — 37 —.
3° Passages en dessous du chemin de fer — 37 —.
4° Routes et chemins déviés — 30, 31 —.
5° Routes et chemins supprimés — 30, 31 —.

Art. 6. *Chemins latéraux* — 31 —.

Art. 7. *Conditions d'établissement des routes et chemins modifiés* — 27 —.

1° Largeur des routes et chemins.

| Nos d'ordre | Position kilom. | DÉSIGNATION DES ROUTES ET CHEMINS. | LARGEURS DE LA CHAUSSÉE pavée | | LARGEURS des deux accot. | LARGEUR TOTALE. | OBSERVATIONS. |
|---|---|---|---|---|---|---|---|
| | | | pavée | empier. | | | |
| | | | | | | | |

2° Garde-corps des chaussées en remblai.

Art. 8. *Cours d'eau rencontrés par le chemin de fer.*

1° Cours d'eau franchis au moyen d'ouvrages d'art.
2° Cours d'eau modifiés.

Art. 9. *Travaux d'art.* — Les dimensions principales des divers ouvrages à construire, à la rencontre du chemin de fer et des cours d'eau, routes, chemins, etc., etc., sont portées au tableau suivant — 38 —.

| Nos d'ordre. | Nos des piquets. | Position kilométr. | CHEMINS ET COURS D'EAU modifiés. | INDICATION DES OUVRAGES à construire. | Ouverture ou débouché. | Hauteur sous-clef ou sous-poutre. | Longueur d'une tête à l'autre. |
|---|---|---|---|---|---|---|---|
| | | | | | | | |

## CHAPITRE II.

### PROVENANCE, QUALITÉS ET PRÉPARATIONS DES MATÉRIAUX.

ART. 10. *Matériaux à employer.*

Tous ces matériaux proviendront des localités indiquées dans les spécifications. (Annexes D et E.)

**§ 1. — Matériaux pour la confection des chaussées, bétons et mortiers.**

ART. 11. *Pierres cassées, cailloux et gravier* — 32, 42 —.

ART. 12. *Sable* — 32, 42 —.

ART. 13. *Pavés d'échantillon* — 32 et 35 —.

ART. 14. *Pavés de blocage et bâtards* — 32 et 35 —.

ART. 15. *Chaux.* — Chaux hydraulique naturelle ou artificielle; chaux grasse. — Essais — 43 —.

ART. 16. *Ciments* — 44 —.

ART. 17. *Pouzzolanes* — 44 —.

**§ 2. — Matériaux pour les ouvrages d'art et les ouvrages accessoires.**

ART. 18. *Plâtre* — 45 —.

ART. 19. *Pierre de taille* — 50 —.

ART. 20. *Briques* — 52 —.

ART. 21. *Moellons.*—Diverses espèces de moellons : bruts, piqués, smillés, etc.; meulière — 49 —.

ART. 22. *Craie et pierres tendres de nature calcaire* — 49 —.

Art. 23. *Bois.* — Bois dits : en grume, grossièrement équarris, équarris à vive arrête — 55 —.

Art. 24. *Métaux.* — Fonte, fer, acier, plomb, zinc, bronzes, laitons et autres alliages — 56 —.

Art. 25. *Matières propres à la peinture.* — Couleurs. — Huiles. — Mastics — 57 —.

Art. 26. *Enduits.* — Goudron, coaltar, asphalte — 58 —.

## CHAPITRE III.

### MODE D'EXÉCUTION DES TERRASSEMENTS ET DES CHAUSSÉES.

#### § 1. — Piquetage.

Art. 27. *Piquetage fait par l'ingénieur.* — Position, enfoncement, dimensions des piquets; état de piquetage; axe du chemin — 2 —.

Art. 28. *Achèvement du piquetage par l'entrepreneur.* — Profils en travers; distance des piquets dans les parties droites et dans les parties courbes. — Gabarits de terrassements — 2 —.

Art. 29. *Frais de piquetage.* — L'entrepreneur fournit à ses frais les ouvriers et piquets nécessaires pour le tracé.

Art. 30. *Conservation des piquets et gabarits de terrassements* — 2 —.

#### § 2. — Exécution des terrassements.

Art. 31. *Commencement des terrassements.* — L'entrepreneur commence le travail général des terrassements aussitôt après l'expiration du délai fixé pour la vérification du métré. Il ne peut, toutefois, ouvrir ses travaux que sur les terrains de l'administration ou ceux dont elle peut obtenir le droit de disposer.

Art. 32. *Règlement des surfaces et précautions à prendre dans l'exécution des terrassements* — 6 à 10 —.

Art. 33. *Dépôts et emprunts* — 11 —.

Art. 34. *Semis.* — Nature des graines, mode d'exécution des semis — 72 —.

Art. 35. *Gazonnements.* — Extraction des gazons, dimensions; gazonnements à plat et gazonnements par assises — 73 —.

Art. 36. *Réparations des dégradations des talus.*

Art. 37. *Plantations* — 74 et suiv. —.

### § 3. — Terrassements des routes et chemins; chaussées.

ART. 38. *Encaissement.* — Mode d'exécution de l'encaissement en remblai et en déblai — 33 —.

ART. 39. *Cerces pour régler le bombement* — 33 —.

ART. 40. *Anneaux pour vérifier le cassage des pierres* — 32 —.

ART. 41. *Exécution d'une chaussée formée d'une seule couche.* — Routes et chemins modifiés — 33 —.

ART. 42. *Manière d'exécuter le pavage* — 35 —.

## CHAPITRE IV.

### MODE D'EXÉCUTION DES OUVRAGES D'ART ET OUVRAGES ACCESSOIRES.

### § 1. — Piquetage et réception des matériaux.

ART. 43. *Indications générales.* — Remise à l'entrepreneur de la spécification (Annexes D et E) et des dessins d'exécution — 37, 38 —.

ART. 44. *Tracé et piquetage* — 39 —.

ART. 45. *Réception des matériaux avant l'emploi.*—Les matériaux rebutés restent sur le chantier jusqu'à l'achèvement des travaux de l'année, pour avoir la certitude qu'ils n'ont pas été employés. Les pierres de taille, les moellons piqués, les bois, les pièces de fer et de fonte de grandes dimensions auxquelles s'applique l'observation précédente, sont marqués à la peinture à l'huile, en noir ou en rouge, d'un R d'au moins $0^m,15$ de hauteur. Les petits matériaux, au contraire, le sable, les cailloux, les pierres cassées, les mortiers, et les bétons déclarés non recevables, sont immédiatement employés dans les remblais ordinaires. Les petites pièces de fer ou de fonte sont également retirées du chantier.

ART. 46. *Mise au rebut des matériaux défectueux, même après l'emploi.*

### § 2. — Fabrication et emploi du mortier et du béton.

ART. 47. *Extinction de la chaux* — 43 —.

ART. 48. *Composition, dosage et fabrication des mortiers* — 46 —.

ART. 49. *Béton de sable* — 47 —.

ART. 50. *Fabrication du béton* — 47 —.
ART. 51. *Béton posé à sec* — 47 —.
ART. 52. *Béton immergé* — 47 —.
ART. 53. *Béton pour chapes*. Composition — 47 —.

**§ 3. — Façon des maçonneries y compris taille et rejointoiement.**

ART. 54. *Maçonnerie de pierre de taille* — 50 —.
ART. 55. *Maçonnerie de moellons de parements* — 49 —.
ART. 56. *Maçonnerie brute* — 49 —.
ART. 57. *Maçonnerie de voûtes* — 53 —.
ART. 58. *Maçonnerie en pierre sèche* — 49 —.
ART. 59. *Maçonnerie de briques* — 52 —.
ART. 60. *Rejointoiement* — 54 —.
ART. 61. *Enduits* — 54 —.
ART. 62. *Chapes*. — Soins à prendre lors de la pose — 47, 58 —.

**§ 4. — Prescriptions relatives aux charpentes, ferrures, etc.**

ART. 63. *Bois pour service temporaire. Charpente pour ouvrages définitifs* — 35 —.
ART. 64. *Pieux de fondations et palplanches* — 55 —.
ART. 65. *Fers et fontes*. Assemblages — 56 —.
ART. 66. *Peintures*. Application — 57 —.
ART. 67. *Goudronnage* — 58 —.
ART. 68. *Chapes en bitume* — 58 —.

## CHAPITRE V.

### MODE D'ÉVALUATION DES OUVRAGES.

**§ 1. — Terrassements.**

ART. 69. *Métrage des terrassements*. Les terrassements sont toujours cubés en déblai.

ART. 70. *Règlement du cube des terrassements*. — Ce règlement lieu avant l'ouverture des travaux et dans un délai de quinze jours après la notification du piquetage. L'entrepreneur doit donc, avant l'expiration de ce délai, vérifier le piquetage et l'accepter. S'il reconnaît quelques erreurs, le nivellement est refait en sa présence. Il est dressé un procès-verbal de cette opération, et l'entrepreneur est obligé d'accepter les profils arrêtés.

Art. 71. *Classification des déblais.* — Un certain nombre de sondages sont faits avant l'ouverture des travaux, pour déterminer la classification des déblais et le prix moyen du mètre cube pour chaque tranchée. — L'entrepreneur vérifie ces sondages.

Sont considérés comme déblais à sec, et payés aux prix de la série, tous les déblais jusqu'à 0m,25 de profondeur sous l'eau.

Art. 72. *Draguages.* — On considère comme draguages les déblais de toutes natures effectués à plus de 0m,60 sous l'eau.

Ils sont payés au prix de la série, suivant leur profondeur sous l'eau, à l'emplacement des fouilles, au moment de leur exécution.

L'entrepreneur doit prendre toutes les dispositions nécessaires pour donner un prompt écoulement aux eaux des déblais. En conséquence, les déblais de la voie, les contre-fossés et les déplacements de routes sont toujours comptés à sec. Pour les autres déblais, il ne sont comptés comme déblais sous l'eau que lorsqu'il est constaté qu'il était impossible, au moyen de rigoles convenablement disposées, de faire descendre le niveau de l'eau jusqu'à 0m,25 au-dessus du fond.

Art. 73. *Évaluation des transports.* — Avant le commencement des travaux, l'ingénieur dresse, par sections ou sous-sections, et même au besoin par tranchées et parties enlevées en dépendant, un tableau du mouvement des terres, dans lequel est déterminé celui ou ceux des modes de transport à employer et la distance moyenne pour chaque mode. Ce tableau est obligatoire pour l'entrepreneur, qui a, toutefois, la faculté de substituer un mode de transport à un autre, sous la condition expresse qu'il ne sera apporté aucune modification dans les prix.

Les distances moyennes, vérifiées et acceptées par l'entrepreneur, servent au règlement des comptes.

Art. 74. *Règlement du prix pour les terrassements de grandes tranchées.* — Lorsqu'une tranchée présente quelque importance, et aussitôt que l'entrepreneur a reconnu l'exactitude des profils en travers et des sondages, on applique aux cubes des terres le prix de la série résultant des distances moyennes de transport. La somme totale ainsi obtenue, divisée par le cube total des terres, donne le prix moyen de tous les terrassements ; un procès-verbal de cette opération constate le prix définitif auquel on est arrivé. Ce prix, ainsi obtenu et arrêté irrévocablement, devient un prix à forfait, pour chaque mètre cube de chacune desdites tranchées, sans que l'on ait égard ni à la distance, ni au mode de transport, et quels que soient les cubes trouvés par les métrés définitifs, qu'ils excèdent les cubes de l'avant-métré ou qu'ils leur soient inférieurs.

Malgré la détermination du prix à forfait dont il vient d'être question, l'entrepreneur ne peut néanmoins, sans une autorisation formelle de l'ingénieur, modifier la distribution des terres qui a servi de base à la détermination des prix.

ART. 75. *Transport à la brouette et au tombereau.* — La distance du transport de chaque déblai se mesure par la distance existant entre le centre de gravité de ce déblai et le centre de gravité du remblai. Lorsque le centre de gravité du remblai est au même niveau ou plus bas que le centre de gravité du déblai, la distance entre ces deux points s'évalue par la longueur de la ligne droite qui les réunit. Lorsque le centre de gravité du remblai est placé plus haut que celui du déblai, on suppose que l'on a d'abord élevé les terres au niveau du centre de gravité du remblai, en suivant la pente-limite supérieure correspondant au mode de transport employé, et que le surplus du transport s'est fait en palier. On admet d'ailleurs que la ligne parcourue, soit en palier soit en rampe, a été la ligne directe située dans le même plan vertical que les deux centres de gravité du déblai et du remblai. S'il arrive que la différence de niveau entre les deux centres de gravité soit assez grande pour qu'on ne puisse pas arriver de l'un à l'autre, par une ligne directe, sans dépasser la pente-limite supérieure, on admet que l'on fait un détour suffisant pour n'avoir pas à gravir de rampe plus forte que la limite supérieure.

Longueur des relais pour la voiture et pour la brouette. — Les fractions de relai peuvent s'évaluer par cinquièmes.

ART. 76. *Conditions particulières au mode de transport par wagons.* — Lorsque les terrassements sont exécutés au moyen de wagons, il arrive souvent que la compagnie fournit une partie du matériel d'établissement des voies provisoires.

Aussitôt que l'entrepreneur a amené à pied d'œuvre les matériaux dont la fourniture est à sa charge, pour l'établissement de la voie et le matériel de transport, la réception en est faite par l'ingénieur de la compagnie. Ces matériaux et matériel ne peuvent être employés qu'après cette formalité.

Conditions d'établissement de la voie provisoire. — Dimensions.

Après les travaux, l'entrepreneur doit rendre en bon état tous les matériaux qui lui ont été fournis par l'administration.

Dans certains cas, les prix de la série sont calculés de façon à être toujours les mêmes, que les tranchées soient exécutées par étages simultanés ou successifs, que les déchargements aient lieu à l'anglaise ou à l'aide de baleines. Ils comprennent également les frais généralement quelconques des manœuvres, des passages à niveau, des changements et croisements de voies, etc. — 6 et 7 —.

Dans d'autres cas, au contraire, quand les ingénieurs ont prescrit le déchargement des wagons par baleine, l'entrepreneur a droit à un supplément de prix par mètre cube, et en outre à la moitié de la valeur de la baleine; mais à la condition absolue que le cube déchargé dans le chantier où sera établie la baleine atteindra un chiffre déterminé.

Le réemploi dans un nouveau chantier d'une baleine déjà mise en œuvre est payé comme second emploi de bois et fers prêtés pour ouvrages provisoires, le supplément de prix pour déchargement restant le même.

Art. 77. *Ponts de service.* — Les ponts de service pour le passage des terres aux points où doivent être élevés des ouvrages d'art sont payés aux prix de la série. L'ingénieur est seul juge de l'opportunité de ces ponts, dont il fournit les dessins d'exécution.

Art. 78. *Gazonnements, semis et plantations.* — Toutes les mains-d'œuvre indiquées aux articles 34, 35, 37, sont prises en considération dans les prix de la série. Les gazonnements, semis et plantations sont payés au mètre superficiel — 72, 73, 74.—

Art. 79. Les chaussées empierrées ou pavées sont mesurées au mètre superficiel; les bordures des trottoirs, au mètre courant. L'ingénieur fait des sondages pour s'assurer de l'épaisseur des chaussées d'empierrement et contrôler le métrage fait à l'avance et sur place des matières employées à leur construction — ch. I, § VI —.

## § 2. — Maçonneries.

Art. 80. *Foisonnement de la chaux; dosage du mortier et du béton.* — Expériences faites dans chaque cas pour déterminer ce foisonnement — 43 —. Dans le cas où le foisonnement est supérieur à celui fixé par la série, l'ingénieur peut refuser la chaux ou l'admettre en modifiant la série de prix.

L'application des prix pour le mortier et la quantité de mortier employée dans le béton a lieu d'après les dosages définitivement adoptés par l'ingénieur — 46 —.

Art. 81. *Bétons.* — Le volume des bétons et mortiers maigres employés pour le remplissage des tympans est mesuré sur place après l'emploi. Le béton employé, soit à sec, soit dans des fouilles hermétiquement closes, se mesure sur place après l'emploi, au moyen de profils en travers pris avant et après sa mise en œuvre — 47 —.

Le béton immergé dans des enceintes de fondations en pilotis ou en vannages est mesuré, après fabrication, dans des caisses prismatiques; quand il s'agit de régler le travail, on fait une certaine déduction, à déterminer par expérience, sur le cube ainsi obtenu, pour tenir compte du tassement en œuvre.

Art. 82. *Maçonnerie de pierre de taille.* — Le cube de la maçonnerie de pierre de taille est compté d'après les dimensions réelles en œuvre; seulement, pour les plinthes, les corniches et les pierres portant moulures, on comptera comme section celle du plus petit polyèdre circonscrit.

Pour les pierres évidées formant un angle rentrant, on ne tient pas compte du cube évidé, le prix porté à la série pour la façon des évidements comprenant le déchet. Il en est de même pour les évidements biais ou à pans coupés.

Art. 83. *Maçonnerie de moellons.* — Le volume des maçonneries est établi d'après les attachements pris en cours d'exécution, contradictoirement avec l'entrepreneur et en conformité des clauses et conditions générales. Toutefois, l'entrepreneur n'est pas admis à réclamer au delà des dimensions cotées qu'il aura dû recevoir avant de commencer chaque ouvrage. Le cube total de la maçonnerie comprend aussi bien le moellon à surface parementée que le moellon de remplissage. Tous les vides sont déduits. Il n'est admis aucun supplément pour la maçonnerie de moellons bruts. Les frais de confection de la maçonnerie de moellons à surface parementée sont couverts par des prix de main-d'œuvre de parements vus et de rejointoiements qui sont alloués pour ces objets à la série de prix, et qui comprennent ensemble la façon et le déchet du moellon, sa pose et toutes les fournitures et mains-d'œuvre nécessitées par l'exécution des maçonneries et celles de leur rejointoiement.

Art. 84. *Taille, ragréement et rejointoiements.* — Le mesurage des tailles, ragréement et rejointoiements se fait à la surface et sans autres plus-values pour les parties courbes et refouillées et pour les angles saillants et rentrants, que celles stipulées dans la série.

On ne compte et on ne paye d'ailleurs comme parements que les surfaces qui resteront véritablement vues après l'achèvement de tous les travaux, et on ne tient aucun compte des surfaces qui doivent être recouvertes par un enduit de mortier ou plâtre.

Art. 85. Les chapes sont mesurées au mètre superficiel, mais en modifiant le prix porté à la série proportionnellement à la différence entre les quantités de matériaux qui y sont consignées et celles qui sont réellement employées.

Art. 86. *Enrochements.* — Les enrochements sont ordinairement emmétrés et mesurés sur la berge avant l'échouage.

Art. 87. *Dispositions générales.* — Les prix de main-d'œuvre des maçonneries sont établis dans l'hypothèse d'une hauteur moyenne déterminée; si cette hauteur est dépassée, il y a lieu d'ajouter un supplément de prix pour tenir compte des échafaudages plus spacieux et de l'augmentation des frais de bardage des matériaux. Ce supplément de prix est établi pour chaque cas particulier.

## § 3. — **Charpentes, métaux, peintures, etc.**

Art. 88. *Charpentes.* — Les ouvrages de charpente sont ordinairement mesurés suivant les longueurs apparentes des pièces en œuvre, sans égard pour les tenons, queues d'aronde, traits de Jupiter et autres assemblages qui sont comptés comme déchets dans l'analyse des prix.

L'équarrissage des pièces délardées ou refouillées est estimé sur les dimensions du plus petit rectangle circonscrit à la pièce en œuvre.

A défaut d'indication dans la série de prix, les bois et fers des cintres, ponts de service, batardeaux et autres ouvrages accessoires sont repris par l'entrepreneur pour les deux tiers de leurs prix.

L'entrepreneur est tenu de faire à ses frais la démolition et l'enlèvement de ces bois et fers; tous les faux frais, y compris échafaudages, pertes de bois, etc., restent à sa charge. Les prix de charpente comprennent d'ailleurs, ordinairement, tous les refouillements nécessaires dans les maçonneries, la pose de tous les fers relatifs à ces charpentes, les scellements et la mise en place définitive des bois.

ART. 89. *Métaux.* — Les pièces en métal sont payées d'après leur poids réel, en tant qu'il ne diffère pas de 4 pour 100 du poids demandé : tout excès au delà de cette tolérance n'est pas compté.

Le pesage des pièces se fait lorsqu'elles sont rendues à pied d'œuvre, contradictoirement avec l'entrepreneur et à ses frais.

S'il y a déficit en dehors de la tolérance fixée, le poids total de la fourniture est réduit dans la proportion de la différence trouvée et du résultat obtenu.

Le prix du kilogramme comprend tous les frais de fourniture, main-d'œuvre, modèles, transport, pose et emploi.

ART. 90. *Peintures.* — Les peintures sont payées au mètre carré pour l'ensemble des couches prescrites; des prix spéciaux par couche, sont fixés pour les couches supplémentaires.

ART. 91. *Goudronnage.* — Le goudronnage est payé pour chaque couche et le prix indiqué à la série pour cet objet renferme tous les frais accessoires tels que : chauffage, fournitures de bois, etc.

ART. 92. *Asphalte.* — Les mastics bitumineux employés, soit pour chapes, soit pour dallages, sont payés au mètre superficiel ; les couches de béton sur lesquelles ces mastics sont étendus sont payées au prix ordinaire, fixé par la série pour ce genre d'ouvrage.

## CHAPITRE VI.

### CONDITIONS PARTICULIÈRES ET GÉNÉRALES.

#### § 1. — Réserves pour travaux en régie et autres travaux et fournitures, etc.

ART. 93. *Travaux faits en régie.* — Les travaux pour lesquels des prix spéciaux ne sont pas indiqués dans la série, tels que : les épuisements pour la fondation des ouvrages d'art, les batardeaux, les étrésillonnements lorsqu'ils sont jugés nécessaires et ordonnés par écrit, les battages de pieux et palplanches, les fournitures de ciment de Vassy, le bitume, les scellements, etc., sont exécutés par voie de régie, sous la direction et la surveillance des ingénieurs ou de leurs agents. Cependant ces travaux sont faits autant que possible par l'entrepreneur, sur prix convenus, et on n'a recours à des régies complétement distinctes qu'autant qu'il n'accepterait pas les prix qui lui sont offerts ou n'exécuterait pas les travaux avec tout le soin et toutes les précautions désirables.

En ce qui concerne le battage des pieux et palplanches, le prix en est réglé par mètre courant de fiche, après expériences, et l'entrepreneur doit se conformer aux conditions exprimées dans l'article 64.

L'ingénieur conserve toujours le droit, pendant la durée de ces travaux, de les retirer à l'entrepreneur pour les faire faire par des ouvriers à la journée, dans le cas où il ne se conformerait pas exactement aux ordres et aux instructions qui lui seraient donnés.

Art. 94. *Fonte, fers, tôles, distraits de l'entreprise.* — Les fontes, fers, tôles, destinés à former les parties importantes de quelques-unes des constructions du chemin de fer, telles que : ponts, colonnes, etc., peuvent faire l'objet d'entreprises spéciales, si l'administration le juge convenable, quelles que soient les indications de la série de prix. Cette réserve s'applique aussi aux fers à T employés soit isolément, soit avec des charpentes pour former des poutres, des ponts ou des viaducs.

Art. 95. *Travaux de terrassements qui pourraient être distraits de l'entreprise.* — Si les ingénieurs jugent convenable d'employer des locomotives pour le transport des terres, ou de faire usage de machines nouvelles pour l'enlèvement des déblais, il y a lieu d'établir des prix spéciaux pour ce nouveau mode de transport ou d'enlèvement des déblais.

S'il convient à l'administration de faire exécuter des remblais au moyen de décharges publiques ou de terres provenant de fouilles particulières, en dehors des travaux de l'entreprise, ou si des particuliers, dans leur intérêt et du consentement de l'administration, veulent exécuter des déblais ou des enlèvements de terre sur la ligne du chemin de fer, ces travaux sont détachés de l'entreprise, sans indemnité pour l'entrepreneur.

Art. 96. *Matériaux trouvés dans les fouilles.* — Les matériaux rencontrés dans les déblais appartiennent à l'administration, et doivent, sur l'ordre de l'ingénieur, être mis en dépôt pour être utilisés, soit dans les ouvrages d'art, soit dans les travaux accessoires compris ou non compris dans l'entreprise, aux prix spéciaux portés à la série pour cet objet, et avec conditions y énoncées. Lorsqu'ils sont utilisés dans les ouvrages dépendant de l'entreprise, il est tenu compte, en outre, des mains-d'œuvre et des transports supplémentaires que cet emploi peut nécessiter.

Art. 97. *Objets trouvés dans les fouilles.* — L'administration du chemin de fer se réserve la propriété exclusive de tous les objets d'art ou d'histoire naturelle, tels que : bas-reliefs, inscriptions, médailles, cristallisations, fossiles, etc., qui peuvent être découverts dans les fouilles.

L'entrepreneur renonce formellement, par le seul fait de sa soumission, pour lui-même et pour ses ouvriers, au bénéfice de l'article 716 du Code civil. Ces objets, s'il en rencontre, sont extraits et conservés avec soin par l'entrepreneur et remis par lui à l'ingénieur en chef.

Art. 98. *Maintien de la circulation pendant la durée des travaux.* — L'entrepreneur doit disposer ses ateliers, aux abords des voies de communication modifiées, de manière à ne jamais interrompre la circulation et à la gêner le moins possible. Les barrières de défense, les frais d'entretien et d'éclairage sont à sa charge, et il demeure responsable de tous les accidents qui auraient lieu sur ces points, par suite de sa négligence.

Art. 99. *Divers frais à la charge de l'entrepreneur ou de l'administration.* (A déterminer pour chaque cas particulier.)

L'entrepreneur prend à sa charge, sans recours contre l'administration :

— Tous les frais d'échafaudages ordinaires, tous les droits d'octroi et autres sur les matériaux ;

— Les contributions qui peuvent être exigées, aux termes des lois existantes pour la réparation des chemins vicinaux ou autres dégradés par le passage des voitures ou tombereaux employés par l'entrepreneur.

Sont, au contraire, à la charge de la compagnie :

1° Les ponts de service et les cintres pour les ponts de plus de 8 mètres d'ouverture ;

2° Les indemnités à payer ou les acquisitions de terrain à faire pour dépôts ou emprunts de terrassements.

Art. 100. *Abri pour le conducteur des travaux.* — Pour les travaux entraînant une durée de plus de quinze jours, l'entrepreneur doit construire une baraque en planches garnie d'une table et autres meubles permettant au conducteur chargé de la surveillance, de faire ses écritures et ses dessins d'attachements. Cette baraque doit être indépendante de celle qui doit servir d'abri aux ouvriers ou de magasin pour les outils.

Lorsqu'il s'agit d'un ouvrage de très-grande importance et dont la construction doit se prolonger pendant une campagne au moins, l'établissement du bureau de service reste à la charge de l'administration.

ART. 101. *Responsabilité de l'entrepreneur en cas d'accident.* — L'entrepreneur est responsable de tous dommages et dégradations qui auraient lieu sur les ateliers ou à leurs abords et qui pourraient être attribués à la présence des travaux.

Il est aussi personnellement et seul responsable des conséquences de tout accident résultant de ses travaux. Il est tenu de garantir l'administration des suites de toute action dirigée contre elle pour des faits de cette nature, à moins que ces faits ne soient le résultat d'une imprudence directement imputable à elle ou à ses agents.

ART. 102. *Faux frais pour rendre la place nette après l'achèvement des travaux.* — L'entrepreneur est tenu, au moyen des prix fixés par la série et diminués du rabais de l'adjudication, de rendre, après chaque travail, la place nette et vide de décombres.

## § 2. — Dispositions relatives au métré, à la réception des travaux, etc.

ART. 103. *Application des prix.* — La valeur des travaux est réglée, sauf le rabais, d'après la série de prix annexée au marché. Les prix de cette série sont appliqués au métrage réel des ouvrages.

ART. 104. *Changements non prévus au devis.* — Dans le cas où l'administration autorise ou ordonne, soit l'exécution d'ouvrages, soit l'emploi de matériaux, soit des modifications de main-d'œuvre ou de matières dont les valeurs n'ont pas été prévues, soit même un changement de direction dans l'emploi des matériaux, les prix à appliquer sont établis conformément à la stipulation d'un article spécial de la série de prix.

ART. 105. *Changements dans les prix de main-d'œuvre ou de matériaux.* — L'entrepreneur ne peut obtenir d'indemnité à raison des augmentations que la main-d'œuvre ou les matériaux pourraient éprouver pendant le cours de l'exécution du marché. L'administration ne peut également prétendre à aucune diminution pour la même cause.

ART. 106. *Dimensions des matériaux.* — Les dimensions de matériaux, lorsqu'elles n'ont pas été fixées dans le devis ou dans la série de prix, le sont par un ordre de service de l'ingénieur. (Annexes D et E.)

ART. 107. *Métré des ouvrages d'art.* — Les cubes des matériaux employés sont évalués d'après leurs formes réelles et estimés conformément aux règles de la géométrie, en n'admettant toutefois que les dimensions prescrites, soit par le devis général ou la série de prix, soit par les ordres de service écrits des ingénieurs, et sans avoir égard, par conséquent, aux excédants de dimensions que l'entrepreneur pourrait donner aux matériaux et aux diverses parties des ouvrages, ni aux us et coutumes.

Art. 108. *Examen des matériaux avant l'emploi.* — Les matériaux doivent provenir des localités indiquées aux devis, être de la meilleure qualité, être parfaitement travaillés et mis en œuvre suivant les règles de l'art. On ne peut les employer qu'après examen par l'ingénieur. (Art. 45 et 46.)

Art. 109. *Vérification des travaux.* — Les ingénieurs peuvent ordonner, soit en cours d'exécution, soit avant la réception définitive, la démolition et la reconstruction des ouvrages présumés vicieux. Les dépenses résultant de cette vérification sont à la charge de l'adjudicataire, lorsque des vices de construction ont été constatés et reconnus.

Art. 110. *Tenue des attachements.* — Il est tenu sur chaque chantier, par les conducteurs et piqueurs, des attachements partiels et réguliers de tous les ouvrages, accompagnés de plans et profils cotés. L'entrepreneur devra les accepter à mesure de l'avancement des travaux. En cas de contestation, il doit présenter ses observations dans la huitaine, après quoi il ne sera plus admis à réclamer. Néanmoins ces attachements ne deviendront définitifs qu'après la vérification et l'approbation de l'ingénieur.

Art. 111. *Cas de contestation pour l'exécution des ouvrages.* — En cas de contestation entre l'ingénieur et l'entrepreneur relativement à la classification des déblais, aux attachements, au métrage ou à l'application des prix, il en est référé à l'ingénieur en chef, qui applique la règle admise dans le service des ponts et chaussées, et qui prononce en dernier ressort, l'entrepreneur renonçant d'avance à tout recours contre sa décision.

Art. 112. *Sous-traités.* — Pour que les travaux ne soient pas abandonnés à des spéculateurs inconnus ou inhabiles, l'entrepreneur ne peut céder tout ou partie de son entreprise.

Dans le cas où l'administration autoriserait des sous-traités de quelque importance, les sous-traitants ne seraient pas reconnus par elle ; ils ne seraient considérés que comme des agents de l'entrepreneur, et révocables en conséquence comme celui-ci.

ART. 113. *Présence de l'entrepreneur sur les lieux.* — Pendant la durée entière de l'entreprise, l'adjudicataire ne peut s'éloigner du lieu des travaux que pour affaires relatives à son marché, et qu'après en avoir obtenu l'autorisation.

Dans ce cas, il choisit et fait agréer un représentant capable de le remplacer et auquel il donne pouvoir d'agir pour lui et de faire les payements aux ouvriers, de manière qu'aucune opération ne puisse être retardée ou suspendue pour raison de l'absence de l'entrepreneur.

ART. 114. *Choix des ouvriers.* — L'entrepreneur a soin de ne choisir pour commis, maîtres et chefs d'ateliers, que des gens probes et intelligents, capables de l'aider et même de le remplacer au besoin dans la conduite et le métrage des travaux; il choisit les ouvriers les plus habiles et les plus expérimentés, et néanmoins il demeure responsable en son propre et privé nom, comme en celui de sa caution, des fraudes ou malfaçons que ses agents peuvent commettre sur les fournitures, la qualité et l'emploi des matériaux.

ART. 115. *Action sur les agents, ouvriers, etc.* — L'ingénieur aura le droit d'exiger le changement ou le renvoi des agents et ouvriers de l'entrepreneur, pour cause d'insubordination, d'incapacité ou de défaut de probité.

### § 3. — Dispositions générales pour l'exécution des travaux.

ART. 116. *Ordre et délai d'exécution.* — Les travaux seront exécutés dans l'ordre prescrit par l'ingénieur en chef.

ART. 117. *Mise en activité des travaux.* — L'entrepreneur est tenu de commencer ses approvisionnements aussitôt qu'il est mis en demeure par un ordre écrit de l'ingénieur en chef; il doit ouvrir ses ateliers et commencer les travaux quinze jours au plus tard après cette mise en demeure. Huit jours après, le nombre de ses ouvriers et ses moyens de travail doivent être constamment proportionnés à l'importance de l'entreprise et à la nature des engagements pris pour le temps d'exécution.

ART. 118. *Mise en demeure.* — L'entrepreneur doit imprimer aux travaux toute l'activité convenable; à cet effet, l'ingénieur a le droit, après avoir mis l'entrepreneur en demeure par un simple avertissement écrit, de pourvoir, aux frais, risques et périls de cet entrepreneur, à la portion du service qui a été laissée en souffrance.

ART. 119. *Résiliation.* — Dans le cas où l'entrepreneur ne remplit pas exactement toutes les conditions du marché, le conseil d'administration a le droit de résilier ce marché, sur le rapport de l'ingénieur en chef.

Cette résiliation est suivie immédiatement du règlement des travaux exécutés, sous toutes réserves de droit.

Il n'est tenu compte à l'entrepreneur que des travaux réellement faits et reçus, et ce toujours avec le rabais résultant du marché. Il ne peut prétendre à indemnité ou dédommagement ni pour les dépenses d'approvisionnement ni pour les bénéfices qu'il aurait pu faire sur son entreprise.

Art. 120. *Cautionnement.* — L'entrepreneur fournit, pour garantie de la bonne et entière exécution des travaux, un cautionnement dont le montant et la nature sont déterminés par le traité général annexé au cahier des charges.

Art. 121. *Garantie.* — Comme garantie des engagements de l'entrepreneur envers l'administration, il lui est fait une certaine retenue sur le montant des travaux, retenue qui lui est rendue suivant les stipulations du traité général.

Art. 122. *Réception provisoire. Délai de garantie.* — La réception provisoire n'a lieu qu'après l'entier achèvement de la totalité des travaux dans chaque section ou arrondissement d'ingénieur.

Dans toute circonstance la réception provisoire est opérée de droit par le seul fait de la mise en exploitation de chaque section.

Les délais de garantie sont de six mois pour les terrassements, et d'un an pour les ouvrages d'art. Ils commencent à dater de la réception provisoire.

La réception définitive n'a lieu qu'après l'expiration des délais de garantie. — L'entrepreneur devra, jusqu'à cette époque, entretenir en bon état toutes les parties du chemin en ce qui concerne les terrassements et ouvrages d'art.

Art. 123. — L'entrepreneur doit se conformer :

— Aux clauses et conditions générales imposées aux entrepreneurs par l'administration ;

— Aux prescriptions du cahier des charges de la loi de concession.

Fait double à *** le.....

# D

# SPÉCIFICATIONS D'OUVRAGES D'ART.

Une spécification est une extension de certains articles du cahier des charges général, indiquant d'une manière plus précise les mesures et précautions à prendre, les conditions à remplir dans l'établissement d'un ouvrage d'art d'terminé. Cette spécification est remise par l'ingénieur à l'entrepreneur ou à l'agent chargé de l'exécution, en même temps que les dessins et devis de l'ouvrage.

La spécification, tout en restant conforme au cahier des charges général, indique plus particulièrement : la provenance des matériaux et l'espèce de maçonnerie à employer pour chacune des parties de l'ouvrage à construire; les dimensions spéciales de certaines pierres et leur taille; le mode d'exécution des fouilles et fondations; enfin toutes les circonstances qui ne peuvent être prévues dans le cahier des charges.

Il arrive quelquefois que cet ordre de service doit être modifié ou complété par d'autres pendant l'exécution même de l'ouvrage : la spécification comprend alors l'ensemble de tous ces ordres de service.

Les dessins et devis d'un ouvrage doivent toujours être accompagnés d'une spécification, si l'on veut assurer la parfaite exécution de cet ouvrage.

## OUVRAGES EN MAÇONNERIE

### CHEMINS DE FER DE ***

#### LIGNE DE *** A ***

#### SPÉCIFICATION DES TRAVAUX DU VIADUC DE ***

*à... mètres du piquet* N°

*Provenance des matériaux.* — La chaux se tirera des fours de ***

Le sable, du ruisseau de ***, près de ***;

La pierre de taille, des carrières de *** :

Les moellons bruts et les moellons piqués, des carrières de *** ;

La pierre concassée, pour béton, sera......

*Fouilles des fondations.* — La fouille des fondations sera verticale, ce qu'admet la nature du terrain. Le périmètre de cette fouille sera exactement semblable au périmètre de l'emplacement du béton, tel qu'il est coté au projet.

*Extinction de la chaux.* — Le bassin pour l'extinction de la chaux sera divisé en deux compartiments, ou, si l'entrepreneur le préfère, on creusera deux bassins distincts qui seront revêtus de plats-bords maintenus par des piquets en bois. Ces plats-bords seront garnis de glaise, pour que l'eau ne s'échappe pas au moment de l'extinction.

L'extinction se fera par fusion, en suivant le procédé indiqué par M. Vicat et qui consiste à répandre la chaux vive dans le fond du bassin et à la régaler par couches de 0m,20 à 0m,25 d'épaisseur. On y versera de l'eau de manière qu'elle pénètre bien tout le volume de chaux qui a été répandu. Quand l'effervescence aura lieu, on ajoutera alternativement de la chaux et de l'eau sans brasser. Si quelque partie de chaux fusait à sec, on y amènerait de l'eau par des rigoles que l'on tracerait légèrement avec la pelle. De temps en temps on enfoncera un bâton dans les endroits où l'on croira que l'eau a pu manquer. Si le bâton sort enduit d'une chaux gluante, l'extinction sera bonne; si, au contraire, il se dégage du trou une fumée farineuse, c'est que la chaux fuse à sec. Dans ce cas on élargirait le trou, on en ferait d'autres à côté, et on y verserait de l'eau.

La chaux ainsi éteinte ne devra être employée qu'après vingt-quatre heures environ. C'est pour satisfaire à cette prescription qu'il a été recommandé d'ouvrir deux bassins. On remplira l'un à la fin de la journée et lorsque le premier sera sur le point d'être épuisé.

*Fabrication du mortier et béton.* — Le mortier se fabriquera au rabot. Le mortier et le béton se composeront suivant les proportions établies dans le cahier des charges, savoir :

Pour le mortier : 1 volume de chaux éteinte et 2 volumes de sable ;

Pour le béton : 2 volumes de mortier et 3 volumes de pierres concassées.

La manipulation du mortier et du béton se fera suivant toutes les précautions prescrites au cahier des charges (Art. 48 et suiv.)

*Pose du béton.* — Le béton, transporté à pied-d'œuvre, sera régalé et pilonné, comme il est prescrit au cahier des charges. (Art. 49 et suiv.)

*Taille des moellons piqués.* — Les moellons piqués seront taillés à la boucharde sur leur face, entourés d'une ceinture de 0m,025 de largeur. (Art. 21.) Ils seront de grès rouge et d'un grain moyen.

*Parement vu des pierres de taille.* — La pierre de taille sera de grain fin et couleur uniforme. Les faces de tête des chaînes d'angles et des voussoirs seront taillées à la boucharde, et relevées d'une ciselure de 0m,03 de largeur et en retraite de 0m,006 à 0m,007 sur le parement à la boucharde. (Art. 19.) Toutes les autres faces seront parementées à la laie.

Les autres parties de l'ouvrage qui ne sont pas traitées dans la présente spécification, feront l'objet d'un nouvel ordre de service.

À le 18

*Ordre de service du.... 18...*

*Pierre de taille.* — Les surfaces vues de la pierre de taille seront parementées à la laie, à deux reprises.

Le socle ou soubassement aura 0m,60 de hauteur.

Les pierres d'angles des culées et des murs en aile auront 0m,30 de hauteur. A l'angle de la culée, elles auront alternativement 0m,75 et 0m,60 de longueur dans les pieds-droits, et 0m,50 et 0m,35 dans le plan de tête; à l'angle rentrant du mur en aile, elles auront alternativement 0m,27 et 0m,42 de longueur dans le plan de tête et 0m,20 et 0m,10 dans le plan du mur en aile.

La treizième assise, en partant du soubassement, aura 0m,44 de hauteur, dont 0m,14 formeront une astragale. Cette assise régnera sur toute la longueur de la culée, sur le plan de tête et sur le mur en aile, où elle viendra se terminer contre la crossette du rampant.

Elle se trouvera naturellement en saillie de 0m,02 sur le moellon piqué.

La quatorzième assise aura 0m,46 de hauteur, dont 0m,20 seront employés pour les moulures de la corniche; elle se prolongera sur le mur en aile pour en faire le couronnement.

Les dés auront les dimensions indiquées au projet.

Ceux à l'extrémité des murs en aile auront 0m,59 de largeur sur 0m,66 de longueur; ils seront couronnés par une pointe de diamant de 0m,03 de hauteur.

En prolongement de chaque assise de pierre de taille, le couronnement du mur en aile sera formé par une crossette, dont la base aura 0m,45 et la longueur suivant le rampant 0m,54.

La crossette juxtaposée au dé aura la forme indiquée par le dessin d'appareil; celle qui correspond à la treizième assise aura la hauteur de 0m,44.

*Moellons piqués.* — Les moellons piqués se trouveront en retraite de 0m,02 sur le plan du parement de la pierre de taille, qui lui-même sera en retraite de 0m,02 sur le parement du soubassement. D'où il suit que le parement de la maçonnerie de moellons piqués sera en retraite de 0m,04 sur le parement du soubassement.

*Ordre de service du.... 18...*

*Pilotage et exécution des fondations.* — Les pilots à employer pour les fondations du pont seront au nombre de 43 pour chacune des culées et les murs en aile; ils seront disposés de la manière indiquée au projet ci-joint. La longueur de chaque pilot sera de 7 mètres; le diamètre moyen sera de 0m,30.

*Battage des pilots.* — Chaque pilot sera soigneusement aiguisé en pointe, mais on n'y adaptera pas de sabot en fer; la pointe sera simplement durcie au feu.

Les pilots seront enfoncés jusqu'au niveau du plan de recépage indiqué au projet, à moins qu'il ne se soit manifesté, avant, un refus de 0m,005 par volée de trente coups d'un mouton de 400 kilogrammes tombant de 1m,20 de hauteur; auquel cas on continuerait encore à battre le pilot de quatre volées consécutives pour s'assurer que le refus est bien réellement de 0m,005.

L'entrepreneur devra avoir sur le chantier deux sonnettes, afin d'activer, autant que possible, le battage des pilots.

La sonnette sera placée sur le sol naturel.

Des jumelles y seront fixées pour diriger le mouvement du mouton, et afin que la tête du pilot puisse arriver au plan de recépage sans l'intervention de faux pieux.

*Grillage.* — Les pilots, ayant été battus jusqu'au refus de 0m,005, seront recépés à la hauteur indiquée au projet.

Sur la tête des pilots sera posé un chapeau ou traversine de 0m,30 sur 0m,25 d'équarrissage et qui sera fixé sur les pilots au moyen d'un clou barbelé d'environ 0m,50 de longueur.

Sur les traversines seront posées des longuerines également de 0m,30 sur 0m,25 d'équarrissage. Elles seront assemblées au moyen d'une entaille de 0m,025 qui aura aussi lieu dans les traversines, de telle sorte que la hauteur totale des deux pièces ne sera que de 0m,45. Ce grillage sera en bois de chêne équarri au quart de la circonférence — 141 —.

*Enrochement et plancher.* — Dans le fond de la fouille, entre les pilots et les cases formées par le grillage, on fera un enrochement en moellons bruts, jusqu'au niveau supérieur des longuerines. On placera ensuite le plancher en madriers de chêne, de 0m,10 d'épaisseur, puis on continuera l'enrochement jusqu'à 0m,50 au-dessus du plancher, mais en élevant une maçonnerie en pierre sèche dont le parement suivra le contour du plancher et formera ainsi un encaissement de 0m,80 de profondeur pour recevoir la couche de béton.

L'entrepreneur devra approvisionner, pour ces enrochements, un cube de 60 à 70 mètres carrés de moellons. Ils seront emmétrés et l'attachement en sera pris avant l'emploi.

*Pont provisoire pour le passage des wagons.* — Les maçonneries du pont étant arrivées à la hauteur de la douzième assise au-dessus du soubassement, on jettera sur les deux culées un tablier provisoire en charpente, qui sera composé comme suit :

| | | | | | | |
|---|---|---|---|---|---|---|
| 1° — 6 poutres en sapin de | 6m,50 | de longueur, | 0m,25 | de largeur, | 0m,30 | de hauteur. |
| 2° — 7 pièces de pont | 9 ,00 | — | 0 ,20 | — | 0 ,15 | — |
| 3° — 2 garde-grèves | 6 ,50 | — | 0 ,15 | — | 0 ,15 | — |
| 4° — 8 montants de garde-corps | 1 ,10 | — | 0 ,10 | — | 0 ,10 | — |
| 5° — 2 lisses | 6 ,00 | — | 0 ,10 | — | 0 ,10 | — |
| 6° — 2 lisses intermédiaires | 5 ,75 | — | 0 ,08 | — | 0 ,08 | |
| 7° — 1 plancher | 8 ,50 | — | 5 ,00 | — | 0 ,10 | — |

---

## CHEMINS DE FER DE ***

### LIGNE DE *** A ***

### *Spécification du pont sur le ****

**Fondations.** — *Fouille.* — Les talus de la fouille seront inclinés à 1 de base sur 2 de hauteur, jusqu'au niveau du radier.

*Bordages en chêne.* — Deux bordages en chêne de 14m,40 de longueur chacun seront établis, l'un en amont, l'autre en aval du radier. Ces bordages se composeront :

De 14 pièces de 3 mètres de longueur chacune, et de 0m,25 d'équarrissage ;

De 14 moises de 57m,60 de longueur totale, et de 0m,20 d'équarrissage ;

De palplanches de 0m,08 d'épaisseur, et de 2m,50 de longueur.

Les bois pour les pieux et moises seront équarris au 1/4 de la circonférence du grume — 141 —.

Les moises seront reliées deux à deux à chaque pièce, au moyen de boulons de 0m,02 de diamètre, et de 0m,53 de longueur.

*Béton.* — Le béton sera employé dans les fondations, suivant les indications du dessin.

*Radier.* — Une bordure en maçonnerie de pierre de taille de 0m,60 de largeur et de 0m,35 d'épaisseur sera établie le long de chaque bordage en chêne sur 0m,60 de longueur.

Une bordure de 0m,90 de largeur et de 0m,35 d'épaisseur règnera le long des culées et servira d'assiette au socle, comme l'indique le dessin.

Le parement vu de ces bordures sera simplement dégrossi comme les lits et joints.

Le radier compris entre les bordures ci-dessus indiquées sera pavé en maçonnerie de moellons smillés de 0m,29 de queue uniforme.

**Élévation.** — MAÇONNERIE DE PIERRE DE TAILLE. — *Socle des culées.* — Le socle des culées (dont la largeur sera égale à celle des culées) sera formé d'une seule assise de 0m,65 de hauteur disposé alternativement par carreaux et par boutisses.

Les carreaux auront 0m,65 de queue et les boutisses 0m,75.

*Socle des murs de tête.* — Le socle des murs de tête aura 1 mètre de queue.

*Soubassement.* — La pierre de taille du soubassement des murs de tête (autre que celle des chaînes angulaires) sera disposée alternativement par carreaux de 0m,43 et boutisses de 0m,57 de queue.

*Imposte.* — L'imposte sera disposée comme le socle des culées par carreaux et boutisses, et sa queue moyenne sera également de 0m,70.

*Archivolte.* — L'archivolte sera exécutée avec des cornes de vache et les claveaux seront extradossés sans redans ni liaison avec les moellons piqués.

*Plinthes.* — Les plinthes auront une largeur uniforme de 0m,75, et le parement intérieur (du côté des voies) sera dressé à 0m,15 de hauteur verticale. Le dressage sera fait comme celui des lits et joints dont la main-d'œuvre est comprise dans le parement vu.

*Parapets.* — Les parapets peuvent être posés de champ par exception.

MAÇONNERIE DE MOELLONS PIQUÉS. — *Moellons piqués pour parement droit.* — Les tympans et les pieds-droits seront exécutés en moellons piqués.

La longueur de ces moellons sur le parement vu ne sera ni inférieure au double, ni supérieure au quadruple de leur hauteur.

Ils seront alternativement disposés par carreaux et par boutisses.

Les carreaux auront 0m,25 de queue et les boutisses 0m,33.

Indépendamment des boutisses ci-dessus, on posera à chaque assise, à des distances de 4 en 4 mètres, des boutisses de 0m,60 de queue au moins.

Ces dernières boutisses seront distribuées de manière que, d'une assise à l'autre, elles ne se trouvent pas superposées.

La maçonnerie exécutée comme il vient d'être dit sera comptée à 0m,29 d'épaisseur moyenne.

**Voûte.** — *Moellons piqués.* — La douelle sera faite en maçonnerie de moellons piqués disposés par cours de 0m,30 et 0m,40 de queue.

Deux assises de moellons piqués correspondront à chaque claveau de tête.

*Moellons échantillonnés.* — La voûte sera complétée par une maçonnerie ordinaire, litée en prolongement des plans des voussoirs, laquelle maçonnerie formera avec les moellons piqués ci-dessus les épaisseurs suivantes :

| | |
|---|---|
| Aux naissances. . . . . . . | 1m,20 |
| Aux joints de rupture. . . . . | 1 ,00 |
| A la clef. . . . . . . . . . . | 0 ,67 |

Les maçonneries en dehors de ces dimensions seront comptées comme maçonnerie ordinaire.

**Chapes.** — *Chape en mortier.* — La voûte sera couverte d'une chape en mortier de chaux et sable de 0m,05 d'épaisseur.

*Chape en bitume.* — Une chape de bitume, de 0m,015 d'épaisseur, sera posée sur la chape en mortier.

Le dessus des murs en retour (derrière les plinthes) sera également recouvert d'une double chape, comme la voûte.

**Garde-corps.** — Il sera remis, plus tard, à l'entrepreneur un ordre de service spécial pour les fournitures des garde-corps.

**Perrés.** — En amont et en aval du pont il sera établi, sur 10 mètres de longueur, un perré de 0m,29 d'épaisseur moyenne.

**Taille.** — Le parement vu de la pierre de taille, y compris celui des bossages, sera taillé au ciseau large, à l'exception du parement du socle des culées qui sera rustiqué.

Le parement vu des moellons piqués sera taillé au peigne et entouré d'une ciselure de 0m,03 de largeur.

**Cintres.** — Les cintres se composeront de sept fermes en sapin. Leur disposition sera conforme au dessin.

PROVENANCE DES MATÉRIAUX. — *Sable.* — Le sable proviendra du lit de la ***.

*Gravier.* — Le gravier sera extrait de la tranchée de *** et déduit du cube des terrassements.

*Chaux.* — La chaux proviendra des fours autorisés par l'article... du cahier des charges.

L'entrepreneur produira, avec chaque livraison, un certificat du maire attestant :

Les noms et demeure du chaufournier-fournisseur ;

Le cube à fournir ;

La date de la fourniture.

L'attestation ci-dessus n'impliquera pas la réception de la chaux.

MODE D'EXÉCUTION. — *Extinction de la chaux.* — La chaux sera éteinte dans des bassins garnis de planches et isolés les uns des autres par des bourrelets en terre de 0m,50 de largeur au moins; la surface de ces bassins sera au plus de 4 mètres.

On éteindra la chaux dans ces bassins, sur une couche de 0m,40 d'épaisseur au plus, et avant de verser l'eau, on aura soin de casser les morceaux de chaux, de manière que les plus gros passent dans un anneau de 0m,10. On l'arrosera ensuite successivement avec la quantité d'eau nécessaire pour qu'après son extinction elle se réduise en pâte molle.

*Mortier.* — Le mortier se composera de deux parties de sable et d'une partie de chaux. Il sera fabriqué au moyen d'un manége à roue verticale.

*Béton.* — Le béton se composera de deux parties de mortier et de trois parties de gravier.

*Dosage.* — La chaux, le sable et le gravier, employés à la fabrication du mortier et du béton, seront toujours mesurés dans une seule et même caisse, dont les dimensions sont laissées au choix de l'entrepreneur.

A le 18

# E

# PONTS MÉTALLIQUES.

## PROGRAMME

D'UN

## DEVIS ET CAHIER DES CHARGES

RELATIFS A LA CONSTRUCTION

## D'UN PONT SUR LE ***

LIGNE DE *** A ***

### CHAPITRE I.

DESCRIPTION DES OUVRAGES A EXÉCUTER.

ARTICLE 1er. *Objet de l'entreprise.* — Construction d'un pont sur le....

ART. 2. *Importance des travaux à la charge de l'entreprise.* — Construction, fourniture, pose des différentes parties du pont.

Fourniture, transport à pied d'œuvre et fabrication des matériaux.

Peintures; — échafaudages; — appareils nécessaires aux transports, au levage, à la pose, à l'exécution des fondations; — pont de service.

Abords du pont.

ART. 3. *Travaux à la charge de la Compagnie.* — La Compagnie se réserve ordinairement la fourniture à pied d'œuvre des matériaux nécessaires à établir la voie sur le pont, de la pose de la voie et du plancher, enfin des perrés maçonnés ou à pierre sèche, destinés à défendre les remblais du chemin de fer aux abords du pont.

ART. 4. *Description générale de l'ouvrage.* — Situation du pont — nombre des voies; — nombre de travées; ouverture de chaque travée; — piles; — culées.

Longueur totale de l'ouvrage.

ART. 5. *Description du tablier.* — Nombre des poutres; contreventements; — forme des poutres.

Hauteur du tablier au-dessus de la surface des eaux : étiage; crues.

Largeur du passage entre les poutres; — hauteur nette entre le rail et le dessous du contreventement supérieur.

Longuerines supportant la voie; — pièces de pont.

Plancher en madriers. — Surcharge par mètre carré.

Trottoirs pour piétons. — Largeur.

Rouleaux de dilatation.

ART. 6. *Description des piles.* — Fondations. — Caissons : forme et dimensions. — Profondeur à laquelle doivent être descendus les caissons; hauteur du bord supérieur.

Forme et dimensions de la partie supérieure des piles, conformément aux dessins annexés.

Culées. — Caissons. — Murs en ailes : dimensions, fruit.

Maçonnerie des piles et culées.

Portiques, au-dessus des culées, aux deux extrémités du pont.

## CHAPITRE II.

### QUALITÉ ET PROVENANCE DES MATÉRIAUX.

ART. 7. *Fonte.* — Cassure; grain; couleur. — Absence de défauts. — Résistance aux outils; retrait au moulage, etc.

ART. 8. *Tôles et fer.* — Cassure, texture; malléabilité. — Laminage des tôles; — résistance à la traction par millimètre carré; sans altération; jusqu'à la rupture.

Fers laminés; cornières, fers à T. — Résistance.

Fers pour boulons, rivets. — Ductilité, ténacité. — Résistance à la traction jusqu'à la rupture; — résistance au cisaillement.

ART. 9. *Épreuves des matières premières. — Surveillance de leur fabrication.* — Épreuves faites par la Compagnie aux frais du constructeur. — L'entrepreneur indique à la Compagnie les usines auxquelles il désire faire ses commandes, et ne traite avec elles qu'après y avoir été autorisé formellement. Il reproduit dans ses marchés toutes les conditions qui lui sont imposées sur la qualité des matières premières, et réserve à un agent le droit de suivre la fabrication. Il justifie par les marques de fabrique et par la production des marchés eux-mêmes la provenance des matériaux employés.

ART. 10. *Plomb.*

ART. 11. *Sable et gravier.*

Art. 12. *Briques.*
Art. 13. *Pierre de taille.*
Art. 14. *Ciment.*
Art. 15. *Chaux.*
Art. 16. *Mortiers.*
Art. 17. *Bétons.*
Art. 18. *Bois.*
Art. 19. *Goudrons et couleurs.*

## CHAPITRE III.

### MISE EN ŒUVRE DES MATÉRIAUX.

Art. 20. *Construction des piles.* — Soins à apporter à la construction des caissons.

Mode de descente des caissons.

Règlement et nettoyage du fond de la fouille pour chaque pile. — Remplissage en maçonnerie.

Modifications apportées à l'enfoncement des caissons dans le courant de la construction. — Limites extrêmes.

Art. 21. *Construction du tablier.* — *Ajustage.* — Mode d'ajustage des tôles et fers spéciaux.

Tranches de toutes les pièces, tôles, fers, cornières, etc., dressées de façon à assurer à toute la surface des joints un contact parfait.

Couvre-joints. — Travail des cornières et fers à T.

Fabrication des boulons.

Assemblages.

Art. 22. *Perçage et rivure.* — Perçage des tôles, conformément aux dessins d'exécution.

Tolérance d'excentricité sur les trous de rivets des fers et des tôles superposées. — La différence doit d'ailleurs disparaître à l'écarrissoir.

Diamètre des trous et des rivets.

Soins à apporter à la rivure.

Les rivoirs et la forme de la bouterolle doivent être agréés par les ingénieurs de la Compagnie. — Poids des marteaux à main et à devant.

Les rouleaux de dilatation seront tournés.

Art. 23. *Montage et levage du tablier.* — Construction des poutres, à plat, sur des chantiers solidement établis. — Hauteur des chantiers.

Soins à prendre par l'entrepreneur, suivant qu'il exécute le levage avec ou sans pont de service.

Ajustage à l'usine.

Art. 24. *Application du goudron et de la peinture.* — Deux couches de goudron.

Préparation des couleurs. — Deux couches au minium sur toutes les surfaces des fers et fontes sans exception; deux couches de plus au blanc de céruse pour toutes les parties hors de l'eau. Essais des tons avant l'emploi — 69 —.

Art. 25. *Surveillance dans les ateliers de l'entrepreneur et sur les chantiers de pose.* — Surveillance, vérification des dimensions.

L'entrepreneur fournit tous les instruments d'épreuves, gabarits de vérification, calibres, règles, etc.

## CHAPITRE IV.

### CALCULS DE RÉSISTANCE ET ÉPREUVES DU PONT.

Art. 26. *Coefficients de travail.* — Travail des fers, des tôles. — Travail des rivets au frottement des tôles par le serrage des têtes. Ce travail doit être nul au cisaillement.

Art. 27. *Surcharges.* — Surcharge à appliquer au calcul des longerons, pièces de ponts, poutres, etc. Surcharge de tablier.

Art. 28. *Formules de calcul.* — Formules employées.

Art. 29. *Épreuves de réception.* — Épreuves faites, aux frais de l'entrepreneur, lors de la réception provisoire, et répétées, si la Compagnie l'exige, lors de la réception définitive. — Elles consistent :

— Dans l'application d'un poids mort;

— Dans le passage, sur le pont, d'un train composé de locomotives.

## CHAPITRE V.

### BASES DU MARCHÉ; MODE D'ÉVALUATION DES OUVRAGES; PAYEMENTS.

Art. 30. *Bases du marché.* — Montant du forfait. — Pesanteur spécifique des métaux pour le métré.

Art. 31. *Série de prix auxiliaire.* — Pour tenir compte de l'enfoncement variable des piles, pour la détermination des à-comptes à payer à l'entrepreneur, enfin pour l'évaluation de certains travaux supplémentaires qui peuvent être demandés, en cours d'exécution, par la Compagnie, on fait usage d'une série de prix auxiliaire.

En outre des prix à appliquer aux divers matériaux, cette série indique la somme à ajouter au forfait pour chaque demi-mètre d'augmentation dans l'enfoncement d'une pile, et celle à retrancher pour chaque demi-mètre de diminution.

ART. 32. *Usage de la série de prix.* — Mode de payement des prix indiqués à la série précédente.

ART. 33. *Changements en cours d'exécution.* — La série de prix auxiliaire sert aussi à tenir compte de certains changements qui pourraient être apportés aux projets en cours d'exécution. — Usage de la série dans ce cas.

## CHAPITRE VI.

### CONDITIONS DIVERSES.

ART. 34. *Délai d'exécution.* — Longueur de ce délai. — Limites.

ART. 35. *Cas de force majeure.* — Cas qui doivent être considérés comme de force majeure. — Compte à tenir des précautions qui ont été prises pour les prévenir.

ART. 36. *Amende en cas de retard.* — Retenue faite à l'entrepreneur par jour de retard.

ART. 37. *Réception provisoire.* — Procès-verbal de réception provisoire, dressé contradictoirement entre le constructeur et l'ingénieur en chef, après un certain nombre de jours d'exploitation, le pont ayant satisfait à toutes les épreuves.

ART. 38. *Délai de garantie.* — Ce délai part du jour de la réception provisoire. — L'entrepreneur fait, pendant ce délai, toutes les réparations nécessaires à l'ouvrage.

ART. 39. *Réception définitive.* — Elle a lieu à la fin du délai de garantie, si toutefois l'entrepreneur a satisfait à toutes les conditions requises.

ART. 40. *Réserve sur la nature des terrains à excaver.* — Dans le cas où l'on doit traverser accidentellement des terrains exceptionnellement difficiles, les frais imprévus sont à la charge de la Compagnie.

ART. 41. *Nature de la retenue de garantie.* —

ART. 42. *Mode de payement.* — Localité où ces payements doivent s'effectuer.

ART. 43. *Chantiers du pont.* — Les chantiers sont mis à la disposition de l'entrepreneur par la Compagnie, et doivent lui être restitués avec la valeur de la dépréciation.

ART. 44. *Situation de l'entrepreneur vis-à-vis des administrations publiques.* — L'entrepreneur doit satisfaire aux exigences des administrations publiques, et payer toutes les indemnités auxquelles les travaux donneraient lieu.

Art. 45. *Droits de douane.* — Payements effectués par la Compagnie ; payements effectués par l'entrepreneur.

Art. 46. *Transports sur le réseau de la Compagnie.* — Prix de transport. — Chargement et déchargement aux frais de l'entrepreneur.

Art. 47. *Défense de céder le marché.* —

Art. 48. *Résiliation, jugement des contestations.* — Nomination d'arbitres pour prononcer la résiliation dans le cas où elle serait demandée par la Compagnie. — Tous les jugements de contestations se font par des arbitres et sans appel.

Art. 49. *Clauses et conditions générales.* — L'entrepreneur est soumis, sauf modification ou dérogation résultant du présent cahier des charges, aux clauses et conditions générales imposées aux entrepreneurs des travaux exécutés pour le compte de la Compagnie.

---

# F

## PROGRAMME

D'UN

## CAHIER DES CHARGES

POUR LA FOURNITURE, LE TRANSPORT, LA POSE ET L'ENTRETIEN

## DES CLOTURES VIVES ET SÈCHES.

Article 1er. *Objet du cahier des charges.* — Etablissement des clôtures vives et sèches et entretien pendant dix ans sur la ligne de.....

Art. 2. *Importance de l'opération.* — Longueur du chemin de fer à enclore. — Cette longueur est augmentée du développement complémentaire des emprunts et dépôts, et diminuée de celle des emplacements occupés par les barrières des passages à niveau, les clôtures exceptionnelles en maçonnerie, charpente ou treillages, enfin les fossés que la Compagnie se réserve le droit d'établir aux abords des stations ou de tout autre point où elle juge convenable, et sans que l'entrepreneur puisse élever de contestation à ce sujet.

La Compagnie se réserve en outre le droit :

— De fixer la longueur des clôtures vives et sèches que l'entrepreneur doit fournir, planter et poser, ou poser seulement dans chaque partie de la ligne ;

— D'adopter pour le surplus tel système de clôture qui lui convient, et de faire exécuter ces clôtures spéciales par un entrepreneur à son choix ;

— De réduire l'entreprise à telle longueur qu'elle juge convenable.

Art. 3. *Etat d'indication.* — L'entrepreneur se conforme aux états d'indication qui lui sont remis par l'ingénieur de la Compagnie, pour l'exécution de tous les travaux, et ne peut commencer ces derniers qu'après avoir prévenu la Compagnie.

Art. 4. *Direction à suivre*[1]. — Position des clôtures vives et sèches — 82 et 94 —.

## CHAPITRE I.

### FOURNITURE, PLANTATION ET ENTRETIEN DES CLOTURES VIVES.

Art. 5. *Indication des diverses espèces de clôtures.* — Essences proposées par l'entrepreneur à la Compagnie, suivant la nature des terrains. Liste des essences qu'il pourra employer — 82 —.

Art. 6. *Quantité des plants de chaque espèce.* — Essences qui devront être employées plus spécialement dans telle ou telle partie de la ligne — 82 —.

Art. 7. *Justification.* — L'entrepreneur doit justifier de ses moyens d'exécution et de ses approvisionnements en essences de différentes espèces.

Art. 8. *Age et qualité des plants* — 83 —.

Les plants qui, ne satisfaisant pas à toutes les conditions, n'ont pas été mis de côté lors de la plantation, doivent être arrachés aux frais de l'entrepreneur et remplacés par lui.

[1] Nous avons dit (chap. III, 82 et 94) que les clôtures sèches se placent à la limite de l'expropriation et les haies à $0^{m},50$ de cette limite. Une bienveillante observation nous a rappelé que les clôtures ainsi disposées sont fréquemment bouleversées par les attelages ou les appareils de labour. Pour éviter cet inconvénient, il y aurait lieu, dans les terres soumises au labourage, de reculer de $0^{m},50$ en dedans de la limite les clôtures sèches et vives, et de placer les premières à $0^{m},50$ et les secondes à 1 mètre de la ligne des bornes. Mais cette disposition entraine avec elle une augmentation de dépense d'acquisition de terrain.

ART. 9. *Préparation du terrain* — 83 —.

ART. 10. *Plantation des haies.* — Distance des plants — 83 —.

ART. 11. *Epoques des préparations de terrain et plantation* — 83 —.

ART. 12. *Réception provisoire des haies.* — La réception provisoire des haies a ordinairement lieu dans le courant du mois de mai qui suit la plantation. Les haies qui n'ont pas été faites dans les conditions qui précèdent sont replantées par l'entrepreneur.

ART. 13. *Entretien des haies.* — Indication des divers travaux d'entretien que doit exécuter l'entrepreneur — 84 —.

ART. 14. *Amendement du sol.* — Lorsqu'une partie de la haie languit pour une cause quelconque, l'entrepreneur améliore le sol et fait les travaux nécessaires pour la bonne venue des haies — 84 —.

## CHAPITRE II.

### FOURNITURE, POSE ET ENTRETIEN DES CLOTURES SÈCHES.

ART. 15. *Description des clôtures.* — Dimensions — 82 et suiv. —.

ART. 16. *Essence et qualité des bois.*

ART. 17. *Quantités des bois fournies par la Compagnie.*

ART. 18. *Transports de matériaux.*

ART. 19. *Pose.* — Soins à apporter à la pose.

ART. 20. *Piquets de consolidation.* — Partout où cela est nécessaire, notamment à la traversée des ruisseaux et aux abords des chemins et ouvrages d'art, la Compagnie peut exiger que l'entrepreneur renforce ou soutienne la clôture par des piquets supplémentaires dont l'espacement est déterminé par les ingénieurs.

ART. 21. *Réception.* — Mode de réception. Les matériaux refusés sont remplacés par l'entrepreneur. Les portions de clôtures mal posées sont rétablies par lui.

ART. 22. *Entretien des clôtures sèches.*

ART. 23. *Enlèvement des clôtures sèches.* — L'entrepreneur enlève successivement les parties de clôtures sèches correspondant à des parties de haies vives devenues complétement défensives et reconnues telles par les ingénieurs de la Compagnie. Si ces clôtures sont bien conservées, elles peuvent servir à l'entretien.

## CHAPITRE III.

### CLAUSES GÉNÉRALES DU TRAITÉ.

Art. 24. *Propriété des clôtures après la pose ou la plantation.* — Les clôtures vives et sèches, nonobstant le refus de réception qui peut en être fait ultérieurement, sont, par le seul fait de leur plantation ou pose, propriété de la Compagnie.

Art. 25. *Délai de garantie.* — L'entrepreneur garantit les clôtures vives et sèches pendant un laps de temps commençant, pour chacune des parties de sections, à dater de la réception provisoire, et finissant, pour toutes, dix ans après la réception provisoire de la dernière partie de section reçue. Pendant ce délai de garantie, l'entrepreneur reste chargé de l'entretien des clôtures vives et sèches.

Art. 26. *Clôtures vives et sèches à établir pendant le délai de garantie.* — Pendant la durée de l'entreprise, l'entrepreneur doit exécuter les clôtures vives et sèches qui peuvent être ordonnées par la Compagnie dans l'étendue de l'entreprise.

La garantie, pour ces travaux, finit à l'expiration des dix années d'entretien fixées pour la clôture principale. Les haies doivent avoir alors des dimensions en rapport avec leur âge.

L'arrachage et la replantation, ainsi que la dépose et la repose des clôtures pour causes étrangères à l'entrepreneur, sont faites par lui, sur les indications des ingénieurs.

Art. 27. *Réparations des dégâts causés aux clôtures.* — L'entrepreneur doit faire toutes les réparations aussitôt que des dégradations se sont manifestées dans les clôtures vives et sèches, que ces dégradations soient dues à la malveillance, à l'intempérie des saisons, à l'action des eaux ou des vents, enfin aux éboulements des talus. Il demeure responsable envers la Compagnie de tous les dommages occasionnés par l'absence ou le mauvais état des clôtures.

Si l'entrepreneur ne fait pas réparer dans les quarante-huit heures une brèche qui aura été constatée dans les clôtures, la Compagnie peut, sans autre formalité, la faire réparer aux frais, risques et périls de l'entrepreneur.

Art. 28. *Réception définitive.* — Epoque. — Dimensions des clôtures vives. — L'entrepreneur continue à ses frais l'entretien de toutes les parties de haies qui, à l'expiration du délai de garantie, ne présentent pas les qualités exigées, et celui des clôtures sèches correspondantes. Il n'en est dispensé qu'après que la mise en état des parties dont il s'agit a été constatée par un procès-verbal de réception.

La réception définitive est faite par portions d'une longueur déterminée.

ART. 29. *Personnel pour l'entretien et la garde.* — L'entrepreneur est tenu d'avoir, en permanence, des ouvriers-chefs ou gardes-haies chargés de tous les travaux d'entretien des clôtures vives et sèches sur une étendue déterminée. Aux époques convenables, l'entrepreneur leur adjoint tous les ouvriers nécessaires pour achever les travaux dans les délais prescrits.

Tous ces ouvriers sont au compte de l'entrepreneur et conduits par lui, sous la direction des ingénieurs de la Compagnie. Ils sont agréés par ces ingénieurs, qui ont le droit d'exiger leur changement ou renvoi pour cause d'inexactitude, d'insubordination, d'inconduite ou défaut de probité. On n'admet pour gardes-haies que des hommes sachant lire et écrire et possédant les connaissances nécessaires pour bien exécuter les travaux d'entretien.

ART. 30. *Uniforme des gardes-haies.*

ART. 31. *Outils d'entretien.* — Liste des outils dont chaque garde-haies doit être pourvu.

ART. 32. *Permis de circulation.* — Il est remis à l'entrepreneur un permis de circulation de première classe, dans toute l'étendue de l'entreprise, et à chacun des gardes un permis de troisième classe pour voyager dans toute l'étendue de leur parcours.

Enfin, les matériaux que l'entrepreneur a besoin d'envoyer sur la ligne, pour l'entretien des haies et clôtures, sont transportés gratuitement de station en station, les frais de chargement et de déchargement étant seuls à sa charge.

ART. 33. *Procès-verbaux et délits.* — Les gardes-haies sont assermentés aux frais de l'entrepreneur et chargés de la surveillance de la ligne, concurremment avec les agents de la Compagnie et dans des limites déterminées. Ils ont spécialement à constater les délits se rapportant aux clôtures, ainsi que les envahissements des propriétaires ou fermiers des parcelles riveraines.

Les procès-verbaux dressés par les agents de l'entrepreneur sont adressés directement à l'ingénieur de la section, qui décide s'il y a lieu ou non de poursuivre. Les indemnités qui peuvent être allouées en vertu des poursuites autorisées sont partagées entre l'entrepreneur et les gardes qui ont dressé les procès-verbaux, les frais de poursuite étant d'ailleurs toujours à la charge de l'entrepreneur.

En cas d'accident sur la ligne, les employés de l'entrepreneur doivent prêter secours et assistance, et se conduire comme s'ils étaient employés à la Compagnie.

ART. 34. *Mesures à prendre en cas de non-exécution du cahier des charges.* — S'il y a lieu de craindre que les travaux d'établissement ou d'entretien des clôtures ne soient pas terminés aux époques fixées par le cahier des charges ou les instructions données en cours d'exécution, l'entrepreneur est mis en demeure d'avoir, dans un délai de quinze jours, un nombre d'ouvriers suffisant sur la ligne.

A l'expiration de ce délai, la Compagnie est en droit d'établir, immédiatement et sans autre formalité, une régie aux frais de l'entrepreneur en retard.

ART. 35. *Résiliation du bail d'entretien.* — Dans le cas où la Compagnie aurait à se plaindre, soit de l'insuffisance de l'entretien, soit des moyens employés par l'entrepreneur pour assurer le développement régulier de la végétation des clôtures vives, ou l'entière fermeture du chemin au moyen des clôtures sèches, elle se réserve expressément le droit de résilier le bail d'entretien, sans que l'entrepreneur puisse prétendre à aucune indemnité, et de faire exécuter cet entretien aux frais de l'entrepreneur.

ART. 36. *Conditions générales.* — L'entrepreneur est soumis, vis-à-vis de la Compagnie, pendant toute la durée de son entreprise, à toutes les clauses, conditions et prescriptions contenues dans les lois, règlements et ordonnances concernant la police des chemins de fer. Il est mis, à l'égard de l'Etat, aux lieu et place de la Compagnie, pour tous délits et contraventions qui pourraient provenir de son fait ou de celui de ses ouvriers et agents, et pour les accidents et contraventions résultant du mauvais état des clôtures.

ART. 37. *Jugement des contestations.* — Les contestations qui peuvent s'élever au sujet de l'exécution du présent cahier des charges sont portées devant le tribunal de commerce.

Jusqu'à l'entière exécution de ces clauses, tous actes de mise en demeure, toutes assignations, tous actes d'appel, toutes significations de jugement ou autres décisions, offres réelles, etc., seront valablement signifiées à..., au domicile que sera tenu d'y élire l'entrepreneur soumissionnaire, et au siége de la Compagnie.

# G

## PROGRAMME

D'UN

# CAHIER DES CHARGES

POUR LA FOURNITURE

# DES TRAVERSES EN BOIS DE CHÊNE

## OU EN BOIS PRÉPARÉ.

ARTICLE 1er. *Objet du cahier des charges.* — Traverses de joint et traverses intermédiaires. — Quantités proportionnelles de chaque espèce.

ART. 2. *Essence des bois à fournir* — 138 —.

ART. 3. *Formes et dimensions des traverses en bois de chêne* — 139 et 140 —.

ART. 4. *Formes et dimensions des traverses en bois préparé* — 139 et 140 —.

ART. 5. *Courbure des bois et affranchissement des extrémités* — 139 et 142 —.

ART. 6. *Qualité des bois.* — A cet égard, le fournisseur doit donner avis à l'ingénieur en chef de la construction, de la provenance des bois à livrer; celui-ci a le droit de prononcer les exclusions qu'il jugera convenables.

ART. 7. *Qualité et quantité d'antiseptique*[1] *à employer pour la préparation* — 179 et 183 —.

Le *dosage de la dissolution* du sulfate est constaté, soit par des pesées du sulfate solide et de l'eau pure, soit par des pesées du mélange au moyen d'aréomètres gradués, soit par tout autre moyen que la Compagnie juge convenable. Les instruments nécessaires et les frais que peuvent entraîner les vérifications de ce genre sont à la charge du fournisseur. — Quantité d'antiseptique absorbée par le bois.

ART. 8. *Essai des bois préparés par le procédé Boucherie* — 184 —.

ART. 9. *Essai des bois préparés en vase clos* — 185 —.

[1] Nous supposerons, pour fixer les idées, que les bois sont préparés au sulfate de cuivre, soit par le procédé Boucherie, soit par le procédé en vase clos.

En outre des essais que nous avons indiqués, la Compagnie se réserve de prescrire, pour chacun des procédés employés, tous les autres moyens d'épreuve qu'elle jugerait convenables.

Art. 10. *Surveillance de la préparation des bois.* — La Compagnie fait surveiller par un ou plusieurs agents toutes les opérations relatives à la préparation des bois, afin de s'assurer du bon emploi du procédé appliqué.

Les sommes à payer aux inventeurs pour *droits de brevet* restent entièrement à la charge du fournisseur, qui garantit la Compagnie contre toute réclamation à cet égard.

Toutes les expériences que la Compagnie juge nécessaire de faire, pour reconnaître si l'antiseptique est de bonne qualité et si la pénétration des bois est complète, sont à la charge du fournisseur.

Art. 11. *Réception provisoire.* — La réception provisoire des bois est faite, sur les lieux de livraison, par un ou plusieurs agents de la Compagnie — 142 —. Marque de la Compagnie. — Empilage. — Consolidation des traverses fendues — 143 —.

Vérification des dimensions des traverses. — Cubage.

Art. 12. *Lieux de livraison et de réception.* — Les bois sont livrés et reçus aux points stipulés par la soumission. — Tous les frais de transport, de chargement et de déchargement, de classement, d'empilage, et en général tous les frais quelconques de réception, seront à la charge du fournisseur.

On classe séparément les traverses de joint et les traverses intermédiaires, ainsi que les bois de chêne et les bois préparés.

Art. 13. *Délai de garantie.* — La réception définitive a ordinairement lieu . . . . . après la réception provisoire. Jusqu'à la réception définitive, la Compagnie se réserve le droit de rebuter les traverses ayant des défauts qui auraient échappé à la réception provisoire, ou celles qui se fendraient par suite de la mauvaise qualité des bois. Les traverses reconnues défectueuses sont rendues sur le lieu de la livraison au fournisseur, qui doit en tenir compte au prix de la fourniture ou les remplacer si la Compagnie le préfère.

Art. 14. *Epoques des livraisons et retenues exercées sur les fournitures en retard.*

Art. 15. *Interdiction de céder.*

Art. 16. *Jugement des contestations.*

Art. 17. *Enregistrement du cahier des charges.*

# H

## PROGRAMME

D'UN

# CAHIER DES CHARGES

POUR LA FOURNITURE

# DES RAILS.

Article 1er. *Définition de l'entreprise. — Objet du cahier des charges.*

Art. 2. *Section des rails. — Gabarit.* — La section transversale des rails doit être exactement conforme au dessin coté et au gabarit poinçonné qui sont remis au fournisseur. — Tolérance de 1/2 millimètre en plus ou en moins pour tenir compte des différences inévitables provenant de l'usure des cylindres et de leur plus ou moins de serrage — 146 —.

Art. 3. *Poids des rails.* — Tolérance — 156 —.

Art. 4. *Longueur des barres.* — Rails coupés. — Rails de longueur exceptionnelle — 146 à 155 —.

Art. 5. *Marques de l'usine* — 155 —.

Art. 6. *Conditions de fabrication.* — Qualité des fers. — Formation des paquets. — Soudure. — Dressage. — Coupage. — Perçage; réparation — 149 —.

Art. 7. *Épreuves* — 156 —.

Art. 8. *Réception provisoire.* — La réception provisoire est faite à l'usine par un ou plusieurs agents de la Compagnie. Elle a lieu au fur et à mesure de la fabrication et elle a pour but de trier, peser et poinçonner toutes les barres satisfaisant aux conditions stipulées. Tous les frais d'épreuves, vérifications et réceptions, sont à la charge du fournisseur. Les procès-verbaux de réception sont dressés, autant que possible, chaque jour, au fur et à mesure de la fabrication, et régularisés à la fin de chaque mois.

Art. 9. *Propriété des rails après la réception provisoire.* — Les rails poinçonnés et compris dans les procès-verbaux de réception à l'usine sont, par le fait de la réception à l'usine, propriété incontestable de la Compagnie.

ART. 10. *Délai de garantie.* — La Compagnie n'entend recevoir que des rails pouvant faire un service de deux ou trois ans, en général, sur des parties déterminées de la ligne. Elle peut s'assurer par une expérience partielle que cette condition est remplie. — Indemnité — 157 —.

ART. 11. *Réception définitive.*

ART. 12. *Surveillance à l'usine* — 158 —.

ART. 13. *Responsabilité du fournisseur.* — La surveillance exercée par l'ingénieur de la Compagnie ou par ses agents à l'usine du fournisseur, les vérifications et épreuves, les réceptions partielles des rails fabriqués, n'ont, dans aucun cas, pour effet de diminuer la responsabilité du fournisseur, qui restera pleine et entière jusqu'à l'expiration du délai de garantie.

ART. 14. *Lieux de livraison.* — *Transport.*

ART. 15. *Époques de livraison.* — *Retenue pour retards.* — *Ajournement des transports.*

ART. 16. *Des payements.*

ART. 17. *Interdiction de céder.*

ART. 18. *Dérogation au cahier des charges.* — Aucune dérogation au cahier des charges n'est admise que si elle est prescrite ou autorisée par un ordre écrit de l'ingénieur en chef de la Compagnie et que le fournisseur doit présenter à toute réquisition.

ART. 19. *Jugement des contestations.*

---

# I

# PROGRAMME

D'UN

# CAHIER DES CHARGES

POUR LA FOURNITURE

DE COUSSINETS EN FONTE. — COUSSINETS-ÉCLISSES. — ÉCLISSES.
BOULONS. — CHEVILLETTES. — CRAMPONS.
TIRE-FOND. — SELLES INTERMÉDIAIRES ET DE JOINT, ETC.

## Définition de l'entreprise.

ARTICLE 1er. *Objet du cahier des charges.*

## Conditions particulières relatives à chaque fourniture (ch. V, § IV).

ART. 2. *Formes, dimensions et poids.* — Dessins cotés et modèles remis aux fournisseurs.

ART. 3. *Conditions de fabrication.* — Qualité du métal. — Vérification et acceptation des modèles et types par les ingénieurs du chemin de fer, avant la mise en train de fabrication. — Marques.

ART. 4. *Conditions de réception.* — Gabarits de vérification.

ART. 5. *Épreuves.*

## Conditions communes à toutes les fournitures.

ART. 6. *Modifications en cours d'exécution.* — Si, en cours d'exécution, la Compagnie juge convenable de modifier la forme ou les dimensions d'un type quelconque de pièces commandées par elle, le fournisseur est tenu de se conformer aux nouveaux dessins qui lui sont remis, à la seule charge par la Compagnie de recevoir toutes les pièces recevables fabriquées et de payer au fournisseur la valeur des modifications à faire aux modèles, ou leur renouvellement, s'il était nécessaire — 175 —.

ART. 7. *Poids normaux.* — Le poids normal des pièces rigoureusement conformes aux dessins et aux modèles, est constaté à la première livraison des pièces de chaque espèce. -- Tolérances. — Au-dessous des tolérances, les pièces sont rejetées; au-dessus, elles peuvent être acceptées, mais l'excédant de poids n'est pas payé au fournisseur.

ART. 8. *Réception provisoire à l'usine.* — Les réceptions dans les usines sont faites par un ou plusieurs agents du chemin de fer, qui peuvent y rester tout le temps de la fabrication et auxquels il est permis d'exercer de jour et de nuit la surveillance, et de faire les vérifications nécessaires pour constater que les conditions de fabrication indiquées sont exactement remplies, et pour reconnaître si les matériaux satisfont à toutes les prescriptions du cahier des charges.

Les observations que les agents peuvent avoir à faire doivent d'ailleurs être adressées au directeur des usines et non aux ouvriers.

Les matériaux doivent être conservés en lieu sec et préservés de l'oxydation.

Tous les frais de réception et d'épreuves sont à la charge du fabricant.

Les procès-verbaux de réception sont dressés, autant que possible, chaque jour, au fur et à mesure de la fabrication, et régularisés à la fin de chaque semaine.

La Compagnie s'engage à envoyer son agent pour la réception, quinze jours après qu'elle en aura été requise par le fabricant.

ART. 9. *Délais de garantie.* — L'entrepreneur remplace les matériaux détériorés dans le transport, avant ou pendant la pose, et pendant les deux premières années de service sur la voie. La responsabilité du constructeur reste pleine et entière jusqu'à l'expiration du délai de garantie.

ART. 10. *Réception définitive.* — Elle n'est prononcée qu'après l'expiration du délai de garantie. Elle est reculée au delà de ce délai de tous les retards apportés par les fournisseurs à remplacer les pièces défectueuses.

ART. 11. *Lieux de livraison.* — Rangement, comptage, vérification des matériaux livrés, aux frais, risques et périls de l'entrepreneur.

ART. 12. *Epoques de livraison.*

ART. 13. *Retenue pour retards.*

ART. 14. *Ajournement des transports.* — La Compagnie peut ajourner le transport des matériaux reçus à l'usine, et dans ce cas le fournisseur doit les empiler dans un magasin loué par la Compagnie dans le voisinage de l'usine, ou dans l'usine même. Le fournisseur est responsable des quantités de matériaux déposés dans les chantiers et il doit plus tard les transporter à ses frais, risques et périls, aux lieux de livraison.

ART. 15. *Propriété des matériaux après la réception.*

ART. 16. *Interdiction de céder.*

ART. 17. *Payements.*

ART. 18. *Jugement des contestations.*

---

# K

## PROGRAMME

D'UN

# CAHIER DES CHARGES

# POUR LE BALLASTAGE ET LA POSE DE LA VOIE.

### § 1. — Terrassements.

ARTICLE 1er. *Nature des terrassements.* — Les terrassements consistent généralement dans les déblais des terrains qui recouvrent les couches de graviers ou cailloux devant former le ballast, et dans l'emploi immédiat ou le réemploi de ces déblais, suivant les indications qui sont données par les ingénieurs de la Compagnie. — Les terrassements peuvent s'étendre aussi à quelques mouvements de terre pour établir les communications avec les carrières de ballast.

ART. 2. *Règlement du cube des terrassements.* — Avant l'ouverture des travaux de terrassement, il est pris, sur les points où ils doivent être exécutés, un nombre suffisant de profils en long et en travers pour l'évaluation du cube. L'entrepreneur vérifie et accepte les profils, qui sont alors définitivement arrêtés.

ART. 3. *Métré des terrassements et classification générale des déblais et transports.* — (Voir le cahier des charges des travaux de terrassement, annexe C, ch. V, § 1).

ART. 4. *Exécution des remblais.* — Les remblais sont exécutés par masses ou par couches horizontales d'une épaisseur déterminée, dressées et pilonnées, à mesure de l'arrivage des terres.

## § 2. — Ballastage.

Art. 5. *Profil du ballast.* — Épaisseur des couches — 134 —.

Art. 6. *Composition du ballast.* — La provenance du ballast à employer dans les différentes parties de la ligne est indiquée par l'ingénieur — 135 —.

Art. 7. *Règlement du cube du ballast* — 136 —.

Art. 8. *Détermination d'un prix moyen.* — Un prix moyen du ballast est déterminé pour chaque carrière, d'après la classification des diverses natures de ballast qu'elle doit fournir.

Art. 9. *Transport du ballast.* — Formules.

Art. 10. *Conditions particulières au mode de transport par wagons.* — L'emploi des wagons peut avoir lieu dans deux circonstances différentes : 1° pour le transport du ballast des carrières, sur le chemin de fer; 2° pour le transport du ballast sur la ligne même. — Charges et fournitures de l'entrepreneur dans chaque cas.

Art. 11. *Mode de ballastage* — 205 —.

Art. 12. *Maintien du profil du ballast.* — Le ballast doit présenter exactement sur toute la ligne le profil extérieur indiqué en l'article 5 : 1° au moment de la réception provisoire; 2° au moment de la réception définitive. Dans l'intervalle, l'entrepreneur doit maintenir constamment le profil normal du ballast.

Art. 13. *Approvisionnement de ballast.* — Le ballast nécessaire pour le relèvement des voies et pour le maintien du profil est approvisionné aux frais de la Compagnie.

Il est répandu sur la voie par l'entrepreneur, suivant les besoins et sans gêner en rien le service de l'exploitation.

## § 3. — Pose de la voie.

Art. 14. *Piquetage pour l'établissement des voies de fer.* — 204 —. L'entrepreneur fournit à ses frais les ouvriers et les piquets nécessaires pour le piquetage. Il est responsable de la conservation des piquets et, par suite, des fausses manœuvres et malfaçons qui résultent de leur dérangement. Il est remis à l'entrepreneur un état indicatif des rayons et développements des courbes, des longueurs des paliers et des alignements droits, des longueurs et inclinaisons des pentes et des rampes.

L'entrepreneur complète le piquetage de chaque profil en travers du chemin. Il ne commence les travaux qu'après avoir fait approuver et vérifier le piquetage par les agents de la Compagnie.

Art. 15. *Composition de la voie.* — Divers éléments entrant dans la composition de la voie. — Écartement des traverses.

Art. 16. *Matériaux.* — L'entrepreneur reçoit directement des agents de la Compagnie tous les matériaux nécessaires à la confection de la voie. Il lui est remis, au fur et à mesure des besoins, des états indicatifs des matériaux à prendre dans chaque dépôt et des points sur lesquels ils doivent être employés.

Art. 17. *Responsabilité de l'entrepreneur pour les matériaux livrés.* — Les matériaux déjà livrés sur les dépôts et ceux qui arrivent pendant l'exécution des travaux sont livrés à l'entrepreneur, qui les prend immédiatement en charge et en donne reçu. Il est responsable de tous ces matériaux, et doit justifier de leur emploi après la pose des voies définitives.

Art. 18. *Outils.* — L'entrepreneur fournit à ses frais tous les outils et le matériel nécessaires à la pose des voies, tels que : vagons, gabarits, nivelettes, règles, etc. — 215, 218 —. (Annexe O.) Les outils détériorés seront remplacés à ses frais.

Longueur correspondante à un atelier.

Art. 19. *Main-d'œuvre comprise dans le prix de pose.* — Le prix de pose comprend le coltinage pour reprise, après déchargement, des traverses, des rails, etc., à une distance moyenne déterminée, et la conservation des matériaux pendant l'exécution des travaux. Les matériaux sont transportés suivant les indications de l'ingénieur. Après les travaux, l'entrepreneur fait transporter les matériaux qui n'ont pas été employés dans les dépôts qui lui sont indiqués.

Art. 20. *Pose des voies.* — La pose des voies doit être faite avec le plus grand soin, suivant les règles de l'art, et conformément aux instructions qui seront données par l'ingénieur.

Art. 21. *Matériaux défectueux à laisser de côté.*

Art. 22. *Largeur de la voie, de l'entrevoie et des accotements* — 130, 131, 132 —.

Art. 23. *Sabotage des traverses* — 191 à 193 —.

Art. 24. *Hauteur relative des deux rails d'une voie.* — Dans les parties droites en remblai et dans les courbes, les surhaussements sont réglés par des ordres de service — 210 à 213 —.

Art. 25. *Alignements, courbes et hauteur des voies* — 210 —.

La voie ne doit présenter à l'œil ni jarrets ni ondulations, soit en plan, soit en profil.

ART. 26. *Espacement des traverses* — 208 —.

ART. 27. *Pose et bourrage des traverses* — 215-216 —.

ART. 28. *Largeur des joints* — 209 —.

ART. 29. *Raccordement des rails aux joints.* — Les faces latérales et supérieures des rails ne doivent présenter aux joints ni angles ni saillies. Ce résultat doit être obtenu par le bourrage des traverses et non en frappant sur les rails.

ART. 30. *Rails courts à intercaler dans les courbes* — 210 —.

ART. 31. *Pose des attaches* — ch. V, § IV et ch. VI, § II —.

ART. 32. *Pose de la voie sur les ouvrages d'art* — 219 —.

ART. 33. *Rails de longueur exceptionnelle* — 219 —.

ART. 34. *Entretien de la voie pendant le délai de garantie.* — L'entrepreneur est chargé, pendant toute la durée des travaux jusqu'à la réception provisoire et pendant le délai de garantie, de l'entretien de toutes les parties des voies. Cet entretien doit avoir lieu sans gêner en rien le service de l'exploitation, et tous les frais qu'il occasionne sont compris dans les prix portés à la série.

ART 35. *Pose des voies provisoires servant au ballastage.*

## § 4. — Conditions générales.

ART. 36. *Usage des voies jusqu'à la réception provisoire.* — Jusqu'à l'époque de la mise en exploitation des diverses sections de la ligne, les ingénieurs peuvent faire servir la voie à tels transports qu'ils jugeront convenables, y faire circuler des locomotives et obliger l'entrepreneur lui-même à faire de ces voies l'usage le plus étendu possible pour l'exécution de son entreprise, le tout sans que l'entrepreneur puisse réclamer, pourvu qu'il n'en résulte aucune gêne pour l'exécution de ses travaux, ou des dégâts dont il ne peut être responsable.

Jusqu'à la réception provisoire et toutes les fois qu'il y aura circulation de machine sur la voie provisoire ou définitive, les passages à niveau doivent être gardés. Les frais de garde, ainsi que l'établissement des barrières provisoires, sont à la charge de l'entrepreneur.

ART. 37. *Réceptions provisoire et définitive.* — La réception provisoire a lieu par sections; elle est opérée de droit par le seul fait de la mise en exploitation de chaque section.

*Délais de garantie.* — La réception définitive n'a lieu qu'après l'expiration des délais de garantie.

Toutes les conditions générales du cahier des charges des travaux d'art et de terrassement s'appliquent à celui des travaux de ballastage et de pose de voie.

---

# L

## ÉTUDE SUR L'ÉTABLISSEMENT

DES

## FORMULES DE TRANSPORT

---

### TRANSPORT A LA BROUETTE.

Soient :

$s$, le prix de l'heure du rouleur ;

$p$, le poids de 1 mètre cube des matériaux à transporter ;

D, la distance à parcourir ;

$x$, le prix du transport de 1 mètre cube de matériaux à cette distance.

L'expérience a démontré qu'un ouvrier peut transporter en une heure P = 80 000 kilogrammes à 1 mètre de distance horizontale. Il transportera donc, dans le même temps et à la même distance, un nombre de mètres cubes de matériaux égal à $\frac{P}{p}$.

Le prix du mètre cube, transporté à la distance D, sera donc :

$$x = \frac{s\,p\,D}{P}.$$

Telle est la formule applicable sur un terrain horizontal ou en pente.

Pour les déblais ordinaires, dont le poids moyen du mètre cube est d'environ 1 600 kilogrammes, on a :

$$x = \frac{s\,D}{50} = \frac{2\,s\,D}{100}.$$

si $s = 0^{f},25$, $x = 0^{f},005\,D$.

Sur les rampes dont l'inclinaison ne dépasse pas 0m,08 par mètre, on ajoute à D, *distance moyenne de transport*, c'est-à-dire distance horizontale des centres de gravité des dépôts de matériaux à transporter, douze fois la distance verticale de ces mêmes points. Si nous appelons $d$ cette distance, la formule précédente devient :

$$x = \frac{s\,p\,(D + 12d)}{p}.$$

Pour éviter toute perte de temps, on ne fait parcourir au rouleur, à chaque voyage, que la distance correspondante au temps employé par le chargeur pour emplir une brouette. Avec les brouettes ordinaires contenant 0m³,03, un ouvrier, pouvant charger en moyenne 15 mètres cubes, emploiera pour charger une brouette un temps égal à :

$$\frac{10 \times 0{,}03}{15} = 0^{h},02.$$

Un rouleur, parcourant environ 30 000 mètres dans une journée de 10 heures, pourra parcourir en 0h,02 une distance de 60 mètres. Cette considération a conduit à adopter 30 mètres pour la longueur de chaque relai R, en plan horizontal. Le rouleur parcourt 30 mètres chargé et 30 mètres à vide pendant que le chargeur remplit une brouette.

Sur une rampe, la longueur des relais sera :

$$R' = R\,\frac{D}{D + 12d}.$$

### TRANSPORT A LA VOITURE.

*Temps perdu pendant le chargement et le déchargement.*

Soient :

$t$, le temps employé par un seul terrassier pour charger 1 mètre cube de matériaux ;

$t'$, le temps nécessaire au déchargement ;

C, le cube du chargement d'une voiture à 1 cheval.

Le temps total employé par l'ouvrier pour charger cette voiture sera $C\,t$.

Lorsque chaque attelage ne conduit qu'une voiture, il y a avantage à ce que le temps de stationnement des voitures au chantier de chargement soit un minimum. Elle sera donc chargée par le plus grand nombre d'hommes possible, sans que toutefois ceux-ci éprouvent de la gène dans leur manœuvre. Or des expériences nombreuses ont démontré que, dans ces conditions, les voitures étant chargées par 2 hommes et le cube du chargement des voitures à 1 cheval, 2 chevaux, 3 chevaux étant approximativement C, 2C, 3C, les temps nécessaires pour le chargement et le déchargement sont dans les rapports suivants :

| | Chargement. | Déchargement. |
|---|---|---|
| Voiture à 1 cheval. . . . . | $\frac{Ct}{2}$ | $Ct'$ |
| — 2 chevaux. . . . | $\frac{Ct}{2}+\frac{Ct}{4}=\frac{3Ct}{4}$ | $\frac{7Ct'}{5}$ |
| — 3 chevaux. . . . | $\frac{3Ct}{4}+\frac{Ct}{4}=\frac{4Ct}{4}$ | $\frac{9Ct'}{5}$ |

*Prix du transport.*

Soient :

S, S', S'', le prix de l'heure de la voiture, le conducteur compris ;

D, la distance moyenne à parcourir ;

X, X', X'', le prix du transport de 1 mètre cube de matériaux à la distance D.

La voiture parcourra, pour chaque voyage, 2D.

Si l'on admet qu'elle peut parcourir L = 3 200 mètres par heure, le temps employé pour l'aller et le retour sera $\frac{2D}{L}$.

Le prix du transport de 1 mètre cube sera donc :

Pour la voiture à 1 cheval. . . $X=\frac{S}{C}\left(\frac{Ct}{2}+Ct'+\frac{2D}{L}\right)$,

— 2 chevaux. . $X'=\frac{S'}{2C}\left(\frac{3Ct}{4}+\frac{7Ct'}{5}+\frac{2D}{L}\right)$,

— 3 chevaux. . $X''=\frac{S''}{3C}\left(\frac{4Ct}{4}+\frac{9Ct'}{5}+\frac{2D}{L}\right)$.

Exemple :

En général, un ouvrier peut charger 1 mètre cube de terre dans un temps égal à $0^h,70$ ; le temps du déchargement $Ct'$ étant $0^h,05$, si l'on suppose :

$S = 0^f,70 \qquad S' = 1^f,10. \qquad S'' = 1^f,50,$

$C = 0^{m^3},500,$

$L = 3\,200,$

on aura :

$$X = 0{,}280 + 0{,}000\,875\ D,$$
$$X' = 0{,}327 + 0{,}000\,687\ D,$$
$$X'' = 0{,}395 + 0{,}000\,625\ D.$$

On tient compte des rampes en ajoutant à la distance moyenne de transport 12 fois la hauteur $d$ dont on doit s'élever :

$$D' = D + 12d.$$

Pour de faibles distances D, le prix $x$ du transport à la brouette est plus faible que X; mais le premier croissant plus rapidement que le second, il arrive un moment où, pour une distance D plus grande, on a $x > X$; on devra donc cesser d'employer la brouette et appliquer la voiture à 1 cheval. Les limites d'emploi des différents modes de transport dont nous venons de parler seront donc données par les valeurs de D tirées des égalités

$$x = X,\ X = X',\ X' = X''..$$

Pour trouver la distance limite pour laquelle on remplacera la brouette par la voiture à 1 cheval, il faut considérer non-seulement les transports, mais aussi les temps de chargement qui ne sont pas les mêmes. Si le temps du chargement de 1 mètre cube est $h$ pour la brouette et H pour la voiture à 1 cheval, la distance limite à laquelle on pourra substituer la seconde à la première sera tirée de la formule

$$sh + x = sH + X.$$

Ainsi, d'après les hypothèses que nous avons faites dans les exemples qui précèdent, et supposant $h = 0^h,6$ et $H = 0^h,7$, la distance limite d'application de la brouette sera donnée par l'égalité :

$$(0{,}25 \times 0{,}6) + 0{,}005\ D = (0{,}25 \times 0{,}7) + 0{,}28 + 0{,}000\,875\ D,$$

d'où
$$D = 74 \text{ mètres}.$$

En général, on n'emploie pas la brouette au delà de trois relais.

La distance limite d'application de la voiture à 1 cheval sera :

$$D = \frac{0{,}047}{0{,}000188} = 252 \text{ mètres}.$$

La distance limite d'application de la voiture à 2 chevaux sera :

$$D = \frac{0,068}{0,000062} = 1\,093 \text{ mètres.}$$

Au delà de 1 093 mètres, on emploiera la voiture à 3 chevaux.

Le poids des matériaux à transporter n'entre pas dans les formules précédentes, mais il est implicitement compris dans la valeur de C, qui varie avec la nature des matériaux.

On peut arriver à des formules plus simples que celles que nous avons établies, en tenant compte du temps perdu pour le chargement et le déchargement par une augmentation proportionnelle de la distance de transport. Les formules deviendront dans ce cas :

$$X = \frac{S\,(2D + \delta)}{CL}, \qquad X' = \frac{S'\,(2D + \delta')}{2CL}, \qquad X'' = \frac{S''\,(2D + \delta'')}{3CL}.$$

Le temps du chargement et du déchargement de 1 mètre cube de terre étant, comme nous l'avons supposé plus haut, de ($0^h,70 + 0,05$) pour un seul chargeur, on aura

$$\delta = L\left(\frac{Ct}{2} + ct'\right) = 3200 \times 0.2 = 640^m. \quad \delta' = 952^m, \quad \delta'' = 1264^m.$$

Les valeurs de C et de $\delta$ à introduire dans les formules varient suivant l'espèce des matériaux, la force de l'attelage, la nature des chemins. On peut les indiquer dans un tableau de la forme suivante :

| MATÉRIAUX. | VALEUR DE C. Voiture à 1 cheval. | VALEUR DE C. Voiture à 2 chevaux. | VALEUR DE C. Voiture à 3 chevaux. | VALEUR DE $\delta$. Voiture à 1 cheval. | VALEUR DE $\delta$. Voiture à 2 chevaux. | VALEUR DE $\delta$. Voiture à 3 chevaux. |
|---|---|---|---|---|---|---|
| | (Suivant la nature des chemins). | | | | | |
| | m3 m3 | m3 m3 | m3 m3 | m m | m m | m m |
| Déblais de toute nature, terre, argile, ciment, sable, pierrailles, poteries, plâtre, etc.. . . . . . | 0,350 à 0,750 | 0,700 à 1,500 | 1,050 à 2,250 | 600 à 1200 | 1100 à 2200 | 1000 à 3200 |
| Chaux et bois . . . . . | 0,600 — 1,300 | 1,200 — 2,600 | 1,800 — 3,900 | 900 — 2000 | 1700 — 3800 | 2500 — 5000 |
| Moellons piqués et smillés | 0,300 — 0,650 | 0,600 — 1,300 | 0,900 — 1,950 | 1000 — 2100 | 1900 — 3900 | 2800 — 5700 |
| Pierre de taille. . . . . | 0,280 — 0,600 | 0,560 — 1,200 | 0,840 — 1,800 | 2000 — 4200 | 3800 — 8200 | 5000 — 12200 |

En général, le prix des matériaux employés pour la construction des ouvrages d'art comprend le transport à pied d'œuvre. — Une seule formule générale, s'appliquant aux déblais de toute nature, est établie d'après les considérations précédentes et les conditions spéciales à chaque cas particulier.

## ÉTABLISSEMENT DE LA FORMULE DES TERRASSEMENTS TRANSPORTÉS AU VAGON.

*(Exécution d'une tranchée. — Prix du mètre cube fouillé, chargé et transporté à la distance moyenne D.)*

Pour l'établissement des voies provisoires, l'entrepreneur fournira par exemple :

— Les traverses;

— Les chevilles et les coins;

— Les pièces pour changements de voies et autres accessoires;

— Les vagons de transport.

L'administration fournira :

— Les rails;

— Les coussinets.

L'entrepreneur transportera au lieu de dépôt, à pied d'œuvre, toutes les pièces qui lui sont confiées; il les remettra au dépôt en parfait état, après l'exécution des travaux.

La dépense se compose des éléments suivants :

1° Moins-value et intérêt du capital d'établissement des voies provisoires;

2° Frais de pose et de déplacement des voies provisoires;

3° Moins-value et intérêt du capital d'achat des vagons; entretien et graissage;

4° Ouverture de la tranchée;

5° Fouille des terres;

6° Frais de chargement;

7° Frais de traction;

8° Frais de déchargement;

9° Frais d'entretien des voies provisoires.

### 1° *Moins-value et intérêt du capital d'établissement des voies provisoires.*

Nous admettrons que l'on fasse usage d'une simple voie avec gares; il y aura 2 voies au chargement et 3 au déchargement. La longueur totale des voies provisoires sera, par exemple, égale à 3D environ, D étant la distance du centre de gravité du déblai à celui du remblai.

— L'entrepreneur remboursera la valeur des rails perdus ou détériorés. Cette perte peut être évaluée à 1 pour 100 de la valeur des rails, lesquels, pesant ensemble 60 kilogrammes par mètre courant de voie, coûteront 10f,80. L'entrepreneur sera donc dédommagé de cette perte par la somme de. . . . . 0f,11

— Les traverses seront écartées de 1 mètre d'axe en axe. L'entrepreneur se les procurera à 1f,50 la pièce rendue à pied-d'œuvre et il les revendra les deux tiers de cette somme. Déchet par mètre courant . . . . . . . . . . . . . 0,50

— Il faudra deux coussinets par mètre courant. Ils pèseront 18 kilogrammes et coûteront 2f,75. En estimant à 4 p. 100 la perte pour coussinets brisés, écornés, hors de service, les deux coussinets subiront une dépréciation de 0f,11, et le déchet sera par mètre courant. . . . . . . . . . . . . 0,11

— Moins-value de deux chevilles pour fixer les coussinets sur les traverses. . . . . . . . . . . . . . . . . 0,07

— Pose des deux coussinets sur leur traverse. . . . . 0,10

— Deux coins pour fixer les rails dans les coussinets . . 0,15

— Transport à pied d'œuvre de 2 mètres courants de rails. 0,08

— Redressement des rails à raison de 0f,18 par rail de 6 mètres, soit par mètre courant de voie. . . . . . . . 0,06

— Pour déclouer les coussinets, remettre les rails et coussinets en dépôt; pour nettoyage, empilage et faux frais . . 0,15

Dépense d'établissement des voies provisoires, par mètre courant. . . . . . . . . . . . . . . . . . . . 1f,33

Pour la longueur 3D, cette dépense sera 4D.

— L'entrepreneur aura un petit matériel spécial, tel que : croisements, aiguilles pour changements de voie, rails accessoires, que nous supposons équivalent à 40 mètres de voie et valoir 15 francs; ce matériel vaut donc 600 francs. Il subira pendant les travaux une dépréciation du 1/3, soit . . . . . . . . . . . . . 200f,00

— Le capital produira à 6 pour 100 un intérêt de. . . 36,00

236,00

La dépense totale pour établissement et moins-value des voies provisoires sera donc : 4D+236f,00.

Soit M le cube total du chantier à déblayer, cette dépense sera par mètre cube :

$$\frac{4D + 236^f,00}{M} \quad . \; . \; . \; . \; . \; . \; . \; . \; . \; . \; . \; . \quad (a)$$

### 2° *Frais de pose et de déplacement des voies.*

La longueur de la voie déposée et replacée sera égale à deux fois 3D, soit 6D.

| | |
|---|---|
| — Pose de 1 mètre courant de voie . . . . . . . . . . | 0f,50 |
| — Dépôt et enlèvement . . . . . . . . . . . . . . . | 0 ,25 |
| | 0f,75 |
| — Faux frais et outils . . . . . . . . . . . . . . . | 0 ,50 |
| Prix de 1 mètre courant . . . . . . . . . . . . . | 1f,00 |

Et pour la longueur totale : 6D.

Les frais de pose et de déplacement des voies par mètre cube seront donc : $\frac{6D}{M}$. . . . . . . . . . (*b*)

### 3° *Moins-value et intérêt du capital d'achat des vagons. Entretien et graissage.*

Les convois parcourant toute la longueur de la voie provisoire, moins 100 mètres environ à chaque extrémité, la distance moyenne du parcours sera : $D - 100$.

Soit :

W, le nombre des vagons d'un convoi ;

$n = 3$, le nombre des voies de déchargement ;

$t$, le temps de déchargement d'un vagon, y compris le temps d'amener le vagon sur la voie de déchargement, de le vider et de le ramener sur la voie des vagons vides : ($t = 0^h,09$) ;

T, le temps du chargement d'un convoi, comprenant le temps d'amener et de reporter les vagons vides à l'atelier, de les remplir et de les ramener au point de départ du convoi : ($T = 0^h,3$).

$$\frac{Wt}{n} = 0{,}03\ W$$

sera le temps employé pour le déchargement d'un convoi ; ce temps devra être égal à celui nécessaire au chargement ; on aura donc :

$$0{,}03\ W = T = 0{,}3,$$

d'où $W = 10$ vagons.

Le parcours d'un cheval par heure étant de 3 200 mètres et le temps perdu pendant un voyage à la distance (D — 100) correspondant à un parcours de 800 mètres, la durée d'un voyage à la distance (D — 100) sera :

$$\frac{2(D - 100) + 800}{3200} = \frac{D + 300}{1600}.$$

Le temps $\theta$, écoulé entre deux déchargements d'un même convoi, se compose :

— Du temps du chargement $= 0^h,3$ ;

— Du temps du voyage à la distance $(D - 100) = \frac{D + 300}{1600}$.

— Du temps du déchargement $= 0^h,3$ ;

on aura donc :
$$\theta = 0^h,6 + \frac{D + 300}{1600} = \frac{1260 + D}{1600}.$$

Le nombre des vagons nécessaires sur le chantier est celui que l'on pourrait décharger dans le temps $\theta$. Ce nombre sera

$$N = \frac{n\,\theta}{t} = \frac{1260 + D}{3 \times 16}$$

Tel est le nombre de vagons en action sur le chantier et auxquels il faudra appliquer les frais d'entretien et de graissage.

Il faudra réellement pour l'exécution des travaux un nombre de vagons égal à $N + 0,2N$ pour tenir compte de ceux qui seront en réparation. Ce nombre sera donc :

$$N' = 1,2\left(\frac{1260 + D}{3 \times 16}\right).$$

Soit C la capacité d'un vagon mesurée en déblai (elle est en général de $2^{m3},5$). Le cube total du déblai déchargé sera dans tout l'atelier de déchargement :

$$\frac{n\,C}{t} = 83^{m3} \text{ par heure.}$$

Si on compte 250 jours ou 2 500 heures par campagne, le cube du déblai exécuté sera de 207 500 mètres.

Un vagon valant moyennement 600 francs, la moins-value d'un vagon sera d'un quart de son prix d'achat, soit 150 francs, au bout d'une campagne. Celle des N' vagons sera par conséquent 150 N', et on aura, pour la moins-value des vagons, au bout d'une campagne, pour chaque mètre cube :

$$\frac{150\,N'}{207\,500} = 1,2\left(\frac{1260 + D}{66\,400}\right), \qquad (1)$$

— Intérêt à 6 pour 100 du capital d'achat d'un vagon. 36f
pour N' vagons . . . . . . . . . . . . . . . . . 36 N'
Et par mètre cube enlevé pendant la campagne :

$$\frac{36\ N'}{207\ 500} = \frac{43{,}2\ (1260 + D)}{9\ 960\ 000}, \qquad (2)$$

— Graissage et réparation des vagons, par vagon et par heure de travail . . . . . . . . . . . . . . . . . . . . . . . 0f,05
pour N vagons . . . . . . . . . . . . . . . . . . . 0f,05 N
Ces vagons transportent par heure 83 mètres cubes. Les frais de graissage et réparation des vagons par mètre cube seront donc :

$$\frac{0{,}05\ N}{83} = 125\left(\frac{1260 + D}{9\ 960\ 000}\right). \qquad (3)$$

Ajoutant ces trois quantités, on a pour la dépense de moins-value et des intérêts du capital d'achat des vagons, leur graissage et l'entretien : 0,000 035 D + 0,044 . . . . . . . . . . . . (c)

*4° Fouille des terres et ouverture de la tranchée.*

La tranchée à exploiter au vagon aura, par exemple, 5 mètres de profondeur moyenne et sera percée pour permettre l'établissement de la première voie. Les terres seront rejetées au dehors au moyen de banquettes de 1m,65 de hauteur et de 1 mètre de largeur. A la partie inférieure du déblai, l'ouverture aura une largeur de 2 mètres. Il y aura donc à compter, en sus de la fouille, le rejet sur la berge des terres extraites de l'ouverture.

— Pour la première banquette, 6m × 1m,65 = 9m³,90 à 1 jet de pelle, ou 9m³,9 × 0h,8 × 0f,25 = . . . . . . . . . 1f,98
— Pour la deuxième banquette, 4 × 1,65 = 6m³,6 à 2 jets de pelle, ou 6,6 × 2 × 0h,8 × 0f,25 = . . . . . . . . 2 ,64
— Pour la troisième banquette, 2 × 1,65 = 3m³,3 à 3 jets de pelle, ou 3,3 × 3 × 0h,8 × 0f,25 = . . . . . . . . . 1 ,98
A ajouter : un jet de pelle horizontal à 3 mètres de distance pour les 19m³,80 extraits, 19,80 × 0h,8 × 0f,25 = . . . . 3 ,96

Total. . . . . 10f,56

Si la section de la tranchée de 5 mètres de profondeur est 90 mètres, en répartissant entre les 90 mètres la somme de 10f,56, on a pour les jets de pelle destinés à établir l'ouverture de la tranchée et par mètre cube de déblai :

$$\frac{10,56}{90} = 0,117. \quad . \; . \; . \; . \; . \; . \; . \quad (d)$$

5° *Fouille d'un mètre cube de déblai.*

$0^h,90$ de terrassier à $0^f,25 = 0^f,225$. . . . . . . . . . (*e*)

6° *Frais de chargement.*

Il y a au chargement :

— Un surveillant payé par heure . . . . . . . . . . . . . . . . $0^f,40$

— Deux forts chevaux à $0^f,50$ l'heure . . . . . . . . . . . . 1 ,00

— Deux conducteurs à $0^f,25$ l'heure . . . . . . . . . . . . . 0 ,50

$1^f,90$

— On enlève par heure 83 mètres cubes, ce qui fait par mètre cube une dépense de . . . . . . . . . . . . . . . . . . . . . . . . . . $0^f,023$

— Un terrassier charge $1^{m3},3$ par heure ; il est payé $0^f,25$, ce qui fait par mètre cube . . . . . . . . . . . . . . . . . . . . . 0 ,192

— Faux frais 1/20 . . . . . . . . . . . . . . . . . . . . . . . . 0 ,011

$0^f,226$

Frais de chargement par mètre cube : $0^f,226$ . . . . . . . . . (*f*)

7° *Frais de traction.*

On suppose pour chaque groupe de deux vagons :

— Un fort cheval payé. . . . . . . . . . . . . . . . . . . . . . $0^f,50$

— Son conducteur . . . . . . . . . . . . . . . . . . . . . . . . 0 ,25

Ensemble. . . . . . $0^f,75$

Pour aller à la distance (D — 100) et en revenir, il faudra, comme nous l'avons vu, un temps égal à $\frac{D + 300}{1600}$, en y comprenant le temps perdu pour atteler et dételer.

Le prix de ce temps sera donc : $\frac{0,75\,(D + 300)}{1600}$.

Et comme les deux vagons chargent ensemble 5 mètres cubes, le prix du transport sera par mètre cube :

$$\frac{0,75\,(D + 300)}{5 \times 1600} = 0,0000938\ D + 0,030. \quad . \; . \; . \; . \quad (g)$$

8° *Frais de déchargement.*

Il y aura au déchargement :

| | |
|---|---|
| — Un surveillant payé par heure . . . . . . . . . . | 0f,40 |
| — Trois forts chevaux payés chacun 0f,50 . . . . . . | 1 ,50 |
| — Trois conducteurs à 0f,25 . . . . . . . . . . . . | 0 ,75 |
| — Trois régaleurs à 0f,25 . . . . . . . . . . . . . | 0 ,75 |
| — Un aiguilleur à 0f,20. . . . . . . . . . . . . . | 0 ,20 |
| Dépense pour 83 mètres cubes . . . . . . . . . . . | 3f,60 |

On aura donc :

| | |
|---|---|
| — Frais de déchargement pour 1 mètre cube $\frac{3,60}{83}$ . . . . | 0,044 |
| — Faux frais $\frac{1}{20}$ . . . . . . . . . . . . . . . | 0,002 |
| | 0f,46 |

Frais de déchargement par mètre cube 0f,046. . . . . (*h*)

9° *Frais d'entretien des voies.*

Le prix d'entretien de la voie est par jour et par mètre courant de 0f,01, ou par heure 0f,001.

— Le prix d'entretien d'une longueur de voie égale à 3D sera par heure et par mètre cube de déblai transporté :

| | |
|---|---|
| $\frac{0,003\,D}{83}$ = . . . . . . . . . . . | 0f,0000361 D |
| — Faux frais $\frac{1}{20}$. . . . . . . . . . . . . . | 0 ,0000019 D |
| | 0f,0000380 D |

Frais d'entretien de la voie par mètre cube 0f,0000380 D. . . . (*k*)

Réunissant maintenant les neuf éléments que nous avons déterminés, on aura pour le prix P du mètre cube de déblai fouillé, chargé, transporté en vagon à la distance D, déchargé et régalé, l'expression suivante :

$$P = \frac{4D + 236}{M} \qquad (a)$$

$$+ \frac{6D}{M} \qquad (b)$$

$$+ \quad 0,0000350\,D + 0,044 \qquad (c)$$

$$+ \quad 0,117 \qquad (d)$$

$$+ \quad 0,225 \qquad (e)$$
$$+ \quad 0,226 \qquad (f)$$
$$+ \quad 0,0000938\ D + 0,030 \qquad (g)$$
$$+ \quad 0,046 \qquad (h)$$
$$+ \quad 0,0000380\ D \qquad (k)$$

$$P = \frac{10\ D + 236}{M} + 0,0001638\ D + 0,688$$

Ajoutant un dixième de bénéfice pour l'entrepreneur, le prix du mètre cube sera enfin :

$$P = \frac{11\ D + 260}{M} + 0,000184\ D + 0,75.$$

Si l'on veut savoir pour quel cube minimum il y aura avantage à substituer le vagon à la voiture, pour une distance moyenne D, il faudra chercher l'expression du prix du mètre cube de déblai transporté à la voiture et l'égaler à celle du prix du mètre cube de déblai transporté au vagon. De cette égalité, on pourra tirer M.

## TRANSPORT DU BALLAST SUR LA VOIE DE FER AVEC DES CHEVAUX POUR MOTEURS.

### *Frais de traction.*

— Un cheval, pour aller à la distance D et revenir, met un temps égal à $\frac{2D}{3200}$.

Pendant le temps employé à atteler, dételer, décharger, il parcourra 1 200 mètres, ce qui équivaut à un temps perdu égal à $\frac{1200}{3200}$. Le temps nécessaire pour un voyage sera donc : $\frac{D + 600}{1600}$.

Le prix du cheval et du conducteur étant $0^f,75$, et chaque cheval conduisant 2 mètres cubes, le prix du voyage sera par mètre cube $= \frac{0,75}{2} \times \frac{D + 600}{1600} =$ . . . . . . . . $0^f,0002344\ D + 0^f,14$

### *Dépense des vagons.*

— Un vagon de 3 mètres cubes, valant 600 francs et ayant déjà servi aux terrassements, éprouvera une moins value de 1/5 de son prix d'achat au bout d'une campagne de 8 mois, soit une perte de 120 francs, plus

24 francs représentant les intérêts à 6 pour 100 du prix d'achat pendant 8 mois; ensemble 144 francs.

Supposons qu'il y ait 190 jours de travail pendant les 8 mois, soit 1 900 heures, la dépense par heure sera donc $\frac{144}{1900} = 0,76$, et pour le temps de chaque voyage et par mètre cube : $\frac{0,076}{3} \times \frac{D + 600}{1600} =$ . . . . . 0 ,0000158 D + 0,01

— Dépense correspondante au stationnement du vagon pendant le chargement et la mise en place sur la voie de chargement : $\frac{0,076}{3} \times 1^h,4 =$ . . . . . . . . 0,04

— Graissage et réparation par mètre courant et par vagon $0^f,000024$.

Pour chaque voyage, cette dépense sera 0,000048 D, et pour chaque mètre cube transporté, $\frac{0,000048\ D}{3} =$ . . . . . . . . 0 ,0000160 D

— Mise en place des vagons à l'atelier de déchargement, par mètre cube. . . . 0 ,01

— Dépense pour un aiguilleur au chargement et au déchargement du ballast . . . 0 ,02

Prix du transport de 1 mètre cube : $P = 0^f,0002662\ D + 0^f,22$

## TRANSPORT DU BALLAST AVEC MACHINE LOCOMOTIVE.

### *Frais de traction. — Dépense de la machine.*

La machine remorquera 10 vagons contenant chacun 3 mètres cubes, soit 30 mètres cubes par train.

La vitesse moyenne de la machine, tant à charge qu'à vide, étant de 15 kilomètres par heure, elle emploiera, pour aller à la distance D et revenir, un temps égal à $\frac{D}{7500}$.

La vitesse de 15 kilomètres comprend le temps employé à prendre les vagons chargés et à décharger un convoi.

L'entrepreneur fournira la machine locomotive évaluée, par exemple, à 15 000 francs. Elle subira pendant les travaux une dépréciation de $\frac{1}{5}$, soit pour une campagne de 8 mois . . . . . 3000

Intérêt à 6 pour 100 du capital d'achat pendant 1 an. . . . 900

$3900^f$

Soit par voyage : $\frac{3900}{8 \times 24 \times 10} \times \frac{D}{7500} =$ . 0,00027 D

La machine travaille 8 mois à 24 jours par mois.

Les dépenses de traction s'élèveront à 1f,50 par kilomètre parcouru, soit pour la distance 2D . . . . . . . . . . . . . . 0,00300 D

Total de la dépenses par voyage. . . . 0f,00327 D

Et comme chaque convoi emporte 30 mètres cubes, le prix de traction du mètre cube sera . . . . . . . . . . . . . . . . 0f,00010900 D

*Dépense des vagons.*

Moins-value d'un vagon de 600 francs, le 1/3 de son prix d'achat, après avoir servi pendant une campagne de 8 mois . . . 200f

Intérêt à 6 p. 100 du capital d'achat pour 1 an . . . . . . . . . . . 36

La dépense pour 8 mois sera. . . . 236f

et pour le temps d'un voyage et par mètre cube $\frac{236}{8 \times 24 \times 10} \times \frac{D}{7500} \times \frac{1}{3} =$ . . . . . 0,00000546 D

Le vagon, pendant son chargement, occasionnera une dépense égale à celle du voyage . . . . . . . . . . . . . . 0,00000546 D

Graissage et réparations, comme précédemment . . . . . . . . . . . . . . 0,00001600 D

Mise en place à l'atelier, aiguilleurs. . . 0f,03

Transport de 1 mètre cube . . . . X = 0f,00013592 D + 0f,03

Si l'entrepreneur n'a pas de machine, il en louera à la compagnie.

Supposons que le prix de la location d'une machine soit de 40 fr. par jour de travail et 20 francs par jour de repos ou de réparations, la dépense pendant un mois sera :

$$(40 \times 24) + (20 \times 6) = 1080^f,$$

Soit par voyage $\frac{1080}{24 \times 10} \times \frac{D}{7500} = 0,0006$ D.

Tous les autres frais étant les mêmes que dans le cas précédent, la formule devient $X = 0,00014692\,D + 0,03$.

### TRANSPORT DU BALLAST SUR VOIE AUXILIAIRE.

Pour calculer le prix de transport du ballast sur voie de fer auxiliaire, mise en communication avec la voie du chemin de fer, on appliquera les mêmes considérations que pour les terrassements.

| | | |
|---|---|---|
| — Moins-value et intérêt du capital d'établissement des voies provisoires. . . . . | $\frac{4D + 236}{M}$ | (*a*) |
| — Pose et déplacement. . | $\frac{6D}{M}$ | (*b*) |
| — Moins-value des vagons, entretien, graissage. . . . | $0^f,0000350\,D + 0^f,014$ | (*c*) |
| — Frais de traction . . . | $0\;,0000938\,D + 0,030$ | (*g*) |
| — Entretien de la voie . . | $0\;,0000380\,D$ | |
| — Aiguilleurs . . . . . | $0\;,020$ | |

$$P = \frac{10D + 236}{M} + 0^f,0001668\,D + 0^f,064$$

La formule précédente servira pour établir le prix de transport des terres au vagon, non compris la fouille, le chargement et le déchargement.

### MATÉRIEL NÉCESSAIRE A L'EXÉCUTION D'UNE TRANCHÉE.

On peut avoir à se rendre compte des dépenses de matériel nécessaire à l'exécution d'une tranchée d'une importance déterminée, dans un temps donné.

*Voie.* — On emploiera, par exemple, pour l'établissement des voies provisoires, des rails Vignoles de 6 mètres, pesant 15 kilogrammes le mètre courant, et coûtant 180 francs la tonne.

Pour établir 6 mètres de voie, il faudra :

| | | | |
|---|---|---|---|
| 12 mètres de rails, | $12 \times 15 \times 0,18$ | = | $32^f,40$ |
| 6 traverses en sapin, à $1^f,50$ pièce | | = | 9 ,00 |
| 12 crampons, pesant $0^k,200$, à 300 francs | | = | 0 ,72 |
| | | | $42^f,12$ |

Soit par mètre courant $7^f,02$,

| | |
|---|---|
| Un rail dure deux ans. — Perte par an, amortissement. . | 16f,20 |
| Les traverses durent 5/4 d'année. — Perte $\frac{4}{5} \times 9,00 =$ . . . | 7 ,20 |
| Les crampons, *id.*, *id.* $\frac{4}{5} \times 0,72 =$ . . | 0 ,58 |
| | 23f,98 |

Dépense annuelle par mètre :

| | |
|---|---|
| Intérêt de premier établissement . . . . . . . . . . | 0f,35 |
| Amortissement . . . . . . . . . . . . . . . . . . | 4 ,00 |
| | 4f,35 |

La distance maximum de transport sera la distance comprise entre l'extrémité de la tranchée et celle du remblai correspondant. — Représentons-la par L.

Il y aura, par exemple : trois voies au déchargement, c'est-à-dire une portion de voie de 150 mètres de longueur de chaque côté de la voie principale ; deux voies au point de chargement ou goulet, soit 200 mètres de voie parallèle à la voie principale ; une voie de croisement, de 100 mètres ; enfin, une voie de 100 mètres, pour le remisage des vagons vides.

On aura donc, pour les *frais d'établissement de la voie* de la longueur totale :

$$(L + 700)\ (4,35 + p) + pn.$$

$p$ représentant les frais de pose et de dépose d'un mètre courant de voie, et $n$ le nombre de mètres déposés et reposés.

*Vagons.* — Soit N le nombre de mètres cubes à extraire par jour. Un vagon contenant 2m³,50, soit 2 mètres cubes de déblais en place, il faudra remplir, par jour, $\frac{N}{2}$ vagons, soit, par heure, $\frac{N}{20}$. — Pour remplir un vagon, il faut une demi-heure, on devra donc avoir $\frac{N}{40}$ vagons en chargement et $\frac{N}{40}$ en déchargement.

A chaque demi-heure il arrivera un train. Il faut autant de trains que la durée du trajet (aller et retour) contient de demi-heures.

Soit L la distance totale à parcourir, $v$ la vitesse en mètres par seconde.

La durée d'un voyage sera $\frac{2L}{v}$.

Une demi-heure = 1800".

Le nombre de trains sera donc $\frac{2L}{1800\,v}$.

Chaque train étant de $\frac{N}{40}$ vagons, le nombre total des vagons des trains sera $\frac{N}{40} \times \frac{2L}{1800\,v}$.

Si $v = 1$ mètre par seconde, il faudra, en tout, pour la tranchée :

$$\frac{2N}{40} + \left(\frac{N}{40} \times \frac{L}{900}\right) = \frac{N}{40}\left(2 + \frac{L}{900}\right).$$

Enfin, en multipliant par 1,2 pour tenir compte de 1/5 des vagons qui sont en réparation, on aura, pour le *nombre de vagons nécessaires à l'exécution de la tranchée :*

$$\frac{N}{40}\left(2 + \frac{D}{900}\right) 1{,}2.$$

Si le prix d'un vagon est de 600 francs, il éprouvera, pendant les travaux, une dépréciation de moitié; on aura donc, pour chaque vagon :

| | |
|---|---|
| Intérêt du capital d'achat . . . . . . . . . . . . . . | 30f |
| Amortissement . . . . . . . . . . . . . . . . . . | 300 |
| Réparations courantes et entretien . . . . . . . . . . . | 75 |
| Dépenses annuelles pour un vagon. . . . . | 405f |

# M

## TYPE
DE
## SÉRIE DE PRIX[1].

## TERRASSEMENTS ET OUVRAGES D'ART.

### CHAPITRE I.

#### BASES DES PRIX.

| NUMÉROS des Articles | OBJET DES PRIX. | PRIX D'APPLICATION |
|---|---|---|
| | **1° Journées d'ouvriers, chevaux et voitures.** | fr. c. |
| | (Prix de la journée de 10 heures de travail effectif.) | |
| 1 | Faible manœuvre, femme, régaleur | 2,00 |
| 2 | Apprenti peintre, forgeron, etc. | 2,50 |
| 3 | Manœuvre terrassier, piocheur, rouleur, pilonneur, bardeur, chargeur, dragueur | 3,00 |
| 4 | Compagnon maçon, paveur, piqueur de moellons, plâtrier, carrier, mineur, forgeron, charpentier, ajusteur, taluteur, jardinier, aide-chaufournier, etc. | 4,50 |
| 5 | Maître maçon, paveur, bardeur, plâtrier, carrier, mineur, charpentier, peintre, poseur, etc. | 5,00 |
| 6 | Tailleur de pierre, maître chaufournier | 5,50 |
| 7 | Épuiseur travaillant continuellement par relais de 2 heures | 3,50 |
| 8 | Charretier | 3,00 |
| 9 | Voiture équipée mais non attelée | 0,75 |
| 10 | Cheval équipé mais non attelé | 4,00 |
| 11 | Voiture attelée d'un cheval (charretier compris) | 7,95 |
| 12 | Voiture attelée de deux chevaux (id) | 11,75 |
| 13 | Voiture attelée de trois chevaux (id) | 15,75 |
| | Etc., etc. | |

[1] A chaque marché et cahier des charges de travaux importants on annexe une série de prix. Chaque série doit être établie d'après les prix des matériaux et de la main-d'œuvre appliqués dans la localité. Le type de série M ne peut donc être consulté que comme modèle de marche à suivre dans chaque cas particulier.

| NUMÉROS des Articles. | OBJET DES PRIX. | PRIX D'APPLICATION |
|---|---|---|
| | **2° Formules de transport (L).** | |
| 14 | Transport à la brouette d'un mètre cube de déblai de toute nature . . . . . . . . . . . *Prix du mètre cube.* . . | 0,005 (D + 12d) |
| 15 | Transport à la voiture d'un mètre cube de déblai de toute nature . . . . . . . . . . . *Prix du mètre cube.* . . | 0,35 + 0,0006 (D + 12d) |
| 16 | Transport au wagon. Le prix du mètre cube sera donné par la formule $x = \frac{11\ D + 260}{M} + 0{,}000184 + D\ 0{,}75$<br>Si pour toutes les tranchées d'une ligne à construire le cube moyen des déblais à transporter est 25000$^{m3}$, on aura pour le *Prix du mètre cube.* . .<br>Cette formule comprend l'ouverture des tranchées préparatoires, l'approche des terres, le régalage sur les remblais. | 0,76<br>0,000624 D |
| 17 | Jet de pelle horizontal de 2 à 4 mètres de longueur, ou bien vertical, jusqu'à 1$^{m}$,60 de hauteur. *Prix du mètre cube.* . | 0,25 |
| | **3° Prix de chargement et déchargement de diverses matières.** | |
| 18 | Le chargement en brouette et le déchargement équivalent en moyenne à un jet de pelle pour toute espèce de matériaux (**17**)[1] . . . . . . . . *Prix du mètre cube.* . . | 0,25 |
| 19 | Chargement en voiture et déchargement de 1$^{m3}$ de terre, pierrailles, sable, gravier, pierres à chaux, chaux vive ou éteinte, ciment : 0,10 de journée de manœuvre (**3**). *Prix du mètre cube.* . . | 0,30 |
| 20 | Chargement en voiture et déchargement de 1$^{m3}$ de moellons ou de libages pour massifs de maçonneries ou enrochement, plâtre, briques, etc. ; 0,15 de journée de manœuvre (**3**) . . . . . . . . *Prix du mètre cube.* . . | 0,45 |
| 21 | Chargement en voiture et déchargement de 1$^{m3}$ de moellons piqués ou smillés : 0,35 de journée de manœuvre (**3**) *Prix du mètre cube.* . . | 1,05 |
| 22 | Chargement en voiture et déchargement de 1$^{m3}$ de pierre de taille : 0,1 de journée de 8 manœuvres et d'un maître bardeur (**5**) . . . . . . . . . . *Prix du mètre cube.* . . | 2,85 |
| | Etc., etc. | |

[1] Tous les numéros entre parenthèses de la série de prix renvoient aux articles correspondants de la même série.

## CHAPITRE II.

### PRIX DES MATÉRIAUX (RENDUS A PIED D'ŒUVRE).

| NUMÉROS des Articles | OBJET DES PRIX. | DÉTAIL DES FOURNITURES ET MAIN-D'ŒUVRE. | PRIX ÉLÉMENTAIRES. | PRIX D'APPLICAION. |
|---|---|---|---|---|
| | | | fr. c. | fr. c. |
| **23** | Gravier lavé ou pierre cassée à l'anneau de 0,06. | *Prix du mètre cube* . . | | 6,00 |
| **24** | Sable non lavé pour maçonneries et chaussées. | *Prix du mètre cube* . . | | 7,00 |
| **25** | Pavés d'échantillon ordinaire. (Dimensions.) | *Prix du mètre carré.* . . | | 6,00 |
| **26** | Pavés pour bordures (Dimensions.) | *Prix du mètre carré.* . | | 6,50 |
| **27** | Chaux vive moyennement hydraulique éteinte en poudre. | *Prix du mètre cube* . . | | 22,00 |
| **28** | Mortier. | 0m³,55 de chaux éteinte en poudre (**27**) . . . . | 12,10 | |
| | | 0m³,90 de sable (**24**) . . . | 6,30 | |
| | | Bardage des matières, dosage et façon du mortier : 1,8 journée de manœuvre (**3**). . . . . | 5,40 | |
| | | *Prix du mètre cube.* . . | 23,80 | 23,80 |
| **29** | Béton. | 0m³,60 de mortier (**28**). . | 14,28 | |
| | | 0m³,80 de gravier lavé (**23**). . . . . . . . . . | 4,80 | |
| | | Bardage des matériaux, dosage, mélange par deux hommes à la pelle et trois hommes à la griffe : 1/5 de journée de cinq manœuvres (**3**) | 3.00 | |
| | | *Prix du mètre cube.* . . | 22,08 | 22,08 |

| NUMÉROS des Articles | OBJET DES PRIX. | DÉTAIL DES FOURNITURES ET MAIN-D'ŒUVRE | PRIX | |
|---|---|---|---|---|
| | | | ÉLÉMENTAIRES. | D'APPLICATION. |
| | | | fr. c. | fr. c. |
| 30 | Chaux grasse vive. | Pour la peinture.<br>*Prix du mètre cube* . . . | | 30,00 |
| 31 | Moellons bruts de choix. | Y compris l'emmétrage.<br>*Prix du mètre cube* . . . | | 4,50 |
| 32 | Pierre de taille. | Pierre de ***.<br>*Prix du mètre cube* . . . | | 90,00 |
| 33 | Bois de chêne équarri de premier choix. | Achat sur pied, écorçage, équarrissage, déchet, transport et avance de fonds.<br>*Prix du mètre cube* . . . | | 90,00 |
| 34 | Bois de chêne de premier choix débité à vive arête, pour charpente. | 1m³ de chêne (33). . . . .<br>Pour sciage, débit et tout déchet. . . . . . . . . . | 90,00<br>20,00 | |
| | | *Prix du mètre cube* . . . | 110,00 | 110,00 |
| 35 | Bois de sapin pour cintres et couchis de voûtes de plus de 4 mètres d'ouverture. | *Prix du mètre cube* . . . | | 50,00 |
| 36 | Blanc ***. | *Prix du kilogramme* . . . | | 0,06 |
| 37 | Huile de lin purifiée. | *Prix du kilogramme* . . . | | 1,40 |
| 38 | Terre de Sienne. | (Naturelle ou brûlée).<br>*Prix du kilogramme* . . . | | 0,80 |
| 39 | Siccatif au zinc. | *Prix du kilogramme* . . . | | 1,50 |
| 40 | Goudron de gazomètre. | *Prix du kilogramme* . . . | | 0,20 |
| | | Etc., etc. | | |

## CHAPITRE III.

### PRIX DES OUVRAGES.

| NUMÉROS des Articles | OBJET DES PRIX. | DÉTAIL DES FOURNITURES ET MAIN-D'ŒUVRE | PRIX ÉLÉMENTAIRES. | PRIX D'APPLICATION. |
|---|---|---|---|---|
| | | **1° Terrassements.** | fr. c. | fr. c. |
| **41** | Déblais ordinaires chargés en brouette et transportés à un relai, y compris régalage et pilonnage. | Fouille, charge et déchargement d'un mètre cube compté à forfait, à raison de trois hommes pour 15m³ (**18**) . . . . . | 0,60 | |
| | | Transport à 30m (**14**). . . | 0,15 | |
| | | Régalage : 1/40 de journée de régaleur (**1**) . . . . . | 0,05 | |
| | | Arrosage et pilonnage: 1/8 de journée de manœuvre (**3**). . . . . . . | 0,38 | |
| | | Total. . . | 1,18 | |
| | | Faux frais et bénéfices 3/20 | 0,18 | |
| | | *Prix du mètre cube.* | 1,36 | 1,36 |
| **42** | Déblais ordinaires provenant des fouilles d'un ouvrage d'art, mis en dépôt, puis replacés en remblais au pourtour des maçonneries. | Fouille d'un mètre cube. 1/3 de journée de terrassier ordinaire (**3**). . . . | 0,75 | |
| | | Double chargement en brouette et double déchargement (**17**). . . . . | 0,50 | |
| | | Double transport en brouette, à 30m (**14**). . | 0,30 | |
| | | Reprise au dépôt : 1/20 de journée de manœuvre ordinaire (**3**). . . . . . . | 0,15 | |
| | | Double régalage au dépôt et autour des maçonneries, 1/20 de journée de régaleur (**1**) . . . . . . . | 0,10 | |
| | | Arrosage et pilonnage. . . | 0,38 | |
| | | Total. . . | 2,18 | |
| | | Faux frais et bénéfices 3/20 | 0,33 | |
| | | *Prix du mètre cube.* | 2,51 | 2,51 |
| **43** | Ensemencement des talus. | Graine pour un are. . . . | 0,50 | |
| | | Main-d'œuvre, 1/2 journée de jardinier (**4**) . . . . . | 2,25 | |
| | | Total. . . | 2,75 | |
| | | Faux frais et bénéfices 3/20 | 0,41 | |
| | | *Prix de l'are* . | 3,16 | 3,16 |
| | | Etc., etc. | | |

| NUMÉROS des Articles | OBJET DES PRIX. | DÉTAIL DES FOURNITURES ET MAIN-D'ŒUVRE | PRIX ÉLÉMENTAIRES | PRIX D'APPLICATION. |
|---|---|---|---|---|
| | | | fr. c. | fr. c. |
| | | **2° Empierrements et pavages.** | | |
| **44** | Chaussées empierrées, en gravier ou pierres cassées à l'anneau de 0m,05. | Préparation de la forme de l'empierrement : 0,08 de journée de taluteur (**4**). . . . . . . . . | 0,36 | |
| | | 1m³, 10 de gravier (**23**). . | 6,60 | |
| | | Emmétrage sur la voie : 1/10 de journée de manœuvre (**3**). . . . . . . . | 0,30 | |
| | | Répandage : 2 jets de pelle (**17**) . . . . . . . . | 0,50 | |
| | | Régalage : 1/40 de journée de régaleur (**1**) . . . . . | 0,05 | |
| | | Total. . . | 7,81 | |
| | | Faux frais et bénéfices 3/20 | 1,17 | |
| | | *Prix du mètre cube* . | 8,98 | 8,98 |
| **45** | Pavage avec pavés ordinaires. | 1m²,10 de pavés d'échantillon (**25**). . . . . . | 6,60 | |
| | | 0m³,20 de sable (**24**) . . | 1,40 | |
| | | Main-d'œuvre : 0,07 de journée d'un maître paveur (**5**) aidé par un compagnon (**4**) . . . . | 0,67 | |
| | | Total. . | 8,67 | |
| | | Faux frais et bénéfices 3/20 | 1,30 | |
| | | *Prix du mètre carré* . . . | 9,97 | 9,97 |
| **46** | Pavage en pavés de gros échantillon pour bordures. | 1m²,10 de pavés de gros échantillon (**26**). . . . | 7,15 | |
| | | 0m³,20 de sable (**24**) . . | 1,40 | |
| | | Main-d'œuvre (comme précédemment) . . . . . . . | 0,67 | |
| | | Total. . . | 9,22 | |
| | | Faux frais et bénéfices 3/20 | 1,38 | |
| | | *Prix du mètre carré.* | 10,60 | 10,60 |
| | | Etc., etc. | | |

| NUMÉROS des Articles | OBJET DES PRIX. | DÉTAIL DES FOURNITURES ET MAIN-D'ŒUVRE | PRIX ÉLÉMENTAIRES | PRIX D'APPLICATION. |
|---|---|---|---|---|
| | | | fr. c. | fr. c. |
| | | **3° Maçonnerie.** | | |
| 47 | Maçonnerie de mortier lissé pour chape de 0m,03 d'épaisseur. | 0m³,036 de mortier avec sable de grès passé à la fine claie, déchet compris (**28**) . . . . . . | 0,86 | |
| | | Nettoyage de la surface d'application, bardage, compression, battage, lissage et toute autre main-d'œuvre : 1/4 de journée de maçon (**4**) . | 1,13 | |
| | | 1/4 de journée de manœuvre (**3**) . . . . . | 0,75 | |
| | | Total. . . | 2,74 | |
| | | Faux frais et bénéfices 3/20 | 0,41 | |
| | | *Prix du mètre carré* . . | 3,15 | 3,15 |
| 48 | Maçonnerie de moellons bruts pour remplissage ou parements à joints incertains, avec mortier. | 1m³,10 de moellons bruts (**31**). . . . . . . . | 4,95 | |
| | | 0m³,40 de mortier de chaux et gros sable de grès (**28**). . . . . . . . | 9,52 | |
| | | Bardage, arrosage, pose, assujétissement et toute main-d'œuvre : | | |
| | | 2/3 de journée de maçon (**4**) . . . . . . . . . | 3,00 | |
| | | 2/3 de journée de manœuvre (**3**) . . . . . | 2,00 | |
| | | Total. . . . | 19,47 | |
| | | Faux frais et bénéfices 3/20 | 2,93 | |
| | | *Prix du mètre cube* . . . | 22,40 | 22,40 |
| 49 | Maçonnerie de pierre de taille, avec mortier, non compris la taille des parements vus, des lits et joints, ni le ragrément ; mais y compris le rejointoiement. | 1m³,10 de pierre taillée, de *** (**32**) . . . . . | 38,50 | |
| | | 0m³,10 de mortier (**28**). . | 2,38 | |
| | | Pour toute main-d'œuvre : | | |
| | | 2/5 de journée de poseur (**5**) . . . . . . . . | 2,00 | |
| | | 7/5 de journée de maçon (**4**) . . . . . . . . | 6,30 | |
| | | 1 journée de manœuvre (**3**) . . . . . . . . | 3,00 | |
| | | Total. . . | 52,18 | |
| | | Faux frais et bénéfices 3/20 | 7,82 | |
| | | *Prix du mètre cube* . . . | 60,00 | 60,00 |
| | | Etc., etc. | | |

| NUMÉROS des Articles | OBJET DES PRIX. | DÉTAIL DES FOURNITURES ET MAIN-D'ŒUVRE | PRIX ÉLÉMENTAIRES. | PRIX D'APPLICATION. |
|---|---|---|---|---|
| | | **4° Enduits.** | fr. c. | fr. c. |
| **50** | Crépissage au mortier de chaux hydraulique et de sable de 0m,02 d'épaisseur réduite, en deux couches, la deuxième lissée à la truelle après la prise complète de la première et son lavage préalable. | 0m³,03 de mortier, tout déchet compris (**28**). . | 0,71 | |
| | | 0,2 de journée de maçon (**4**) . . . . . . . . | 0,90 | |
| | | Outils, échafaudages, faux frais, etc., 1/5 de la main-d'œuvre . . . . | 0,18 | |
| | | Total. . . | 1,79 | |
| | | Avance de fonds et bénéfices 1/10 . . . . . . . | 0,18 | |
| | | *Prix du mètre carré* . . . | 1,97 | 1,97 |
| | | Etc., etc. | | |
| | | **5° Charpenterie.** | | |
| **51** | Charpente permanente en chêne à vive arête, toutes les faces entièrement lavées à la scie, indépendamment de tout blanchissage à la varlope, mais y compris la mise en place avec assemblages. | 1m³,08 de chêne (**34**) . . | 118,80 | |
| | | Bardage, débit, assembl. et toute main-d'œuvre : 1 journée de maître charpentier (**5**) . . . . . | 5,00 | |
| | | 3 journées de compagnon (**4**) . . . . . . . . | 13,50 | |
| | | 1 journée de manœuvre (**3**) . . . . . . . . | 3,00 | |
| | | Total. . . | 140,30 | |
| | | Faux frais et bénéfices 3/20 | 21,05 | |
| | | *Prix du mètre cube* . . . | 161,35 | 161,35 |
| 52 | Charpente provisoire. Cintres et couchis en sapin pour voûtes ayant plus de 4m d'ouverture, les bois étant repris par l'entrepreneur après le décintrement. | 0m³,50 de sapin, y compris les dépréciations (**35**). | 35,00 | |
| | | Taille, sciage, assemblage, avant la pose : 1 journée de maître charpentier (**5**) et 2 de compagnon (**4**). . . . . . | 14,00 | |
| | | Deux bardages pour l'approche et après le décintrement : 1 journée de manœuvre (**3**). . . | 3,00 | |
| | | Façon, levage, assujétissement : 0,5 de journée de maître charpentier (**5**) et de deux manœuv. | 5,50 | |
| | | Décintrement, 1/5 de journée (**5**). . . . . . | 2,20 | |
| | | Total. . . | 59,70 | |
| | | Faux frais et bénéfices 3/20 | 8,96 | |
| | | *Prix du mètre cube* . . . | 68,66 | 68,66 |
| | | Etc., etc. | | |

| NUMÉROS des Articles | OBJET DES PRIX. | DÉTAIL DES FOURNITURES ET MAIN-D'ŒUVRE | PRIX ÉLÉMENTAIRES. | PRIX D'APPLICATION. |
|---|---|---|---|---|
| | | **6° Métaux.** | fr. c. | fr. c. |
| 53 | Barreaux droits en fer et pièces simples analogues. | *Le kilogramme* de ces pièces, y compris toutes fournitures, main-d'œuvre, peinture au minium, pose, faux frais et bénéfice, etc. . . . | | 0,40 |
| 54 | Boulons, armatures de toute espèce, étriers, tirants, etc., pour cintres, fermes, ancres, goujons, pièces de scellement et autres analogues. | *Le kilogramme* (comme ci-dessus) . . . . . . | | 0,50 |
| 55 | Fer à double T de ... à ... de hauteur, pour travées, sans ajustage. | *Le kilogramme* (id.) . . | | 0,35 |
| 56 | Fer à double T de ... à ... de hauteur, pour travées, avec ajustage. | *Le kilogramme* (id.) . . | | 0,45 |
| 57 | Tôles assemblées entre elles sur cornières, avec rivets, etc., à surfaces quelconques, assorties de boulons, s'il y a lieu. | *Le kilogramme* (id.) . . | | 0,60 |
| 58 | Poutrelles de pont, entretoises, voussoirs en fonte avec ajustage, sur modèles faits exprès. | *Le kilogramme* (id.) . . | | 0,30 |
| | | Etc., etc. | | |

| NUMÉROS des Articles | OBJET DES PRIX. | DÉTAIL DES FOURNITURES ET MAIN-D'ŒUVRE | PRIX ÉLÉMENTAIRES. | PRIX D'APPLICATION. |
|---|---|---|---|---|
| | | **7° Peinture.** | fr. c. | fr. c. |
| 59 | Peinture à l'alun. | Pour 100m². | | |
| | | 1re couche à la chaux. | | |
| | | 1/25 de mètre c. de chaux grasse (**30**) . . . . . | 1,20 | |
| | | Main-d'œuvre : 2,5 journées de peintre (**5**). . | 12,50 | |
| | | Faux frais : 1/5 de la main-d'œuvre . . . . | 2,50 | |
| | | 2e couche au blanc de *** et à l'alun. | | |
| | | 12k de blanc de *** (**36**). | 0,72 | |
| | | Broyage : 1 demi-journée d'apprenti (**2**) . . . . | 2,70 | |
| | | Alun . . . . . . . . | 0,50 | |
| | | Main-d'œuvre : 2,5 journées de peintre (**5**) . | 12,50 | |
| | | Faux frais : 1/5 de la main-d'œuvre . . . . | 2,50 | |
| | | Total. . . | 35,12 | |
| | | Bénéf. et av. de fonds 1/10 | 3,51 | |
| | | Pour 100m². . . | 38,63 | |
| | | *Prix du mètre carré.* . . | 0,39 | 0,39 |
| 60 | Peinture à l'huile d'une teinte unie de terre de Sienne naturelle ou brûlée, à trois couches, la première couche étant très chargée d'huile et la dernière très-couvrante. | 1k d'huile de lin (**37**). . | 1,40 | |
| | | 0k,50 de terre de Sienne (**38**). . . . . . . . | 0,40 | |
| | | 0k,03 de siccatif au zinc (**39**). . . . . . . . | 0,04 | |
| | | Mélange, approche, 1/10 de journée d'apprenti (**2**) . . . . . . . . | 0,25 | |
| | | Pose : 1/10 de journée de peintre (**5**) . . . . . | 0,50 | |
| | | Faux frais et menues fournitures, 1/5 de la main-d'œuvre . . . . . . | 0,15 | |
| | | Total. . . | 2,74 | |
| | | Bénéf. et av. de fonds 1/10 | 0,27 | |
| | | Pour 2m²,00. . . | 3,01 | |
| | | *Prix du mètre carré.* . . | 1,50 | 1,50 |
| | | Etc., etc. | | |

| NUMÉROS des Articles | OBJET DES PRIX. | DÉTAIL DES FOURNITURES ET MAIN-D'ŒUVRE | PRIX ÉLÉMENTAIRES. | PRIX D'APPLICATION. |
|---|---|---|---|---|
| | | **8° Goudronnage.** | fr. c. | fr. c. |
| 61 | Goudronnage des bois et des fers. | 1° *Le mètre carré* de goudronnage à 1 couche, avec goudron de gazomètre, le goudron étant appliqué bouillant sur les bois et sur les fers bien secs et bien décapés à l'avance, y compris faux frais et bénéfice (40) . . . . . . | | 0,30 |
| | | 2° (id.) à 2 couches . . . | | 0,50 |
| | | 3° (id.) à 3 couches . . . | | 0,65 |
| 62 | Carbonisation. *Nota.* | Le passage au feu sur flammes de copeaux, bien régulièrement et de manière à amener toutes les surfaces à l'état de fumerons, sans altérer sensiblement la résistance des charpentes, est estimé au même prix, par *mètre superficiel*, que le goudronnage à une couche . . | | 0,30 |
| 63 | Calfatage des parois en charpente. | *Le mètre carré* de calfatage à 2 étoupes, avec broyage de la surface entière de la charpente, après l'opération, et y compris tous faux frais et bénéfices, est estimé. | | 1,50 |
| | | Etc., etc. | | |

# N

## TYPE

# D'ORDRE DE SERVICE

### ET D'INSTRUCTIONS RÉGLANT LE TRAVAIL RELATIF À LA RÉFECTION DE LA VOIE.

ARTICLE 1er. *Sections à renouveler et type du rail.* — Les sections de. . . . . . . . . . . . . . . . . . . . . . . . . . . .
sont entrées dans la période de renouvellement. Les voies doivent être successivement renouvelées en rails de ... kilogrammes du type adopté par la Compagnie, avec éclisses.

Les rails ont ..... de longueur, et on placera ..... traverses par rail, espacées conformément au dessin.

ART. 2. *Choix du chantier de dépôt.* — Lorsqu'un renouvellement est décidé sur une partie de voie, le chef de section devra immédiatement et préalablement à tout travail proposer une station située à proximité du travail de renouvellement et offrant un espace assez vaste pour en faire le dépôt des matériaux nécessaires.

ART. 3. *Garde-chantier. — Attributions.* — Cette station déterminée, on y installera un garde-chantier, chargé de faire la réception des matériaux et d'en tenir la comptabilité générale, soit pour leur entrée, soit pour leur sortie. Cet agent sera, en outre, chargé de surveiller le sabotage des traverses et de tenir attachement de tous les travaux dont la surveillance lui sera donnée sur le chantier. Il devra en conséquence lui être remis pour la comptabilité-matières des registres d'entrée et de sortie, modèles Nos ..... et ....., et pour la comptabilité des travaux, des rôles de journées et un carnet d'attachements.

ART. 4. *Chef de transport. — Attributions.* — On choisira ensuite un bon chef de transport qui sera chargé de faire la distribution des matériaux et le transport du ballast nécessaires à l'établissement des voies renouvelées.

Cet agent dirigera la marche de ses trains, sous sa responsabilité personnelle, et devra veiller à l'exécution des mesures prescrites par les règlements généraux, par l'ordre spécial de transport, qui sera établi pour les transports de ce renouvellement et par l'ordre général N° ....., réglant l'exécution des travaux neufs et le transport des matériaux en date du....

Ce chef de transport sera, du reste, sous les ordres d'un chef de section, dont il relèvera complétement.

Art. 5. *Distribution préalable des matériaux sur la partie à renouveler.* — Avant de commencer aucun travail de renouvellement, on devra, au préalable, faire sur la partie à renouveler une distribution de matériaux en rails, en traverses sabotées et en éclisses pour une longueur de ....... mètres courants, au moins, de voie simple.

Le chef de transport veillera à ce que les matériaux soient déchargés avec soin sur les accotements ou dans l'entrevoie, de manière à ne pas gêner la circulation des trains et à ne pas embarrasser la partie du chemin de fer à renouveler, afin d'éviter des fausses manœuvres aux dégarnisseurs et aux renouveleurs.

Art. 6. *Coupons de raccord pour le passage des trains.* — Les nouveaux rails à poser ont .. . de longueur, et ceux existant sur les sections à renouveler ont ........................ de longueur, entremêlés indifféremment les uns à la suite des autres. Cet état de choses, et surtout les rails dont les nombres ne sont pas divisibles entre eux, nécessitent, pour ne pas faire de coupes sur place, la préparation d'un nombre suffisant de coupons de rails d'une longueur calculée, de manière à pouvoir fermer de suite les voies, sans perdre de temps.

Un tableau indiquant ces différentes longueurs de coupons sera remis au chef de l'équipe des renouveleurs, afin qu'il puisse voir d'un coup d'œil les rails qu'il lui sera possible d'enlever et de reposer pour opérer le raccordement de la voie neuve avec la voie ancienne, et assurer le passage des trains.

Art. 7. *Personnel d'exécution.* — Le personnel destiné à opérer le renouvellement sera composé de trois équipes.

La première, conduite par un chef et un sous-chef d'équipe, dégarnira la voie actuelle, la démolira et la rétablira en matériaux neufs. Cette équipe sera composée de trente à quarante hommes au plus.

La deuxième, commandée par un chef d'équipe seulement, opérera le relevage de la voie suivant les points de hauteur déterminée par les soins des chefs de section, fera le bourrage des traverses avec soin, et le regarnissage de la voie. Cette équipe ne sera composée que de quinze hommes au plus, et ne devra opérer que deux ou trois jours après le premier bourrage, afin de le compléter, s'il y a lieu.

La troisième, dirigée également par un chef d'équipe, sera chargée d'opérer avec soin l'entretien ordinaire ; elle suivra la deuxième, en se tenant éloignée d'elle à 2 ou 3 kilomètres, et elle sera composée de six hommes au plus. Toutes les parties de voie abandonnées journellement par cette dernière équipe seront, au fur et à mesure, livrées aux équipes d'entretien.

ART. 8. *Chef et sous-chef de la première équipe.* — Le chef de la première équipe devra être un homme sûr et exercé aux travaux de pose ; il est l'agent responsable de tous les travaux à exécuter sur les voies. Aussi, on lui adjoint, pour le seconder, un sous-chef, qui sera complétement sous ses ordres, et ne devra agir que d'après les avis ou instructions du chef d'équipe.

Les chefs de section chez qui devront s'exécuter des travaux de renouvellement, seront tenus de faire des propositions pour le choix de ces agents, et ne pas perdre de vue qu'ils devront non-seulement être des poseurs exercés, mais encore être en état de tenir régulièrement des attachements et de lire les ordres de service et marches de trains.

ART. 9. *Exécution des travaux et précautions à prendre.* — Aussitôt la distribution des matériaux achevée, les renouveleurs se mettront à l'œuvre et commenceront par le dégarnissage de la voie. Les ouvriers occupés à ce travail ne devront dégarnir que sur la longueur qu'il sera possible de renouveler dans la journée, et le chef d'équipe devra veiller avec soin à ce que, dans cette première période de leur travail, il ne dégarnissent pas plus bas que le niveau du dessous des traverses. Le complément du dégarnissage sera fait au moment du renouvellement, et seulement sur la longueur de voie qui pourra être démontée et renouvelée avant le passage d'un train.

Cette deuxième période du dégarnissage achevée, les bardeurs se mettront à l'œuvre immédiatement pour enlever les vieux matériaux et les remplacer par les neufs ; aussitôt après commencera le travail des poseurs, des bourreurs et des regarnisseurs.

On ne devra jamais dégarnir et démonter que la longueur de voie qu'il sera possible de renouveler et bourrer entre le passage de deux trains. C'est un point important du travail de renouvellement et qui doit être observé dans toute sa rigueur, afin de ne pas occasionner de retards dans la marche des trains et éviter même toute chance d'accident.

Des feuilles de marche des trains réguliers et supplémentaires seront remises aux chefs d'équipe afin qu'ils puissent régler leur travail de renouvellement, d'après les heures de passage des trains sur les points où ils opèrent.

Les chefs d'équipe devront toujours régler leurs travaux de renouvellement de manière à être prêts à laisser passer les trains quinze minutes au moins avant les heures réglementaires.

ART. 10. *Signaux des trains supplémentaires.* — Les trains supplémentaires de marchandises seront rigoureusement annoncés par un drapeau rouge et par le numéro du train fixé sous le drapeau, afin d'en prévenir les renouveleurs.

Lorsqu'un drapeau rouge sera placé seul, sans numéro, à l'arrière du train, il annoncera un train spécial; dans ce cas, comme les heures de passage de ce train ne peuvent être connues, le travail des renouveleurs devra être complétement suspendu jusqu'après son passage. et les chefs d'équipe chercheront à utiliser leurs hommes à des travaux qui ne pourront arrêter sa marche ni la retarder.

Les chefs et sous-chefs d'équipe devront donc examiner avec le plus grand soin l'arrière de tous les trains, afin de s'assurer si aucun train spécial ou supplémentaire n'est annoncé.

ART. 11. *Signaux pour la sécurité de la voie.* — L'ordre spécial N°.... pour les signaux destinés à assurer la marche des trains sera remis aux chefs d'équipe, afin qu'ils en observent rigoureusement les prescriptions pendant l'exécution des travaux de renouvellement.

Toutefois, les prescriptions suivantes devront être particulièrement observées par la première équipe.

Avant de couper la voie pour procéder à son démontage, le chef d'équipe la fera couvrir de la façon suivante :

Il plantera, sur le point où doit commencer le démontage, un drapeau rouge développé; il détachera de son équipe un homme muni d'un drapeau rouge, qui ira se placer en vue du drapeau du chantier, et à 1000 mètres, par exemple, de ce drapeau. Si le drapeau du chantier n'était point visible à cette distance, il placerait dans l'intervalle un second homme muni également d'un drapeau rouge, pour établir la communication entre le signal du chantier et le signal placé à 1000 mètres. Ces drapeaux rouges seront tenus développés tout le temps que le signal d'arrêt sera maintenu au chantier.

Le chef d'équipe ne devra couper la voie que dès qu'il sera certain que le drapeau rouge placé à 1000 mètres aura été développé, et il devra ne pas perdre de vue que la voie devra être libre pour la circulation, quinze minutes avant le passage du premier train attendu.

Aussitôt que la voie aura été raccordée et mise en état de livrer passage au train, il enlèvera son drapeau rouge. Le drapeau placé à 1000 mètres et le drapeau intermédiaire, s'il a été nécessaire, devront disparaître en même temps.

Des signaux de ralentissement seront placés nuit et jour sur le point où se fera le renouvellement et aux distances réglementaires; on devra en outre y placer un veilleur spécial de nuit.

ART. 12. *Utilité d'une machine à percer à bras dans le chantier.* — Les rails de.... destinés au renouvellement sont percés en dehors de la section par une machine établie à cet effet; mais il arrive quelquefois que l'on est obligé de repercer ces rails : par suite des raccords forcés nécessitant des coupes dans ces rails : dans ce cas, on devra avoir dans le chantier une machine spéciale à percer à bras.

ART. 13. *Matériaux provenant du renouvellement; triage et rangement dans le chantier.* — Les matériaux extraits des voies et provenant du renouvellement seront expédiés dans d'autres sections ou déposés dans un lieu de dépôt spécial : dans ce dernier cas, le chef de chantier devra les faire ranger avec soin en des lots parfaitement séparés, comprenant ceux qui pourront être réemployés et ceux qui doivent être vendus comme vieilles matières.

Ces matériaux, quel que soit leur état, devront toujours produire et représenter un développement égal à celui des matériaux neufs employés au renouvellement.

ART. 14. *Comptabilité des matériaux et des travaux.* — Le chef de section devra mettre particulièrement toute son attention sur l'ordre qu'il convient d'apporter dans l'exécution de ces travaux. La comptabilité des matériaux comme celle des travaux doivent être tenues avec le plus grand soin.

Le garde-chantier devra tenir deux registres d'entrée et de sortie, modèles...., et ...., l'un pour les matériaux neufs et l'autre pour les matériaux vieux. Il fournira chaque jour au chef de section sur la feuille..... N°..... et tous les mois sur la feuille..... N°..... la situation de son chantier.

Le chef poseur devra également fournir au chef de section chaque jour une feuille..... N°....., indiquant les matériaux entrés dans la voie, et ceux qui en sont sortis dans la journée.

Enfin le chef de transport fournira au chef de section, pour chaque journée de transport, une feuille..... N°....., indiquant les matériaux neufs ou vieux transportés par lui et les lieux de dépôt.

En rapprochant ces feuilles, les vérifiant et les dépouillant chaque jour, le chef de section connaîtra constamment la situation de son travail et évitera les pertes de matériaux.

Les attachements des travaux seront également tenus et fournis par les trois agents principaux attachés à l'opération du renouvellement, savoir : le garde-chantier, le chef de transport et le chef d'équipe. Ces agents devront être munis de rôles de journées et de carnet d'attachements, qu'ils tiendront suivant les règles adoptées pour la comptabilité. Aucun état de dépenses ne sera accepté, s'il ne porte le numéro du carnet d'attachements, et s'il n'est appuyé d'un rôle de journées, lorsque les travaux seront exécutés en régie.

Chaque mois, le chef de section transmettra à l'ingénieur, sur la feuille.... N°...., la situation des matériaux employés ou à employer au renouvellement de la voie, et sur des états spéciaux N°s....... et....., les quantités de matériaux neufs employés dans les voies et les quantités de vieux matériaux retirés des voies, mis en dépôt ou expédiés dans d'autres sections.

Ces tableaux N°s..... et..... devront servir à régler le compte général du renouvellement.

Art. 15. *Travaux à exécuter à la tâche.* — Quelques travaux pourront être exécutés à la tâche, notamment le sabotage, les chargements et les déchargements, etc., et les chefs de section devront, autant que possible, chercher des tâcherons, suivant les prix de la série de pose. Il est bien reconnu, du reste, que la plus grande partie des travaux nécessités par le renouvellement ne peuvent être exécutés qu'à la journée.

Art. 16. *Devoir de l'Inspecteur.* — L'inspecteur chargé des sections en renouvellement devra veiller tout spécialement à l'exécution du présent ordre.

Il vérifiera fréquemment son application dans les sections, et fera mention de ces vérifications sur son rapport hebdomadaire. Il dressera, à la fin du travail, les récapitulations sous les formes ordinaires.

Dressé et proposé par l'ingénieur de l'arrondissement
de

Le

Approuvé par l'ingénieur en chef.
, le

## O

## OUTILS DE LA VOIE.

# PRIX ET POIDS DES PRINCIPAUX OUTILS

### EMPLOYÉS A LA POSE ET A L'ENTRETIEN DES VOIES EN RAILS VIGNOLES.

| | POIDS | PRIX | | |
|---|---|---|---|---|
| | | de l'outil. | du manche. | TOTAL |
| | k. | f. c. | f. c. | f. c. |
| Anspect (poids du fer). | 22,000 | » | » | 21,00 |
| Arrache-crampon. | » | » | » | 8,50 |
| Batte en fer, manche en frêne. | » | » | » | 6,00 |
| Bisague. | 4,200 | » | » | 10,00 |
| Brouette. | » | » | » | 9,00 |
| Burin. | 0,600 | » | » | 1,50 |
| Chasse-crampon. | 3,800 | 4,55 | 0,70 | 5,25 |
| Clef anglaise. | 2,000 | » | » | 7,65 |
| Clef à fourche. | 5,000 | » | » | 6,50 |
| Clef à douille. | 4,400 | » | » | 6,00 |
| Cognée. | 3,240 | » | » | 7,00 |

| | POIDS. | PRIX de l'outil. | PRIX du manche. | PRIX TOTAL. |
|---|---|---|---|---|
| | k. | fr. c. | fr. c. | fr. c. |
| Corne d'appel. | » | » | » | 2,20 |
| Curette d'aiguilles. | » | 0,75 | 0,30 | 1,05 |
| Drapeau. | » | » | » | 5,00 |
| Ébauchoir n° 1. | 0,170 | » | » | 1,75 |
| Ébauchoir n° 2. | 0,830 | » | » | 1,50 |
| Équerre en bois, ferrée. | » | » | » | 8,00 |
| Gabarit de clouage. | » | » | » | 35,00 |
| Gabarit de sabotage. | » | » | » | 75,00 |
| Herminette à marteau. | 1,840 | » | » | 7,25 |
| Herminette à deux tranchants. | » | » | » | 5,10 |
| Jauge ou gabarit d'écartement. | » | » | » | 25,00 |
| Marteau à fourche. | 3,500 | » | » | 4,40 |
| Niveau à bulle d'air. | » | » | » | 2,25 |
| Niveau en bois à fil-à-plomb. | » | » | » | 8,75 |
| Nivelettes à coulisses (un jeu). | » | » | » | 8,00 |
| Pelle à neige. | » | » | » | 1,05 |
| Pelle en bois. | » | » | » | 1,50 |
| Pelle en fer. | 1,500 | 1,25 | 0,50 | 1,75 |
| Pince-masse. | 17,000 | » | » | 11,90 |
| Pince pied-de-biche. | 14,000 | » | » | 9,50 |
| Pioche en bois. | » | 4,80 | 0,40 | 5,20 |
| Pioche en fer. | 4,000 | 4,85 | 0,40 | 5,25 |
| Racloire. | » | » | » | 2,45 |
| Râteau. | » | 2,05 | 0,15 | 2,20 |
| Règle 6m,00, 0m,350, 0m,100. | » | » | » | 5,00 |
| Rivoire. | 0,800 | » | » | 2,25 |
| Scie de 1m,050. | » | » | » | 20,75 |
| Tarière à gouge. | 0,310 | » | » | 1,20 |
| Tarière à vis. | 0,225 | » | » | 1,65 |
| Tenaille. | » | » | » | 1,60 |
| Tranche. | » | » | » | 2,50 |
| Vagonnet cubant 1m,00, bouts tombants. | » | | » | 350,00 |

### MACHINES. OUTILS. INSTRUMENTS.

| | Poids. | Prix. |
|---|---|---|
| Clef parisienne, de 0m,30. . . . . . . . . . | | 13f,00 |
| — du Nord. . . . . . . . . . . . . . . . | | 7 ,70 |
| Marteau à main. — Nos 1, 2, 3. . . . . de 1 fr. à | | 1 ,50 |
| Burins de 0k,500. . . . . . . . . . . . . . | | 1 ,20 |
| Ciseau à froid, de. . . . . . . . . . . . . | 0k,500 | 1 ,20 |
| Piquet de drapeau à main. . . . . . . . . | | 5 ,30 |
| Lanterne à trois feux. . . . . . . . . . . | | 12 ,00 |
| — carrée à main. . . . . . . . . . . | | 5 ,00 |
| Machine à percer, à agrafe et colonne, de. . . . | 30 ,00 | 59 ,00 |
| Presse à redresser les rails. . . . . . . . . | 220 ,00 | 330 ,00 |
| Décamètres en ruban de fil. . . . . . . . . | | 1 ,50 |
| Chaîne de 10 mètres, poignée en cuivre. . . . | | 7 ,00 |
| Mesure en ruban de 60 mètres. . . . . . . . | | 95 ,00 |
| Mire. . . . . . . . . . . . . . . . . . | | 30 ,00 |
| Niveau d'eau. . . . . . . . . . . . . . . | | 35 ,00 |
| Pantomètre. . . . . . . . . . . . . . . | | 42 ,00 |
| Niveau sphérique. . . . . . . . . . . . . | | 15 ,00 |

---

### ÉTAT DES OUTILS NÉCESSAIRES A DEUX ATELIERS DE RÉFECTION.

32 piquets ferrés, de hauteur.
8 piquets de nivelettes.
2 jeux de nivelettes.
2 règles de nivellement.
3 règles divisées.
2 règles d'écartement de l'entre-voie.
11 règles d'écartement de la voie, ferrées.
6 niveaux à plomb.
2 équerres de poseurs.
18 pics-pioches.
8 porte-rail.
72 cales de joints.
32 goujons pour éclisser.
16 clefs à fourche.
12 anspects ordinaires.
4 — à crochet.
10 grandes pinces à dresser.
4 petites —
6 pinces pied-de-biche.
8 bourroirs.
18 marteaux de cloueur.
60 pioches à bourrer.
2 marteaux-massues.

| DÉSIGNATION des LOCALITÉS | POSITION kilométrique. | INDICATION DES ENCOMBREMENTS | | | | | PROFIL DU CHEMIN | |
|---|---|---|---|---|---|---|---|---|
| | | Longueur | Largeur *a)* | ÉPAISSEUR SUR LA VOIE | | CUBES. | Deblai ou remblai | Hauteur du profil |
| | | | | paire. | impaire. | | | |
| | k. | m. | m. | m. | m. | m3 | | m. |
| Tranchée de ***. . . . | 250,3 à 251.1 | 800 | 10.00 | 3,00 | 2,00 | 20000 | D | 5,00 |
| Remblai de ***. . . . . | 262 à 262,3 | 275 | 7,50 | 0,50 | 0,50 | 1030 | R | 6.50 |
| Tranchée du ***. . . . | 280 à 281,5 | 1500 | 8,50 | 0.75 | 0,25 | 6370 | D | 1,10 |
| Tranchée de ***. . . . | 304,9 à 306 | 1075 | 9,00 | 0,60 | 1,00 | 7740 | D | 1,75 |
| Plaine de la *** . . . . | 321,1 à 322 | 850 | 8,00 | 0,75 | 0.75 | 5600 | R | 0,50 |
| *Etc.* | | | | | | | | |

[1] Pièce à produire périodiquement, par chaque chef de section, lorsque la voie est occupée par les neiges.

| ÉPOQUE ET DURÉE des Encombrements. | ORIENTATION du Chemin. | ORIENTATION du Vent. | JOURNÉES d'ouvriers employés à détruire l'obstacle. | DÉPENSES par PARTIES. | OBSERVATIONS. |
|---|---|---|---|---|---|
| | | | | fr. c. | (*a*) Largeur moyenne au milieu de la hauteur de l'encombrement. |
| du 24 décem. au 27 — | NS | NE SO | 218 | 342,70 | Paraneige trop rapproché du bord de la tranchée ; il faudrait le reculer de 4 ou 5 mètres. |
| du 25 décem. au 26 — | NO SE | NE SO | 19 | 35,15 | Il y aurait lieu de protéger ce remblai par des plantations sur les talus. |
| du 26 décem. au 28 — | E O | N S | 103 | 182,80 | La disposition de cette tranchée permettrait d'en abattre les talus, opération qui empêcherait le retour des encombrements. |
| du 27 décem. au 30 — | SO NE | NO SE | 127 | 273,00 | Cette tranchée traverse une clairière de la forêt de **. Il suffira de faire des plantations pour la protéger. |
| du 28 décem. au 30 — | SSO NNE | E O | 78 | 123,20 | |
| | | | | | *Etc.* |

# Q

## DÉTAILS SUR L'ÉTABLISSEMENT

DU

# PRIX DE REVIENT DE LA VOIE[1].

Les renseignements qui suivent sont établis en faisant varier la largeur de la voie, la charge maxima des essieux de locomotive et la vitesse.

Les prix dépendent d'ailleurs de la valeur des différents matériaux composant la voie, valeur essentiellement variable suivant les circonstances, l'activité des commandes, l'entente plus ou moins complète entre les producteurs, etc., etc.

Ainsi, au commencement de l'année 1868, le chemin de fer de l'Ouest traitait à 170 fr. 80 la tonne de rails prise à l'usine, et vendait ses vieux rails sur le pied de 100 fr. 20 la tonne rendue à la même usine. — Les frais de transport entraient dans ces prix pour 7 fr. 20. de l'usine au dépôt de l'Ouest.

A la même époque, les chemins de fer étaient embarrassés de leurs vieux rails. — Le Nord demandait 100 fr. la tonne pour des livraisons inférieures à 5 000 tonnes; 97 fr. 50 pour des quantités comprises entre 5 000 et 10 000 tonnes; 95 fr. 00 pour 10 000 tonnes et plus; mais il n'imposait pas la prise des vieux rails aux contractants de fourniture de rails neufs, afin de laisser à ces derniers toute la responsabilité de leur fabrication.

Ailleurs, certains traités de la même époque, pour achat de rails neufs, imposaient l'obligation de reprendre une quantité de vieux rails correspondant aux 2/3 de la commande et les maîtres de forge ne les acceptaient qu'avec difficulté.

Les éclisses se cotaient alors 199 fr. 50, les tire-fond 368 fr. 00, et les boulons 378 fr. 00.

En Belgique et en Angleterre, la tonne de rails rendue au port se vendait 155, 150 et même 140 francs.

[1] Voir, pour autres détails, les chapitres IV, V et VI.

En 1869, hausse subite, correspondant à l'extension des chemins de fer étrangers. Tous les vieux rails sont demandés et les acheteurs n'en trouvent plus de disponibles.

Le département des Ardennes traite ses rails à raison de 198 fr. 00 soit avec une augmentation de 20 fr. par tonne sur les prix de l'année précédente.

Le chemin du Midi achète ses rails en fer 190 fr. 00 pris à l'usine, et ses rails en acier Bessemer 310 fr., droits de brevet compris.

La Compagnie de la Méditerranée a assuré ses fournitures à raison de 315 fr. 00 et 340 fr. 00 par tonne de rails acier Bessemer, et de 300 fr. par tonne de rails acier Martin, droits de brevet compris.

En Prusse, les prix étaient, à la même époque, de 358 et 365 francs par tonne de rails en acier Bessemer et de 456 et 461 fr. 25 par tonne de rails en acier fondu au creuset.

En 1870, les rails Bessemer valent 265 fr., en Angleterre, sous Vergues.

Nous avons divisé les renseignements qui suivent en deux catégories : A, — chemins à voie étroite, inférieure ou égale à 1m 10 ; B, — chemins à voie de 1m 11 à 1m 45, l'une et l'autre exploitées à l'aide de locomotives.

Pour abréger, nous désignons par *Rayon* le rayon minimum des courbes de chaque chemin ; — par *Inclinaison*, la déclivité des rampes les plus raides ; — par *Charge*, la pression exercée sur la voie par chaque essieu moteur : — par *Vitesse*, la longueur en kilomètres du chemin parcouru en une heure par les trains les plus rapides.

## A. — Voie étroite.

1° *Chemin de Festiniog*. — Longueur : 21 kilomètres ; — Largeur de voie : 0m 610 ; — Rayon : 40 mètres ; — Inclinaison : 0,0167 ; — Charge : 3800 kilogr. ; — Vitesse : 16 kilom.

Rails de 14 kilogr. 80 au mètre courant :
Coussinets intermédiaires pesant 4 kilogr. 535.
Coussinets de joint » 5 » 900.

Ce chemin transporte des voyageurs et des marchandises.

2° *Chemin du Broelthal*[1]. — Longueur 20 kilom. ; — Largeur de

[1] Transporte de 28 000 à 32 000 tonnes de marchandises, produisant une recette nette de 30 000 à 34 000 francs, soit 1 500 à 1 700 francs de bénéfice par kilomètre de ligne ayant coûté 25 000 francs en nombre rond.

voie : 0m 785 ; — Rayon : 38 mètres ; — Inclinaison : 0,0125 ; — Charge : 6250 kilogr. — Vitesse : 15 kilom.

| | |
|---|---|
| 2 rails de 6m60 à 13k — à 221fr. 00 la tonne. . . . . . . | 37fr. 90 |
| 4 éclises de 0m 05, 0m 08, 0m 314. — 3k. 75 à 315fr. 00. . . | 1 20 |
| 2 plaques de joint de 0m 120, 0m 100, 0m 007 ; — 1k. à 315fr. | 0 40 |
| 8 boulons de 0m 013 à 0k. 170, soit 1k. 120 à 380fr. 00. . . | 0 45 |
| 38 crampons à 0k. 200, soit 7k. 60 à 300fr. 00 . . . . . . | 2 30 |
| 1 traverse de joint 0m 15, 0m 20, 1m 26 — à 2fr. . . . . | 2 00 |
| 9 traverses intermédiaires 0m 13, 0m 20, 1m 26 — à 1fr. 60 . | 14 40 |
| Ballast 3 mètres cubes à 3fr. 00. . . . . . . . . . . | 9 00 |
| Pour 6m 60 de voie . . . . . . . . . . . . | 67fr. 65 |
| Soit par mètre courant. . . . . . . . . . . . | 10 25 |

La voie du prolongement de ce chemin, avec rails de 17 kilogr. coûtera au mètre courant . . . . . . . . . . . . . 15fr. 33

3° *Chemin de Blanzy* [1]. — Longueur 10 kilom. ; — Largeur de voie : 0m 800 ; — Inclinaison : 0,012 ; — Charge : 3000 kilogr. ; — Vitesse : 20 kilom. ; — Poids des rails vignoles, 16 kilogr. ; — Distance des traverses : 0m 80.

Prix du mètre courant de voie . . . . . . . . . . . 12fr. 00

4° *Chemin de Tavaux-Ponséricourt.* — Longueur : 14 kilom. ; Largeur de voie : 1m,00 ; — Rayon : 30 mètres ; — Inclinaison : 0,075 ; — Charge : 3750 kilogr. ; — Vitesse : 15 kilom.

Rails à base large, de 13 kilogrammes avec éclisses.

Tire-fond de 15 millim. de diamètre.

7 traverses par longueur de 6 mètres.

Traverses intermédiaires : 0m,08/0,16/1m,50.

Traverses de joint. . . 0m,08/0,20/1m,50.

Épaisseur de la couche de ballast, 0,m20.

Prix du mètre courant de voie, pose comprise. . . . 11 fr. 60

5° *Chemin de San-Domingos* [2]. — Longueur : 16 kilom. ; Largeur de voie : 1m,067 ; — Rayon : 40 mètres ; — Inclinaison : 0,053 ; — Charge : 6425 kilogr. ; — Vitesse : 14 kilomètres.

Rails de 18k,00 avec éclisses.

Distances des traverses, en alignements droits et de grands rayons, de 1m,00 à 0m,80 ; — en courbes raides, de 0m,60 à 0m,40.

[1] Transporte annuellement de 100 000 à 300 000 tonnes de houille.

[2] Communication de M. James Mason, ingénieur, fermier des mines de San Domingos et constructeur du chemin de San Domingos à Pomaron sur la Guadiana.

Traverses en bois de pin ; — longueur : 2m,00 :
largeur, 0m,25 :
épaisseur, 0m,12.

6° *Chemin de Norwége* [1]. — Longueur, 132 kilom. : — Largeur de voie : 1m 067 ; — Rayon : 240 m ; — Inclinaison : 0,024 ; — Charge : 6 525 kilogr. ; — Vitesse : 64 kilomètres.

Rails à base large de 22 kilogrammes ; — Eclisses de 0m 279 de longueur avec 4 boulons de 0m 019 : — Crampons de 0m 117 de longueur : — Traverses en bois fendu de 0m 20 à 0m 25, sur 1m 70 ; — Espacement : 0m 90 dans les alignements droits ou à grands rayons ; 0m 80 dans les courbes à rayons moindres que 600m ; — Largeur du ballast en couronne 2m 60; — épaisseur 0m 60.

7° *Chemin de Mondalazac* [2]. — Longueur : 7 kilom : — Largeur de voie : 1m 100 ; — Rayon : 60m ; — Inclinaison : 0,012 : — Charge : 4650 kilogr. ; — Vitesse : 15 kilomètres.

| Pour 1 mètre courant de voie : | fr. | |
|---|---|---|
| Rails à 16k 50, coûtant 250 fr. . . . . . . . . . . . . | 8 | 25 |
| Eclisses : 2k 80 la paire, — à 100 fr. . . . . . . . . . | 0 | 15 |
| Boulons et écrous, 0k,800 — à 900 fr.. . . . . . . . . . | 0 | 29 |
| Crampons de 0m 10 de longueur à 0fr. 10 pièce. . . . . . . | 0 | 53 |
| Traverses en chêne, espacées de 0m 75 — à 1fr. 50. . . . | 2 | » |
| Ballast 0m3 45 à 2 fr. plus le transport . . . . . . | 1 | 12 |
| Pose de la voie . . . . . . . . . . . . . . . . . . | 1 | 10 |
| Transport des matériaux . . . . . . . . . . . . . . | 0 | 86 |
| Prix de revient de 1m 00 de voie . . . . . . . . . | 14fr. | 60 |

8° *Chemin d'Anvers à Gand* [3]. — Longueur : 50 k. ; — Largeur de voie : 1m 100 ; — Rayon : 800 m ; — Inclinaison : 0,0035 ; — Charge : 6 000 kilogr. : — Vitesse : 50 kilomètres.

Rails à base large de 5m 60 de longueur, pesant 25k 00 au mètre courant ; — Éclisses de 0m 52 de longueur : — Traverses espacées de 0m 80 au joint et de 1m 00 sur la longueur du rail.

[1] Coût de construction et d'établissement, en moyenne 62 600 fr. par kilomètre.

[2] Transporte 50 000 tonnes de minerai à raison de 0f,033 par tonne et par kilomètre.

[3] Recette brute : 47 000 à 48 000 francs par kilomètre, dont 66 p. 100 en produits de grande vitesse et 34 p. 100 en marchandises.

B. — Voie de $1^m,44$ a $1^m,45$.

1° *Chemin de Paris-Lyon-Méditerranée.* — Rayon : 500m 00 ; — Inclinaison : 0,015 ; — Charge : 13 000 kilogr. ; — Vitesse : 80 kilom.

| Pour 6 mètres de voie : | |
|---|---|
| 2 rails en acier de 6 mètres, pesant 40 kilogrammes le mètre courant, soit 180 kilogrammes, à 300 francs la tonne . . . . . . . . . . . . . . . . . . . . . . . . . | $144^f,00$ |
| 2 paires d'éclisses, de $4^k,5$, soit 18 kilogrammes, à 220 francs . . . . . . . . . . . . . . . . . . . . . . | 3 ,96 |
| 32 crampons, de $0^k,39$, soit $12^k,48$, à 300 francs. . . . . | 3 ,75 |
| 8 boulons d'éclisses, de $0^k,65$, soit $5^k,20$, à 380 francs. . | 1 ,98 |
| 8 traverses, à 5 francs pièce. . . . . . . . . . . . . . . | 40 ,00 |
| Ballast, 15 mètres cubes, à 3 francs. . . . . . . . . | 45 ,00 |
| Pour 6 mètres de voie. . . . . . . | $238^f,69$ |
| Soit par mètre courant. . . . . . . | 39 ,78 |

2° *Chemin de l'Est français.* — Rayon : $500^m$ ; — Inclinaison : $0^m,15$ : — Charge : 10 500 kilogr. ; — Vitesse : 72 kilom.

| Pour 6 mètres de voie : | |
|---|---|
| 2 rails de 6 mètres, pesant $34^k,8$ le mètre courant, soit $417^k,6$, à 190 francs la tonne. . . . . . . . . . . . . | $79^f,35$ |
| 2 paires d'éclisses plates, de $3^k,89$, soit $15^k,56$, à 220 francs . . . . . . . . . . . . . . . . . . . . | 3 ,42 |
| 2 platines de joint, de $2^k,124$, soit $4^k,248$, à 235 francs. | 1 ,00 |
| 8 boulons d'éclisses, de $0^k,433$, soit $3^k,464$, à 380 francs. | 1 ,32 |
| 32 tire-fond, de $0^k,336$, soit $10^k,752$, à 380 francs. . . . | 4 ,09 |
| 7 traverses, à 5 francs pièce. . . . . . . . . . . . . . . | 35 ,00 |
| Ballast, 15 mètres cubes, à 3 francs. . . . . . . . . | 45 ,00 |
| Pour 6 mètres de voie. . . . . . . | $169^f,18$ |
| Pour un mètre courant. . . . . . | 28 ,20 |

3° *Divers chemins d'intérêt local.*

Rayon : 200 mètres : — Inclinaison : 0,020 : — Charge 7500 kilogr. ; — Vitesse : 25 kilomètres :

| | |
|---|---|
| 2 rails de 6 mètres, pesant 25 kil., par mètre, à 200 fr. . | 60f,00 |
| 4 éclisses, de 10k,50, à 250 francs. . . . . . . . . . . | 2 ,65 |
| 8 boulons, de 2k,30, à 400 francs. . . . . . . . . . . | 0 ,90 |
| 18 tire-fond galvanisés, de 6k,5, à 400 francs. . . . . . | 2 ,60 |
| 7 traverses, à 4 francs. . . . . . . . . . . . . . . | 28 ,00 |
| Ballast, 9 mètres cubes, à 3 francs. . . . . . . . . . | 27 ,00 |
| Pour 6 mètres de voie. . . . . . . | 121f,15 |
| Soit pour 1 mètre courant. . . . . . | 20 ,20 |
| Préparation, transport et pose, etc. . . . . | 3 ,00 |
| Prix de revient total. . . . . . . | 23 ,20 |

On trouvera au chapitre XII, tome II, des considérations économiques sur les frais d'entretien de la voie et sur la question de substitution des rails en acier aux rails en fer.

# APPENDICE.

Quand il s'agit de choisir un type de rail applicable à un nouveau chemin, on n'a souvent d'autre raison à donner que celle de l'imitation ou du sentiment.

Quelqu'ingénieur pouvant cependant être tenté de faire des recherches pour un cas particulier qu'il aurait à traiter, nous croyons utile de mettre à sa disposition sur ce sujet les considérations suivantes dues à M. L. Barré, ingénieur civil, ancien élève de l'École centrale des arts et manufactures, et qu'il a bien voulu nous autoriser à publier ici :

## Note sur la résistance des solides soumis à la flexion.

Nous ne possédons que les lois de Navier pour calculer la résistance d'un solide soumis à des efforts perpendiculaires à sa direction

Cette loi peut se résumer ainsi :

La résistance ou la charge est proportionnelle au quotient $\frac{I}{n}$ du moment d'inertie I du profil transversal du solide pris par rapport à une ligne horizontale passant par le centre de gravité de ce profil, divisé par $n$, qui est la demi-hauteur dans un profil symétrique, et, dans un profil non-symétrique, la distance des fibres le plus tendues ou le plus comprimées à l'axe d'inertie.

Cette loi seule ne suffit pas pour apprécier la résistance d'un solide soumis à la flexion, parce qu'elle n'apprend rien sur la meilleure forme à donner au profil. Il faut recourir à l'expérience pour obtenir des données à cet égard. Malheureusement les expériences faites dans cet esprit sont rares ; les résultats d'expériences manquent totalement pour les fers laminés des diverses formes connues. De même encore, des poutres en tôle, pour lesquelles on ne connaît pas les meilleures proportions à donner aux largeurs des tables et aux cornières, pour une distance voulue entre ces tables.

Les rails, qui sont aussi des barres laminées évidées, soumises à la flexion, présentent une telle divergence entre les profils adoptés, que souvent le caprice a une part aussi grande dans le tracé que des raisons plausibles.

La *similitude géométrique*, considération trop négligée dans la question des solides soumis à la flexion, peut conduire à des lois pratiques que nous allons indiquer.

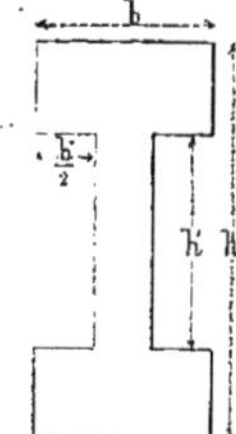

Rappelons les formules du moment d'inertie et de la résistance d'un *profil évidé symétrique* — 146 —. Nous généraliserons plus loin, pour des profils quelconques.

Soit donc un fer laminé, évidé, comme le profil ci-contre, chargé uniformément.

La formule du moment d'inertie donne :

$$\frac{I}{n} = \frac{bh^3 - b'h'^3}{6h} \quad \ldots\ldots\ldots \quad (1)$$

et la charge uniforme étant $pl$, on a :

$$\frac{pl}{8} = \frac{RI}{l.n} \quad \ldots\ldots\ldots \quad (2)$$

Considérons un autre solide évidé de section semblable au précédent et de même portée $l$, on aura des formules analogues :

$$\frac{I'}{n'} = \frac{b_1 h_1^3 - b'_1 h'^3_1}{6h_1} \quad \ldots\ldots\ldots \quad (3)$$

$$\frac{p'l}{8} = \frac{R.I'}{l.n'} \quad \ldots\ldots\ldots \quad (4)$$

Les profils étant semblables, si l'on désigne par K le rapport de similitude, on aura :

$$\frac{h}{h_1} = \frac{h'}{h'_1} = \frac{b}{b_1} = \frac{b'}{b'_1} = \frac{n}{n'} = K;$$

d'où $h_1 = \frac{h}{K}$ $h'_1 = \frac{h'}{K}$ $b_1 = \frac{b}{K}$ $b'_1 = \frac{b'}{K}$ $n' = \frac{n}{K}$ ;

par suite, la relation (3) donne :

$$\frac{I'}{n'} = \frac{\frac{b}{K} \times \frac{h^3}{K^3} - \frac{b'}{K} \times \frac{h'^3}{K^3}}{6\frac{h}{K}} = \frac{\frac{1}{K^3}\left(bh^3 - b'h'^3\right)}{6h} \quad \ldots \quad (5)$$

et en prenant le rapport des relations (1) et (5), on obtient :

$$\left(\frac{I}{n}\right) : \left(\frac{I'}{n'}\right) = K^3 ;$$

les relations (2) et (4) donnent

$$\frac{pl}{p'l} = \left(\frac{1}{n}\right) : \left(\frac{1}{n'}\right) = K^3. \quad . \quad . \quad (6)$$

Ainsi les charges uniformes $pl$ et $p'l$ ont pour rapport le cube du du rapport de similitude, pour une même portée $l$.

De là, il est facile de déduire la loi qui lie les résistances des deux solides évidés, *à sections semblables*, et leurs poids par mètre courant.

Les sections ou profils étant semblables, leurs aires sont proportionnelles au carré du rapport de similitude ; par suite, les poids par mètre courant des deux solides suivent la même loi.

Ainsi $\pi$ et $\pi'$ étant les poids par mètre de longueur des deux solides, on a :

$$\frac{\pi}{\pi'} = K^2 \text{ d'où } K = \sqrt{\frac{\pi}{\pi'}}$$

or, on a trouvé ci-dessus : (6)

$$\frac{pl}{p'l} = K^3 = K^2\,K = \frac{\pi}{\pi'}\sqrt{\frac{\pi}{\pi'}}$$

d'où en élevant au carré, il vient :

$$\frac{(pl)^2}{(p'l)^2} = \frac{\pi^3}{\pi'^3}$$

donc enfin, les carrés des résistances ou les carrés des charges totales sont proportionnelles aux cubes des poids des solides par mètre courant, en admettant, comme il a été dit, une portée égale. Si l'on prend la portée $l = 1$ mètre, la loi précédente devient :

Pour deux solides évidés, à sections semblables, les carrés des charges par mètre de longueur sont proportionnels aux cubes des poids des solides par mètre de longueur.

Ainsi les poids des solides soumis à la flexion étant proportionnels aux nombres :

1, 2, 3, 4, 5, 6, 7, 8, 9, 10

leurs cubes sont proportionnels aux nombres

1, 8, 27, 64, 125, 216, 313, 512, 729, 1000

et les résistances correspondantes seront proportionnelles aux racines :

1 : 2.8 : 5.19 ; 8 ; 11.2 ; 14,7 ; 18,5 ; 22,6 ; 27 ; 31,6.

### *Cas des écartements de supports proportionnels au rapport de similitude* K.

Si l'on donne aux solides évidés semblables des écartements de supports $l$ et $l'$ qui soient dans le même rapport K que les dimensions homologues de ces mêmes solides, on reconnaîtra facilement que les résistances ou charges totales sont proportionnelles au carré du rapport de similitude, et aussi proportionnelles aux poids par mètre courant des solides.

En effet, on a les formules générales :

$$\frac{pl}{8} = \frac{RI}{ln} \qquad \text{et} \qquad \frac{p'l'}{8} = \frac{RI'}{l'n'}$$

par suite :

$$\frac{pl}{p'l'} = \frac{\frac{I}{n}}{\frac{I'}{n'}} \times \frac{l'}{l}$$

Or, nous avons trouvé plus haut $\left(\frac{I}{n}\right) : \left(\frac{I'}{n'}\right) = K^3$

$$\text{donc } \frac{pl}{p'l'} = K^3 \times \frac{l'}{l}$$

mais on a : $\frac{l'}{l} = \frac{1}{K}$ ; donc :

$$\frac{pl}{p'l'} = \frac{K^3}{K} = K^2. \quad . \quad . \quad . \quad (A)$$

Pour exprimer la loi en fonction des poids $\pi$ et $\pi'$ par mètre courant des solides, il suffit de remarquer que leurs sections transversales étant semblables, leur rapport est égal au carré du rapport de similitude, et qu'il en est de même pour les poids $\pi$ et $\pi'$ : c'est-à-dire :

$$\frac{\pi}{\pi'} = K^2. \quad . \quad . \quad . \quad . \quad . \quad . \quad (B)$$

donc les relations (A) et (B) donnent :

$$\frac{pl}{p'l'} = \frac{\pi}{\pi'}. \quad . \quad . \quad . \quad . \quad . \quad . \quad . \quad (C)$$

Ainsi les charges totales uniformes répondant à deux portées $l$ et $l'$ sont proportionnelles aux poids même des solides par mètre courant.

*Remarque.* Si dans la formule (C) on veut réduire la charge uniforme à l'unité de longueur, on pourra écrire le résultat sous la forme :

$$\frac{r}{p'} = \left(\frac{\pi}{\pi'}\right) \left(\frac{l'}{l}\right)$$

c'est-à-dire que la charge par mètre de longueur est proportionnelle au poids par mètre courant et inversement proportionnelle à l'écartement des supports.

*Généralisation et résumé.* Ce qui précède a été établi pour des profils symétriques, mais les calculs restent les mêmes pour des profils non symétriques mais semblables ; on pourra donc appliquer les résultats obtenus non-seulement à des fers laminés à planchers, à des poutres en tôle, mais aussi à des rails.

Ainsi, pour deux rails à profils semblables reposant sur des appuis équidistants, les résistances ou charges totales sont telles que les carrés de ces charges sont proportionnels aux cubes des poids par mètre courant de ces rails.

Si, dans deux systèmes de rails semblables, les écartements sont proportionnels au rapport de similitude, les résistances sont proportionnelles aux poids par mètre courant de rails.

Il faut bien noter que les lois simples que nous mentionnons doivent être considérées seulement comme une approximation, puisqu'elles supposent une charge permanente immobile ; tandis que par rapport aux rails, il serait nécessaire de considérer une charge en mouvement et de tenir compte des diverses vitesses pratiques et des vibrations.

Dans l'état actuel de nos connaissances, nous croyons que les lois simples indiquées ci-dessus peuvent servir utilement de guide dans la comparaison de systèmes semblables ou très-analogues.

FIN DES ANNEXES DU TOME PREMIER.

L. PRUDHOMME. **Cours pratique de construction** [illegible] mément au paragraphe 5 du programme [illegible] mathiques exigées pour devenir ingénieur [illegible] **Ouvrages d'art.** — **Conduite** [illegible] **Fondations.** — [illegible] **nerie.** — **Bois.** — [illegible] **eaux.** — **Règlements** [illegible] *Conducteurs des ponts* [illegible] *Agents voyers* [illegible] *et gardes* [illegible] [illegible] avec [illegible]

BRUN. **Traité pratique des** [illegible] tous les tracés et les nivellements nécessaires pour la construction des chemins de fer, canaux et [illegible] in-8, [illegible]

[illegible], ingénieur, professeur à l'École centrale [illegible] **appliquée**, description [illegible] [illegible] les industries métallurgiques et [illegible] [illegible] construction [illegible] d'ornement. 1 vol. in-8, avec [illegible] dans le texte [illegible] 10 fr.

[illegible] **des ponts avec** [illegible] [illegible] par L. [illegible], in-8 [illegible] 20 planches et [illegible] tableaux [illegible]

[illegible] **sur l'emploi de l'air comprimé** [illegible] [illegible] pont de [illegible] sur le [illegible]

[illegible]

[illegible] construits [illegible]

[illegible] exécution des [illegible] pour l'exploitation [illegible] [illegible] et l'immersion de [illegible] [illegible] à la construction de [illegible] du [illegible] Napoléon [illegible]

Tours. — Imp. Ernest Mazereau, rue Richelieu, [illegible]

www.ingramcontent.com/pod-product-compliance
Ingram Content Group UK Ltd.
Pitfield, Milton Keynes, MK11 3LW, UK
UKHW020119240726
13926UKWH00011B/2333

9 782013 720892